U0044857

Office 2019學習手冊

全華研究室 王麗琴 編著

全華圖書股份有限公司

國家圖書館出版品預行編目資料

Office 2019學習手冊 / 全華研究室, 王麗琴編著.
--初版.--新北市：全華圖書, 2020.09
面； 公分
ISBN 978-986-503-465-8 (平裝附光碟片)
1.OFFICE 2019 (電腦程式)
312.49O4 109013167

Office 2019學習手冊

(附範例光碟)
作者 / 全華研究室 王麗琴
執行編輯 / 王詩蕙
封面設計 / 盧怡瑄
發行人 / 陳本源
出版者 / 全華圖書股份有限公司
郵政帳號 / 0100836-1號
印刷者 / 宏懋打字印刷股份有限公司
圖書編號 / 06459007
初版一刷 / 2020年9月
定價 / 新台幣 520 元
ISBN / 978-986-503-465-8 (平裝附光碟片)
全華圖書 / www.chwa.com.tw
全華網路書店 / www.opentech.com.tw
若您對書籍內容、排版印刷有任何問題，歡迎來信指導book@chwa.com.tw

臺北總公司(北區營業處)
地址：23671新北市土城區忠義路21號
電話：(02) 2262-5666
傳真：(02) 6637-3695、6637-3696

南區營業處
地址：80769高雄市三民區應安街12號
電話：(07) 381-1377
傳真：(07) 862-5562

中區營業處
地址：40256臺中市南區樹義一巷26號
電話：(04) 2261-8485
傳真：(04) 3600-9806

有著作權．侵害必究

本書導讀

我們常常在學習中，得到想要的知識，並讓自己成長；學習應該是快樂的，學習應該是分享的。本書要將學習的快樂分享給你，讓你能在書中得到成長，本書共分為Word、Excel、PowerPoint、Access等四大篇，每一篇都運用了步驟式圖文教學，詳細解說各項功能，讓你學習到各種使用技巧。

Word篇

Word是一套「文書處理」軟體，利用文書處理軟體可以幫助我們快速地完成各種報告、海報、表格、信件及標籤等文件。本篇內容包含了Word的基本操作、文件的格式設定與編排、表格的建立與編修技巧、圖文編排技巧、長文件的編排技巧、合併列印的使用等。

Excel篇

Excel是一套「電子試算表」軟體，利用電子試算表軟體可以將一堆數字、報表進行加總、平均、製作圖表等動作。本篇內容包含了Excel的基本操作、工作表使用、工作表的設定與列印、公式與函數的應用、統計圖表的建立與設計、資料排序、資料篩選、樞紐分析表的使用等。

PowerPoint篇

PowerPoint是一套「簡報」軟體，利用簡報軟體可以製作出一份專業的簡報。本篇內容包含了PowerPoint的基本操作、簡報的建立方法、簡報的版面設計、母片的運用、在簡報中加入表格及圖表、在簡報中加入SmartArt圖形、在簡報中加入音訊及視訊、在簡報中加入精彩的動畫效果、將簡報匯出為影片、講義、封裝等。

Access篇

Access是一套「資料庫」軟體，利用資料庫軟體可以將一堆資料變成有意義的資料庫。本篇將實際的教導如何讓資料更有系統，更具有意義，其內容包含資料庫檔案的使用、資料搜尋、排序、篩選、查詢、表單的使用、報表的使用等。

商標聲明、範例光碟、操作介面說明

商標聲明

❖ Microsoft Windows是美商Microsoft公司的註冊商標。

❖ Microsoft Word、Excel、PowerPoint、Access都是美商Microsoft公司的註冊商標。

❖ 書中所引用的商標或商品名稱之版權分屬各該公司所有。

❖ 書中所引用的網站畫面之版權分屬各該公司、團體或個人所有。

❖ 書中所引用之圖形，其版權分屬各該公司所有。

❖ 書中所使用的商標名稱，因為編輯原因，沒有特別加上註冊商標符號，並沒有任何冒犯商標的意圖，在此聲明尊重該商標擁有者的所有權利。

範例光碟說明

本書收錄了書中所有使用到的範例檔案及範例結果檔。範例檔案依照各篇分類，例如：Word篇中的範例檔案，儲存於「Word」資料夾內，請依照書中的指示說明，開啟這些範例檔案使用。

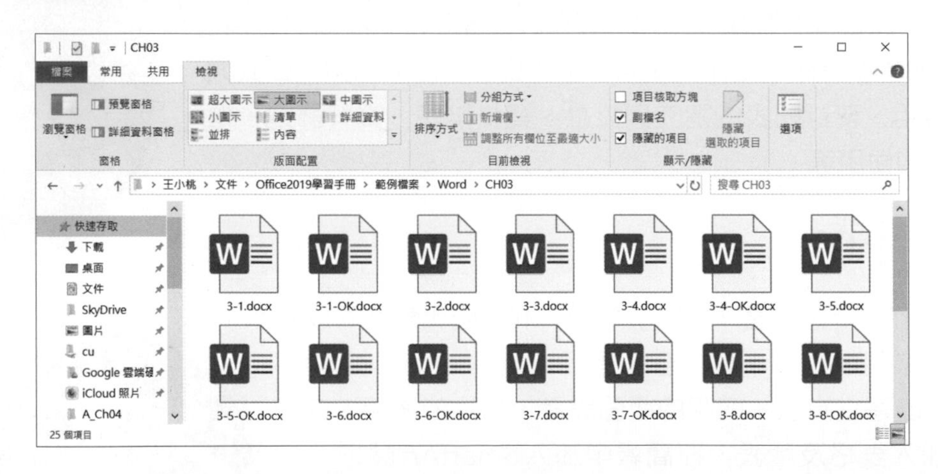

操作介面說明

在使用本書時，可能會發現書中的操作介面與電腦所看到的有些不同，這是因為每個人所使用的螢幕尺寸、系統所設定的字型大小等不同的關係，而這些設定都會影響到「功能區」的顯示方式，當螢幕尺寸較小，或是將系統字型設定為中或大時，「功能區」就會因為無法顯示所有的按鈕及名稱，而自動將部分按鈕縮小，或是省略名稱。

❖ 當螢幕尺寸夠大時，即可完整呈現所有的按鈕及名稱。

❖ 當螢幕尺寸較小，或將系統字型設定為大時，就會自動將部分按鈕縮小。

WORD

CHAPTER 01
Word的基本操作

CHAPTER 02
文件的編輯與格式設定

CHAPTER 03
圖文編排技巧

CHAPTER 04
表格的建立與編修

CHAPTER 05
長文件的編排

CHAPTER 06
合併列印的應用

目錄

EXCEL

CHAPTER 01
Excel的基本操作

CHAPTER 02
工作表的編輯與操作

CHAPTER 03
公式及函數的使用

CHAPTER 04
統計圖表的製作

CHAPTER 05
資料整理與分析

CHAPTER 06
保護與列印活頁簿

POWERPOINT

CHAPTER 01
PowerPoint的基本操作

CHAPTER 02
簡報的編輯

CHAPTER 03
簡報的版面設計

CHAPTER 04
圖片、圖例及媒體的應用

CHAPTER 05
動態簡報的製作

CHAPTER 06
簡報的放映、匯出及列印

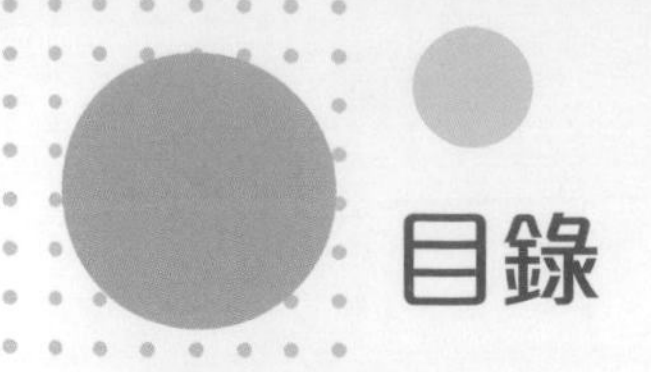

目錄

ACCESS

CHAPTER 01
Word的基本操作

1-1 Word基本介紹

Word是由微軟(Microsoft)公司所推出的**文書處理軟體**，該軟體可以幫助我們完成各種報告、海報、公文等文件製作，並提供了全新的使用者介面，讓使用者能以視覺化方式使用Word，可提高使用效率且更容易操作。

啟動Word

安裝好Office應用軟體後，執行「**開始→Word**」，即可啟動**Word**。

啟動Word時，會先進入開始畫面中的**常用**選項頁面，在畫面的左側會有**常用**、**新增**及**開啟**等選項；而畫面的右側則會依不同選項而有所不同，例如：在常用選項中會有新增空白文件、範本及最近曾開啟過的檔案。

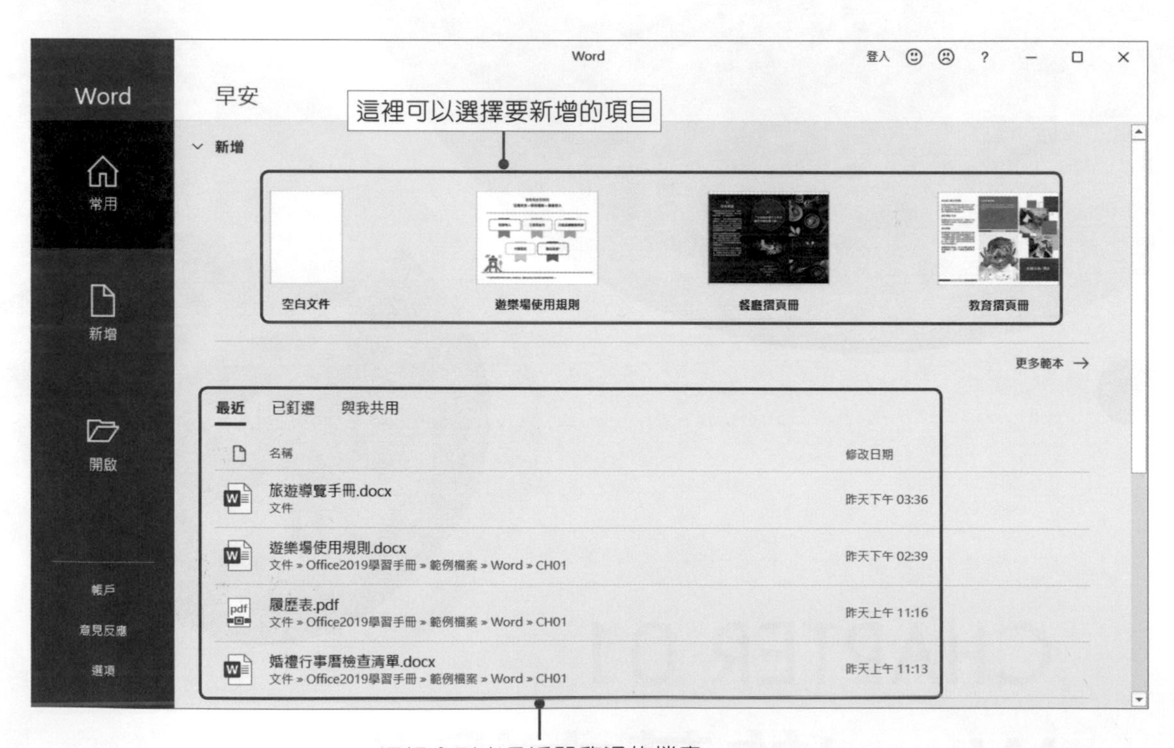

除了上述方法外，還可以直接在Word文件的檔案名稱或圖示上，**雙擊滑鼠左鍵**，啟動Word操作視窗，並開啟該份文件。

Word操作視窗

開始使用Word之前，先來認識Word操作視窗，在視窗中會看到許多不同的元件，而每個元件都有一個名稱，了解這些名稱後，在操作上就會更容易上手，以下就來看看這些元件有哪些功能吧！

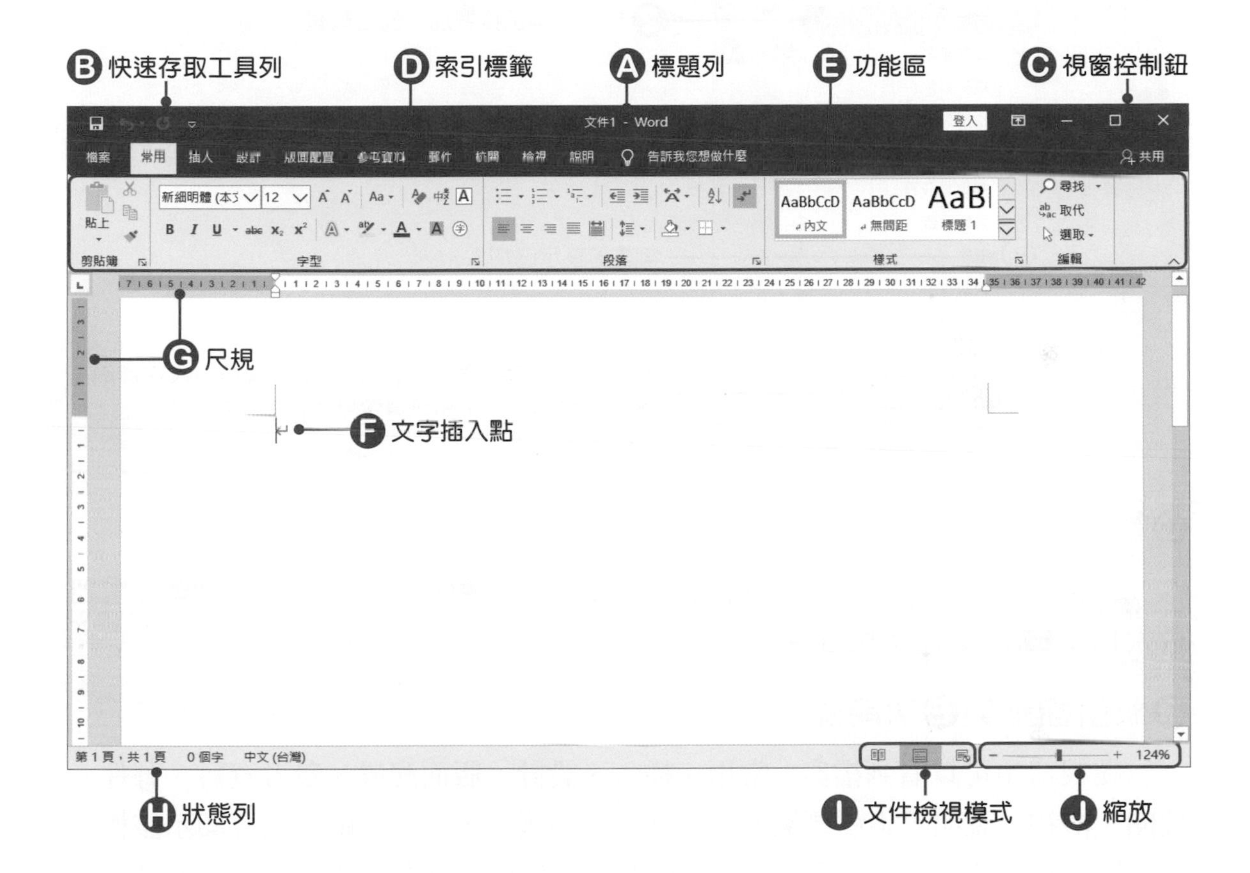

A標題列

在標題列中會顯示目前開啓的文件檔案名稱與軟體名稱，開啓一份新文件時，在標題列上會顯示**文件1**；開啓第二份文件時，則會顯示**文件2**。

B快速存取工具列

快速存取工具列在預設情況下，會有**儲存檔案**、**復原**、**重複**、**取消復原**(當執行復原動作時，重複按鈕就會轉換爲取消復原按鈕)等工具鈕，在快速存取工具列上的這些工具鈕，主要是讓我們在使用時，能快速執行想要進行的工作。

在快速存取工具列上的工具鈕，是可以自行設定的，可以把一些常用的工具鈕加入，以方便自己使用。

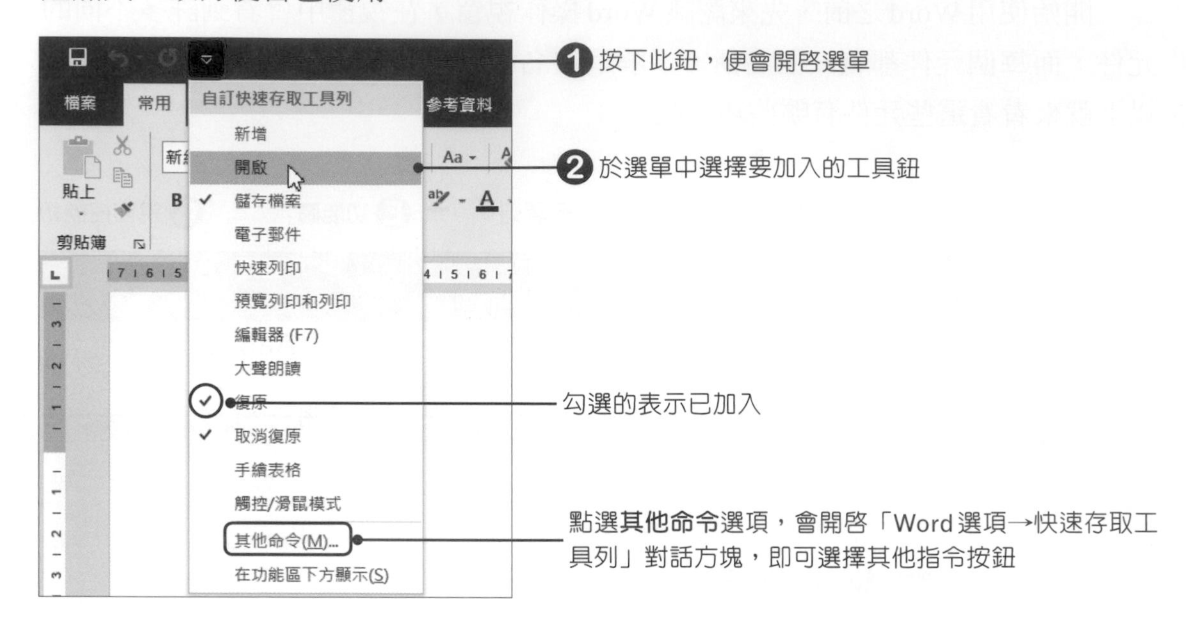

Ⓒ視窗控制鈕

視窗控制鈕主要是控制視窗的縮放及關閉，▬將視窗最小化；▫將視窗最大化；✕將文件及視窗關閉。

Ⓓ索引標籤與Ⓔ功能區

在視窗中可以看到**檔案**、**常用**、**插入**、**設計**、**版面配置**、**參考資料**、**郵件**、**校閱**、**檢視**、**說明**等索引標籤，點選某一個標籤後，在功能區中就會顯示該標籤的相關功能，而Word將這些功能以**群組**方式分類，以方便使用。例如：點選**常用**索引標籤時，就可以看到**剪貼簿**群組、**字型**群組、**段落**群組、**樣式**群組、**編輯**群組等，而這些群組，又包含了多個指令按鈕。

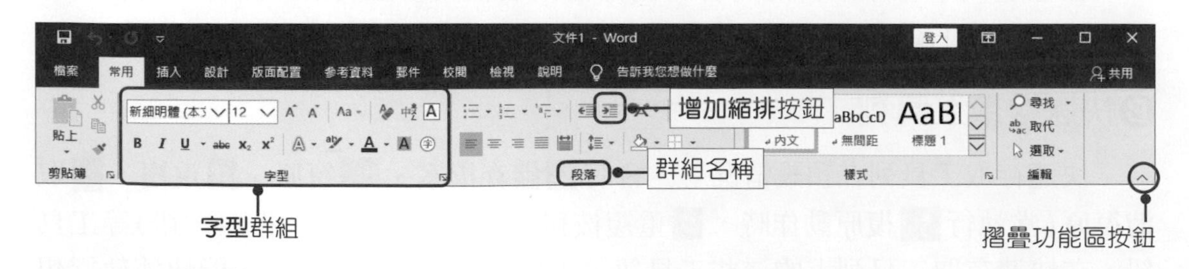

若不想讓功能區出現於視窗中，可以按下^**摺疊功能區**按鈕，即可將功能區隱藏起來。若要再顯示功能區時，按下**功能區顯示選項**按鈕，於選單中點選**顯示索引標籤和命令**即可。

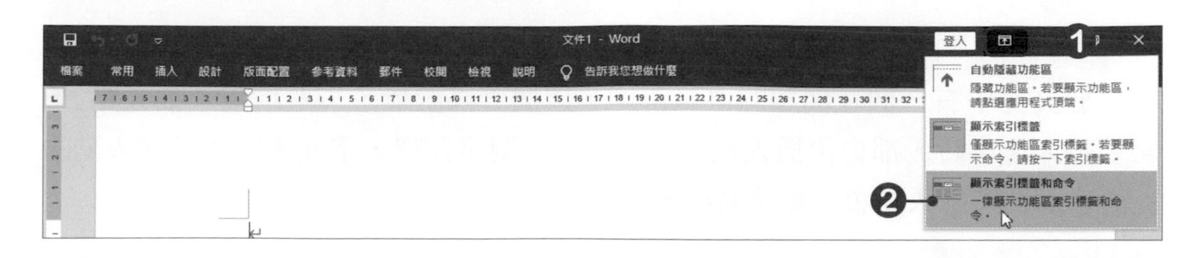

按下鍵盤上的**Ctrl+F1**快速鍵，也可以將功能區隱藏起來；若要再顯示功能區，則再按下鍵盤上的**Ctrl+F1**快速鍵即可。

在每個群組的右下角如果有 **對話方塊啟動器**工具鈕，表示該群組還可以進行細部的設定，例如：當按下字型群組的 工具鈕後，會開啟「字型」對話方塊，即可進行更多關於字型格式的設定。

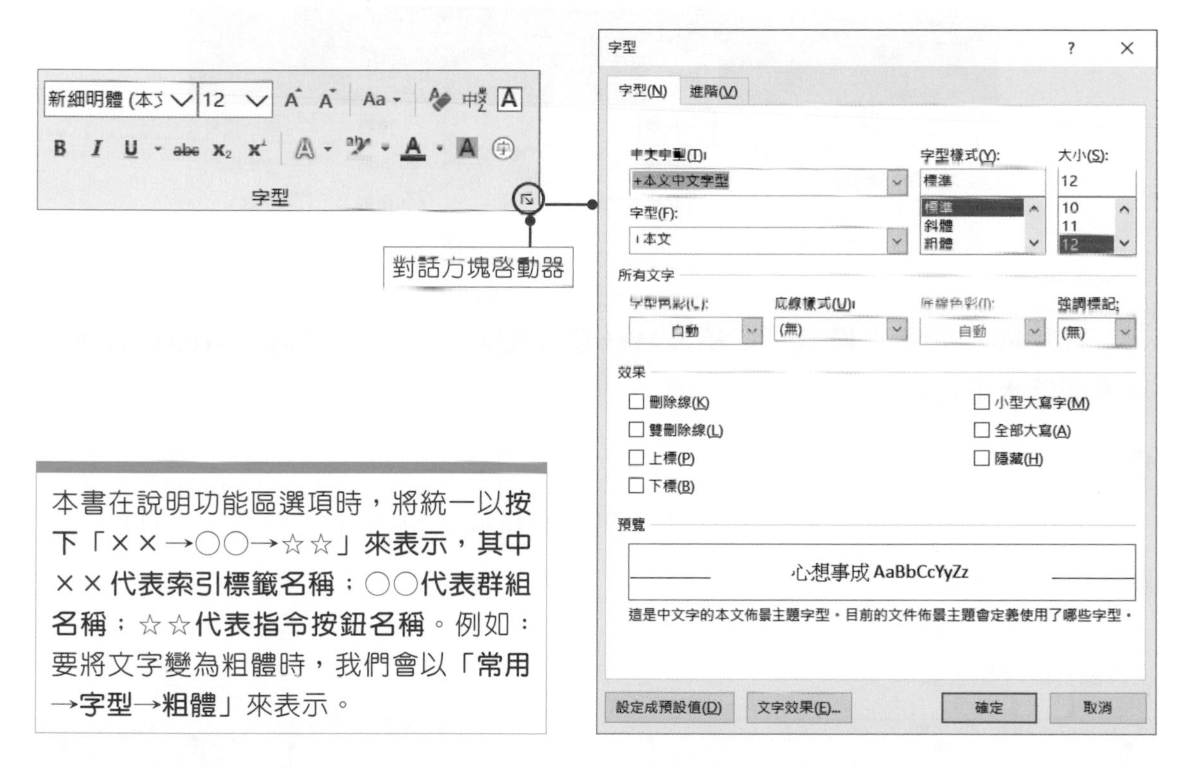

本書在說明功能區選項時，將統一以按下「××→○○→☆☆」來表示，其中××代表索引標籤名稱；○○代表群組名稱；☆☆代表指令按鈕名稱。例如：要將文字變為粗體時，我們會以「**常用→字型→粗體**」來表示。

使用功能區的任一按鈕時，若不清楚該按鈕的功用到底為何，可以直接將滑鼠游標移至該按鈕上，Word便會顯示該按鈕的功用。

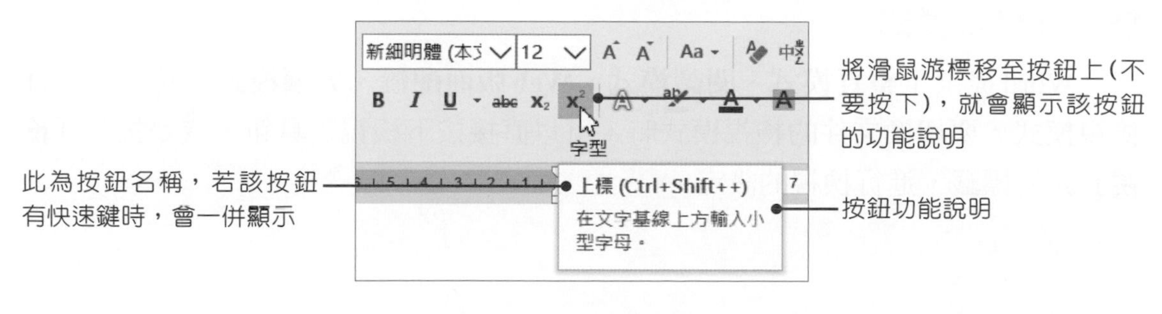

Ⓕ文字插入點

於文件中有一個在閃爍的直條游標，這個直條游標，一般稱為**「插入點」**。當要輸入文字時，都會由插入點開始，輸入一個字元時，字元會顯示於插入點的左邊，而此時插入點會自動往右移。

Ⓖ尺規

水平與垂直尺規位於Word編輯區的上方和左邊，尺規可以方便查看紙張邊界與文字位置，及進行版面的調整與段落的縮排、定位點的設定等動作。在預設下，尺規是不會自行開啓的，若要開啓尺規時，將**「檢視→顯示」**群組中的**尺規**選項勾選即可。

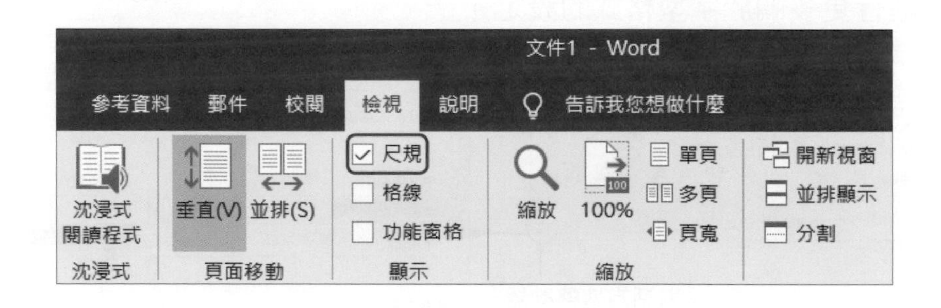

尺規顯示於**整頁模式**、**草稿**及**Web版面配置**中，其中**草稿**及**Web版面配置**只會開啓**水平尺規**。

Ⓗ狀態列

在狀態列中會顯示該份文件的資訊，像是插入點所在的頁次、文件的總頁數、文件的字數等。

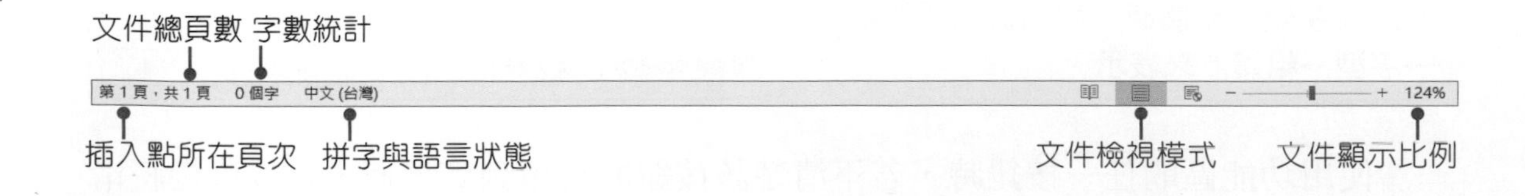

Ⓘ文件檢視模式

Word提供了**整頁模式**、**閱讀模式**、**Web版面配置**、**大綱模式**及**草稿**等文件檢視模式。要切換文件的檢視模式時，可以直接按下檢視工具鈕，或是按下**「檢視」**索引標籤，進行檢視的設定。

檢視模式	說明
整頁模式	會顯示最完整的版面，包含所有設定的格式、編輯頁首及頁尾、調整邊界等。
閱讀模式	會以一頁一頁的方式呈現文件，且可調整文字大小，方便閱讀。
Web版面配置	在此模式下，可以建立一份網頁文件及編輯出網頁之外貌。
大綱模式	一個架構分明的文章，需要有一個清楚明確的大綱。大綱模式就是將文件中的內容依大綱為主軸，呈現文章的架構，可以有效率地進行建構、舖陳、重組等編輯，但在這個模式下不會顯示邊界、頁首及頁尾、圖形、背景。
草稿	主要用於文件內文尚在初擬及編修的階段。在草稿模式下，會簡化版面顯示的內容，只顯示文件中的文字內容，而忽略圖片、圖表、文字方塊等物件，同時也不會顯示頁面的頁首頁尾、註腳，及多欄的編排效果。

Word 2019提供了**沈浸式閱讀程式**、**頁面移動**等工具，幫助使用者閱讀文件內容，進入沈浸式閱讀程式模式後，便能依個人的需求來調整頁寬、頁面色彩、行聚焦、文字間距及選擇朗讀工具等；而使用**頁面移動**工具，則可以將多頁文件像書本一樣將頁面以**垂直**或**並排**方式呈現。

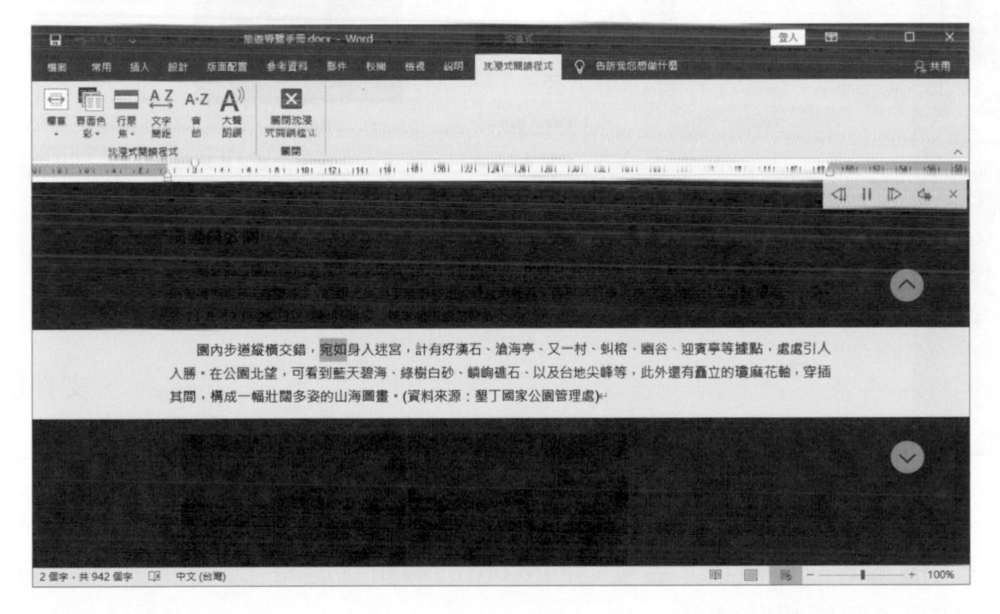

J 縮放

調整文件的顯示比例時，可以使用視窗右下角的按鈕，進行文件顯示比例的調整。按下 − **縮小**按鈕，可以縮小顯示比例，每按一次就會縮小10%；按下 + **放大**按鈕，則可以放大顯示比例，每按一次就放大10%，也可以直接拖曳中間控制點進行調整。

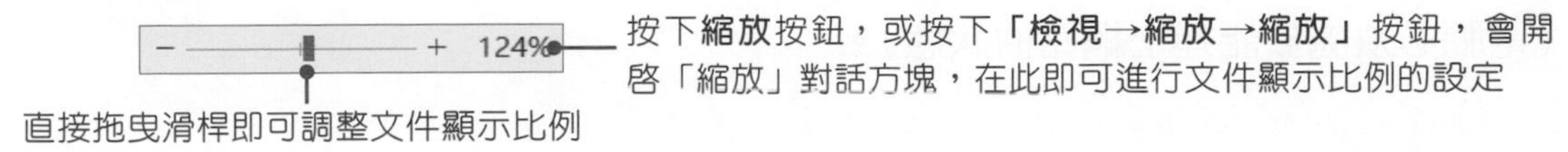

1-2 文件的開啟與關閉

認識了Word後，接下來將學習如何新增空白文件、使用範本建立文件、開啟現有的文件及關閉文件。

新增空白文件

要開啟一份空白文件時，按下**「檔案→新增」**功能，點選**空白文件**；或按下**Ctrl+N**快速鍵，即可建立一份空白文件。

進入**檔案**索引標籤後，若要返回Word的編輯狀態時，只要按下左上方的⊖按鈕，即可返回編輯狀態。

使用範本建立文件

Word提供了許多現成的範本，可以直接開啟使用。若要開啟Word所提供的範本時，按下**「檔案→新增」**功能，點選要開啟的範本即可；也可以直接輸入要尋找的範本關鍵字，Word就會尋找出相關的範本，此時便可選擇要使用的範本(電腦必須處於能連上網路的狀態)。

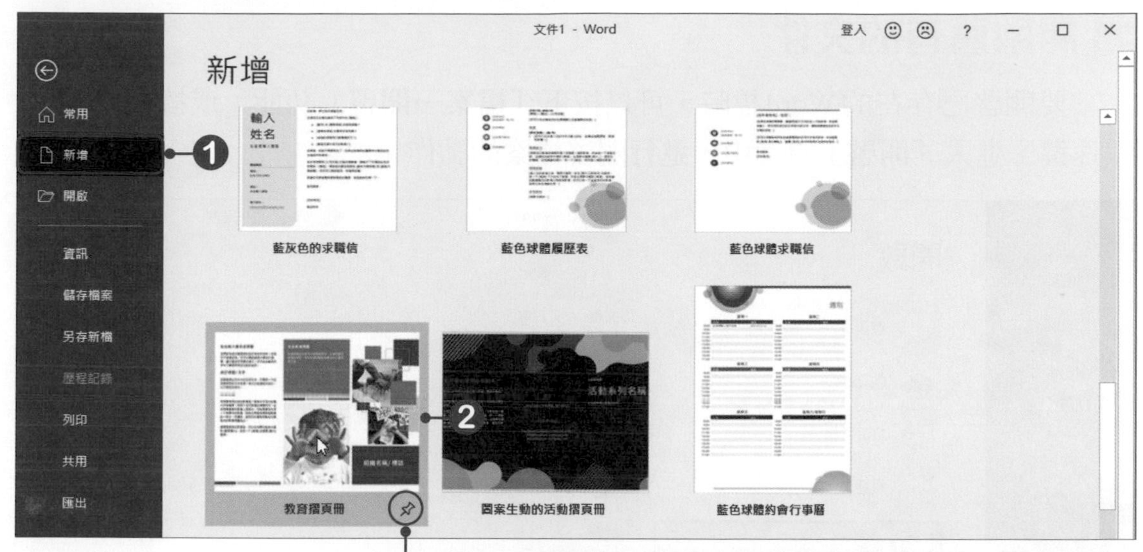

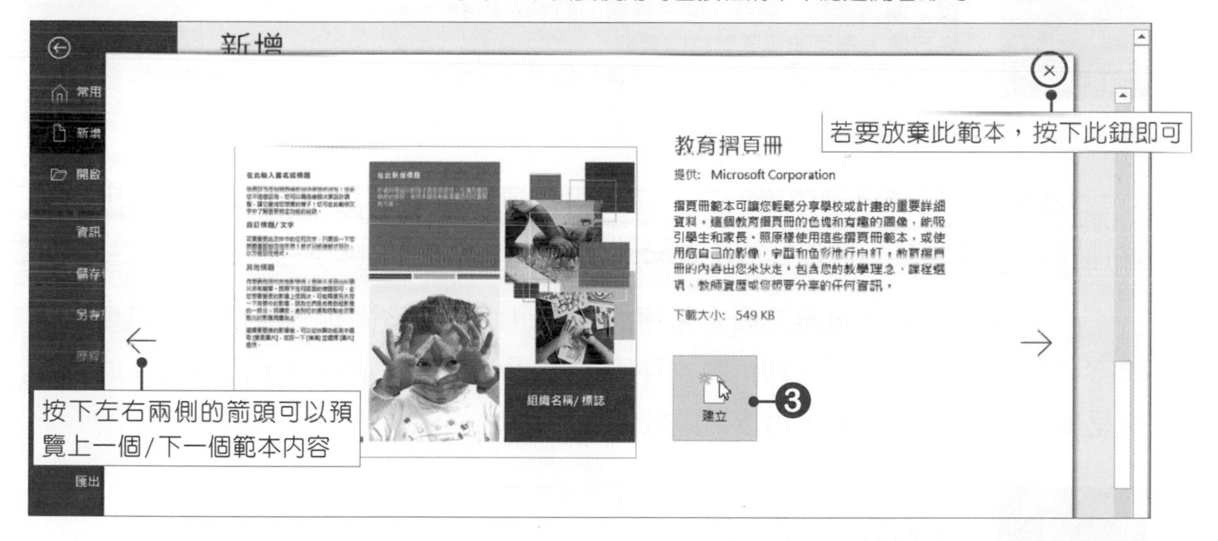

按下**建立**按鈕後，即可在Word中開啓該範本，範本通常都已經設定好固定文字、格式、版面等，所以使用範本時，只要在輸入區中輸入資料即可。

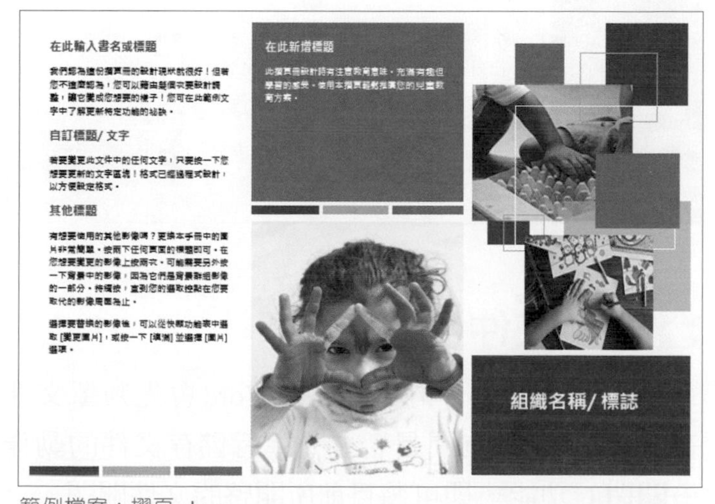

範例檔案：摺頁.docx

開啟舊有的文件

要開啟已存在的Word檔時，可以按下**「檔案→開啟」**功能；或按下**Ctrl+O**快速鍵，進入「開啟」頁面中，進行開啟檔案的動作。

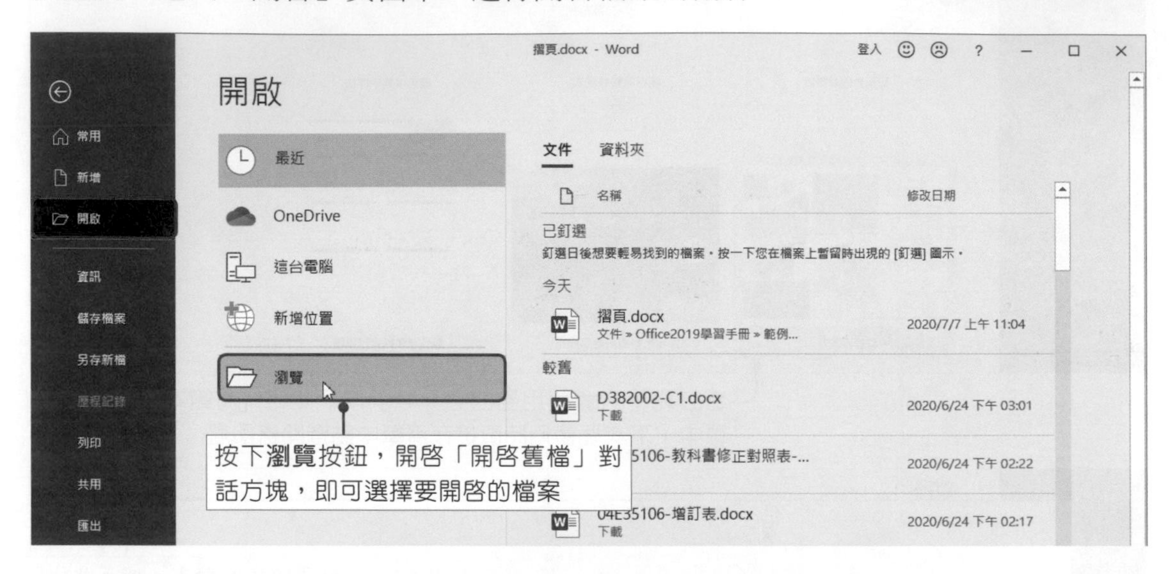

要開啟的是最近編輯過的文件時，可以直接按下**最近**，Word就會列出最近曾經開啟過的檔案，而這份清單會隨著開啟的檔案而有所變換。

在清單中若某個檔案是固定常用的，可以將此檔案固定到清單中，只要按下檔案名稱右邊的按鈕，即可將文件固定至「**已釘選**」清單中，而該文件的圖示會呈狀態，若要取消，再按下該按鈕即可。

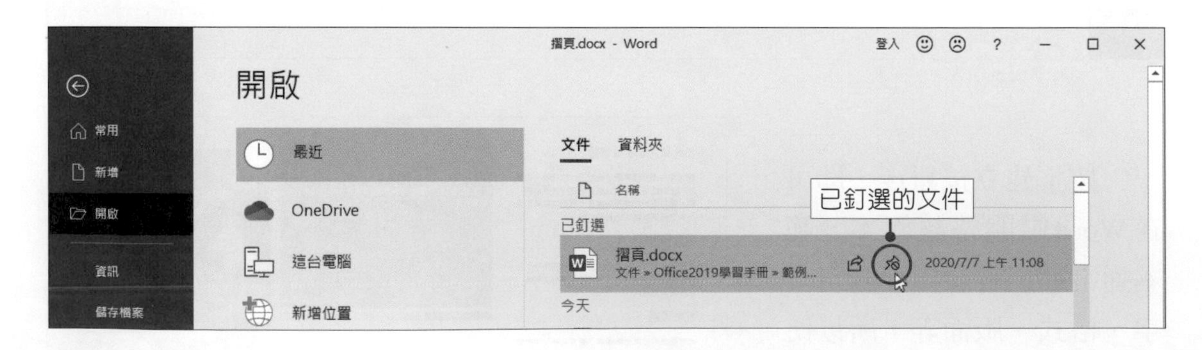

關閉文件

進行關閉文件的動作時，Word會先判斷文件是否已經儲存過，如果尚未儲存，Word會先詢問是否要先進行儲存文件的動作。要關閉文件時，按下**「檔案→關閉」**功能，即可將目前所開啟的文件關閉。

1-3 文件的儲存

文件編輯好後，便可進行儲存的動作，在儲存檔案時，可以將文件儲存成：Word文件檔(docx)、範本檔(dotx)、網頁(htm、html)、OpenDocument文字(odt)、PDF、XPS文件、RTF格式、純文字(txt)等類型。

儲存文件

第一次儲存文件時，可以直接按下**快速存取工具列**上的**儲存檔案**按鈕；或是按下**「檔案→儲存檔案」**功能；也可按下**Ctrl+S**快速鍵，進入**另存新檔**頁面中，選擇要儲存的位置後，即可開啓「另存新檔」對話方塊，進行儲存的設定。若同樣的文件進行第二次儲存時，就不會再進入**另存新檔**頁面中。

另存新檔

當不想覆蓋原有的檔案內容，或是要將檔案儲存成「.doc」格式時，按下**「檔案→另存新檔」**功能，或按下**F12**鍵，進入**另存新檔**頁面中，進行儲存的設定。按下**存檔類型**按鈕，即可選擇要儲存的檔案類型。

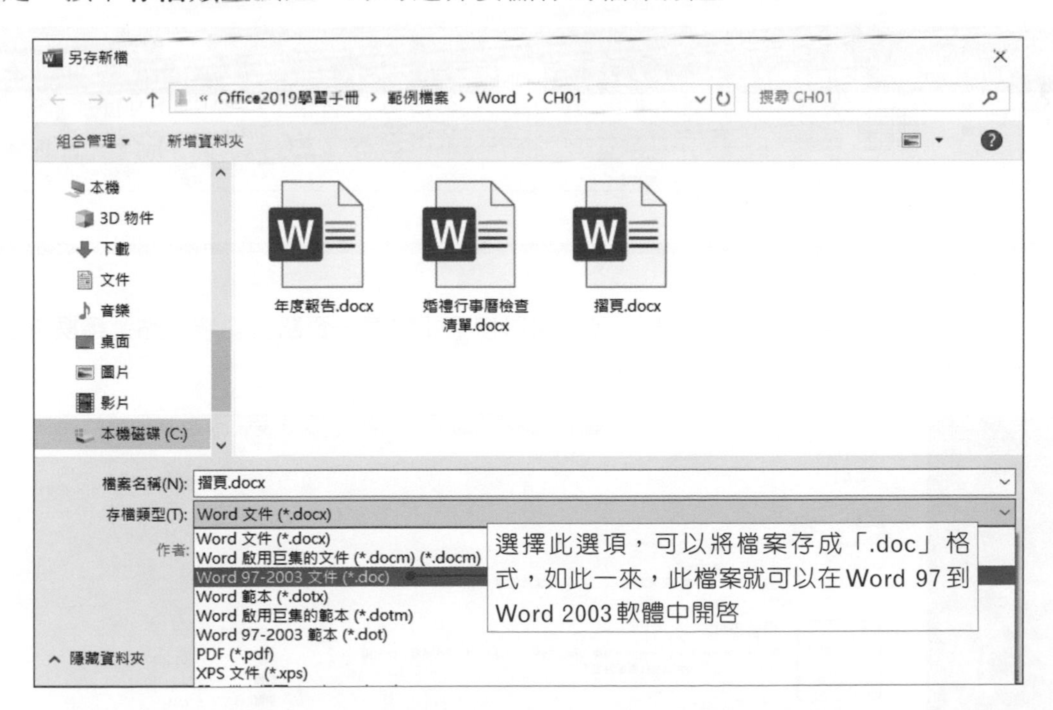

Word 2019在預設下，儲存文件時都會以「.docx」格式儲存。

將檔案儲存爲 **Word 97-2003 文件 (*.doc)** 格式時，若文件中有使用到2019的各項新功能，那麼會開啓相容性檢查程式訊息，告知你舊版Word不支援哪些新功能，以及儲存後內容會有什麼改變。若按下**繼續**按鈕將文件儲存，那麼在舊版中開啓文件時，某些功能將無法繼續編輯。

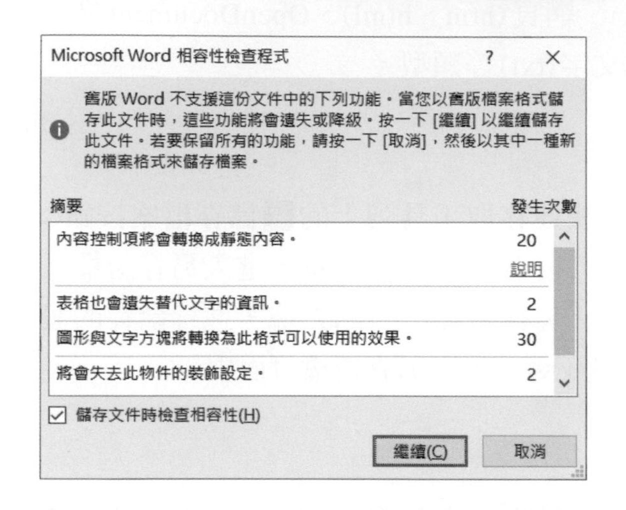

Word 2019的檔案格式

從 Word 97 一直到 Word 2003，所使用的檔案格式皆為「.doc」；但到了 **Word 2007 之後，檔案格式已更改為「.docx」**，跟以往不同的是在副檔名後加上了「x」，而這個「x」表示 XML，它加強了對 XML 的支援性。除了 Word 外，在 Office 中的 Excel、PowerPoint 等，也都做了這樣的改變。

儲存完成後，在標題列上除了會顯示檔案名稱外，還會標示**「相容模式」**的字樣。

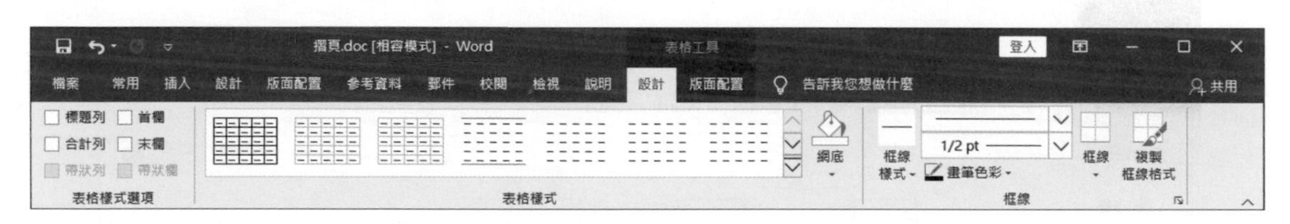

相容模式轉換

在 Word 2019 中開啓 doc 格式的文件時，可以按下**「檔案→資訊」**功能，點選**轉換**選項，將舊版轉換為新版，這樣就可以啓用新功能。

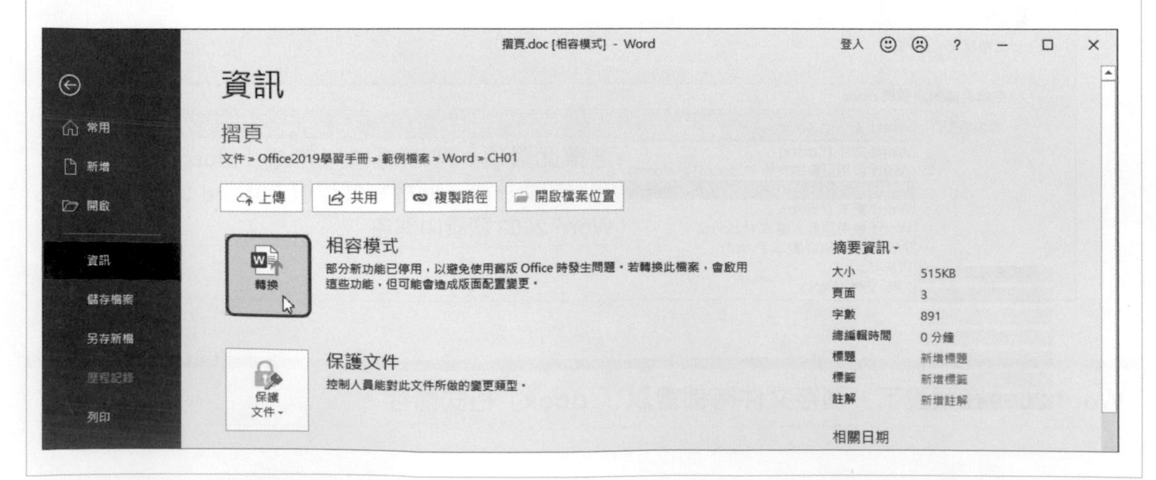

將文件轉存為PDF格式

製作好的文件除了儲存爲Word文件外，還可以將它轉存爲**PDF或XPS**格式，以方便傳送或上傳至網站中，且將文件存成PDF或XPS格式，具有可保存文件外觀、可以在檔案中內嵌所有字型、無法輕易地變更檔案內容等優點。

01 開啓文件，按下**「檔案→匯出」**功能，點選**建立PDF/XPS文件**，再按下**建立PDF/XPS**按鈕，開啓「發佈成PDF或XPS」對話方塊。

02 選擇檔案要儲存的位置，輸入檔案名稱，再選擇檔案要使用的最佳化方式，若需要較高的列印品質，請選擇**標準**。都設定好後，按下**發佈**按鈕，進行匯出的動作。

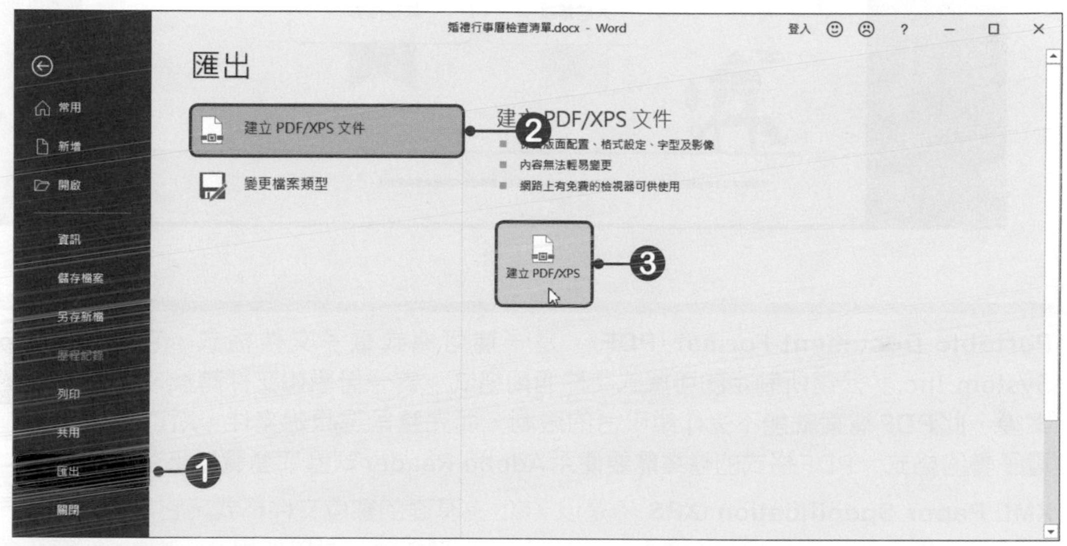

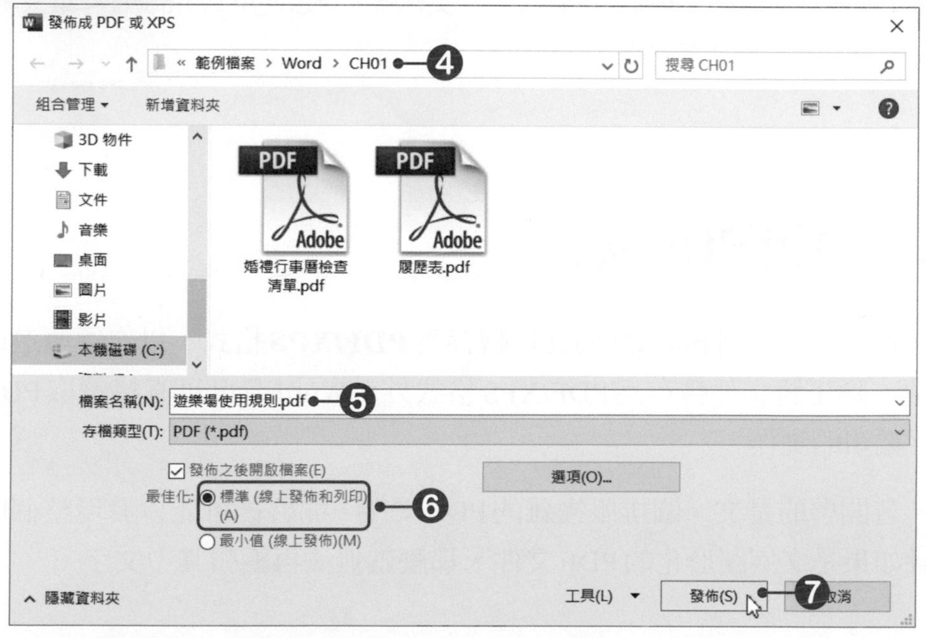

03 轉換完畢後，會以「Adobe Acrobat」或「Adobe Reader」軟體開啓檔案。

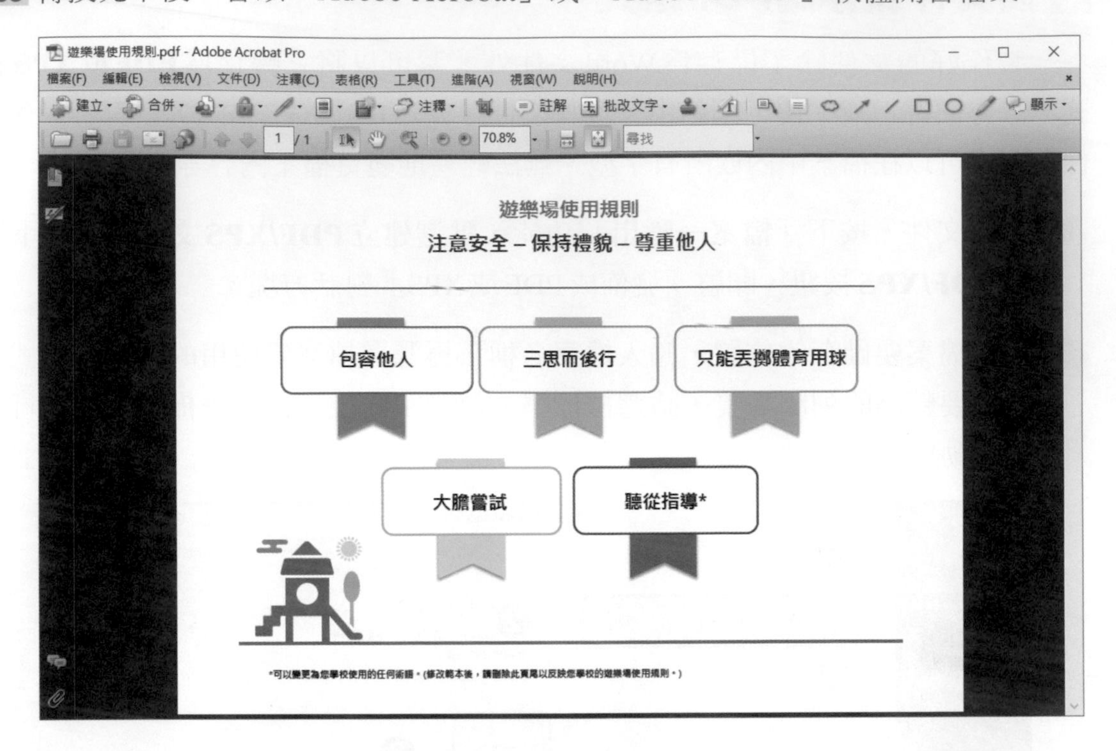

Portable Document Format (PDF)：是一種可攜式電子文件格式，它是由「Adobe System Inc.」公司所制定的可攜式文件通用格式。當一份原始文件轉換成PDF格式的檔案後，此PDF檔案就能不受作業平台的限制，而完整呈現原始文件，所以PDF常被當作電子書的格式。PDF格式的檔案需要使用Adobe Reader軟體或瀏覽器來瀏覽閱讀。

XML Paper Specification (XPS)：是以XML為基礎的數位文件格式，它是由微軟公司所開發的一種文件保存與檢視的規範。要開啓XPS文件時，可以使用Windows作業系統內建的XPS印表機或XPS檢視器來開啓。

1-4 編輯PDF檔案

在Word中可以直接將編輯好的文件轉存爲**PDF/XPS**格式，以方便傳送或上傳至網站中。除了將文件轉存爲PDF/XPS格式外，Word還可以直接讀取PDF格式，並進行編輯的動作。

不過，若開啓的是文、圖排版複雜的PDF文件，開啓後可能會發現整個版面都亂掉，且如果是文字圖形化的PDF文件，那麼就無法再編輯其中文字。

所以，若要編輯PDF文件，那麼該文件最好是直接由Word轉存的，這樣不管是純文字，還是圖文並茂的文件，Word都能有效的辨識出來，且進行編輯都不會有什麼太大的問題。

要開啓PDF格式的檔案時，按下**「檔案→開啓」**功能；或按下**Ctrl+O**快速鍵，進入「開啓」頁面中，選擇要開啓的PDF檔案，再按下**開啓**按鈕，此時會開啓一個訊息，告知要將PDF轉換為可編輯的Word文件，這裡請按下**確定**按鈕，即可進行轉換的動作。

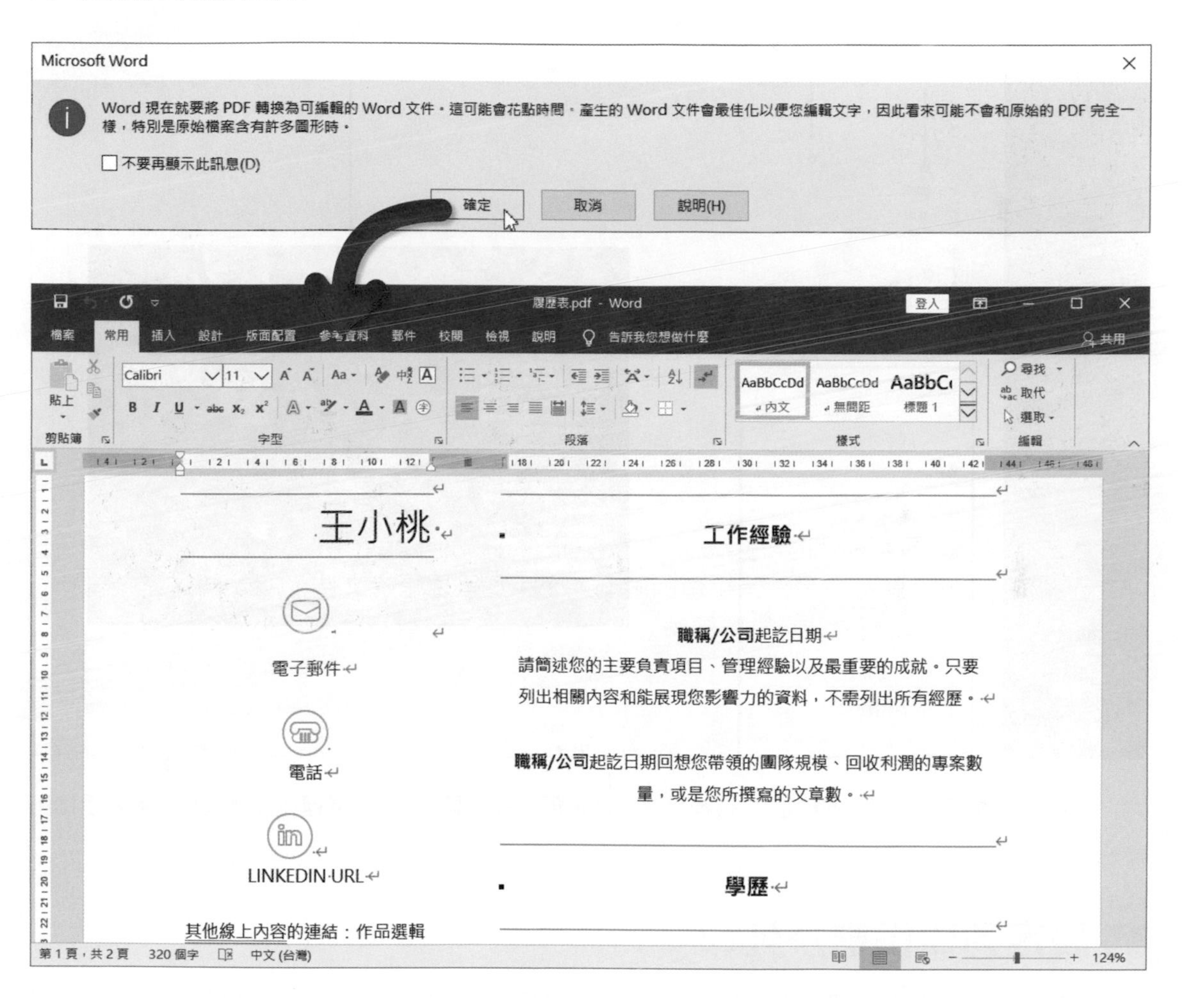

1-5 文件的列印

要列印文件時，電腦必須先連上印表機，才能進行列印的動作。按下**「檔案→列印」**功能，或按下**Ctrl+P**快速鍵，即可進入列印畫面中。

在進行列印前還可以設定要列印的份數、列印的範圍、紙張的方向、紙張的大小、每張要列印的張數等。

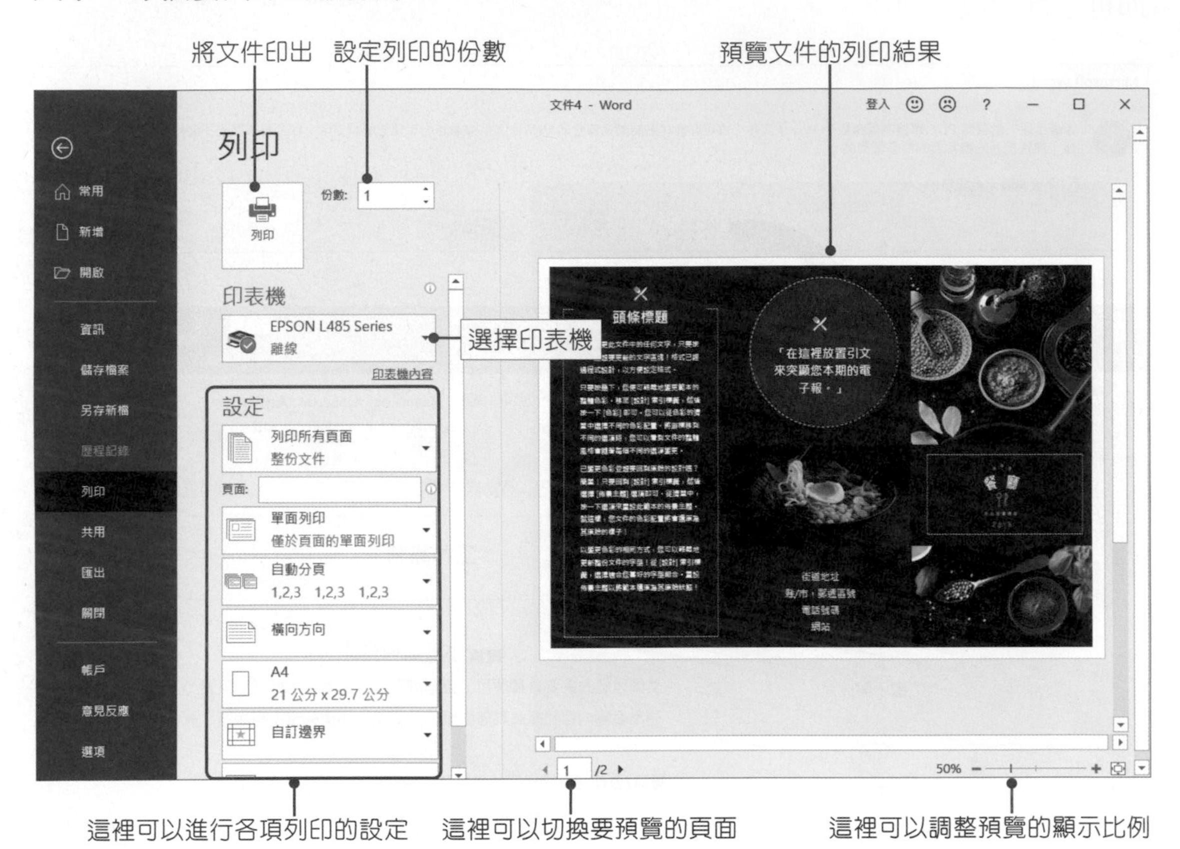

設定列印份數及列印

要列印文件時，還可以設定要列印的份數，只要在「份數」欄位中輸入要列印的份數即可，若預覽沒問題後，按下**列印**按鈕，便可進行列印。

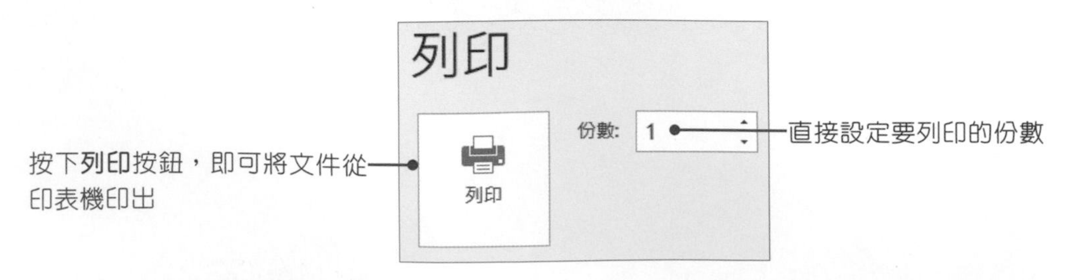

設定列印範圍

要列印文件時，可以選擇要列印的範圍，只要按下**列印所有頁面**按鈕，即可在選單中選擇列印所有頁面、列印目前頁面、自訂範圍等。

自動分頁

若列印多份文件時，可選擇自動分頁，這樣會先印完一整份文件後，才會再列印第二份文件。

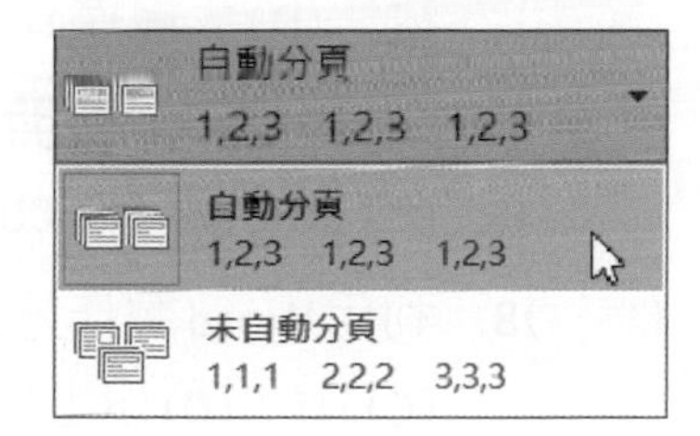

每張紙所含頁數

在此可以設定將多頁文件列印在同一張紙上，一張紙**最多可列印16頁**。

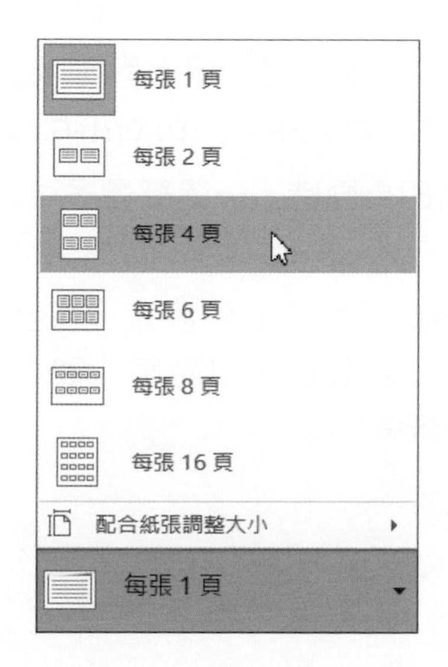

自我評量

❖選擇題

(　　)1. 在Word中，當開啓一份文件時，該份文件的檔案名稱會顯示於操作視窗的何處？(A)功能區　(B)快速存取工具列　(C)狀態列　(D)標題列。

(　　)2. 在Word中，何種編輯模式下，會顯示「水平」和「垂直」尺規？(A)整頁模式　(B)閱讀模式　(C)大綱模式　(D) Web版面配置。

(　　)3. 在Word中，滑鼠游標目前所在位置的頁數會顯示於何處？(A)功能區 (B)快速存取工具列　(C)狀態列　(D)標題列。

(　　)4. 在Word中，若要將視窗中的「功能區」隱藏，可以按下下列哪組快速鍵？(A) Ctrl+F1　(B) Ctrl+F2　(C) Ctrl+F3　(D) Ctrl+F4。

(　　)5. 在Word中，要調整文件的顯示比例時，可以點選下列哪個指令按鈕？(A)檔案→縮放→縮放　(B)檢視→縮放→縮放　(C)插入→縮放→縮放 (D)常用→縮放→縮放。

(　　)6. 在Word中，要快速編輯文字時，可以使用下列哪個模式，而此模式不會顯示頁首及頁尾、邊界、背景、圖片等？(A)整頁模式　(B)閱讀模式　(C)草稿　(D)大綱模式。

(　　)7. 在Word中，要開啓一份新文件時，可以按下下列哪組快速鍵？(A) Ctrl+F (B) Ctrl+A　(C) Ctrl+O　(D) Ctrl+N。

(　　)8. 利用Word製作好的文件，可以儲存為下列哪種檔案類型？(A) dotx　(B) txt (C) rtf　(D)以上皆可。

(　　)9. 在Word中，將文件存成PDF或XPS格式時，具有什麼好處？(A)無法輕易變更檔案內容　(B)可以在檔案中內嵌所有字型　(C)可保存文件外觀　(D)以上皆是。

(　　)10. 在Word中，要列印文件時，可以按下下列哪組快速鍵，進行列印的設定？(A) Ctrl+F　(B) Ctrl+P　(C) Ctrl+D　(D) Ctrl+G。

(　　)11. 在Word中，設定列印頁面時，一張紙最多可以設定列印多少頁？(A) 8頁 (B) 16頁　(C) 32頁　(D)沒有限制。

(　　)12. 在Word中，下列關於「列印」的設定，何者不正確？(A)可以設定只列印「偶數頁」　(B)可以指定列印範圍　(C)無法設定列印不連續的頁面 (D)可以選擇列印的紙張方向。

WORD 2019

CHAPTER 02
文件的編輯與格式設定

2-1 文字的編輯

學習Word前，有些基本的編輯技巧是要先熟悉的，例如：文字的選取、文字的搬移、複製及貼上、文字的尋找與取代等，學會了這些技巧後，在使用Word時，就能更得心應手。

文字的選取

編修文件時，都會先選取要編修的文字範圍，而在Word中選取文字的方法有很多，常用的方法如下表所列。在Word中以**灰色網底**表示文字被選取；若要取消選取狀態時，只要在文件中任一個未選取的區域，按一下**滑鼠左鍵**即可。

選取方式	操作說明	範例
字詞／英文單字	在文字上或英文單字上，**雙擊滑鼠左鍵**。	晉太元中，武陵人，捕魚為業，緣溪行，忘路之遠近；忽逢桃花林，夾岸數百步，中無雜樹，芳草鮮美，落英繽紛；漁人甚異之。
一串文字	至要選取的文字前，按下**滑鼠左鍵**不放，將滑鼠游標拖曳至要選取的文字。	晉太元中，武陵人，捕魚為業，緣溪行，忘路之遠近；忽逢桃花林，夾岸數百步，中無雜樹，芳草鮮美，落英繽紛；漁人甚異之。
一行	至要選取行的左方選取區，滑鼠游標會呈「⬀」狀態，按下**滑鼠左鍵**即可選取該行。	晉太元中，武陵人，捕魚為業，緣溪行，忘路之遠近；忽逢桃花林，夾岸數百步，中無雜樹，芳草鮮美，落英繽紛；漁人甚異之。
多行	至要選取行的左方選取區，滑鼠游標會呈「⬀」狀態，按下**滑鼠左鍵**不放，拖曳滑鼠游標至要選取的行。	晉太元中，武陵人，捕魚為業，緣溪行，忘路之遠近；忽逢桃花林，夾岸數百步，中無雜樹，芳草鮮美，落英繽紛；漁人甚異之。
段落	至該段落的左方選取區，滑鼠游標會呈「⬀」狀態，**雙擊滑鼠左鍵**，或是將滑鼠游標移至要選取的段落上**連續快按滑鼠左鍵三下**，即可選取該段落。	晉太元中，武陵人，捕魚為業，緣溪行，忘路之遠近；忽逢桃花林，夾岸數百步，中無雜樹，芳草鮮美，落英繽紛；漁人甚異之。
不連續選取	先選取一段範圍，按著**Ctrl**鍵不放，再去選取其他要選取範圍。	晉太元中，武陵人，捕魚為業，緣溪行，忘路之遠近；忽逢桃花林，夾岸數百步，中無雜樹，芳草鮮美，落英繽紛；漁人甚異之。

選取方式	操作說明	範例
矩形區域選取	按住**Alt**鍵，並拖曳滑鼠產生矩形區域，在矩形區域中的內容就都會被選取。	晉太元中，武陵人，捕魚為業，緣溪行，忘路之遠近；忽逢桃花林，夾岸數百步，中無雜樹，芳草鮮美，落英繽紛；漁人甚異之。
整份文件	在文件的任一左方選取區上，**快按滑鼠左鍵三下**。 按下鍵盤上的**Ctrl+A**快速鍵或按住**Ctrl**鍵＋數字鍵區的**5**鍵。 按下「**編輯→選取→全選**」按鈕。	晉太元中，武陵人，捕魚為業，緣溪行，忘路之遠近；忽逢桃花林，夾岸數百步，中無雜樹，芳草鮮美，落英繽紛；漁人甚異之。 範例檔案：2-1.docx

選取文字時，也可以使用鍵盤上的按鍵來選取，例如：按下**Ctrl+Shift+End**快速鍵，可以將滑鼠游標所在位置至文件結尾的文字都選取；而按下**Ctrl+Shift+F8**快速鍵後，再使用「**方向鍵**」，即可選取一個垂直文字區段的範圍。

文字的搬移、複製、剪下、貼上、復原、取消復原

調整文件內容時，可能會用到複製、剪下、貼上、搬移等動作，善用這些動作可以減少文字輸入及文字整理的時間。

動作	說明	按鈕	快速鍵
複製	複製選取範圍，並將它放到剪貼簿中。	常用→剪貼簿→	**Ctrl+C**
剪下	剪下選取範圍後，將它放到剪貼簿中。	常用→剪貼簿→	**Ctrl+X**
貼上	將被複製的文字，貼到滑鼠游標所在位置。	常用→剪貼簿→	**Ctrl+V**
復原	可復原上一個執行的動作。	快速存取工具列→	**Ctrl+Z**
取消復原	清除已執行的復原動作。	快速存取工具列→	**Ctrl+Y**
搬移	指的是將某段文字從原來的位置，調整至其他的位置。選取文字後，按下**滑鼠左鍵**不放，滑鼠游標呈「」狀態，再將文字拖曳至新位置上。 我可以我以為 → 我以為我可以 若搬移時按著**Ctrl**鍵不放，則可以複製選取的文字。 我很愛你 → 我很愛很愛你		

貼上智慧標籤

進行「貼上」的動作時，在文字下方都會出現 (Ctrl) 圖示，這個圖示就是貼上功能的智慧標籤。它可是有著大大的用途，將滑鼠游標移至該 (Ctrl) 圖示上後，按下選單鈕或**Ctrl**鍵，即可開啓選單表，在選單中可以選擇貼上的方式。

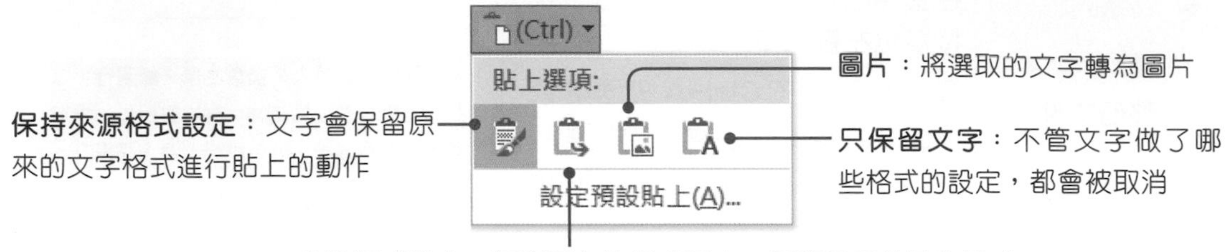

Office剪貼簿

Office提供了方便好用的「**剪貼簿**」，這個剪貼簿，提供了**24個**暫存空間，存放被剪下及要複製的文字、圖片等項目。當項目超過24個後，在**複製第25個項目時，剪貼簿中的第1個項目會被覆蓋掉**。

剪貼簿會收集來自各地等待被貼上的各種物件，直到關閉所有Office程式，剪貼簿裡的項目才會被清除。要開啓剪貼簿時，按下**「常用→剪貼簿」**右下角的 按鈕，即可開啓**剪貼簿**窗格。

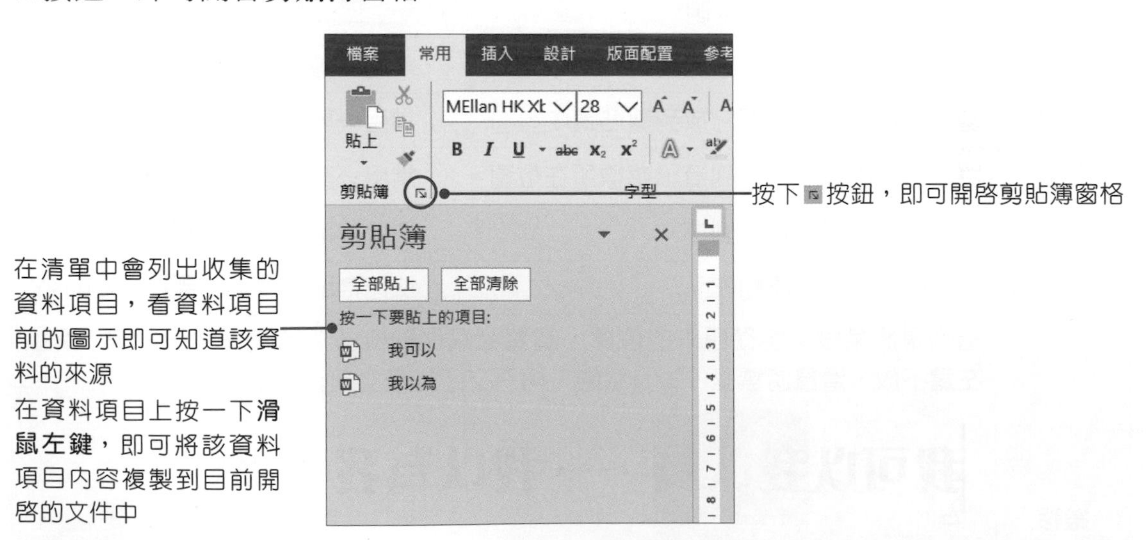

Office剪貼簿及Windows剪貼簿

在Windows系統中，執行**複製**或**剪下**指令時，所得到的資料都會暫存於系統剪貼簿中，但只有最後一次的**複製**或**剪下**的物件才會被置於Windows剪貼簿中；而Office剪貼簿則提供了24個暫存空間。

文字的尋找

在Word中可以利用**「尋找」**功能，於文件中尋找特定的文字、符號等。按下**「常用→編輯→尋找」**按鈕，或按下**Ctrl+F**快速鍵，即可開啓**導覽**窗格，進行尋找的設定。

01 按下**「常用→編輯→尋找」**按鈕，開啓**導覽**窗格。

02 在**導覽**窗格欄位中輸入要尋找的關鍵字，輸入時，Word便會將文件中所有找到的關鍵字，以黃色的醒目提示標示出來。

03 在清單中會列出該關鍵字的段落，點選該段落後，便會跳至該段落的所在位置。

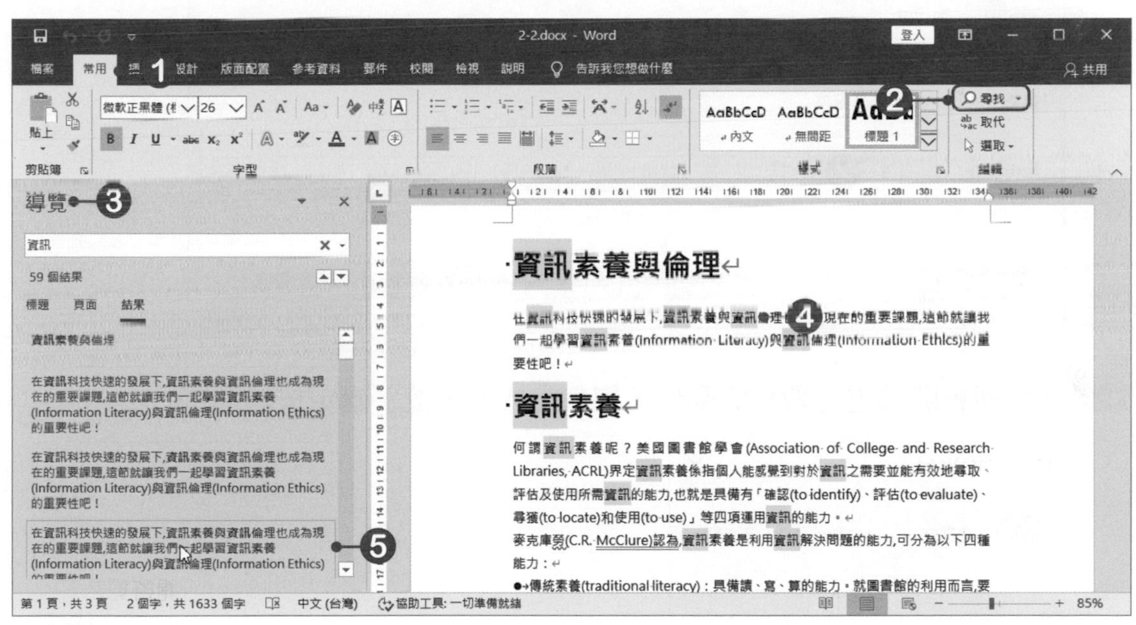

範例檔案：2-2.docx

在**導覽**窗格中除了尋找文字外，還可以尋找圖形、表格、方程式、註腳、附註、註解等。

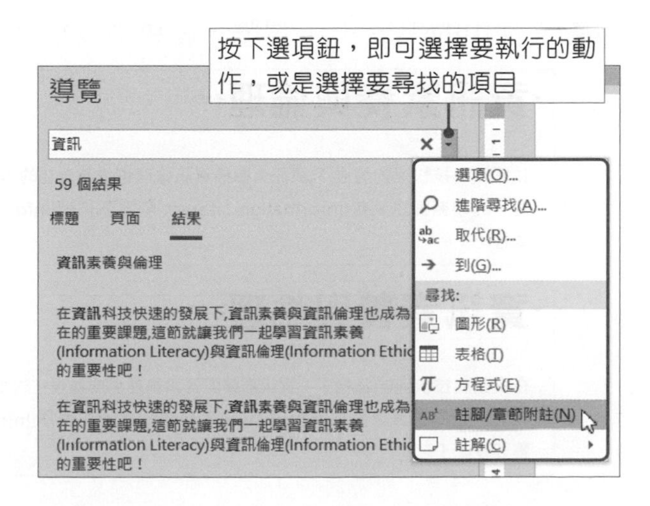

文字的取代

文件中若有大量的文字需要修改，或是要套用相同格式時，可以使用**取代**功能來進行修改。請開啓**2-2.docx**檔案，將文件中的半形「,」逗號，改爲全形「，」逗號。

01 按下「**常用→編輯→取代**」按鈕，或按下**Ctrl+H**快速鍵，開啓「尋找及取代」對話方塊。

02 在**尋找目標**欄位中輸入「**,**」，在**取代爲**欄位中輸入「**，**」，設定好後，按下**全部取代**按鈕。

03 文件便會開始進行取代的動作，取代完成後，按下**確定**按鈕即可。

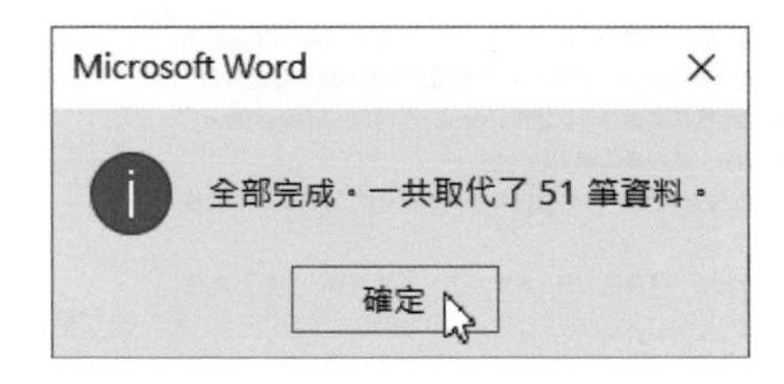

04 文件中的半形「,」逗號，就會被改爲全形「，」逗號。

範例檔案：2-2-OK.docx

特殊符號的取代

當文件中有一些空白、分行符號、段落標記、定位點、大小寫要轉換時，都可以使用**取代**功能來完成。請開啟**2-3.docx**檔案，將文件中的**分行符號**刪除。

01 按下**Ctrl+H**快速鍵，開啟「尋找及取代」對話方塊。

02 將滑鼠游標移至**尋找目標**欄位中，按下**特殊**按鈕，在選單中選擇**手動分行符號**。

03 此時在**尋找目標**欄位中，就多了一個**^l**字樣，而**取代爲**欄位中不要輸入任何的文字，再按下**全部取代**按鈕，文件中所有**分行符號**就會被刪除。

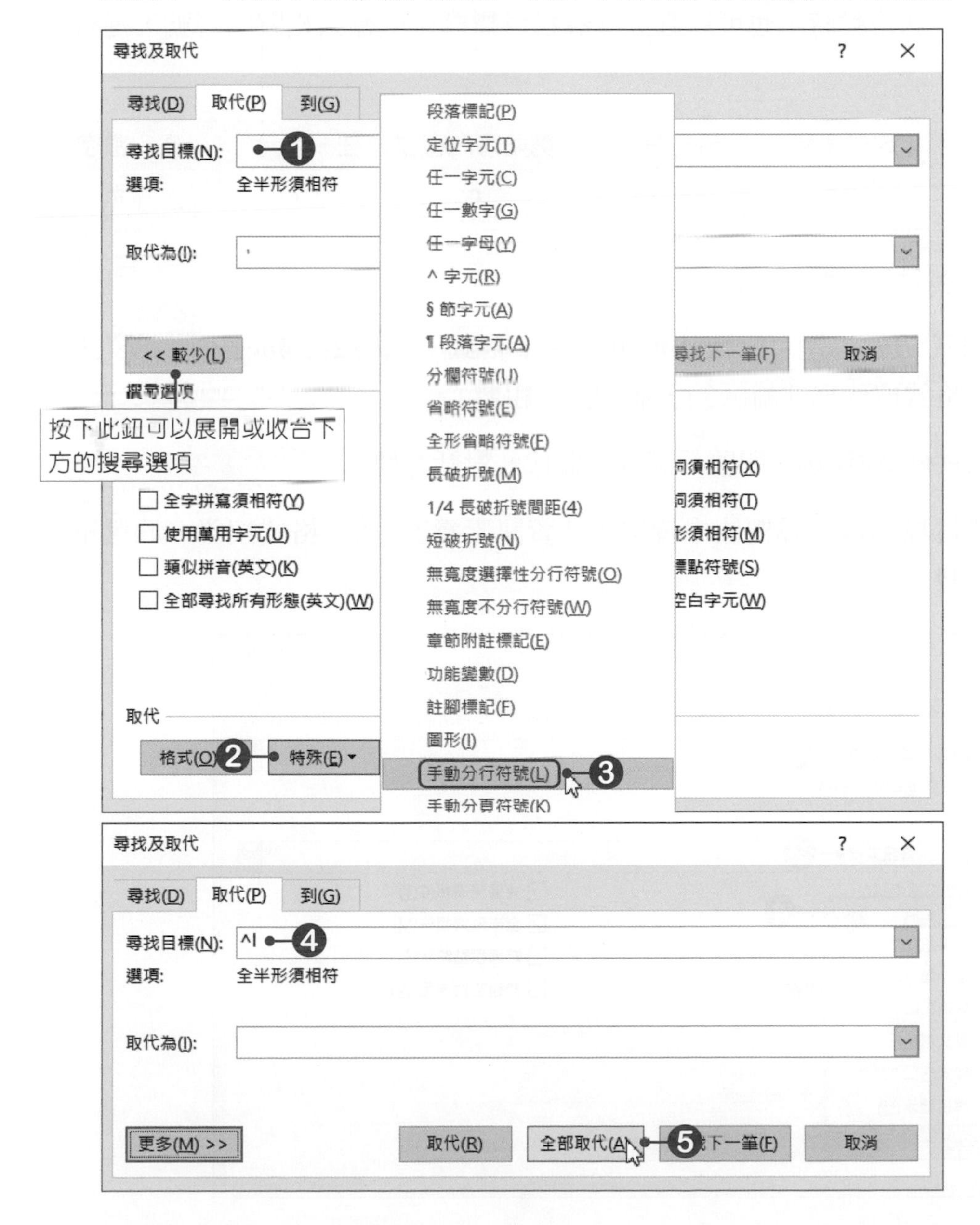

04 文件中的分行符號全部被刪除。

培養資訊素養

當我們遇到問題，或覺得某些方面的知識不足，需要其他資訊來解決問題、充實知↓
識時，就會產生「資訊需求(Information Need)」，當有資訊需求時，專家建議用以下六個步驟來幫助我們解決問題，而這六個步驟也是培養資訊素養的好方法喔！

分行符號

培養資訊素養

當我們遇到問題，或覺得某些方面的知識不足，需要其他資訊來解決問題、充實知識時，就會產生「資訊需求(Information Need)」，當有資訊需求時，專家建議用以下六個步驟來幫助我們解決問題，而這六個步驟也是培養資訊素養的好方法喔！

範例檔案：2-3-OK.docx

要取代特殊符號時，也可以直接於**尋找目標**欄位中輸入相關的符號，進行取代的動作。

段落標記	定位字元	分行符號	剪貼簿內容	任一字元	任一數字
^p	^t	^l	^c	^?	^#

快速更換文字格式

使用**取代**功能，還可以快速地更換文字格式。開啓**2-4.docx**，將「資訊素養」文字的格式取代爲「輔色3」，並加上「粗體」。

01 按下**Ctrl+H**快速鍵，開啓「尋找及取代」對話方塊。

02 在**尋找目標**與**取代爲**欄位中皆輸入「資訊素養」，按下**格式**按鈕，於選單中選擇**字型**。

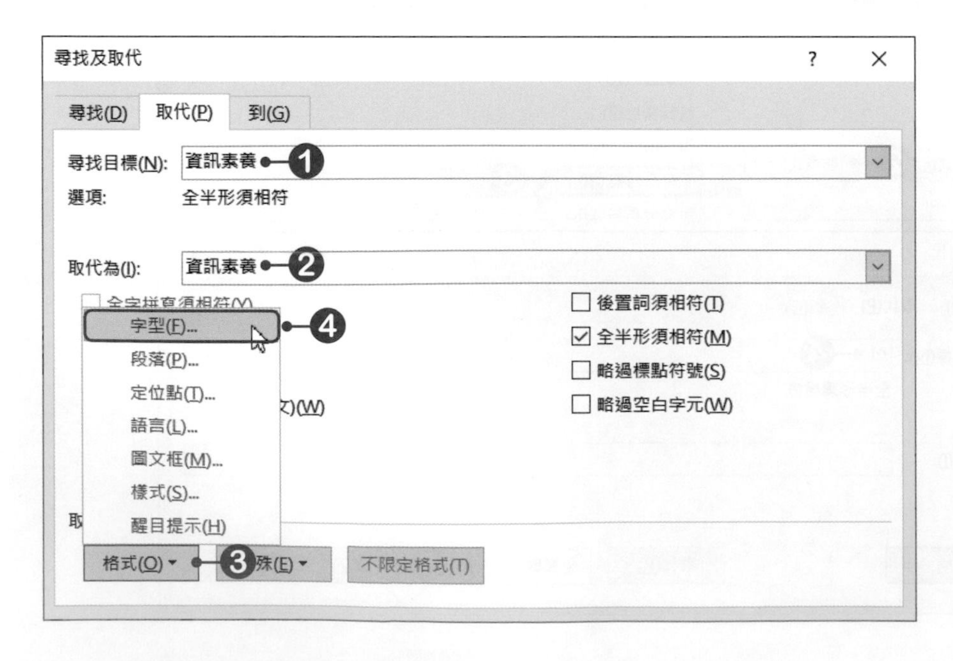

03 開啟「取代字型」對話方塊後，在**字型樣式**中點選**粗體**，再按下**字型色彩**選單鈕，選擇要使用的色彩，設定好後按下**確定**按鈕。

04 回到「尋找及取代」對話方塊後，按下**全部取代**按鈕，文件便會開始進行取代的動作。

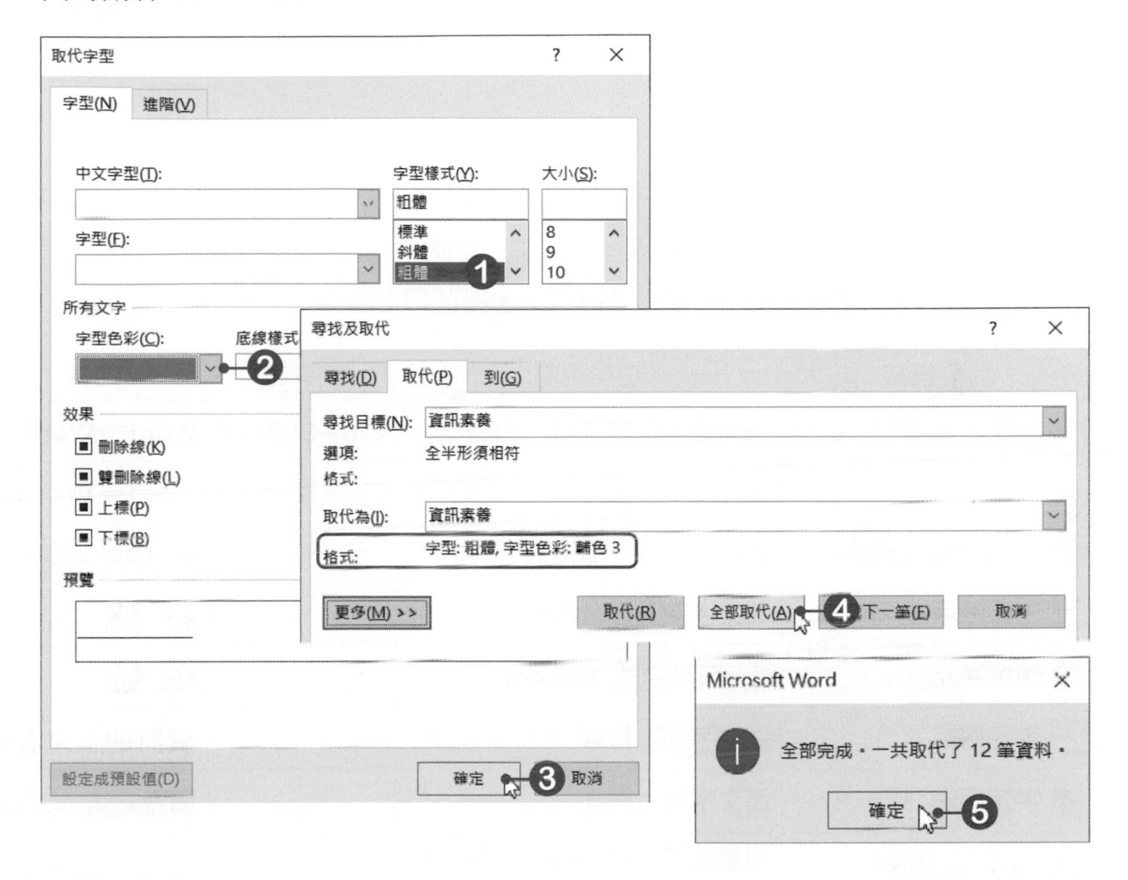

05 文件中的「資訊素養」文字便會套用剛剛所選的字型色彩及粗體樣式。

資訊素養與倫理

在資訊科技快速的發展下，資訊素養與資訊倫理也成為現在的重要課題，這節就讓我們一起學習資訊素養(Information Literacy)與資訊倫理(Information Ethics)的重要性吧！

資訊素養與倫理

在資訊科技快速的發展下，**資訊素養**與資訊倫理也成為現在的重要課題，這節就讓我們一起學習**資訊素養**(Information Literacy)與資訊倫理(Information Ethics)的重要性吧！

範例檔案：2-4-OK.docx

2-2 文字格式設定

要讓一份文件看起來更豐富、更專業時，那麼文字的格式設定就不可或缺。例如：文件中某段文字要強調時，可以變換色彩、或是加上粗體，以代表重要性，而這些都是屬於文字的格式設定。

字型格式設定

在**「常用→字型」**群組中，有許多關於文字格式設定的指令按鈕，這些指令按鈕，可以改變文字的外觀，以美化文字。要使用這些指令按鈕時，只要選取好要變更的文字，再按下指令按鈕，即可改變被選取的文字。

指令按鈕	功能說明	快速鍵	範例
微軟正黑體 (2 字型	選擇要使用的字型	Ctrl+Shift+F	Word→**Word**
11.5 字型大小	選擇字型的級數	Ctrl+Shift+P	Word→Word
清除所有格式設定	清除已設定好的格式		**Word**→Word
注音標示	將文字加上注音符號		春ㄔㄨㄣ 曉ㄒㄧㄠˇ
圍繞字元	在字元外加上圍繞字元		春 曉
字元框線	將文字加上框線		資訊的未來發展
字元網底	將文字加上網底		資訊的未來發展
Aa 大小寫轉換	可設定英文字母的大小寫、符號的全形或半形		Word→WORD
放大字型	按一次會放大二個字級	Ctrl+Shift+>	Word→Word
縮小字型	按一次會縮小二個字級	Ctrl+Shift+<	Word→Word
B 粗體	將文字變成粗體	Ctrl+B	Word→**Word**
I 斜體	將文字變成斜體	Ctrl+I	Word→*Word*
U 底線	將文字加上底線	Ctrl+U	Word→Word
abc 刪除線	將文字加上刪除線		Word→~~Word~~
x^2 上標	將文字轉換為上標文字	Ctrl+Shift++	Word→W^{ord}
x_2 下標	將文字轉換為下標文字	Ctrl+=	Word→W_{ord}
文字醒目提示色彩	將文字加上不一樣的網底色彩		Word→Word

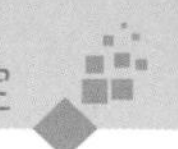

指令按鈕	功能說明	快速鍵	範例
字型色彩	可選擇文字要使用的色彩		Word→Word
文字效果與印刷樣式	將文字加上陰影、光暈等效果，還可以變更印刷樣式等設定		Word→Word

要進行更進階的文字格式設定時，可以按下**字型**群組的對話方塊啟動器，開啟「字型」對話方塊，點選**字型**標籤頁，即可進行字型、樣式、大小、效果、色彩等設定。

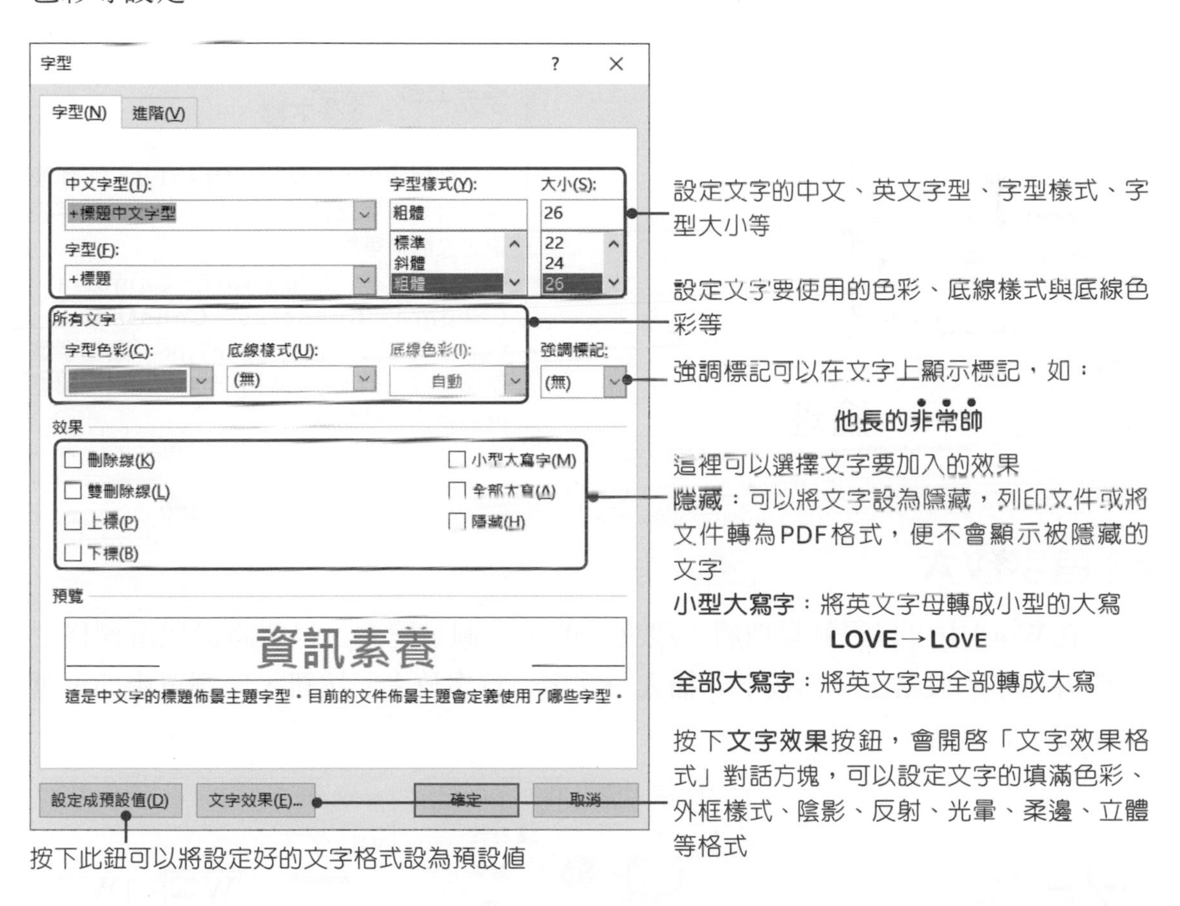

當選取某段文字時，就會即時顯示**迷你工具列**，該工具列出現後，只要將滑鼠游標移至工具列上，即可進行文字格式的設定。

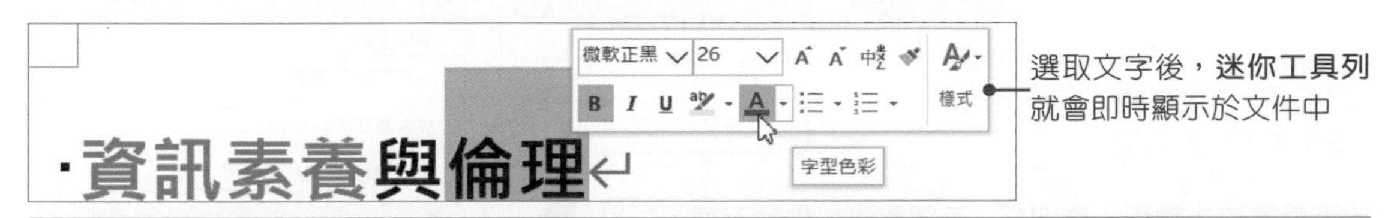

若選取文字時不想要顯示迷你工具列，可以按下「**檔案→選項**」功能，開啟「Word選項」對話方塊，點選**一般**標籤頁，將**選取時顯示迷你工具列**選項勾選取消。

字元間距與縮放比例

在「字型」對話方塊中的**進階**標籤頁，可以設定文字與文字之間的距離、或是水平與垂直放大等格式。

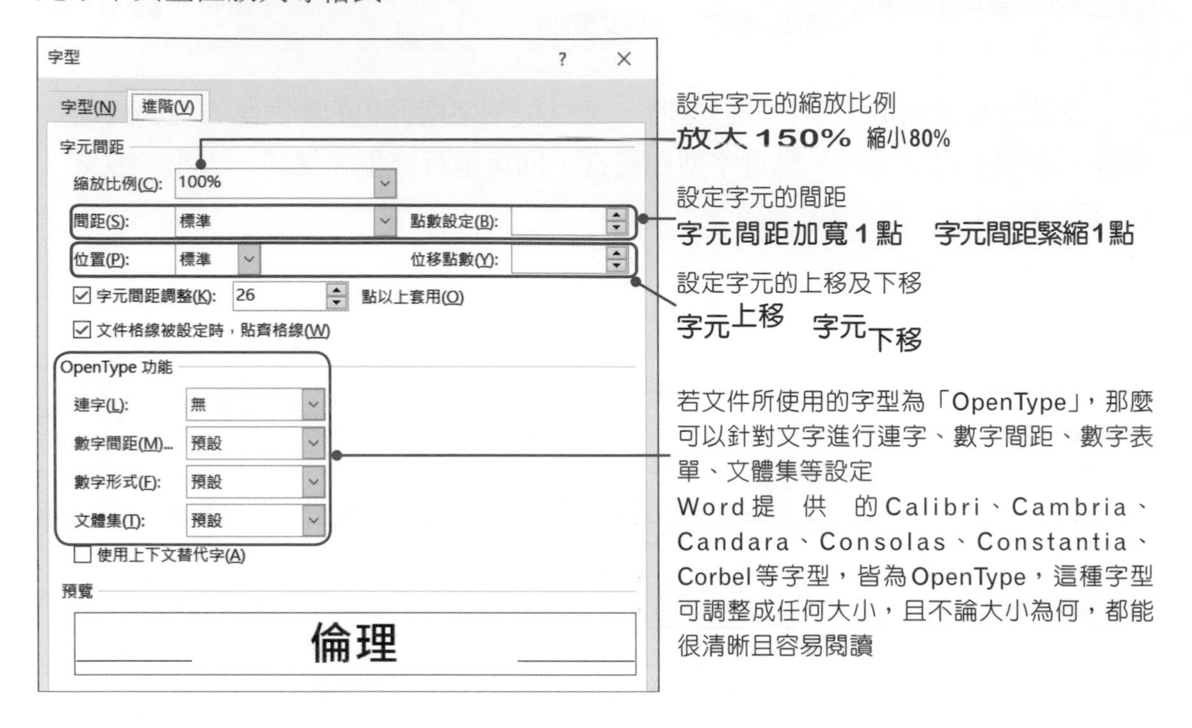

首字放大

在Word中可以很輕鬆地將一段文字的第一個字變大，只要將滑鼠游標移至要放大首字的段落上，再按下**「插入→文字→首字放大」**按鈕，於選單中即可選擇要使用的樣式。

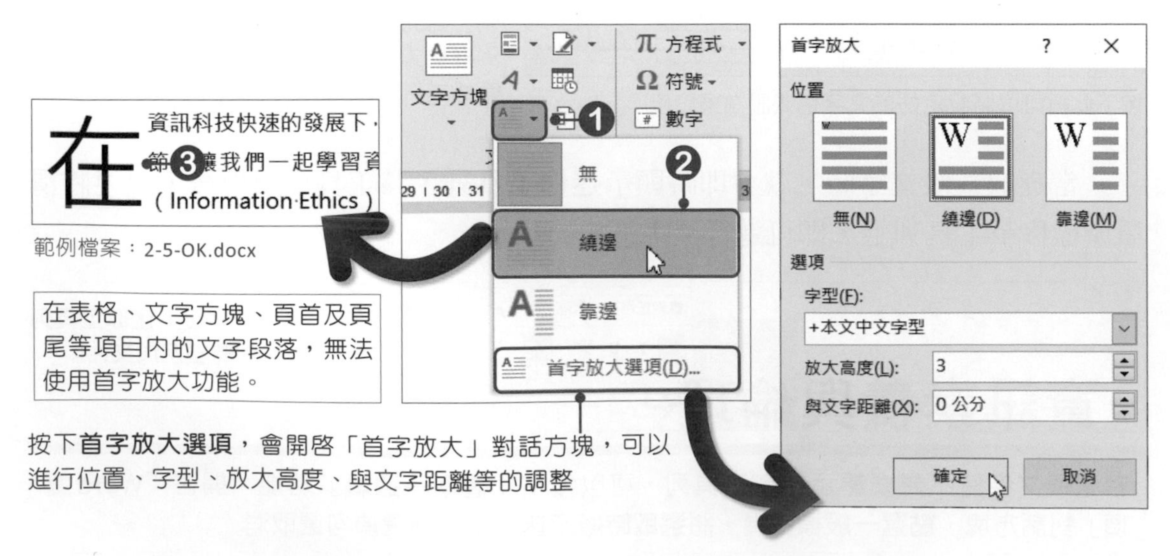

2-3 段落格式的設定

在文件中輸入文字滿一行時，文字就會自動折向下一行，這個自動折向下一行的動作，稱為**自動換行**，而這整段文字就稱之為**段落**。當按下**Shift+Enter**快速鍵，會產生一個分行標記↓；按下**Enter**鍵，則會產生一個段落標記↵，表示一個段落的結束。

對齊方式

在**「常用→段落」**群組中，利用各種對齊按鈕，就可以進行文字的對齊方式設定。一般在編排文件時，建議將段落的對齊方式設定為**左右對齊**，這樣文件會比較整齊美觀。

對齊方式	說明	範例	快速鍵
左右對齊	主要應用於一整個段落，段落會左右對齊	快樂的人生由自己創造，快樂的人生由自己創造	Ctrl+J
靠左對齊	文字會置於文件版面的左邊界，這是預設的對齊方式	快樂的人生由自己創造，快樂的人生由自己創造	Ctrl+L
置中對齊	文字會置於文件版面的中間	快樂的人生由自己創造	Ctrl+E
靠右對齊	文字會置於文件版面的右邊界	快樂的人生由自己創造	Ctrl+R
分散對齊	文字會均勻的分散至左右兩邊	快 樂 的 人 生 由 自 己 創 造	Ctrl+Shift+J

段落的縮排

縮排是指段落之左右與邊界之距離，例如：一般在輸入段落文字時，都會將該段落先空二個字元，而這樣的編排方式稱為**首行縮排**，但一般人在輸入文字時，都會直接空二個空白的全形，來做首行縮排，事實上，這樣的輸入方式是較不妥當的。

要進行段落縮排設定時，可以使用**「常用→段落」**群組中的**增加縮排**按鈕，增加一個字元的縮排；使用**減少縮排**按鈕，則會減少一個字元縮排。除了使用、按鈕進行縮排外，還可以直接使用水平尺規上的縮排鈕進行縮排的設定。

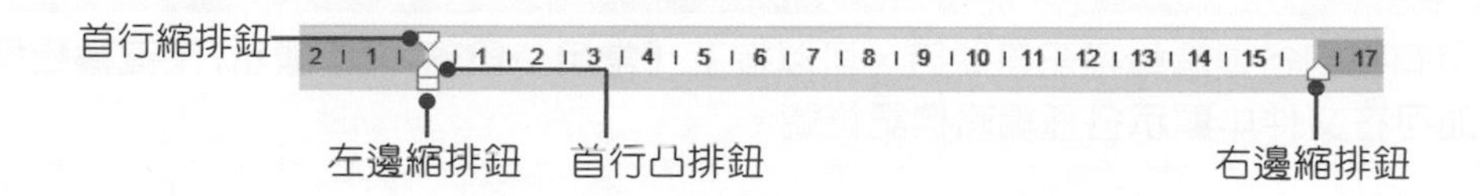

要使用尺規上的縮排鈕進行縮排設定時，先將滑鼠游標移至要縮排的段落上，再將滑鼠游標移至縮排鈕上，按著**滑鼠左鍵**不放，拖曳縮排鈕到要縮排的位置上，完成後放掉**滑鼠左鍵**，即可完成縮排，若配合著**Alt**鍵使用，則可以進行微調的設定。

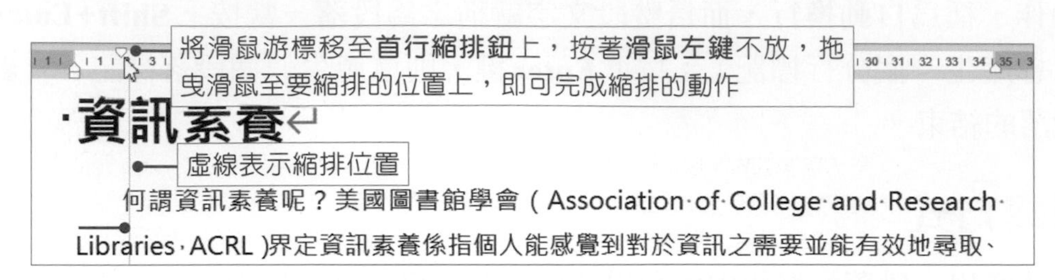

要設定縮排時，也可以在「**版面配置→段落**」群組中，進行左邊縮排與右邊縮排的設定。

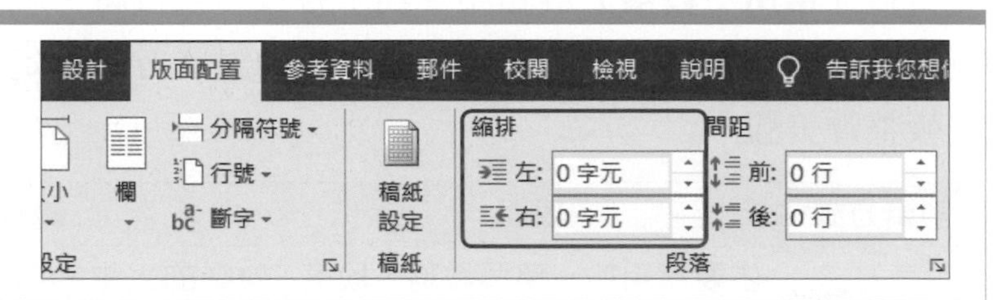

段落間距與行距的設定

在每個段落與段落之間，可以設定前一個段落結束與後一個段落開始之間的空白距離，也就是**段落間距**；而段落中上一行底部和下一行上方之間的空白間距，則爲**行距**。要設定時，可以按下**「常用→段落→行距與段落間距」**按鈕，於選單中選擇要使用的行距。

在文件中若沒有看到各種編輯標記符號時，可以按下「**常用→段落→ 顯示/隱藏編輯標記**」按鈕，即可在文件中顯示各種編輯標記符號。

進行縮排及行距的設定時，在「段落」對話方塊中的**縮排與行距**標籤頁，即可進行設定。

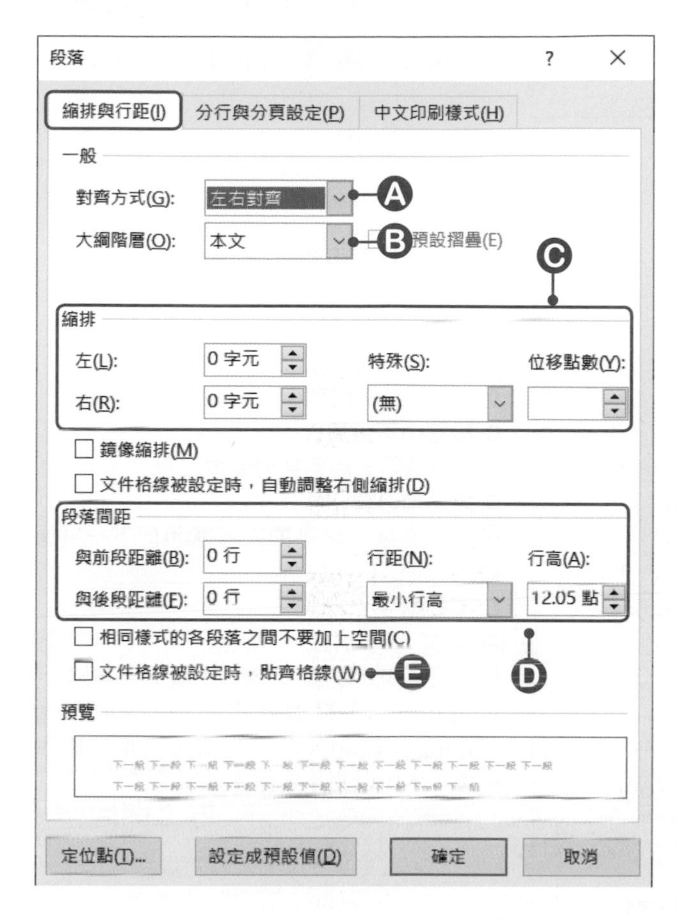

A. 對齊方式：可選擇段落的對齊方式

B. 大綱階層：可選擇段落的大綱階層

C. 縮排

可設定段落的左右縮排，或是在**指定方式**中選擇縮排方式，有**第一行**及**凸排**兩種選項可選擇

D. 段落間距

可設定段落間距、行距及行高等，而Word預設的行距為**單行間距**，也就是「1.0」

E. 文件格線被設定時，貼齊格線

在Word中，將字型大小設為14級、行距設定為單行間距時，會發現行與行之間的行距很寬，這是因為Word預設的段落格式會自動勾選**文件格線被設定時，貼齊格線**，所以行距便會依照格線自動設定，當文字為14級時，會改用3條格線的間隔來設定行距，若要正確顯示行距時，就要取消這個設定

文字設為12級時，會顯示在2條格線的中間

要在文件中顯示格線時，只要將「**檢視→顯示**」群組中的「**格線**」選項勾選即可。

設定行距時，有許多選項可以選擇，如下表所列：

選項	說明
單行間距	每行的高度可以容納該行的最大字體，例如：最大字為12，行高則為12。
1.5倍行高	每行高度為該行最大字體的1.5倍，例如：最大字為12，行高則為12×1.5。
2倍行高	每行高度為該行最大字體的2倍，例如：最大字為12，行高則為12×2。
最小行高	是用來指定行內文字可使用高度的最小點數，但Word會自動參考該行最大字體或物件所需的行高進行適度的調整。
固定行高	可自行設定行的固定高度，但是當字型大小或圖片大於固定行高時，Word會裁掉超出的部分，因為Word不會自動調整行高。
多行	以行為單位，可直接設定行的高度，例如：將行距設定為1.15時，會增加15%的間距，而將行距設為3時，會增加300%間距(即3倍間距)。

段落分頁的設定

進行長文件編排時，可以針對段落進行「分行與分頁設定」，以防止段落之間分頁。在「段落」對話方塊中的點選**分行與分頁設定**標籤頁，即可進行設定。

A. 段落遺留字串控制
可以避免同一段落中的最後一行遺留到另一頁

B. 與下段同頁
可設定將某一段落與下一段落在同一頁

C. 段落中不分頁
可以避免同一段落被分隔成二頁

D. 段落前分頁
可設定將某一段落的內容顯示於下一頁開頭

E. 不要斷字
當英文單字太長，超過一行文字的結尾時，Word會進行斷字處理，例如：nonprinting，會被分割為：non-printing或nonprint-ing，若不想讓英文單字斷字的話，則可以將**不要斷字**選項勾選

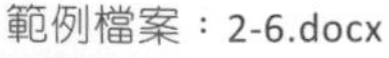
範例檔案：2-6.docx

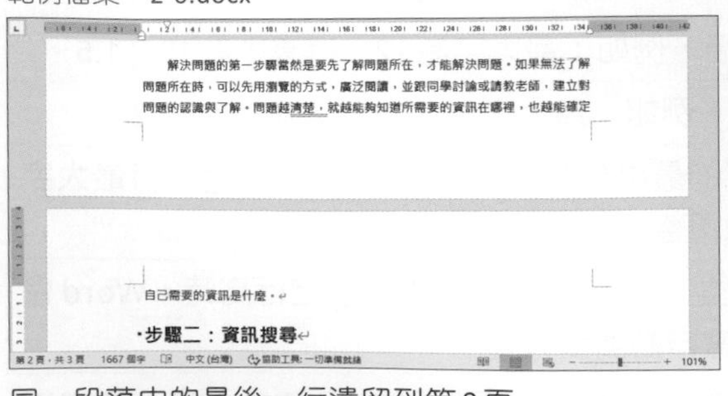

同一段落中的最後一行遺留到第2頁

範例檔案：2-6-OK.docx

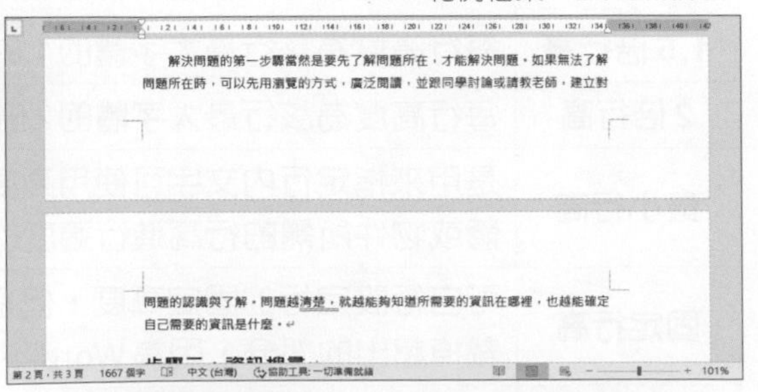

勾選**段落遺留字串控制**，即可避免只遺留一行在第2頁

中文印刷樣式

在「**中文印刷樣式**」中，可以進行有關中文字、英文字及數字之間的字元間距、換行設定及避頭尾字元控制等設定。

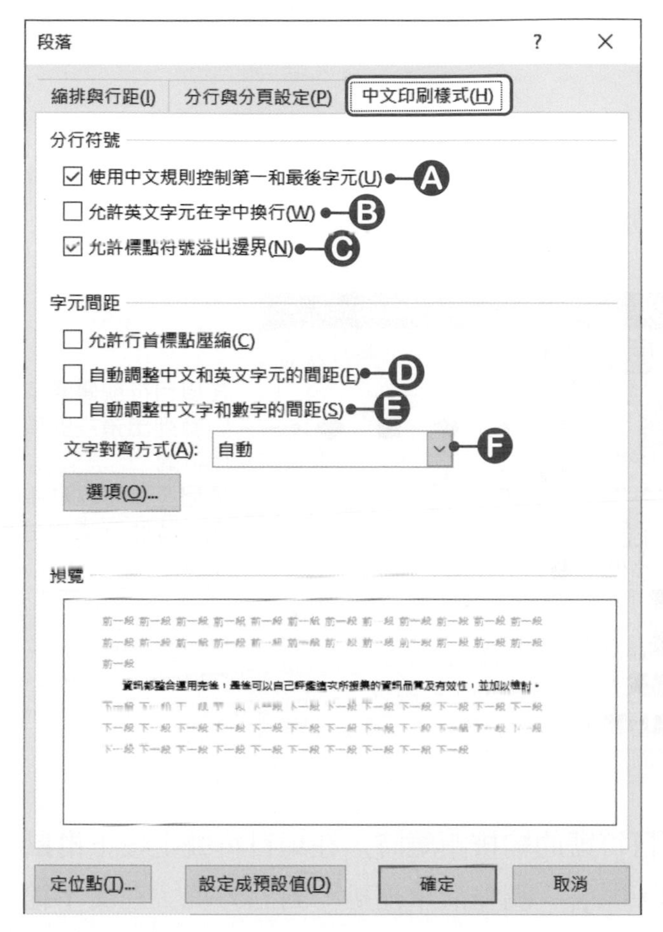

A. 使用中文規則控制第一和最後字元

勾選此選項，表示要啓用「避頭尾」功能

B. 允許英文字元在字中換行

勾選此選項，表示允許英文單字可換行

C. 允許標點符號溢出邊界

勾選此選項，表示允許標點符號跑出右邊界，若不勾選，則表示允許標點符號出現在行首

資訊經過釐清、理解、閱讀、吸收後，接著就可以進行整合運用了，將資訊做有效的整理與應用，並將資訊整合到既有的知識架構中，再加入自己已知的知識，然後用一種合適的形式表達、整理成別人可以理解的資訊。若使用到他人的著

D. 自動調整中文和英文字元的間距

勾選此選項，會自動在中文和英文字之間增加間距

E. 自動調整中文字和數字的間距

勾選此選項，會自動在中文和數字之間增加間距

F. 文字對齊方式

這裡可以設定文字在行高內的垂直位置。例如：某段落中有圖片也有文字時，可將段落中的文字與圖片設定為「置中」對齊於同一水平線上

智慧化——智慧化

編排文件時，為了讓文件更為美觀及便於閱讀，會設定某些字元不能置於行首或行尾，這樣的設定稱為「避頭尾」，而在Word中已預設一些文字是不能置於行首或行尾的，若要增加或刪除預設的字元時，可以按下「**檔案→選項**」功能，開啓「Word選項」對話方塊，點選**印刷樣式**標籤頁，點選**自訂**選項，即可自行設定哪些字元不能置於行首或行尾。

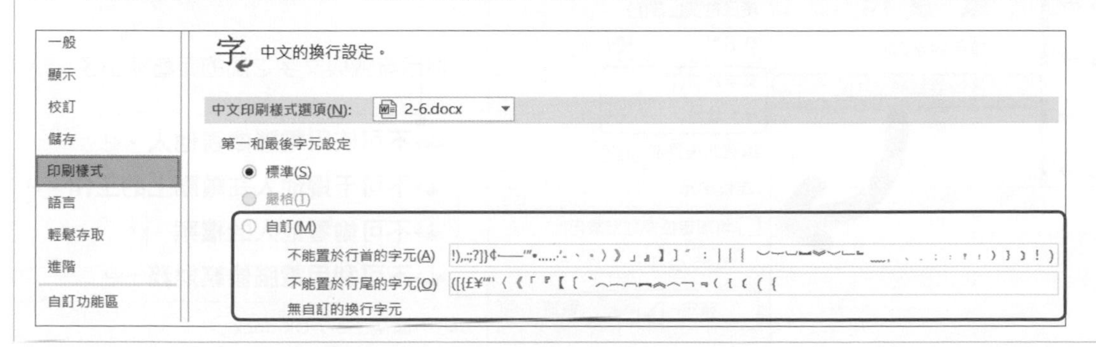

2-4 項目符號、編號、多層次清單

製作條列式的文字時，可以適時地在條列式文字前加入項目符號或是編號，讓文章的可讀性更高。

➡ 項目符號的使用

於條列式文字前加入項目符號時，只要先選取文字，再按下**「常用→段落→☰· 項目符號」**按鈕，即可幫文字加上項目符號。

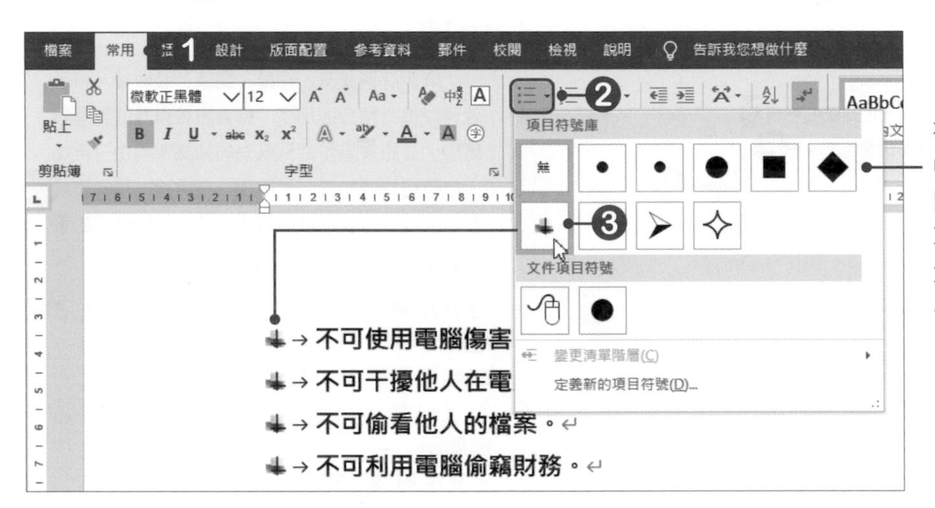

加上項目符號後，若要調整項目符號的縮排距離時，在項目符號上按下**滑鼠右鍵**，於選單中點選**調整清單縮排**，開啓「調整清單縮排」對話方塊，在**文字縮排**欄位中即可進行項目符號與文字之間的距離設定。

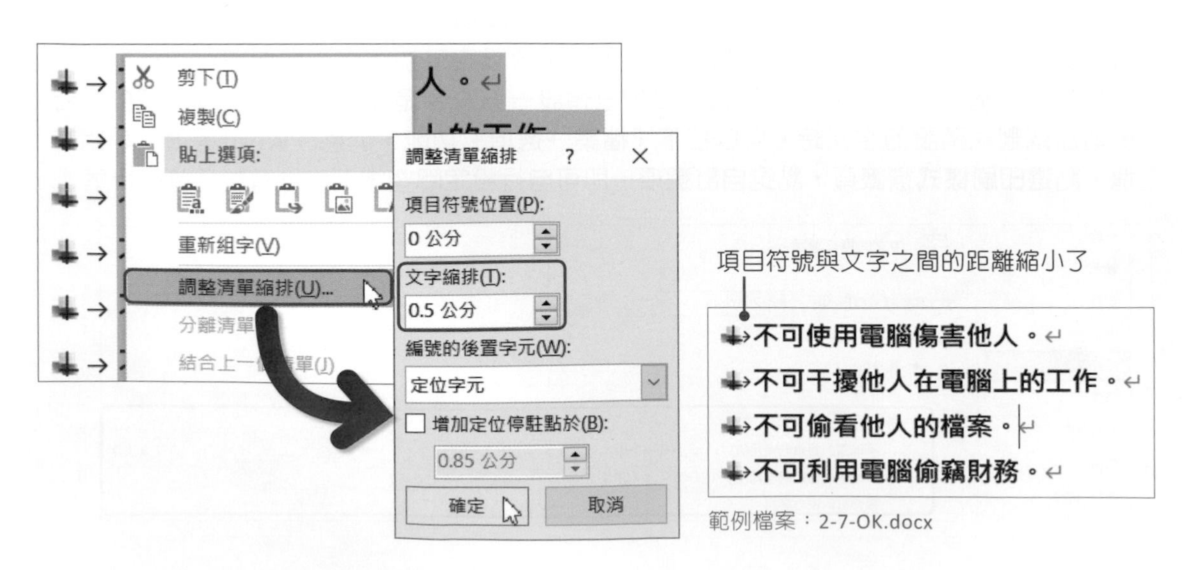

範例檔案：2-7-OK.docx

要自行定義項目符號時，可以按下**定義新的項目符號**選項，開啓「定義新的項目符號」對話方塊，進行項目符號的進階設定。

編號的使用

要在文字前加入編號時，直接選取要加入編號的段落文字，按下**「常用→段落→ 編號」**按鈕，Word就會將選取的段落文字加入有順序的編號。編號的使用與項目符號的使用大致上相同，也可以點選**定義新的編號格式**選項，自行設定編號的格式；點選**設定編號值**選項，則可以設定起始編號。

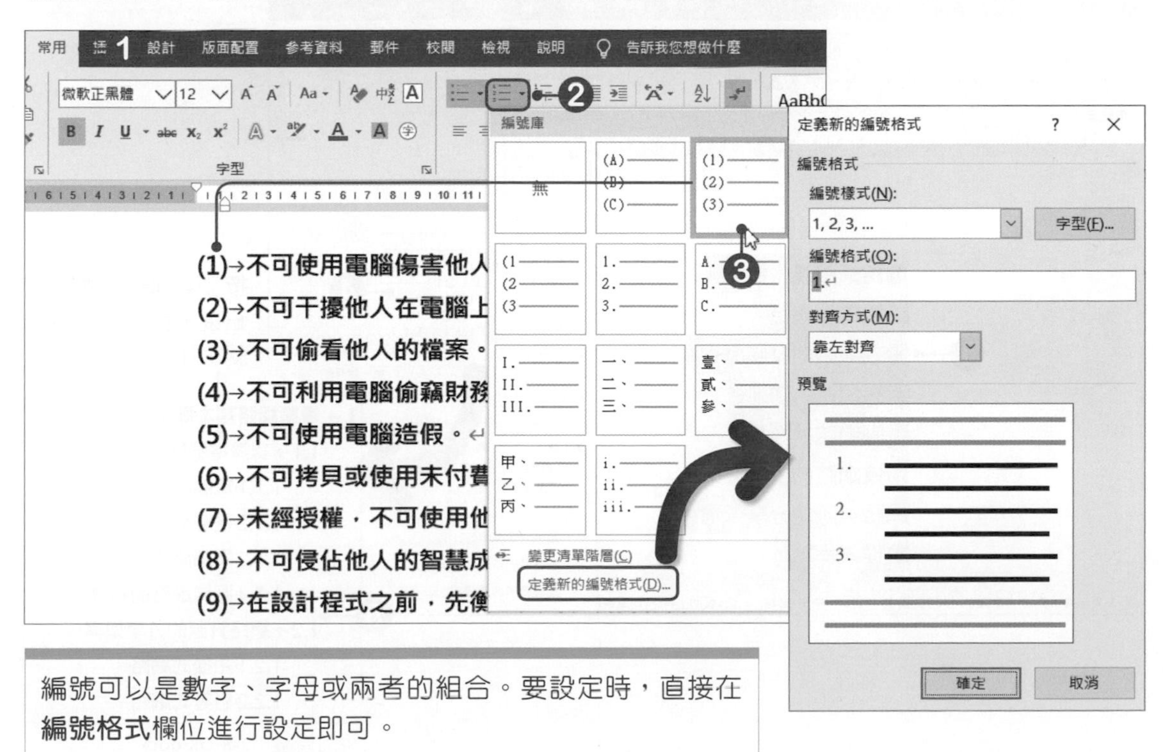

編號可以是數字、字母或兩者的組合。要設定時，直接在**編號格式**欄位進行設定即可。

在文件中輸入以「1.」或「A.」開始的段落時，當按下**Enter**鍵後，Word便會自動插入下一個編號，也就是以「2.」或「B.」開頭的段落，這是因爲Word提供了自動建立項目符號及編號清單功能，讓我們快速地將項目符號及編號新增至現有的段落中。

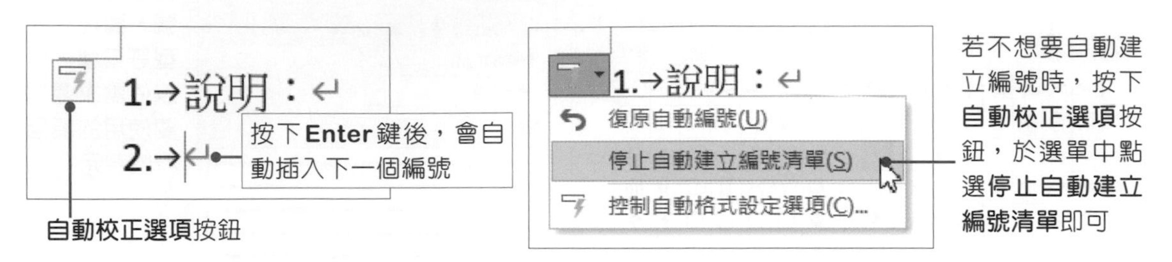

多層次清單

使用**「常用→段落→ 多層次清單」**按鈕，可以快速地將層次較複雜的文字內容，一層一層的編號，讓內容看起來更清楚、更有層次。

將文字設定爲多層次清單後，還要進行調整級別的動作，才能達到多層次的效果。將滑鼠游標放在段落文字中，按下**「常用→段落→ 增加縮排」**按鈕，段落文字就會下移一個層級；若按二次 按鈕，則會往下移二個層級；若要上移一個層級時，可以按下 **減少縮排**按鈕。

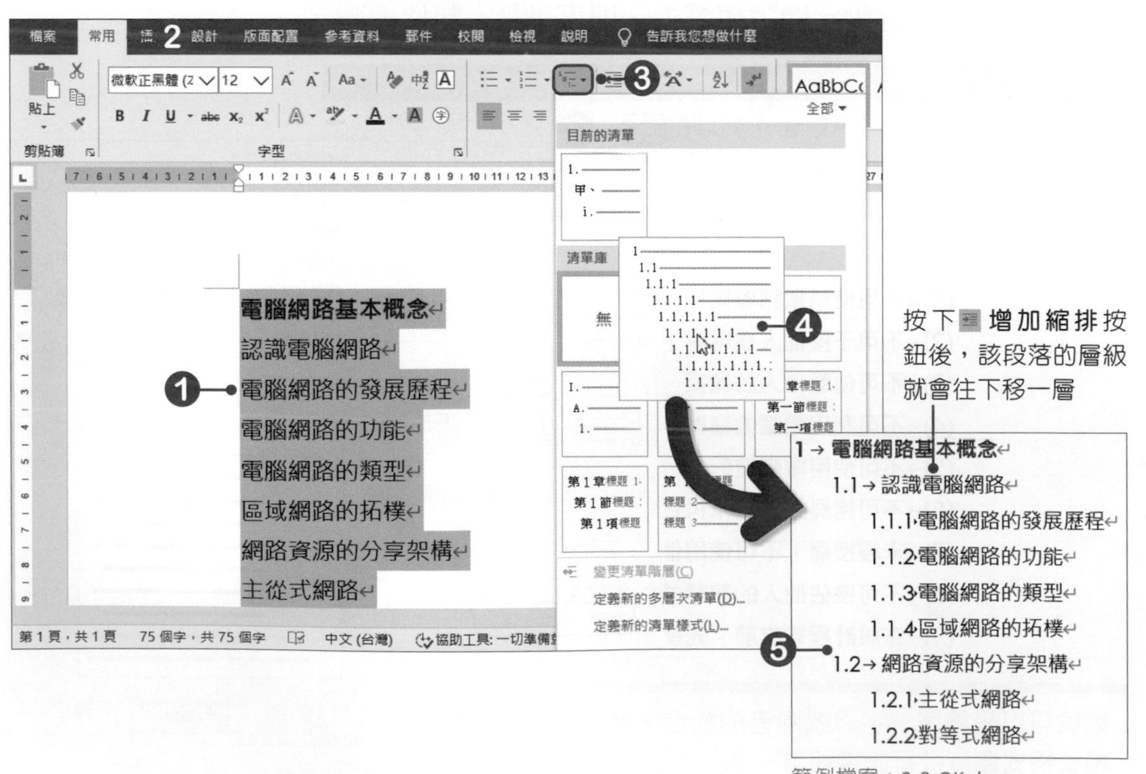

範例檔案：2-8-OK.docx

2-5 框線及網底

在Word中可以將字元或段落加上框線或網底，這樣可以讓字元或段落更爲明顯。

字元框線及字元網底

使用**「常用→字型→A 字元框線」**按鈕與**「常用→字型→A 字元網底」**按鈕，可以幫文字加上簡單的框線及網底。

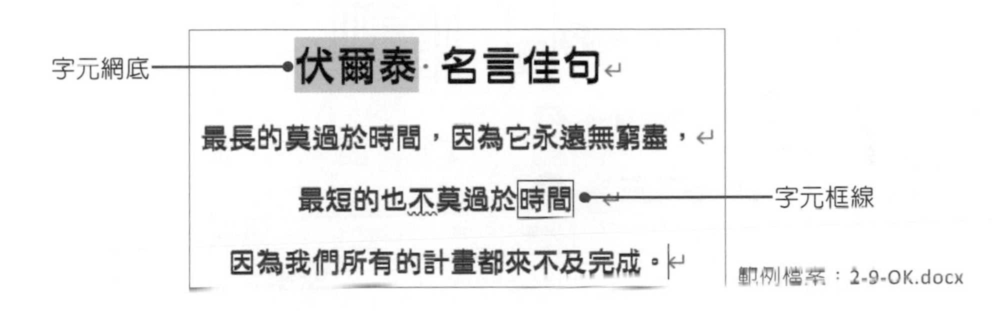

段落框線及段落網底

使用字元框線及字元網底只能幫文字加上簡單的框線及網底，若想要將框線及網底換不同的色彩、線條，或是套用到整個段落時，則要使用**「常用→段落→ 框線」**按鈕及**「常用→段落→ 網底」**按鈕進行設定。請開啓**2-10.docx**檔案，進行框線及網底的設定練習。

01 選取第二行文字，按下**「常用→段落→ 框線」**選單鈕，於選單中點選**下框線**，即可將段落加上**下框線**。

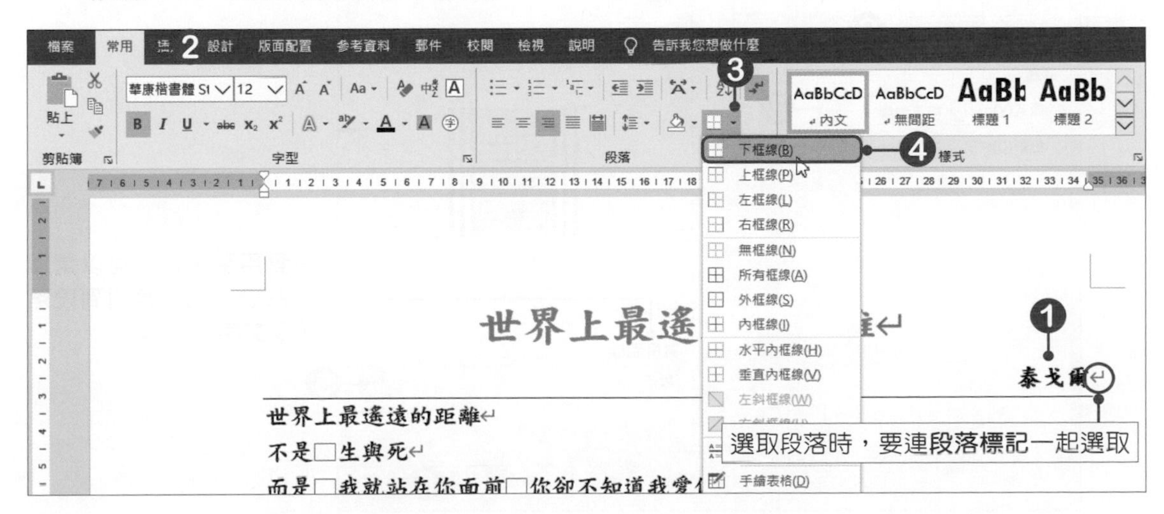

02 選取第一行段落文字，按下**「常用→段落→ 框線」**選單鈕，於選單中點選**框線及網底**，開啓「框線及網底」對話方塊。

03 點選**框線**標籤頁，進行框線樣式的設定。

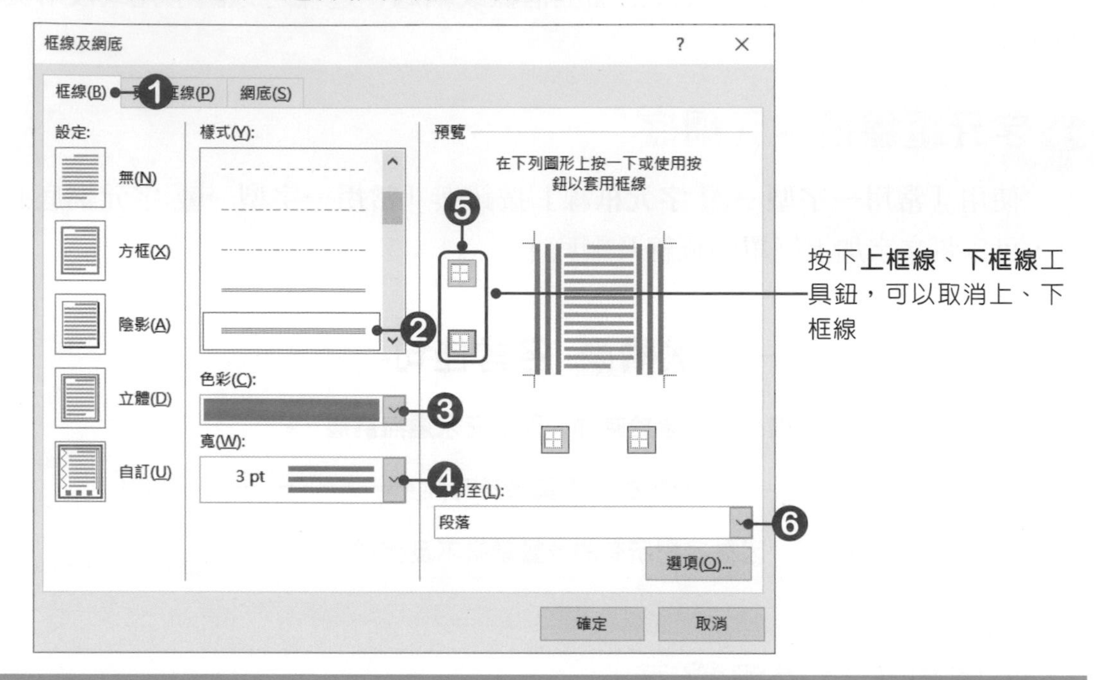

在預覽區中的四個小按鈕，可以設定上下左右的框線，若不要其中的一個框線時，只要直接按一下按鈕，即可取消框線。這裡要注意的是，這四個框線按鈕，只適用於當文字套用於「段落」時。

04 點選**網底**標籤頁，進行網底的設定，設定好後按下**確定**按鈕。

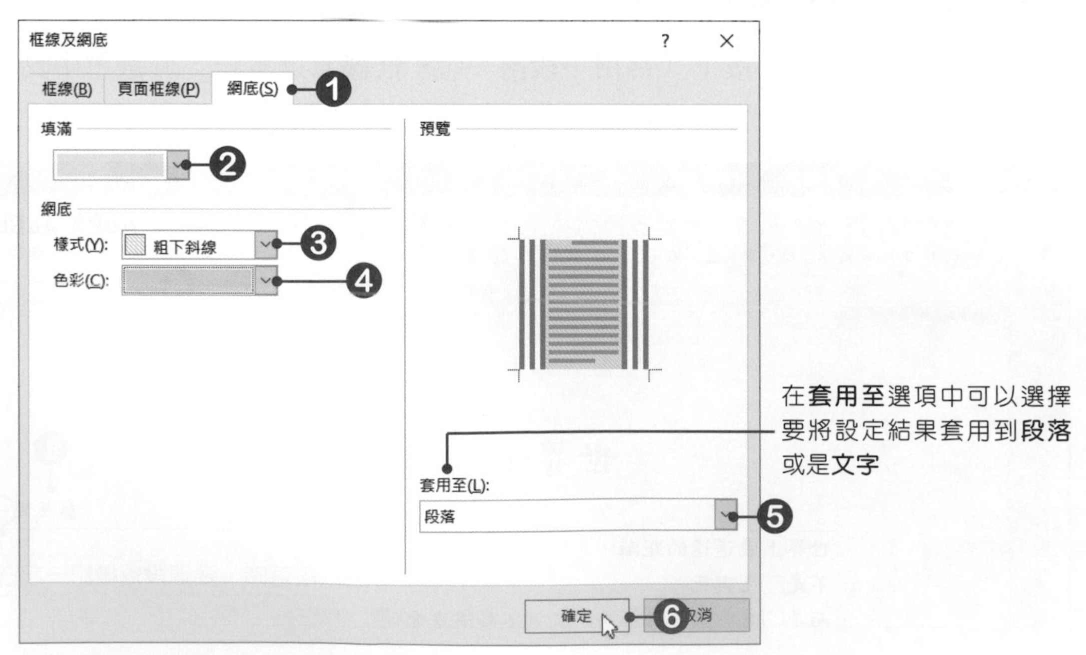

05 回到文件後，被選取的段落文字就會加上框線及網底了。

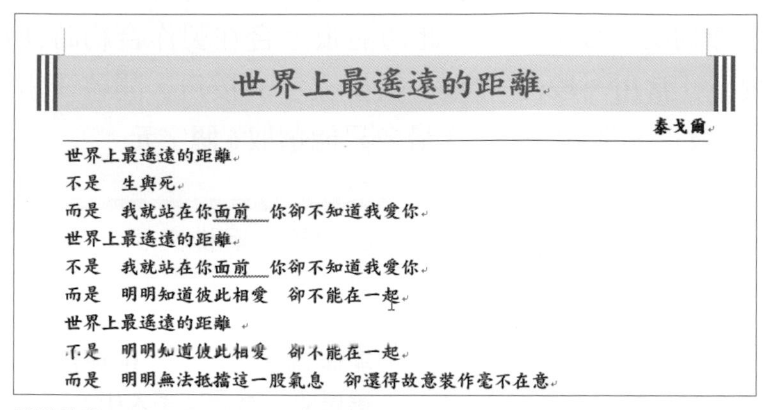

範例檔案：2-10-OK.docx

2-6 亞洲方式配置

Word針對一些特殊的文字編輯要求，提供了橫向文字、組排文字、並列文字、最適文字大小等排列功能，這裡就來看看該如何使用。

橫向文字

將文件轉換爲直書時，半形的數字、符號等，通常無法跟著轉換，此時就可以利用**橫向文字**功能，將半形數字調整成直書。選取要設定爲橫向的數字，按下**「常用→段落→→橫向文字」**按鈕，開啓「橫向文字」對話方塊，即可進行設定。

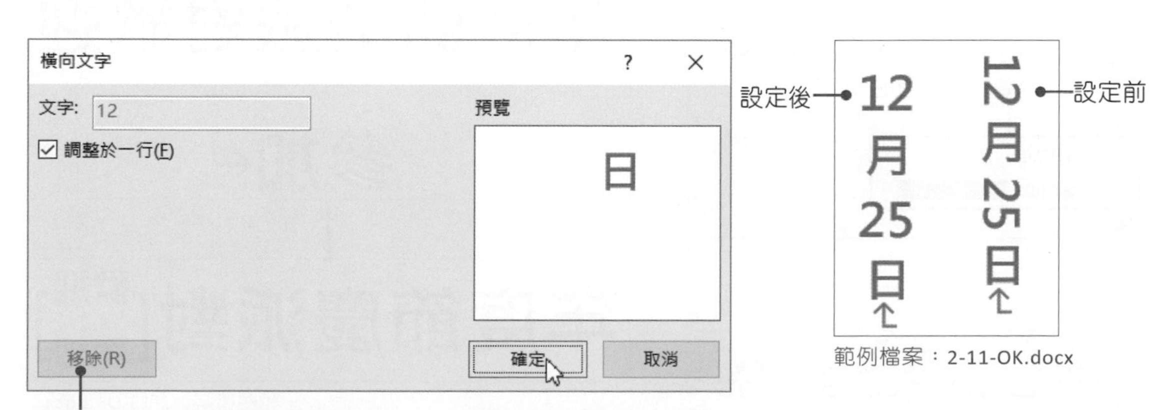

若要將設定好的橫向文字還原回來，先選取設定好的橫向文字，再至「橫向文字」對話方塊中，按下**移除**按鈕即可

範例檔案：2-11-OK.docx

組排文字

組排文字可以將選取的文字變成二行，此功能很適合在製作合約時使用。選取要設定的文字，按下**「常用→段落→ →組排文字」**按鈕，開啟「組排文字」對話方塊，即可進行設定，設定時，一次最多只能選取**6個字元**。

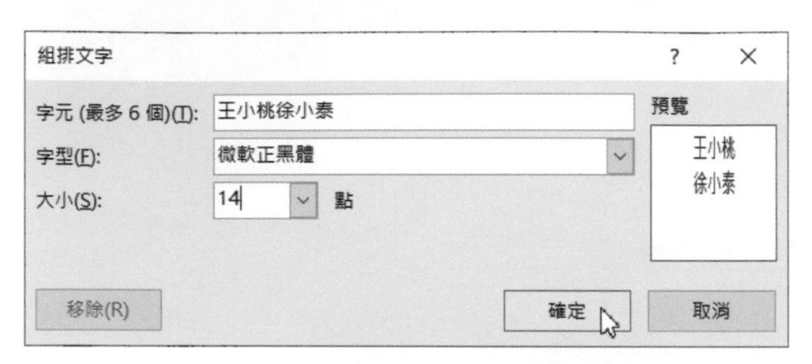

當開啟「組排文字」對話方塊時，文字大小預設為原文字大小的一半，如果希望組排後的文字能保持原本大小，則需按下**大小**選單鈕，選擇文字大小。

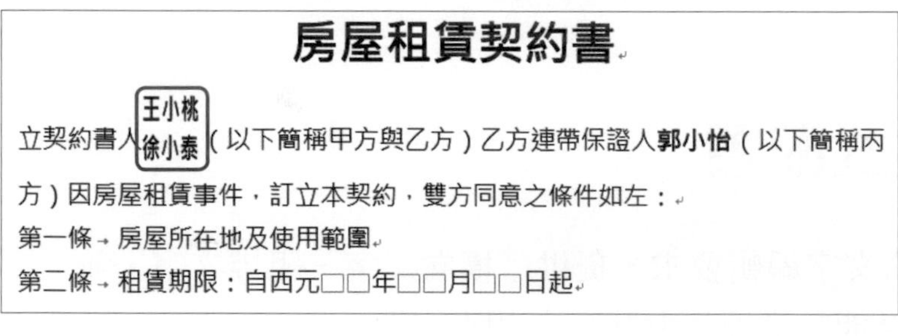

範例檔案：2-12-OK.docx

並列文字

並列文字可以應用到編排契約、公文等文件上。選取要設定的文字，按下**「常用→段落→ →並列文字」**按鈕，開啟「並列文字」對話方塊，即可進行設定。

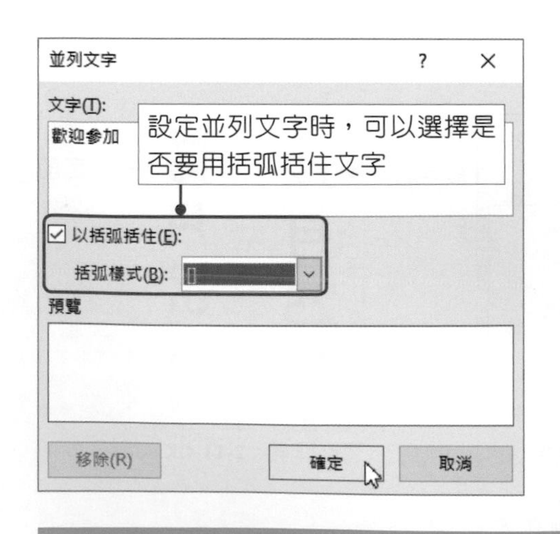

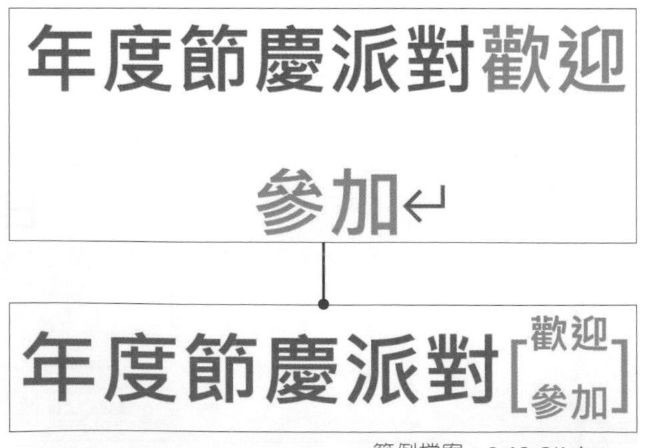

範例檔案：2-13-OK.docx

並列文字與組排文字的不同在於：並列文字沒有字元數的限制、組排文字無法個別改變字元格式，並列文字則可以。

最適文字大小

要指定被選取的所有文字總長度時，可以使用「**最適文字大小**」功能，進行設定。選取要設定的文字，按下**「常用→段落→**![]**→最適文字大小」**按鈕，開啟「最適文字大小」對話方塊，即可進行文字寬度的設定。

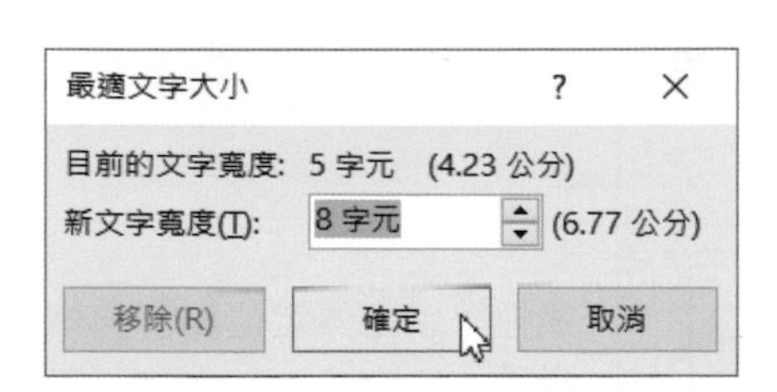

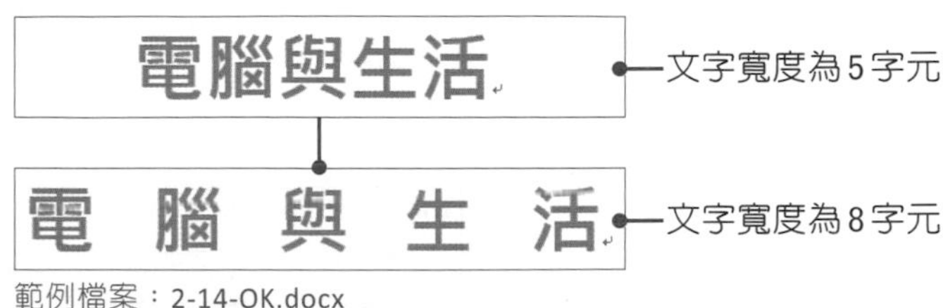

範例檔案：2-14-OK.docx

2-7 其他格式設定

定位點的使用

定位點的設定可以方便文字的編排，在Word中只要按下**Tab**鍵，插入點就會跳至所設定的定位點上，而定位點可以直接利用尺規設定。進行定位點的設定時，可以在文字輸入前或文字輸入後。

於尺規最左邊，提供了定位點按鈕，利用這些按鈕，可以在尺規上加入定位點。使用時，只要在定位點按鈕上按一下**滑鼠左鍵**，即可切換要使用的定位點。

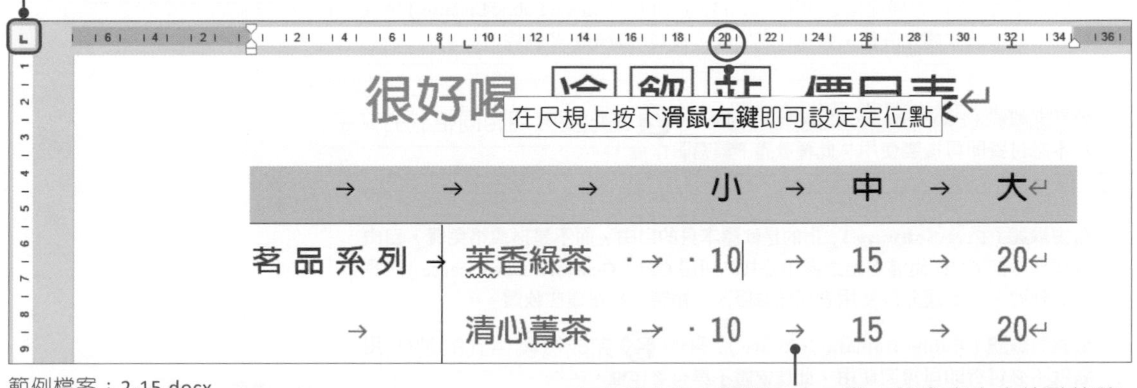

範例檔案：2-15.docx

靠左	置中	靠右	小數點	分隔線	首行縮排	首行凸排

要修改定位點的設定時，在定位點符號上**雙擊滑鼠左鍵**，開啟「定位點」對話方塊，就可以設定定位點的停駐位置、對齊方式、前置字元等。

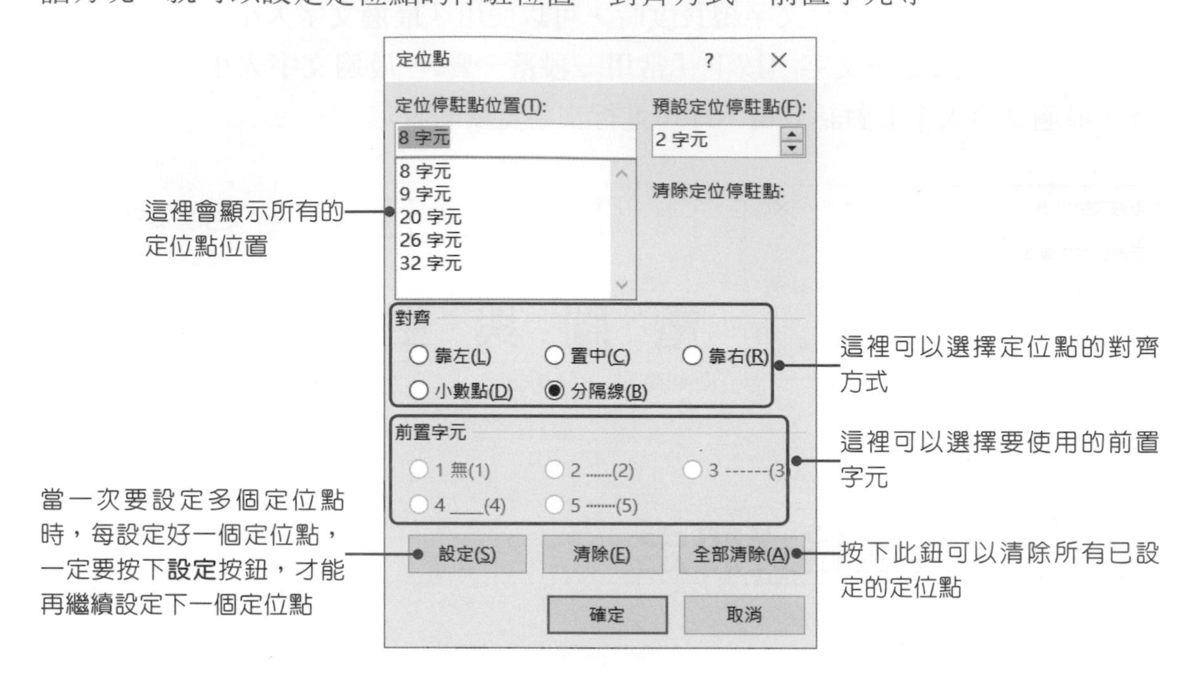

複製格式

複製格式就是將該文字上所設定的格式，一模一樣地複製到另外一個文字上，例如：在某段文字上做了粗體、加底線、加網底等格式的設定，而這些格式在其他文字上也會用到，就可以按下**「常用→剪貼簿→ 複製格式」**按鈕，或按下**Shift+Ctrl+C**快速鍵，進行格式的複製。

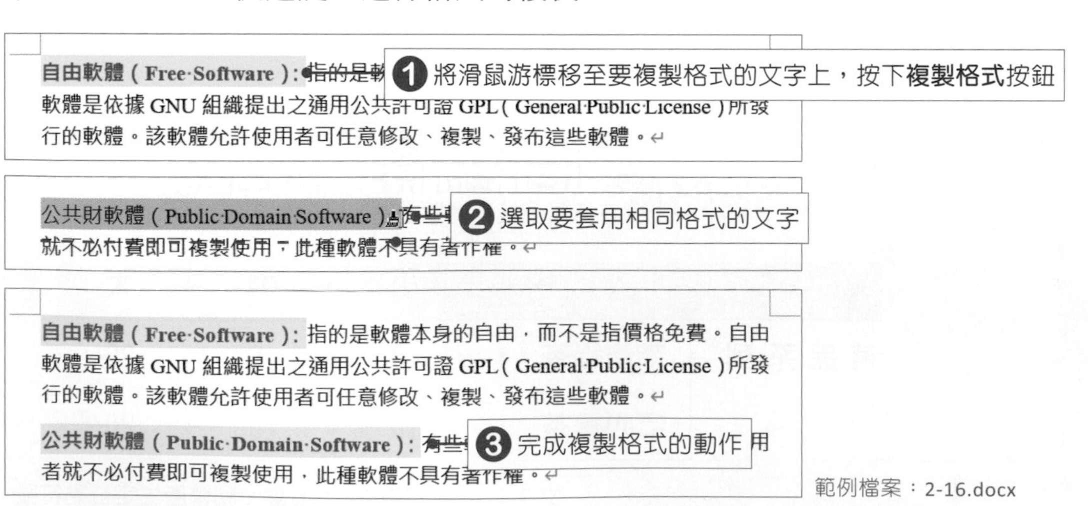

範例檔案：2-16.docx

若要進行多次的複製格式動作，則可以直接雙擊 按鈕，即可進行連續的複製格式動作，而動作結束後，再按下**Esc**鍵，即可取消複製格式的狀態。

自我評量

❖選擇題

( )1. 在Word中，使用鍵盤選取文字時，下列哪一項是錯誤的選取方法？(A)按住「Ctrl」鍵，移動插入點的按鍵即可選取連續的文字 (B)按下「Ctrl+Shift+F8」鍵後，使用方向鍵可選取一個垂直文字區段的距離 (C)按住「Ctrl+A」鍵，可以選取整份文件 (D)按住「Ctrl+Shift+End」鍵，可以選取至文件結尾的文字。

( )2. 在Word中，按下鍵盤上的哪個按鍵會產生一個段落？(A) Shift鍵 (B) Enter鍵 (C) Tab鍵 (D) Ctrl鍵。

( )3. 在Word中，當段落中有文字大小超過行高時，下列何種行距設定會使文字無法完整顯示？(A)最小行高 (B)單行間距 (C)固定行高 (D)多行。

( )4. 在Word中，可使用哪一項功能，將段落中的文字與圖片置中對齊於同一水平線上？(A)段落→縮排與行距 (B)段落→中文印刷樣式 (C)文字→進階 (D)版面設定→版面配置。

( )5. 在Word中，若要控制標題段落必須與其後段的內容同一頁，可以透過「段落」對話方塊中的哪一項設定來控制？(A)段落前分頁 (B)段落中不分頁 (C)與下段同頁 (D)段落遺留字串控制。

( )6. 在Word中，使用直書與橫書轉換時，以下何者無法進行直書的轉換？(A)半形英文字母 (B)中文字 (C)全形英文字母 (D)全形符號。

( )7. 在Word中，若要修改項目符號的縮排時，可由下列哪一項設定？(A)按「Tab」鍵 (B)使用縮排按鈕 (C)在項目符號上按下滑鼠右鍵，再點選「調整清單縮排」 (D)在項目符號上按下滑鼠右鍵，再點選「段落」。

( )8. 在Word中，下列針對「組排文字」與「並列文字」的敘述何者不正確？(A)組排文字有6個字的限制 (B)組排文字可以將文字加上括弧 (C)並列文字沒有字元數的限制 (D)組排文字無法個別改變字元格式，並列文字則可以個別改變字元格式。

( )9. 在Word中，設定好定位點後，要按下鍵盤上的哪個鍵，插入點就會跳至所設定的定位點上？(A) Tab鍵 (B) Alt鍵 (C) Esc鍵 (D) Ctrl鍵。

( )10. 在Word中，使用尺規上的哪一個定位停駐點，不論數字位數多寡，小數點都會位於同一個位置上？(A)⊥ (B)┘ (C)└ (D)⊥.。

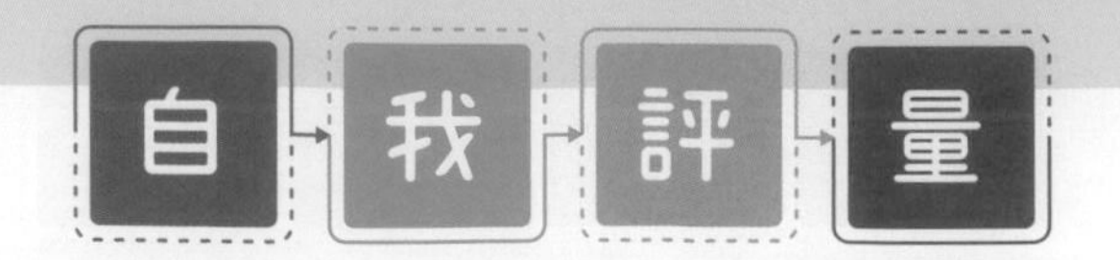

❖實作題

1. 開啟「Word→CH02→2-17.docx」檔案，進行以下的設定。
   - 將「國曆九月九日農曆八月二日」設定為「並列文字」，並以「[]」括弧括住。
   - 將文件中的「111、12、30」等數字設定為「橫向文字」。
   - 將「王小桃徐阿宅」設定為「組排文字」。

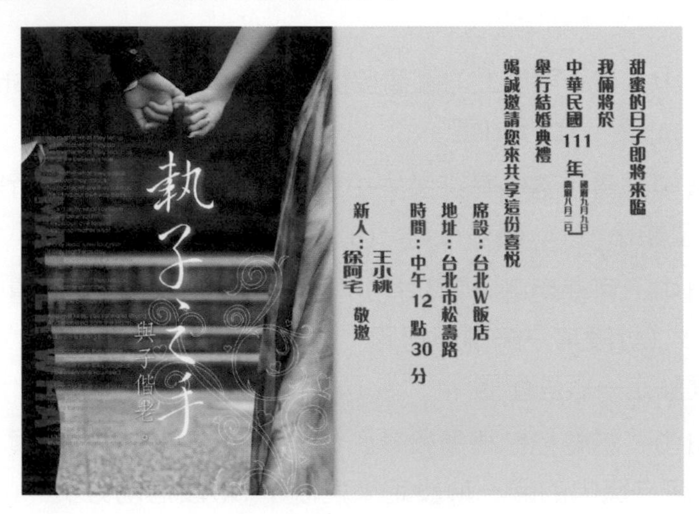

2. 開啟「Word→CH02→2-18.docx」檔案，進行以下的設定。
   - 將文件中所有多餘的空白字元及分行符號全部刪除。
   - 將文件中所有半形的「(」、「)」，取代為全形的「（」、「）」。
   - 將標題文字加上框線及網底，樣式請自行設定。
   - 除標題文字外，將其他段落皆設定為左右對齊，與後段距離皆設為0.5行。
   - 將第二個段落的首字放大，放大高度設定為2。
   - 將第二個段落以後的段落文字，加上項目符號(符號請自選)呈現，文字縮排設定為0.5公分，並將冒號前文字加上粗體樣式。

網路詐欺

網路詐欺是在網路上最常見的犯罪行為，像是有些人會在網路上拍賣一些低價的物品，吸引消費者購買，而當消費者依指示將錢匯入對方帳戶後，卻沒有收到購買的商品；或收到不堪使用的商品，以下列出常見的網路詐欺行為。

☺ **移花接木上網標購名牌詐財**：歹徒先上網向網路上的賣家標購商品，於取得賣家銀行匯款帳號後，再於網站上刊登賣同型商品之廣告，要求買方把錢匯入先前賣家的帳號內，等買方把錢匯入後，歹徒即向賣家要求交貨，並親自向賣家取貨，造成真正的買家反而拿不到貨。

☺ **冒牌網站騙卡號A錢**：歹徒模仿擁有優良信譽的「OO銀行」、「OO網路書店」及知名拍賣網站、誘使消費者自動登入，並提供信用卡號、收費地址及網路登入密碼等個人財務資料，造成網路業者及消費者嚴重損失。

WORD 2019

CHAPTER 03

圖文編排技巧

3-1 圖片的使用

在文件中適時的加入一些圖片，不但可以美化文件，達到圖文並茂的效果，還可以增加文章的可讀性。

在文件中加入圖片

在文件中可以加入自己所拍攝或設計的圖片。請開啟**3-1.docx**檔案，進行插入圖片的練習。

01 將滑鼠游標移至要插入圖片的位置，按下**「插入→圖例→圖片」**選單鈕，於選單中點選**此裝置**，開啟「插入圖片」對話方塊。

02 選擇要插入的圖片，再按下**插入**按鈕，圖片就會插入於滑鼠游標所在位置。

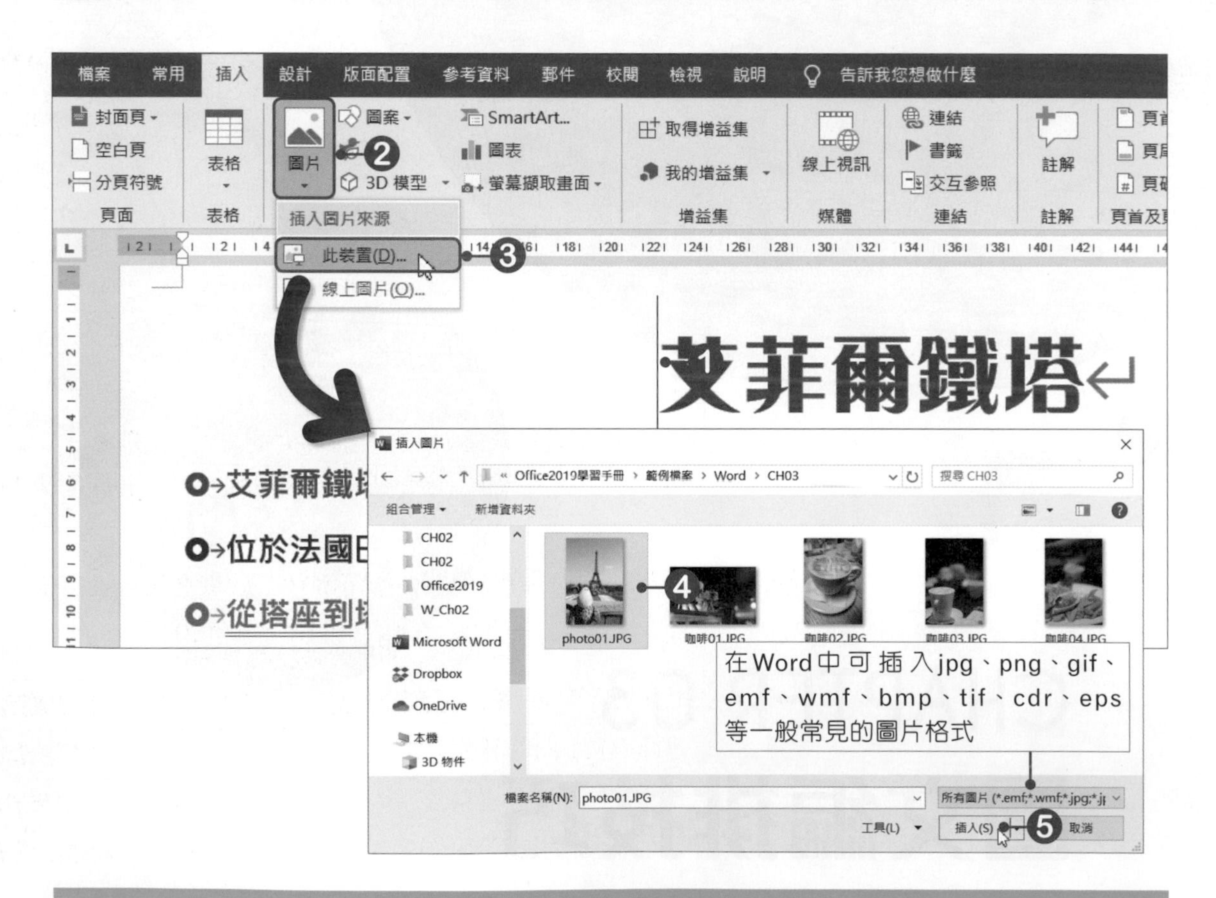

除了加入自己準備的圖片外，還可以使用**Bing圖片搜尋**功能，搜尋網路上的圖片，並加入到文件中。按下**「插入→圖例→圖片」**選單鈕，於選單中點選**線上圖片**，開啟「線上圖片」視窗後，即可利用搜尋功能搜尋網路上的圖片。要插入線上圖片時，電腦必須先連上網路，才能使用搜尋功能。

03 圖片插入後，在圖片的右上角會有個 版面配置選項按鈕，點選此按鈕可以設定圖片的文繞圖方式，這裡請點選**矩形**。

在Word中將圖片、線上圖片等物件加入時，這些物件在預設下，文繞圖的模式都設定為**與文字排列**。然而有時候會基於排版上的需要，而必須自行更改圖片的文繞圖方式。

04 圖片設定爲**矩形**文繞圖模式後，將滑鼠游標移至圖片上，再按下**滑鼠左鍵**不放，即可任意移動圖片的位置。

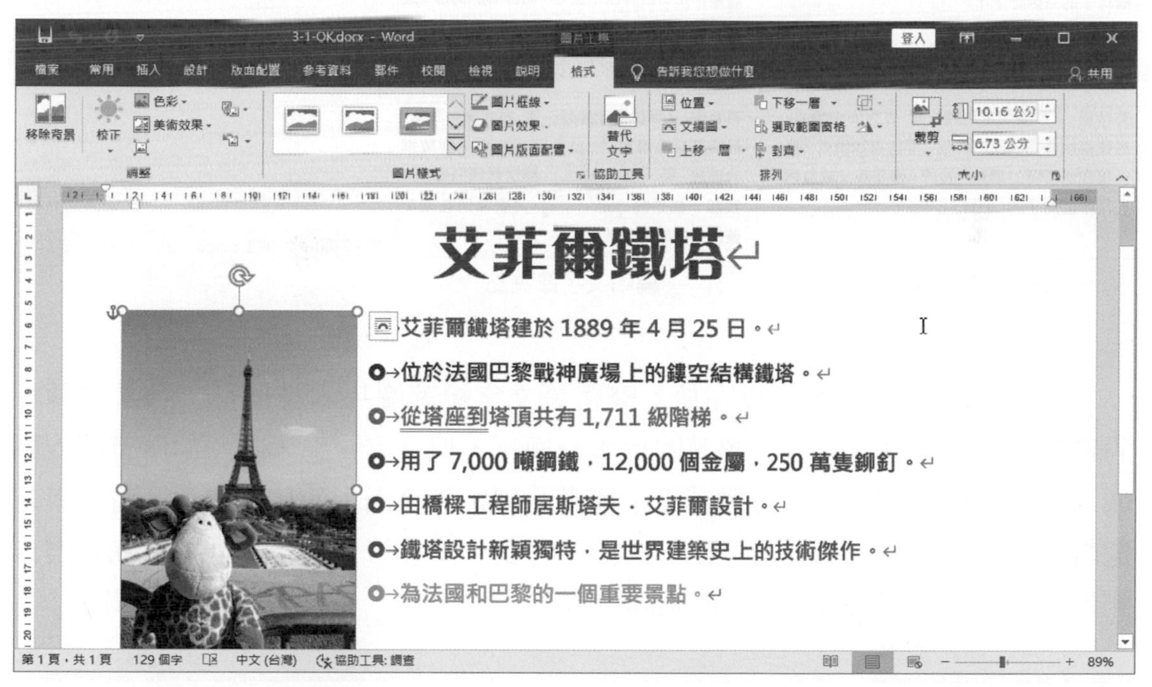

範例檔案：3-1-OK.docx

關聯式索引標籤

Office 2019 為了避免畫面凌亂，有些索引標籤只有在需要時才會顯示，例如：當點選「圖片」物件時，「**圖片工具**」索引標籤才會顯示；當點選「表格」時，「**表格工具**」索引標籤才會顯示。

文繞圖設定

將圖片加入文件後，於圖片的右上角會自動出現 **版面配置選項**按鈕，利用這個按鈕，即可設定圖片的文繞圖方式；除此之外，也可以按下**「圖片工具→格式→排列→文繞圖」**按鈕，來進行設定。

文繞圖 ▾
- 與文字排列(I)
- 矩形(S)
- 緊密(T)
- 穿透(H)
- 上及下(O)
- 文字在前(D)
- 文字在後(N)
- 編輯文字區端點(E)
- 隨段落文字移動(M)
- 固定於頁面上的位置(F)
- 其他版面配置選項(L)...
- 設成預設配置(A)

有時候，人類像洄游魚類一樣，在大海中闖蕩，最後卻拼命想游回出生地。對故鄉的情感，是一種無法解釋的鄉愁。我想，這是我父親為何在南竿蓋房子的原因吧？！

矩形

有時候，人類像洄游魚類一樣，在大海中闖蕩，最後卻拼命想游回出生地。對故鄉的情感，是一種無法解釋的鄉愁。我想，這是我父親為何在南竿蓋房子的原因吧？！

緊密

有時候，人類像洄游魚類一樣，在大海中闖蕩，最後卻拼命想游回出生地。對故鄉的情感，是一種無法解釋的鄉愁。我想，這是我父親為何在南竿蓋房子的原因吧？！

穿透

有時候，人類像洄游魚類一樣，在大海中闖蕩，

最後卻拼命想游回出生地。對故鄉的情感，是

上及下

有時候，人類像洄游魚類一樣，在大海中闖蕩，最後卻拼命想游回出生地。對故鄉的情感，是一種無法解釋的鄉愁。我想，這是我父親為何在南竿蓋房子的原因吧？！

文字在前

有時候，人類像洄游魚類一樣，在大海中闖蕩，最後卻拼命想游回出生地。對故鄉的情感，是一種無法解釋的鄉愁。我想，這是我父親為何在南竿蓋房子的原因吧？！

文字在後

有時候，人類像洄游魚類一樣，在大海中闖蕩，最後卻拼命想游回出生地。對故鄉的情感，是一種無法解釋的鄉愁。我想，這是我父親為何在南竿蓋房子的原因吧？！

編輯文字區端點

範例檔案：3-3.docx

其中緊密與穿透的差異在於：緊密是文字繞著圖片本身換行，通常在圖片的邊界內；而穿透則是文字繞著圖片本身換行，但文字會進入圖片中所有開放區域。在文繞圖選單中還有**隨段落文字移動**及**固定於頁面上的位置**選項，將前者勾選時，物件會隨著文字新增或刪除時跟著移動；將後者勾選時，則物件在新增或刪除文字時，會保持在頁面上的相同位置。

將圖片設為**與文字排列**時，圖片便是屬於文字的一部分，而在插入點上的圖片，可以進行置中、靠右對齊、靠左對齊等格式設定；而經過文繞圖設定的圖片則不行。

在文件插入圖片時，可能會遇到圖片顯示不完整的問題，這可能是因為段落行距被設定為**固定行高**的關係，只要將圖片所在位置的行距設定為**單行間距**，圖片就可以完整顯示於文件中。

調整圖片大小

圖片插入至文件後，若該圖片很大時，那麼這張圖片會佈滿至整個文件中。此時就需要動手調整圖片大小。

點選圖片時，圖片會出現**八個控制點**，利用這八個控制點即可進行圖片大小的調整。在調整圖片時，建議你使用**上下左右的四個控制點**來調整，因爲這四個控制點可以**等比例調整**圖片。

範例檔案：3-2.docx

將滑鼠游標移至控制點上，按下**滑鼠左鍵**不放，即可調整圖片的大小

除了手動調整圖片大小外，還可以直接在**「圖片工具→格式→大小」**群組中，設定圖片的寬度與高度。

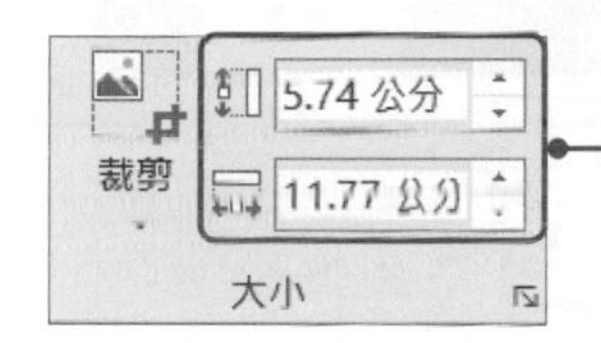

直接於欄位中輸入要調整的大小，在調整時，會以等比例方式調整，也就是說，調整圖片的高度時，寬度就會自動跟著調整

圖片格式的調整

在文件中的圖片，還可以進行亮度、對比、著色等格式調整，圖片經過調整後就會有更多的變化。在**「圖片工具→格式→調整」**群組中，可以將圖片進行校正、色彩及美術效果等調整。

範例檔案：3-4-OK.docx

經過**校正**後的圖片

更換**色彩**後的圖片

加入**美術效果**後的圖片

圖片樣式與效果

在「**圖片工具→格式→圖片樣式**」群組中，可以進行圖片的樣式、框線、效果等設定，讓圖片更有特色。

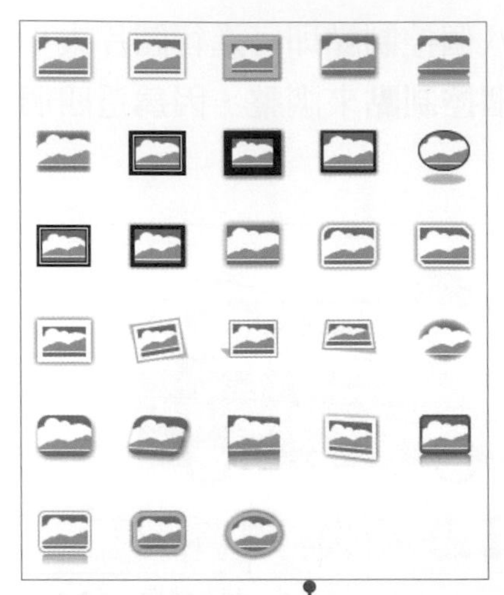

套用圖片樣式

Word預設許多的圖片樣式，利用這些樣式就可以為圖片設計不同的變化

範例檔案：3-5-OK.docx

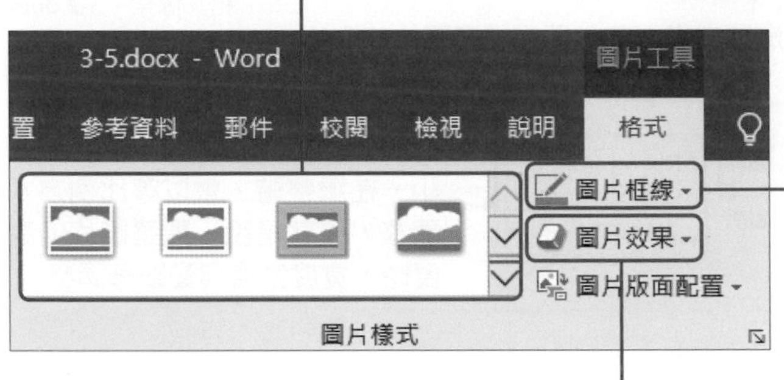

圖片框線

可幫圖片加上框線，在選單中選擇要使用的色彩及設定框線的寬度

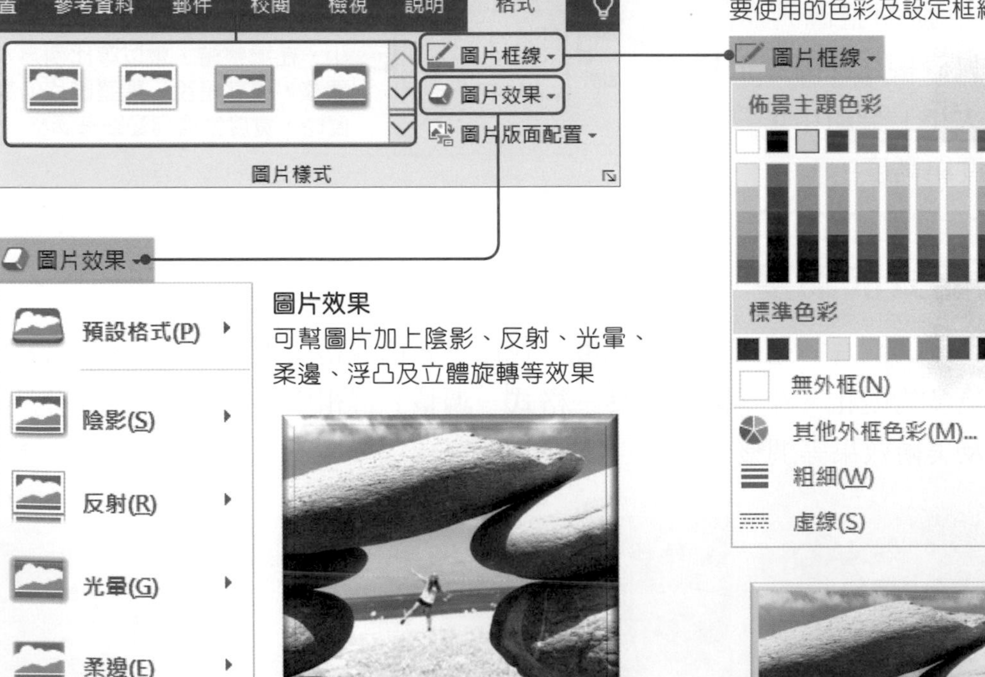

圖片效果

可幫圖片加上陰影、反射、光暈、柔邊、浮凸及立體旋轉等效果

圖片的裁剪

在**「圖片工具→格式→大小」**群組中，使用**裁剪**功能，可以輕鬆地將圖片裁剪成任一圖形，或是指定裁剪的長寬比。

裁剪不要的部分

若只想保留圖片中的某一部分時，可以利用**「圖片工具→格式→大小→裁剪」**按鈕，將不需要的部分隱藏起來，保留要的部分。

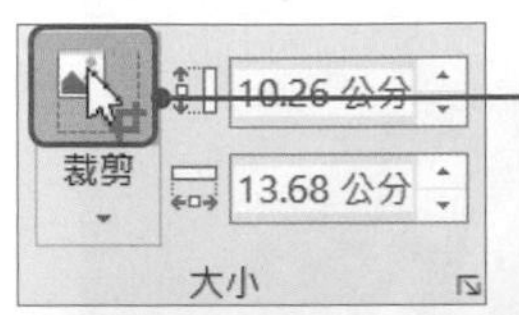

❶ 點選要裁剪的圖片，按下「**圖片工具→格式→大小→裁剪**」按鈕

範例檔案：3-6-OK.docx

❷ 圖片的四周會顯示裁切控制點，接著將滑鼠游標移至控制點上

❸ 按下**滑鼠左鍵**不放，往上拖曳，即可裁切下方多餘的部分，而被裁切的部分會以深灰色呈現

❹ 設定好要裁剪的範圍後，再按下**裁剪**按鈕，或是在文件的任一位置按一下**滑鼠左鍵**，即可完成裁剪的動作

> 進行裁剪的動作時，事實上並沒有將被裁剪的部分給刪除，Word 只是將它們暫時隱藏，因為若還想要修改裁剪的部分時，可以再按下**裁剪**按鈕，再向外拖曳裁切控制點，被裁剪的部分就會又出現了。若要真正的移除裁剪區域時，可以按下「**圖片工具→ 格式→ 調整→ 壓縮圖片**」按鈕。

使用長寬比裁剪

裁剪圖片時，也可以直接使用預設的**「長寬比」**進行裁剪的動作。點選要裁剪的圖片，按下**「圖片工具→格式→大小→裁剪」**選單鈕，於選單中點選**長寬比**選項，即可選擇要使用的長寬比。

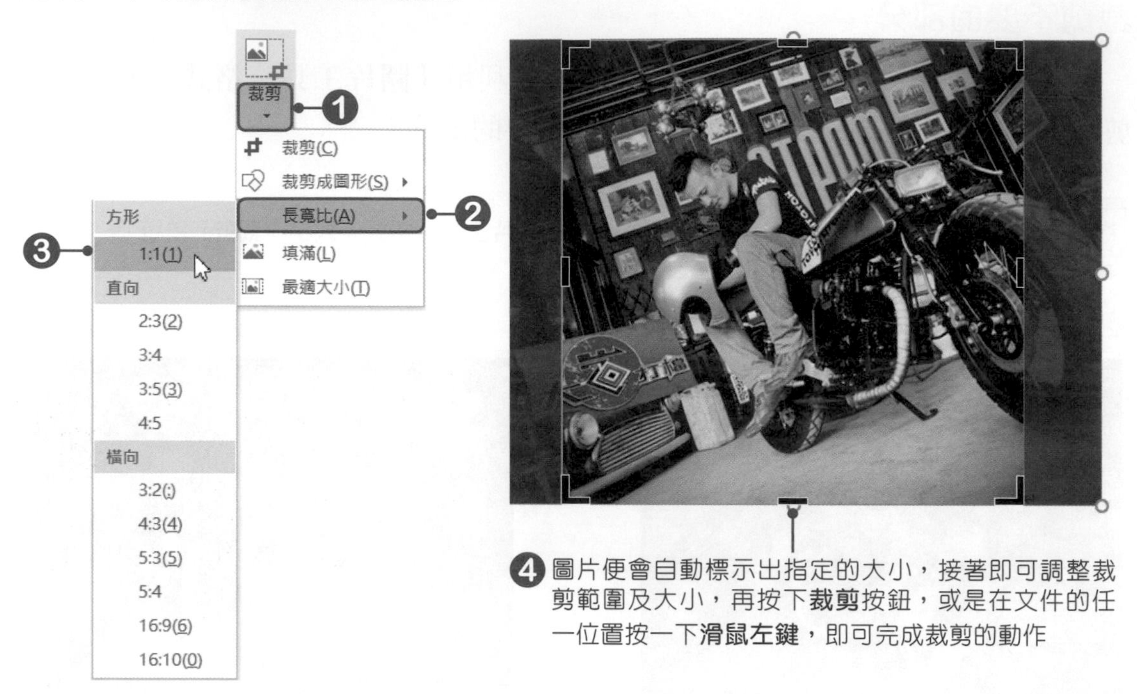

將圖片裁剪成圖形

裁剪圖片時，還可以將圖片裁剪成各種圖形。點選要裁剪的圖片，按下**「圖片工具→格式→大小→裁剪」**按鈕，於選單中點選**裁剪成圖形**選項，即可選擇要使用圖形。

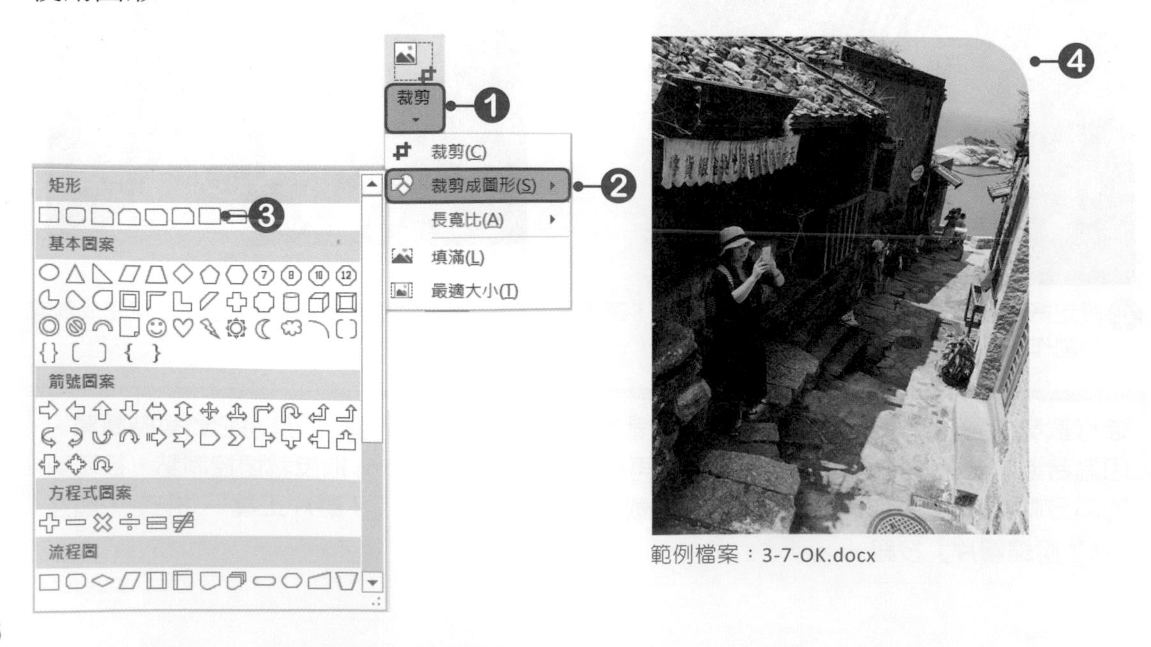

範例檔案：3-7-OK.docx

旋轉圖片

當點選圖片時，在圖片上會看到 **旋轉鈕**，將滑鼠游標移至旋轉鈕上，再按著**滑鼠左鍵**不放，即可往右或往左進行360度旋轉。

除了圖片會有旋轉鈕外，圖案、文字方塊、文字藝術師等物件也都有旋轉鈕，也都可以進行旋轉的動作

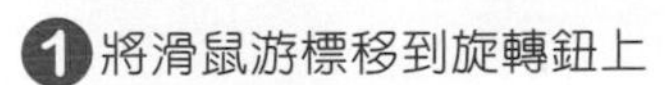

1 將滑鼠游標移到旋轉鈕上

2 按著滑鼠左鍵不放，往左或往右拖曳滑鼠

旋轉圖片時，也可以按下**「圖片工具→格式→排列→旋轉物件」**按鈕，於選單中即可選擇要旋轉或翻轉。

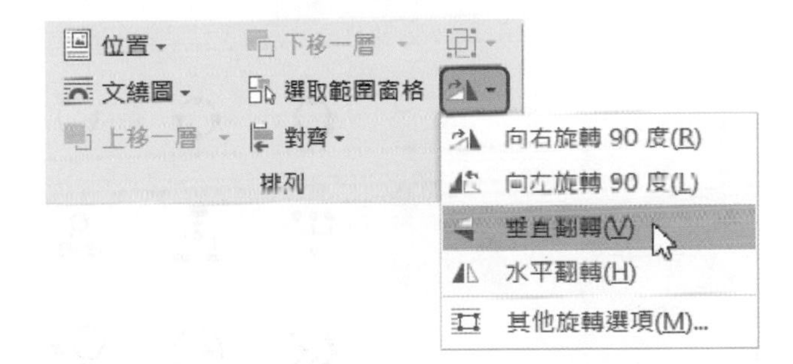

變更、重設及儲存圖片

- **變更圖片**：當圖片格式都設定好後，若想要更換圖片時，點選圖片後，按下**「圖片工具→格式→調整→ 變更圖片」**按鈕；或直接在圖片上按下滑鼠右鍵，於選單中點選**變更圖片**，即可進行變更圖片的動作。
- **重設圖片**：當圖片進行了大小的調整、亮度的調整、色彩的調整等，若想要讓圖片回到最初的設定時，可以按下**「圖片工具→格式→調整→ 重設圖片」**按鈕，讓圖片回到最原始的狀態。
- **儲存文件中的圖片**：在圖片上按下**滑鼠右鍵**，於選單中點選**另存成圖片**，開啟「儲存檔案」對話方塊，即可選擇圖片要儲存的位置、檔案名稱及檔案格式，Word提供了**png**、**jpg**、**gif**、**tif**、**bmp**等格式。在儲存圖片時，Word會保持圖片原始外觀，所以，若該圖片有設定圖片樣式及任何效果時，都不會被套用於被儲存的圖片中。

3-2 圖示與3D模型的使用

在文件中除了插入圖片外，還可以在插入**圖示**及**3D模型**(PowerPoint及Excel中也可使用)，這裡就來看看該如何使用。

圖示的使用

Word 2019提供了各種不同類型的圖示集，在製作文件時可以適時的加入相關圖示，製作出視覺化的文件。這些圖示是**可縮放向量圖形(SVG)**檔案，且可以進行色彩、大小、旋轉等設定。

按下「**插入→圖例→圖示**」按鈕，開啓「插入圖示」視窗，便可選擇要加入的圖示。加入圖示後，在「**圖形工具→格式**」索引標籤中，即可跟圖片一樣，進行文繞圖、圖形樣式、填滿、外框、效果等設定。

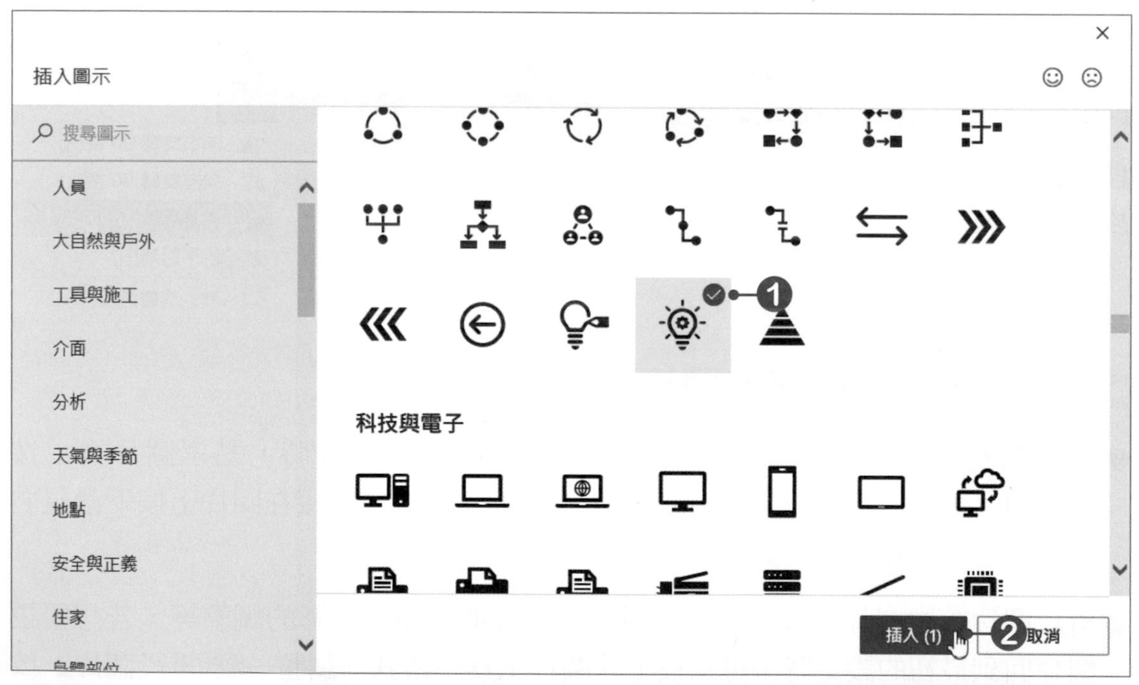

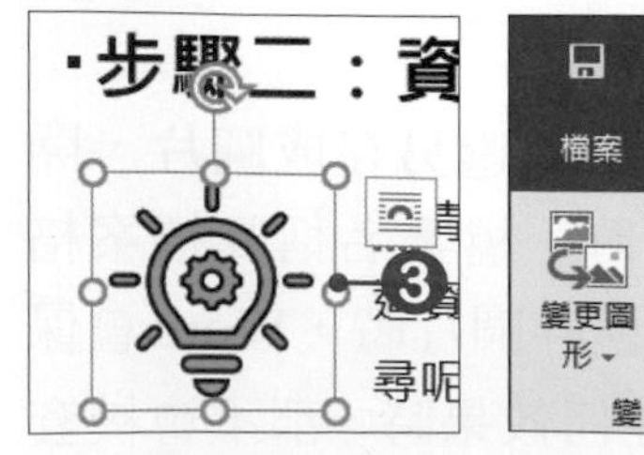

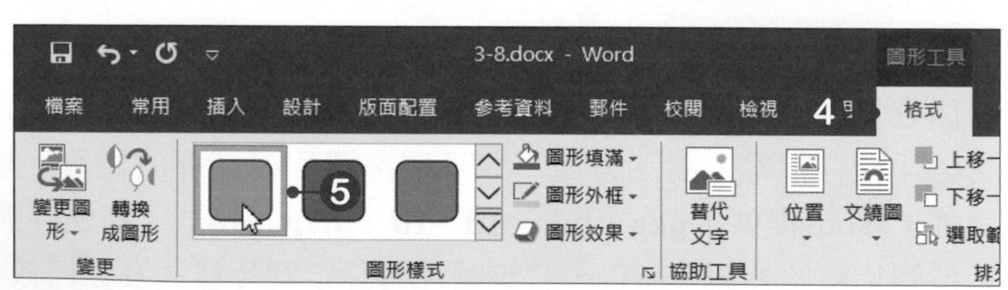

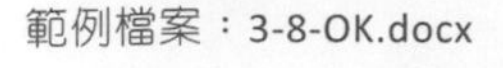
範例檔案：3-8-OK.docx

若要細部編輯圖示，可以按下「**圖形工具→格式→變更→轉換成圖形**」按鈕，即可編輯圖示外觀。

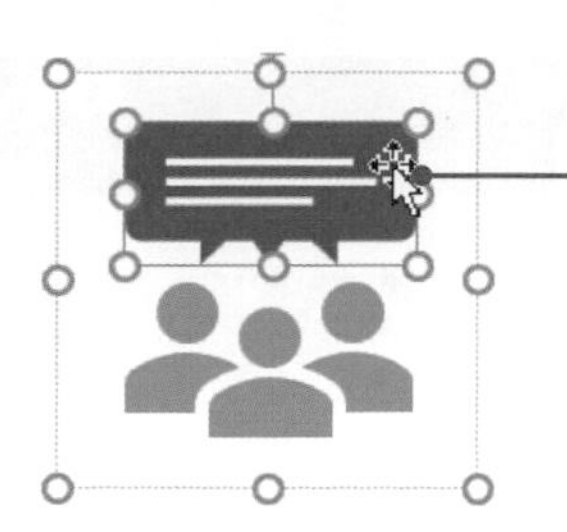

將圖示轉換成圖形後，即可進行個別物件的編輯，例如：更換色彩、外框線等

3D模型的使用

Word 2019可以在文件中加入**Filmbox格式(*.fbx)、物件格式(*.obj)、3D製造格式(*.3mf)、多邊形格式(*.ply)、光固化成型格式(*.stl)、二進位GL傳輸格式(*.glb)**等3D模型，且還可以調整模型要呈現的角度。

除了上述的格式外，也可以從線上資源下載3D模型，按下「**插入→圖例→3D模型→從線上資源**」按鈕，開啓視窗後即可選擇要加入的模型。

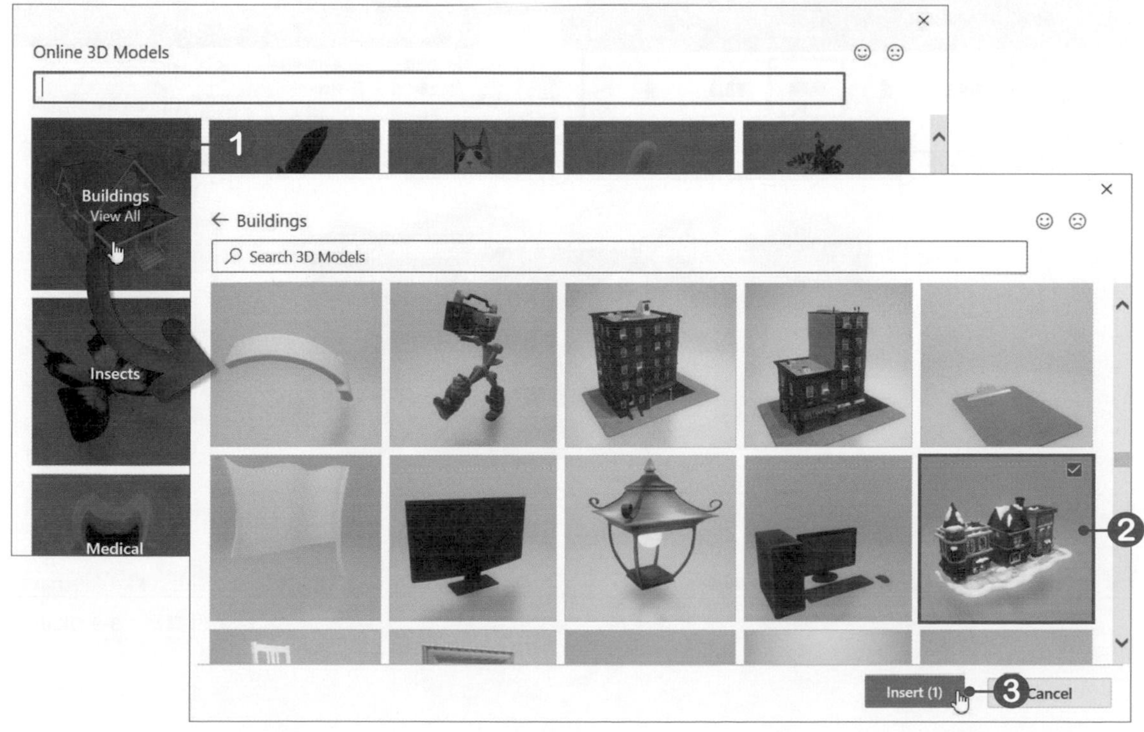

模型加入後，將滑鼠游標移至模型上按著**滑鼠左鍵**不放，即可調整模型要呈現的角度。

除了自己調整檢視角度外，還可以在「**3D模型工具→格式→3D模型檢視**」群組中，選擇要檢視的方式。

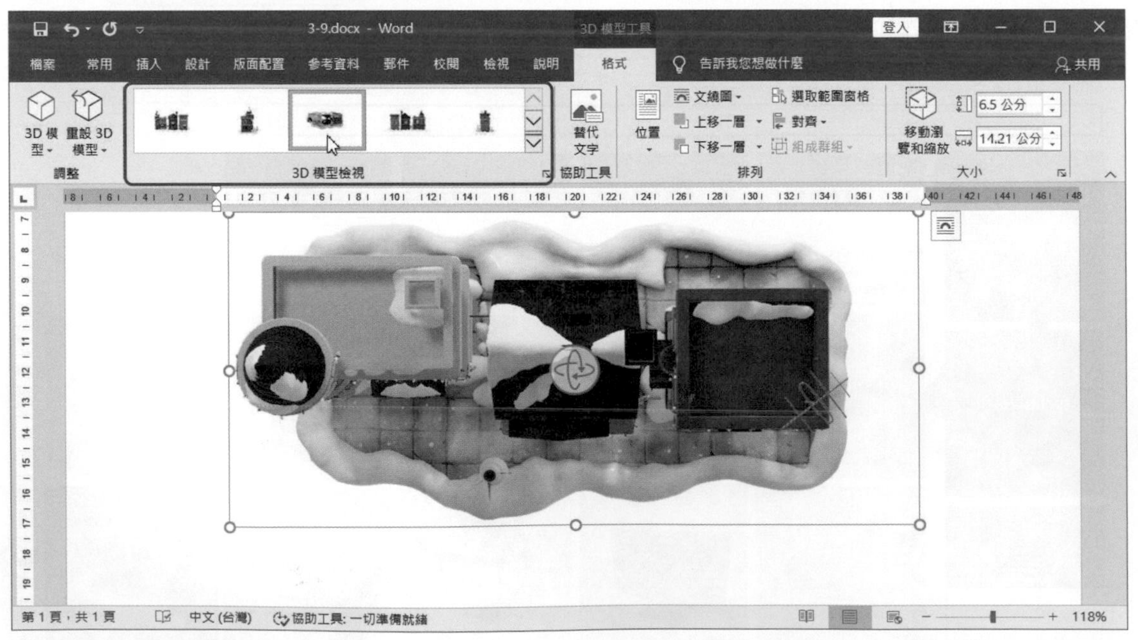

範例檔案：3-9-OK.docx

3-3 螢幕擷取畫面的使用

Word提供了**螢幕擷取畫面**功能，可以直接擷取螢幕上畫面，並自動加入目前編輯的文件中，而此功能在PowerPoint及Excel中皆有提供。

01 按下**「插入→圖例→螢幕擷取畫面」**按鈕，在**可用的視窗**中會顯示已開啟軟體的視窗畫面，直接點選即可將該視窗的整個畫面擷取。

02 點選後，視窗畫面便會自動加入目前編輯的文件中。

範例檔案：3-10-OK.docx

若要自行選擇要擷取的範圍，則可以點選**畫面剪輯**選項，點選後，整個螢幕畫面會刷淡呈現，接著按下**滑鼠左鍵**不放，並拖曳滑鼠，即可選取要擷取的部分，擷取完後，會再跳回Word，圖片也會自動加入目前編輯的文件中。

3-4 文字方塊的使用

要在文件中隨意的插入文字資料，或是要於橫書版面中加入直書文字時，可以使用「文字方塊」，讓編排文件或設計圖案時更有彈性。Word提供了**水平文字方塊**和**垂直文字方塊**讓我們運用。

加入文字方塊

請開啟**3-11.docx**檔案，進行以下的練習。

01 按下**「插入→文字→文字方塊」**按鈕，於選單中選擇**繪製水平文字方塊**。

02 點選後，即可在文件中繪製出文字方塊，按著**滑鼠左鍵**不放，並拖曳滑鼠拉出文字方塊。

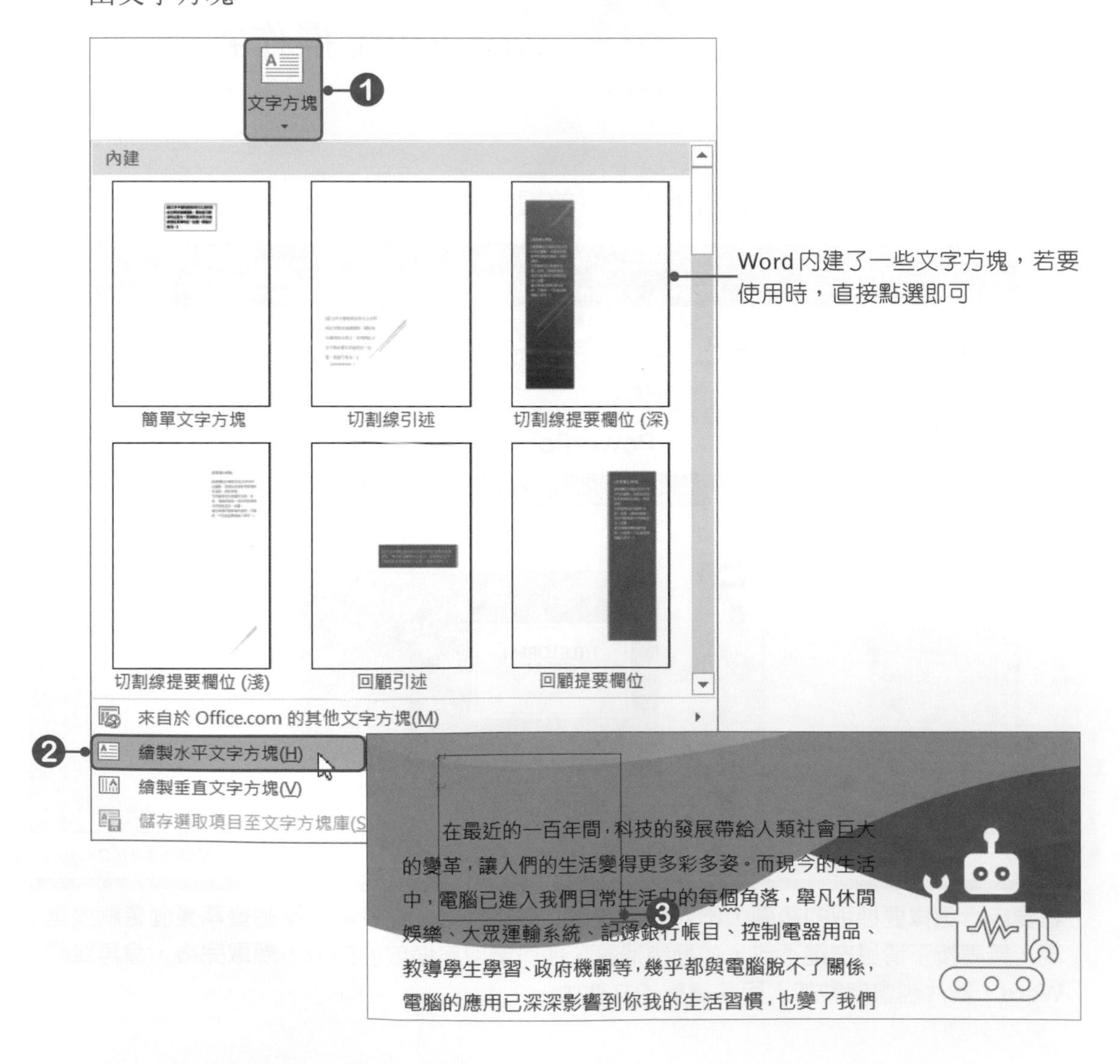

03 文字方塊繪製好後，即可輸入文字，並進行文字格式的設定。

04 文字格式設定好後，按下 **版面配置選項**按鈕，將文字方塊的文繞圖方式設定為**上及下**。

05 在預設下，文字方塊內的文字是靠上對齊，若要修改此設定時，按下**「繪圖工具→格式→文字→對齊文字」**按鈕，於選單中點選要對齊的方式。

範例檔案：3-11-OK.docx

文字方塊格式設定

當點選文字方塊後，會開啟**「繪圖工具→格式」**索引標籤，在此即可進行樣式、填滿、外框、效果等格式設定。

在**「繪圖工具→格式→圖案樣式」**群組中，可以選擇文字方塊的樣式，或是自行設定文字方塊的填滿色彩、外框線及效果。

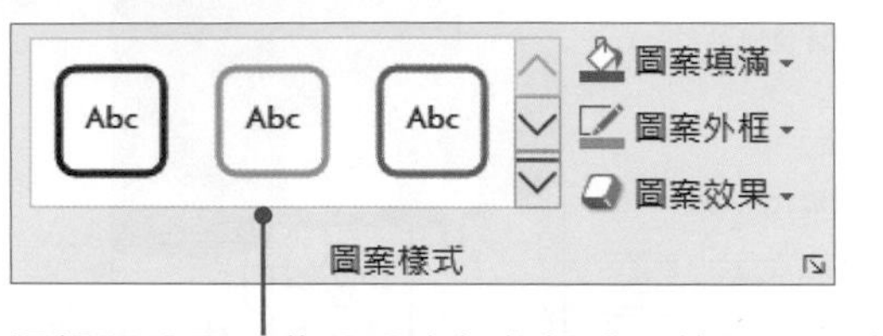

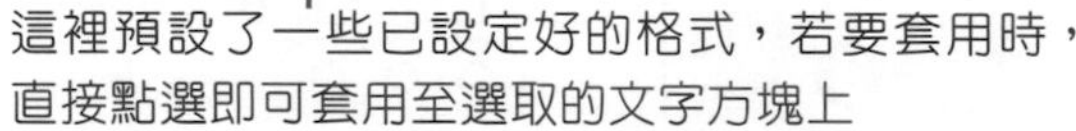

按下**圖案樣式**群組右下角的▣對話方塊啟動器，會開啟**設定圖形格式**窗格，在此窗格中也可進行各項格式的設定。

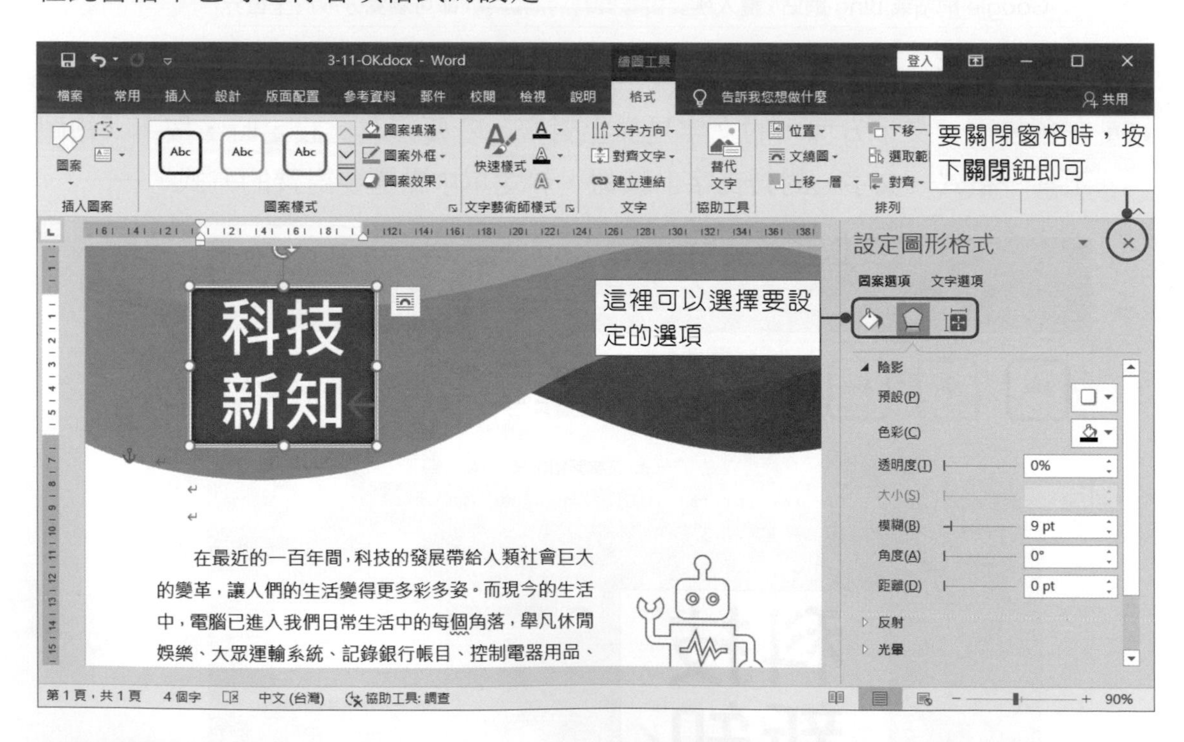

在Word中，不管是文字方塊、圖案、圖片、文字藝術師等，都可以在「設定圖形格式」窗格中，設定填滿色彩、框線類別、陰影、反射、光暈和柔邊、立體等格式。

➔ 將文字方塊變更為其他圖案

製作好的文字方塊，可以使用**編輯圖案**功能，將文字方塊變更爲其他圖案。點選要變更的文字方塊後，按下「**繪圖工具→格式→插入圖案→編輯圖案→變更圖案**」按鈕，即可選擇要使用的圖案。

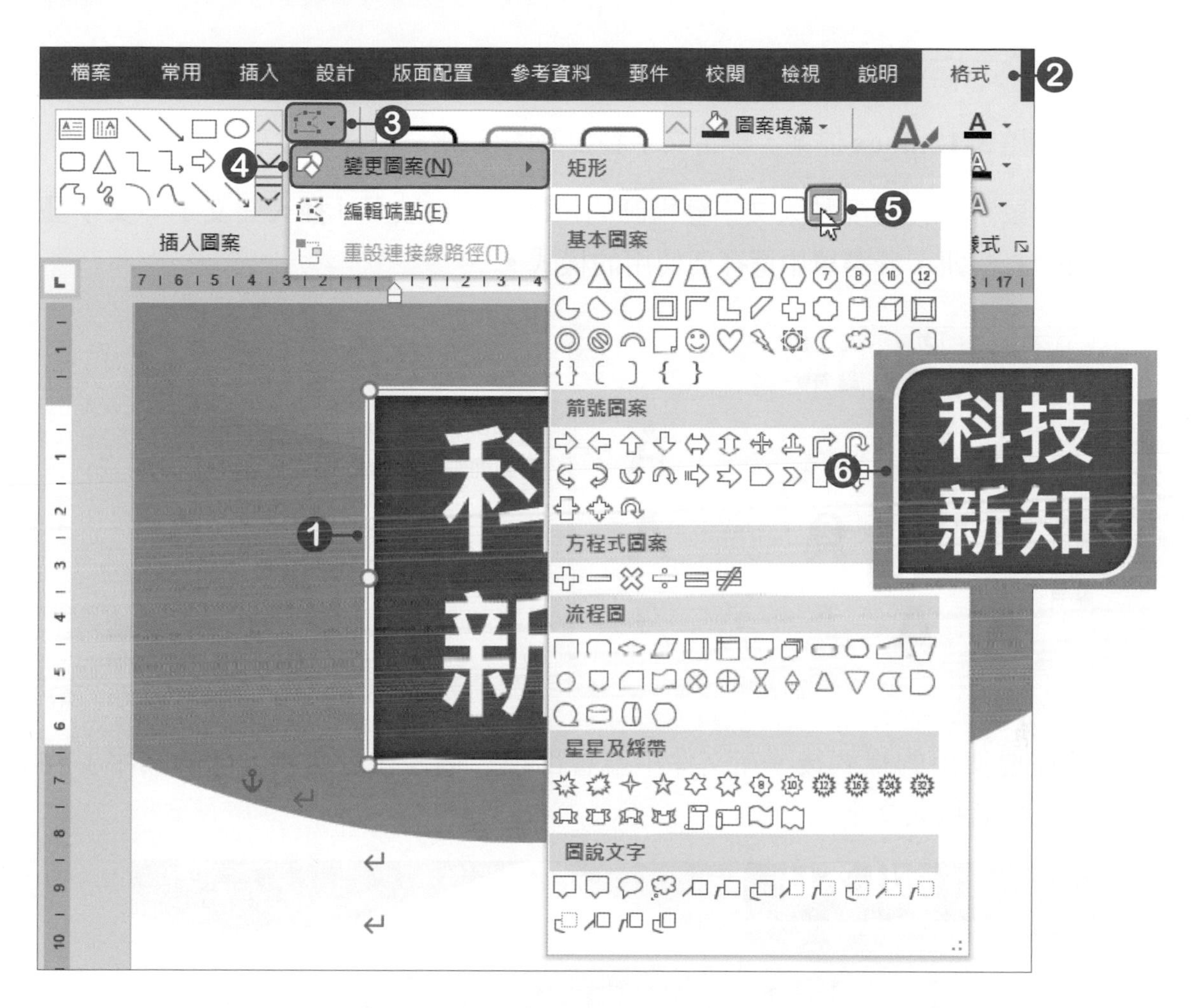

在「**插入→圖例**」群組中，提供了**圖案**功能，可以繪製出線條、連接線、基本圖案、箭號圖案、流程圖、星星及綵帶、圖說文字及其他等圖案。而在使用圖案時，還可以在圖案中加入文字，只要在圖案上按下**滑鼠右鍵**，於選單中點選**新增文字**，即可在圖案中輸入文字。

3-5 文字藝術師

Word提供了**文字藝術師**功能，可以製作出更多樣化的文字，這裡就來看看該如何使用。

插入文字藝術師

請開啓**3-12.docx**檔案，學習文字藝術師的使用。

01 將滑鼠游標移至要加入文字藝術師的位置上，再按下**「插入→文字→文字藝術師」**按鈕，於選單中選擇要使用的樣式。

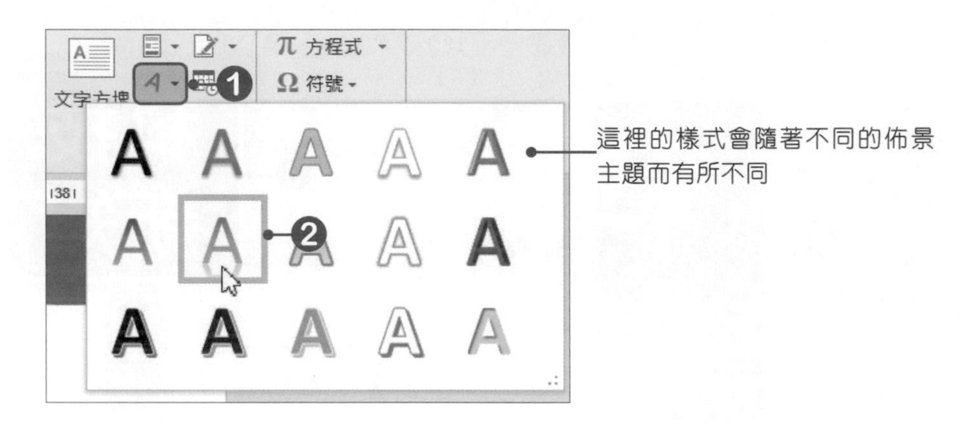

02 選擇要使用的樣式後，在文件中就會出現一個「**在這裡加入您的文字**」物件，接著輸入文字。

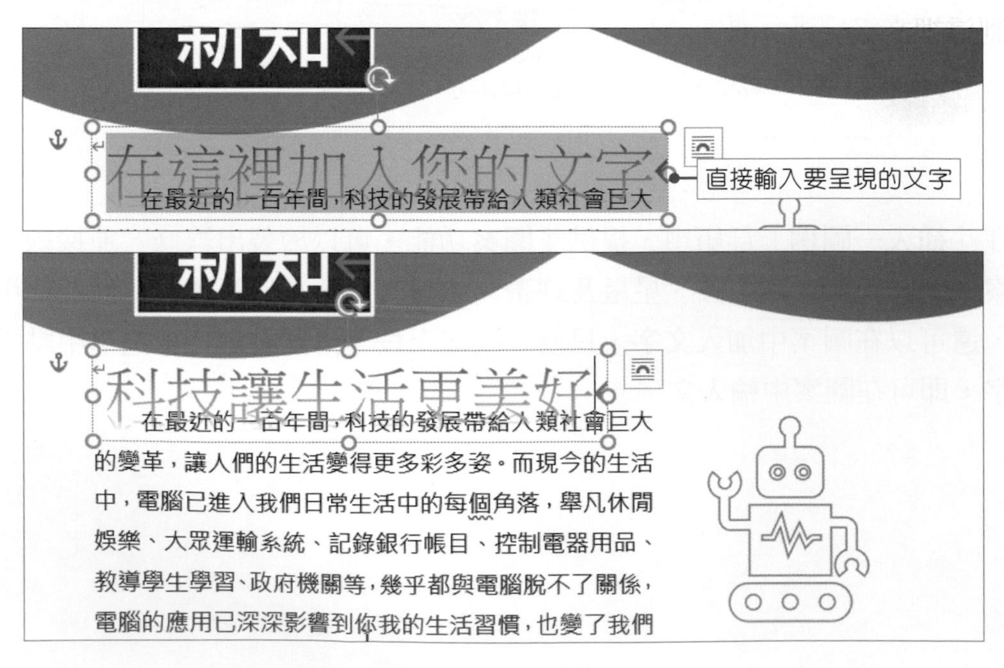

03 文字輸入好後，按下 **版面配置選項**按鈕，將文字藝術師的文繞圖方式設定爲**與文字排列**。

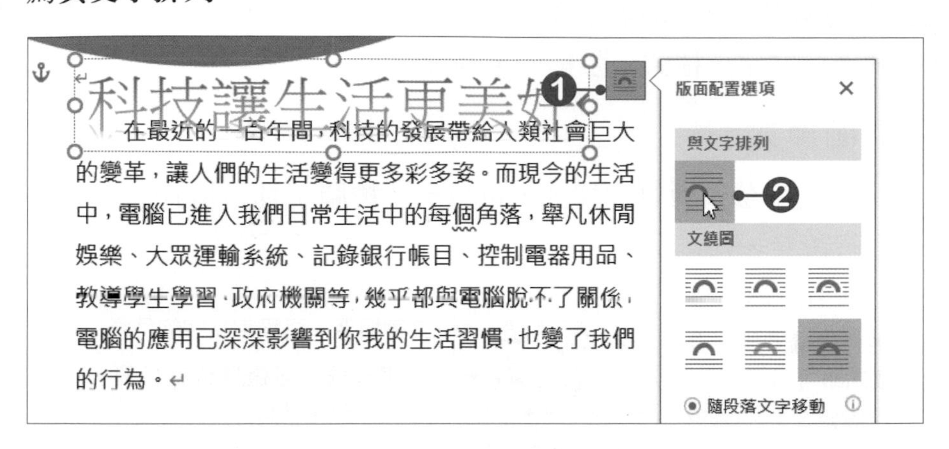

04 點選**常用**索引標籤，設定文字的字型與大小。

05 將滑鼠游標移至文字藝術師右邊的控制點上，按著**滑鼠左鍵**不放往右拖曳，將文字藝術師的寬度調整到與版面同寬。

06 到這裡文字藝術師就製作完成了。

範例檔案：3-12-OK.docx

文字藝術師的格式設定

當點選文字藝術師，Word會自動開啟**「繪圖工具→格式」**索引標籤，即可針對文字藝術師進行文字、樣式、陰影效果等設定。

更換文字藝術師樣式

你可以隨時幫文字藝術師更換樣式，可以至**「繪圖工具→格式→文字藝術師樣式」**群組中進行設定。

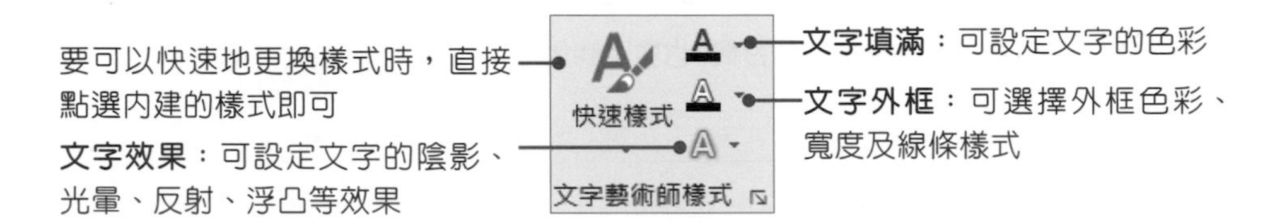

轉換效果的使用

在**「文字效果」**選項中的**轉換**功能，提供了許多不同的文字圖案，讓我們可以將文字進行更多的變化。

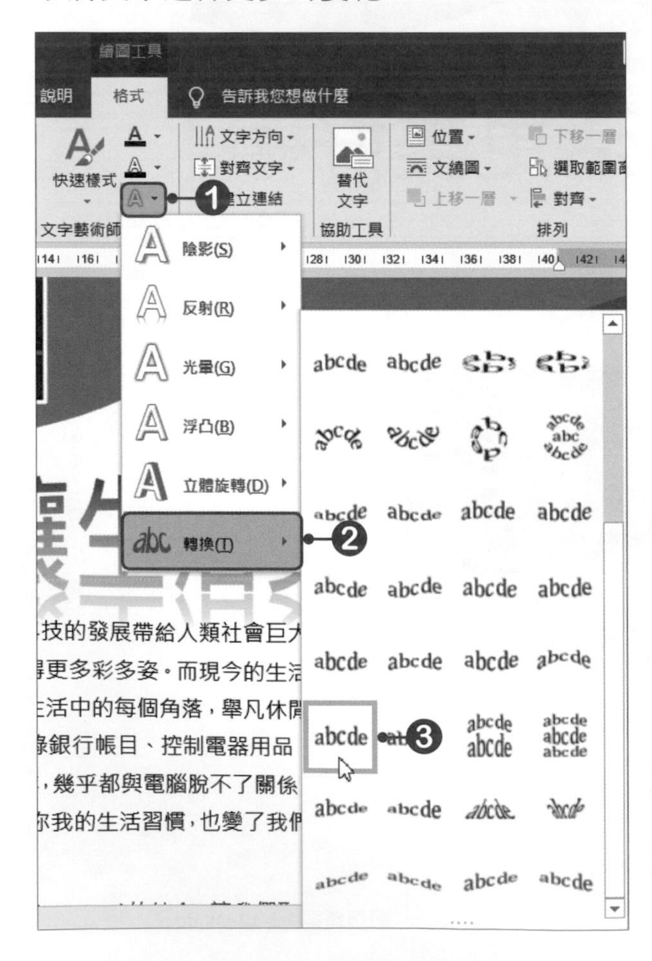

4 文字藝術師轉換為其他圖案時，將滑鼠游標移至●控制點，可以更改轉換後的外觀

5 將滑鼠游標移至控制點上，再按下滑鼠左鍵不放，即可調整控制點的位置，並更改外觀

6 完成設定

自我評量

❖選擇題

(　　)1. 在Word中，下列哪個物件可以套用陰影、反射、光暈、浮凸等效果？(A)文字方塊　(B)文字藝術師　(C)圖片　(D)以上皆可。

(　　)2. 在Word中，圖形就像文字一樣，會隨著文字一起移動，是使用了下列哪一種換行模式？(A)矩形　(B)與文字排列　(C)文字在前　(D)文字在後。

(　　)3. 在Word中，插入圖片後，可以進行以下哪個動作？(A)大小調整　(B)將圖片裁剪為某個圖案　(C)剪裁圖片　(D)以上皆可。

(　　)4. 在Word中，有關「裁剪」功能的敘述，何者正確？(A)裁剪的部分仍然是圖片檔的一部分　(B)裁剪後的圖片檔案會變小　(C)裁剪後的圖片無法復原　(D)裁剪的區域可以是不規則邊緣。

(　　)5. 在Word中，要刪除圖片的裁剪區域，可透過下列哪一項功能來執行？

(A)圖片工具→格式→調整→移除背景

(B)圖片工具→格式→調整→壓縮圖片

(C)圖片工具→格式→調整→變更圖片

(D)圖片工具→格式→調整→裁剪。

(　　)6. 在Word中，要將圖片調整成灰階時，可透過下列哪一項功能來執行？

(A)圖片工具→格式→調整→亮度

(B)圖片工具→格式→調整→對比

(C)圖片工具→格式→調整→重新著色

(D)圖片工具→格式→調整→色彩。

(　　)7. 在Word中，可以加入哪種格式的3D模型？(A)*.fbx　(B)*.obj　(C)*.ply　(D)以上皆可。

(　　)8. 在Word中，要於文件加入流程圖圖案時，要進入哪個群組中？(A)常用→圖例　(B)插入→圖例　(C)版面配置→圖例　(D)檢視→圖例。

(　　)9. 在Word中，要於文件加入文字藝術師文字時，要進入哪個索引標籤中？(A)常用　(B)插入　(C)版面配置　(D)檢視。

(　　)10. 在Word中，下列針對「文字藝術師」的敘述，何者不正確？(A)一旦選定了某個樣式，便無法再更換　(B)可以設定文字的大小和字型　(C)可以套用浮凸效果　(D)可以自由地旋轉文字藝術師的角度。

自我評量

❖實作題

1. 開啓「Word→CH03→3-13.docx」檔案，進行以下的設定。
   - 將圖片依據版面的排列裁剪成適當大小，使用圖片樣式與效果功能來美化圖片。
   - 將圖片的文繞圖方式設定為「上及下」。
   - 在文件中加入圖示。
   - 使用三十二角星形圖案製作「歡迎報名」圖案。
   - 使用文字藝師製作文件標題，並將文字轉換為上下凹陷效果。

夏季教育訓練公告

很開心分享，我們又通過「人力提升計畫」了，此次計畫共有 21 門課，45 小時的課程；除了數位化編輯課程外，針對全體同仁的一般課程，是今年的重點，希望主管都能鼓勵同仁熱烈參與。因事先已徵詢大家對語文學習的需求，所以本次先以日文課程打頭陣，每周四晚上兩小時，只要有興趣，大家一起來，下班後不用趕補習班，輕輕鬆鬆就可充電。

教育訓練課程

今年度相關教育訓練課程，將於 7 月 24 日~8 月 28 日舉辦，每堂 2 小時(下午 4:00~6:00)，為便於統計出席人數以利座位安排，請各位主管指定同仁報名。

WORD 2019

CHAPTER 04 表格的建立與編修

4-1 表格的基本操作

在Word所建立的表格，是一個獨立的物件，可以任意的搬移表格、設定表格的文繞圖方式、表格的大小等，接下來本節將介紹表格的基本概念。

表格位址名稱

表格是由多個**「欄」**和多個**「列」**組合而成的，假設一個表格有5個欄，6個列，簡稱它為**「5×6表格」**。表格中的每一格，稱之為**「儲存格」**，每一個儲存格又都有一個位址名稱。

表格中的「**欄**」，由左至右的位置名稱分別以**A**、**B**、**C**等順序命名，而「**列**」則是由上到下的位置名稱為**1**、**2**、**3**等順序命名。所以，表格中的第4欄第3列的儲存格，稱之為「D3」儲存格。

	A	B	C	D	E
1	A1	B1	C1	D1	E1
2	A2	B2	C2	D2	E2
3	A3	B3	C3	**D3**	E3
4	A4	B4	C4	D4	E4

建立表格

要建立表格時，按下**「插入→表格→表格」**按鈕，於選單中直接用滑鼠選取出表格大小即可。

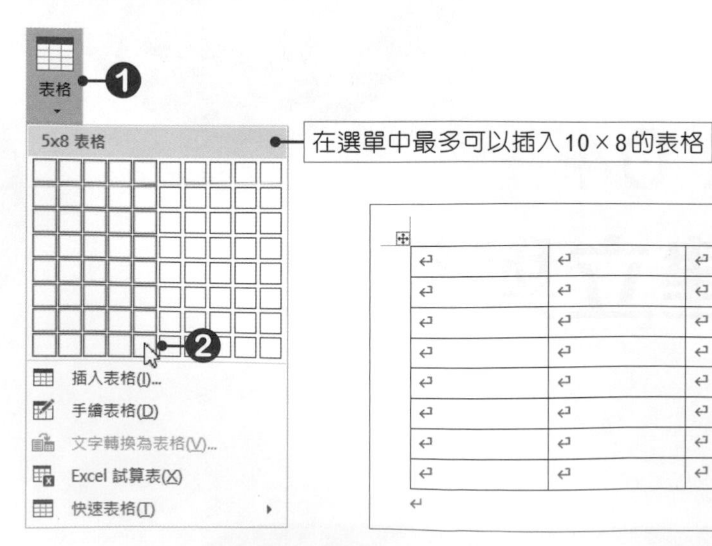

若想要建立更多欄位的表格，則必須按下選單中的**插入表格**選項，開啟「插入表格」對話方塊，即可設定表格的欄數及列數。

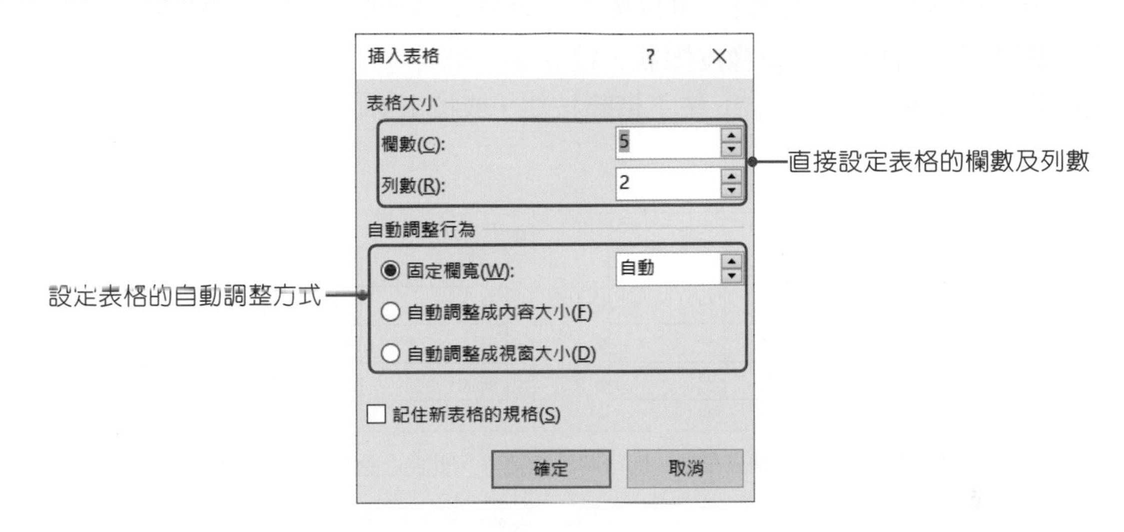

在表格內畫出想要的線段

當表格建立好後，若想要進一步修改或加入對角線時，可以使用**手繪表格**來進行，將滑鼠游標移至表格內，再按下**「表格工具→版面配置→繪圖→手繪表格」**按鈕，此時滑鼠游標會變成 ✎ **鉛筆狀**，即可在表格中畫出框線。要結束**手繪表格**功能時，按下**手繪表格**按鈕，或按下**Esc**鍵，即可取消手繪表格狀態。

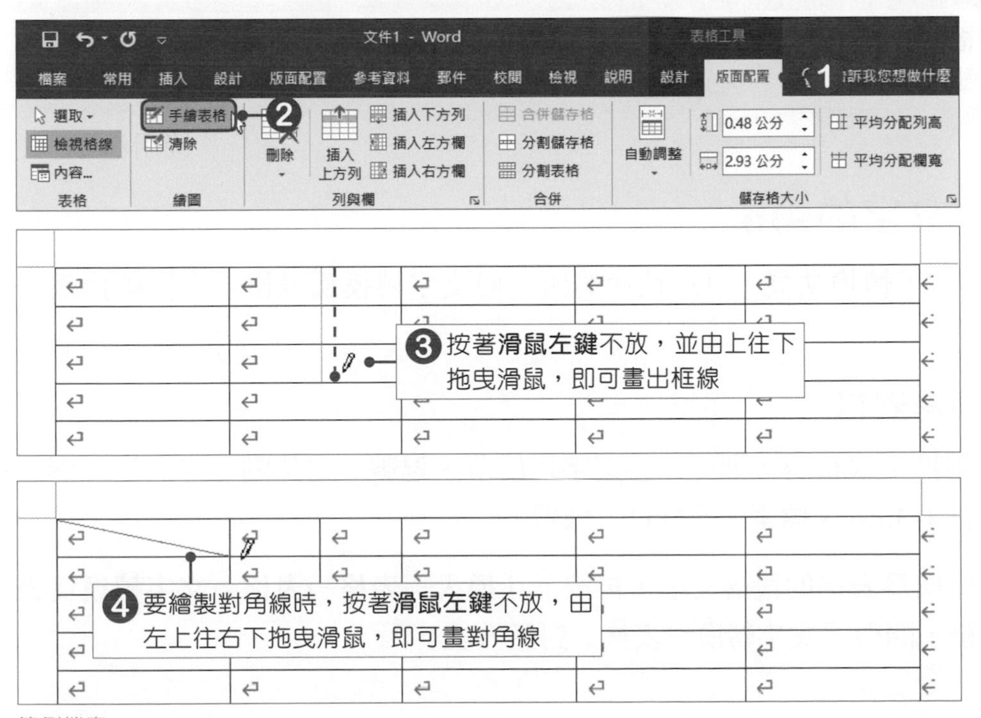

範例檔案：4-1-OK.docx

清除表格上不要的線段

要清除表格上的線段時，可以按下**「表格工具→版面配置→繪圖→清除」**按鈕，此時滑鼠游標會呈**橡皮擦狀**，接著點按框線，或在框線上拖曳，即可將框線擦除。要結束**清除**功能時，按下**清除**按鈕，或按下**Esc**鍵，即可取消清除狀態。

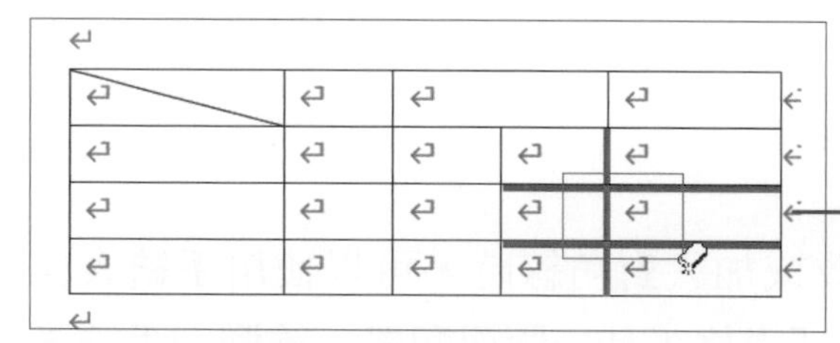

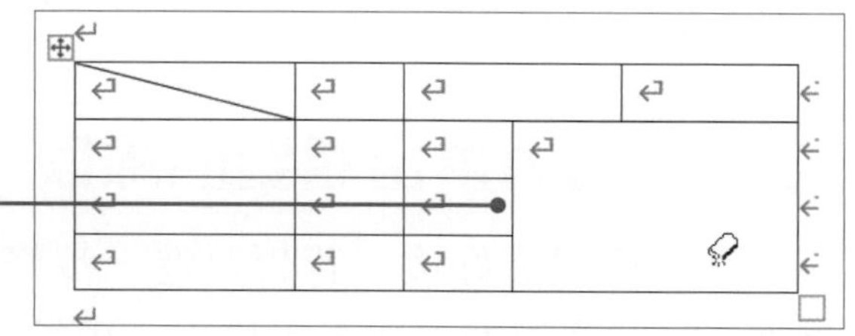

❶ 在要清除的框線上，按一下**滑鼠左鍵**，即可將框線清除，此時二個儲存格會合併

❷ 按著**滑鼠左鍵**不放並拖曳出要清除框線的範圍，此時被選取的框線就會被清除，並合併範圍內的儲存格

範例檔案：4-2-OK.docx

使用**手繪表格**功能進行表格的製作時，若按下**Shift**鍵，可將狀態轉換為**清除**狀態，進行框線清除的動作。

表格與文字的轉換

Word提供了**轉換**功能，可以快速的將**一般文字轉換爲表格**或**表格轉換爲一般文字**。

將文字轉換為表格

將文字轉換爲表格時，則可先將文字以**段落**、**逗號**、**定位點**等方式進行欄位區隔。請開啓**4-3.docx**檔案，進行以下練習。

01 選取要轉換爲表格的段落文字，再按下**「插入→表格→表格→文字轉換爲表格」**按鈕，開啓「文字轉換爲表格」對話方塊。

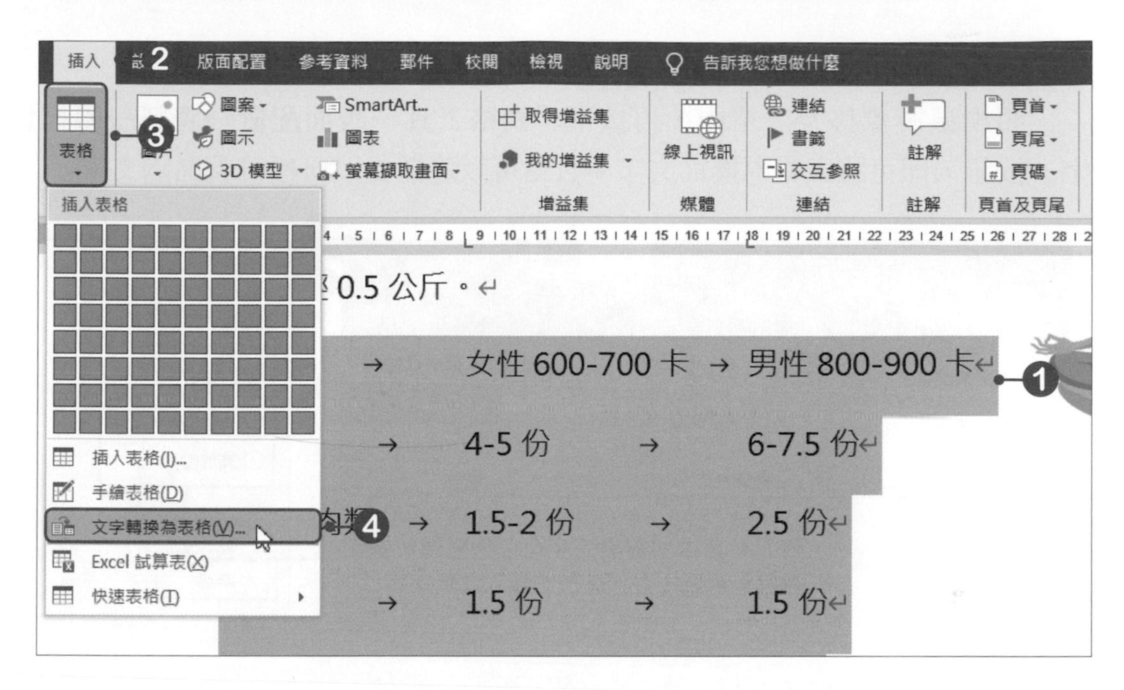

02 開啓「文字轉換爲表格」對話方塊後，Word 會依內文的定位點數自動判斷表格應該有幾欄跟幾列(若內文是依定位點來做區隔時)，在**自動調整行爲**選項中，可以選擇表格的調整方式，在**分隔文字在**中，選擇**定位點**，都設定好後按下**「確定」**按鈕。

03 被選取的段落文字就會被轉換爲表格。

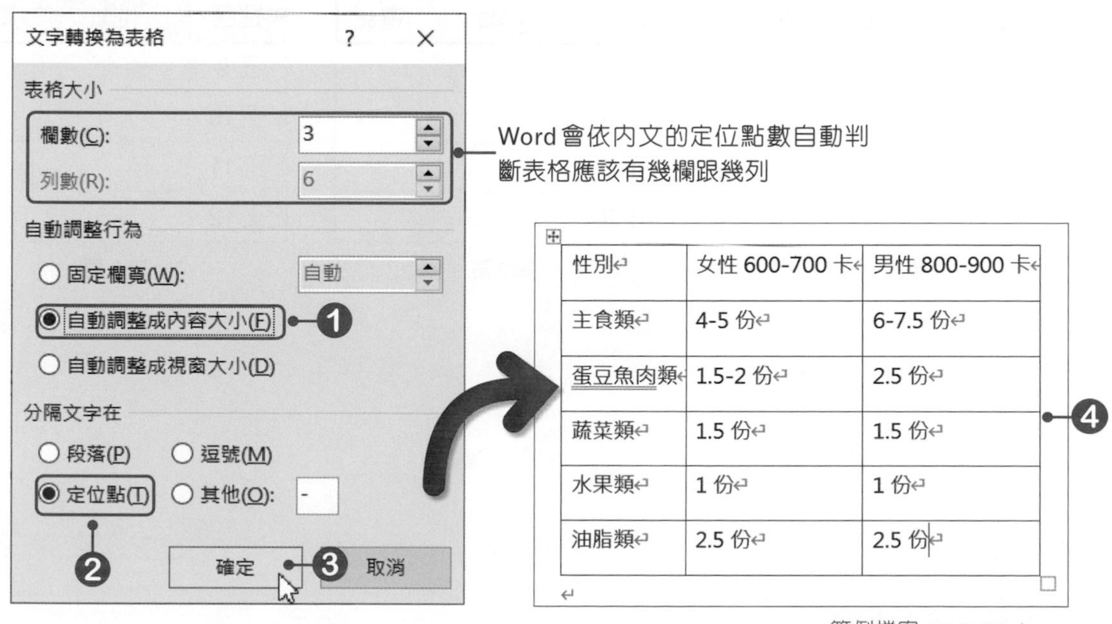

性別	女性 600-700 卡	男性 800-900 卡
主食類	4-5 份	6-7.5 份
蛋豆魚肉類	1.5-2 份	2.5 份
蔬菜類	1.5 份	1.5 份
水果類	1 份	1 份
油脂類	2.5 份	2.5 份

範例檔案：4-3-OK.docx

將表格轉換為一般文字

將滑鼠游標移至表格內，再按下**「表格工具→版面配置→資料→轉換爲文字」**按鈕，即可將表格轉換爲文字，且還可以選擇要以何種符號區隔文字。

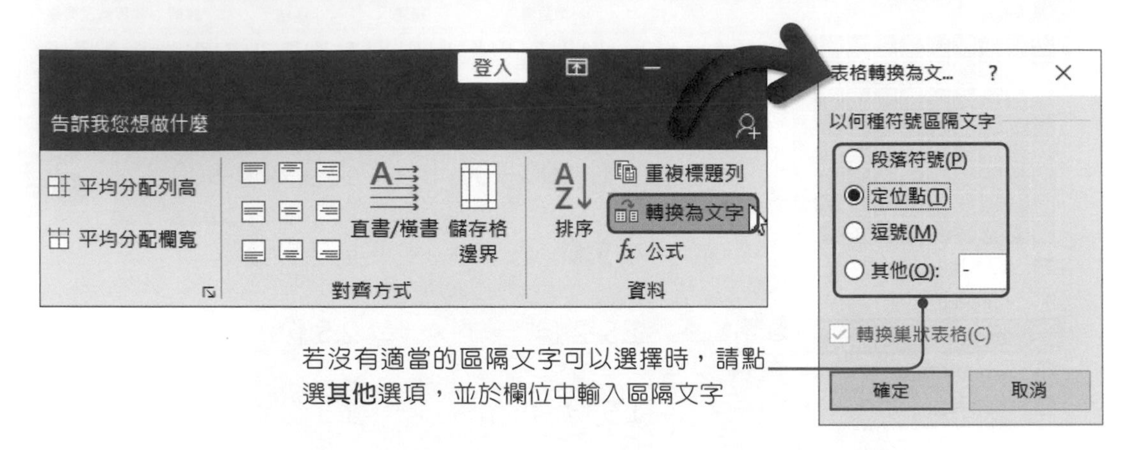

➡ 表格重複標題列設定

當一份表格文件超過二頁時，可以利用**重複標題列**功能，自動將每頁的表格最上方加入表格的標題列。要設定時，按下**「表格工具→版面配置→資料→重複標題列」**按鈕即可。

每頁的第一列自動加上標題列

姓名	地址	電話
王1		
王2		
王3		
王4		

第1頁

姓名	地址	電話
王5		
王6		
王7		
王8		

第2頁

姓名	地址	電話
王9		
王10		
王11		
王12		

第3頁

4-2 表格的編修

學會了如何建立表格後，接著來看看如何在表格中輸入文字、選取表格及調整表格等。

在表格中輸入文字及移動插入點

將滑鼠游標移至表格的儲存格，按下**滑鼠左鍵**，此時儲存格中就會有插入點，接著就可以進行文字的輸入。

在表格中要移動插入點時，可以直接用滑鼠點選，或是使用快速鍵來移動，使用方法可參考下表：

移動位置	按鍵
上一列	↑
下一列	↓
移至插入點位置的右方儲存格	**Tab**
移至插入點位置的左方儲存格	**Shift+Tab**
移至該列的第一格	**Alt+Home**
移至該列的最後一格	**Alt+End**
移至該欄的第一格	**Alt+Page Up**
移至該欄的最後一格	**Alt+Page Down**

表格的選取方法

表格的選取方法和文字選取方法是差不多的，選取表格時可以進行整個選取、單欄及多欄、單列及多列、單一儲存格、不連續儲存格等選取方式。

選取範圍	操作方式	範例
單一儲存格	將滑鼠游標移至儲存格左側，再按下**滑鼠左鍵**，即可選取儲存格。	性別 / 女性 600-700 卡 / 男性 800-900 卡 主食類 / 4-5 份 / 6-7.5 份 蛋豆魚肉類 / 1.5-2 份 / 2.5 份 蔬菜類 / 1.5 份 / 1.5 份
一列	將滑鼠游標移至表格列左側，再按下**滑鼠左鍵**，即可選取一列。	性別 / 女性 600-700 卡 / 男性 800-900 卡 主食類 / 4-5 份 / 6-7.5 份 蛋豆魚肉類 / 1.5-2 份 / 2.5 份 蔬菜類 / 1.5 份 / 1.5 份

選取範圍	操作方式	範例
一欄	將滑鼠游標移至表格欄上方，再按下**滑鼠左鍵**，即可選取一欄。	性別 女性 600-700 卡 男性 800-900 卡 主食類 4-5 份 6-7.5 份 蛋豆魚肉類 1.5-2 份 2.5 份
連續儲存格	用滑鼠拖曳出一個區域，在區域範圍內的儲存格就會被選取。	性別 女性 600-700 卡 男性 800-900 卡 主食類 4-5 份 6-7.5 份 蛋豆魚肉類 1.5-2 份 2.5 份
不連續儲存格	先點選第一個要選取的儲存格後，按著鍵盤上的**Ctrl**鍵不放，再去點選其他要選取的儲存格。	性別 女性 600-700 卡 男性 800-900 卡 主食類 4-5 份 6-7.5 份 蛋豆魚肉類 1.5-2 份 2.5 份
整個表格	按下表格左上角的⊞控制鈕，即可選取整個表格；或將插入點移至表格內，再按下**Alt**鍵＋數字鍵區的**5**鍵(Num Lock必須關閉)。	性別 女性 600-700 卡 男性 800-900 卡 主食類 4-5 份 6-7.5 份 蛋豆魚肉類 1.5-2 份 2.5 份 蔬菜類 1.5 份 1.5 份

選取表格時也可以按下**「表格工具→版面配置→表格→選取」**按鈕，於選單中選擇要選取的方式。

新增欄、列及儲存格

要在既有的表格中加入一個新的欄或列時，只要將滑鼠游標移至要插入欄或列的位置上，在**「表格工具→版面配置→列與欄」**群組中，即可選擇要插入上方列、插入下方列、插入左方欄、插入右方欄等。

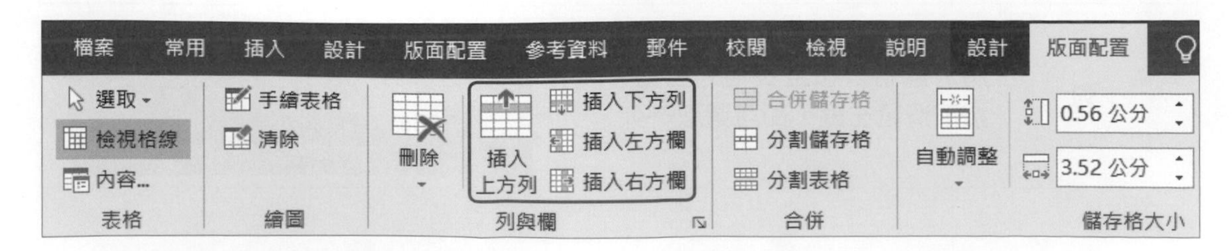

新增欄或列時，也可以直接將滑鼠游標移至左側或上方框線，此時會出現**+**的符號，按下後便會在指定的位置新增一欄或一列。

性別	女性 600-700 卡	男性 800-900 卡
主食類	4-5 份	6-7.5 份
蛋豆魚肉類	1.5-2 份	2.5 份
蔬菜類	1.5 份	1.5 份
水果類	1 份	1 份
油脂類	2.5 份	2.5 份

按一下**+**符號即可新增一列

性別	女性 600-700 卡	男性 800-900 卡
主食類	4-5 份	6-7.5 份
蛋豆魚肉類	1.5-2 份	2.5 份
蔬菜類	1.5 份	1.5 份
水果類	1 份	1 份
油脂類	2.5 份	2.5 份

按一下**+**符號即可新增一欄

新增多欄或多列時，先選取要新增欄數或列數，再將滑鼠游標移至左側的框線，按下**+**符號，即可新增出多欄或多列。

性別	女性 600-700 卡	男性 800-900 卡
主食類	4-5 份	6-7.5 份
蛋豆魚肉類	1.5-2 份	2.5 份
蔬菜類	1.5 份	1.5 份
水果類	1 份	1 份
油脂類	2.5 份	2.5 份

選取要新增的列數，再按下**+**符號，即可新增出相同的列數

性別	女性 600-700 卡	男性 800-900 卡
主食類	4-5 份	6-7.5 份
蛋豆魚肉類	1.5-2 份	2.5 份
蔬菜類	1.5 份	1.5 份
水果類	1 份	1 份
油脂類	2.5 份	2.5 份

刪除欄、列、儲存格及表格

刪除部分表格時，選取要刪除的欄、列或儲存格，再按下**「表格工具→版面配置→列與欄→刪除」**按鈕，於選單中就可以選擇要刪除的選項。

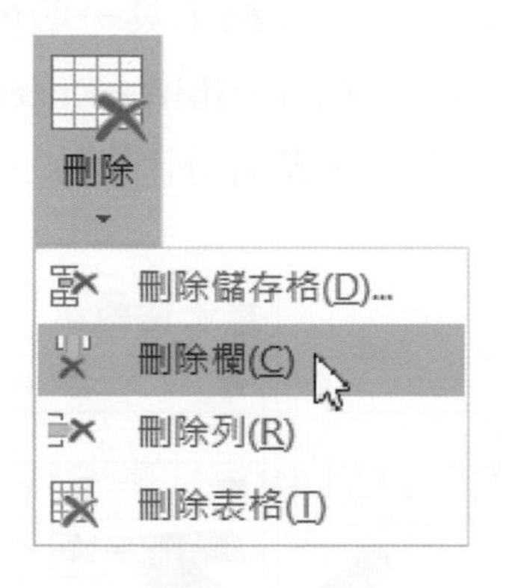

若只想要刪除表格內的資料，留下表格時，可以選取整個表格後，按下**Delete**鍵，清除表格內的內容。

將多個儲存格合併為一個

進行合併動作時，一定要選取二個以上的儲存格才能進行合併的動作。選取要進行合併的儲存格後，按下**「表格工具→版面配置→合併→合併儲存格」**按鈕，此時被選取的儲存格就會被合併成一個儲存格了。

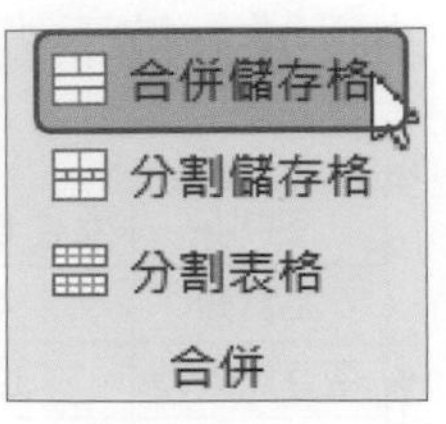

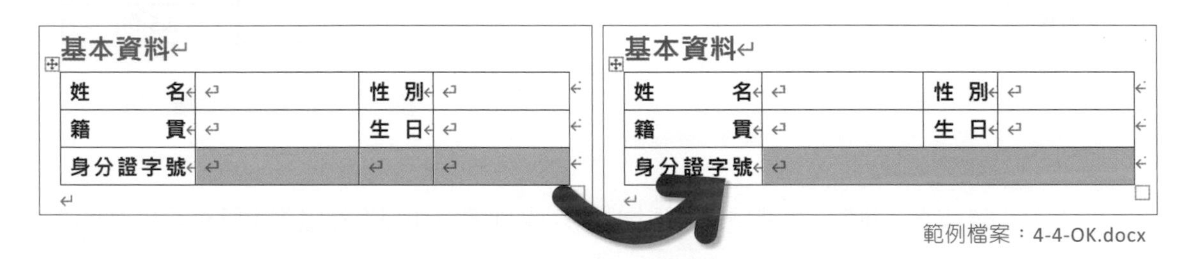

範例檔案：4-4-OK.docx

分割儲存格

將滑鼠游標移至要分割的儲存格中，按下**「表格工具→版面配置→合併→分割儲存格」**按鈕，即可進行分割的設定。

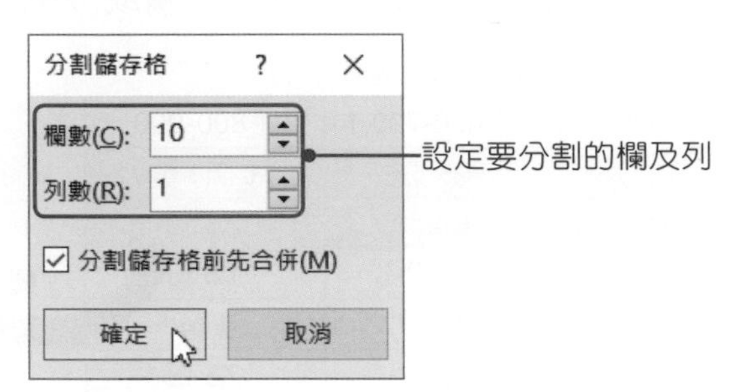

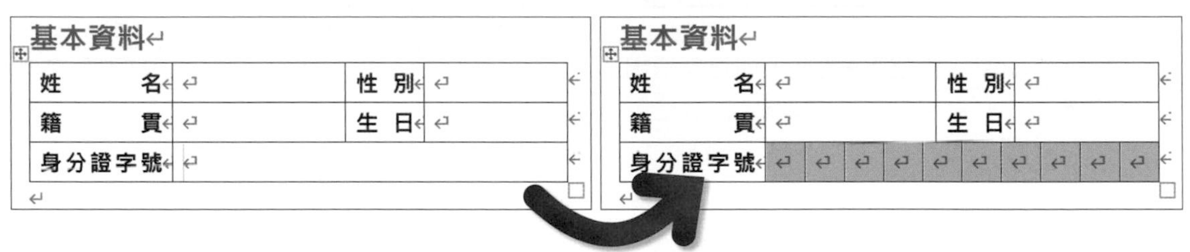

分割表格

要將表格一分爲二時，可以按下**「表格工具→版面配置→合併→分割表格」**按鈕，或按下**Ctrl+Shift+Enter**快速鍵，即可將滑鼠游標目前所在位置下的表格分割開來。

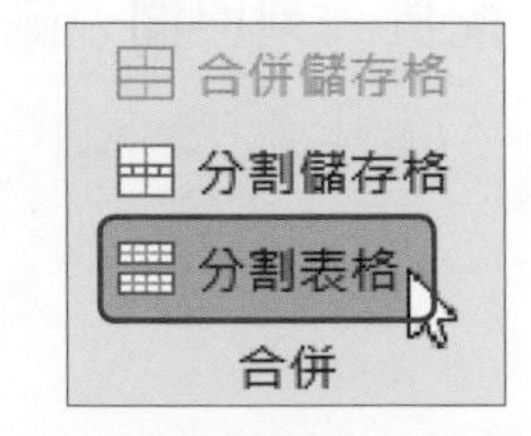

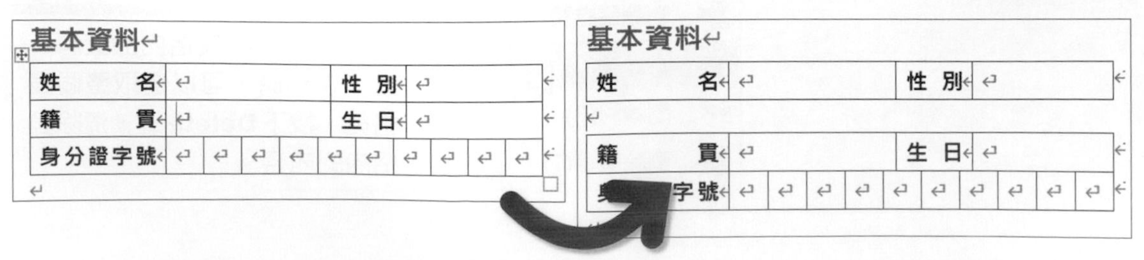

調整表格、欄寬及列高的大小

在**「表格工具→版面配置→儲存格大小」**群組中，提供了許多儲存格大小調整的工具，這裡就來看看該如何使用吧！

調整表格大小

調整表格大小時，只要拖曳表格右下角的□控制點，即可調整表格的大小。

範例檔案：4-5-OK.docx

食物名稱	熱量(大卡)	消耗熱量的運動時間
珍珠奶茶 700 cc	410	123 分鐘
可樂 350ml	170	51 分鐘
炸雞腿飯	810	243 分鐘
三寶飯	960	288 分鐘
小籠包	70	21 分鐘
火腿蛋餅	380	114 分鐘
起司加蛋漢堡	470	141 分鐘
雞排堡	400	120 分鐘
薯條(中)	250	75 分鐘

資料來源：衛生署福利部

❶ 將滑鼠游標移至控制點上，按著**滑鼠左鍵**不放

食物名稱	熱量(大卡)	消耗熱量的運動時間
珍珠奶茶 700 cc	410	123 分鐘
可樂 350ml	170	51 分鐘
炸雞腿飯	810	243 分鐘
三寶飯	960	288 分鐘
小籠包	70	21 分鐘
火腿蛋餅	380	114 分鐘
起司加蛋漢堡	470	141 分鐘
雞排堡	400	120 分鐘
薯條(中)	250	75 分鐘

資料來源：衛生署福利部

❷ 拖曳控制點調整表格大小，調整好後放開**滑鼠左鍵**，完成調整的動作

手動調整欄寬與列高

調整欄寬與列高時，直接將滑鼠游標移至框線上，按下**滑鼠左鍵**不放，即可調整欄寬或列高。

食物名稱	熱量(大卡)	消耗熱量的運動時間
珍珠奶茶 700 cc	410	
可樂 350ml	170	51 分鐘
炸雞腿飯	810	243 分鐘
三寶飯	960	288 分鐘
小籠包	70	21 分鐘
火腿蛋餅	380	114 分鐘
起司加蛋漢堡	470	141 分鐘
雞排堡	400	120 分鐘
薯條(中)	250	75 分鐘

左右拖曳即可調整欄寬

資料來源：衛生署福利部

平均分配欄寬與列高

所謂的平均分配就是將欄寬或列高調整成一樣大小。在**「表格工具→版面配置→儲存格大小」**群組中，按下**平均分配列高**按鈕，即可使每個列等高；按下**平均分配欄寬**按鈕，即可使每個欄等寬。

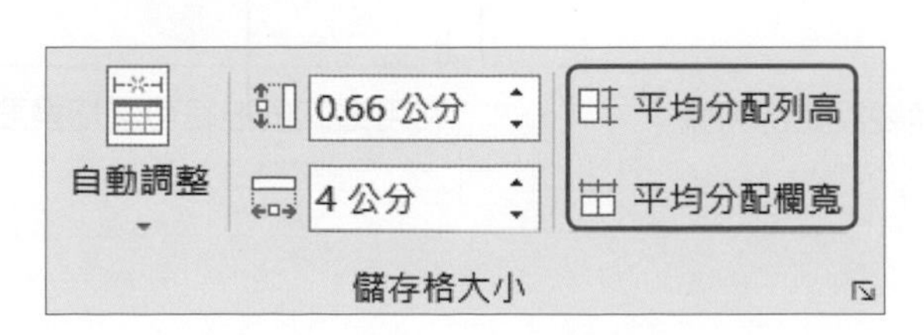

自動調整欄寬

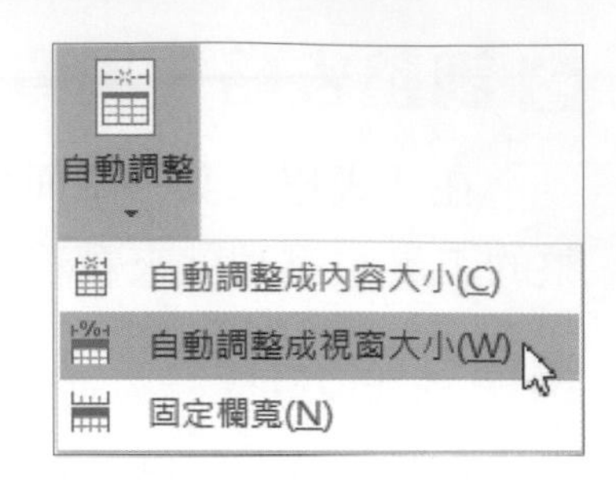

要讓欄寬隨文字數量自動調整時，可以按下「**表格工具→版面配置→儲存格大小→自動調整**」按鈕，可以選擇自動調整內容、自動調整視窗、固定欄寬等調整方式。

- **自動調整成內容大小：**在表格中輸入完文字時，表格的大小會依據文字內容多寡自動調整。
- **自動調整成視窗大小：**將表格自動調整成版面的大小，也就是說，當版面重新做了設定以後，表格的大小也會跟著變動。
- **固定欄寬：**可以讓表格的欄寬固定，欄寬不會隨著資料量多寡而改變。

自訂欄寬或列高

要自訂表格的**欄寬**和**列高**時，只要在「**表格工具→版面配置→儲存格大小**」群組中，輸入寬度與高度即可。

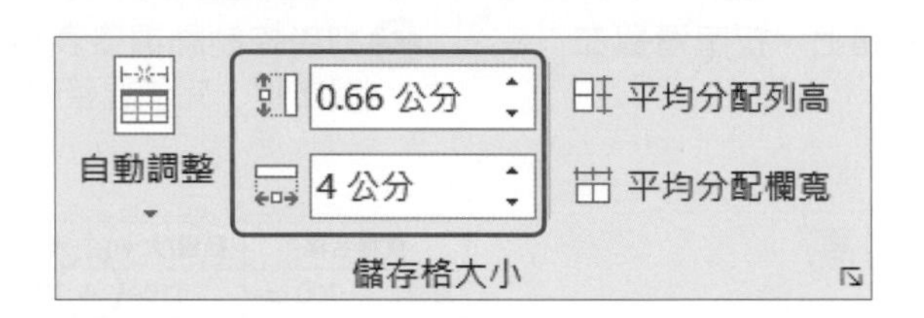

按下**儲存格大小**群組右下角的◪對話方塊啟動器按鈕，可以開啟「表格內容」對話方塊，點選**列**標籤，可以自訂列高；點選**欄**標籤，可以自訂欄寬。

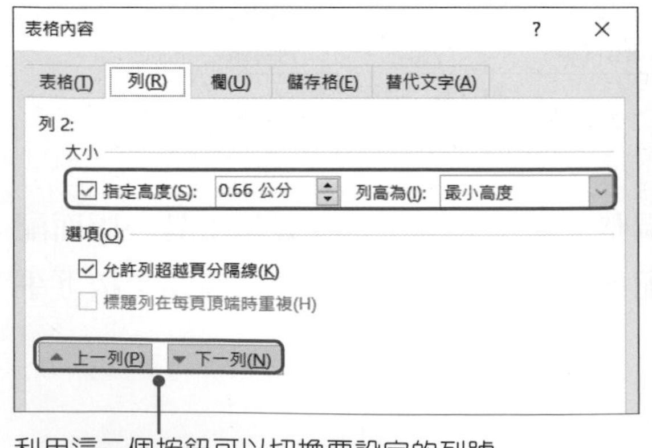

利用這二個按鈕可以切換要設定的列號

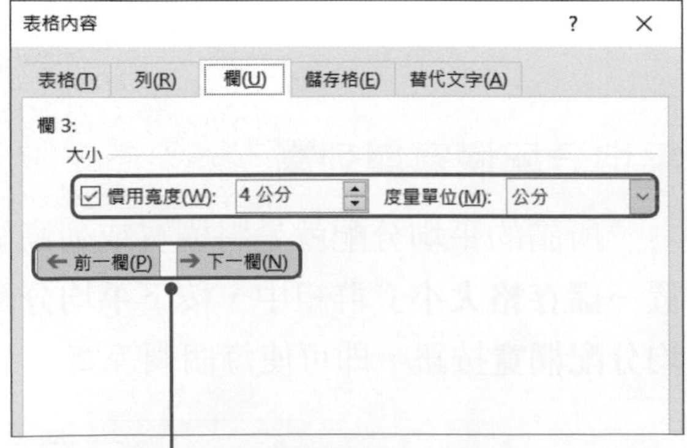

利用這二個按鈕可以切換要設定的欄號

4-3 表格的對齊方式設定

在Word中，表格與文字一樣，可以進行對齊方式的設定，除此之外，還能進行文繞圖的設定，這裡就來看看該如何設定。

表格對齊方式及文繞圖

設定表格的對齊方式時，除了直接將表格所在位置的段落設定爲置中對齊外，還可以按下**「表格工具→版面配置→表格→內容」**按鈕，開啓「表格內容」對話方塊，即可進行表格的對齊方式及文繞圖設定。

我的履歷表

「臥虎藏龍」一片中，女鏢師「余秀蓮」這角色，足以讓我欽佩不已；因為，劇中人物的強悍果斷與開朗直率，正是我個性的寫照。

自小就秉持心中一股正氣，行走於江湖（這江湖範圍就在我所居住，一個馬祖眷村的小巷頭尾），平日姊妹有事，

個人基本資料		
姓名	王小桃	
性別	女	
出生日期	80 年 1 月 22 日	
聯絡電話	0800001000	
畢業學校	愛心高職	
聯絡地址	新北市土城區忠義路 21 號	
電腦專長	Office 軟體、Adobe 軟體、程式語言	
興趣	看書、游泳	

要將表格設定為文繞圖模式時，也可以直接將滑鼠游標移至表格的⊞控制點，按下**滑鼠左鍵**不放，將表格拖曳至要放的位置，位置確定後，放掉**滑鼠左鍵**，即可完成表格的文繞圖設定

範例檔案：4-6-OK.docx

儲存格的文字對齊方式

在表格中的文字通常會往左上方對齊，這是預設的文字對齊方式。若要更改文字的對齊方式時，可以在**「表格工具→版面配置→對齊方式」**群組中，選擇要使用的對齊方式。

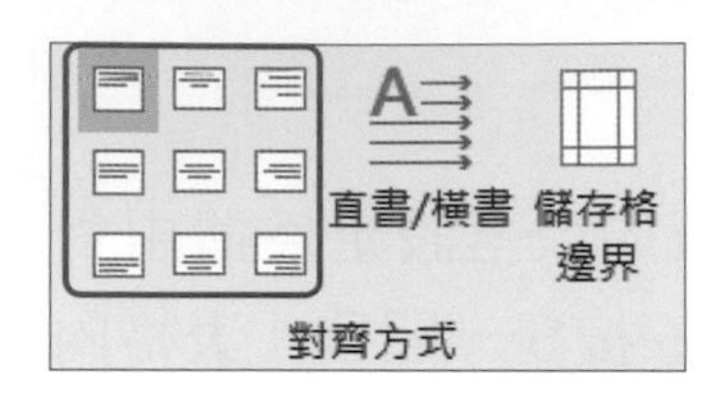

靠上對齊	對齊正上方	對齊右上方
置中對齊	對齊中央	靠右對齊
靠下對齊	對齊正下方	對齊右下方

範例檔案：4-7-OK.docx

儲存格邊界設定

使用**「表格工具→版面配置→對齊方式→儲存格邊界」**按鈕，可以設定儲存格內文字與上、下、左、右的邊界及儲存格間的間距。

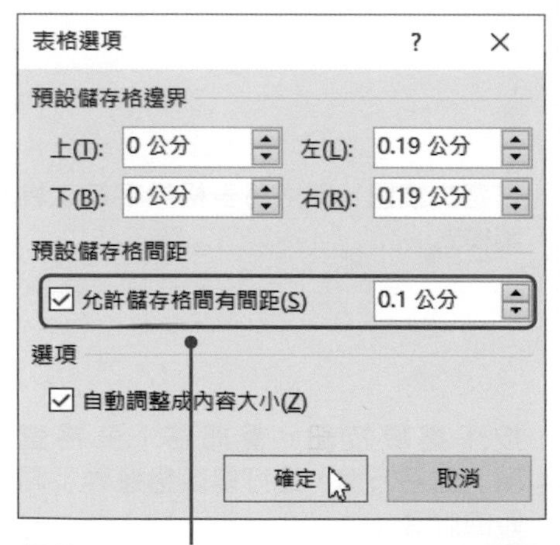

將此選項勾選後，即可設定儲存格間的間距

範例檔案：4-8-OK.docx

保持社交距離	保持社交距離	保持社交距離
保持社交距離	保持社交距離	保持社交距離
保持社交距離	保持社交距離	保持社交距離

儲存格與儲存格之間有0.1公分的距離

將儲存格文字轉為直書

使用**「表格工具→版面配置→對齊方式→直書/橫書」**按鈕，即可將儲存格內的文字進行直書與橫書的轉換。

4-4 表格的設計

將表格加上一些色彩變化，可以讓表格的閱讀性更高，這裡就來看看如何使用樣式、網底、框線等改變表格的外觀。

套用表格樣式

要快速地改變表格外觀時，可以使用**「表格工具→設計→表格樣式」**群組中所提供的表格樣式。

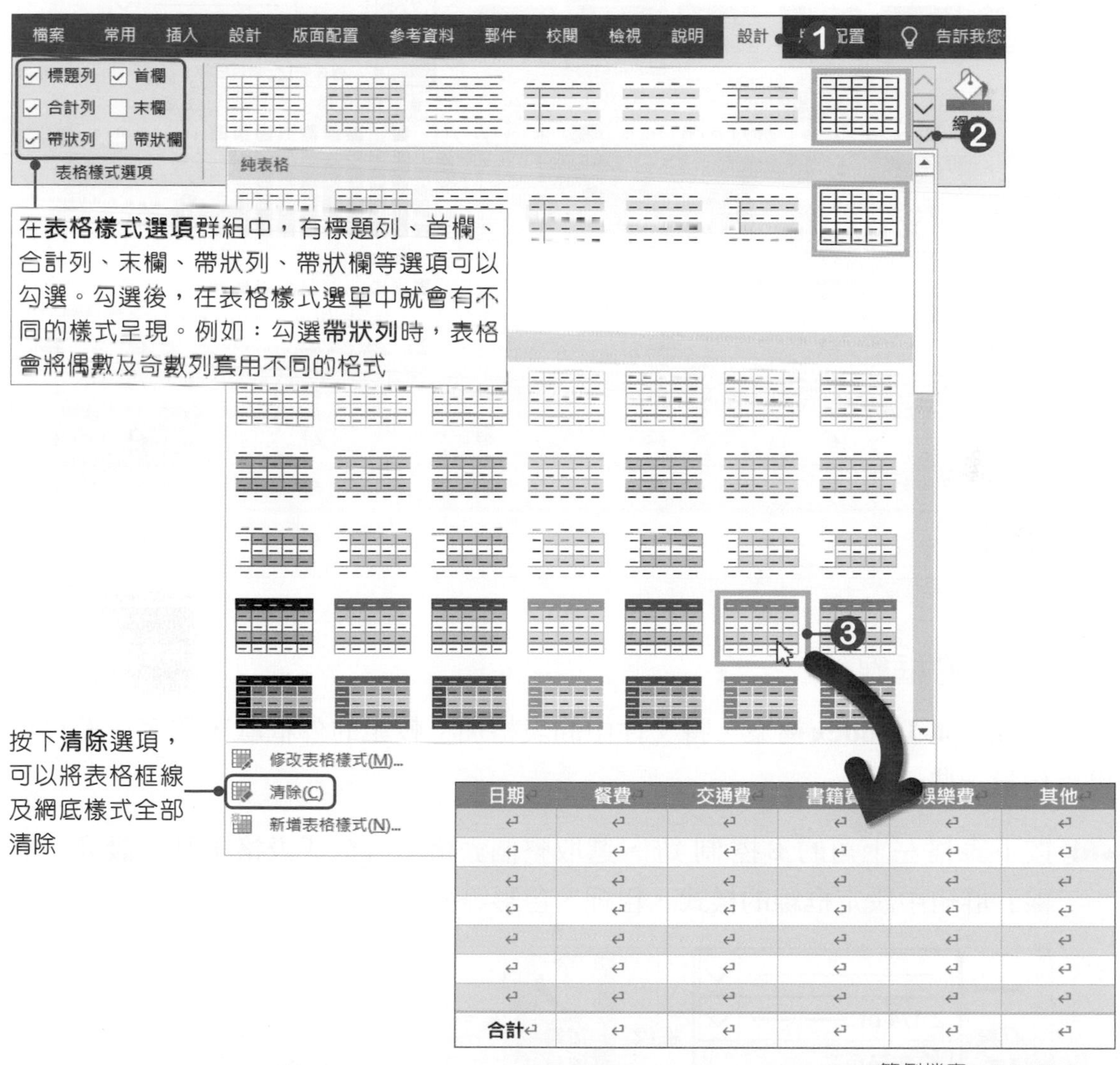

範例檔案：4-9-OK.docx

套用表格樣式時，若要保留原來所設定的格式，可以在要套用的樣式上按下**滑鼠右鍵**，於選單中點選**套用並保留格式設定**即可。

表格網底與框線

插入表格時，在預設下，表格是有黑色框線，而沒有網底色彩，若要更換這個預設值，可以自行變更表格的框線與網底。

變更儲存格網底色彩

要變更儲存格網底色彩時，先選取要變更的欄、列或儲存格，再按下**「表格工具→設計→表格樣式→網底」**按鈕，即可選擇要使用的網底色彩。

設定表格的框線

請開啟**4-10.docx**檔案，將文件中的表格加上較粗的外框線，讓表格看起來更有份量一些。

01 按下表格左上角的⊞控制鈕，選取整個表格，再至**「表格工具→設計→框線」**群組中設定框線的樣式、粗細、色彩等。

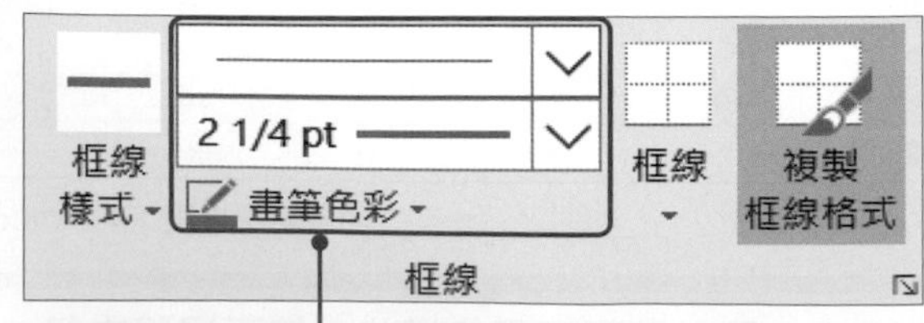

在框線樣式中提供了佈景主題框線及最近使用的框線，而最近使用的框線設定會列在清單中，方便我們重複使用

02 框線設定好後，按下**框線**按鈕，於選單中點選**外框線**，即可將表格外框線變更為我們所設定的樣式。

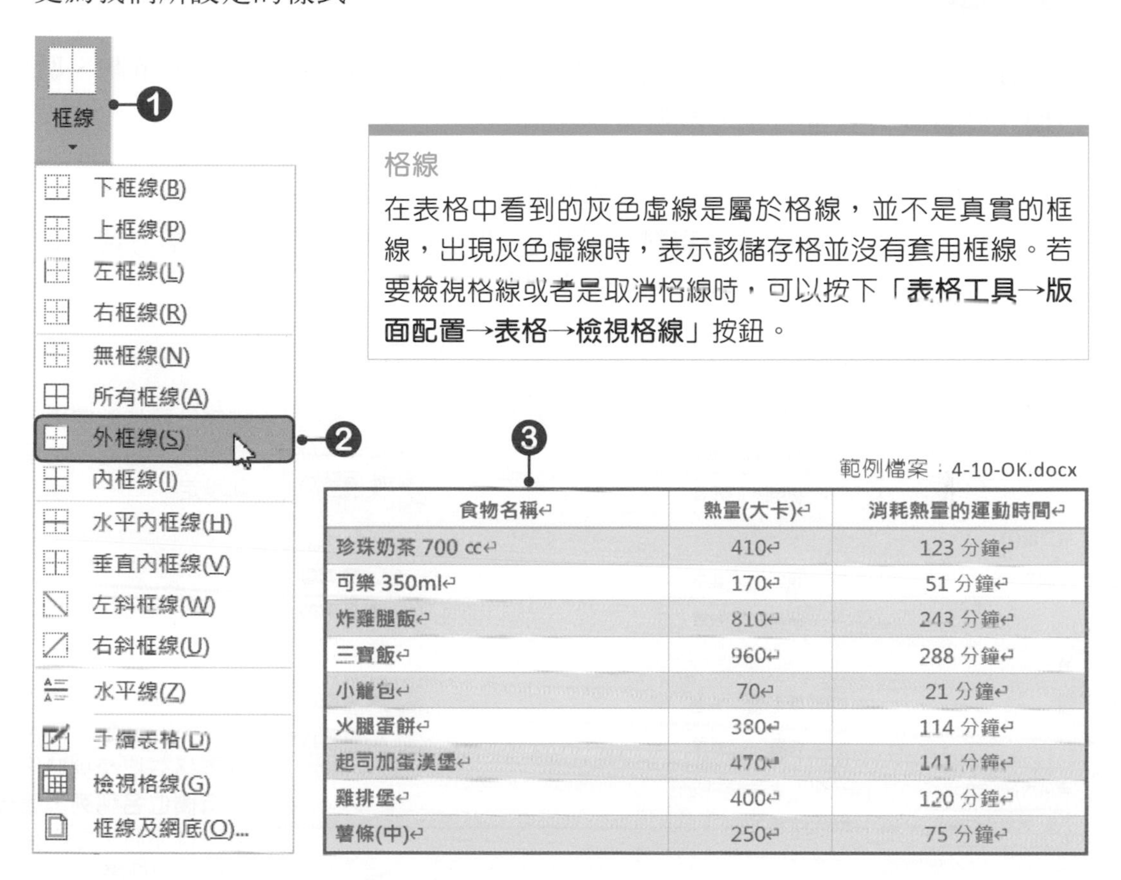

格線

在表格中看到的灰色虛線是屬於格線，並不是真實的框線，出現灰色虛線時，表示該儲存格並沒有套用框線。若要檢視格線或者是取消格線時，可以按下「**表格工具→版面配置→表格→檢視格線**」按鈕。

食物名稱	熱量(大卡)	消耗熱量的運動時間
珍珠奶茶 700 cc	410	123 分鐘
可樂 350ml	170	51 分鐘
炸雞腿飯	810	243 分鐘
三寶飯	960	288 分鐘
小籠包	70	21 分鐘
火腿蛋餅	380	114 分鐘
起司加蛋漢堡	470	141 分鐘
雞排堡	400	120 分鐘
薯條(中)	250	75 分鐘

複製框線格式

當設定了框線樣式後，會自動啟動**複製框線格式**按鈕，而滑鼠游標會呈 ✎ 狀態，此時只要在要套用相同框線樣式的線段上拖曳滑鼠，即可將設定好的框線樣式複製到該框線上，要結束複製時，按下 **Esc** 鍵。

框線樣式　2 1/4 pt　畫筆色彩　框線　複製框線格式　框線

設定框線格式後，該功能便會自動啟動

將滑鼠游標移至線段上，按下**滑鼠左鍵**不放並拖曳滑鼠，此時框線會呈黑色狀態，拖曳至要修改的框線位置後，放掉**滑鼠左鍵**，便完成框線樣式的更改

食物名稱	熱量(大卡)	消耗熱量的運動時間
珍珠奶茶 700 cc	410	123 分鐘
可樂 350ml	170	51 分鐘
炸雞腿飯	810	243 分鐘
三寶飯	960	288 分鐘
小籠包	70	21 分鐘
火腿蛋餅	380	114 分鐘
起司加蛋漢堡	470	141 分鐘
雞排堡	400	120 分鐘
薯條(中)	250	75 分鐘

4-5 表格的資料排序

在Word中的表格，可以經由排序功能，將表格內的資料依照**筆劃**、**數字**、**日期**、**注音**等方式進行遞增或遞減排序。

要將表格資料進行排序時，先將插入點移至表格內任一儲存格中，再按下**「表格工具→版面配置→資料→排序」**按鈕，開啟「排序」對話方塊，即可進行排序的設定。

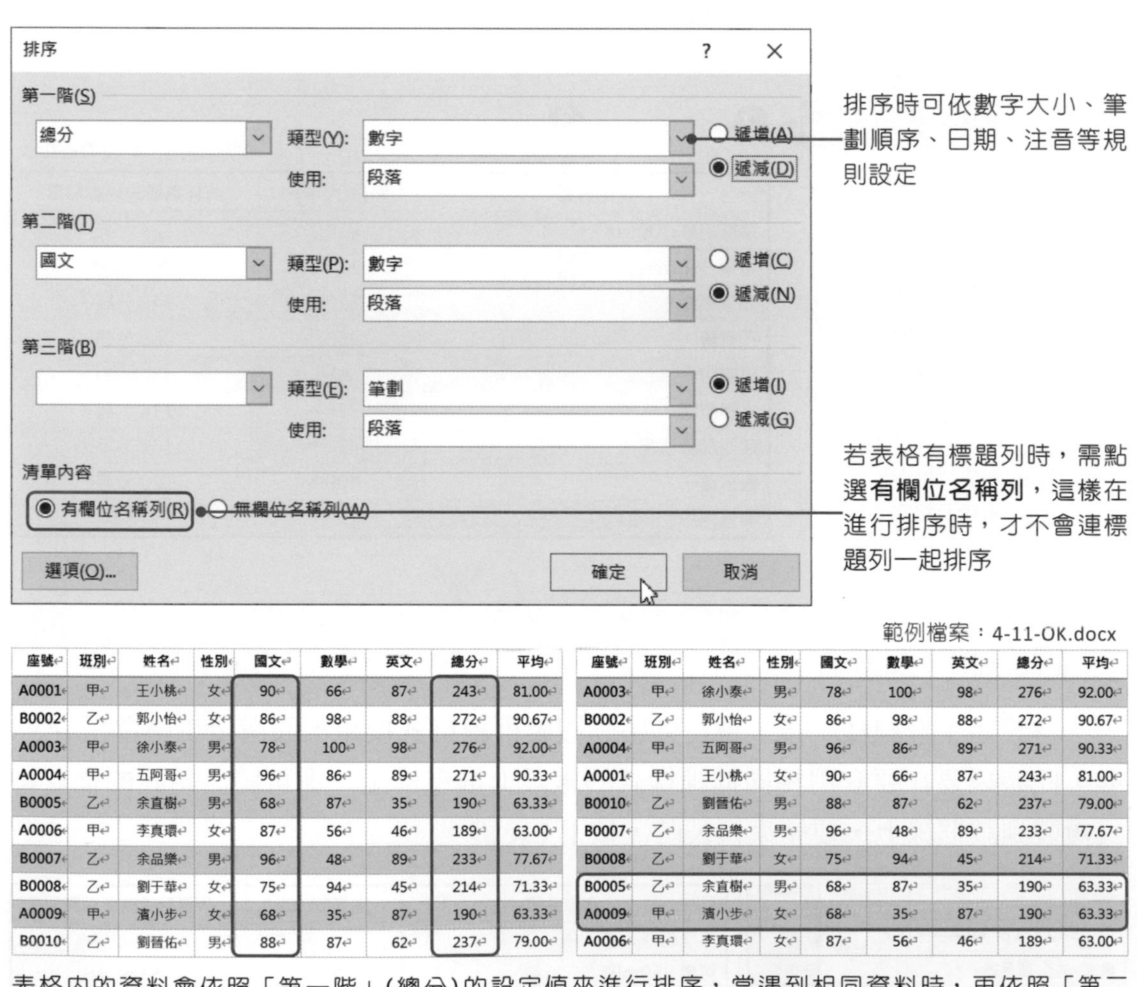

座號	班別	姓名	性別	國文	數學	英文	總分	平均
A0001	甲	王小桃	女	90	66	87	243	81.00
B0002	乙	郭小怡	女	86	98	88	272	90.67
A0003	甲	徐小泰	男	78	100	98	276	92.00
A0004	甲	五阿哥	男	96	86	89	271	90.33
B0005	乙	余直樹	男	68	87	35	190	63.33
A0006	甲	李真環	女	87	56	46	189	63.00
B0007	乙	余品樂	男	96	48	89	233	77.67
B0008	乙	劉于華	女	75	94	45	214	71.33
A0009	甲	濱小步	女	68	35	87	190	63.33
B0010	乙	劉晉佑	男	88	87	62	237	79.00

座號	班別	姓名	性別	國文	數學	英文	總分	平均
A0003	甲	徐小泰	男	78	100	98	276	92.00
B0002	乙	郭小怡	女	86	98	88	272	90.67
A0004	甲	五阿哥	男	96	86	89	271	90.33
A0001	甲	王小桃	女	90	66	87	243	81.00
B0010	乙	劉晉佑	男	88	87	62	237	79.00
B0007	乙	余品樂	男	96	48	89	233	77.67
B0008	乙	劉于華	女	75	94	45	214	71.33
B0005	乙	余直樹	男	68	87	35	190	63.33
A0009	甲	濱小步	女	68	35	87	190	63.33
A0006	甲	李真環	女	87	56	46	189	63.00

表格內的資料會依照「第一階」(總分)的設定值來進行排序，當遇到相同資料時，再依照「第二階」(國文)的設定值來排序，若再遇到相同資料時，會依照「第三階」(數學)的設定值來排序

表格內的各欄位，若要依照**英文字母**來排序時，排序「類型」應選擇**「筆劃」**。

進行排序時，也可以按下「**常用→段落→排序**」按鈕，開啟「排序」對話方塊，進行相關的設定。

4-6 數值計算

表格中可以使用**公式**功能，進行一些簡單的計算，例如：加總(SUM)、平均(AVERAGE)、最大值(MAX)、最小值(MIN)等。

加入公式

請開啓**4-12.docx**檔案，學習如何在表格中加入公式。

01 將滑鼠游標移至儲存格中，按下**「表格工具→版面配置→資料→公式」**按鈕，開啓「公式」對話方塊，進行公式的設定。

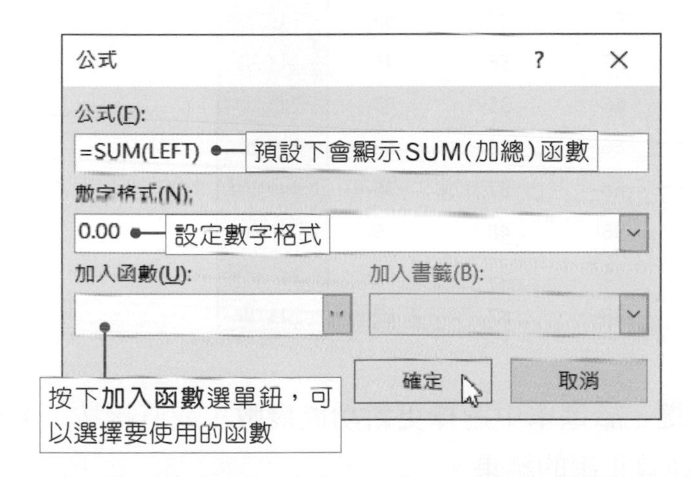

在表格中加入公式時，Word會自行判斷要加總的數值有哪些儲存格，所以儲存格中只要是數值，大部分都會被加總起來。而Word會自動在表格中插入一個「**=SUM(ABOVE)**」公式，這個公式的意思就是：將儲存格上面屬於數值的儲存格資料加總，這個加總公式是Word預設的公式；若要加總的是從左到右的儲存格時，那麼儲存格的公式就是「**=SUM(LEFT)**」。

幾個常用的資料範圍表示方法：「**LEFT**」表示儲存格左邊的所有儲存格；「**RIGHT**」表示儲存格右邊的所有儲存格；「**ABOVE**」表示儲存格上面的所有儲存格。

02 設定好後，儲存格就會顯示加總的結果。

	A	B	C	D	E	F	G	H
1	座號	班別	姓名	性別	國文	數學	英文	總分
2	A0001	甲	王小桃	女	90	66	87	243.00
3	A0003	甲	徐小泰	男	78	100	98	

在表格中計算公式時，是以儲存格位址來判定數值的，例如：在儲存格的E2、F2、G2中的數值分別為90、66、87，若要將加總的結果放在H2儲存格時，那麼H2儲存格的數值就是243

複製公式

當在表格中建立好公式後，可以利用**「複製與貼上」**的動作來複製公式至其他的儲存格中，但在執行複製公式時，必須要特別執行**「更新功能變數」**指令才行，請延續上一個範例，進行以下的練習。

01 複製H2儲存格，然後在H3到H11儲存格貼上，此時H3到H11儲存格會顯示H2儲存格的計算結果。

座號	班別	姓名	性別	國文	數學	英文	總分
A0001	甲	王小桃	女	90	66	87	243.00
A0003	甲	徐小泰	男	78	100	98	243.00
A0004	甲	五阿哥	男	96	86	89	243.00
A0006	甲	李真環	女	87	56	46	243.00
A0009	甲	濱小步	女	68	35	87	243.00
B0002	乙	郭小怡	女	86	98	88	243.00
B0005	乙	余直樹	男	68	87	35	243.00
B0007	乙	余品樂	男	96	48	89	243.00
B0008	乙	劉于華	女	75	94	45	243.00
B0010	乙	劉晉佑	男	88	87	62	243.00

02 在H3儲存格上按下**滑鼠右鍵**，於選單中選擇**更新功能變數**，或直接按下**F9**功能鍵，讓H3儲存格重新運算正確的結果。

剪下(T)
複製(C)
貼上選項:
更新功能變數(U)
編輯功能變數(E)...
切換功能變數代碼(T)
字型(F)...
段落(P)...
插入符號(S)

座號	班別	姓名	性別	國文	數學	英文	總分
A0001	甲	王小桃	女	90	66	87	243.00
A0003	甲	徐小泰	男	78	100	98	276.00
A0004	甲	五阿哥	男	96	86	89	271.00
A0006	甲	李真環	女	87	56	46	189.00
A0009	甲	濱小步	女	68	35	87	190.00
B0002	乙	郭小怡	女	86	98	88	272.00
B0005	乙	余直樹	男	68	87	35	190.00
B0007	乙	余品樂	男	96	48	89	233.00
B0008	乙	劉于華	女	75	94	45	214.00
B0010	乙	劉晉佑	男	88	87	62	237.00

範例檔案：4-12-OK.docx

運用公式完成表格計算時，儲存格中所顯示的是結果數字，若想檢視儲存格中的公式，可以按下**Alt+F9**快速鍵，此時儲存格中則會顯示公式，要再還原計算結果時，再按下**Alt+F9**快速鍵即可。

自我評量

❖選擇題

(　　)1. 在Word中，要插入表格時，要進入哪個索引標籤中？ (A)常用　(B)插入　(C)版面配置　(D)檢視。

(　　)2. 在Word中，下列哪個操作方式可以選取整個表格？ (A)按二下滑鼠左鍵　(B)按住「Alt」鍵+數字鍵區的「5」鍵　(C)按住「Ctrl」鍵+數字鍵區的「5」鍵　(D)按住「Shift」鍵+數字鍵區的「5」鍵。

(　　)3. 若要將Word文件中的某些文字轉換為表格時，文字與文字之間必須使用什麼分隔符號？ (A)逗號　(B)定位點　(C)段落　(D)以上皆可。

(　　)4. 在Word中，要繪製不同高度之儲存格或每列欄數不同的表格，可運用下列哪一項功能執行？ (A)插入表格　(B)手繪表格　(C)快速表格　(D)文字轉換為表格。

(　　)5. 在Word中，將表格轉換為文字的功能位於「表格工具」索引標籤下的哪個群組中？ (A)版面配置→表格　(B)版面配置→合併　(C)版面配置→列與欄　(D)版面配置→資料。

(　　)6. 在Word中，要排序表格內的資料時，可以至「表格工具」索引標籤下的哪個群組中執行？ (A)版面配置→表格　(B)版面配置→合併　(C)版面配置→列與欄　(D)版面配置→資料。

(　　)7. 在Word中，表格公式中若要進行平均計算時，可以使用下列哪個函數？ (A) AVERAGE　(B) SUM　(C) IF　(D) MAX。

(　　)8. 在Word中，表格公式中若要進行加總計算時，可以使用下列哪個函數？ (A) AVERAGE　(B) SUM　(C) IF　(D) MAX。

(　　)9. 在Word中，於表格輸入文字時，若要跳至下一個儲存格時，可以使用哪個按鍵？ (A) Shift　(B) Ctrl　(C) Tab　(D) Alt。

(　　)10. 在Word中，若要計算表格內的B2到E2儲存格的加總時，於F2儲存格中要建立什麼樣的公式才能計算出正確的加總？ (A) =SUM(ABOVE)　(B) =AVERAGE(ABOVE)　(C) =SUM(LEFT)　(D) =AVERAGE(LEFT)。

(　　)11. 在Word中，若要檢視儲存格內的公式時，可以按下下列哪組快速鍵？ (A) Alt+F9　(B) Ctrl+F9　(C) Shift+F9　(D) Tab+F9。

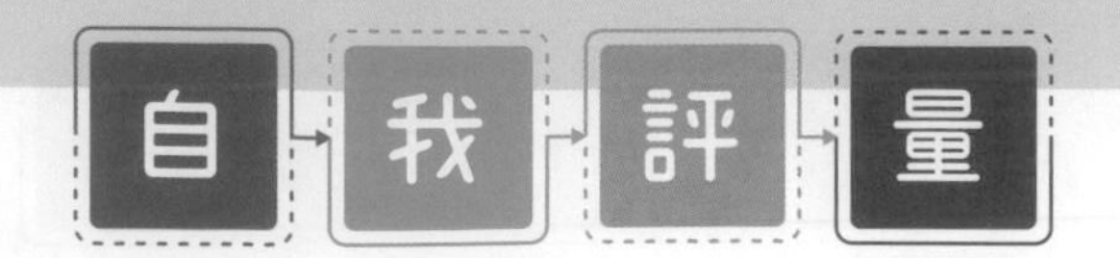

❖ 實作題

1. 開啟「Word→CH04→4-13.docx」檔案，進行以下的設定。
   - 將所有文字以定位點為區隔轉換為表格，將表格與表格內的資料「置中對齊」。
   - 將表格欄寬由左到右分別設定為：3、3、1.8、1.8、1.8、1.8、1.8、2.5，單位為公分。
   - 將外框線設定為2 1/4pt單線外框，框線色彩為綠色，將內框線設為1/4pt單線，框線色彩為綠色。在標題列上加入網底顏色為綠色，文字為白色粗體。
   - 在表格最後加入一列，將前面二個儲存格合併為一個，在欄位中輸入「各科平均」，文字設定為「分散對齊」，網底色彩設定為「淡綠色」。
   - 計算所有同學的總分，數字格式為0.00。
   - 在國文、英文、數學、歷史、地理、總分欄位中計算出平均，數字格式為0.00。

學號	姓名	國文	英文	數學	歷史	地理	總分
10202301	徐宥均	72	70	68	81	90	**381.00**
10202302	張雨彤	75	66	58	67	75	**341.00**
10202303	劉詠晴	92	82	85	91	88	**438.00**
10202304	梁淑芬	80	81	75	85	78	**399.00**
10202305	鄭怡君	61	77	78	73	70	**359.00**
10202306	林雅婷	82	80	60	58	55	**335.00**
10202307	金淑華	56	80	58	65	60	**319.00**
10202308	梁美惠	78	74	90	74	78	**394.00**
10202309	羅梓軒	88	85	85	91	88	**437.00**
10202310	王詩涵	81	69	72	85	80	**387.00**
10202311	王嘉軒	94	96	71	97	94	**452.00**
10202312	張品睿	85	87	68	65	72	**377.00**
各　科　平　均		78.67	78.92	72.33	77.67	77.33	384.92

WORD 2019

CHAPTER 05
長文件的編排

5-1 文件的版面設定

所謂的**版面**，就是在進行一份文件的編排時，都會先設定該文件的紙張大小、邊界值等，這節就來學習文件的版面設定。

文件版面

Word預設的文件版面爲**A4**紙張，紙張方向則爲**直向**，紙張的上下邊界爲**2.54 cm**，左右邊界則是**3.17cm**，當這些預設值不符合需求時，可以自行調整紙張的版面設定。

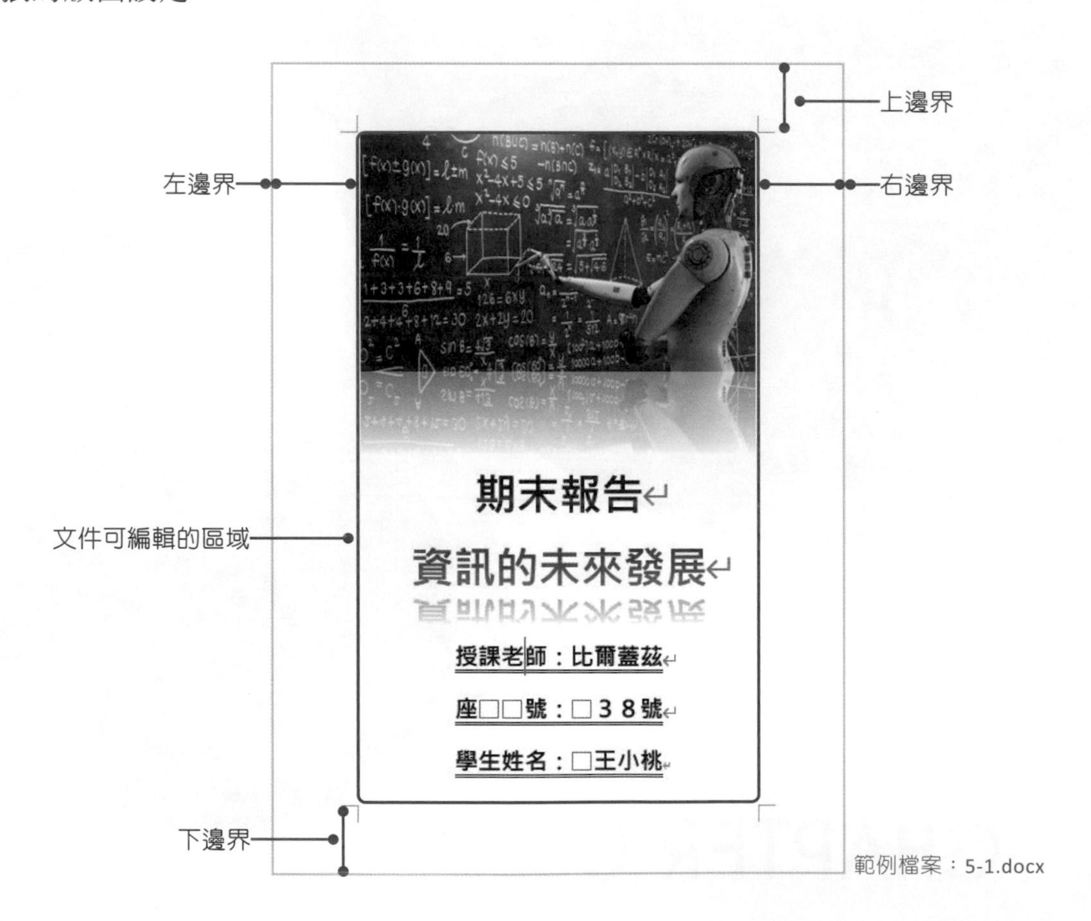

範例檔案：5-1.docx

版面的設定

設定文件的版面時，可以在**「版面配置→版面設定」**群組中，進行邊界、紙張方向、紙張大小、欄數等設定，而按下**版面設定**群組右下角的對話方塊啓動器按鈕，則會開啓「版面設定」對話方塊，在此對話方塊中，也可以進行紙張的邊界、方向、紙張大小、版面配置等設定。

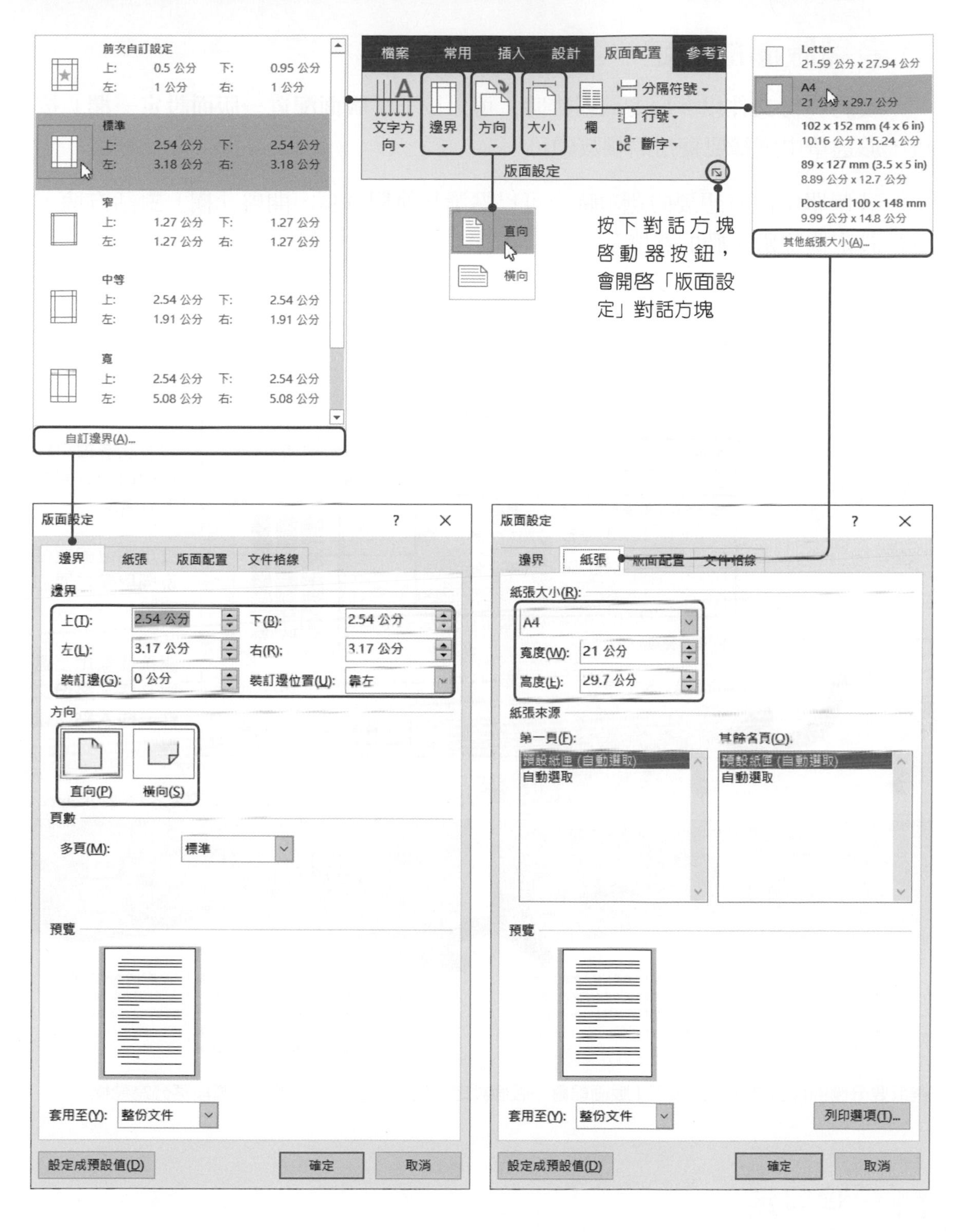

設定好邊界、紙張方向及大小後，若想將所設定的版面設爲預設值時，可以按下**設定成預設值**按鈕，這樣下次建立新文件時，版面就會直接套用此預設值。

多欄版面的設定

要將一份文件以多欄方式編排時，可以按下**「版面配置→版面設定→欄」**按鈕，於選單中選擇要使用的欄數即可。

若選單中沒有想要的選項時，可以點選**其他欄**選項，開啓「欄」對話方塊，自行設定欄位數、欄的寬度及間距、分隔線等。

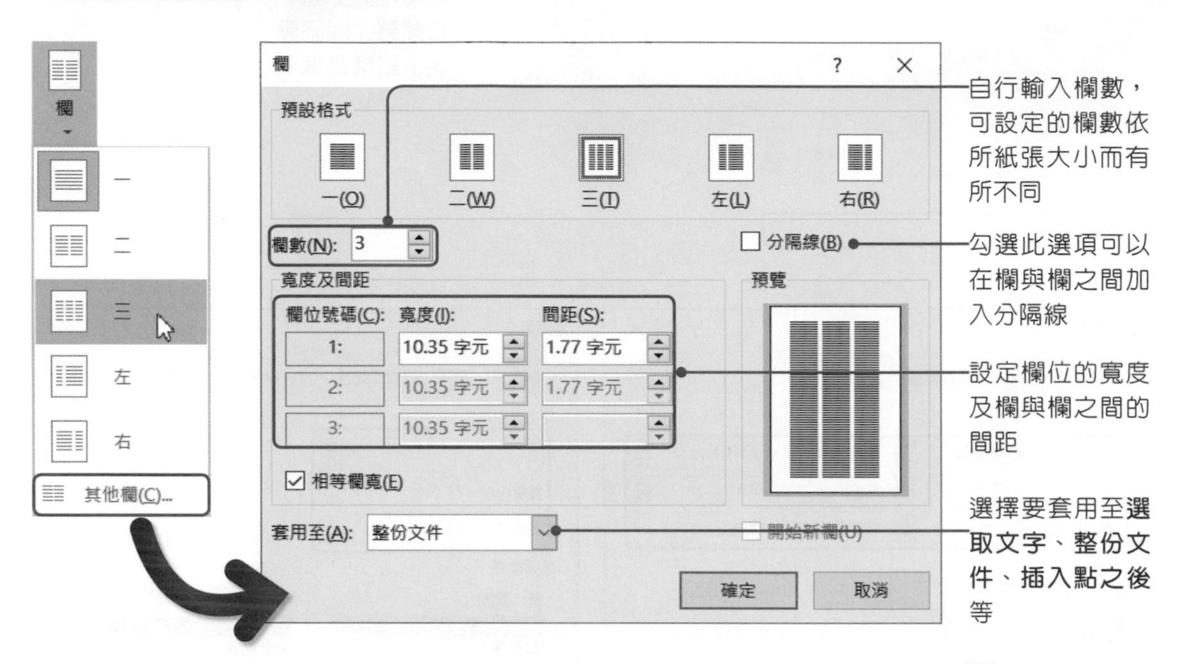

範例檔案：5-2-OK.docx

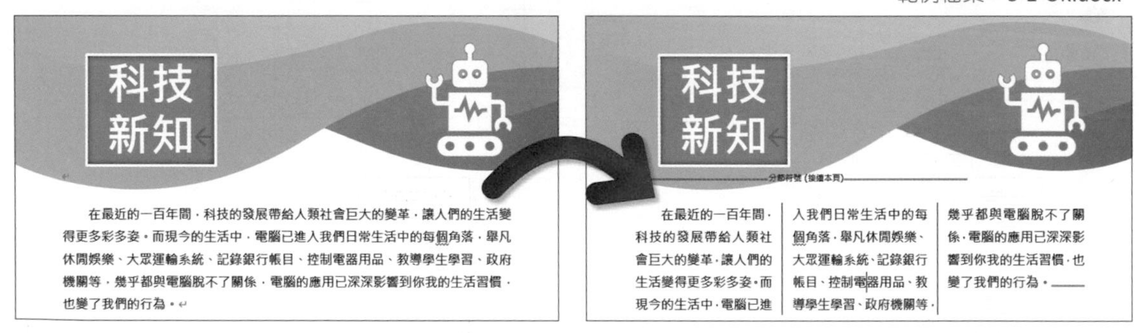

選取要分欄的段落文字，再按下「**版面配置→版面設定→欄**」按鈕，即可選擇要將段落分為幾欄

分隔設定

Word提供了分隔設定功能，利用這個功能可以針對一份文件進行分節、分頁等設定。按下**「版面配置→版面設定→分隔符號」**按鈕，在選單中即可選擇欲插入的分隔符號。

分隔符號 ▾

分頁符號

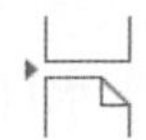

分頁符號(P)
標記一頁結束與下一頁開始的位置。

分欄符號(C)
表示分欄符號後面的文字將從下一欄開始。

文字換行分隔符號(T)
分隔網頁物件周圍的文字，例如來自本文的標號文字。

分節符號

下一頁(N)
插入分節符號並在下一頁開始新的一節。

接續本頁(O)
插入分節符號並在同一頁開始新的一節。

自下個偶數頁起(E)
插入分節符號並在下個偶數頁開始新的一節。

自下個奇數頁起(D)
插入分節符號並在下個奇數頁開始新的一節。

類型		說明	快速鍵
分頁	分頁符號	游標所在位置的文件會跳至下一頁，而在游標所在位置則會產生一個分頁符號。 ……分頁符號……	Ctrl+Enter
	分欄符號	游標所在位置的文件會跳至下一欄，而在游標所在位置則會產生一個分欄符號。 ……分欄符號……	Ctrl+Shift+Enter
	文字換行分隔符號	會將游標所在位置後方的文字跳至下一行。 **防疫新生活↓** **保持社交距離↵**	Shift+Enter
分節	下一頁	會將游標所在位置的文件跳至下一頁，並開始新的一節，不同的節可以設定不同的版面、紙張大小、直書/橫書等。 ……分節符號 (下一頁)……	
	接續本頁	會將游標所在位置的文件跳至下一個節，但不會將文件跳至下一頁。例如：將文件裡的其中一個段落，設定為多欄格式，則會自動為該段落前後插入……分節符號 (接續本頁)……	
	自下個偶數頁起	會將游標所在位置的文件產生一個新節，並跳至下一個偶數頁。 ……分節符號 (偶數頁)……	
	自下個奇數頁起	會將游標所在位置的文件產生一個新節，並跳至下一個奇數頁。 ……分節符號 (奇數頁)……	

5-2 頁面背景的設定

製作文件時，可以在文件的背景加上想要的色彩、框線、浮水印效果等。

頁面色彩

想要在白色的頁面加入色彩時，可以按下**「設計→頁面背景→頁面色彩」**按鈕，於選單中選擇想要的頁面色彩。在**頁面色彩**選單中點選**填滿效果**選項，會開啟「填滿效果」對話方塊，即可選擇要使用**漸層**、**材質**、**圖樣**或是**圖片**填滿頁面。

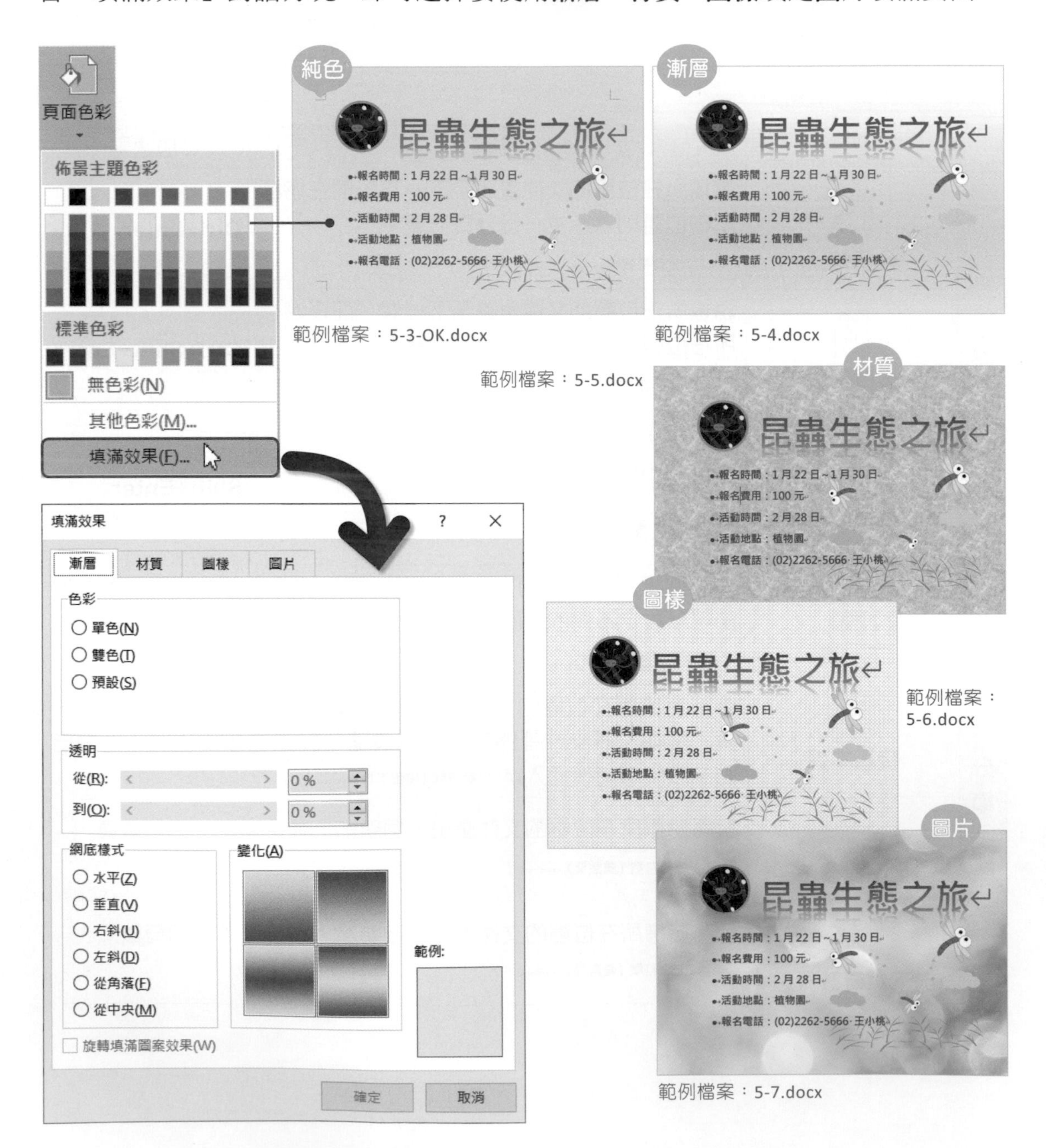

範例檔案：5-3-OK.docx
範例檔案：5-4.docx
範例檔案：5-5.docx
範例檔案：5-6.docx
範例檔案：5-7.docx

頁面框線

在文件中可以加入頁面框線，讓整個版面看起來更活潑。要加入頁面框線時，可以按下**「設計→頁面背景→頁面框線」**按鈕，開啟「框線及網底」對話方塊，點選**頁面框線**標籤頁，即可進行頁面框線的設定。

範例檔案：5-8-OK.docx

設定頁面框線時，可以按下**選項**按鈕，設定框線的**邊界**及**度量基準**，其中度量基準有**文字**及**頁緣**兩種選項，前者是指花邊位置會根據離文字輸入區(即版面設定的邊界內)的距離而定；後者是指花邊位置是根據離紙張邊線的邊界距離而定，這是預設值。

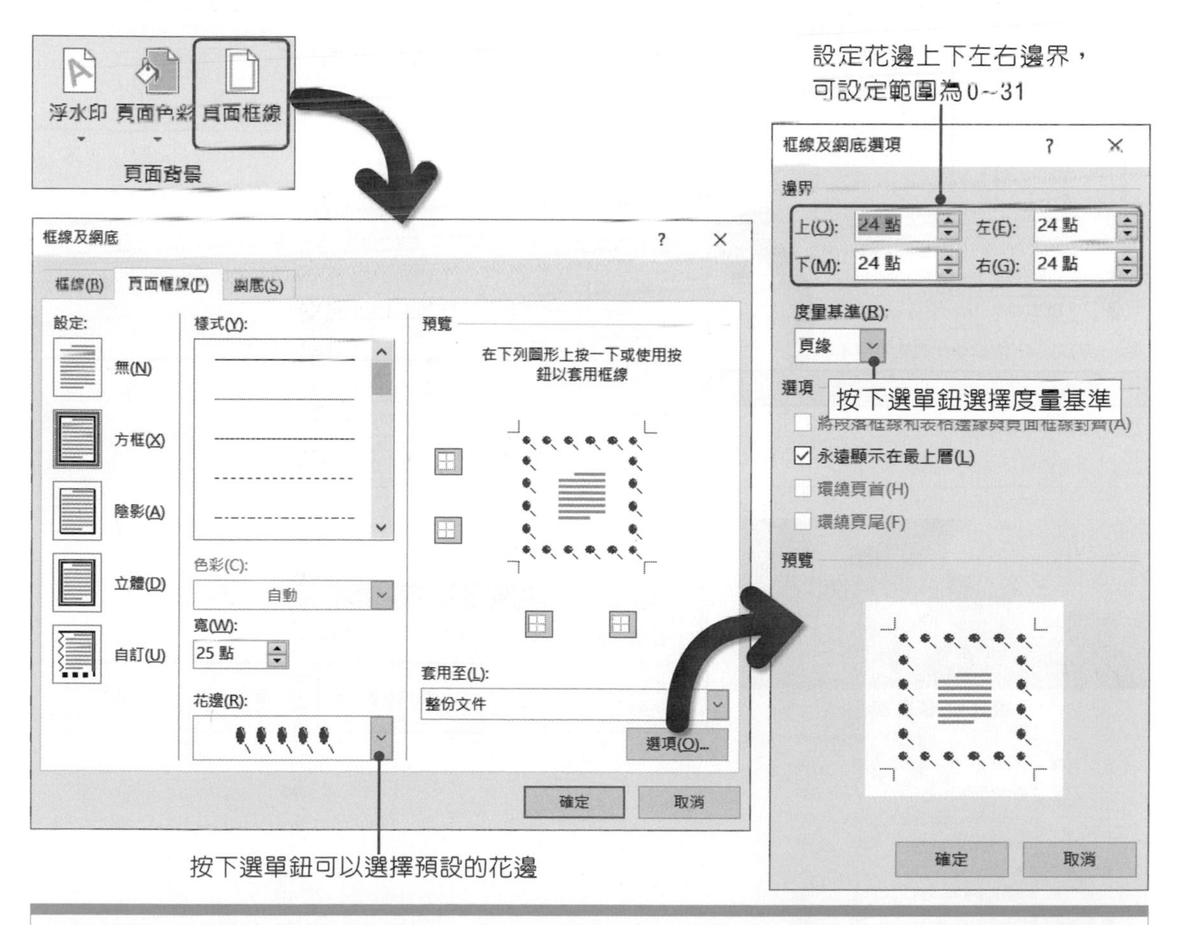

頁面色彩在預設下是無法列印的，若列印文件時，想要連同頁面色彩一起印出，可以按下**「檔案→選項」**功能，開啟「Word 選項」對話方塊，點選**顯示**標籤頁，將**列印選項**中的**列印背景色彩及影像**勾選。

浮水印

Word提供的**浮水印**功能，可以在文件中加入文字或是圖片浮水印，只要按下**「設計→頁面背景→浮水印」**按鈕，於選單中點選**自訂浮水印**選項，即可設定浮水印文字、字型、大小、色彩、版面配置等。

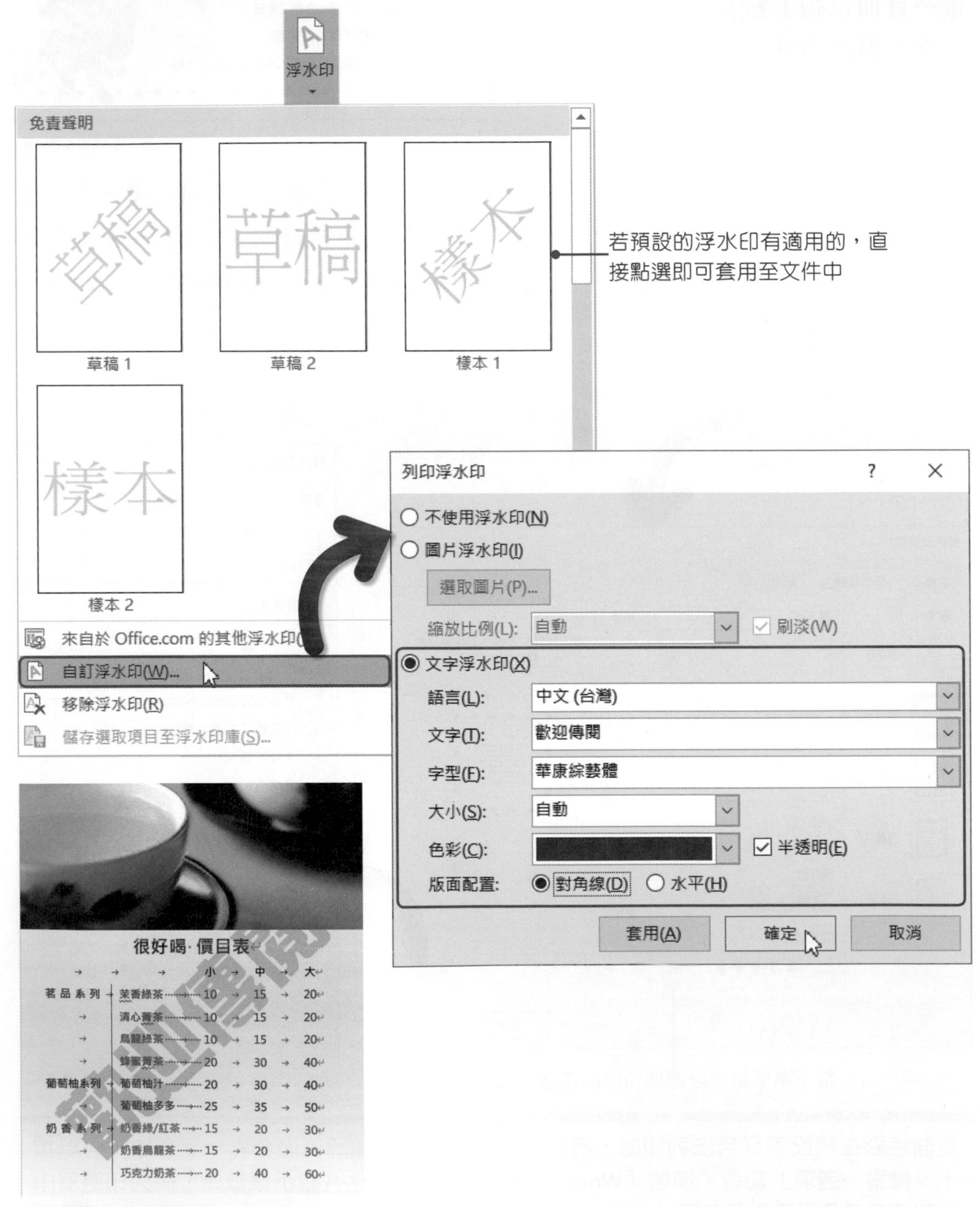

範例檔案：5-9-OK.docx

佈景主題

使用佈景主題可以快速地將整份文件設定統一的格式，包括了色彩、字型、效果等。要使用佈景主題時，直接按下**「設計→文件格式設定→佈景主題」**按鈕，在選單中點選想要套用的佈景主題即可。

範例檔案：5-10-OK.docx

使用佈景主題時，也可以分別針對文件的**色彩**、**字型**、**效果**等選項進行個別的設定。

選擇好佈景主題後，還可以分別選擇要使用的色彩、字型及效果

設定好佈景主題、色彩、字型及效果等格式後，若要將此格式套用到每次建立的空白文件時，可以按下**設成預設值**按鈕

5-3 頁首頁尾的設定

製作一份長篇報告時，都會在文件的左上方和右上方加入報告名稱，而在文件的最下方加入頁碼，像這樣的設定，會利用「**頁首及頁尾**」來完成。一份報告或一本書，通常第一頁會是封面、書名頁，而不是內文，內文通常是從偶數頁開始製作，也就是第二頁。

範例檔案：5-11.docx

頁首樣式

頁尾樣式

首頁　　偶數頁，第2頁　　奇數頁，第3頁

頁首及頁尾位置設定

進行頁首頁尾設定時，可以先於「版面設定」對話方塊中的**版面配置**標籤頁，設定頁首及頁尾與頁緣的距離。

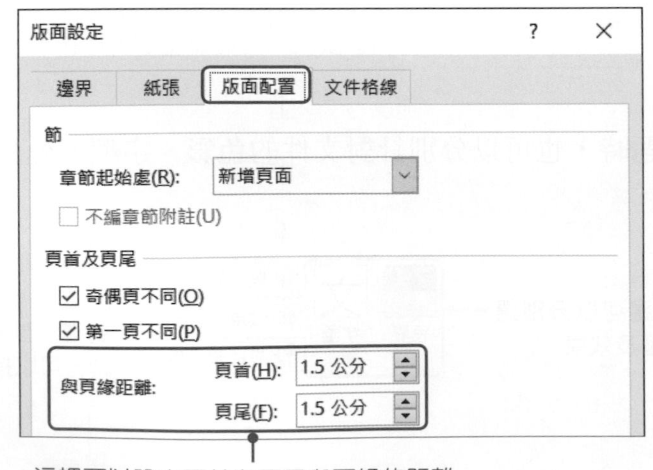

這裡可以設定頁首與頁尾與頁緣的距離

要設定頁首及頁尾的位置時，也可以在進入頁首頁尾模式後，於**「頁首及頁尾工具→設計→位置」**群組中進行設定。

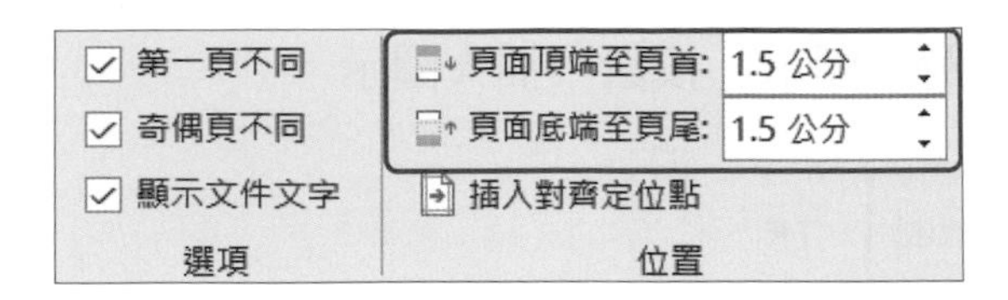

設定奇偶數頁的頁首及頁尾

若要將第一頁、奇數頁及偶數頁的頁首及頁尾設為不同時，那麼就要先將**第一頁不同**及**奇偶頁不同**選項勾選，勾選後，文件中的第1頁就不會套用頁首頁尾的設定，而偶數頁會套用偶數頁的頁首頁尾，奇數頁則套用奇數頁的頁首頁尾。

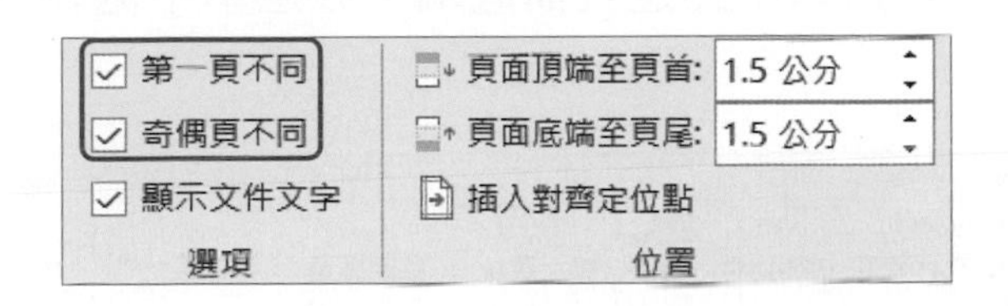

設定頁首及頁尾時，可以在頁首頁尾中加入任何的物件，像是圖片、圖案、線上圖片、文字藝術師、框線等，當然也可以直接使用Word所提供的頁首頁尾。請開啓**5-12.docx**檔案，進行以下的練習。

01 進入文件的第2頁，將滑鼠游標移至文件左上角，並**雙擊滑鼠左鍵**，或按下**「插入→頁首及頁尾→頁首」**按鈕，於選單中點選**編輯頁首**，進入頁首及頁尾的設計模式中。

02 設定頁首及頁尾的位置，並勾選**第一頁不同**與**奇偶頁不同**選項。

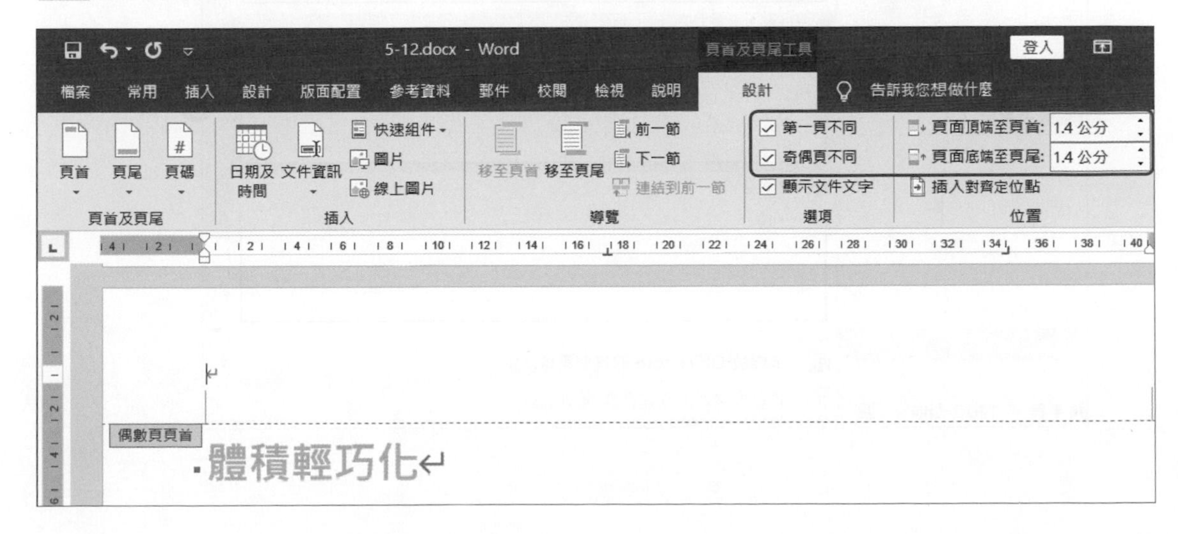

03 將滑鼠游標移至**偶數頁頁首**區域中，輸入要設定的頁首文字，並進行文字格式設定。

04 按下**「插入→圖例→圖示」**按鈕，插入圖示。

05 偶數頁頁首設定好後按下**「頁首及頁尾工具→設計→導覽→移至頁尾」**按鈕，切換到「偶數頁」的頁尾中。

06 按下**頁碼**按鈕，於選單中點選**頁面底端**，於選單中選擇Word預設好的頁碼格式。

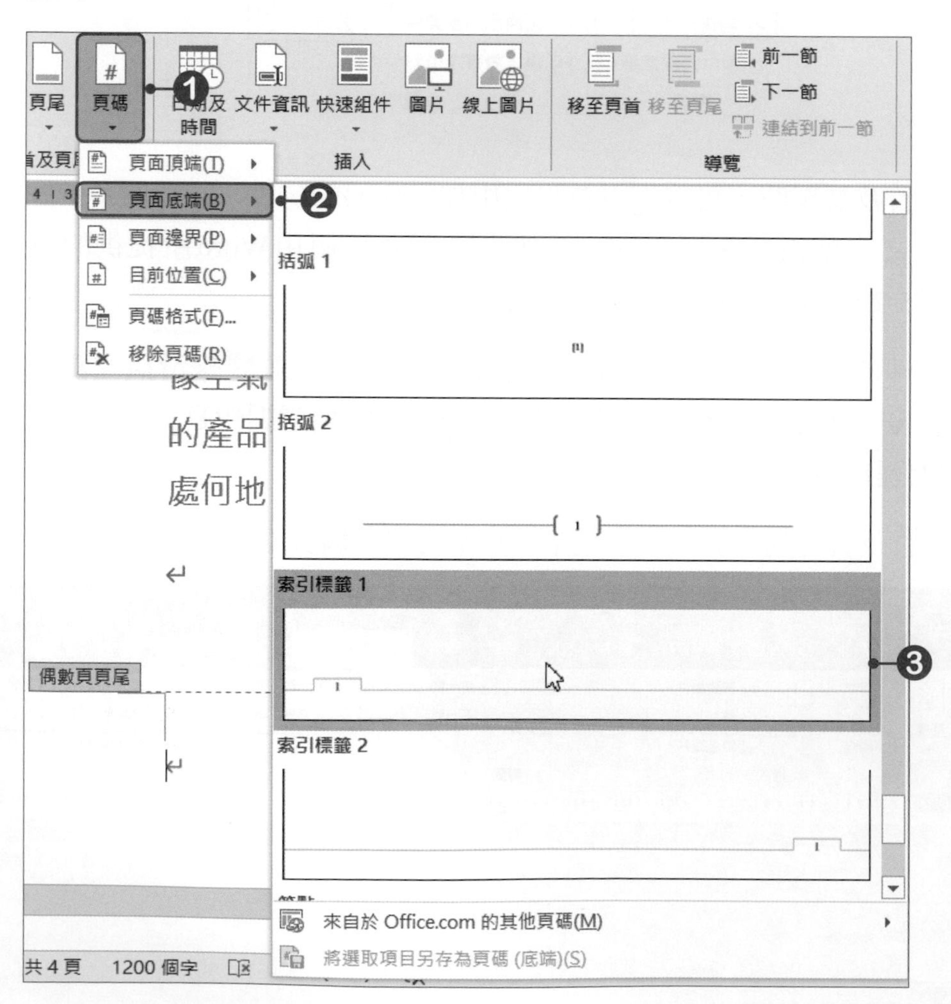

07 頁碼就會插入於頁尾的底端位置中。

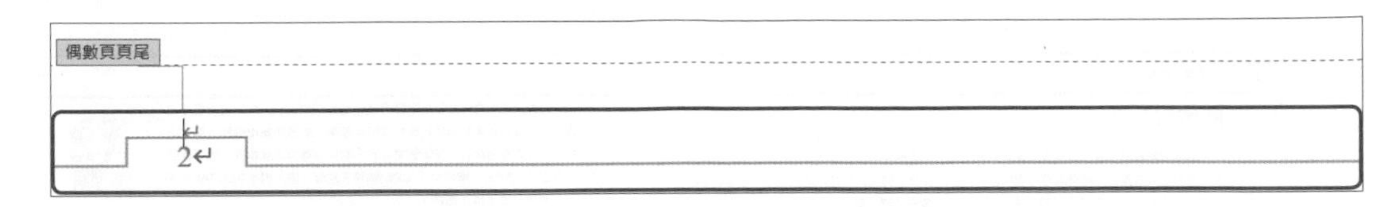

08 接著設定「奇數頁」的頁首及頁尾，按下**下一節**按鈕，將頁面切換到「奇數頁」的頁首中，輸入奇數頁頁首要呈現的文字。設定好後，按下**移至頁尾**按鈕，切換到奇數頁的頁尾。

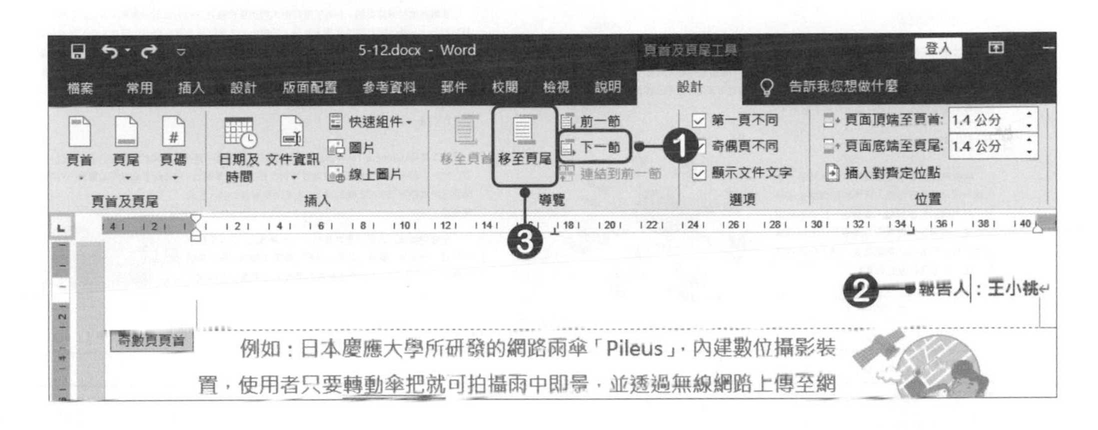

09 按下**頁碼**按鈕，於選單中點選**頁面底端**，再選擇Word預設好的頁碼格式，頁碼就會插入於頁尾的底端位置中。

3↵

10 頁首頁尾都完成設定好，按下**關閉**群組中的**關閉頁首及頁尾**按鈕，離開頁首及頁尾設計模式。

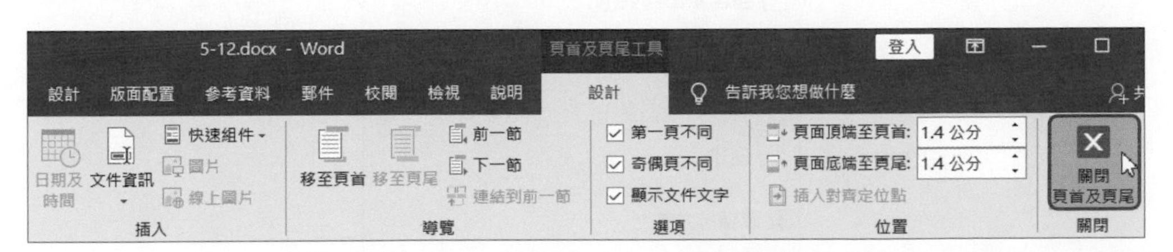

若文件中有插入**分節符號**，在設定頁首及頁尾時，就可以針對每節來設定不同的頁首及頁尾，若文件都使用相同的頁首及頁尾，那麼建議你，不要於文件中插入分節符號。

11 回到文件編輯模式後，即可看到設定好的頁首及頁尾。

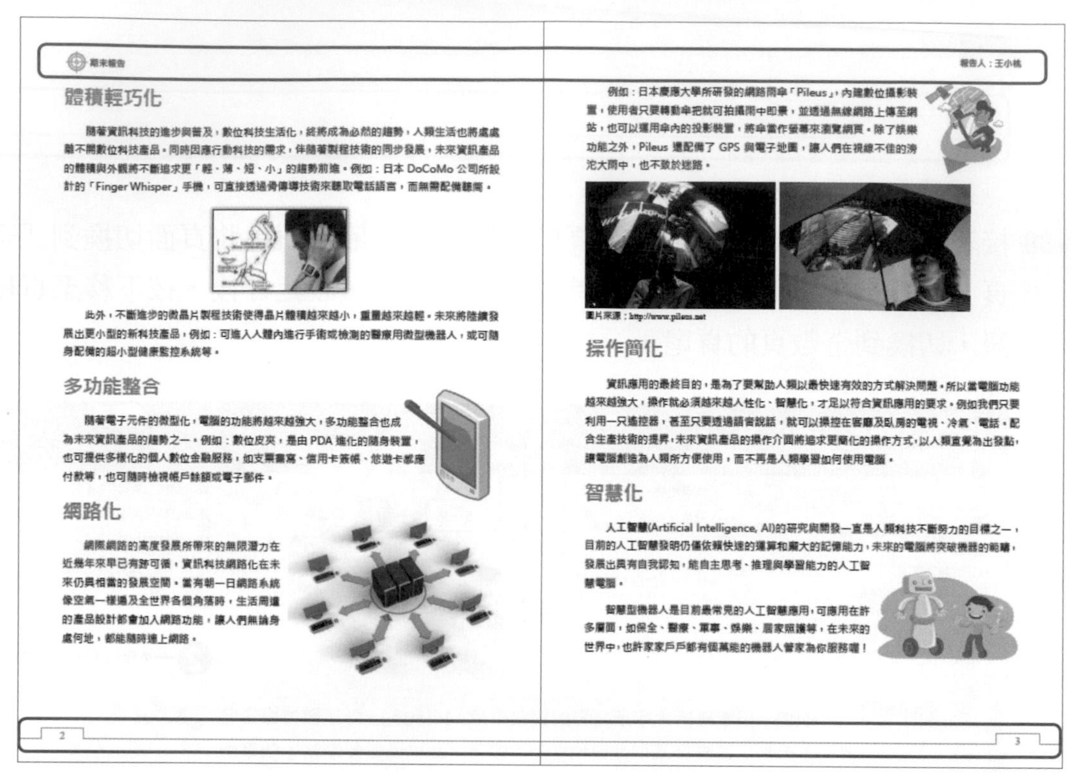
期末報告

報告人：王小桃

體積輕巧化

隨著資訊科技的進步與普及，數位科技生活化，終將成為必然的趨勢，人類生活也將處處離不開數位科技產品。同時因應行動科技的需求，伴隨著製程技術的同步發展，未來資訊產品的體積與外觀將不斷追求更「輕、薄、短、小」的趨勢前進。例如：日本 DoCoMo 公司所設計的「Finger Whisper」手機，可直接透過骨傳導技術來聽取電話語言，而無需配備聽筒。

此外，不斷進步的微晶片製程技術使得晶片體積越來越小，重量越來越輕。未來將陸續發展出更小型的新科技產品，例如：可進入人體內進行手術或檢測的醫療用微型機器人，或可隨身配備的超小型健康監控系統等。

多功能整合

隨著電子元件的微型化，電腦的功能將越來越強大，多功能整合也成為未來資訊產品的趨勢之一。例如：數位皮夾，是由 PDA 進化的隨身裝置，也可提供多樣化的個人數位金融服務，如支票簽寫、信用卡簽帳、悠遊卡感應付款等，也可隨時檢視帳戶餘額或電子郵件。

網路化

網際網路的高度發展所帶來的無限潛力在近幾年來早已有跡可循，資訊科技網路化在未來仍具相當的發展空間。當有朝一日網路系統像空氣一樣遍及全世界各個角落時，生活周遭的產品設計都會加入網路功能，讓人們無論身處何地，都能隨時連上網路。

2

例如：日本慶應大學所研發的網路雨傘「Pileus」，內建數位攝影裝置，使用者只要轉動傘把就可拍攝雨中即景，並透過無線網路上傳至網站，也可以運用傘內的投影裝置，將傘當作螢幕來瀏覽網頁。除了娛樂功能之外，Pileus 還配備了 GPS 與電子地圖，讓人們在視線不佳的滂沱大雨中，也不致於迷路。

圖片來源：http://www.pileus.net

操作簡化

資訊應用的最終目的，是為了要幫助人類以最快速有效的方式解決問題。所以當電腦功能越來越強大，操作就必須越來越人性化、智慧化，才足以符合資訊應用的要求。例如我們只要利用一只遙控器，甚至只要透過語音說話，就可以操控在客廳及臥房的電視、冷氣、電話。配合生產技術的提昇，未來資訊產品的操作介面將追求更簡化的操作方式，以人類直覺為出發點，讓電腦創造為人類所方便使用，而不再是人類學習如何使用電腦。

智慧化

人工智慧(Artificial Intelligence, AI)的研究與開發一直是人類科技不斷努力的目標之一，目前的人工智慧發明仍僅依賴快速的運算和龐大的記憶能力，未來的電腦將突破機器的範疇，發展出具有自我認知，能自主思考、推理與學習能力的人工智慧電腦。

智慧型機器人是目前最常見的人工智慧應用，可應用在許多層面，如保全、醫療、軍事、娛樂、居家照護等，在未來的世界中，也許家家戶戶都有個萬能的機器人管家為你服務囉！

3

範例檔案：5-12-OK.docx

➡ 頁碼的格式設定

要修改頁碼的數字格式或起始頁碼時，可以按下**「插入→頁首及頁尾→頁碼」**按鈕，於選單中選擇**頁碼格式**，開啟「頁碼格式」對話方塊，即可設定頁碼的數字格式、起始頁碼等。

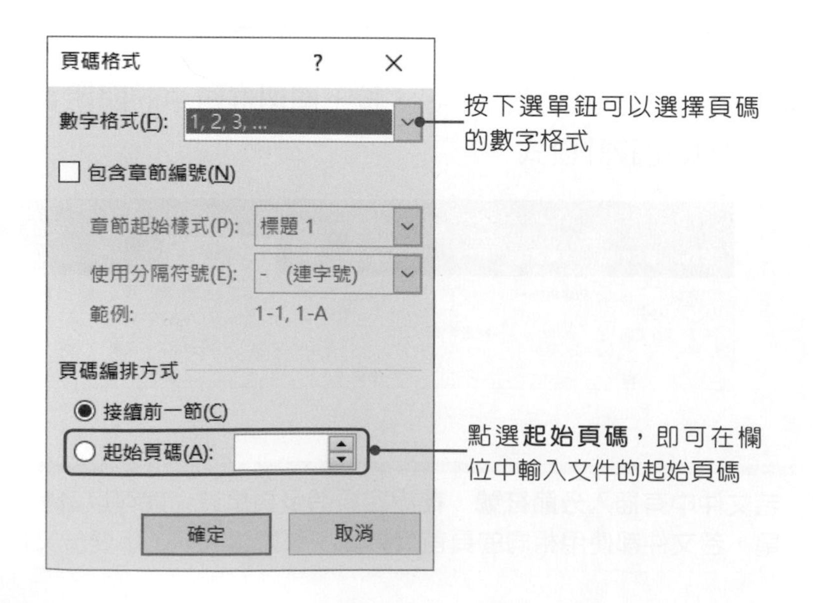

5-4 樣式的使用

編排一份長篇文件或報告時，通常會直接設定文件中的標題、內文等「**樣式**」，只要將文字套用樣式後，就可以輕鬆完成文件的編排。「樣式」是文字的特定顯示效果，使用樣式可以一次指定文件或文字中一系列格式的設定，以確保整篇文件具有一致性。

設定「樣式」有一個很大的好處，那就是在修改某個樣式格式時，所有套用該樣式的文字都會自動更新，而不需要一一地去修改。

使用預設樣式

在Word中有一些預設好的樣式可以直接套用，只要按下**「常用→樣式」**群組中的預設樣式，文字就會自動套用該樣式所預設的各種格式。

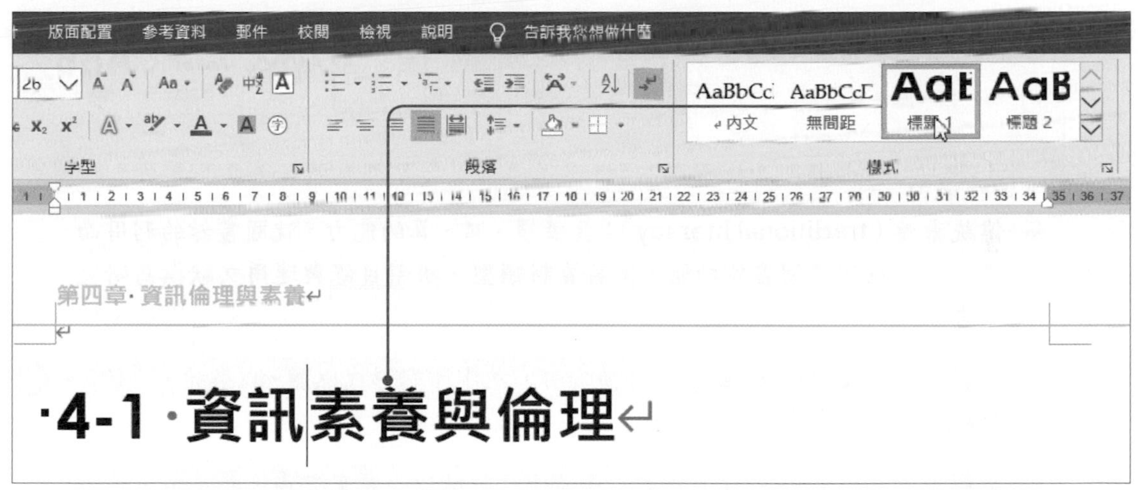

範例檔案：5-13.docx

自訂快速樣式

除了使用預設的樣式外，也可以自行建立樣式，請開啓**5-14.docx**檔案，進行以下的練習。

01 先將段落文字的所有格式皆設定完成，再選取該段落文字。

> 傳統素養（traditional·literacy）：具備讀、寫、算的能力。就圖書館的利用而言，要能夠認識圖書館功能、圖書資料類型、排架目錄與運用文獻撰寫研究報告。

02 進入**「常用→樣式」**群組中，按下☑**其他**按鈕，點選**建立樣式**選項，開啓「從格式建立新樣式」對話方塊。

03 於**名稱**欄位中輸入樣式名稱，輸入好後按下**確定**按鈕。

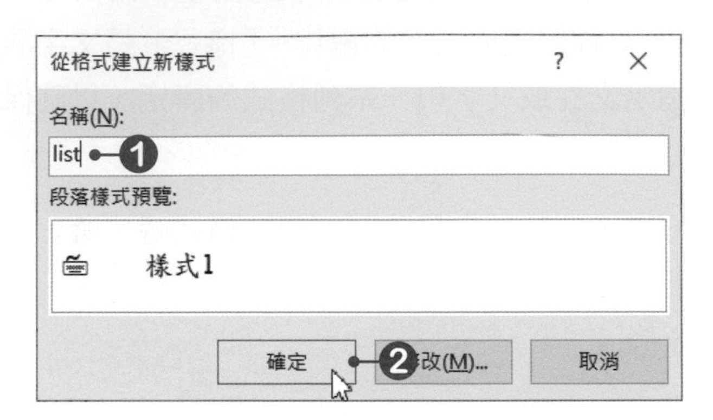

04 新增完樣式後，選單中就會顯示所設定的樣式，若要將段落套用該樣式時，先將滑鼠游標移至該段落上，或選取段落，再按下選單中的樣式即可。

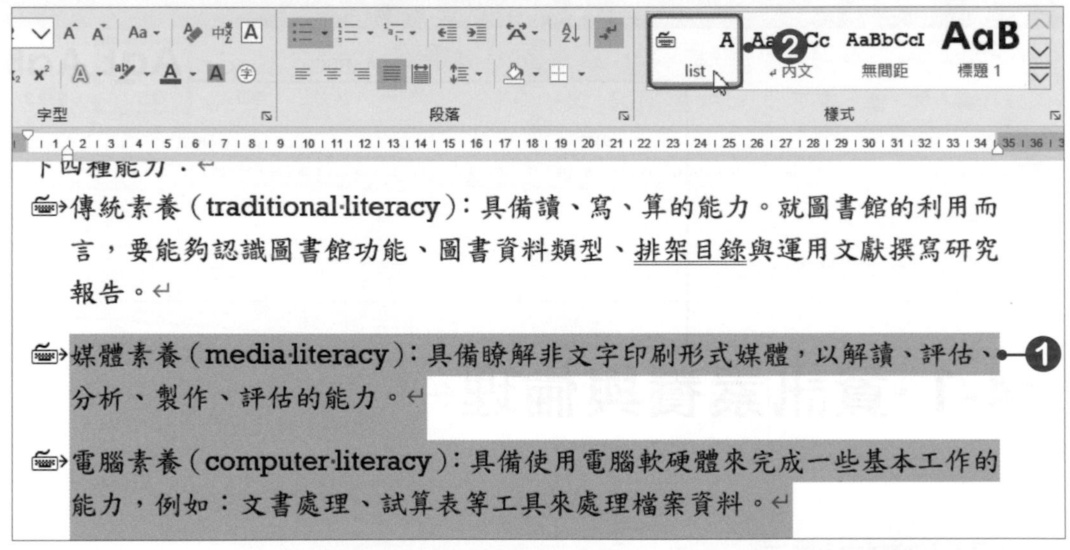

範例檔案：5-14-OK.docx

修改與刪除樣式

樣式設定好後，可以隨時進行修改及刪除的動作。

修改樣式

要修改已設定好的樣式時，只要在該樣式上按下**滑鼠右鍵**，於選單中選擇**修改**功能，即可開啓「修改樣式」對話方塊，進行修改的動作。當修改樣式時，內文中套用此樣式的文字會自動更新文字格式。

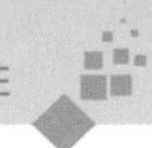

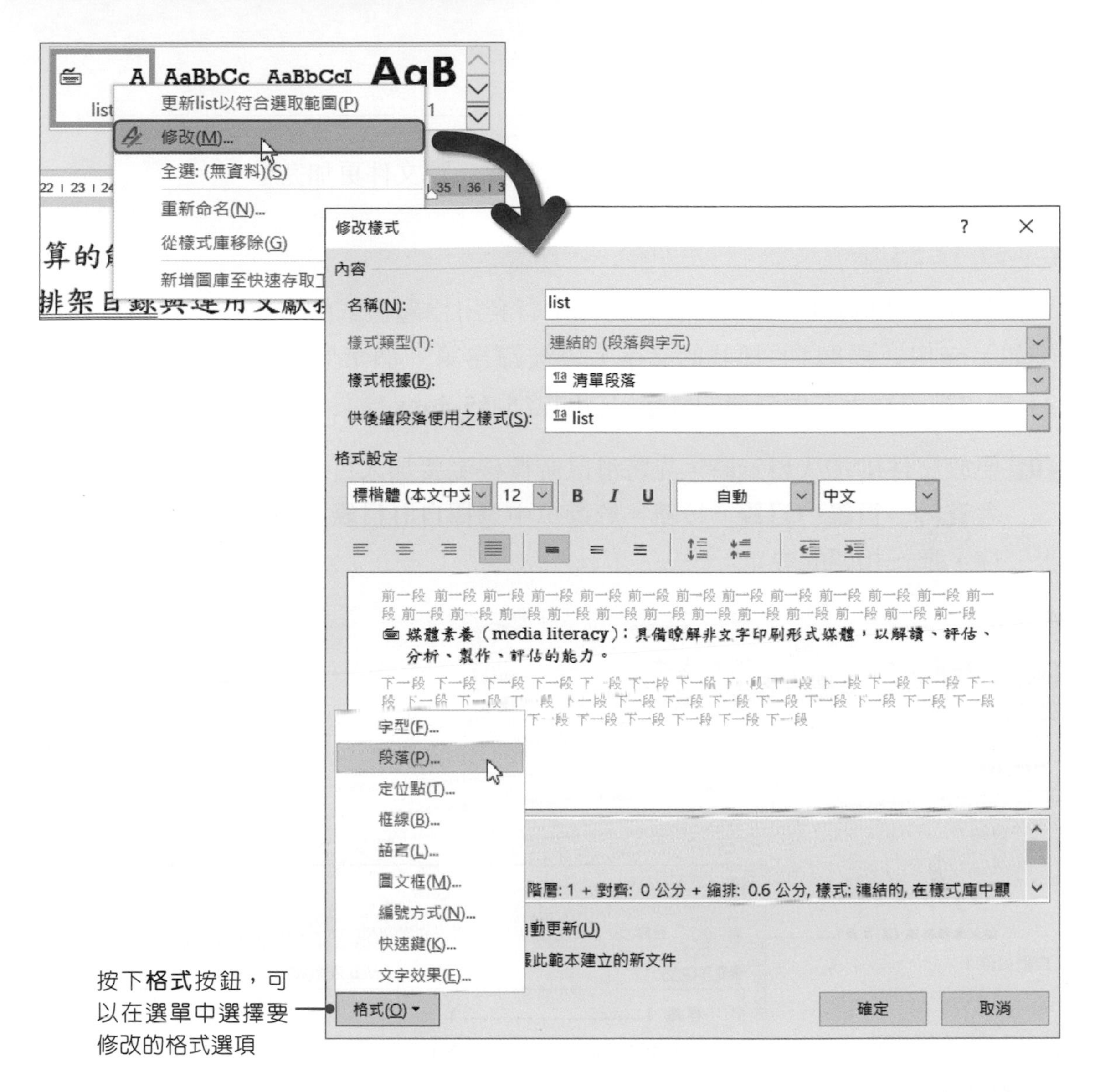

刪除樣式

若在樣式清單中的樣式用不到時，可以將樣式從清單中移除掉，只要在樣式選項上按下**滑鼠右鍵**，於選單中點選**從樣式庫移除**選項，即可將樣式刪除。

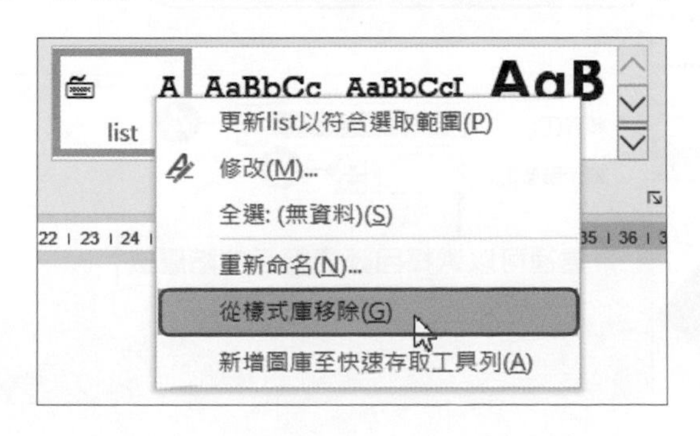

5-5 文件目錄製作

文件編排完成後，可以在文件中加上**目錄**，讓文件更加完整。

建立目錄

製作文件目錄時，Word會將文件中有套用標題樣式的文字自動歸爲目錄，例如：套用「標題1」樣式的文字，會被歸爲第一個階層的目錄；套用「標題2」則會被歸爲第二個階層的目錄。請開啓**5-15.docx**檔案，進行以下的練習。

01 要於文件中加入目錄時，先將滑鼠游標移至要加入目錄的位置，再按下**「參考資料→目錄→目錄」**按鈕，於選單中選擇**自訂目錄**，開啓「目錄」對話方塊，進行相關的設定。

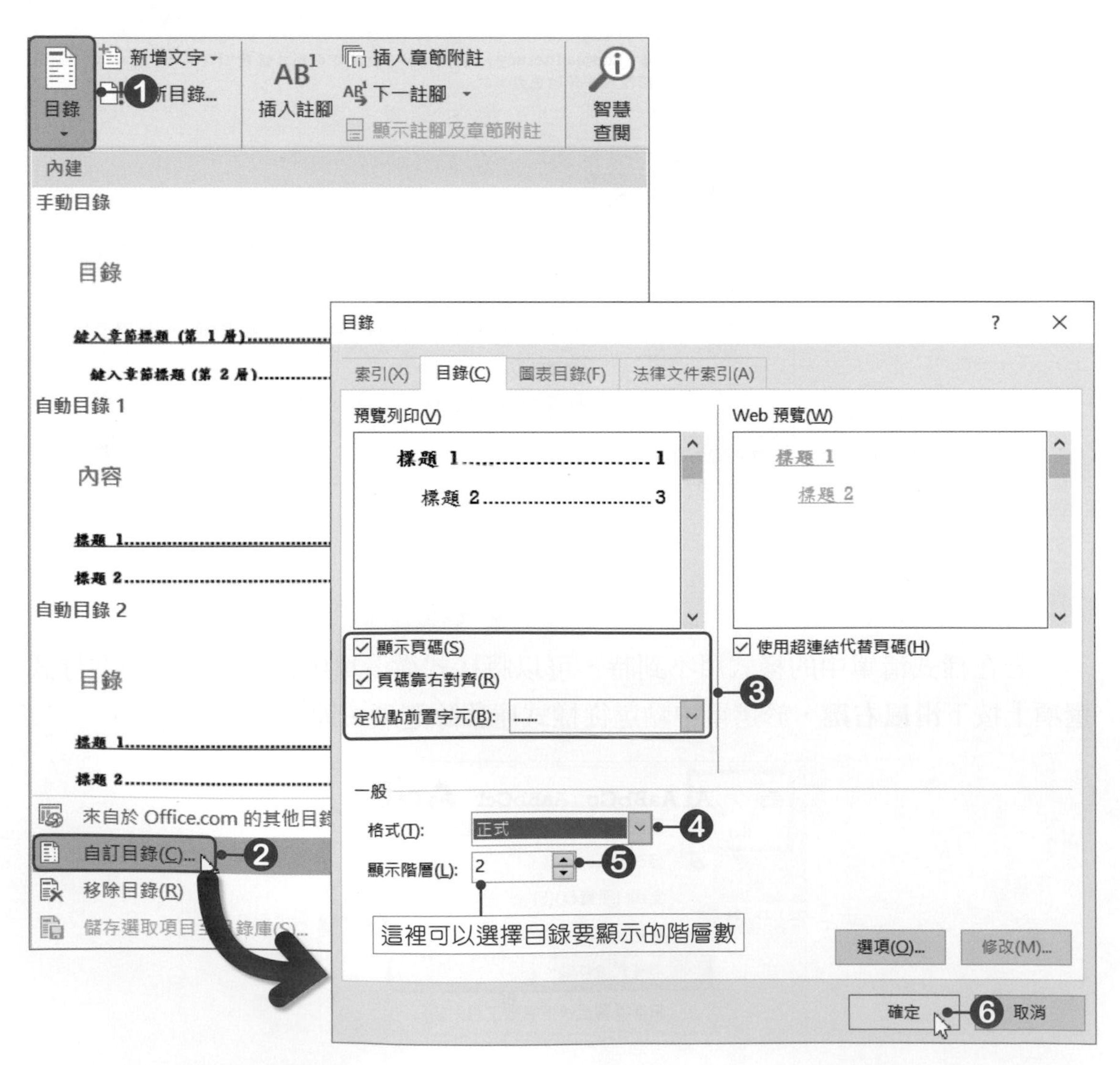

02 設定好後按下**確定**按鈕，回到文件中，在滑鼠游標所在位置上，就會插入文件目錄。

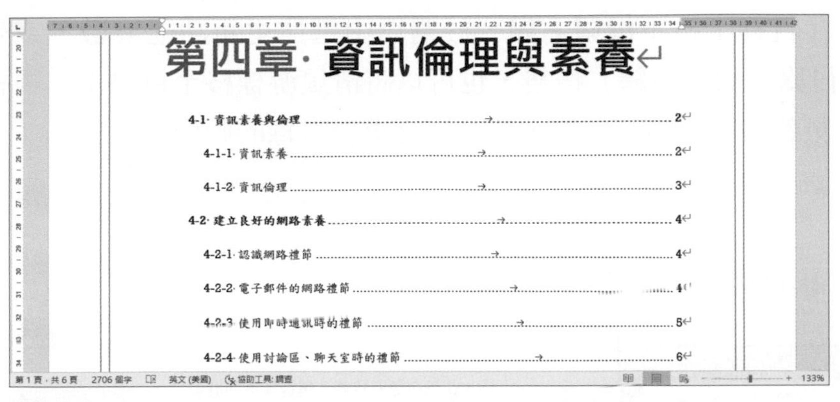

範例檔案：5-15-OK.docx

03 目錄製作完成後，將滑鼠游標移至目錄標題上，按著**Ctrl**鍵不放，再按下**滑鼠左鍵**，即可將文件跳至該文字標題。

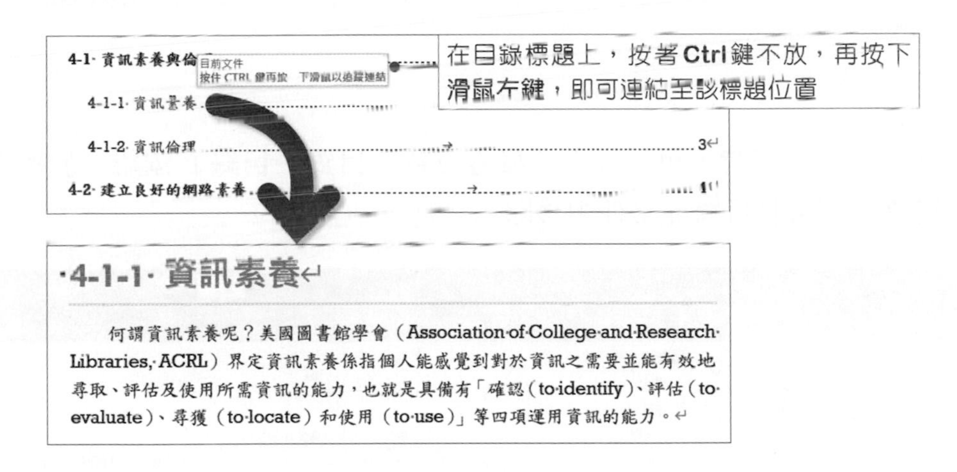

通常在自訂樣式的同時，會將樣式的階層也一起設定好，設定好以後，在製作目錄時，Word才會自動抓取要顯示的階層。要設定樣式的階層時，可以在「段落」對話方塊中，點選**縮排與行距**標籤頁，於**大綱階層**選項中，即可設定樣式的階層。

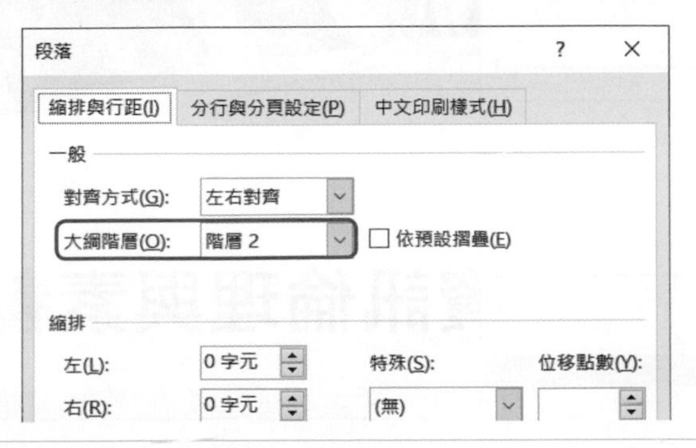

➡ 更新目錄

文件中的某個標題文字位置被調整，或是被刪除時，那麼就要進行「更新目錄」的動作，在目錄上按下**滑鼠右鍵**，於選單中選擇**更新功能變數**，或是按下**「參考資料→目錄→更新目錄」**按鈕，也可以將滑鼠游標移至目錄上，再按下**F9**按鍵，開啓「更新目錄」對話方塊，即可進行更新目錄的動作。

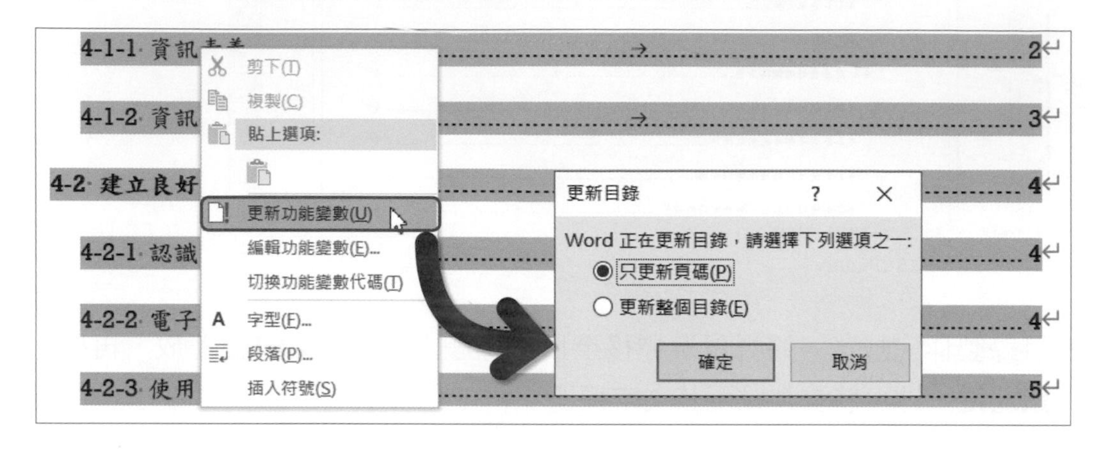

➡ 移除目錄

要移除文件中的目錄時，可以按下**「參考資料→目錄→目錄」**按鈕，於選單中點選**移除目錄**，即可將目錄從文件中移除。

自我評量

❖ 選擇題

(　　)1. 在Word中，下列敘述何者不正確？(A)在設定頁首頁尾時可以加入圖片及圖案等物件　(B)在Word中可以加入圖片或是文字浮水印效果　(C)佈景主題效果會影響標題及本文字型　(D)佈景主題效果不會影響線條與填滿效果。

(　　)2. 在Word中，下列有關設定分欄的敘述，何者不正確？(A)可以分別設定各欄位之寬度　(B)可以設定各欄位是否相等欄寬　(C)可以分別設定各相鄰欄位之間距　(D)可以分別設定各相鄰欄位間是否出現分隔線。

(　　)3. 若要取消Word 文件的兩欄設定，應如何操作？(A)在文件的最後插入空白頁　(B)在文件的最後插入分頁符號　(C)版面配置中方向設為橫向　(D)將文件的欄設定改設為一欄。

(　　)4. 在Word中，若想要在插入點位置上進行強迫分頁時，可以按下鍵盤上的哪組快速鍵？(A) Ctrl+Alt　(B) Ctrl+Shift　(C) Ctrl+Tab　(D) Ctrl+Enter。

(　　)5. 在Word中，下列關於頁面色彩的說明，何者不正確？(A)無法使用圖片當頁面色彩　(B)可以使用漸層色彩　(C)可以使用圖樣　(D)無法單獨套用至某一頁面。

(　　)6. 在Word中，文件包含多個不同部分，若希望每個部分都有獨特的頁首及頁尾，則需於文件的各部分之間，建立下列哪一項？(A)分節符號　(B)分頁符號　(C)版面配置　(D)版面設定。

(　　)7. 在Word中，若只需要封面頁的頁首及頁尾與其他頁面不同，應進行下列哪一項操作？(A)在首頁的最後一段之後插入一個「下一頁」分節符號　(B)直接刪除首頁的頁首及頁尾文字或物件　(C)勾選「版面配置」中的「第一頁不同」選項　(D)勾選「版面配置」中的「奇偶頁不同」選項。

(　　)8. 在Word中，下列哪個方式無法進入「頁首及頁尾工具」索引標籤中？(A)插入→頁首→編輯頁首　(B)插入→頁尾→編輯頁尾　(C)插入→頁碼→頁碼格式　(D)將插入點放在頁首或頁尾區，雙擊滑鼠左鍵。

(　　)9. 在Word中，下列關於頁碼格式與位置設定，何者不正確？(A)頁碼的起始頁可以為任一正數　(B)一份文件中只能有一種頁碼格式　(C)可以在文件的第二頁上開始編號　(D)頁碼的位置可以在「頁首及頁尾」層的任一位置。

(　　)10. 在Word中，要建立目錄時，可以進入下列哪個群組中？(A)常用→目錄　(B)插入→目錄　(C)參考資料→目錄　(D)版面配置→目錄。

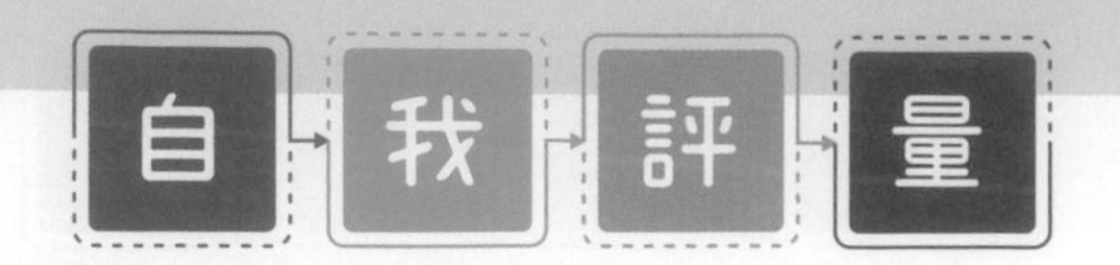

❖實作題

1. 開啓「Word→CH05→5-16.docx」檔案，進行以下的設定。
   - 紙張設定為：B5、橫向、上下邊界設定為「1.3公分」、左右邊界設定為「2公分」。
   - 將佈景主題的色彩更換為「黃色」；頁面色彩更改為填滿效果中的「漸層」效果。
   - 將「觀霧簡介」以下的段落文字以二欄方式呈現。
   - 加入任一樣式的頁面框線，框線格式自訂。

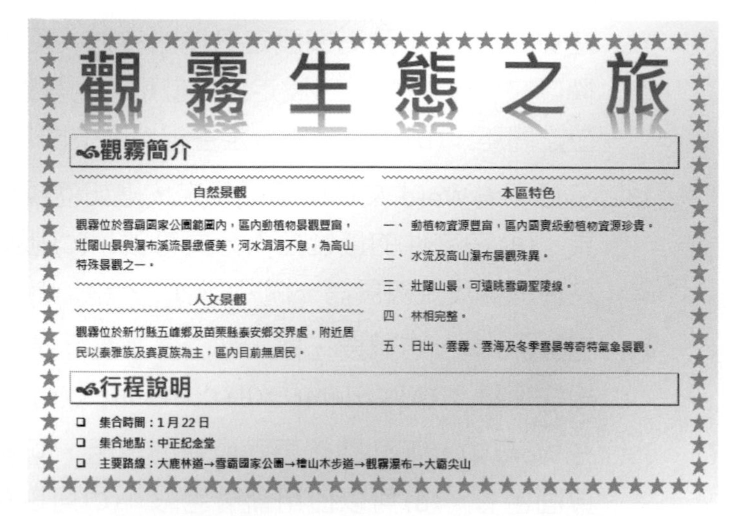

觀霧生態之旅

觀霧簡介

自然景觀

觀霧位於雪霸國家公園範圍內，區內動植物景觀豐富，壯麗山景與瀑布溪流景緻優美，河水涓涓不息，為高山特殊景觀之一。

人文景觀

觀霧位於新竹縣五峰鄉及苗栗縣泰安鄉交界處，附近居民以泰雅族及賽夏族為主，區內目前無居民。

本區特色

一、動植物資源豐富，區內國寶級動植物資源珍貴。

二、水流及高山瀑布景觀殊異。

三、壯麗山景，可遠眺雪霸聖稜線。

四、林相完整。

五、日出、雲霧、雲海及冬季雪景等奇特氣象景觀。

行程說明

- 集合時間：1月22日
- 集合地點：中正紀念堂
- 主要路線：大鹿林道→雪霸國家公園→檜山木步道→觀霧瀑布→大霸尖山

2. 開啓「Word→CH05→5-17.docx」檔案，進行以下的設定。
   - 於文件第1頁加入企劃案的封面，封面樣式請自行設計。
   - 幫文件加入頁首及頁尾(第1頁不套用)，頁首文字為「數位內容產品企劃案」，頁尾須包含頁碼，格式請自行設計。
   - 將標題1的文字格式修改為：文字大小20、粗體、置中對齊。
   - 標題1段落文字皆從各頁的第一行開始。

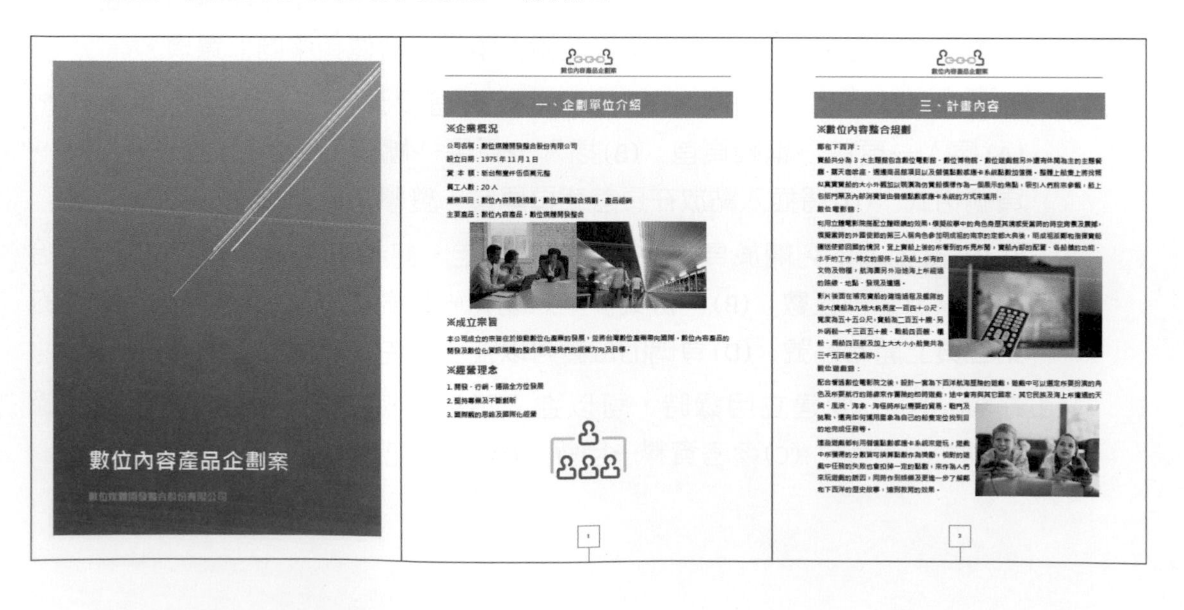

CHAPTER 06

合併列印的應用

6-1 認識合併列印

當一份相同的資料要寄給十個不同的人時，作法可能是直接利用影印機印出十份，然後再分別將每個人的名字寫上，最後分寄給每個人。在Word中並不需要那麼的麻煩，只需利用「**合併列印**」功能，就可以既輕鬆又簡單地完成這份工作。在進行合併列印前，需要先準備「**主文件**」檔案與「**資料**」檔案，其架構如下圖所示。

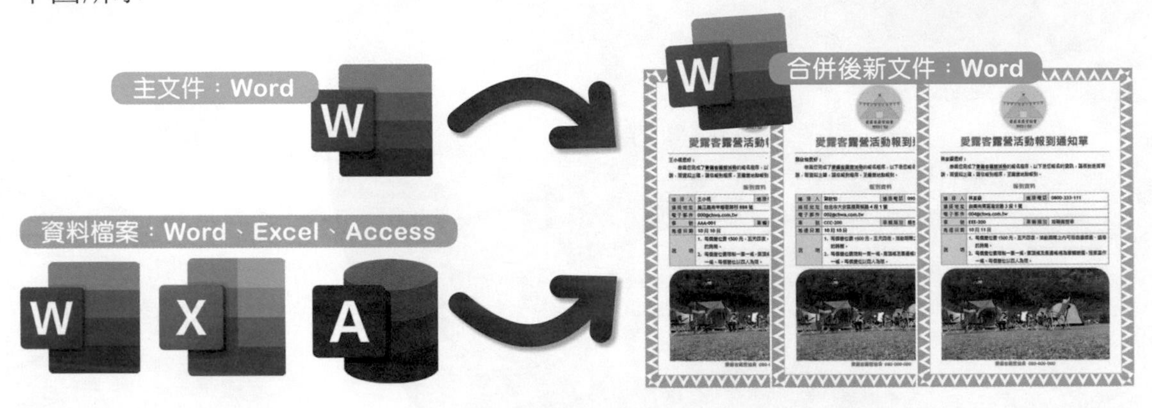

- **主文件檔案：**指的是用Word製作好的文件檔案，例如：要寄一封信函給多人時，就可以先將信函的內容用Word製作，而這份文件就是主文件。
- **資料檔案：**就是所謂的資料來源，或是資料庫檔案，而資料檔案可以是：**Word檔案、Excel檔案、Access檔案、Outlook連絡人**檔案。在製作這類檔案時，是有一定格式的。例如：資料來源如果是Word檔，通常它會以表格方式呈現，不僅欄、列固定，而且檔案的開頭就是表格，不要加入其他的文字列；若是使用Excel製作資料檔案時，也需要遵守這些規定。

班級	姓名	性別	備註
101	王小桃	女	
102	郭小怡	女	

正確的樣式：文件開頭就是表格

~~愛心學院學生通訊錄~~

班級	姓名	性別	備註
101	王小桃	女	
102	郭小怡	女	

不正確的樣式：文件開頭不能有標題文字

	A	B	C	D	E	F	G
1	班級	姓名	性別	備註			
2	101	王小桃	女				
3	102	郭小怡	女				

Excel正確的樣式：工作表開頭就是表格，通常每一列就代表一筆紀錄

6-2 大量信件製作

當要製作**大量的信件**、**邀請函**、**通知單**或是**廣告宣傳單**時，可以使用合併列印來完成。請開啟**6-1.docx**檔案，學習如何使用合併列印製作出所有學生的成績通知單。

合併列印的設定

進行大量文件製作時，要先於主文件中加入資料檔的相關欄位，這樣主文件才會自動產生相關的資料。

01 開啟主文件(6-1.docx)檔案，按下「**郵件→啟動合併列印→啟動合併列印**」按鈕，於選單中點選**信件**。

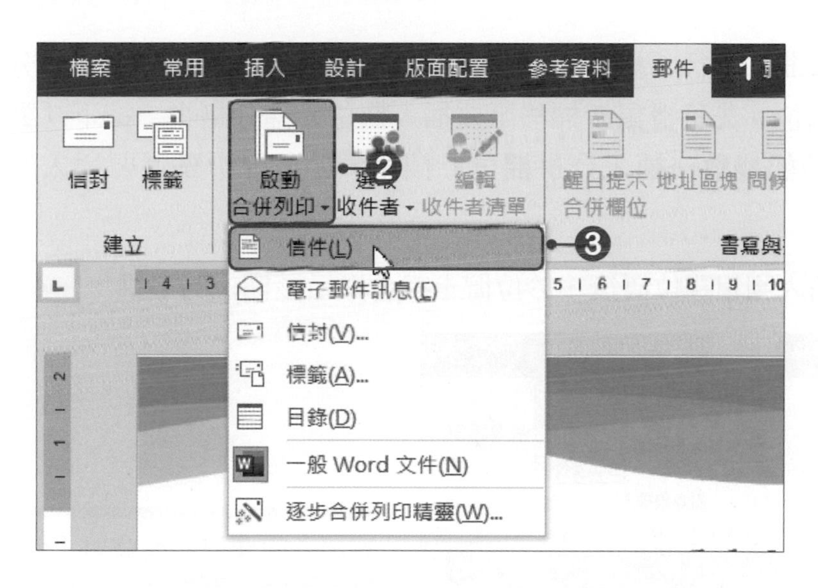

02 啟動合併列印功能後，按下「**郵件→啟動合併列印→選取收件者**」按鈕，於選單中點選**使用現有清單**選項，開啟「選取資料來源」對話方塊。

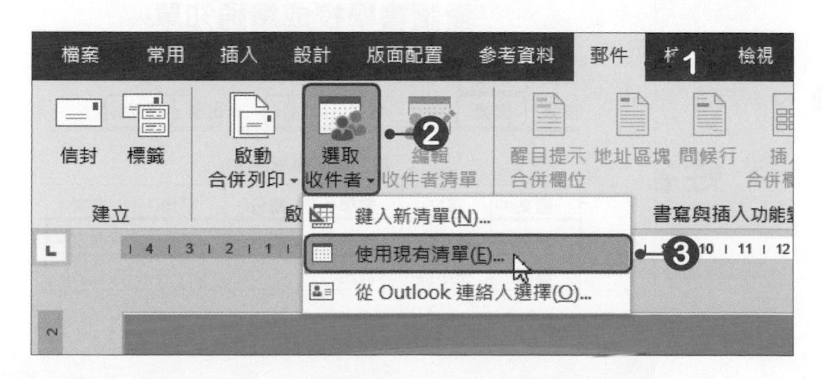

03 點選**6-1-1.docx**檔案，選擇好後按下**開啓**按鈕。

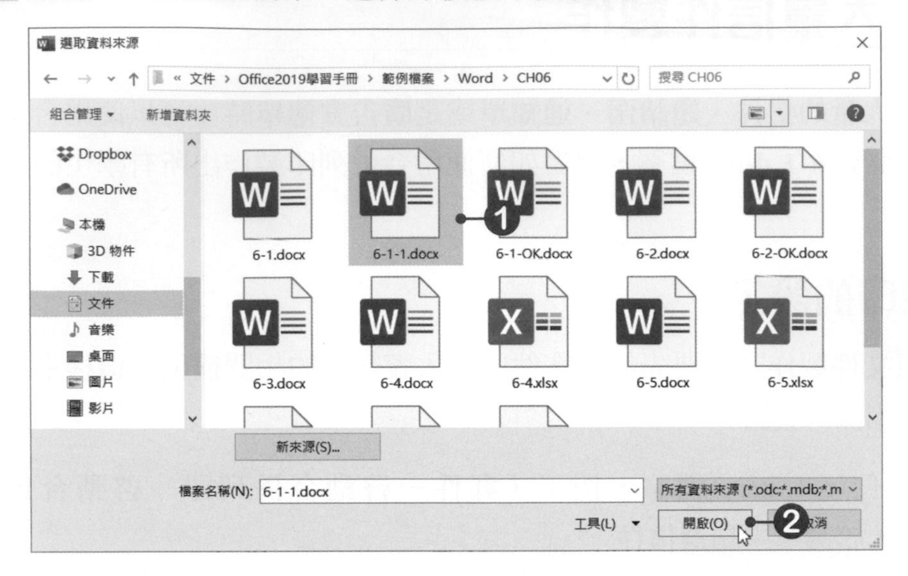

04 選擇好後，即可開始進行「插入合併欄位」的動作，這裡要在儲存格中分別插入相對應的欄位。先將滑鼠游標移至要插入欄位的儲存格中，按下**「郵件→書寫與插入功能變數→插入合併欄位」**按鈕，於選單中點選要插入的欄位。

05 將所有欄位都插入到相關位置後，於位置上就會顯示該欄位的名稱。

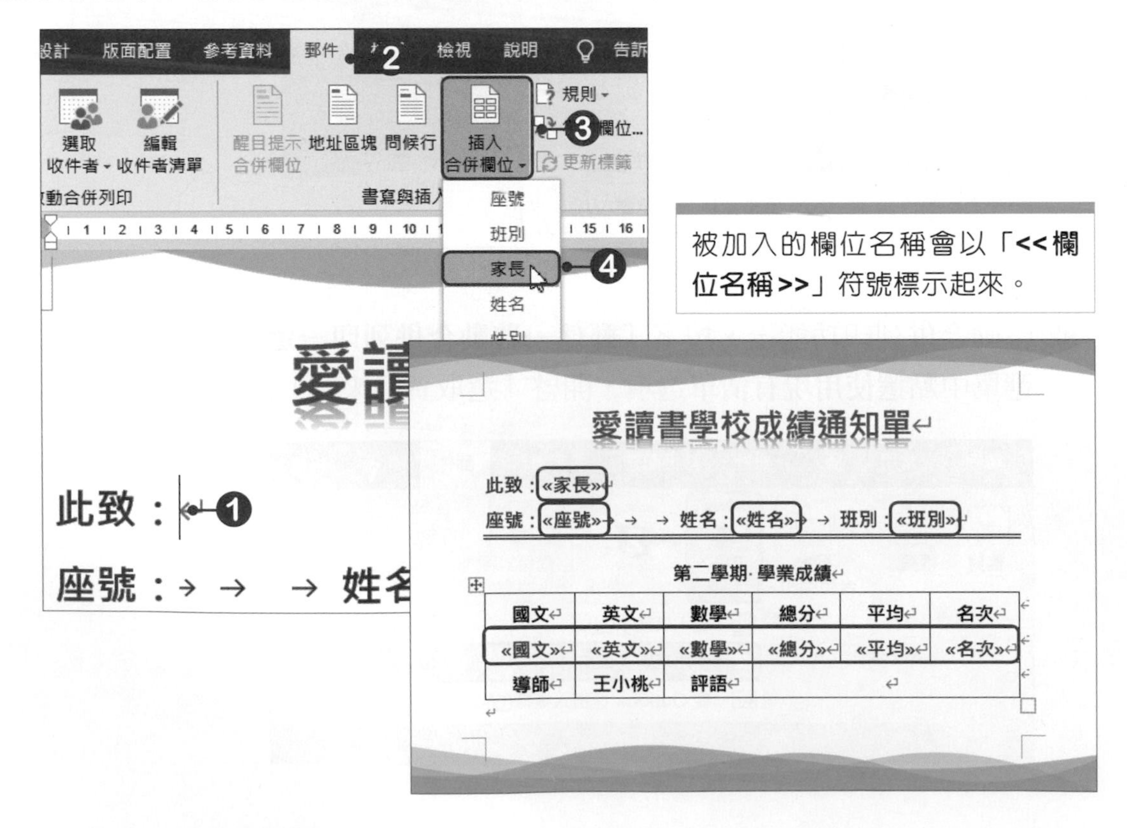

被加入的欄位名稱會以「**<<欄位名稱>>**」符號標示起來。

06 到這裡合併列印的工作就算完成了，最後只要按下 **「郵件→預覽結果→預覽結果」** 按鈕，即可預覽合併的結果。預覽時，可切換要預覽的紀錄。

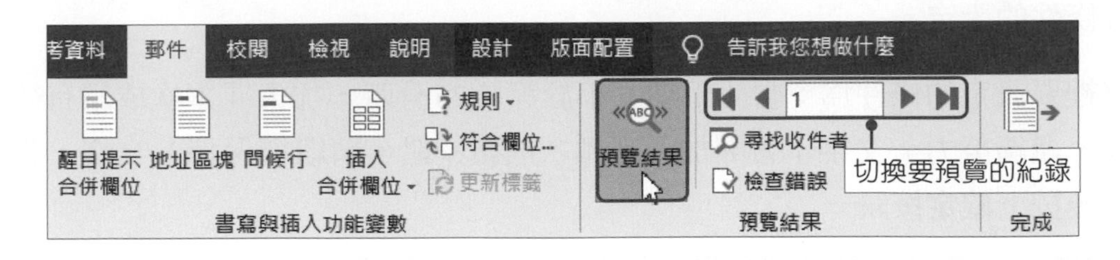

若想要查看資料檔中的所有資料時，可以按下「**郵件→啟動合併列印→編輯收件者清單**」按鈕，開啟「合併列印收件者」對話方塊，由此方塊中即可查看所有的收件者資料，也可以在此新增或移除合併列印中的收件者。

插入規則

在合併列印中提供了許多不同的「**規則**」，利用這些「規則」，可以幫我們完成一些工作。

規則功能	說明
Ask	可以設定書籤名稱，並提供提示文字。
Fill-In	可以設定提示文字。
If…Then…Else	可以設定條件。
Merge Record #	可以在文件中加入資料的紀錄編號。
Merge Sequence #	可以設定進行合併列印時顯示紀錄編號。
Next Record	設定將下一筆紀錄合併到目前的文件。
Next Record If	設定當條件符合時，將下一筆紀錄合併到目前文件。
Set Bookmark	設定書籤名稱。
Skip Record If	設定當條件符合時，不要將下一筆紀錄合併到目前文件。

繼續延續上一個範例，這裡要利用合併列印所提供的「規則」，在「評語」儲存格中自動依平均的高低來顯示評語。

01 將插入點移至要插入規則的位置。

國文	英文	數學	總分	平均	名次
90	87	66	243	81.00	4
導師	王小桃	評語			

02 按下**「郵件→書寫與插入功能變數→規則」**按鈕，於選單中點選**If…Then…Else(以條件評估引數)**規則，開啓「插入Word功能變數:IF」對話方塊，進行條件的設定。

03 這裡要設定的條件爲：當「平均」小於等於75分時，加入「本次成績有待加強，繼續努力」文字；否則加入「本次成績不錯，請繼續保持」文字，設定好後按下**確定**按鈕。

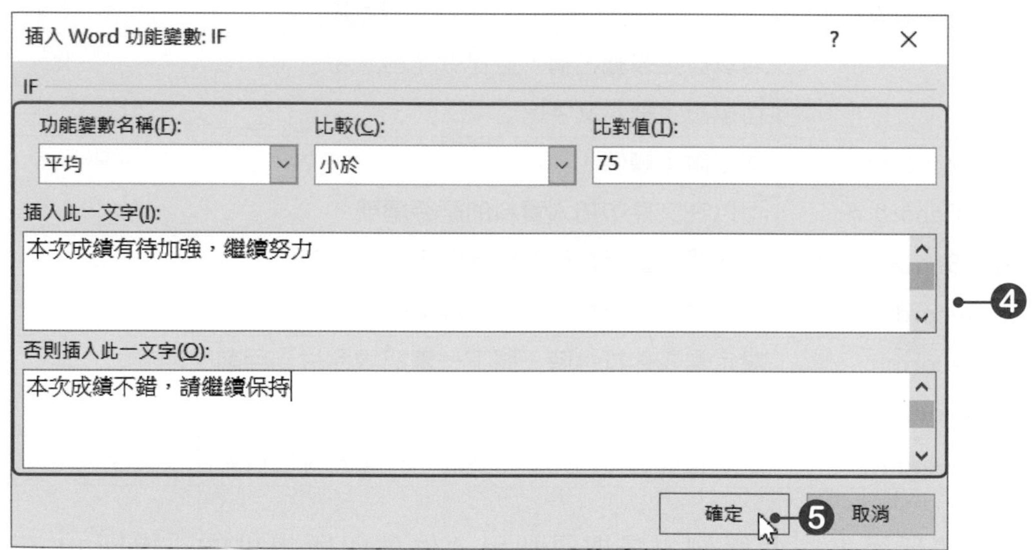

04 回到文件後，文件就會依據「平均」欄位，來判斷是要加入「本次成績有待加強，繼續努力」或是「本次成績不錯，請繼續保持」了。

國文	英文	數學	總分	平均	名次
90	87	66	243	81.00	4
導師	王小桃	評語	本次成績不錯，請繼續保持		

範例檔案：6-1-OK.docx

資料篩選與排序

進行合併列印前，還可以針對資料進行**資料篩選**和**資料排序**的動作。

資料篩選

請開啓**6-2.docx**檔案，從檔案中篩選出「班別」爲「乙」，且「平均」大於「75」的學生。

01 按下**「郵件→啓動合併列印→編輯收件者清單」**按鈕，開啓「合併列印收件者」對話方塊。

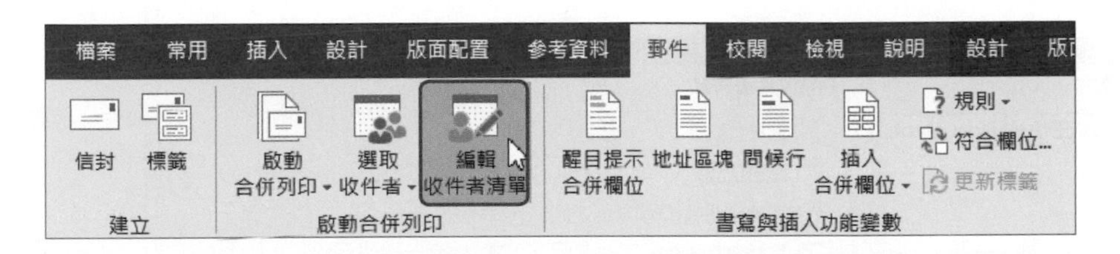

02 按下**班別**選單鈕，在清單中點選**進階**功能，開啓「查詢選項」對話方塊，設定第一個條件爲：**班別**必須**等於「乙」**；設定第二個條件爲：**平均**必須**大於「75」**，設定好後按下**確定**按鈕。

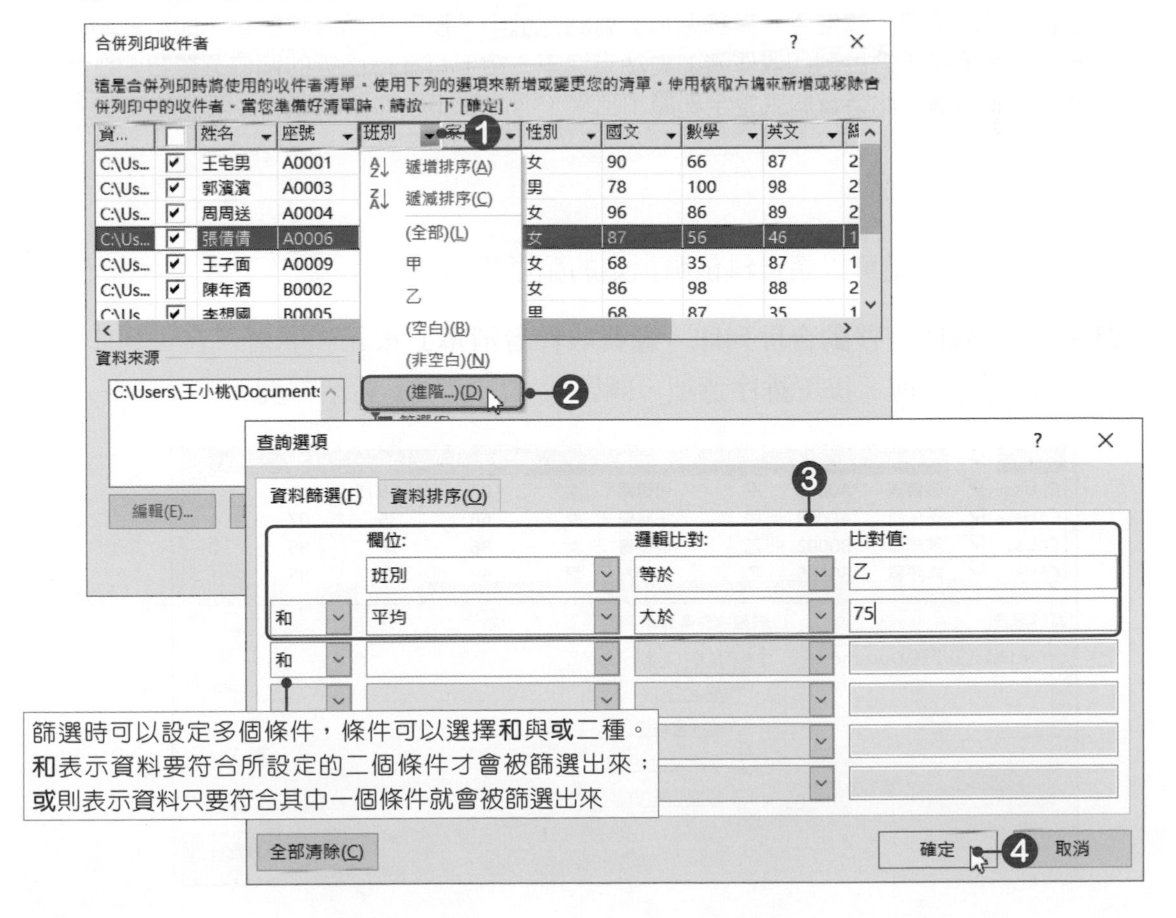

03 回到「合併列印收件者」對話方塊後，會發現資料原來有10筆，經過篩選後，只剩下3筆，最後按下**確定**按鈕，完成篩選的動作。

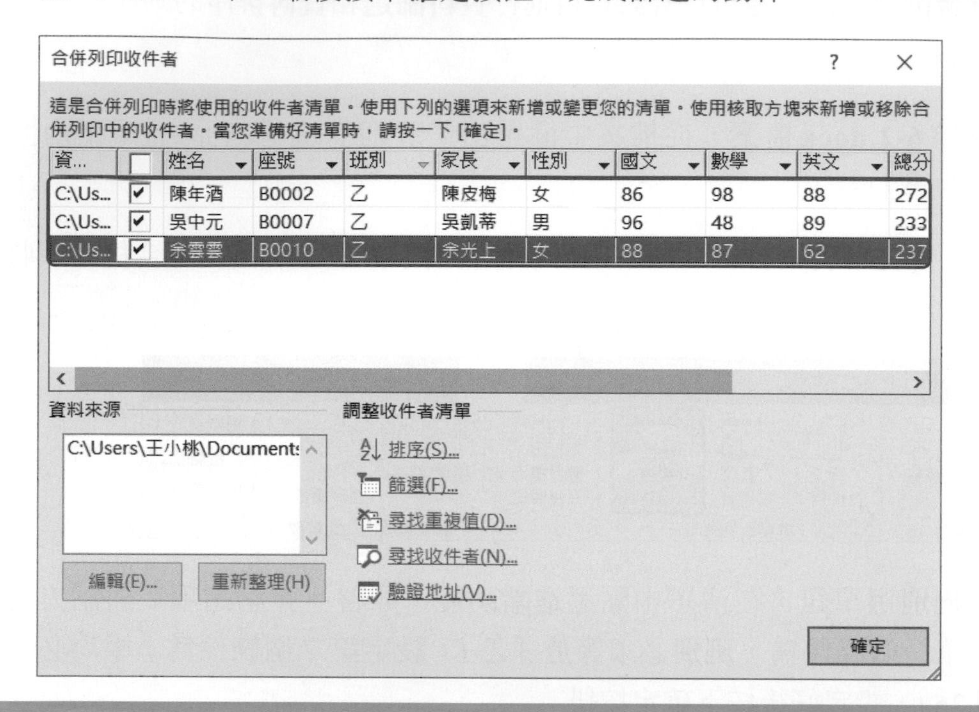

若要取消篩選結果，請進入「查詢選項」對話方塊中，按下**全部清除**按鈕，即可取消篩選結果；或者是在「合併列印收件者」對話方塊中，按下有進行篩選的欄位選單鈕，在選單中選擇**全部**選項，此時資料就會全部顯示出來，而此動作也就表示取消了篩選的設定。

資料排序

利用排序功能可以讓資料依照指定的順序排列。

01 按下**「郵件→啓動合併列印→編輯收件者清單」**按鈕，開啓「合併列印收件者」對話方塊，按下**排序**選項，開啓「查詢選項」對話方塊。

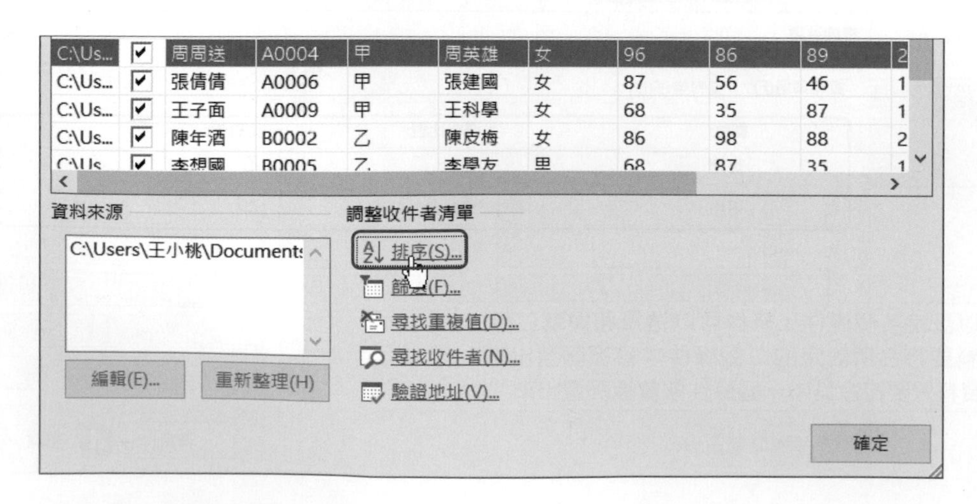

02 第一階條件設定為「**班別**」以「**遞減**」排序；第二階條件設定為「**名次**」以「**遞增**」排序，設定好後按下**確定**按鈕。

查詢選項
資料篩選(F) 資料排序(O)
第一階(S)
班別 遞增(A) 遞減(D)
第二階(T)
名次 遞增(E) 遞減(N)
第三階(B)
遞增(I) 遞減(G)
全部清除(C) 確定 取消

03 回到「合併列印收件者」對話方塊後，資料就會依照「班別」進行排序，若遇到班別相同時，則會依照「名次」排序，最後按下**確定**按鈕，完成排序的動作。

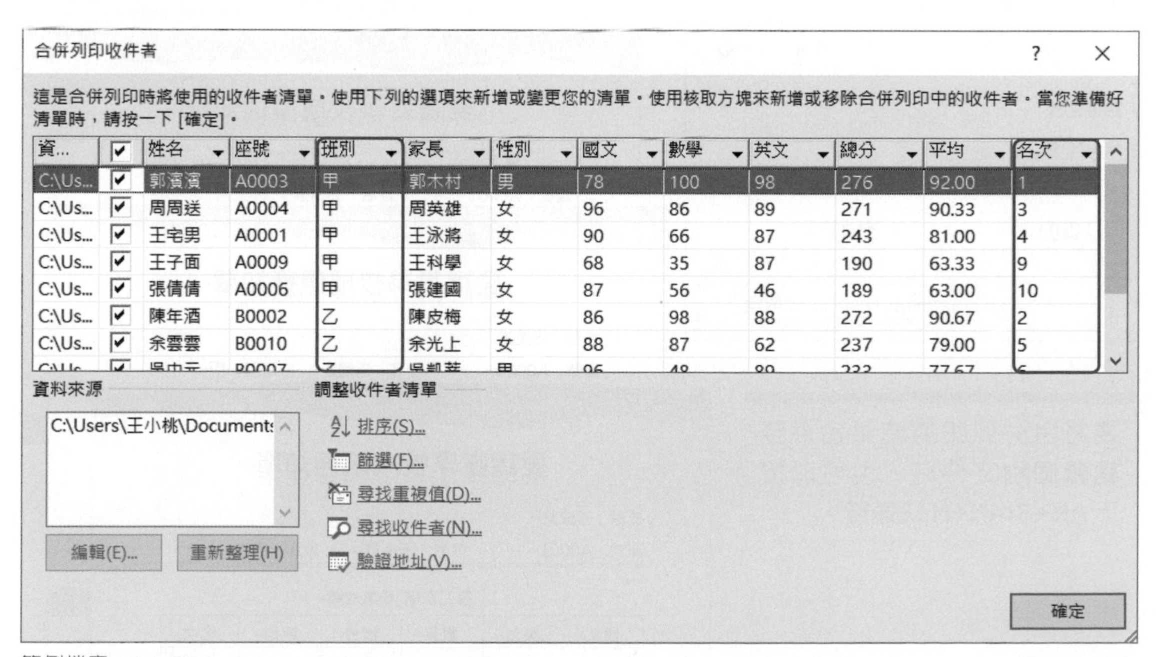

範例檔案：6-2-OK.docx

完成與合併

完成合併列印設定後，即可進行**完成與合併**的動作。按下**「郵件→完成→完成與合併」**按鈕，於選單中會有**編輯個別文件、列印文件、傳送電子郵件訊息**等選項，分別介紹如下：

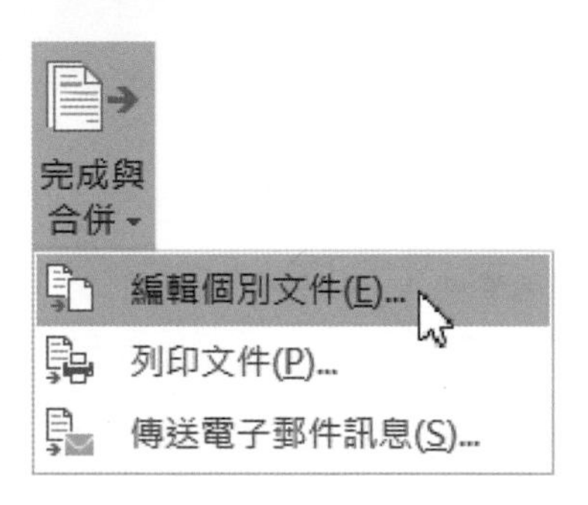

編輯個別文件

執行**「編輯個別文件」**後，會開啓「合併到新文件」對話方塊，即可選擇要合併哪些記錄，選擇好後按下**確定**按鈕，會將製作好的檔案合併至新文件，Word會開啓一份新的文件存放這些被合併的資料，若資料檔中有10筆資料，那麼新文件中就會有10頁不同資料的文件。在此文件中即可針對每筆資料，再進行個別編輯的動作，或是直接將文件儲存起來。

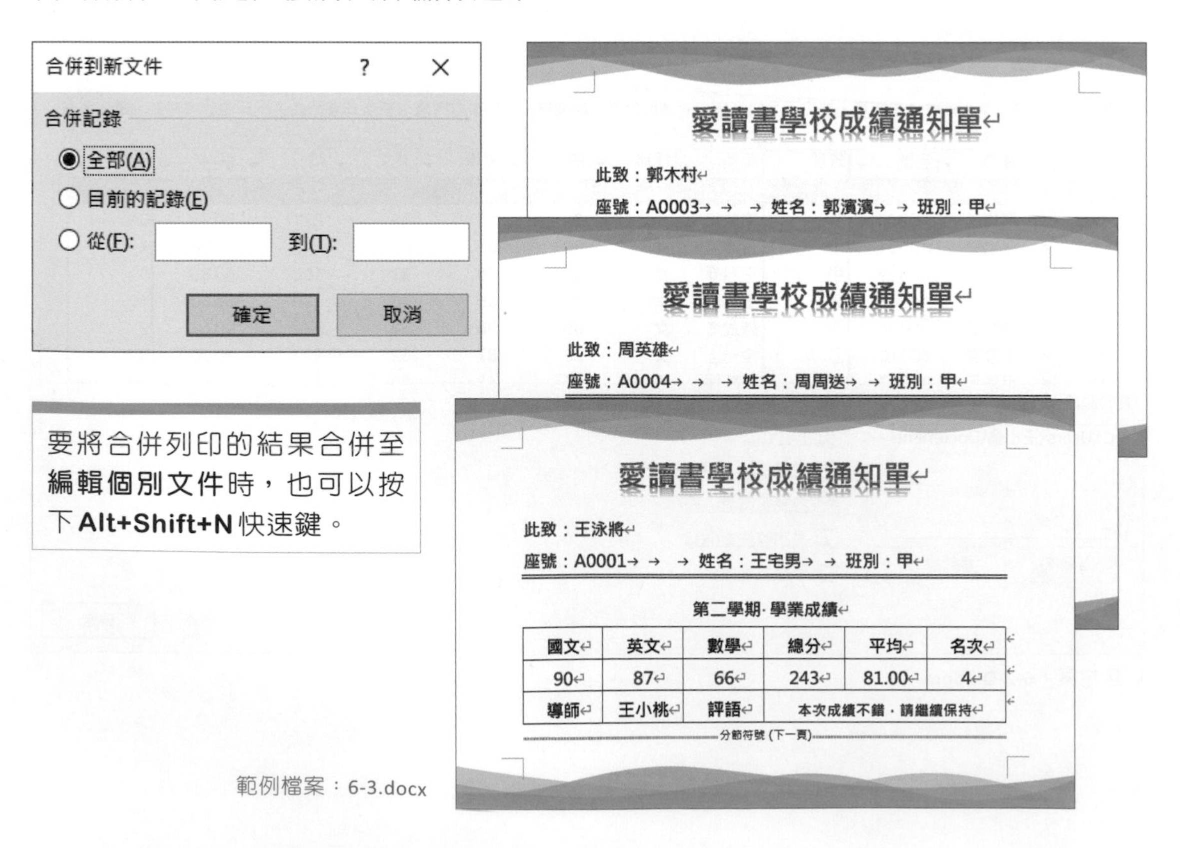

要將合併列印的結果合併至**編輯個別文件**時，也可以按下**Alt+Shift+N**快速鍵。

範例檔案：6-3.docx

列印文件

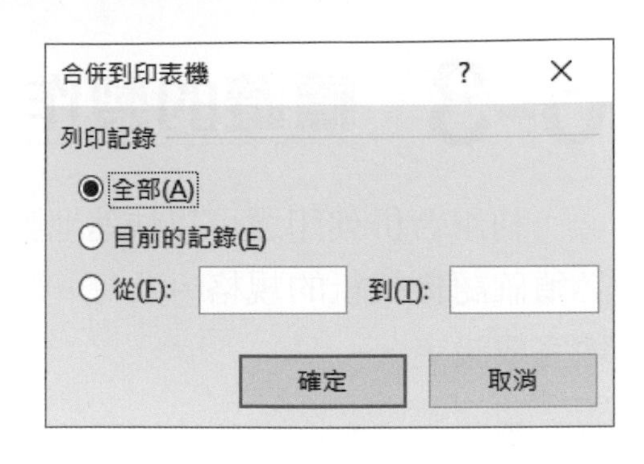

執行**「列印文件」**選項，或按下**Alt+Shift+M**快速鍵，會開啟「合併到印表機」對話方塊，接著選擇要列印哪些記錄，選擇好後按下**確定**按鈕，即可將文件從印表機中印出，資料檔有多少記錄，就會印出多少份。

傳送電子郵件訊息

執行**「傳送電子郵件訊息」**選項時，有一點是必須注意的，那就是在資料檔案中必須包含存放**「電子郵件地址」**的欄位，這樣才會依據欄位中的電子郵件地址進行合併的動作。

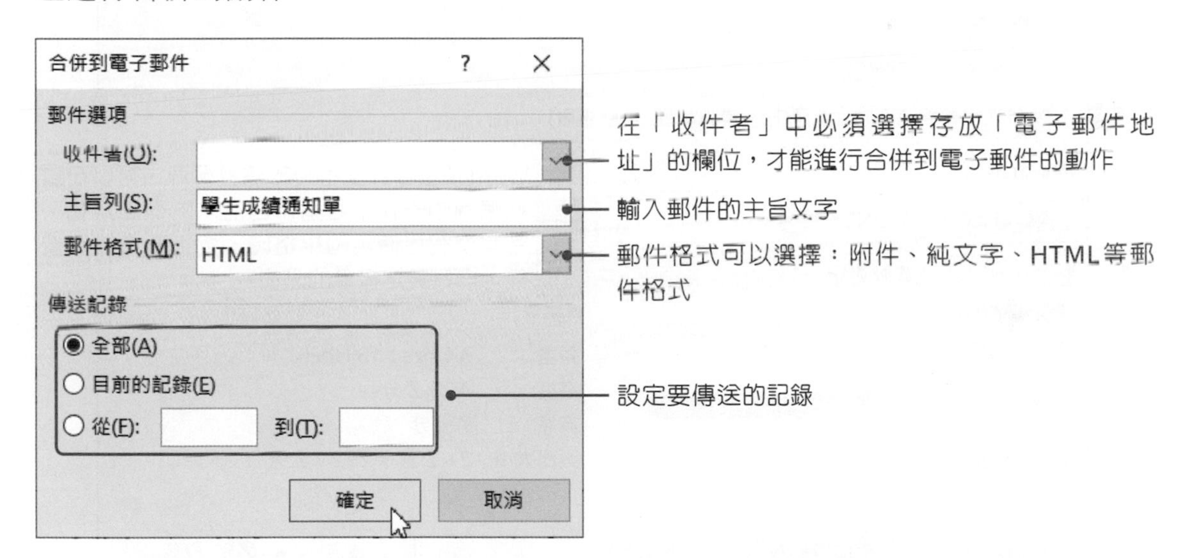

開啟一個有進行合併列印設定的檔案時，一開啟該檔案後，會先開啟一個警告視窗，當遇到這個視窗時，請直接按下**是**按鈕，才能順利開啟該檔案。

有時可能還會遇到找不到來源資料的問題，若遇到此問題，Word 會先開啟一個訊息框，告訴你找不到來源資料，此時請按下**尋找資料來源**按鈕，開啟「選取資料來源」對話方塊，選擇正確的檔案位置即可。

6-3 標籤的製作

利用合併列印還可以快速地製作出地址、商品等標籤，要進行標籤製作時，必須確認標籤紙的規格，及每一個標籤的大小，這樣在設定標籤時，才能很精確地完成設定。

01 開啓一份空白文件，按下**「郵件→啓動合併列印→啓動合併列印」**按鈕，於選單中點選**標籤**，開啓「標籤選項」對話方塊，進行標籤的設定。

02 在**印表機資訊**中，選擇印表機類型，在**標籤廠商**中選擇要使用的標籤，在**標籤編號**中選擇要使用的標籤規格，都選擇好後按下**確定**按鈕。

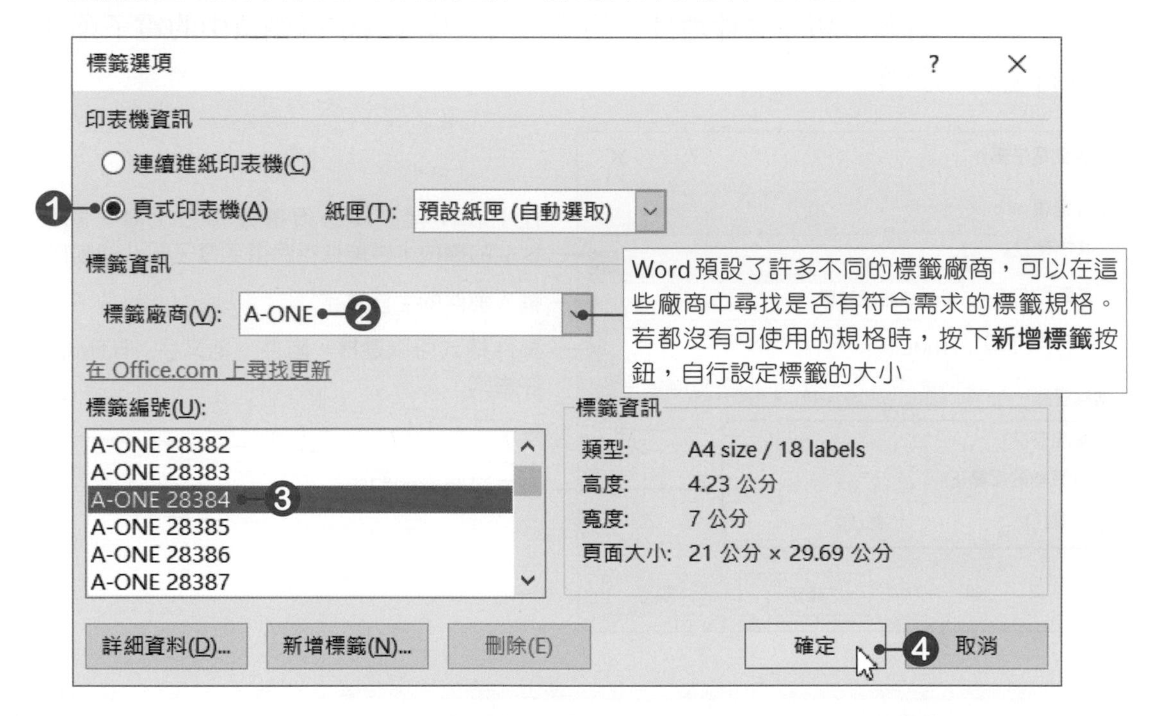

03 標籤設定好後，回到文件中，文件的版面已被設定成我們所選擇的標籤規格了，接著要選取資料來源，按下**「郵件→啓動合併列印→選取收件者」**按鈕，於選單中點選**使用現有清單**選項。

04 開啓「選取資料來源」對話方塊，選擇**6-4.xlsx**檔案，作爲**「資料檔」**，選擇好後按下**開啓**按鈕，開啓「選取表格」對話方塊。

05 選擇要使用檔案中的哪個工作表，這裡請選擇**工作表1$**，將**資料的第一列包含欄標題**勾選，按下**確定**按鈕(若檔案來源是Word格式時，就不會有這個步驟)。

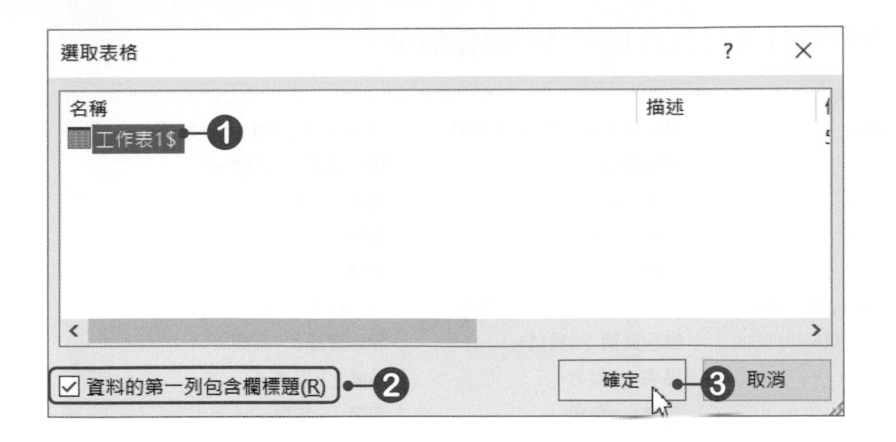

06 資料來源選擇好後，接下來就可以在標籤中插入相關的欄位。按下**「郵件→書寫與插入功能變數→插入合併欄位」**按鈕，選擇要插入的欄位，這裡請插入貨號、品名、包裝、售價等欄位。

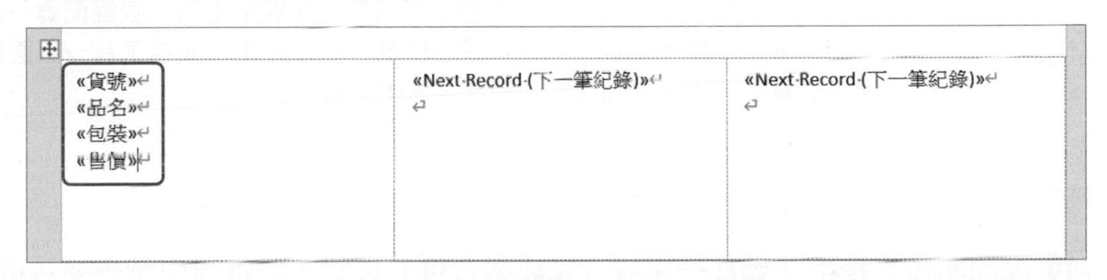

在標籤中會看到「**Next Record(下一筆紀錄)**」功能變數，此功能變數是必須存在的，如果沒有此功能變數的話，那在每一個標籤中只會顯示同一筆紀錄，加上「**Next Record(下一筆紀錄)**」功能變數，資料才會顯示下一筆紀錄。

07 欄位都插入後，請分別在欄位前輸入相關的文字，並設定文字的格式。格式都設定好後，最後按下**「郵件→書寫與插入功能變數→更新標籤」**按鈕。

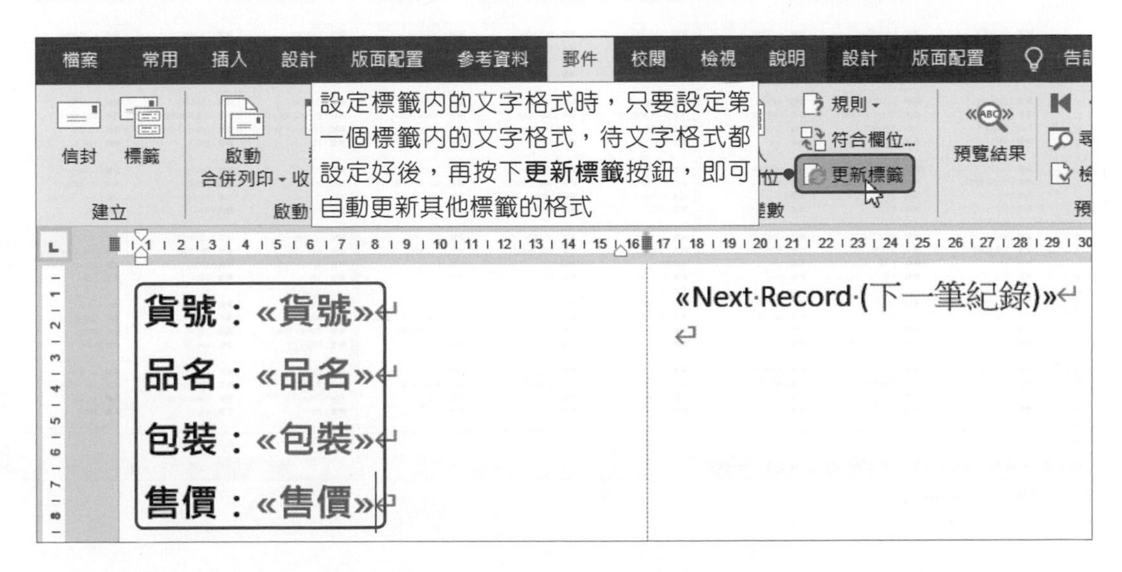

08 第1個標籤內的所有資料就會套用至其他標籤中。

範例檔案：6-4.docx

文件中的標籤是以表格製作而成，若沒有顯示格線，可以按下「**表格工具→版面配置→表格→檢視格線**」按鈕，顯示表格的格線。而在進行合併前，可以按下「**表格工具→版面配置→對齊方式→置中對齊**」按鈕，讓儲存格內的文字置中對齊。

09 按下「**郵件→預覽結果→預覽結果**」按鈕，即可預覽最後的結果。

10 沒問題後，按下「**郵件→完成→完成與合併**」按鈕，於選單中選擇要合併到新文件或是從印表機中列印出來。

範例檔案：6-5.docx

自我評量

❖ 選擇題

(　　)1. 在Word中，進行合併列印設定時，其資料來源可以是？(A) Outlook連絡人 (B) Excel工作表 (C) Access資料庫 (D)以上皆可。

(　　)2. 在Word中，執行合併列印的動作時，由「插入合併欄位」功能所插入的欄位變數名稱「地址」會被下列何種符號框起來？(A)《地址》 (B) {地址} (C) [地址] (D) ?地址?。

(　　)3. 在Word中，進行合併列印時，要設定將下一筆紀錄合併到目前的文件，可以使用以下哪個規則？(A) If…Then…Else (B) Ask (C) Merge Record (D) Next Record。

(　　)4. 在Word中，進行合併列印時，若要設定條件，可以使用以下哪個規則？(A) If…Then…Else (B) Ask (C) Merge Record (D) Next Record。

(　　)5. 在Word中，進行合併列印時，可以將最後結果合併至？(A)新文件 (B)印表機 (C)電子郵件 (D)以上皆可。

(　　)6. 在Word中，要製作大量而且相同的名牌時，最好使用下列哪種方式進行設定？(A)信封 (B)標籤 (C)目錄 (D)文件。

❖ 實作題

1. 開啟「Word→CH06→6-6.docx」檔案，把此檔案設定為合併列印的主文件，進行以下的設定。
   - 以「6-6-1.docx」檔案為合併列印的資料檔，並於文件中插入相關欄位。
   - 將設定好的結果合併至新文件。

2. 開啓「Word→CH06→6-7.docx」檔案，把此檔案設定為合併列印的資料來源，進行以下設定。

● 製作一個房屋廣告標籤，標籤請選擇Word內建的「A-ONE 28447」標籤紙。

● 分別插入相關欄位，文字格式請自行設定，標籤欄位順序如下所示：

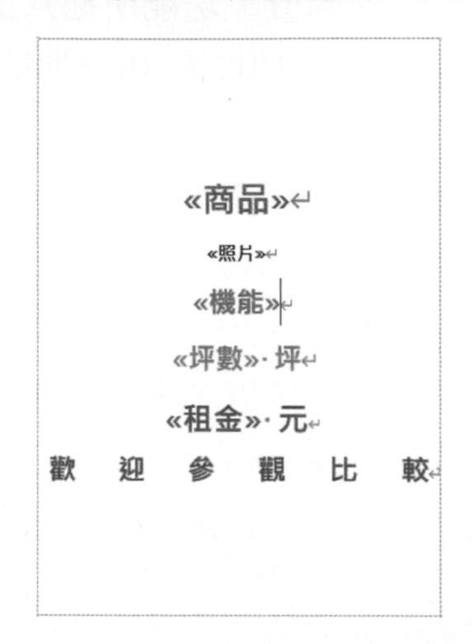

● 將設定好的結果合併至新文件。

EXCEL 2019

CHAPTER 01

Excel的基本操作

1-1 Excel基本介紹

Excel是由微軟(Microsoft)公司所推出的**電子試算表軟體**，該軟體可以計算、分析資料，以及製作各式各樣美觀的圖表。

啟動Excel

安裝好Office應用軟體後，執行「**開始→Excel**」，即可啓動**Excel**。

啓動Excel時，會先進入開始畫面中的**常用**選項頁面，在畫面的左側會有**常用**、**新增**及**開啓**等選項；而畫面的右側則會依不同選項而有所不同，例如：在常用選項中，會有新增空白活頁簿、範本及最近曾開啓過的檔案等。

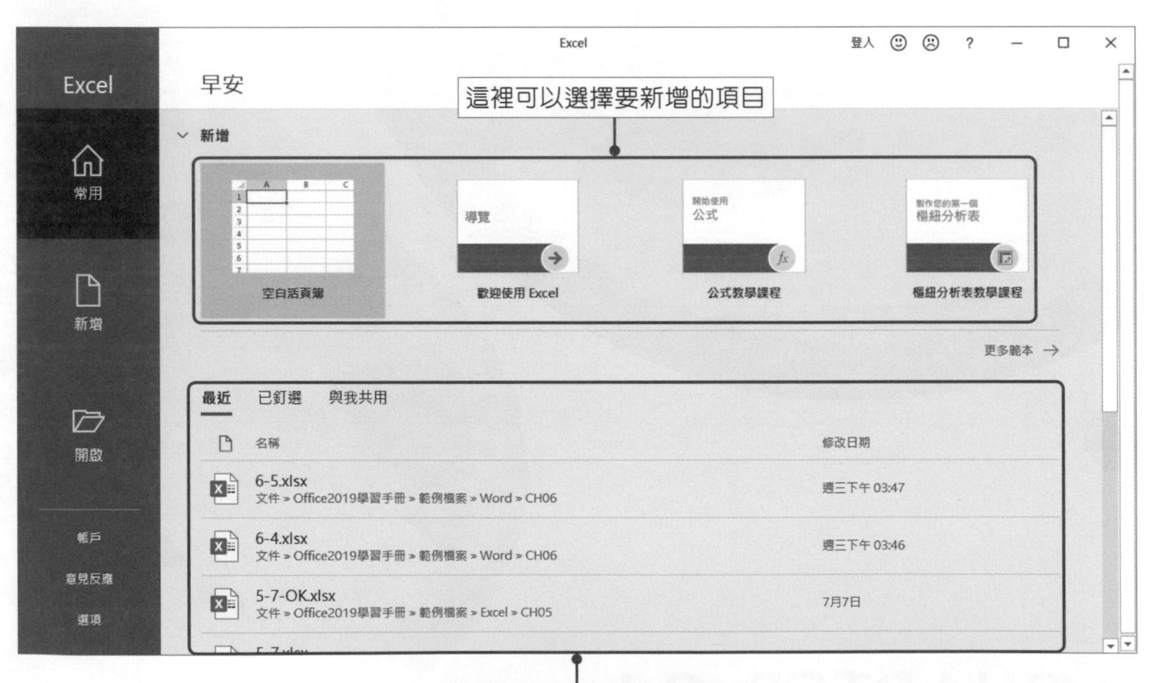

除了上述方法外，還可以直接在Excel活頁簿的檔案名稱或圖示上，**雙擊滑鼠左鍵**，啓動Excel操作視窗，並開啓該份活頁簿。

Excel的操作視窗

在開始使用Excel之前，先來認識Excel的操作視窗，在視窗中會看到許多不同的元件，而每個元件都有一個名稱，了解這些名稱後，在操作上就會更容易上手，以下就來看看這些元件有哪些功能吧！

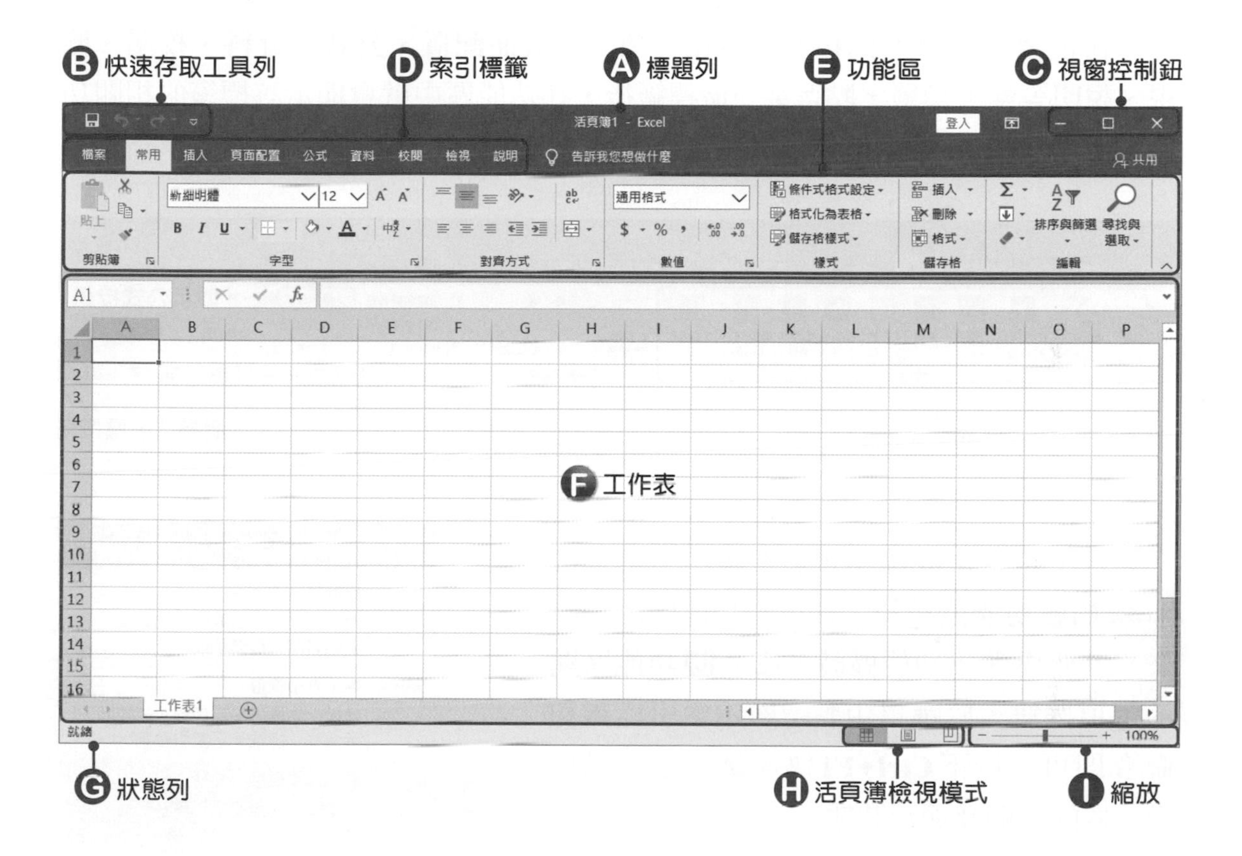

A 標題列

在標題列中會顯示目前開啟的活頁簿檔案名稱與軟體名稱，開啟一份新活頁簿時，在標題列上會顯示**活頁簿1**；開啟第二份活頁簿時，則會顯示**活頁簿2**。

B 快速存取工具列

快速存取工具列在預設情況下，會有 **儲存檔案**、 **復原**、 **取消復原**等工具鈕，在快速存取工具列上的這些工具鈕，主要是讓我們在使用時，能快速執行想要進行的工作。

在快速存取工具列上的工具鈕，是可以自行設定的，可以把一些常用的工具鈕加入，以方便自己使用。按下**自訂快速存取工具列**的選單鈕，即可選擇要加入的工具。

Ⓒ視窗控制鈕

視窗控制鈕主要是控制視窗的縮放及關閉，－將視窗最小化；□將視窗最大化；×將活頁簿及視窗關閉。

Ⓓ索引標籤與Ⓔ功能區

在視窗中可以看到**檔案**、**常用**、**插入**、**頁面配置**、**公式**、**資料**、**校閱**、**檢視**、**說明**等索引標籤，點選某一個標籤後，在功能區中就會顯示該標籤的相關功能，而Excel將這些功能以**群組**方式分類，以方便使用。

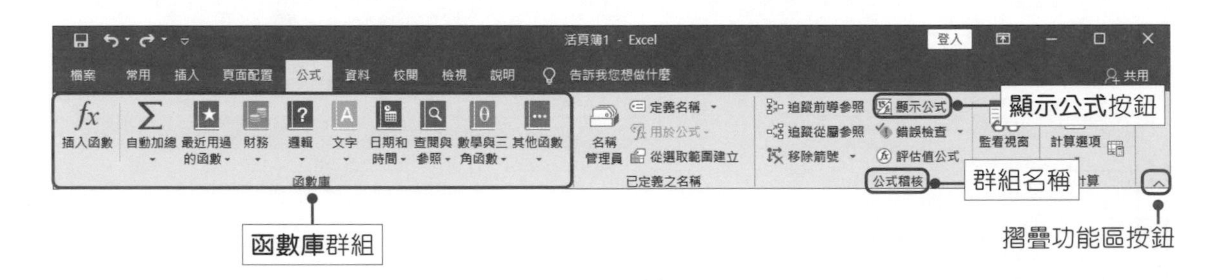

若不想讓功能區出現於視窗中，可以按下^**摺疊功能區**按鈕，即可將功能區隱藏起來。若要再顯示功能區時，按下**功能區顯示選項**按鈕，於選單中點選**顯示索引標籤和命令**即可。按下**Ctrl+F1**快速鍵，也可以切換功能的隱藏及顯示狀態。

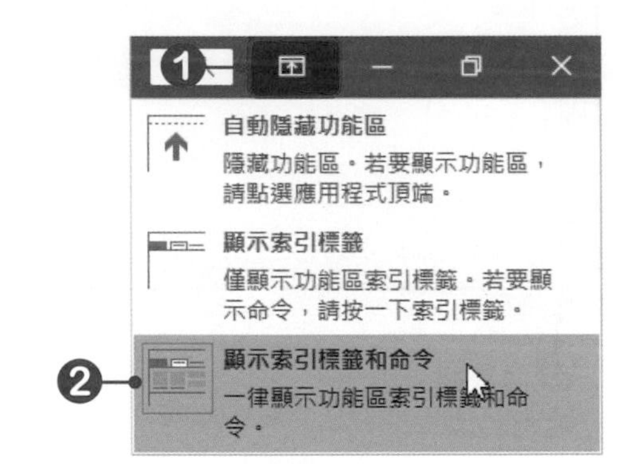

在每個群組的右下角如果有**對話方塊啓動器**工具鈕，表示該群組還可以進行細部的設定，例如：當按下**數值**群組的工具鈕後，會開啓「設定儲存格格式」對話方塊，即可進行更多關於數值的設定。

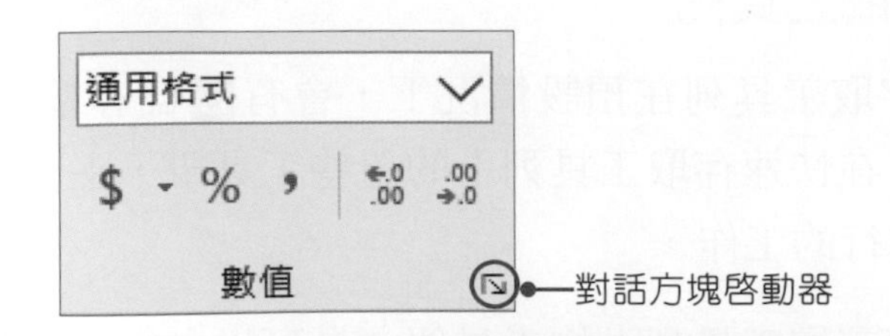

本書在說明功能區選項時，將統一以**按下「××→○○→☆☆」來表示，其中××代表索引標籤名稱；○○代表群組名稱；☆☆代表指令按鈕名稱**。例如：要將文字變為粗體時，我們會以「**常用→字型→粗體**」來表示。

F 工作表

當啓動Excel時，會開啓一個稱爲「**活頁簿**」的檔案，活頁簿是由工作表、圖表或是巨集文件所組成的，而工作表是活頁簿裡實際處理試算表資料的地方，關於工作表的使用，在第2章會有詳細介紹。

G 狀態列

狀態列在未執行任何動作時，不會顯示任何資訊；當執行某個動作時，便會顯示或提示執行動作的內容。

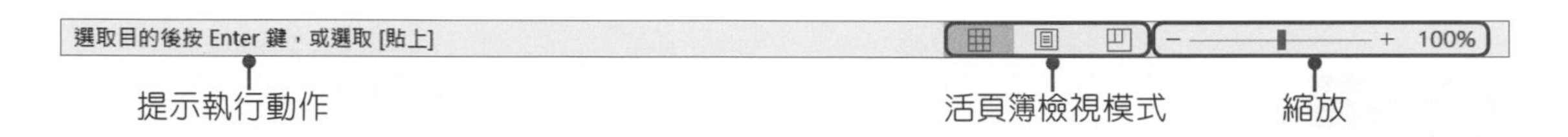

H 活頁簿檢視模式

Excel提供了 **標準模式**、 **整頁模式**、 **分頁預覽**、**自訂檢視模式**等，下表所列爲各檢視模式說明。要切換檢視模式時，可以直接在狀態列中選擇；或是在「**檢視→活頁簿檢視**」群組中，點選要使用的檢視模式。

檢視模式	說明
標準模式	可以進行各種編輯的動作。
整頁模式	工作表會被分割成多頁，方便檢視整頁排列的情形。在進行頁首、頁尾設定時，會進入整頁模式中。
分頁預覽	可以調整分頁線，以控制頁面中顯示的內容。
自訂檢視模式	可以將目前的顯示與列印設定儲存為自訂檢視，以便日後能快速套用。

I 縮放

要調整活頁簿的顯示比例時，可以使用視窗右下角的按鈕，進行活頁簿顯示比例的調整，按下 **縮小**按鈕，可以縮小顯示比例，每按一次就會縮小10%；按下 **放大**按鈕，則可以放大顯示比例，每按一次就放大10%，也可以直接拖曳中間控制點進行調整。

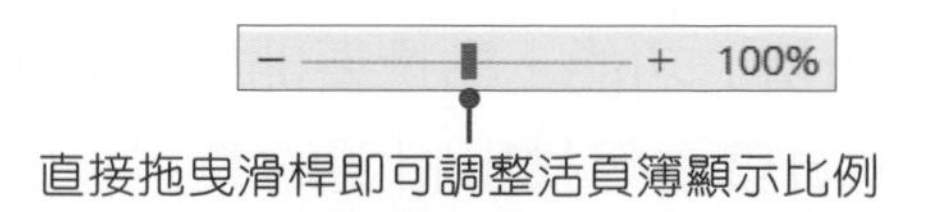

直接拖曳滑桿即可調整活頁簿顯示比例

而按下 124% 按鈕，或按下「**檢視→縮放→縮放**」按鈕，會開啓「縮放」對話方塊，即可進行活頁簿顯示比例的設定。

1-2 活頁簿的開啟與關閉

認識了Excel之後，接下來將學習如何建立空白活頁簿、使用範本建立活頁簿、開啓現有活頁簿及關閉活頁簿。

建立空白活頁簿

要開啓一份空白活頁簿時，按下**「檔案→新增」**功能，點選**空白活頁簿**，或按下**Ctrl+N**快速鍵，即可建立一份空白活頁簿。

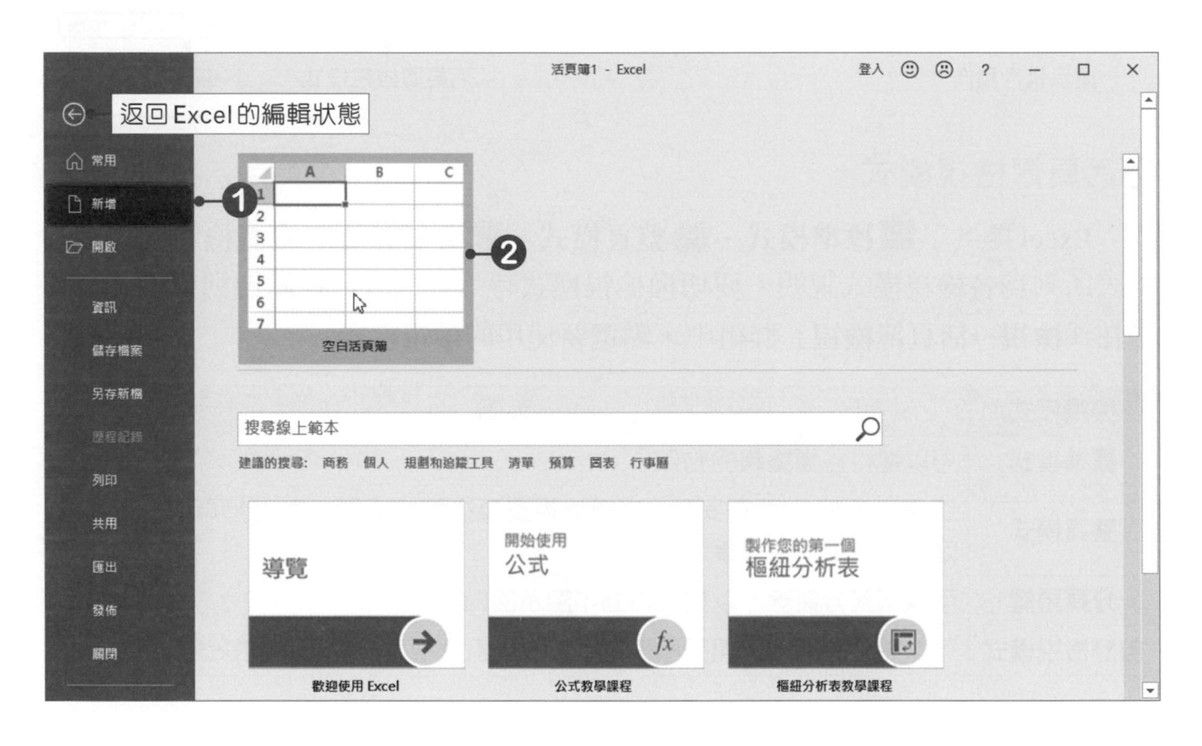

進入**檔案**索引標籤後，若要返回編輯狀態時，只要按下左上方的⊖按鈕即可。

使用範本建立活頁簿

Excel提供了許多現成的範本，可以直接開啓使用。若要開啓Excel所提供的範本檔案時，按下**「檔案→新增」**功能，點選要開啓的範本即可；也可以直接輸入要尋找的範本關鍵字，Excel就會尋找出相關的範本，此時便可選擇要使用的範本(電腦必須處於能連上網路的狀態)。

按下**建立**按鈕後，即可在Excel中開啟該範本，範本通常都已經設定好固定文字、格式、版面等，所以使用範本時，只要輸入資料即可。

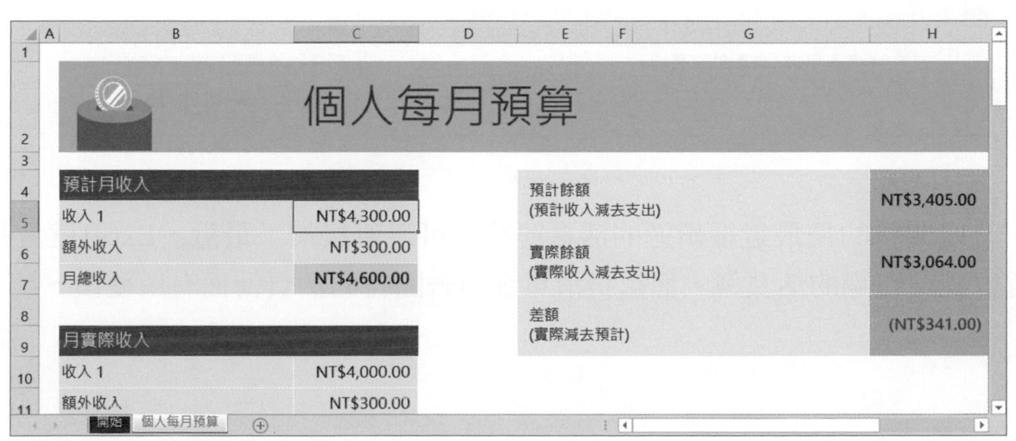

範例檔案：個人每月預算.xlsx

➡ 開啟舊有的活頁簿

要開啓已存在的Excel檔案時，可以按下**「檔案→開啓」**功能；或按下**Ctrl+O**快速鍵，進入「開啓」頁面中，進行開啓檔案的動作。

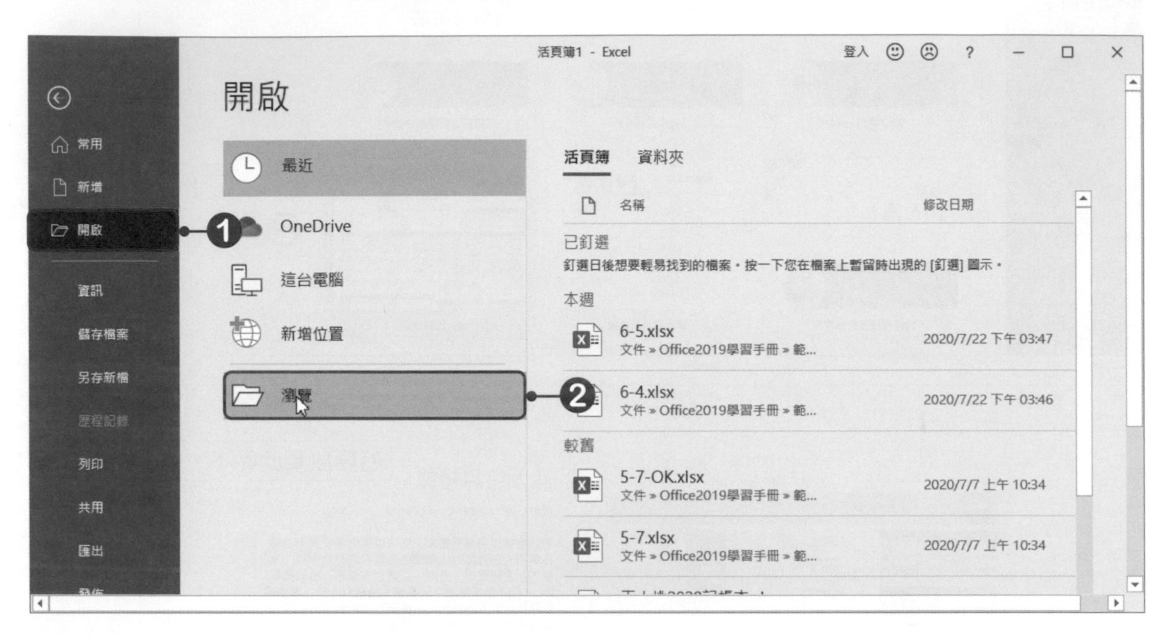

若要開啓的是最近編輯過的活頁簿時，可以直接按下**最近**，Excel就會列出最近曾經開啓過的活頁簿，而這份清單會隨著開啓的活頁簿而有所變換。

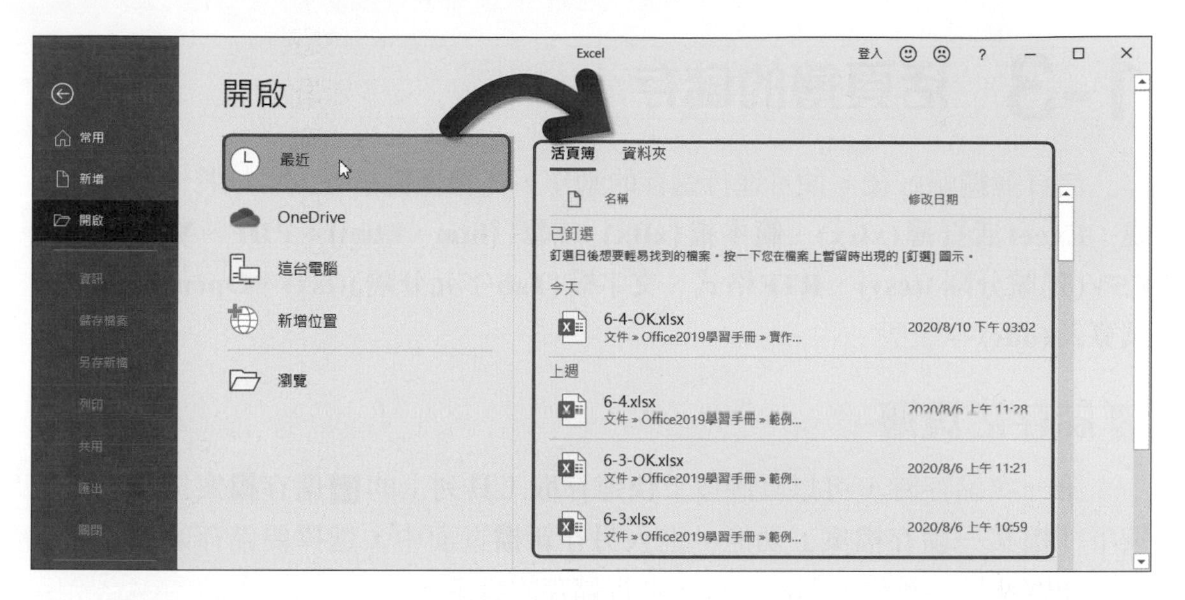

若在清單中的某個檔案是固定常用的，可以將此檔案固定到清單中，只要按下檔案名稱右邊的按鈕，即可將檔案固定至「**已釘選**」清單中，而該檔案的圖示會呈狀態，若要取消，則再按下該按鈕即可。

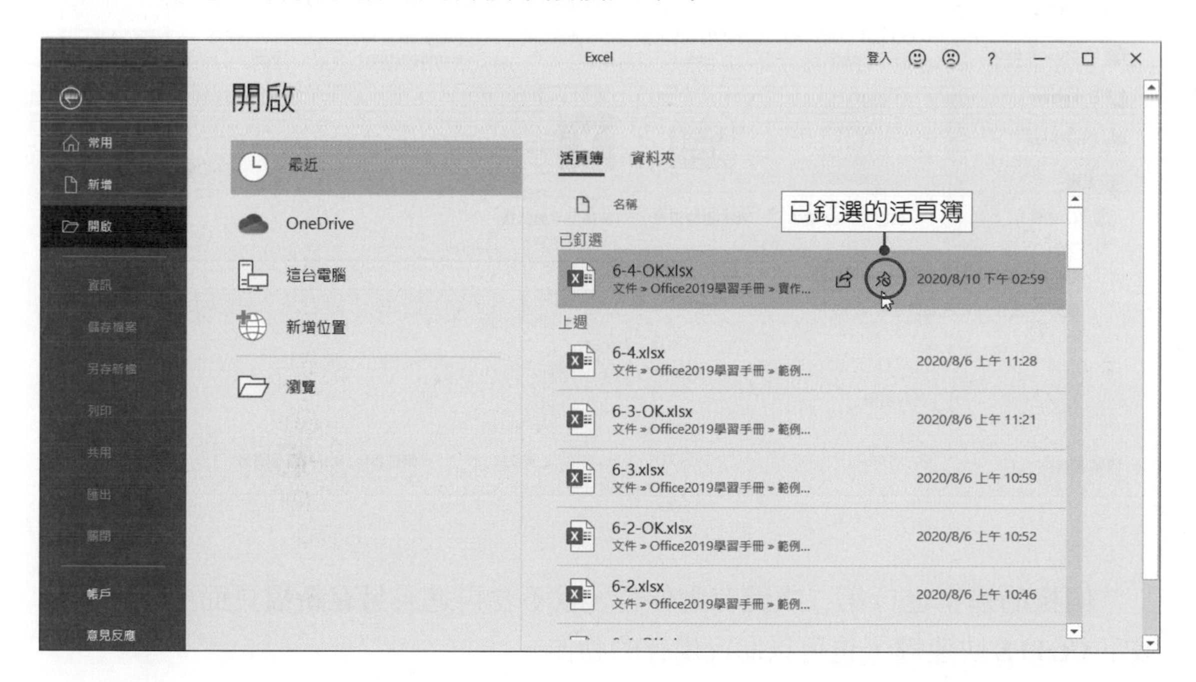

關閉活頁簿

在進行關閉活頁簿的動作時，Excel會先判斷活頁簿是否已經儲存過，如果尚未儲存，Excel會先詢問是否要先進行儲存的動作。要關閉活頁簿時，按下**「檔案→關閉」**功能，即可將目前所開啓的活頁簿關閉。

1-3 活頁簿的儲存

活頁簿編輯好後，便可進行儲存的動作，在儲存檔案時，可以將活頁簿儲存成：**Excel活頁簿(xlsx)**、**範本檔(xltx)**、**網頁(htm、html)**、**PDF**、**XPS文件**、**CSV(逗號分隔)(csv)**、**RTF格式**、**文字檔(Tab字元分隔)(txt)**、**OpenDocument試算表(ods)**等類型。

儲存活頁簿

第一次儲存時，可以直接按下**快速存取工具列**上的**儲存檔案**按鈕，或是按下**「檔案→儲存檔案」**功能，進入**另存新檔**頁面中，選擇要儲存的位置後，即可開啓「另存新檔」對話方塊，進行儲存的設定。

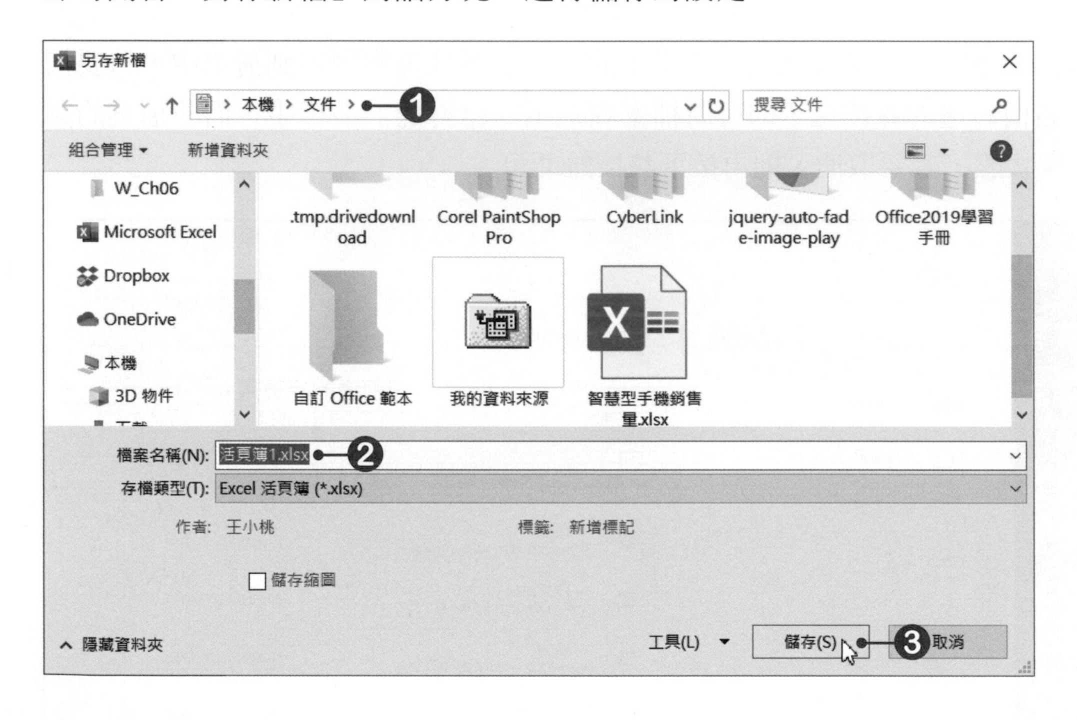

同樣的檔案進行第二次儲存動作時，就不會再進入**另存新檔**頁面中了。直接按下**Ctrl+S**快速鍵，也可以進行儲存的動作。

另存新檔

當不想覆蓋原有的檔案內容，或是想將檔案儲存成「.xls」格式時，按下**「檔案→另存新檔」**功能，進入**另存新檔**頁面中，進行儲存的設定；或按下**F12**鍵，開啓「另存新檔」對話方塊，即可重新命名及選擇要存檔的類型。

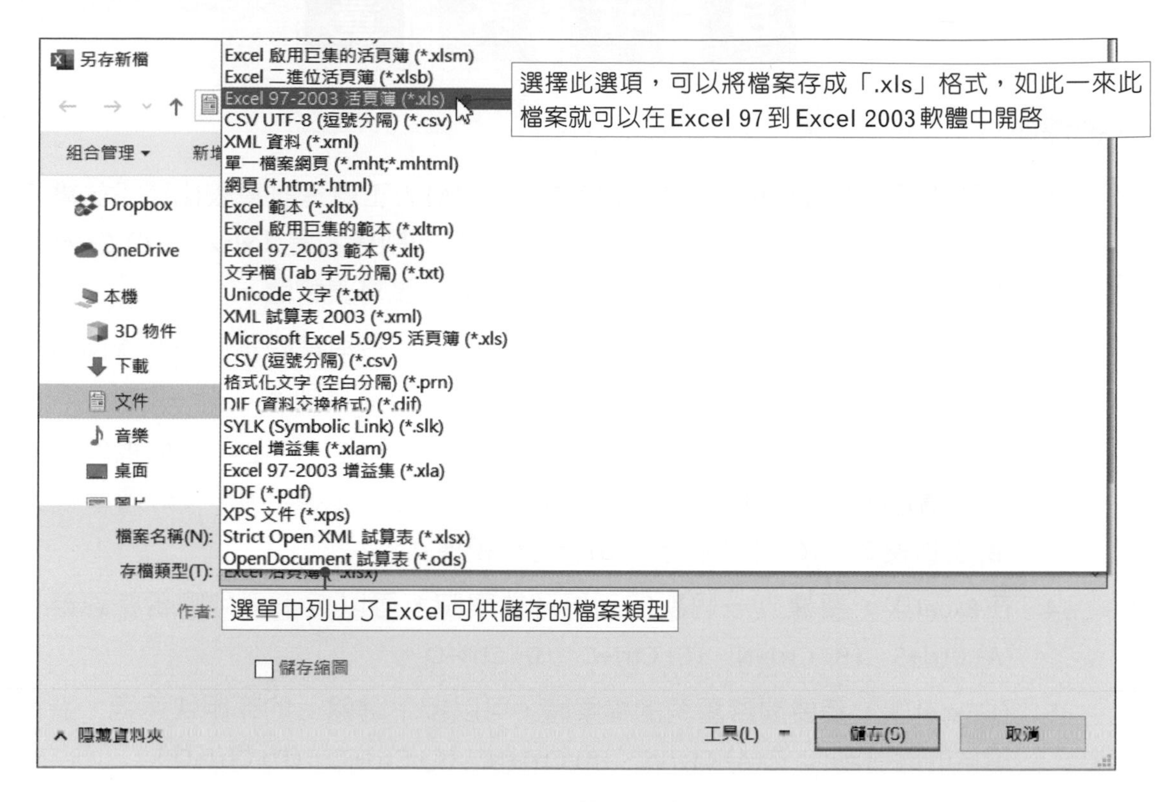

將檔案儲存為**Excel 97-2003活頁簿(*.xls)**格式時，若活頁簿中有使用到2019的各項新功能，那麼會開啓相容性檢查程式訊息，告知你舊版Excel不支援哪些新功能，以及儲存後內容會有什麼改變。若按下**繼續**按鈕將檔案儲存，那麼在舊版中開啓檔案時，某些功能將無法繼續編輯。

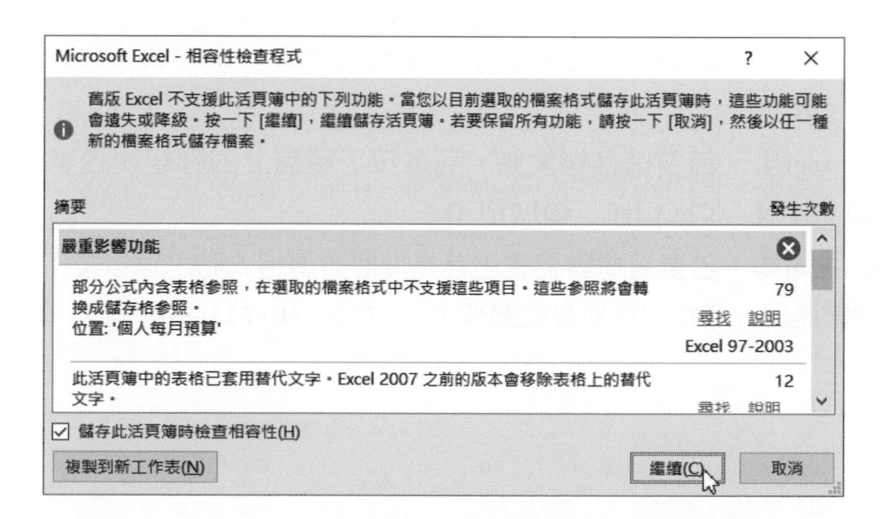

儲存完成後，若在Excel 2019開啓**Excel 97-2003活頁簿(*.xls)**格式檔案時，在標題列上除了會顯示檔案名稱外，還會標示**「相容模式」**的字樣。

自我評量

❖選擇題

(　　)1. 下列關於Excel 2019的敘述，何者為非？(A)人工處理試算表比電子試算表還要迅速，而且精準　(B) Excel活頁簿檔案的副檔名是「xlsx」　(C) Excel範本檔案的副檔名是「xltx」　(D) Excel屬於電子試算表軟體。

(　　)2. 在Excel中，開啟活頁簿時，該份活頁簿的檔案名稱會顯示於操作視窗的何處？(A)功能區　(B)索引標籤　(C)狀態列　(D)標題列。

(　　)3. 在Excel中，哪個模式下，工作表會被分割成多頁，方便我們檢視整頁排列的情形，且進行頁首及頁尾設定時，會進入該模式中？(A)標準模式　(B)整頁模式　(C)分頁預覽　(D)自訂檢視模式。

(　　)4. 在Excel中，要建立一個新的活頁簿檔案時，可以按下下列哪組快速鍵？(A) Ctrl+S　(B) Ctrl+N　(C) Ctrl+C　(D) Ctrl+O。

(　　)5. 在Excel中，若要開啟舊有的檔案時，可以按下鍵盤上的哪組快速鍵，進行檔案的開啟動作？(A) Ctrl+S　(B) Ctrl+N　(C) Ctrl+C　(D) Ctrl+O。

(　　)6. 在Excel中，下列哪一個不是「🖫」按鈕的功能？(A)針對已儲存的檔案，儲存修改內容，覆蓋原有檔案　(B)將未儲存的檔案存成一個新的活頁簿檔　(C)將未儲存的檔案存成一個新的範本檔　(D)針對已儲存的檔案，儲存修改內容，並存成一個新的範本檔。

(　　)7. Excel可以將活頁簿儲存為以下哪種類型格式？(A) docx　(B) pptx　(C) htm　(D) ufo。

(　　)8. Excel無法將活頁簿儲存為以下哪種類型格式？(A) PDF　(B) RTF　(C) CSV　(D) odt。

(　　)9. 在Excel中，若要儲存檔案時，可以按下鍵盤上的哪組快速鍵？(A) Ctrl+S　(B) Ctrl+N　(C) Ctrl+C　(D) Ctrl+O。

(　　)10. 在Excel中，若要將檔案另外儲存為其他類型格式時，可以按下鍵盤上的哪個快速鍵，進行另存新檔的動作？(A) F12　(B) F11　(C) F10　(D) F9。

CHAPTER 02
工作表的編輯與操作

2-1 工作表的基本操作

工作表是實際處理資料的地方，而了解工作表的基本操作，對初學者來說很重要，所以這節將介紹一些工作表的基本操作。

認識工作表

試算表是以表格型式出現，而在Excel裡，這個表格被稱爲**「工作表」**，在開始使用Excel前，先來認識工作表吧！

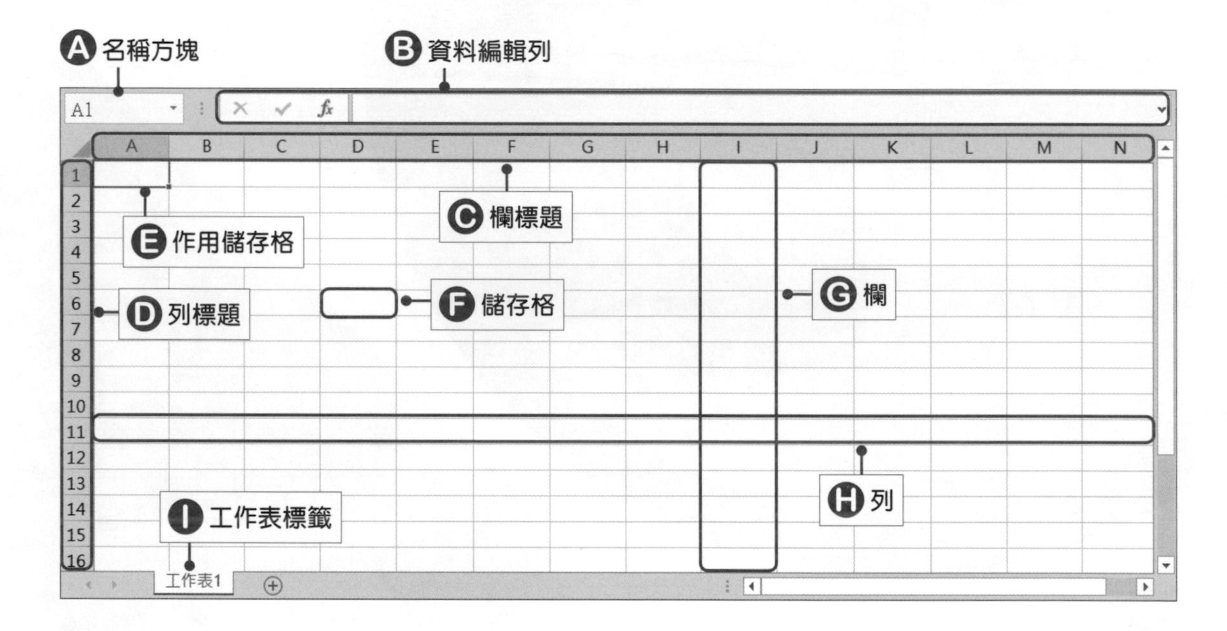

A名稱方塊

當選取某個儲存格時，**名稱方塊**欄位中就會顯示該作用儲存格的位址。儲存格的位址是以欄和列來表示，例如：選取第A欄第1列的儲存格，名稱方塊欄位中就會顯示**A1**。

B資料編輯列

在**資料編輯列**欄位中，可以編輯儲存格的內容，例如：修改儲存格內容、輸入公式、插入函數等。

C欄標題及D列標題

在工作表的上方是**欄標題**，以A、B、C等表示；而左方則是**列標題**，以1、2、3等表示。

Ⓔ作用儲存格及Ⓕ儲存格

工作表是由一個個格子所組成的，這些格子稱爲**儲存格**，當滑鼠點選其中一個儲存格時，該儲存格會呈現爲較粗的綠色邊框，而這個儲存格則稱爲**作用儲存格**，該儲存格代表要在此作業。

Ⓖ欄及Ⓗ列

在工作區域中直的一排儲存格稱爲**欄**；橫的一排儲存格稱爲**列**。

Ⓘ工作表標籤

工作表標籤位於工作表下方，名稱爲**工作表1**，點選工作表標籤可以切換到不同的工作表，也可以按下**Ctrl+PageDown**快速鍵，切換至下一個工作表；按下**Ctrl+PageUp**快速鍵，切換至上一個工作表。在預設下，**一個新的活頁簿檔案只會有1個工作表**。

在Excel的預設下，一個活頁簿檔案會有1個工作表，若要更改此項設定時，可以按下「**檔案→選項**」功能，開啓「Excel選項」對話方塊，點選**一般**標籤頁，於「**包括的工作表份數**」欄位中，即可輸入預設的工作表數量，而一個活頁簿檔案，至少要有1個工作表。

建立新活頁簿時
以此作為預設字型(N): 內文字型
字型大小(Z): 12
新工作表的預設檢視(V): 標準模式
包括的工作表份數(S): 1

工作表命名

要將工作表重新命名時，先在工作表標籤上按下**滑鼠右鍵**，於開啓的選單中點選**重新命名**，接著輸入新的名稱，工作表的名稱就會改變。也可以直接在工作表標籤上**雙擊滑鼠左鍵**，進行重新命名的動作。

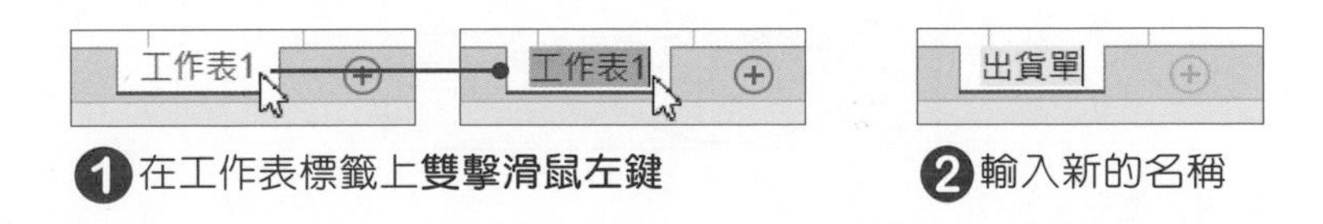

新增及刪除工作表

如果1個工作表不夠用，可以按下⊕**新工作表**按鈕，在目前工作表**後**插入新工作表；或是按下**「常用→儲存格→插入→插入工作表」**按鈕；或是按下**Shift+F11**快速鍵，即可在目前工作表**前**插入新工作表。

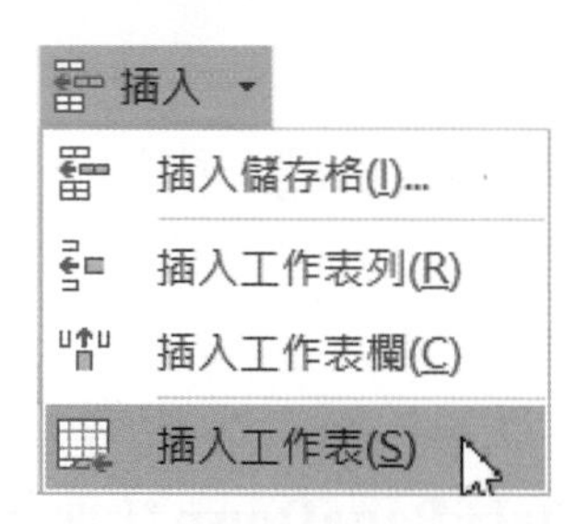

若要刪除工作表時，於工作表標籤上按下**滑鼠右鍵**，於選單中點選**刪除**；或按下**「常用→儲存格→刪除→刪除工作表」**按鈕，即可將工作表刪除。

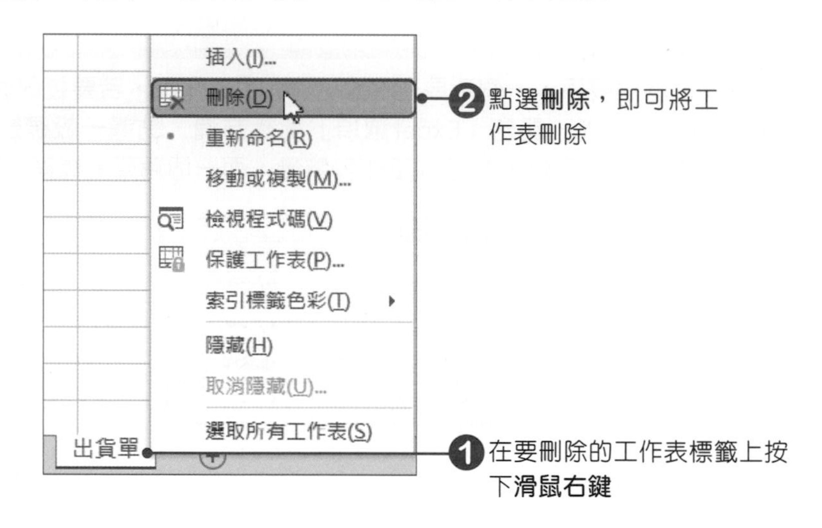

移動或複製工作表

工作表的前後順序是可以調整的，只要按住工作表標籤不放，出現🗋符號後，將工作表拖曳到新的位置，就可以改變工作表的順序。

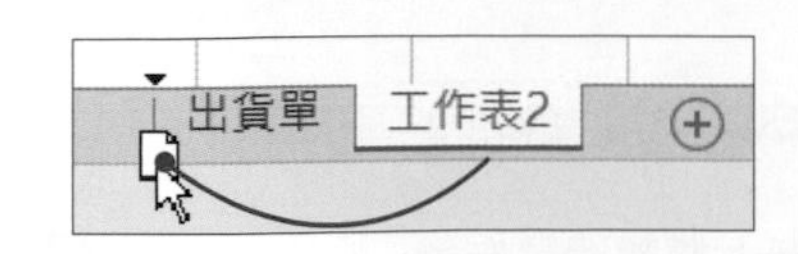

也可以直接在工作表標籤上按下**滑鼠右鍵**，於選單中選擇**移動或複製**，開啟「移動或複製」對話方塊，即可改變工作表的位置。若要複製工作表，只要將**建立複本**選項勾選即可。

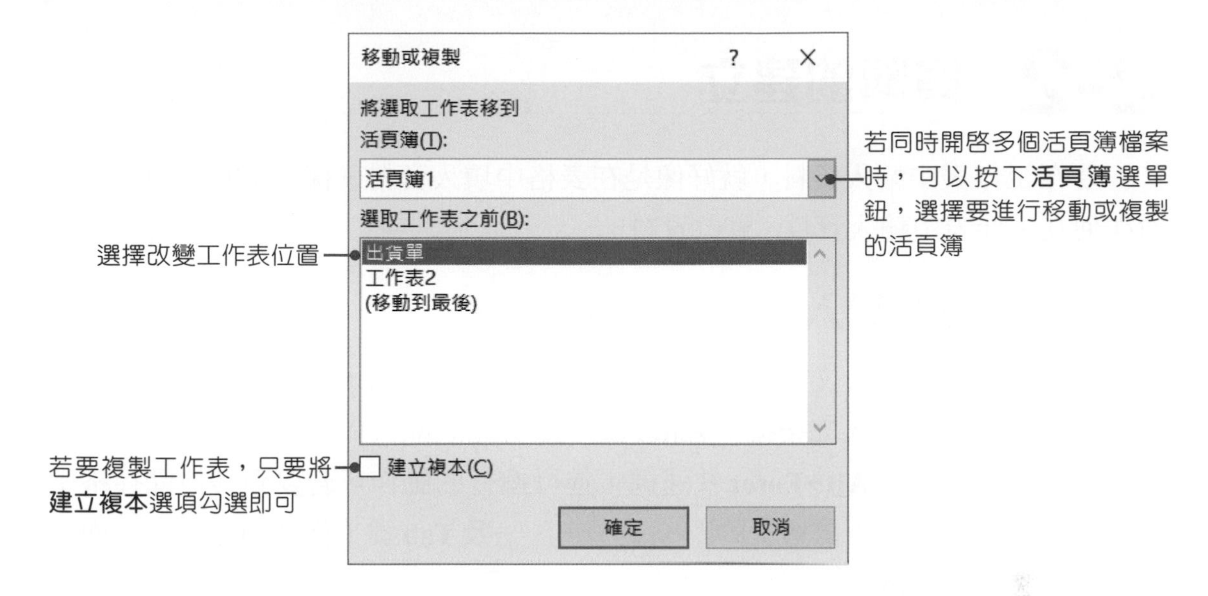

設定工作表標籤色彩

當一個活頁簿中有許多個工作表時，可以利用色彩來區分工作表標籤，好讓自己能快速的辨識出哪個工作表存放著哪些資料。要設定工作表標籤色彩時，於工作表標籤上按下**滑鼠右鍵**，點選**索引標籤色彩**，即可選擇要使用的色彩。

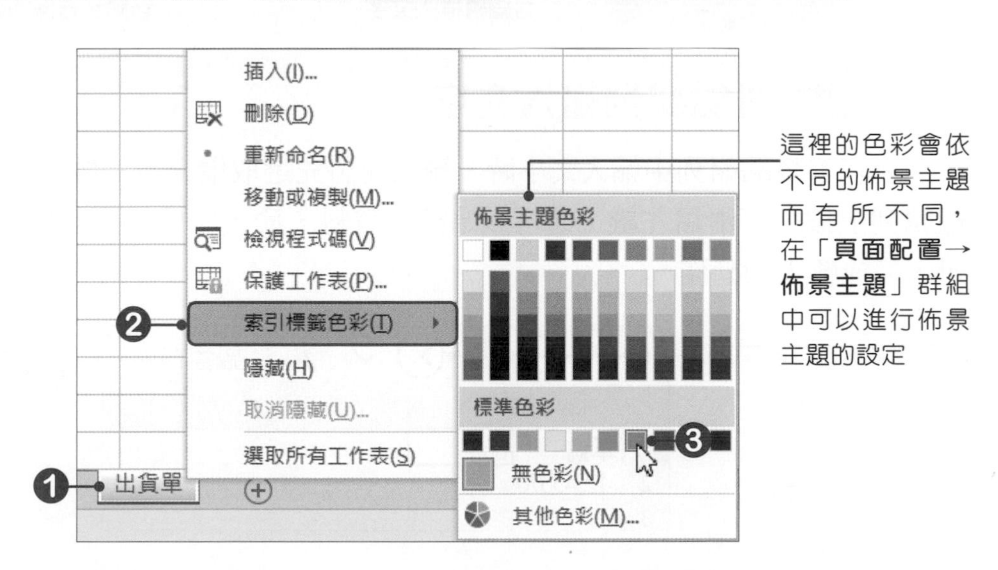

要設定工作表標籤色彩時，也可以按下「**常用→儲存格→格式**」按鈕，於選單中點選**索引標籤色彩**，即可選擇要使用的色彩。

2-2 資料的建立

要在工作表中輸入資料，就好像是在表格中填入資料一樣，接著這節就來看看如何在工作表中輸入資料、修改資料。

在儲存格中輸入文字

要在儲存格中輸入文字時，須先選定一個作用儲存格，選定好後就可以進行輸入文字的動作，輸入完後按下**Enter**鍵，即可完成輸入。若在同一儲存格要輸入多列時，可以按下**Alt+Enter**快速鍵，進行換行的動作。若要到其他儲存格中輸入文字時，可以按下鍵盤上的↑、↓、←、→及**Tab**鍵，移動到上面、下面、左邊、右邊的儲存格。

❶點選儲存格後，直接輸入文字

❷按下Enter鍵後，作用儲存格會移到下一列儲存格，即可繼續輸入文字

❸若要到其他儲存格中輸入文字時，可以按下→或Tab鍵移動到右邊的儲存格

利用資料編輯列輸入文字

要在資料編輯列中輸入文字時，輸入前請先選取儲存格，再把游標移到資料編輯列上按一下**滑鼠左鍵**，即可開始輸入資料，輸入完畢後按下**Enter**鍵或✓按鈕，完成輸入的動作。

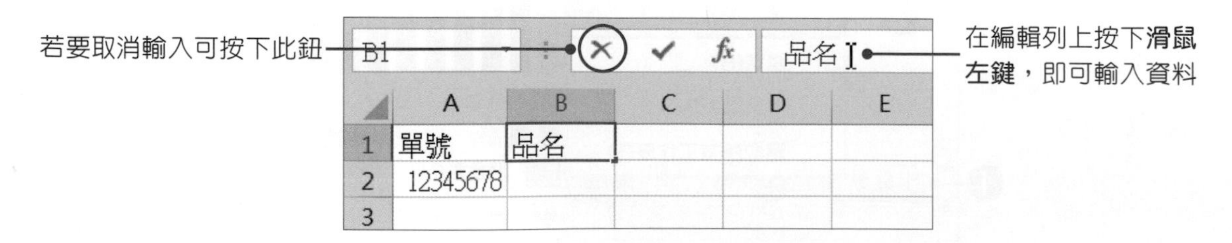

修改與清除資料

要修改儲存格的資料時，直接雙擊儲存格，或是先選取儲存格，到資料編輯列點一下，即可修改儲存格的內容。要清除儲存格內的資料，選取該儲存格，按下**Delete**鍵；或是直接在儲存格上按下**滑鼠右鍵**，點選**清除內容**，也可將資料刪除。

自動完成輸入

在儲存格中輸入資料時，Excel會將目前所輸入的資料和同欄中其他的儲存格資料做比較，若發現有相同的部分，便會自動在儲存格中填入相同的部分；若相同的部分是要接著輸入的文字時，只要按下**Enter**鍵，即可完成輸入；若自動填入的資料不是你要的，那麼不用理會它，繼續輸入即可。

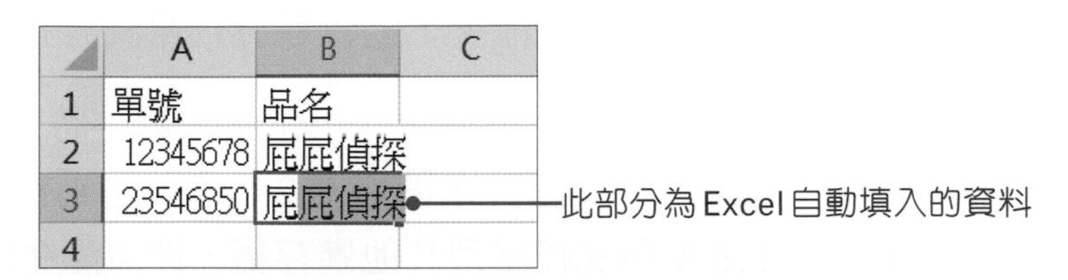

在儲存格中輸入文字，若沒有啟動自動完成輸入功能時，請按下「**檔案→選項**」功能，開啟「Excel選項」對話方塊，點選**進階**標籤頁，檢查看看「**編輯選項**」中的「**啟用儲存格值的自動完成功能**」選項是否有勾選，若沒勾選則代表不啟用自動完成輸入功能。

填滿的使用

在選取儲存格時，於儲存格的右下角有個黑點，稱作**填滿控點**，利用該控點可以依據一定的規則，快速填滿大量的資料。

填滿重複性資料

當要在工作表中輸入多筆相同資料時，利用填滿控點，即可把目前儲存格的內容快速複製到其他儲存格中。

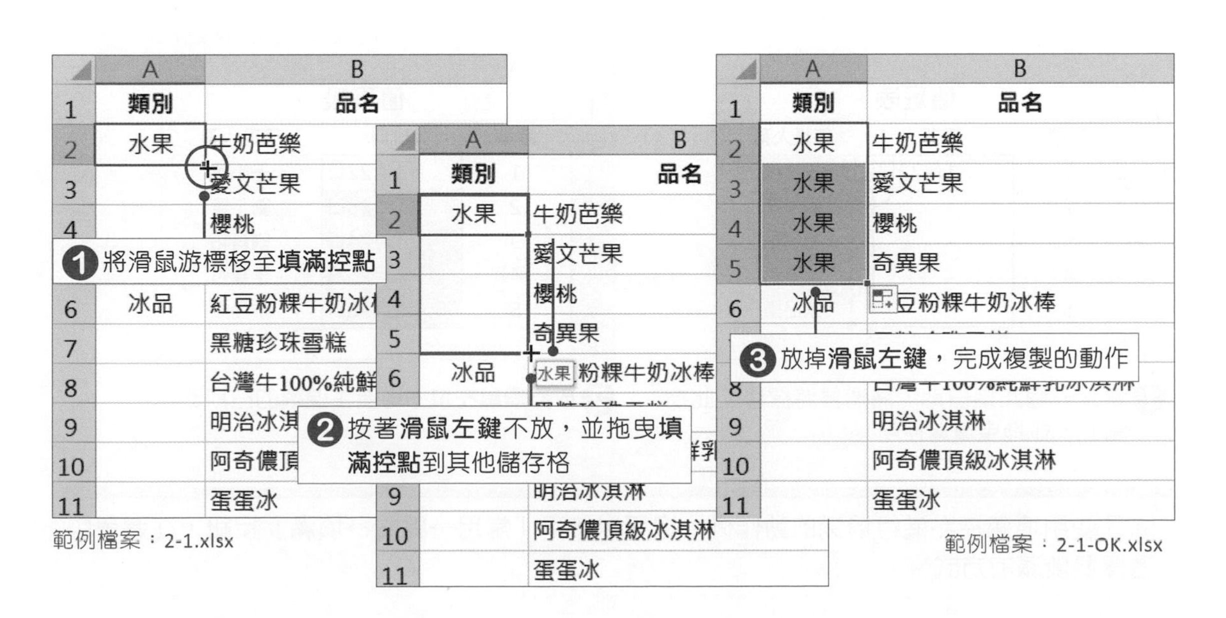

範例檔案：2-1.xlsx

範例檔案：2-1-OK.xlsx

填滿具有順序性的資料

利用填滿控點還能輸入具有順序性的資料，例如：日期、序號、等差級數等，分別說明如下。

- **填滿序號：**若要產生連續性的序號時，先在儲存格中輸入一個數值，在拖曳**填滿控點**時，同時按下**Ctrl**鍵，向下或向右拖曳，資料會以**遞增**方式(1、2、3……)填入；向上或向左拖曳，則資料會以**遞減**方式(5、4、3……)填入。
- **等差級數：**若要依照自行設定的間距值產生數列時，先在兩個儲存格中，分別輸入1和3，表示起始值是1，間距是2，選取這兩個儲存格，將滑鼠游標移至填滿控點，並拖曳填滿控點到其他儲存格，即可產生間距爲2的遞增數列。

範例檔案：2-2.xlsx

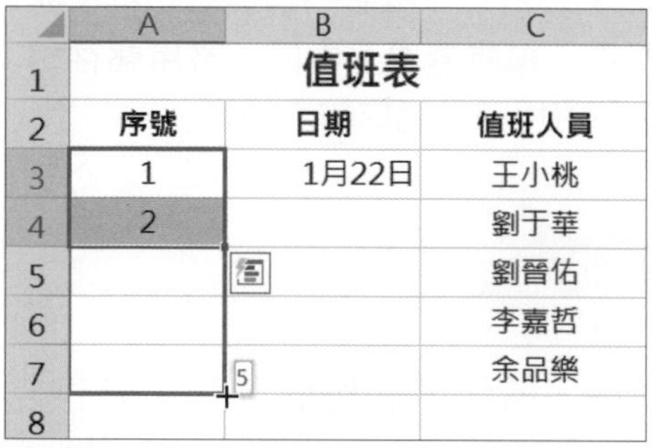

	A	B	C
1	值班表		
2	序號	日期	值班人員
3	1	1月22日	王小桃
4	2		劉于華
5			劉晉佑
6			李嘉哲
7			余品樂
8			

❶選取A3及A4儲存格，將滑鼠游標移至填滿控點，並拖曳填滿控點到其他儲存格

	A	B	C
1	值班表		
2	序號	日期	值班人員
3	1	1月22日	王小桃
4	2		劉于華
5	3		劉晉佑
6	4		李嘉哲
7	5		余品樂
8			

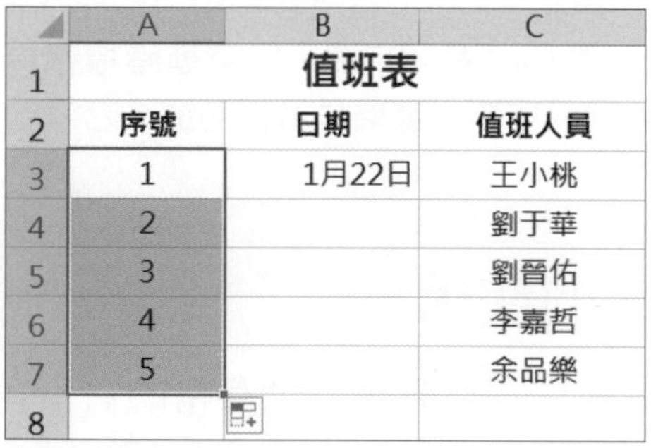

❷即可產生間距為1的遞增數列

- **填滿日期：**若要產生一定差距的日期序列時，只要輸入一個起始日期，拖曳填滿控點到其他儲存格中，即可產生連續日期。

	A	B	C
1	值班表		
2	序號	日期	值班人員
3	1	1月22日	王小桃
4	2		劉于華
5	3		劉晉佑
6	4		李嘉哲
7	5		余品樂
8			

1月26日

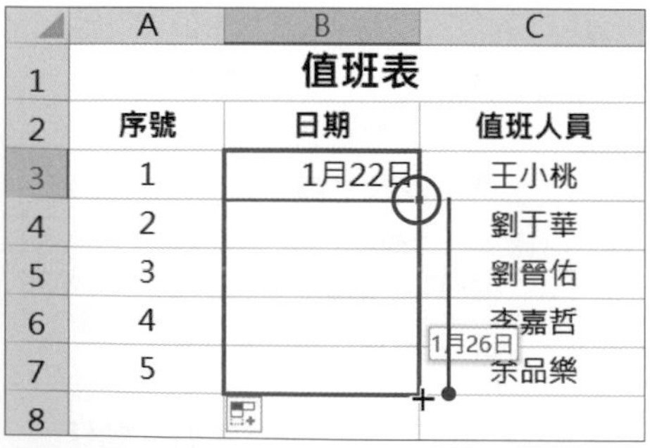

❶輸入一個起始日期，將滑鼠游標移至此控點上，並拖曳填滿控點

範例檔案：2-2-OK.xlsx

	A	B	C
1	值班表		
2	序號	日期	值班人員
3	1	1月22日	王小桃
4	2	1月23日	劉于華
5	3	1月24日	劉晉佑
6	4	1月25日	李嘉哲
7	5	1月26日	余品樂
8			

❷放掉**滑鼠左鍵**即可產生連續的日期資料

除了使用填滿控點進行填滿的動作外，還可以按下「**常用→編輯→填滿**」按鈕，在選單中選擇要填滿的方式。

Excel預設了一份填滿清單，所以輸入某些規則性的文字，例如：星期一、一月、第一季、甲乙丙丁、子丑寅卯、Sunday、January等文字時，利用自動填滿功能，即可在其他儲存格中填入規則性的文字。

若要查看 Excel 預設了哪些填滿清單，可按下「**檔案→選項**」功能，在「Excel 選項」視窗中，點選**進階**標籤，於**一般**選項裡，按下**編輯自訂清單**按鈕，開啟「自訂清單」對話方塊，即可查看預設的填滿清單或自訂填滿清單項目。

快速填入

使用填滿控點進行複製資料時，在儲存格的右下角會有個圖示，此圖示為**自動填滿選項**按鈕，點選此圖示後，即可在選單中選擇要填滿的方式。其中**快速填入**選項會自動分析資料表內容，判斷要填入的資料，例如：想要將含有區碼的電話分成區碼及電話兩個欄位時，就可以利用**快速填入**來進行。

複製儲存格(C)
以數列填滿(S)
僅以格式填滿(F)
填滿但不填入格式(O)
以天數填滿(D)
以工作日填滿(W)
以月填滿(M)
以年填滿(Y)
快速填入(F)

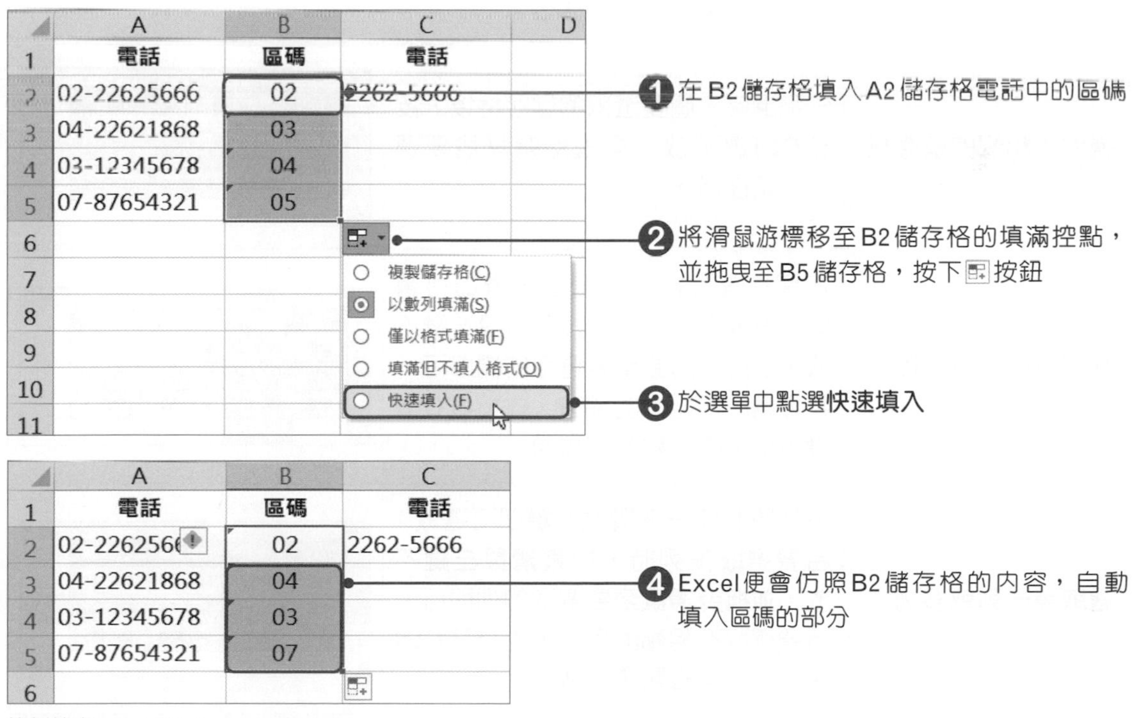

範例檔案：2-3-OK.xlsx

要使用**快速填入**功能時，也可以按下「**常用→編輯→填滿**」按鈕，於選單中點選**快速填入**；或按下「**資料→資料工具→快速填入**」按鈕。

2-3 儲存格的編輯

在工作表中，**儲存格**的編輯是很重要的，這裡要學習的是儲存格的選取、調整、複製、貼上等編輯方式。

儲存格的選取

要選取單一儲存格時，直接用滑鼠去點選儲存格，儲存格的外框就會變粗，就表示已被選取。下表所列爲各種選取方法的說明。

選取範圍	操作方式	範例
選取相鄰的儲存格	當滑鼠游標呈✚狀態時，用滑鼠拖曳出一個區域，在區域範圍內的儲存格就會被選取。 也可以先在開頭儲存格按一下**滑鼠左鍵**，再按著**Shift**鍵不放，至結束儲存格中按一下**滑鼠左鍵**，即可選取開頭至結束之間的儲存格。	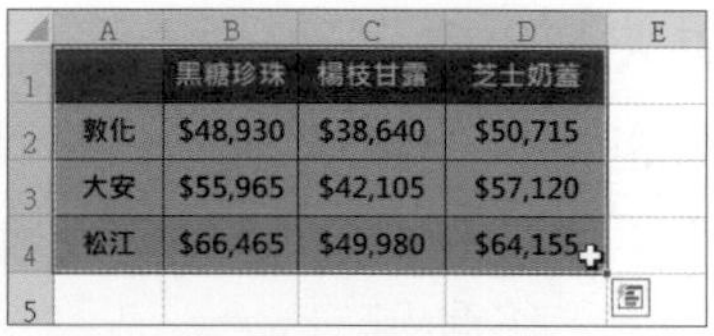 A B C D E 1 黑糖珍珠 楊枝甘露 芝士奶蓋 2 敦化 $48,930 $38,640 $50,715 3 大安 $55,965 $42,105 $57,120 4 松江 $66,465 $49,980 $64,155 5
選取不相鄰的儲存格	先點選第一個要選取的儲存格後，按著**Ctrl**鍵不放，再去點選其他要選取的儲存格。	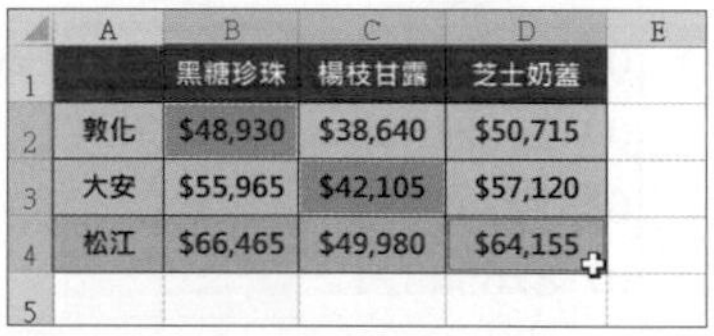 A B C D E 1 黑糖珍珠 楊枝甘露 芝士奶蓋 2 敦化 $48,930 $38,640 $50,715 3 大安 $55,965 $42,105 $57,120 4 松江 $66,465 $49,980 $64,155 5
選取單一欄或多欄	在欄標題上按一下**滑鼠左鍵**即可選取；要選取多欄時，按著**滑鼠左鍵**不放，並拖曳滑鼠至要選取的欄即可。若要選取不相鄰的欄時，先按著**Ctrl**鍵不放，再去點選欄標題。	 A B C D E 1 黑糖珍珠 楊枝甘露 芝士奶蓋 2 敦化 $48,930 $38,640 $50,715 3 大安 $55,965 $42,105 $57,120 4 松江 $66,465 $49,980 $64,155 5
選取單一列或多列	在列號上按一下**滑鼠左鍵**即可選取；若要選取多列時，按著**滑鼠左鍵**不放，並拖曳滑鼠至要選取的列即可。若要選取不相鄰的列時，先按著**Ctrl**鍵不放，再去點選列號。	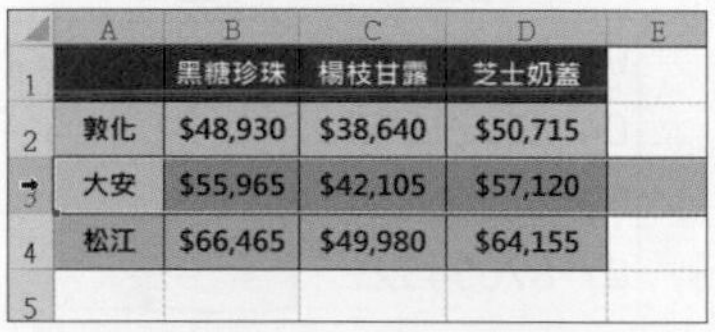 A B C D E 1 黑糖珍珠 楊枝甘露 芝士奶蓋 2 敦化 $48,930 $38,640 $50,715 3 大安 $55,965 $42,105 $57,120 4 松江 $66,465 $49,980 $64,155 5
選取全部儲存格	1. 按下工作表左上角的◢**全選鈕**。 2. 按下**Ctrl+A**快速鍵。	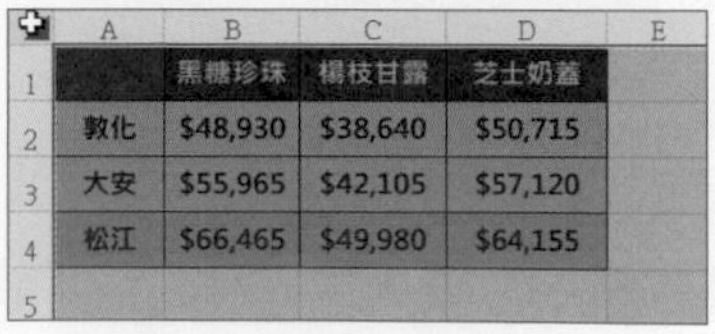 A B C D E 1 黑糖珍珠 楊枝甘露 芝士奶蓋 2 敦化 $48,930 $38,640 $50,715 3 大安 $55,965 $42,105 $57,120 4 松江 $66,465 $49,980 $64,155 5

範例檔案：2-4.xlsx

移動儲存格

要將某一個儲存格中的內容，移動到其他儲存格時，可以先選取儲存格(相鄰、不相鄰、一整欄、一整列)，讓該儲存格成為作用儲存格，再把滑鼠移到該儲存格的邊框上，此時滑鼠游標會呈 ✥ 狀態，接著按下**滑鼠左鍵**不放，拖曳這個儲存格，就能移動儲存格到其他位置了。

	A	B	C	D	E
1		黑糖珍珠	楊枝甘露	芝士奶蓋	
2	敦化	$48,930	$38,640	$50,715	
3	大安	$55,965	$42,105	$57,120	
4	松江	$66,465	$49,980	$64,155	
5					
6					

❶ 將滑鼠移到該儲存格的邊框上

	A	B	C	D	E
1		黑糖珍珠	楊枝甘露	芝士奶蓋	
2	敦化	$48,930	$38,640	$50,715	
3	大安	$55,965	$42,105	$57,120	
4	松江	$66,465	$49,980	$64,155	
5					
6			C5		

❷ 按下**滑鼠左鍵**不放，拖曳這個儲存格，就能移動儲存格到其他位置了

在移動儲存格時，若將儲存格移動至已有資料的儲存格時，那麼該儲存格中原來的資料會被取代掉。

改變欄寬和列高

在輸入文字資料時，若文字超出儲存格範圍，儲存格中的文字會無法完整顯示；而輸入的是數值資料時，若欄寬不足，則儲存格會出現「######」字樣，此時，可以直接拖曳欄標題或列標題之間的分隔線，或是在分隔線上雙擊滑鼠左鍵，改變欄寬，以便容下所有的資料。

	A	B	C	D	E
1		黑糖珍珠	楊枝甘露	芝士奶蓋	
2	敦化	#####	$38,640	$50,715	
3	大安	#####	$42,105	$57,120	
4	松江	#####	$49,980	$64,155	
5					

❶ 把滑鼠游標移到欄標題之間的分隔線

	A	B	C	D	E
1		黑糖珍珠	楊枝甘露	芝士奶蓋	
2	敦化	#####	$38,640	$50,715	
3	大安	#####	$42,105	$57,120	
4	松江	#####	$49,980	$64,155	
5					

❷ 按下**滑鼠左鍵**不放，往右拖曳可加寬；往左拖曳則縮小欄寬

	A	B	C	D	E
1		黑糖珍珠	楊枝甘露	芝士奶蓋	
2	敦化	$48,930	$38,640	$50,715	
3	大安	$55,965	$42,105	$57,120	
4	松江	$66,465	$49,980	$64,155	

❸ 儲存格內的文字及數值即可正常顯示

也可以按下**「常用→儲存格→格式」**按鈕，於選單中點選**自動調整欄寬**，儲存格就會依所輸入的文字長短，自動調整儲存格的寬度。

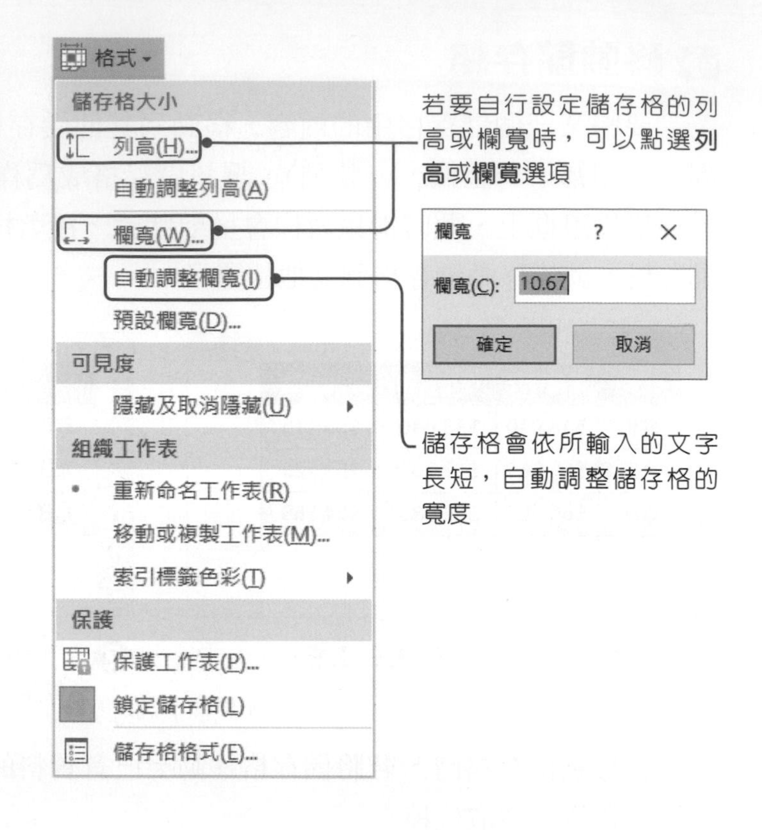

插入儲存格、列、欄

按下**「常用→儲存格→插入」**按鈕，可以選擇要進行儲存格、列或欄的插入。若點選**插入儲存格**時，會開啟「插入」對話方塊，這裡會有四種插入方式，你可以依照需求做選擇。

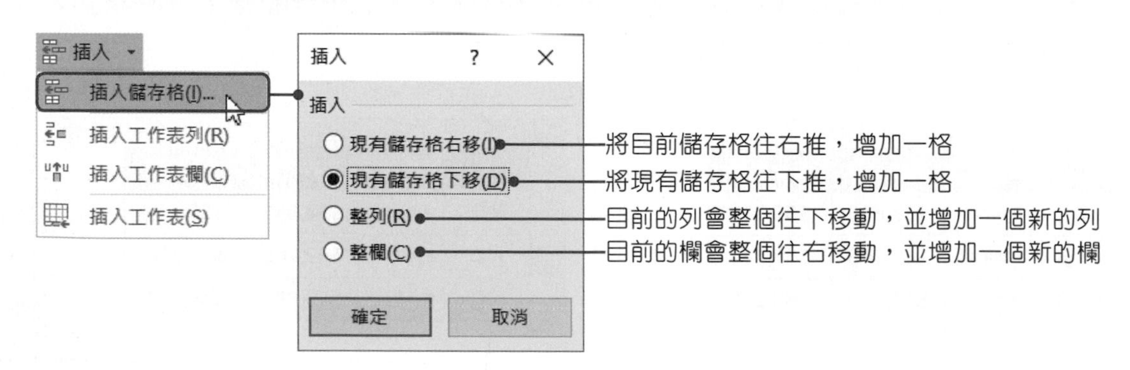

刪除儲存格、列、欄

按下**「常用→儲存格→刪除」**按鈕，可以選擇要進行儲存格、列或欄的刪除。若點選**刪除儲存格**時，會開啟「刪除」對話方塊，這裡會有四種刪除方式，可依需求做選擇。

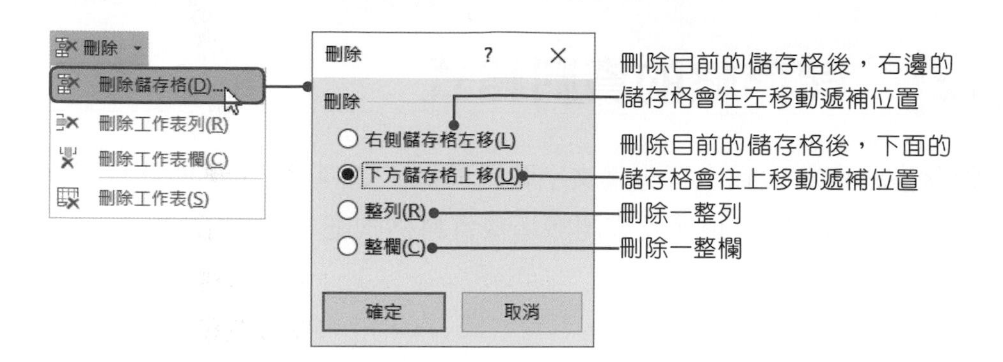

隱藏列、欄、工作表

在工作表中的某一列或是某一欄不想顯示於工作表或列印時，可以將該列或該欄隱藏起來。選取要隱藏的欄或列，按下**「常用→儲存格→格式」**按鈕，於選單中點選**隱藏及取消隱藏**，即可選擇要隱藏的項目。

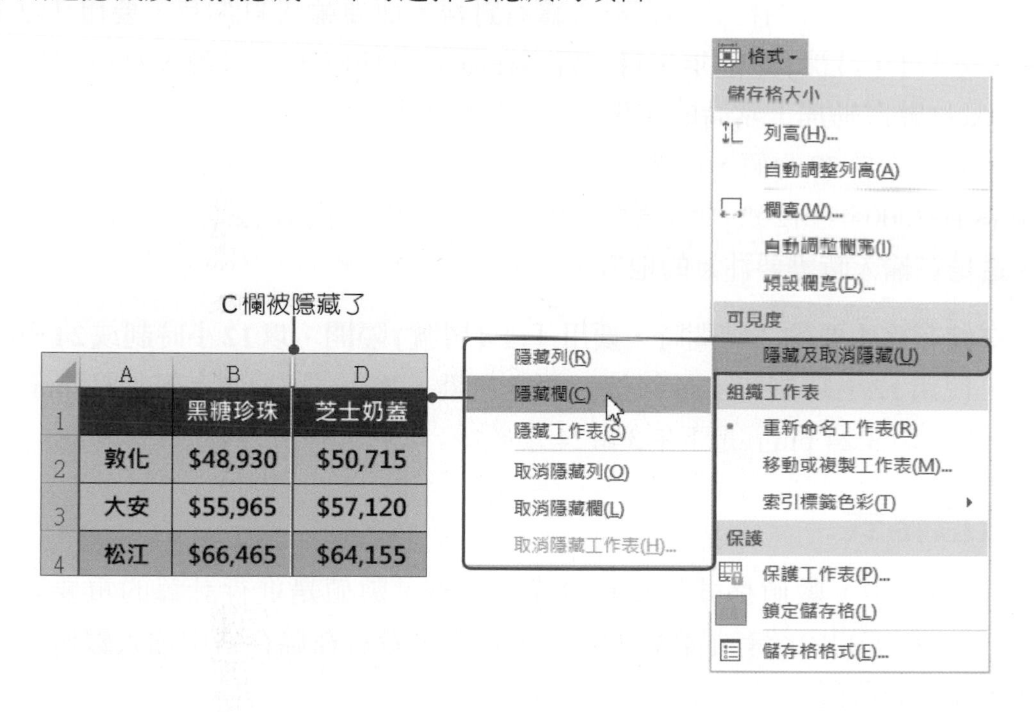

要取消隱藏的欄或列時，須將上下列或左右欄一併選取，例如：要取消C欄的隱藏時，須選取B欄與D欄，再點選**取消隱藏欄**。

要隱藏列時，可以按下**Ctrl+9**快速鍵；要隱藏欄時，可以按下**Ctrl+0**(數字)快速鍵。

2-4 儲存格的資料格式

儲存格的資料大致上可分為文字資料與數字資料(包括日期及時間)，其中，數字資料為可計算的，這節就來認識這些資料格式吧。

文字格式

在Excel中，只要不是數字，或是數字摻雜文字，都會被當成文字資料，例如：身分證號碼。在輸入文字格式的資料時，文字都會**靠左對齊**。若想要將純數字變成文字，只要在**數字前面加上「'」(單引號)**，例如：'0123456。

日期及時間

在Excel中，日期格式的資料會**靠右對齊**，而要輸入日期時，**要用「-」(破折號)或「/」(斜線)區隔年、月、日**。在輸入日期時，若只輸入月份與日期，那麼Excel會自動加上當時的年份。年是以西元計，小於29的值，會被視為西元20××年；大於29的值，會被當作西元19××年，例如：輸入00到29的年份，會被當作2000年到2029年；輸入30到99的年份，則會被當作1930年到1999年，這是在輸入時需要注意的地方。

在儲存格中要輸入時間時，**要用「:」(冒號)隔開，以12小時制或24小時制表示**。使用12小時制時，最好按一個空白鍵，加上「am」(上午)或「pm」(下午)。例如：「3:24 pm」是下午3點24分。

數值格式

在Excel中，數值格式的資料會**靠右對齊**，數值是進行計算的重要元件，Excel對於數值的內容有很詳細的設定。首先來看看在儲存格中輸入數值的各種方法，如下表所列。

正數	負數	小數	分數
55980	-6987	12.55	4 1/2
	前面加上「-」負號	按鍵盤的「.」表示小數點	分數之前要按一個空白鍵

除了不同的輸入方法，也可以使用**「常用→數值→數值格式」**按鈕，進行變更的動作。而在**「數值」**群組中，還列出了一些常用的數值按鈕，可以快速變更數值格式，如下表所列。

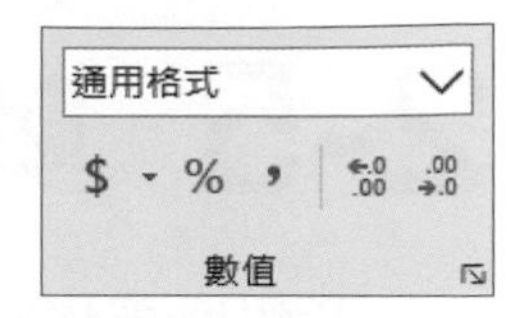

按鈕	功能	範例
$ -	**加上會計專用格式**，會自動加入貨幣符號、小數點及千分位符號。按下選單鈕，還可以選擇英磅、歐元及人民幣等貨幣格式。若輸入以「$」開頭的數值資料，如$3600，會將該資料自動設定為貨幣類別，並自動顯示為「$3,600」。	12345→$12,345.00
%	**加上百分比符號**，在儲存格中輸入百分比樣式的資料，如66%，必須先將儲存格設定為百分比格式，再輸入數值66，若先輸入66，再設定百分比格式，則會顯示為「6600%」。要將數值轉換為百分比時，可以按下**Ctrl+Shift+%**快速鍵。	0.66→66%
,	**加上千分位符號**，會自動加入「.00」。	12345→12,345.00
←.0 .00	**增加小數位數**。	666.45→666.450
.00 →.0	**減少小數位數**，減少時會自動四捨五入。	888.45→888.5

若要將儲存格中的資料進行更進階的格式設定時，可以按下**「常用→數值」**群組的 **對話方塊啟動器**按鈕，或按下**Ctrl+1**快速鍵，開啟「設定儲存格格式」對話方塊，進行更多的設定。

2-5 儲存格的格式設定

若想要美化試算表時，可以幫儲存格進行一些格式設定，像是文字格式、對齊方式、外框樣式、填滿效果等，讓試算表更爲美觀。

文字格式的設定

要變更儲存格文字樣式時，可以使用**「常用→字型」**群組中的各種指令按鈕，即可變更文字樣式；或是按下「字型」群組的**對話方塊啓動器**按鈕，開啓「設定儲存格格式」對話方塊，進行字型、樣式、大小、底線、色彩、特殊效果等設定。

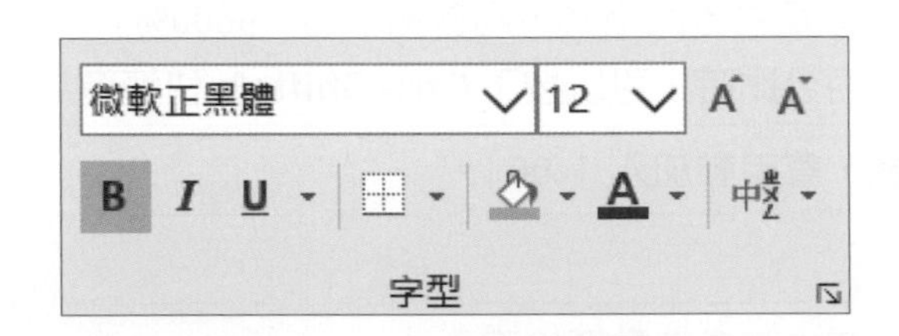

對齊方式的設定

使用**「常用→對齊方式」**群組中的指令按鈕，可以進行文字對齊方式的變更，操作方式如下表所列。

按鈕	功能	範例
靠上對齊 置中對齊 靠下對齊	可以設定文字在儲存格中垂直對齊方式。	垂直靠上對齊 垂直置中對齊 垂直靠下對齊
靠左對齊文字 置中 靠右對齊文字	可以設定文字在儲存格中水平對齊方式。	靠左對齊文字 置中 靠右對齊文字
跨欄置中(C) 合併同列儲存格(A) 合併儲存格(M) 取消合併儲存格(U)	可以讓資料跨越數個儲存格。通常跨欄置中會用在標題文字上，要設定跨欄置中時，先選取要跨欄的所有儲存格。	跨欄置中

按鈕	功能	範例
ab c↵	可以讓儲存格中的文字資料自動換行。	王小桃零用金支出 王小桃零用金支出明細表
減少縮排	可以減少儲存格中框線和文字之間的邊界。	零用金支出明細
增加縮排	可以增加儲存格中框線和文字之間的邊界。	零用金支出明細
逆時針角度(O) 順時針角度(L) 垂直文字(V) 文字由下至上排列(U) 文字由上至下排列(D) 儲存格對齊格式(M)	可以設定文字的顯示方向。	順時針角度 王小桃 垂直文字 王小桃

若要將儲存格中的資料進行更進階的對齊格式設定時，可以按下**「常用→對齊方式」**群組的**對話方塊啟動器**按鈕，或按下**Ctrl+1**快速鍵，開啟「設定儲存格格式」對話方塊，進行更多的設定。

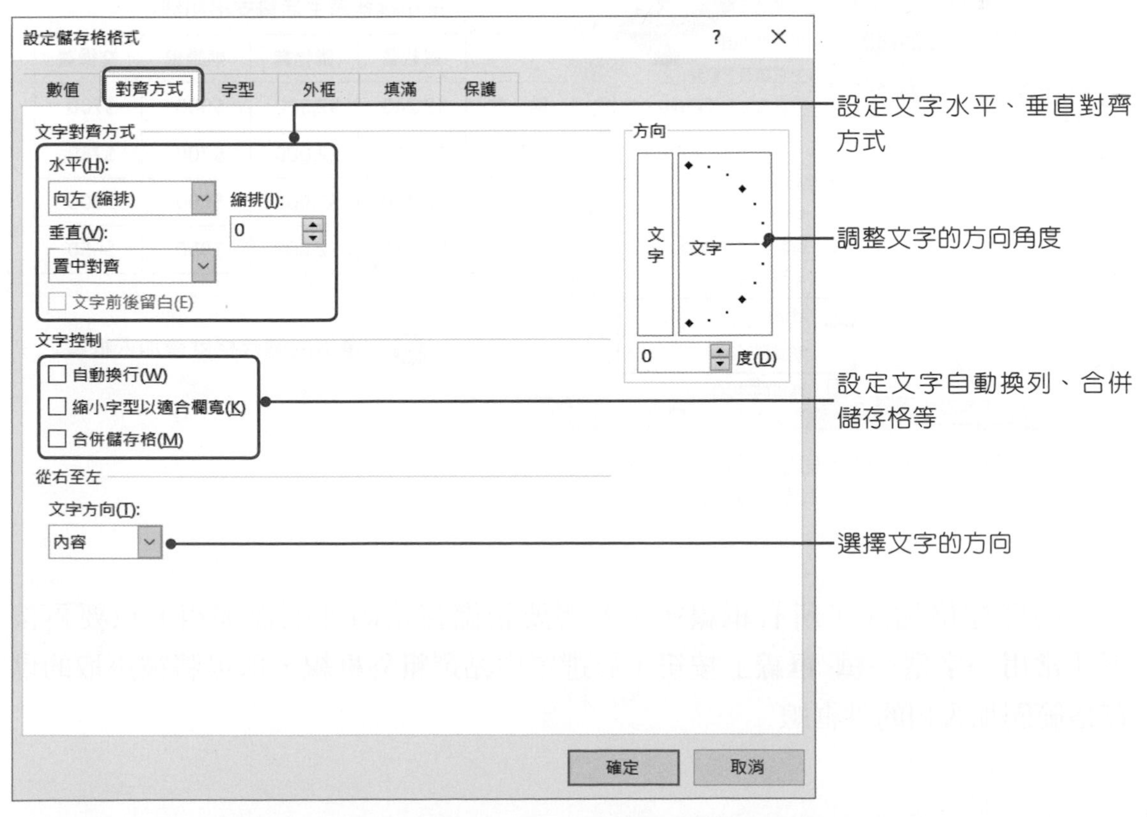

框線樣式與填滿色彩的設定

要美化工作表中的資料內容時，除了設定文字格式外，還可以幫儲存格套用不同的框線及填滿效果。

框線樣式的設定

在工作表上所看到灰色框線是屬於**格線**，而這格線在列印時並不會一併印出，所以若想要印出框線時，就必須自行手動設定。在**「常用→字型」**群組中，提供了 **框線**按鈕，可以很快速地幫儲存格加入框線。

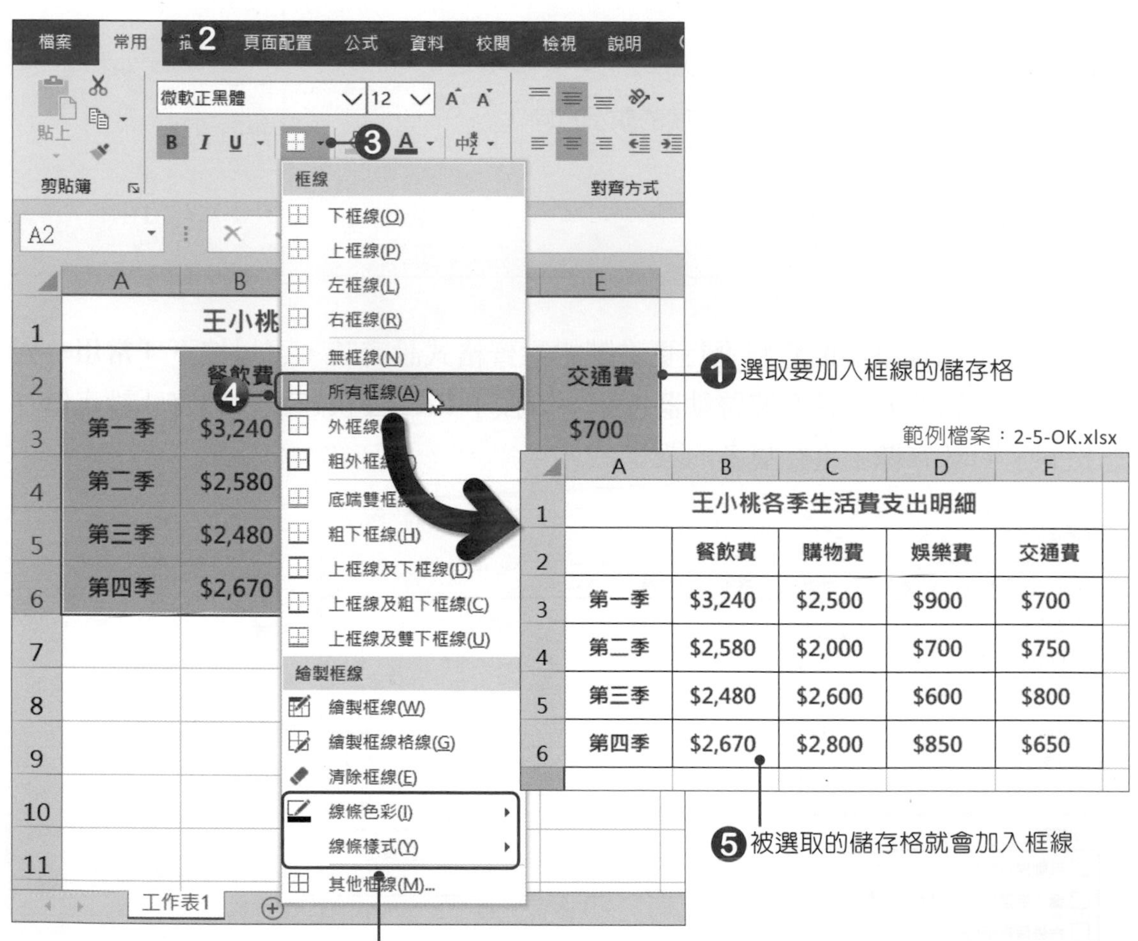

將儲存格加入了**所有框線**後，若想要讓儲存格的外框線加粗，只要再按下**「常用→字型→ 框線」**按鈕，於選單中點選**粗外框線**，即可將被選取的儲存格範圍加入粗的外框線。

在選單中點選**其他框線**，會開啟「設定儲存格格式」對話方塊，在**外框**標籤頁中，可以進行線條樣式、色彩、格式、框線等設定。

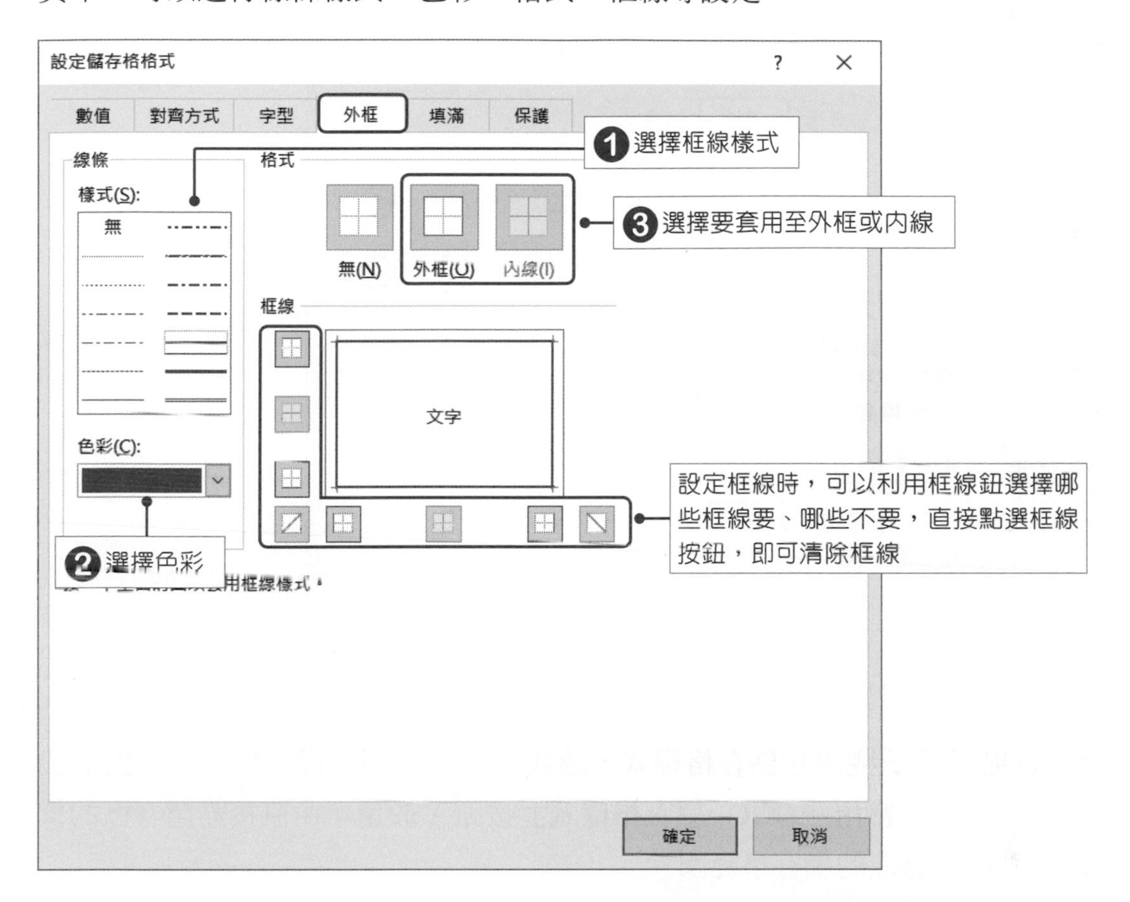

改變儲存格填滿色彩

要在儲存格中填滿色彩時，可以直接按下**「常用→字型→填滿色彩」**按鈕，於選單中選擇要填入的色彩即可。

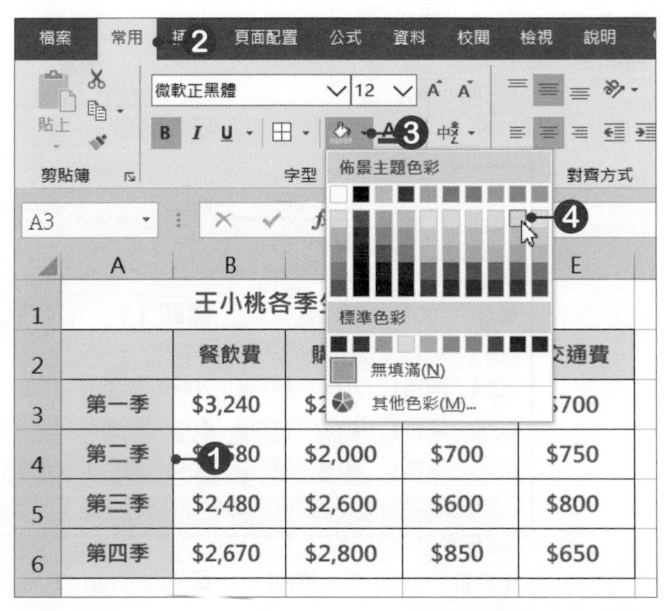

範例檔案：2-6-OK.xlsx

除此之外，也可以進入「設定儲存格格式」對話方塊中的**填滿**標籤頁設定，在此頁面中可以選擇背景色彩，或是幫儲存格套上圖樣。

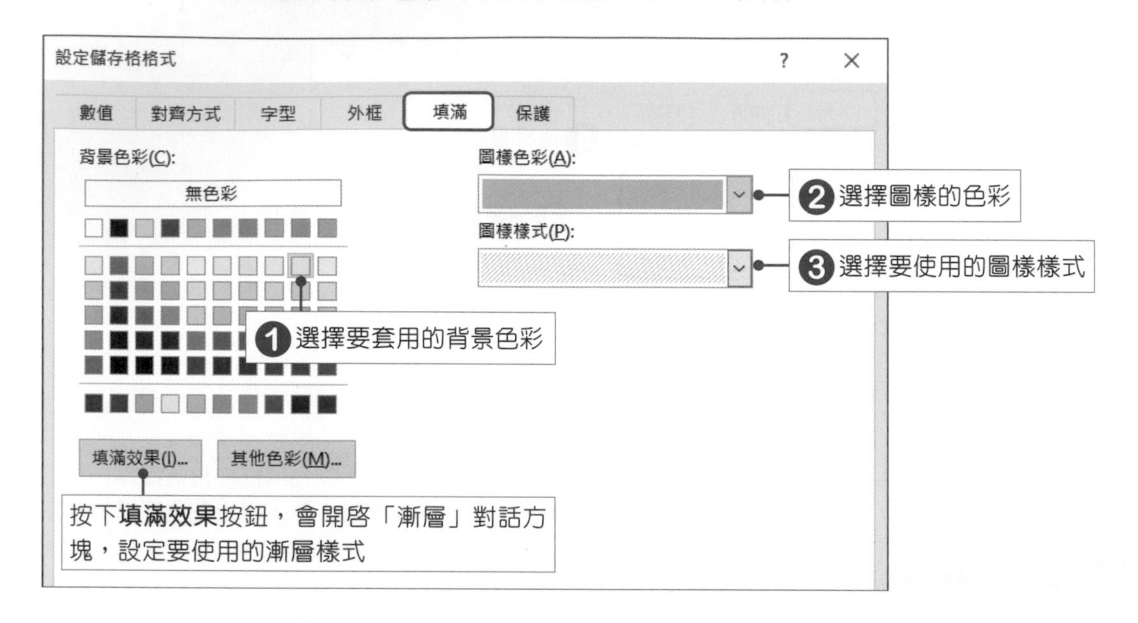

套用儲存格樣式

Excel提供了一些內建**儲存格樣式**，讓我們直接套用到儲存格中，以節省設定的時間。按下**「常用→樣式→儲存格樣式」**按鈕，於選單中直接點選喜歡的樣式，即可套用至選取的儲存格範圍。

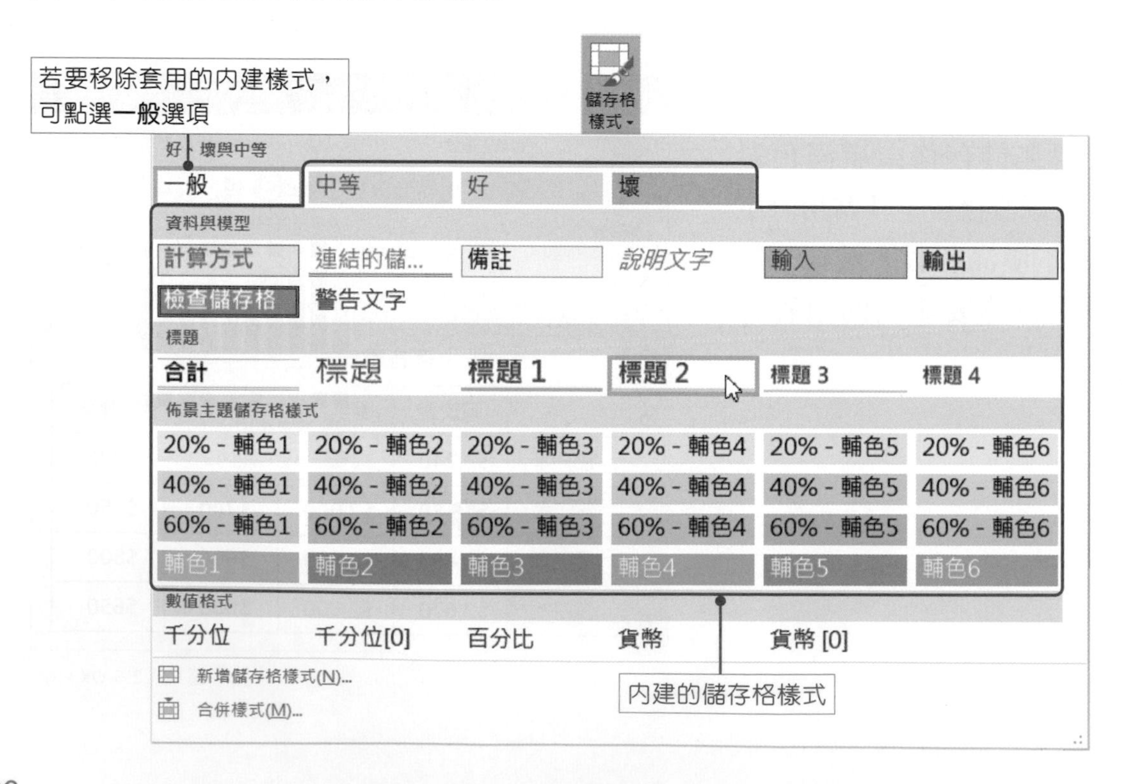

複製格式

將儲存格設定好字型、框線樣式及填滿色彩等格式後，若其他的儲存格也要套用相同格式時，可以使用**「常用→剪貼簿→複製格式」**按鈕，進行格式的複製，這樣就不用一個一個儲存格設定了。

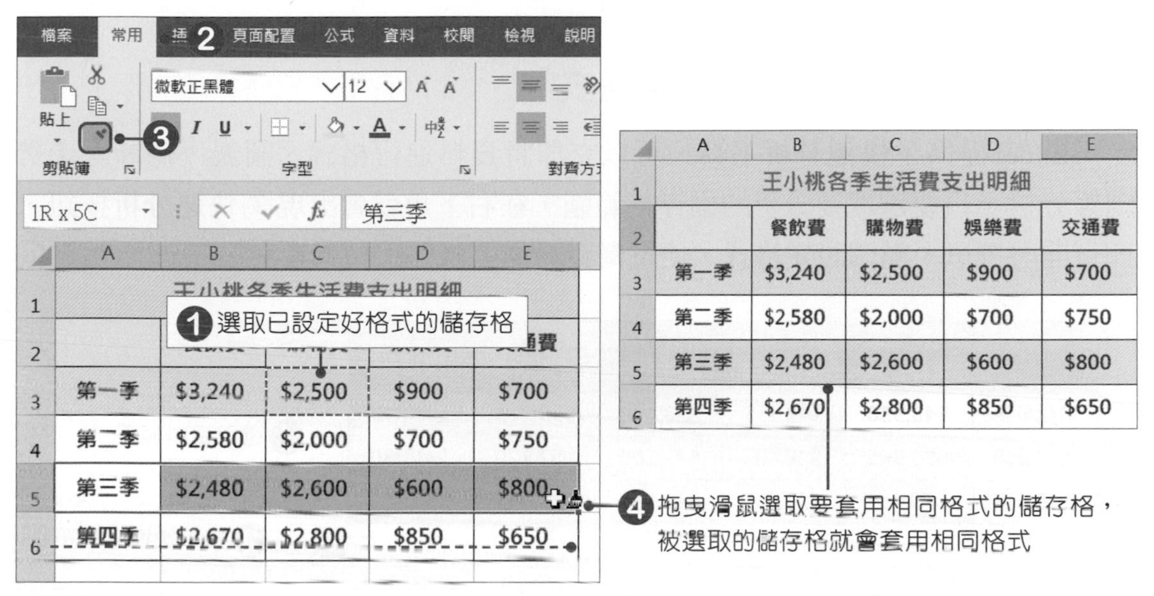

範例檔案：2-7-OK.xlsx

清除格式

若想要將儲存格格式回復到最原始狀態時，可以按下**「常用→編輯→清除」**按鈕，於選單中選擇**清除格式**，即可將所有格式清除；若選擇**全部清除**，則會連儲存格內的文字一併刪除。

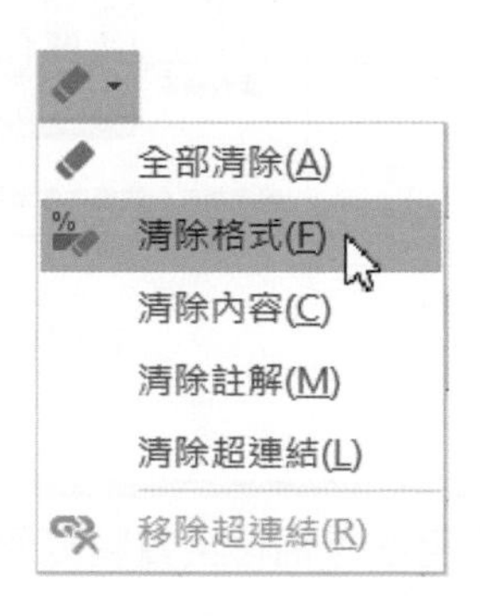

2-6 條件式格式設定

Excel可以根據一些簡單的判斷，自動改變儲存格的格式，這功能稱作「**條件式格式設定**」，使用設定格式化的條件可以強調資料的重要性，並以視覺化方式呈現資料，這節就來看看該如何使用。

使用快速分析工具設定格式

Excel提供了**快速分析工具**，可以立即將資料進行格式、圖表、總計、走勢圖等分析，只要選取要分析的儲存格範圍，在右下角就會出現**快速分析**按鈕，即可開啟選單，點選**設定格式**，便可幫資料加上條件式格式設定。

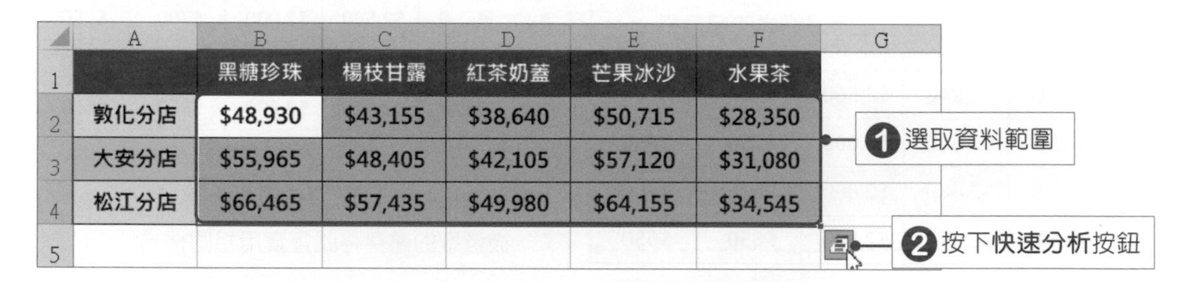

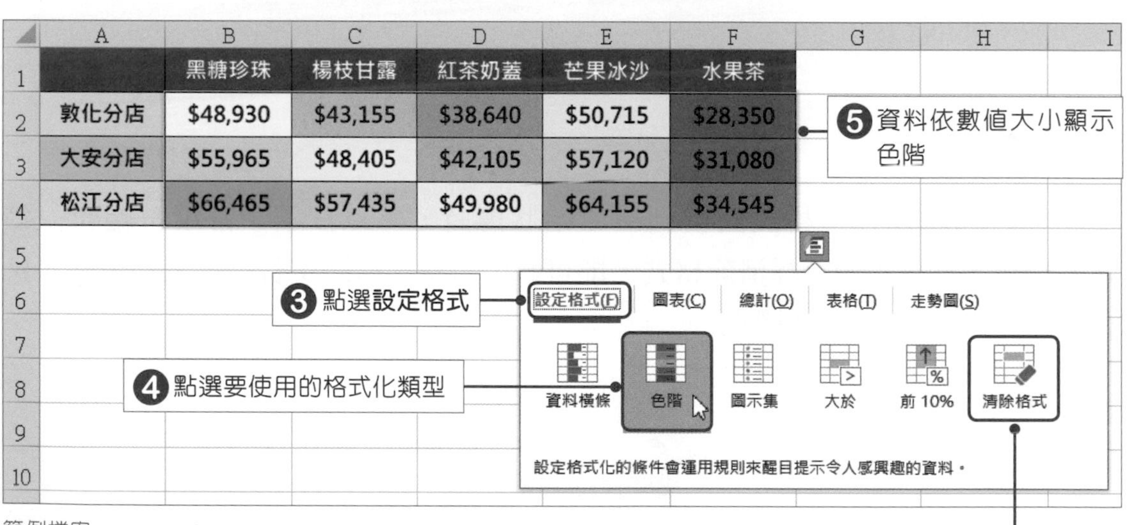

範例檔案：2-8-OK.xlsx

若要移除設定好的格式時，點選**清除格式**即可

要使用快速分析時，也可以先將作用儲存格移至資料範圍內，再按下**Ctrl+Q**快速鍵即可。

條件式格式設定

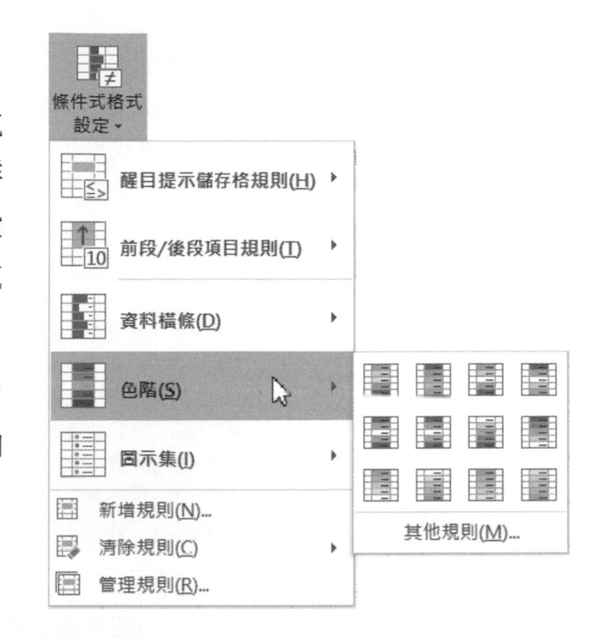

除了使用快速分工具來設定格式化條件外，還可以使用「**常用→樣式**」群組中的**條件式格式設定**按鈕來選擇要設定的條件。下表所列為各種條件式格式設定選項說明。

條件式格式設定是可以一起使用的，設定完一種後，再設定另一種，即可讓二種格式化都呈現在儲存格中。

選項	說明
醒目提示儲存格規則	可以立即從資料範圍中**找出符合條件的資料**，設定條件時，可以選擇大於、小於、介於、等於、包含下列的文字、發生的日期、重複的值等。

	A	B	C	D	E	F	G	H
1	學號	國文	數學	英文	地理	物理	歷史	化學
2	A10501	58	33	40	68	50	70	55
3	A10502	66	68	50	80	57	81	63
4	A10503	70	73	67	88	60	80	71
5	A10504	89	80	73	90	70	92	81
6	A10505	56	63	43	80	83	72	78
7	A10506	91	85	88	93	80	93	77
8	A10507	66	71	58	82	76	82	70
9	A10508	63	65	60	78	80	89	68
10	A10509	88	90	85	83	78	93	81
11	A10510	76	53	66	83	79	89	53

範例檔案：2-9-OK.xlsx

選項	說明
前段/後段項目規則	可以找出資料範圍中**最高值及最低值**。

	A	B	C	D	E	F
1		一月	二月	三月	四月	五月
2	台北分店	$9,058,673	$8,514,678	$8,635,408	$7,905,410	$8,705,439
3	基隆分店	$8,580,694	$8,350,786	$8,024,536	$7,828,570	$7,580,870
4	桃園分店	$8,120,356	$8,350,466	$8,456,640	$8,645,068	$8,804,566
5	中壢分店	$7,780,786	$7,056,031	$7,104,278	$7,905,435	$7,678,078
6	新竹分店	$7,868,915	$7,890,215	$7,902,345	$7,650,890	$7,156,809
7	高雄分店	$9,780,645	$9,312,056	$8,904,523	$9,105,667	$8,834,560
8	台東分店	$5,879,673	$5,970,422	$5,456,789	$5,970,785	$5,078,087
9	花蓮分店	$6,040,578	$6,450,870	$6,540,870	$6,540,575	$6,105,287

範例檔案：2-10-OK.xlsx

<table>
<tr><th>選項</th><th>說明</th></tr>
<tr><td>資料橫條</td><td>
若要讓儲存格內的數值，能一眼看出誰大誰小時，可以使用「資料橫條」的方式呈現。儲存格內的資料就會依數值大小來顯示資料橫條，資料橫條越長，表示該儲存格的數值越大。
<table>
<tr><th></th><th>A</th><th>B</th><th>C</th><th>D</th><th>E</th><th>F</th></tr>
<tr><td>1</td><td></td><td>一月</td><td>二月</td><td>三月</td><td>四月</td><td>五月</td></tr>
<tr><td>2</td><td>台北分店</td><td>$9,058,673</td><td>$8,514,678</td><td>$8,635,408</td><td>$7,905,410</td><td>$8,705,439</td></tr>
<tr><td>3</td><td>基隆分店</td><td>$8,580,694</td><td>$8,350,786</td><td>$8,024,536</td><td>$7,828,570</td><td>$7,580,870</td></tr>
<tr><td>4</td><td>桃園分店</td><td>$8,120,356</td><td>$8,350,466</td><td>$8,456,640</td><td>$8,645,068</td><td>$8,804,566</td></tr>
<tr><td>5</td><td>中壢分店</td><td>$7,780,786</td><td>$7,056,031</td><td>$7,104,278</td><td>$7,905,435</td><td>$7,678,078</td></tr>
<tr><td>6</td><td>新竹分店</td><td>$7,868,915</td><td>$7,890,215</td><td>$7,902,345</td><td>$7,650,890</td><td>$7,156,809</td></tr>
<tr><td>7</td><td>高雄分店</td><td>$9,780,645</td><td>$9,312,056</td><td>$8,904,523</td><td>$9,105,667</td><td>$8,834,560</td></tr>
<tr><td>8</td><td>台東分店</td><td>$5,879,673</td><td>$5,970,422</td><td>$5,456,789</td><td>$5,970,785</td><td>$5,078,087</td></tr>
<tr><td>9</td><td>花蓮分店</td><td>$6,040,578</td><td>$6,450,870</td><td>$6,540,870</td><td>$6,540,575</td><td>$6,105,287</td></tr>
</table>
範例檔案：2-11-OK.xlsx
</td></tr>
<tr><td>色階</td><td>
儲存格內的資料會依數值大小來顯示色階，色彩越濃，表示該儲存格的數值越大。
<table>
<tr><th></th><th>A</th><th>B</th><th>C</th><th>D</th><th>E</th><th>F</th></tr>
<tr><td>1</td><td></td><td>一月</td><td>二月</td><td>三月</td><td>四月</td><td>五月</td></tr>
<tr><td>2</td><td>台北分店</td><td>$9,058,673</td><td>$8,514,678</td><td>$8,635,408</td><td>$7,905,410</td><td>$8,705,439</td></tr>
<tr><td>3</td><td>基隆分店</td><td>$8,580,694</td><td>$8,350,786</td><td>$8,024,536</td><td>$7,828,570</td><td>$7,580,870</td></tr>
<tr><td>4</td><td>桃園分店</td><td>$8,120,356</td><td>$8,350,466</td><td>$8,456,640</td><td>$8,645,068</td><td>$8,804,566</td></tr>
<tr><td>5</td><td>中壢分店</td><td>$7,780,786</td><td>$7,056,031</td><td>$7,104,278</td><td>$7,905,435</td><td>$7,678,078</td></tr>
<tr><td>6</td><td>新竹分店</td><td>$7,868,915</td><td>$7,890,215</td><td>$7,902,345</td><td>$7,650,890</td><td>$7,156,809</td></tr>
<tr><td>7</td><td>高雄分店</td><td>$9,780,645</td><td>$9,312,056</td><td>$8,904,523</td><td>$9,105,667</td><td>$8,834,560</td></tr>
<tr><td>8</td><td>台東分店</td><td>$5,879,673</td><td>$5,970,422</td><td>$5,456,789</td><td>$5,970,785</td><td>$5,078,087</td></tr>
<tr><td>9</td><td>花蓮分店</td><td>$6,040,578</td><td>$6,450,870</td><td>$6,540,870</td><td>$6,540,575</td><td>$6,105,287</td></tr>
</table>
範例檔案：2-12-OK.xlsx
</td></tr>
<tr><td>圖示集</td><td>
若覺得用色彩還是無法表達資料時，那麼可以選擇使用圖示集，圖示集中提供了許多不同的圖示，讓你能更清楚的表達儲存格資料。
<table>
<tr><th></th><th>A</th><th>B</th><th>C</th><th>D</th><th>E</th><th>F</th></tr>
<tr><td>1</td><td></td><td>一月</td><td>二月</td><td>三月</td><td>四月</td><td>五月</td></tr>
<tr><td>2</td><td>台北分店</td><td>↑ $9,058,673</td><td>↑ $8,514,678</td><td>↑ $8,635,408</td><td>→ $7,905,410</td><td>↑ $8,705,439</td></tr>
<tr><td>3</td><td>基隆分店</td><td>↑ $8,580,694</td><td>↑ $8,350,786</td><td>→ $8,024,536</td><td>→ $7,828,570</td><td>→ $7,580,870</td></tr>
<tr><td>4</td><td>桃園分店</td><td>→ $8,120,356</td><td>↑ $8,350,466</td><td>↑ $8,456,640</td><td>↑ $8,645,068</td><td>↑ $8,804,566</td></tr>
<tr><td>5</td><td>中壢分店</td><td>→ $7,780,786</td><td>→ $7,056,031</td><td>→ $7,104,278</td><td>→ $7,905,435</td><td>→ $7,678,078</td></tr>
<tr><td>6</td><td>新竹分店</td><td>→ $7,868,915</td><td>→ $7,890,215</td><td>→ $7,902,345</td><td>→ $7,650,890</td><td>→ $7,156,809</td></tr>
<tr><td>7</td><td>高雄分店</td><td>↑ $9,780,645</td><td>↑ $9,312,056</td><td>↑ $8,904,523</td><td>↑ $9,105,667</td><td>↑ $8,834,560</td></tr>
<tr><td>8</td><td>台東分店</td><td>↓ $5,879,673</td><td>↓ $5,970,422</td><td>↓ $5,456,789</td><td>↓ $5,970,785</td><td>↓ $5,078,087</td></tr>
<tr><td>9</td><td>花蓮分店</td><td>↓ $6,040,578</td><td>↓ $6,450,870</td><td>↓ $6,540,870</td><td>↓ $6,540,575</td><td>↓ $6,105,287</td></tr>
</table>
範例檔案：2-13-OK.xlsx
</td></tr>
<tr><td>新增規則</td><td>若選項中沒有適合的規則，可以選擇新增規則，自行設定想要的規則。</td></tr>
<tr><td>清除規則</td><td>清除規則可清除所有設定好的規則或某一項規則。</td></tr>
</table>

自訂規則

在使用條件式格式設定時，除了使用預設的規則外，還可以自行設定想要的規則。請開啓**2-14.xlsx**檔案，練習如何自訂規則。

01 選取**B3:B12**儲存格，按下**「常用→樣式→條件式格式設定」**按鈕，於選單中點選**新增規則**，開啓「新增格式化規則」對話方塊。

02 於**選取規則類型**清單中，點選**根據其值格式化所有儲存格**類型，按下**格式樣式**選單鈕，選擇**圖示集**，再按下**圖示樣式**選單鈕，選擇三**箭號(彩色)**。

03 設定「**當數值>=140時，顯示上升箭頭，當數值<140且>=120時，爲平行箭頭；其他則爲下降箭頭**」規則，設定好後按下**確定**按鈕。

04 回到工作表後，B3:B12儲存格就會加上我們所設定的圖示集規則。

	A	B	C	D
1	血壓紀錄表			
2	日期	收縮壓	舒張壓	心跳
3	12月1日	129	79	72
4	12月2日	133	80	75
5	12月3日	142	90	70
6	12月4日	141	84	68
7	12月5日	137	84	70
8	12月6日	139	83	72
9	12月7日	140	85	78
10	12月8日	138	85	69
11	12月9日	135	79	75
12	12月10日	136	81	72

範例檔案：2-14-OK.xlsx

管理規則

在工作表中加入了一堆的規則後，不管是要編輯規則內容或是刪除規則，都可以按下**「常用→樣式→條件式格式設定」**按鈕，於選單中點選**管理規則**選項，開啟「設定格式化的條件規則管理員」對話方塊，即可在此進行各種規則的管理工作。

自我評量

❖ 選擇題

(　　)1. 在Excel中，如果儲存格的資料格式是數字時，若想要每次都遞增1，可在拖曳填滿控點時同時按下哪個鍵？(A) Ctrl　(B) Alt　(C) Shift　(D) Tab。

(　　)2. 在Excel中，下列敘述何者不正確？(A)按下工作表上的全選鈕可以選取全部的儲存格　(B)利用鍵盤上的「Shift」鍵可以選取不相鄰的儲存格　(C)按下欄標題可以選取一整欄　(D)按下列標題可以選取一整列。

(　　)3. 在Excel中，若選取儲存格範圍A1:G7後，再執行「常用→儲存格→格式→隱藏及取消隱藏→隱藏列」功能時，則下列敘述何者正確？(A)A1:G7儲存格範圍被隱藏　(B)A到G被隱藏　(C)4到7列被隱藏　(D)1到7列被隱藏。

(　　)4. 在Excel中，如果想輸入分數「八又四分之三」，應該如何輸入？(A)8+4/3　(B)8 3/4　(C)8 4/3　(D)8+3/4。

(　　)5. 在Excel中，輸入「27-12-8」，是代表幾年幾月幾日？(A)1927年12月8日　(B)1827年12月8日　(C)2127年12月8日　(D)2027年12月8日。

(　　)6. 在Excel中，輸入「9:37 am」和「21:37」，是表示什麼時間？(A)都表示晚上9點37分　(B)早上9點37分和晚上9點37分　(C)都表示早上9點37分　(D)晚上9點37分和早上9點37分。

(　　)7. 在Excel中，要將輸入的數字轉換為文字時，輸入時須於數字前加上哪個符號？(A)逗號　(B)雙引號　(C)單引號　(D)括號。

(　　)8. 在Excel中，要設定文字的格式與對齊方式時，須進入哪個索引標籤中？(A)常用　(B)版面配置　(C)資料　(D)檢視。

(　　)9. 在Excel中，要開啟「設定儲存格格式」對話方塊時，可以按下哪組快速鍵？(A) Ctrl+1　(B) Ctrl+2　(C) Ctrl+3　(D) Ctrl+4。

(　　)10. 假設在Excel中，若儲存格輸入的文字超過欄寬，若想要在輸入時可自動另起新行，應於「設定儲存格格式」對話方塊中的「對齊方式」標籤頁，勾選何項功能？(A)合併儲存格　(B)縮小字型以適合欄寬　(C)自動換列　(D)一般字型。

(　　)11. 某購物網紅用Excel製作了一份產品銷售數量表，網紅想要在數量表中快速地找出最大值，請問，網紅可以使用條件式格式設定中的哪項規則，快速找出最大值？(A)圖示集　(B)前段／後段項目規則　(C)醒目提示儲存格規則　(D)做不到。

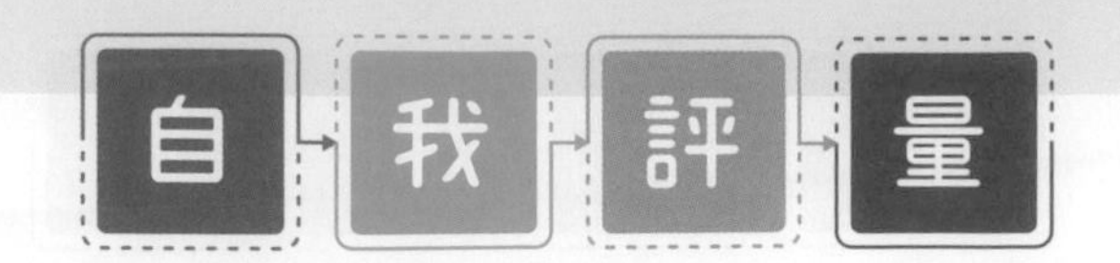

❖實作題

1. 開啟「Excel→CH02→2-15.xlsx」檔案，進行以下的設定。
    - 將各欄調整至適當大小，將列高調整為「22」。
    - 將B2:B11儲存格文字設定為「水平靠左對齊」，其餘儲存格文字皆設定為「水平置中對齊」，再將所有儲存格設定為「垂直置中對齊」。
    - 將日期格式改為「14-Mar-12」；將金額加上日幣的貨幣符號。
    - 自行設計框線及網底色彩。

	A	B	C	D	E	F
1	張數	單曲名稱	發售日期	排行榜最高名次	進榜次數	價格
2	1	A·RA·SHI	3-Nov-23	1	14	¥ 971.00
3	2	SUNRISE日本	5-Apr-24	1	7	¥ 971.00
4	3	Typhoon Generation	12-Jul-24	3	9	¥ 971.00
5	4	感謝感激雨嵐	8-Nov-23	2	10	¥ 971.00
6	5	因為妳所以我存在	18-Apr-23	1	6	¥ 971.00
7	6	時代	1-Aug-24	1	9	¥ 971.00
8	7	a Day in our Life	6-Feb-24	1	11	¥ 500.00
9	8	心情超讚	17-Apr-24	1	6	¥ 500.00
10	9	PIKANCHI	17-Oct-23	1	14	¥ 500.00
11	10	不知所措	13-Feb-23	2	11	¥ 1,200.00

2. 開啟「Excel→CH02→2-16.xlsx」檔案，進行以下的設定。
    - 找出各國選手分數大於或等於9的儲存格，並將格式設定為紅色文字、粗體。
    - 將分數加入圖示集中的☆☆★圖樣。

	A	B	C	D	E	F	G	H
1		裁判						
2	選手	日本籍	俄羅斯籍	美國籍	韓國籍	德國籍	法國籍	波蘭籍
3	美國選手	8.6	8.6	8.9	8.7	8.5	8.5	8.6
4	俄羅斯選手	8.8	8.9	8.7	8.9	9	8.9	8.8
5	斯洛伐克選手	9	9.1	8.9	9.2	9	9.1	9.3
6	南斯拉夫選手	8.9	9.2	8.9	8.8	9.1	8.9	9.1
7	波蘭選手	8.7	8.6	8.6	8.5	8.5	8.7	8.8
8	加拿大選手	8.3	8.4	8.7	8.5	8.3	8.2	8.4
9	日本選手	8.8	8.8	8.6	8.5	8.9	9	8.9
10	韓國選手	8.6	8.9	8.8	9	8.6	8.7	8.9
11	西班牙選手	8.3	8.1	8.3	8.5	8.4	8.5	8.1
12	奧地利選手	8.6	8.9	8.8	8.7	8.5	8.8	8.6
13	芬蘭選手	8.8	8.9	8.6	8.7	8.6	8.7	8.6
14	立陶宛選手	9.1	9.1	9.2	9	8.9	9.1	9.3

CHAPTER 03

公式及函數的使用

3-1 認識運算符號

在Excel中最重要的功能，就是利用公式進行計算。而在Excel中要計算時，就跟平常的計算公式非常類似。在進行運算前，先來認識各種運算符號。

算術運算符號

算術運算符號的使用，與平常所使用的運算符號是一樣的，像是加、減、乘、除等，例如：輸入「=(5-3)^6」，會先計算括號內的5減3，然後再計算2的6次方，常見的算術運算符號如下表所列。

+	-	*	/	%	^
加	減	乘	除	百分比	乘冪
6+3	5-2	6*8	9/3	15%	5^3
6加3	5減2	6乘以8	9除以3	百分之15	5的3次方

比較運算符號

比較運算符號主要是用來做邏輯判斷，例如：「10>9」是眞的(True)；「8=7」是假的(False)。通常比較運算符號會與IF函數搭配使用，根據判斷結果做選擇，下表所列爲各種比較運算符號。

=	>	<	>=	<=	<>
等於	大於	小於	大於等於	小於等於	不等於
A1=B2	A1>B2	A1<B2	A1>=B2	A1<=B2	A1<>B2

文字運算符號

使用**文字運算符號**，可以連結兩個值，產生一個連續的文字，而文字運算符號是以**「&」**爲代表。例如：輸入「="台北市"&"中山區"」，會得到「台北市中山區」結果；輸入「=123&456」會得到「123456」結果。

參照運算符號

在Excel中所使用的**參照運算符號**如下表所列。

符號	說明	範例
:(冒號)	**連續範圍**：兩個儲存格間的所有儲存格，例如：「B2:C4」就表示從B2到C4的儲存格，也就是包含了B2、B3、B4、C2、C3、C4等儲存格。	B2:C4
,(逗號)	**聯集**：多個儲存格範圍的集合，就好像不連續選取了多個儲存格範圍一樣。	B2:C4,D3:C5,A2,G:G
空格(空白鍵)	**交集**：擷取多個儲存格範圍交集的部分。	B1:B4 A3:C3

運算順序

在Excel中，上面所介紹的各種運算符號，在運算時，順序爲：**參照運算符號>算術運算符號>文字運算符號>比較運算符號**。而運算符號只有在公式中才會發生作用，如果直接在儲存格中輸入，則會被視爲普通的文字資料。

3-2 公式的使用

認識了各種運算符號後，接著學習如何在Excel中使用公式吧！

建立公式

Excel的公式跟一般數學方程式一樣，也是由「= (等號)」建立而成。Excel的公式是這麼解釋的：等號左邊的值，是存放計算結果的儲存格；等號右邊的算式，是實際計算的公式。因此，建立公式時，會選取一個儲存格，然後從「=」開始輸入。

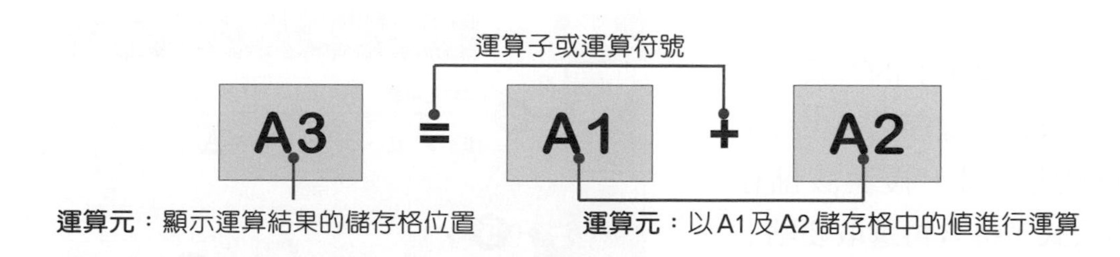

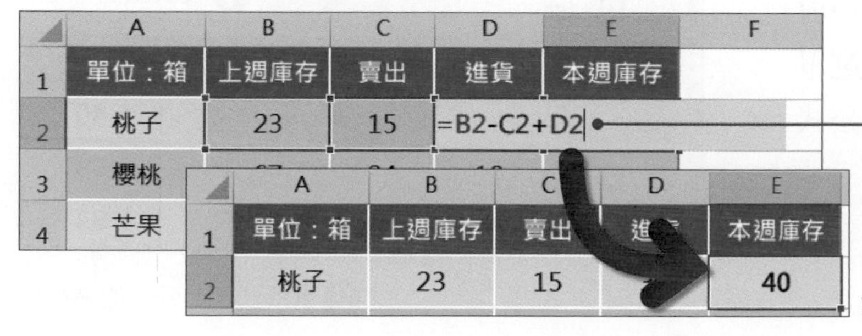

將滑鼠游標移至**E2**儲存格中，輸入「**=B2-C2+D2**」公式，輸入完後按下**Enter**鍵，即可完成公式的輸入。完成計算後，在E2儲存格中就會自動算出正確的值

範例檔案：3-1-OK.xlsx

複製公式

在一個儲存格中建立公式後，可以將公式直接複製到其他儲存格使用，而複製公式時可以使用以下二種方式：

使用填滿控點複製公式

將滑鼠游標移至**填滿控點**，並拖曳填滿控點到其他儲存格中，即可完成公式的複製。在複製的過程中，公式會自動調整參照位置。複製完後，記得按下按鈕，於選單中選擇**填滿但不填入格式**，這樣複製公式時，原先的儲存格格式就不會被覆蓋掉。

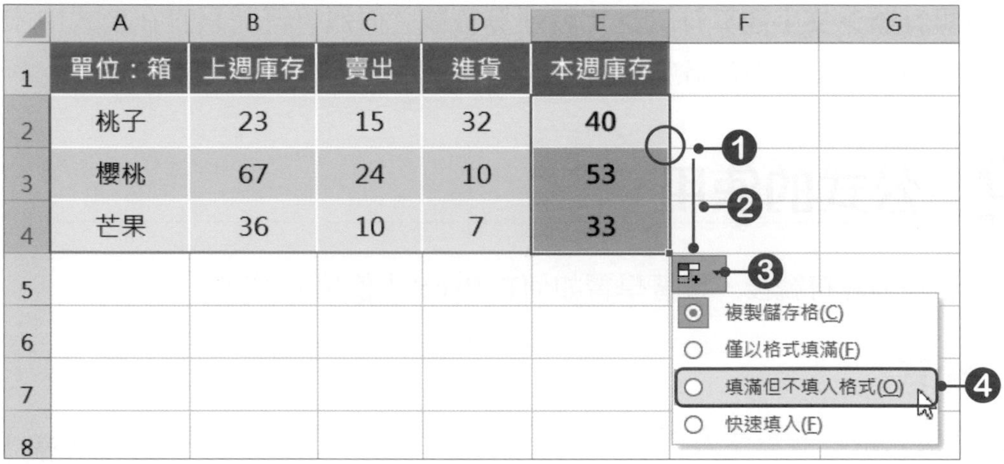

	A	B	C	D	E	F	G
1	單位：箱	上週庫存	賣出	進貨	本週庫存		
2	桃子	23	15	32	40		
3	櫻桃	67	24	10	53		
4	芒果	36	10	7	33		
5							
6							
7							
8							

範例檔案：3-2.xlsx

選擇性貼上

在複製公式時還可以使用「**選擇性貼上**」的方式，點選含有公式的儲存格後，按下**Ctrl+C**快速鍵，複製該儲存格的公式，接著再選取要貼上的儲存格，再按下「**常用→剪貼簿→貼上**」選單鈕，於選單中選擇**公式**選項，即可將公式複製到被選取的儲存格中。

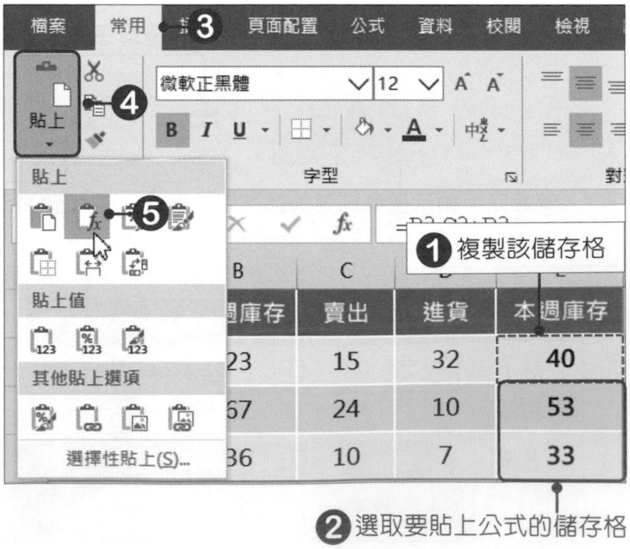

修改公式

若公式有錯誤，或儲存格位址變動時，就必須要進行修改公式的動作，而修改公式就跟修改儲存格的內容是一樣的，直接雙擊公式所在的儲存格，即可進行修改的動作。也可以在資料編輯列上按一下**滑鼠左鍵**，進行修改。

PV　=B3-C3+D3

	A	B	C	D	E
1	單位：箱	上週庫存	賣出	進貨	本週庫存
2	桃子	23	15	32	40
3	櫻桃	67	24	10	=B3-C3+D3
4	芒果	36	10	7	33

在資料編輯列上按一下**滑鼠左鍵**，即可進行公式的修改

Excel會用不同顏色將公式使用到的儲存格標示出來，只要把有顏色的框框拖曳到其他儲存格，公式就會改用新的儲存格來計算

認識儲存格參照

使用公式時，會填入儲存格位址，而不是直接輸入儲存格的資料，這種方式稱作**參照**。公式會根據儲存格位址，找出儲存格的資料，來進行計算。為什麼要使用參照？如果在公式中輸入的是儲存格資料，則運算結果是固定的，不能靈活變動。使用參照就不同了，當參照儲存格的資料有變動時，公式會立即運算產生新的結果，這就是電子試算表的重要功能—**自動重新計算**。

相對參照

在公式中參照儲存格位址，可以進一步稱為**相對參照**，因為Excel用相對的觀點來詮釋公式中的儲存格位址的參照。

有了相對參照，即使是同一個公式，位於不同的儲存格，也會得到不同的結果。我們只要建立一個公式後，再將公式複製到其他儲存格，則其他的儲存格都會根據相對位置調整儲存格參照，計算各自的結果，而相對參照的主要的好處就是：**重複使用公式**。

E2　=B2-C2+D2

	A	B	C	D	E
1	單位：箱	上週庫存	賣出	進貨	本週庫存
2	桃子	23	15	32	40
3	櫻桃	67	24	10	53
4	芒果	36	10	7	33

將「=B2-C2+D2」公式複製到E3及E4儲存格時，會得到不同的結果，這是因為公式中使用了**相對參照**，所以公式會自動調整參照的儲存格位址

E2	=B2-C2+D2
E3	=B3-C3+D3
E4	=B4-C4+D4

絕對參照

雖然相對參照有助於處理大量資料，可是偏偏有時候必須指定一個固定的儲存格，這時就要使用**絕對參照**。只要在儲存格位址前面加上**「$」**，公式就不會根據相對位置調整參照，這種加上「$」的儲存格位址，例如：$F$2，就稱作**絕對參照**。

絕對參照可以只固定欄或只固定列，沒有固定的部分，仍然會依據相對位置調整參照，例如：B2儲存格的公式為「=B$1*$A2」，公式移動到C2儲存格時，會變成「=C$1*$A2」；如果移到儲存格B3時，公式會變為「=B$1*$A3」。

B2 =B$1*$A2

	A	B	C	D
1		100	120	
2	15	1500	1800	
3	20	2000	2400	

公式中絕對參照的部分是不會改變的

B2	=B$1*$A2	C2	=C$1*$A2
B3	=B$1*$A3	C3	=C$1*$A3

範例檔案：3-3.xlsx

相對參照與絕對參照的轉換

當儲存格要設定為絕對參照時，要先在儲存格位址前輸入**「$」**符號，這樣的輸入動作或許有些麻煩，現在告訴你一個將位址轉換為絕對參照的小技巧，在資料編輯列上選取要轉換的儲存格位址，選取好後再按下**F4**鍵，即可將選取的位址轉換為絕對參照。

立體參照位址

立體參照位址是指參照到**其他活頁簿或工作表中**的儲存格位址，例如：活頁簿1要參照到活頁簿2中的工作表1的B1儲存格，則公式會顯示為：

= [活頁簿2.xlsx] 工作表1! B1

- [活頁簿2.xlsx]：參照的活頁簿檔名，以中括號表示
- 工作表1!：參照的工作表名稱，以驚嘆號表示
- B1：參照的儲存格

3-3 函數的使用

函數是Excel事先定義好的公式，專門處理龐大的資料，或複雜的計算過程，這節就來看看該如何使用函數。

認識函數

使用函數可以不需要輸入冗長或複雜的計算公式，例如：當要計算A1到A10的總和時，若使用公式的話，必須輸入「=A1+A2+A3+A4+A5+A6+A7+A8+A9+A10」；若使用函數的話，只要輸入**=SUM(A1:A10)**即可將結果運算出來。

了解了函數的用途後，來看看函數語法的意義。函數跟公式一樣，由「=」開始輸入，函數名稱後面有一組括弧，括弧中間放的是**引數**，也就是函數要處理的資料，而不同的引數，要用**「, (逗號)」**隔開。

函數中的引數，可以使用數值、儲存格參照、文字、名稱、邏輯值、公式、函數，如果使用文字當引數，文字的前後必須加上**「"」**符號。函數中可以使用多個引數，但最多只可以用到**255**個。

函數裡又包著函數，例如：=SUM(B2:F7,SUM(B2:F7))，稱作**巢狀函數**，而巢狀函數最多可達**64層**。

自動加總

在**「常用→編輯→Σ·」**及**「公式→函數庫→自動加總」**按鈕中，提供了幾種常用的函數，這些函數的功能及語法如下表所列。

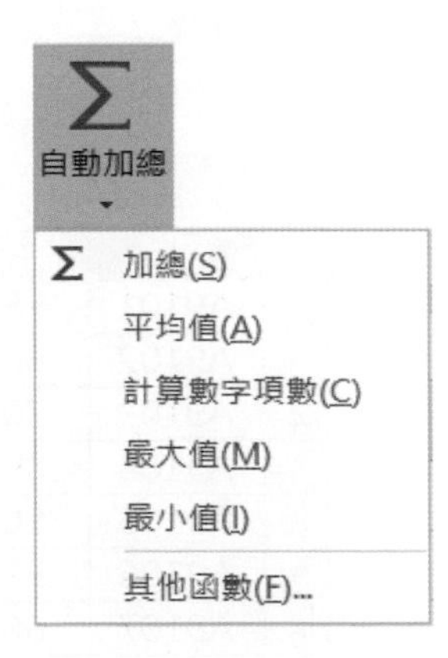

加總	SUM	功能	可以計算多個數值範圍的總和。
		語法	SUM(數值範圍,數值範圍,⋯)
平均值	AVERAGE	功能	可以快速地計算出指定範圍內的平均值。
		語法	AVERAGE(數值範圍,數值範圍,⋯)
計算數字項數	COUNT	功能	可以在一個範圍內，計算包含數值資料的儲存格數目。
		語法	COUNT(數值範圍,數值範圍,...)
最大值	MAX	功能	可以快速地取得指定範圍內的最大值。
		語法	MAX(數值範圍,數值範圍,...)
最小值	MIN	功能	可以快速地取得指定範圍內的最小值。
		語法	MIN(數值範圍,數值範圍,...)

在實際使用函數之前，先來看一個簡單範例，藉以了解函數的運作方法。請開啓**3-4.xlsx**檔案，進行以下的練習。

01 將滑鼠游標移至I2儲存格中，按下**「公式→函數庫→自動加總」**或**「常用→編輯→自動加總」**按鈕，於選單中選擇**加總**。

02 此時Excel會自動產生**「=SUM(B2:H2)」**函數和閃動的虛線框框，表示會計算虛框內的總和。

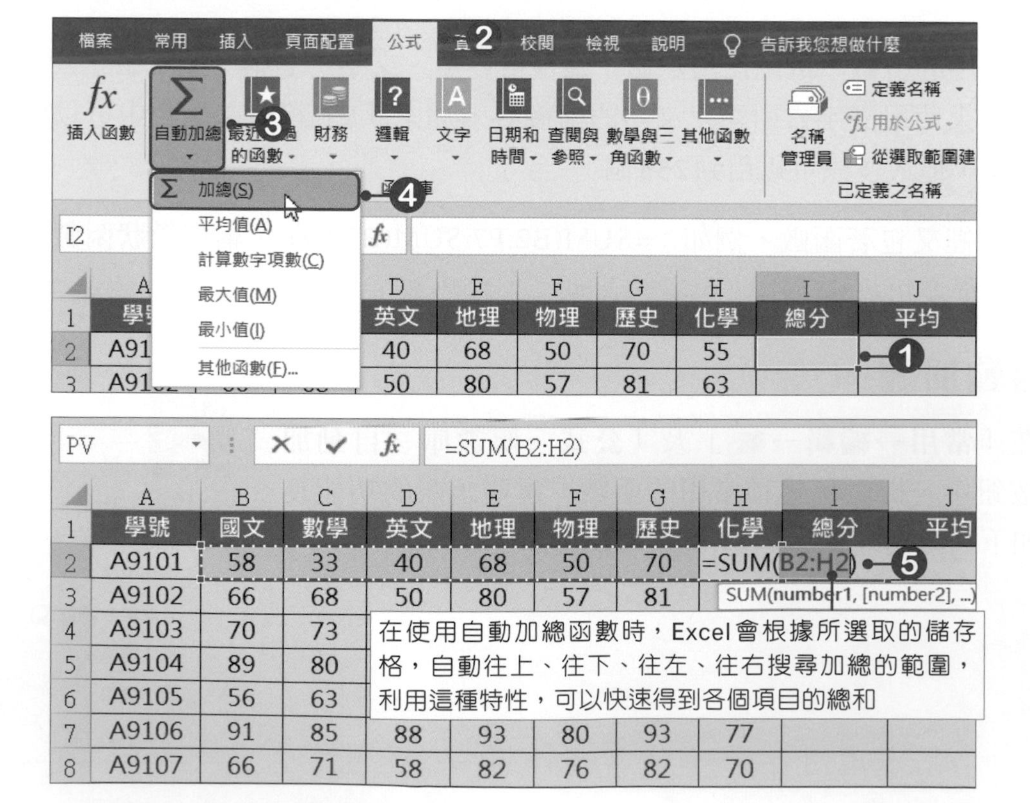

03 確定範圍沒有問題後，按下 **Enter** 鍵，即可計算出總和。

I2 | =SUM(B2:H2)

	A	B	C	D	E	F	G	H	I	J
1	學號	國文	數學	英文	地理	物理	歷史	化學	總分	平均
2	A9101	58	33	40	68	50	70	55	374	
3	A9102	66	68	50	80	57	81	63		

要計算加總（**SUM**）時，也可以直接按下 **Alt+=** 快速鍵。

04 將滑鼠游標移至J2儲存格中，按下「**公式→函數庫→自動加總**」或「**常用→編輯→自動加總**」按鈕，於選單中選擇**平均值**。

05 此時Excel會自動產生「**=AVERAGE(B2:I2)**」函數和閃動的虛線框框，但I2儲存格並不在計算範圍內，故將I2更改為 **H2**，更改好後按下 **Enter** 鍵，即可計算出平均。

PV | =AVERAGE(B2:I2)

	A	B	C	D	E	F	G	H	I	J	K
1	學號	國文	數學	英文	地理	物理	歷史	化學	總分	平均	
2	A9101	58	33	40	68	50	70	55	=AVERAGE(B2:I2) ❶		
3	A9102	66	68	50	80	57	81	63	AVERAGE(number1, [number2], ...)		
4	A9103	70	73	67	88	60	80	71			

J2 | =AVERAGE(B2:H2)

	A	B	C	D	E	F	G	H	I	J	K
1	學號	國文	數學	英文	地理	物理	歷史	化學	總分	平均	
2	A9101	58	33	40	68	50	70	55	=AVERAGE(B2:H2) ❷		
3	A9102	66	68	50	80	57	81	63	AVERAGE(number1, [number2], ...)		
4	A9103	70	73	67	88	60	80	71			

J2 | =AVERAGE(B2:H2)

	A	B	C	D	E	F	G	H	I	J	K
1	學號	國文	數學	英文	地理	物理	歷史	化學	總分	平均	
2	A9101	58	33	40	68	50	70	55	374	53.43	❸
3	A9102	66	68	50	80	57	81	63			
4	A9103	70	73	67	88	60	80	71			
5	A9104	89	80	73	90	70	92	81			

範例檔案：3-4-OK.xlsx

06 第1位學生的總分及平均計算好後，選取I2及J2儲存格，並將滑鼠游標移至J2儲存格的**填滿控點，雙擊滑鼠左鍵**，即可將公式複製到I3:J11儲存格中。

插入函數

Excel的函數種類眾多，要一一記起來也不太容易，而且每個函數的使用規則也不太一樣。因此，Excel設計了**插入函數**按鈕，它會在建立函數的過程中，告訴我們函數該怎麼用，引數該如何選擇，讓建立函數變成是一件簡單的工作。請開啟**3-5.xlsx**檔案，使用**IF函數**來判斷學生的總平均是否及格。

01 將滑鼠游標移至**C2**儲存格，按下**「公式→函數庫→插入函數」**按鈕，開啟「插入函數」對話方塊，選擇函數。

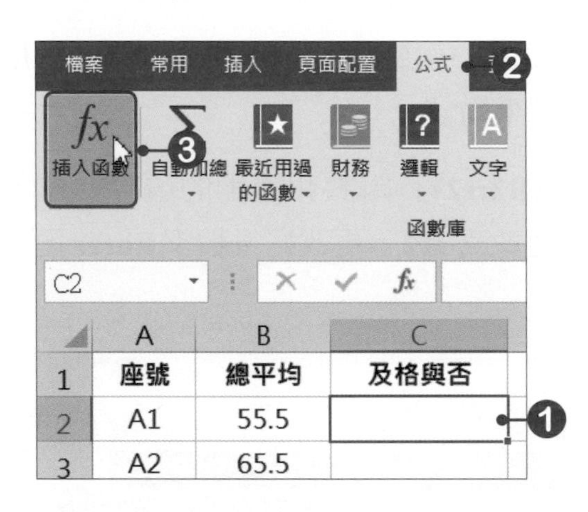

要於儲存格中插入函數時，也可以按下**Shift+F3**快速鍵，或是按下資料編輯列上的 fx 按鈕。

02 按下**或選取類別**選單鈕，於選單中選擇**邏輯**，在**選取函數**中選擇**IF**函數，選擇好後按下**確定**按鈕。

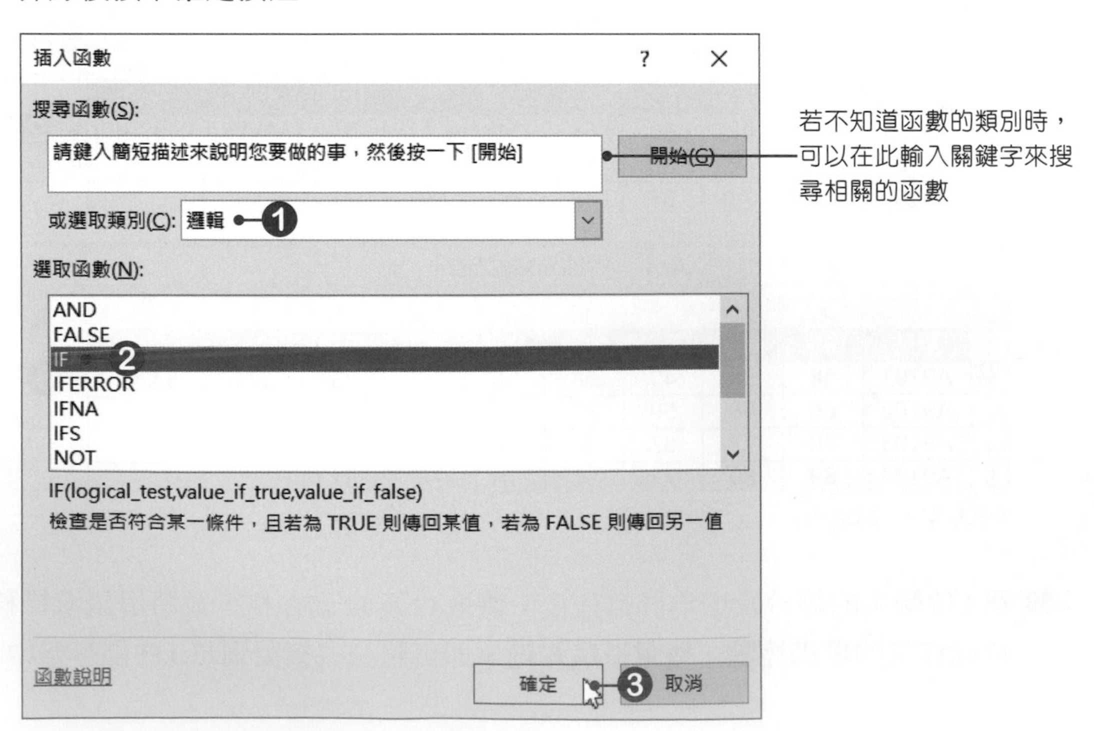

03 開啓「函數引數」對話方塊後，在第1個引數(Logical_test)欄位中輸入**「B2<60」**，表示若B2儲存格小於60時，則顯示第2個引數所設定的文字。

04 在第2個引數(Value_if_true)欄位中輸入**「不及格」**，表示若儲存格符合第1個引數的條件時，便顯示「不及格」文字。

05 接著在第3個引數(Value_if_false)欄位中輸入**「及格」**，表示若儲存格不符合第1個引數的條件時，便顯示「及格」文字。

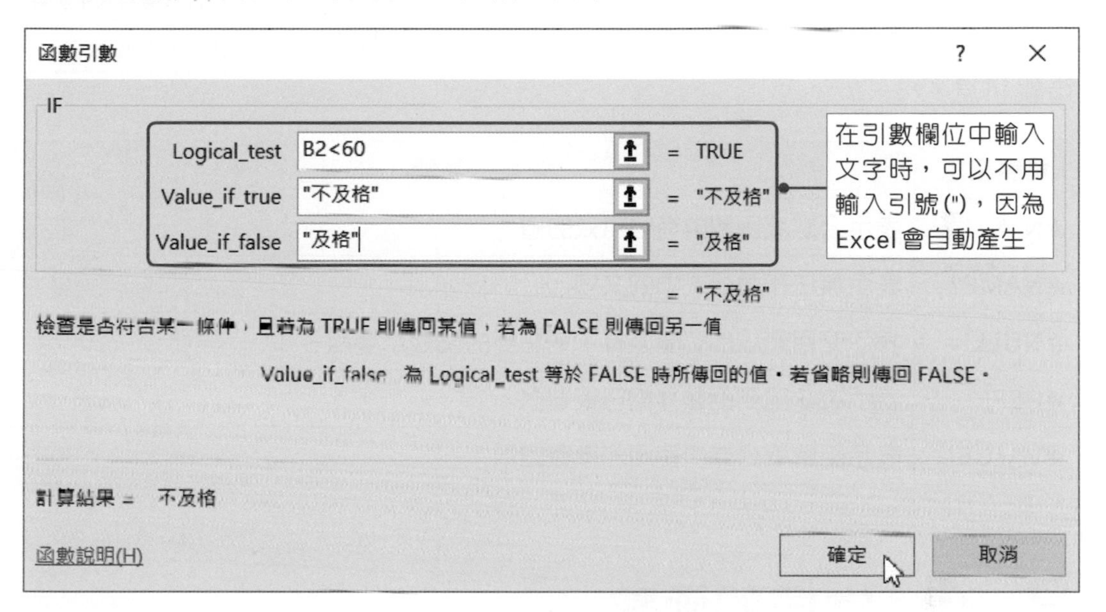

06 都設定好後按下**確定**按鈕，即可完成及格與否的判斷。

C2 =IF(B2<60,"不及格","及格")

	A	B	C	D	E
1	座號	總平均	及格與否		
2	A1	55.5	不及格		
3	A2	65.5			
4	A3	77.8			
5	A4	96.5			
6	A5	59.5			
7	A6	80.6			

因為B2儲存格內的數值小於60，所以顯示為不及格

範例檔案：3-5-OK.xlsx

自動計算功能

使用自動計算功能，可以在不建立公式或函數的情況下，快速得到運算結果。只要選取想要計算的儲存格範圍，即可在狀態列中得到計算的結果。在預設下會顯示**平均值**、**項目個數及加總**，若在狀態列上按下**滑鼠右鍵**，還可以在選單中選擇想要出現於狀態列的資料。

公式與函數的錯誤訊息

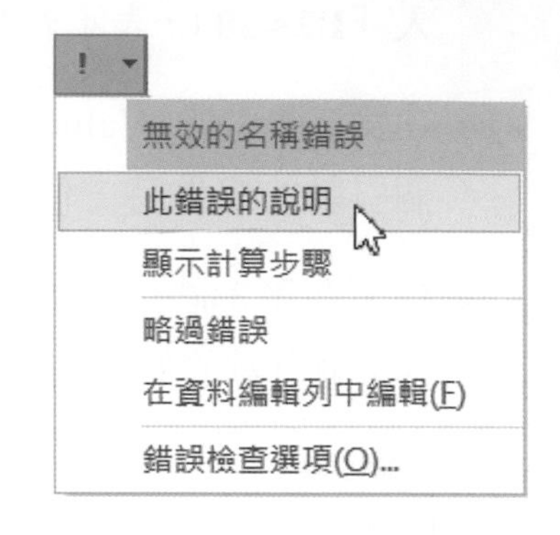

在建立函數及公式時，可能會遇到◆圖示，當此圖示出現時，表示建立的公式或函數可能有些問題，此時可以按下◆圖示，開啟選單來選擇要如何修正公式。若發現公式並沒有錯誤時，選擇**略過錯誤**即可。

除了會出現錯誤訊息的智慧標籤外，在儲存格中也會因為公式錯誤而出現某些文字，以下列出常見的錯誤訊息。

錯誤訊息	說明
#N/A	表示公式或函數中有些無效的值。
#NAME?	表示無法辨識公式中的文字。
#NULL!	表示使用錯誤的範圍運算子或錯誤的儲存格參照。
#REF!	表示被參照到的儲存格已被刪除。
#VALUE!	表示函數或公式中使用的參數錯誤。

3-4 常見的函數

Excel預先定義了許多函數，每一個函數功能都不相同，而函數依其特性，大致上可分為**財務**、**邏輯**、**文字**、**日期和時間**、**查閱與參照**、**數學與三角函數**、**統計**、**工程**等。要使用函數時，可以至**「公式→函數庫」**群組中，按下函數類別選單鈕，從選單中選擇要使用的函數。

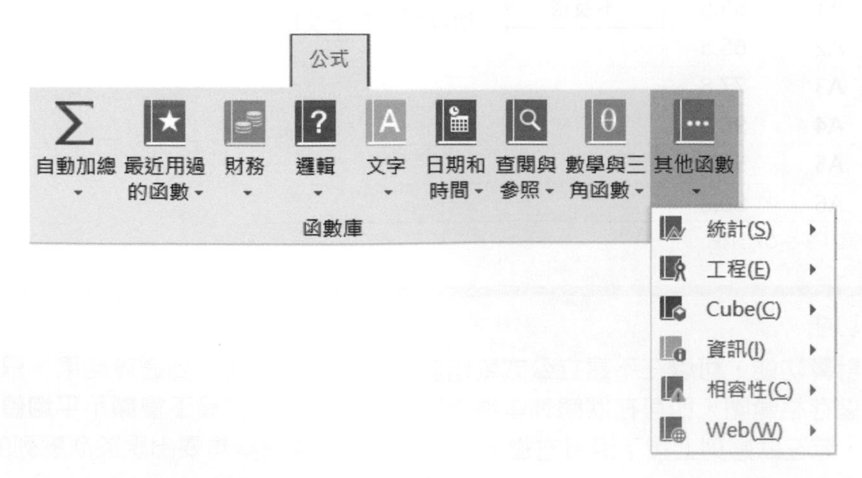

接下來將再介紹幾種可能會使用到的函數，不過，因爲篇幅的關係，所以無法全部介紹，若對函數有興趣的話，可以參考其他函數的書籍。

IF函數

IF函數可以**根據判斷條件的眞假**，傳回指定的結果，其語法如下所示：

IF(判斷條件,條件為真時執行這個結果,條件為假時執行這個結果)

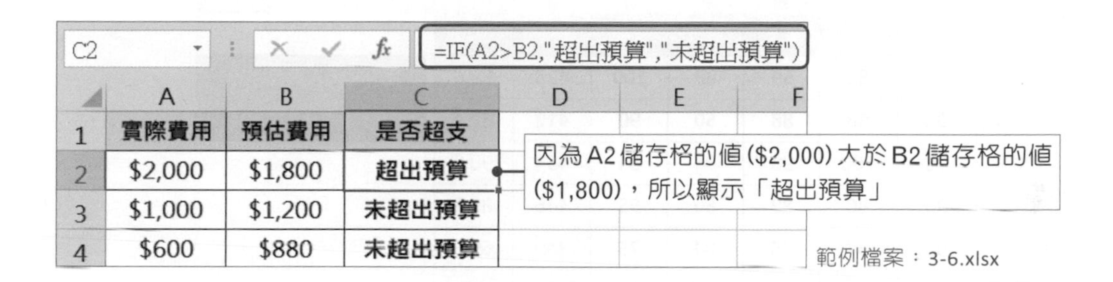

C2 =IF(A2>B2,"超出預算","未超出預算")

	A	B	C	D	E	F
1	實際費用	預估費用	是否超支			
2	$2,000	$1,800	超出預算			
3	$1,000	$1,200	未超出預算			
4	$600	$880	未超出預算			

範例檔案：3-6.xlsx

SUMIF函數

SUMIF函數可以計算**符合指定條件的數值的總和**，其語法如下所示：

SUMIF(比較條件的範圍,必須符合的條件,要加總的數值範圍)

C8 =SUMIF(B2:B7,"車資",C2:C7)

	A	B	C	D	E
1	日期	支出項目	金額		
2	12月1日	車資	$150		
3	12月2日	書籍	$1,200		
4	12月3日	油資	$1,800		
5	12月4日	車資	$200		
6	12月5日	車資	$210		
7	12月6日	文具用品	$180		
8	車資支出總金額為：		$560		

Excel會先在B2到B7搜尋出符合**車資**條件的資料，搜尋完後再到C2到C7的範圍中，加總符合條件的數值

範例檔案：3-7.xlsx

在使用SUMIF函數時，可以使用**問號(?)及星號(*)**作爲引數，其中**問號代表任一字元；星號則代表連續字元**，例如：=SUMIF(B2:B7,"*資",C2:C7)，表示要將以**「資」**爲結尾的所有支出項目(油資及車資)的金額加總。不過，若要尋找的是問號及星號字元時，那麼就要在該字元前輸入波形符號(~)。

COUNTIF函數

COUNTIF函數可以**計算符合條件的儲存格個數**，例如：特定的文字，或是一段比較運算式，其語法如下所示：

COUNTIF(比較條件的範圍,必須符合的條件)

L2 =COUNTIF(I2:I11,">=60")

輸入條件時，若條件不是數值，那麼就要將條件加上「"」雙引號

	A	B	C	D	E	F	G	H	I	J	K	L
1	座號	姓名	國文	數學	英文	計概	商概	總分	平均			
2	A0001	王小桃	90	81	59	88	100	418	83.6		全班及格人數	9
3	A0002	陳雅婷	86	98	88	50	90	412	82.4		全班不及格人數	1
4	A0003	張雨桐	78	100	98	94	84	454	90.8			
5	A0004	鄭薇	96	86	89	80	95	446	89.2			
6	A0005	余品樂	68	87	35	84	75	349	69.8			
7	A0006	李嘉哲	50	56	46	89	55	296	59.2			
8	A0007	劉晉佑	96	48	89	71	80	384	76.8			
9	A0008	蘇怡蓁	75	94	45	87	90	391	78.2			
10	A0009	王詩蕙	68	61	87	50	45	311	62.2			
11	A0010	徐子婷	100	100	62	85	100	447	89.4			

範例檔案：3-8.xlsx

RANK.AVG及RANK.EQ函數

RANK.AVG及RANK.EQ函數可**傳回數字在一數列中的排名**，而兩者的差別在於當遇到有多個相同數值時，RANK.AVG函數會傳回該相同數值排序的**平均值**，而RANK.EQ函數則會傳回該數值的排序**最高值**，其語法如下所示：

RANK.EQ(欲找出其等級的數字,為數字所在的陣列或參照範圍,指定排序方式)

RANK.AVG(欲找出其等級的數字,為數字所在的陣列或參照範圍,指定排序方式)

C2 =RANK.EQ(B2,$B$2:$B$7)

因為要比較的範圍不會變，所以要將B2:B7設定為絕對位址**$B$2:$B$7**，這樣在複製公式時，才不會有問題

	A	B	C	D
1	廠牌	銷售數量	排名	
2	iPhone	105	1	
3	OPPO	60	4	
4	ASUS	25	6	
5	小米機	88	3	
6	Samsung	91	2	
7	SONY	41	5	

範例檔案：3-9.xlsx

VLOOKUP函數

VLOOKUP函數可以在表格裡**上下地搜尋，找出想要的項目**，傳回跟項目**同一列的某個欄位內容**，在右邊欄位輸入想要查詢的貨號，VLOOKUP函數就會到左邊的表格找尋該貨號的資料，並傳回與貨號相對應的品名、包裝、單位及售價，其語法如下所示：

VLOOKUP(想查詢的項目,用來查詢的表格範圍,傳回同一列中第幾個欄位)

H4 =VLOOKUP(G4,$A$2:$E$17,2)

	A	B	C	D	E	F	G	H	I	J	K
1	貨號	品名	包裝	單位	售價						
2	A1001	蘭姆酒	0.6	瓶	$ 280						
3	A1002	琴酒	0.75	瓶	$ 300		貨號	品名	包裝	單位	售價
4	A1003	伏特加酒	0.75	瓶	$ 280		A1010	梅酒	0.6	瓶	$ 330
5	A1004	威士忌	0.6	瓶	$ 400						
6	A1005	玉露酒	0.6	瓶	$ 350						
7	A1006	頂級陳高	0.66	瓶	$ 1,200						
8	A1007	XO白蘭地	0.6	瓶	$ 650						
9	A1008	紹興酒	0.6	瓶	$ 180						
10	A1009	紅葡萄酒	0.6	瓶	$ 250						
11	A1010	梅酒	0.6	瓶	$ 330						

輸入要查詢的貨號，VLOOKUP函數就會在A2:E17儲存格範圍裡，查詢與貨號A1010同一列的資料，並回傳到H4、I4、J4、K4儲存格中

範例檔案：3-10.xlsx

HLOOKUP函數

跟VLOOKUP函數類似，HLOOKUP函數可以查詢某個項目，傳回指定的欄位，只不過它在尋找資料時，是**以水平的方式左右查詢**，找到項目後，傳回同一欄的某一列資料，其語法如下所示：

HLOOKUP(想查詢的項目,用來查詢的表格範圍,傳回同一欄中第幾個列)

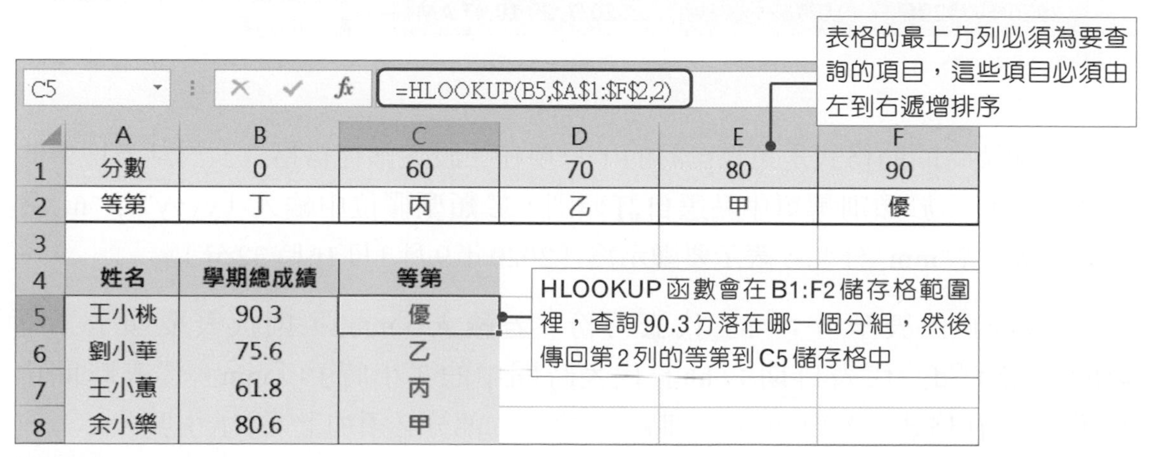

C5 =HLOOKUP(B5,$A$1:$F$2,2)

	A	B	C	D	E	F
1	分數	0	60	70	80	90
2	等第	丁	丙	乙	甲	優
3						
4	姓名	學期總成績	等第			
5	王小桃	90.3	優			
6	劉小華	75.6	乙			
7	王小蕙	61.8	丙			
8	余小樂	80.6	甲			

範例檔案：3-11.xlsx

TODAY函數

TODAY函數可以在儲存格中**顯示目前的日期**，該函數沒有引數，只要加入語法即可，其語法如下所示：

TODAY()

B1 =TODAY()

	A	B	C	D	E	F	G	H
1	今天日期	2020/7/29						
2	時間	星期一	星期二	星期三	星期四	星期五	星期六	星期日
3	上午6時							
4	上午7時							
5	上午8時							

範例檔案：3-12.xlsx

若想要直接在儲存格中輸入當天日期時，先選取儲存格，再按下 **Ctrl+;** 快速鍵。

NOW函數

NOW函數可以在儲存格中**顯示目前的日期與時間**，該函數沒有引數，只要加入語法即可，其語法如下所示：

NOW()

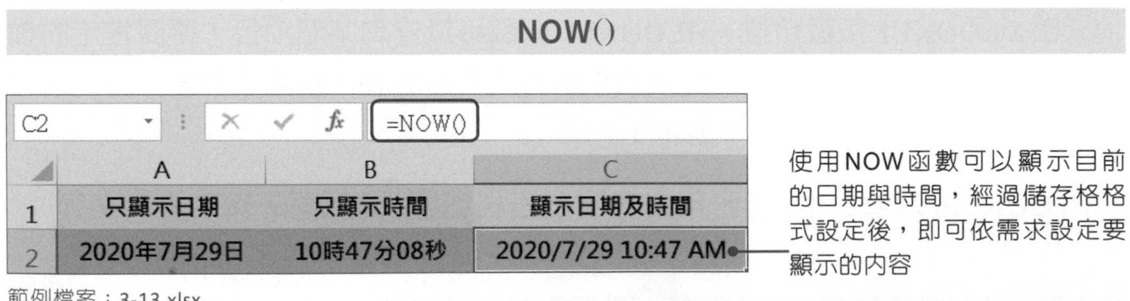
C2 =NOW()

	A	B	C
1	只顯示日期	只顯示時間	顯示日期及時間
2	2020年7月29日	10時47分08秒	2020/7/29 10:47 AM

使用NOW函數可以顯示目前的日期與時間，經過儲存格格式設定後，即可依需求設定要顯示的內容

範例檔案：3-13.xlsx

日期及時間的格式是可以自訂的，只要在「設定儲存格格式」對話方塊中的**數值**標籤頁，於類別選單中點選**自訂**類別，於**類型**欄位中輸入「yyyy"年"m"月"d"日"hh"時"mm"分"」，表示要顯示為「2020年9月3日16時32分」。

「yyyy」代表年份；「m」代表月份，若輸入「mm」，則代表要顯示二位數的月份；「d」代表日期；「hh」代表時間中的「小時」；「mm」代表時間中的「分」，在格式中若要顯示文字時，則文字的部分必須加上「""」引號。

若要在日期後加入星期，例如：8月8日 週四，可自訂為「m"月"d"日" aaa」，將「aaa」改為「aaaa」，則會顯示為「8月8日 星期四」。

在儲存格中輸入日期時，若想要直接以民國顯示日期，可在輸入的日期前加上「r」，例如：r111/10/10。

DAYS函數

DAYS 函數可以**傳回兩個日期之間相差的天數**，其語法如下所示：

DAYS(結束日期,開始日期)

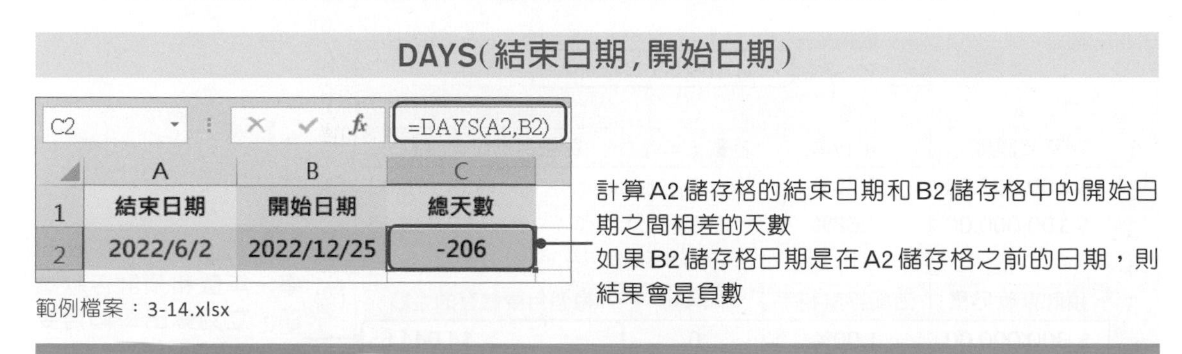

範例檔案：3-14.xlsx

在公式中可以直接輸入日期來計算兩個日期之間的天數，但日期必須加上引號，例如：**=DAYS("2022/12/5","2022/7/8")**，結果會顯示為**150**。

PMT函數

PMT函數可以計算**本息償還金額**，例如：申請個人信用貸款80萬，年利率爲2.75%，三年內必須同時償還本金與利息，這時可用PMT函數來計算每個月的付款金額，其語法如下所示：

PMT(利率,期數,貸款總額,期末淨值,期初或期末付款)

利率	為各期的利率
期數	為年金的總付款期數
貸款總額	係指未來每期年金現值總和
期末淨值	為最後一次付款完成後，所能獲得現金餘額
期初或期末付款	為0或1的數值，用以界定各期金額的給付時點，0或省略未填表期末給付；1表期初給付

D2 =PMT(B2/12,C2*12,A2)

	A	B	C	D
1	貸款額度	年利率	期數（年）	每個月要繳的貸款
2	$ 800,000.00	2.75%	3	-$23,176.93
3	$ 100,000.00	3.68%	3	-$2,938.18
4				
5	預計存款目標	活期存款利率	年數	每個月要儲存的金額
6	$ 300,000.00	1.00%	6	$4,044.65

這裡要計算的是每個月的償還金額，所以必須把年利率除以12，得到每個月的利率，這裡的利率須以百分比表示；而3年的期數也要乘以12，改成以月為單位的期數

PMT函數除了可以計算貸款的攤還金額，還可以計算儲蓄金額。如果想在6年後，存到30萬元，活期存款利率爲2.00%，利用「PMT函數」，可以算出每個月必須存多少錢。

D6 =PMT(B6/12,C6*12,0,-A6)

	A	B	C	D
1	貸款額度	年利率	期數（年）	每個月要繳的貸款
2	$ 800,000.00	2.75%	3	-$23,176.93
3	$ 100,000.00	3.68%	3	-$2,938.18
4				
5	預計存款目標	活期存款利率	年數	每個月要儲存的金額
6	$ 300,000.00	1.00%	6	$4,044.65

PMT函數可以根據利率、年數和預計存款總額，立刻算出每個月要儲存的金額

範例檔案：3-15.xlsx

FV函數

若想計算**零存整付的本利和**，例如：每個月存1萬元，固定年利率為1.35%，可以用FV函數計算10年後取回的本利和，其語法如下所示：

FV(利率,期數,每期存款金額,年金現淨值,期初或期末給付)

利率	為各期的利率
期數	為年金的總付款期數
每期存款金額	係指分期付款的金額
年金現淨值	係指現在或未來付款的目前總額
期初或期末給付	為0或1的數值，用以界定各期金額的給付時點，0或省略未填表期末給付；1表期初給付

範例檔案：3-16.xlsx

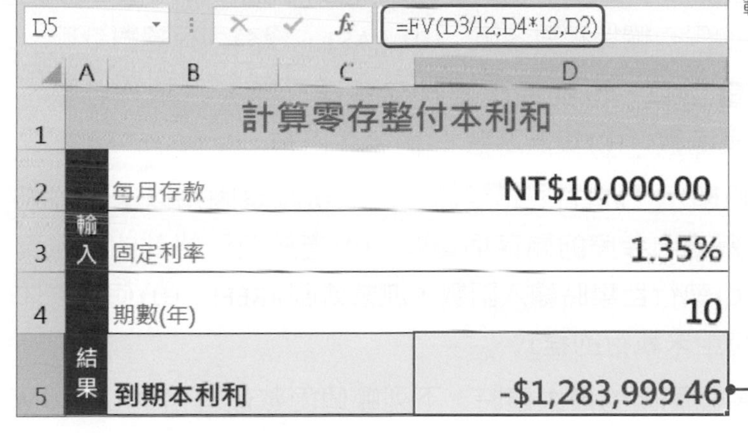
D5 =FV(D3/12,D4*12,D2)

	A	B	C	D
1	計算零存整付本利和			
2	輸入	每月存款		NT$10,000.00
3		固定利率		1.35%
4		期數(年)		10
5	結果	到期本利和		-$1,283,999.46

FV函數可以根據利率、期數和存款金額，計算期滿的本利和

LEFT與RIGHT函數

LEFT與RIGHT為**文字函數**，使用**LEFT**函數可以**擷取從左邊數過來的幾個字**；**RIGHT**函數則可以**擷取從右邊數過來的幾個字**，其語法如下所示：

LEFT(所要抽選的文字串,指定抽選的字元數)

RIGHT(所要抽選的文字串,指定抽選的字元數)

B2 =LEFT(A2,1)

	A	B	C	D
1	姓名	姓	名	
2	王小桃	王	小桃	
3	陳雅婷	陳	雅婷	
4	張雨桐	張	雨桐	

C2 =RIGHT(A2,2)

	A	B	C	D
1	姓名	姓	名	
2	王小桃	王	小桃	
3	陳雅婷	陳	雅婷	
4	張雨桐	張	雨桐	

範例檔案：3-17.xlsx

自我評量

❖選擇題

(　　)1. 在Excel中，下列何者正確？(A)「5-7*3」的結果是-6　(B)「5*3<-10」的結果是假的　(C)「5*3<-10」的結果是真的　(D)輸入123&456會等於579。

(　　)2. 在Excel中，「B2:C4」指的是？(A) B2、B3、B4、C2、C3、C4儲存格　(B) B2、C4儲存格　(C) B2、C2、B4、C4儲存格　(D) B2、C2、B4儲存格。

(　　)3. 在Excel中，公式中若想要顯示文字，只要在文字前後加上什麼符號即可？(A)雙引號　(B)單引號　(C)逗號　(D)冒號。

(　　)4. 在Excel中，函數裡不同的引數，是用下列哪一個符號分隔？(A)”　(B):　(C),　(D)’。

(　　)5. 在Excel中，下列哪個說法不正確？(A)「A1」是相對參照　(B)「$A$1」是絕對參照　(C)「$A6」只有欄採相對參照　(D)「A$1」只有列採絕對參照。

(　　)6. 在Excel中，用函數當引數，也就是函數裡又包含了函數，稱作什麼？(A)貝殼函數　(B)鳥巢函數　(C)巢狀函數　(D)蝸牛函數。

(　　)7. 在Excel中，當儲存格顯示「#REF!」錯誤時，最不可能是因為以下哪個原因？(A)刪除或移動公式內參照的儲存格資料　(B)連結至已啓動的動態資料交換(DEE)主題　(C)執行巨集時輸入函數，亦會傳回#REF!　(D)使用物件連結與嵌入(OLE)連結至未執行的程式。

(　　)8. 在Excel中，要取出某個範圍的最大值時，下列哪個函數最適合？(A) SUM　(B) MAX　(C) MIN　(D) AVERAGE。

(　　)9. 在Excel中，若要幫某個範圍的數值排名次時，可以使用下列哪個函數？(A) RANK.EQ　(B) VLOOKUP　(C) HLOOKUP　(D) SUMIF。

(　　)10. 在Excel中，要計算出符合指定條件的數值總和時，下列哪個函數最適合？(A) SUM　(B) SUMSQ　(C) SUMIF　(D) COUNT。

(　　)11. 在Excel中，下列哪個函數可以在表格裡垂直地搜尋，傳回指定欄位的內容？(A) VLOOKUP　(B) HLOOKUP　(C) SUMIF　(D) RANK.EQ。

(　　)12. 在Excel中，如果想要計算本息償還金額時，可以使用下列哪個函數？(A) MIX　(B) FV　(C) PMT　(D) PTT。

(　　)13. 在Excel中，假設A1儲存格內的值為：「嗨起來」，那麼在B1儲存格中輸入「=RIGHT(A1,1)」公式，會顯示為？(A)嗨起來　(B)嗨　(C)起　(D)來。

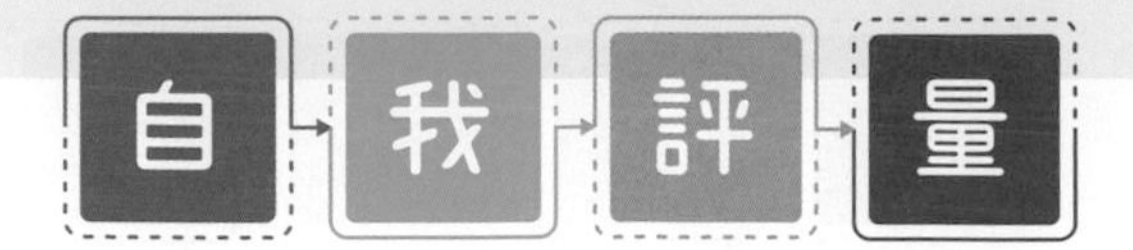

❖ 實作題

1. 開啓「Excel→CH03→3-18.xlsx」檔案，進行以下的設定。
   - 算出每位選手的總得分(必須排除最高分與最低分，提示：先用SUM函數算出總分，扣掉MAX和MIN函數取得的最高分、最低分)。
   - 用RANK.EQ函數找出選手的總分在所有分數中的排名。

1		裁判								
2	選手	日本籍	俄羅斯籍	美國籍	韓國籍	德國籍	法國籍	波蘭籍	總得分	名次
3	美國選手	8.6	8.6	8.9	8.7	8.5	8.5	8.6	43.0	10
4	俄羅斯選手	8.8	8.9	8.7	8.9	9	8.9	8.8	44.3	4
5	斯洛伐克選手	9	9.1	8.9	9.2	9	9.1	9.3	45.4	2
6	南斯拉夫選手	8.9	9.2	8.9	8.8	9.1	8.9	9.1	44.9	3
7	波蘭選手	8.7	8.6	8.6	8.5	8.5	8.7	8.8	43.1	9
8	加拿大選手	8.3	8.4	8.7	8.5	8.3	8.2	8.4	41.9	11
9	日本選手	8.8	8.8	8.6	8.5	8.9	9	8.9	44.0	5
10	韓國選手	8.6	8.9	8.8	9	8.6	8.7	8.9	43.9	6
11	西班牙選手	8.3	8.1	8.3	8.5	8.4	8.5	8.1	41.6	12
12	奧地利選手	8.6	8.9	8.8	8.7	8.5	8.8	8.6	43.5	7
13	芬蘭選手	8.8	8.9	8.6	8.7	8.6	8.7	8.6	43.4	8
14	立陶宛選手	9.1	9.1	9.2	9	8.9	9.1	9.3	45.5	1

2. 開啓「Excel→CH03→3-19.xlsx」檔案，進行以下的設定。
   - 計算小計金額。
   - 計算出貨與退貨的數量及金額。

日期	出退貨	數量	單價	小計
12月1日	出貨	300	300	90000
12月2日	出貨	200	100	20000
12月3日	出貨	100	600	60000
12月4日	退貨	150	100	15000
12月5日	出貨	50	300	15000
12月6日	退貨	60	300	18000
12月7日	退貨	40	100	4000
12月8日	退貨	90	600	54000
12月9日	出貨	700	100	70000
12月10日	出貨	600	300	180000
12月11日	退貨	800	100	80000
12月12日	出貨	1000	300	300000
12月13日	退貨	120	300	36000

	數量	金額
出貨	2,950	$735,000
退貨	1,260	$207,000

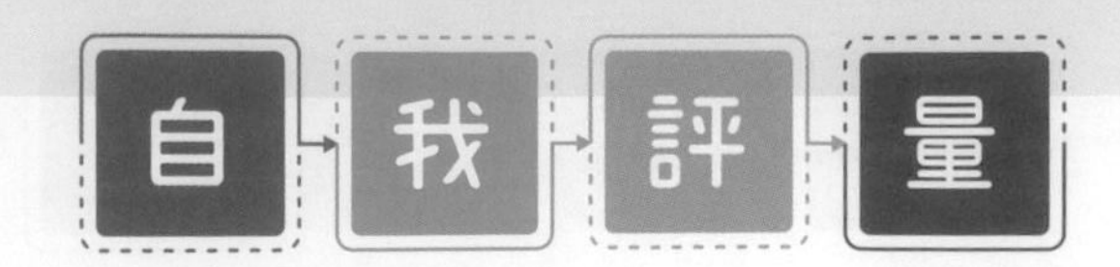

3. 開啓「Excel→CH03→3-20.xlsx」檔案，進行以下的設定。

● 利用VLOOKUP函數在「商品明細」工作表中，找出某一個貨號的商品明細。

貨號	品名	類別	包裝	單位	售價
LG1001	喜年來蔬菜餅乾	餅乾	70g	盒	10
LG1002	中立麥穗蘇打餅乾	餅乾	230g	包	20
LG1003	中建紅標豆干	醃漬	35g×6入	包	45
LG1004	統一科學麵	零食	50g×5包	袋	24
LG1005	味王原汁牛肉麵	速食麵	85g×5包	袋	41
LG1006	浪味炒麵	速食麵	80g×5包	袋	39
LG1007	佛州葡萄柚	水果	10	粒	99
LG1008	愛文芒果	水果	3	斤	99
LG1009	香蕉	水果	1	斤	12
LG1010	黑森林蛋糕	蛋糕	1	盒	59
LG1011	水果塔	蛋糕	4入	盒	39
LG1012	芋泥吐司	麵包	1	盒	25

商品明細查詢表			
貨號	品名		
LG1010	黑森林蛋糕		
類別	包裝	單位	售價
蛋糕	1	盒	59

EXCEL 2019

CHAPTER 04

統計圖表的製作

4-1 走勢圖

Excel提供了走勢圖功能，可以快速地於單一儲存格中加入圖表，了解該儲存格的變化。

建立走勢圖

Excel提供了**折線圖**、**直條圖**、**輸贏分析**等三種類型的走勢圖，在建立時，可以依資料的特性選擇適當的類型。請開啓**4-1.xlsx**檔案，學習如何在儲存格中建立走勢圖。

01 選取要建立走勢圖的資料範圍，按下**「插入→走勢圖→折線」**按鈕，開啓「建立走勢圖」對話方塊。

02 在資料範圍欄位中就會直接顯示被選取的範圍，若要修改範圍，按下⬆按鈕，即可於工作表中重新選取資料範圍。

03 接著選取走勢圖要擺放的位置範圍，請按下⬆按鈕。

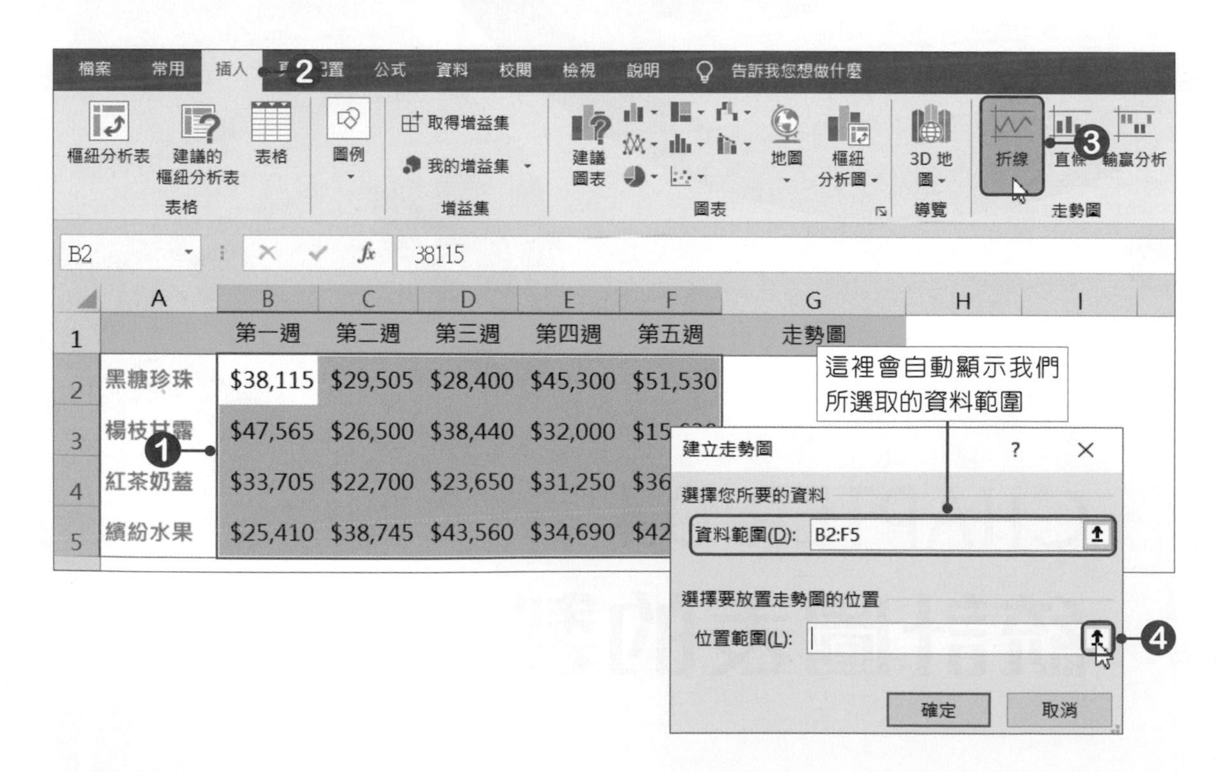

04 於工作表中選取**G2:G5**範圍，選取好後按下按鈕，回到「建立走勢圖」對話方塊，按下**確定**按鈕。

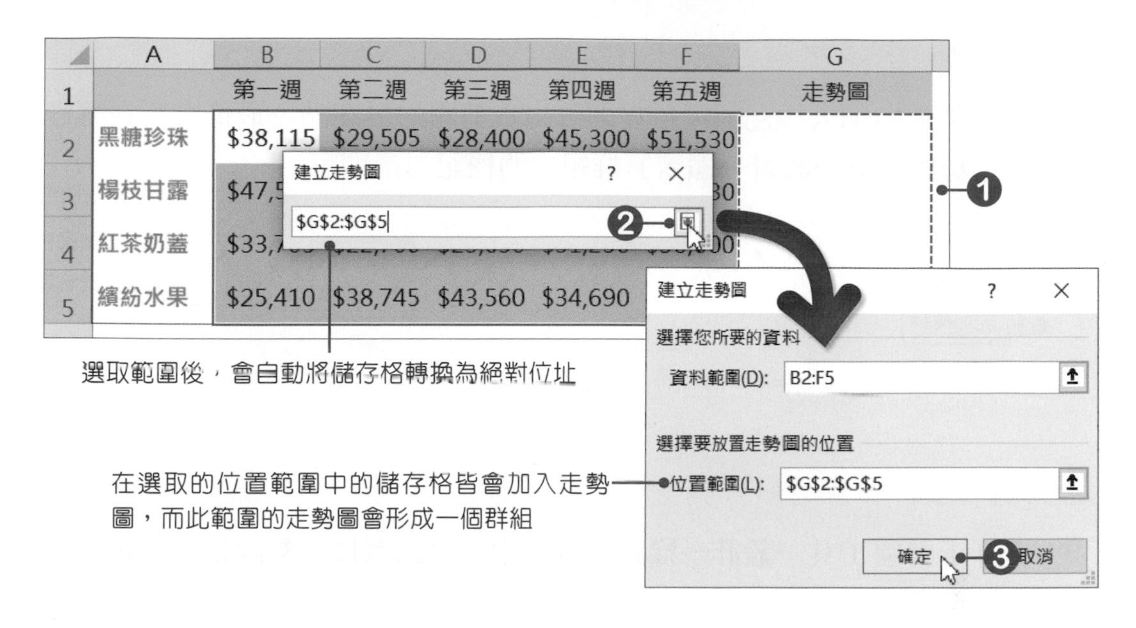

05 回到工作表後，位置範圍中就會顯示走勢圖。

	第一週	第二週	第三週	第四週	第五週	走勢圖
黑糖珍珠	$38,115	$29,505	$28,400	$45,300	$51,530	
楊枝甘露	$47,565	$26,500	$38,440	$32,000	$15,630	
紅茶奶蓋	$33,705	$22,700	$23,650	$31,250	$36,000	
繽紛水果	$25,410	$38,745	$43,560	$34,690	$42,620	

範例檔案：4-1-OK.xlsx

走勢圖格式設定

建立好走勢圖後，還可以幫走勢圖加上標記、變更走勢圖的色彩，及標記色彩等。將作用儲存格移至走勢圖中，便會顯示**走勢圖工具**，於**設計**索引標籤頁中即可進行相關的設定。

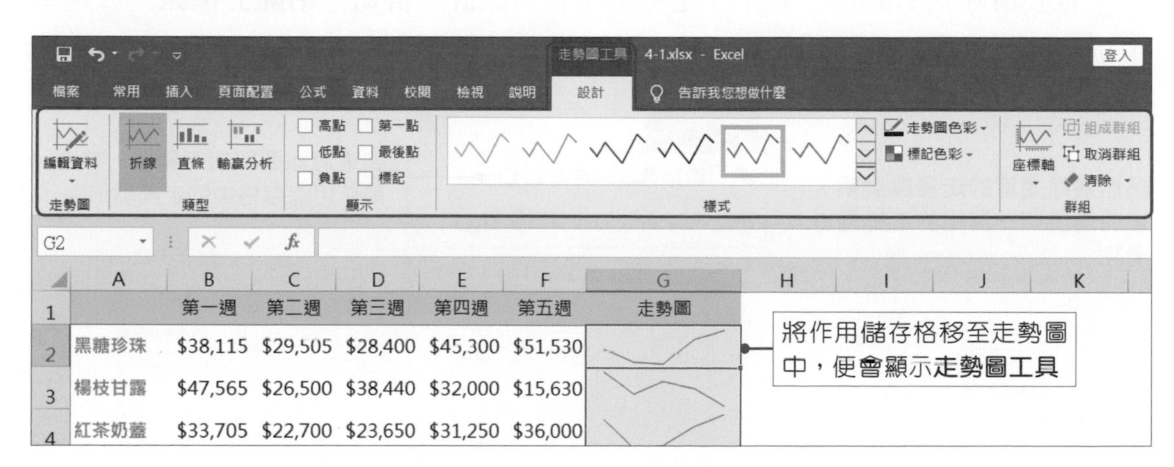

顯示標記

在走勢圖中加入標記，可以立即看出走勢圖的最高點及最低點落在哪裡，只要將**「走勢圖工具→設計→顯示」**群組中的**標記**勾選即可。

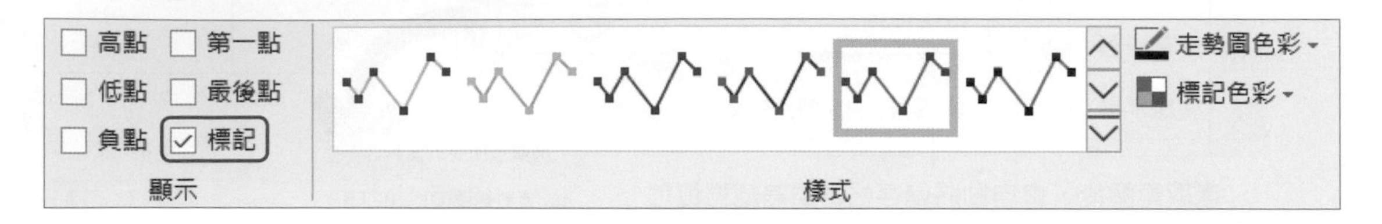

走勢圖樣式

在**「走勢圖工具→設計→樣式」**群組中，可以選擇走勢圖樣式、色彩及標記色彩。

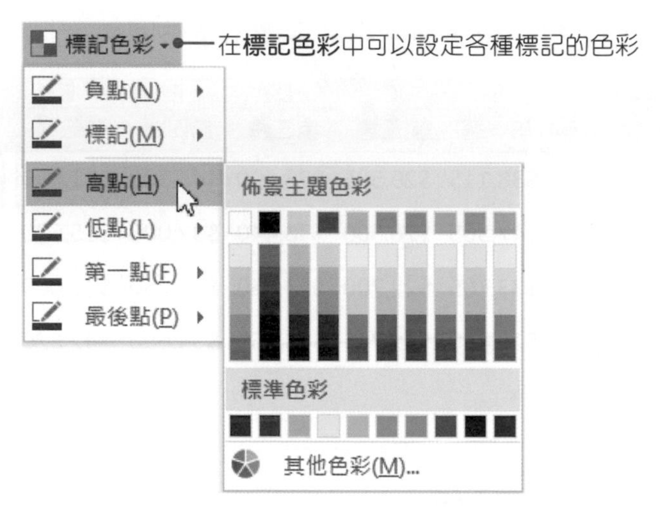

清除走勢圖

若要清除走勢圖時，按下**「走勢圖工具→設計→群組→清除」**按鈕，於選單中選擇**清除選取的走勢圖**，即可將走勢圖從儲存格中清除。

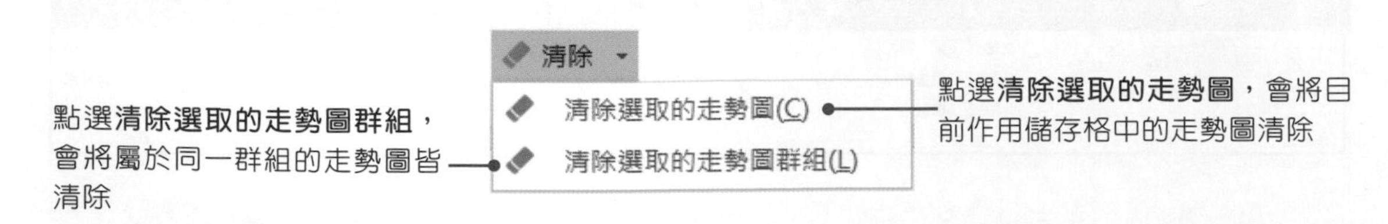

4-2 圖表的建立

圖表是Excel很重要的功能，因爲一大堆的數值資料，都比不上圖表的一目了然，透過圖表能夠很容易解讀出資料的意義。

認識圖表

Excel提供了許多圖表類型，每一個類型下還有副圖表類型，下表所列爲各圖表類型的說明。

類型	說明
直條圖	比較同一類別中數列的差異。
折線圖	表現數列的變化趨勢，最常用來觀察數列在時間上的變化。
圓形圖	顯示一個數列中，不同類別所佔的比重。
橫條圖	比較同一類別中，各數列比重的差異。
區域圖	表現數列比重的變化趨勢。
XY散佈圖	XY散佈圖沒有類別項目，它的水平和垂直座標軸都是數值，因為它是專門用來比較數值之間的關係。
股票圖	呈現股票資訊。
曲面圖	呈現兩個因素對另一個項目的影響。
雷達圖	表現數列偏離中心點的情形，以及數列分布的範圍。
矩形式樹狀結構圖	適合用來比較階層中的比例。
放射環狀圖	適合用來顯示階層式資料。每一個層級都是以圓圈表示，最內層的圓圈代表最上面的階層。
長條圖	適合呈現不同區塊資料集的分布情形，通常用來表示不連續資料，每一條長條之間沒有什麼順序性。
盒鬚圖	會將資料分散情形顯示為四分位數，並醒目提示平均值及異常值，是統計分析中最常使用的圖表。
瀑布圖	可快速地顯示收益和損失。
漏斗圖	適合用來顯示程序中多個階段的值。
地圖	以地圖方式呈現圖表資訊，例如：使用地圖呈現新冠肺炎(COVID-19)疫情的分布情況。

建議圖表

若不知資料適合使用哪一種類型的圖表時，可以按下**「插入→圖表→建議圖表」**按鈕，開啓「插入圖表」對話方塊，在**建議的圖表**標籤頁中，會列出適合該資料的圖表，而我們只要點選，即可迅速建立圖表。

在工作表中建立圖表

請開啓**4-2.xlsx**檔案，進行建立圖表的練習。

01 選取要建立圖表的資料範圍，若工作表中並未包含標題文字時，則可以不用選取資料範圍，只要將作用儲存格移至任一有資料的儲存格即可。

選取資料範圍後，按下**Alt+F1**快速鍵，可快速地插入圖表。

建立圖表時，也可以使用**快速分析**按鈕來建立圖表，當選取資料範圍後，按下按鈕，點選**圖表**標籤，即可選擇要建立的圖表類型

02 按下「**插入→圖表→直條圖**」按鈕，於選單中選擇**立體群組直條圖**。

03 點選後，在工作表中就會出現該圖表。

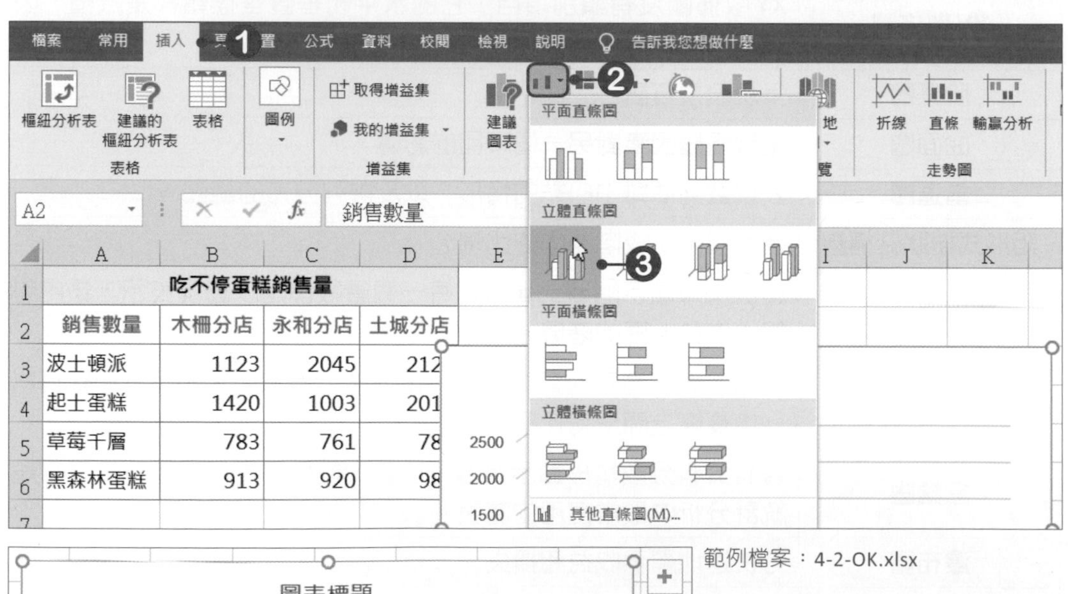

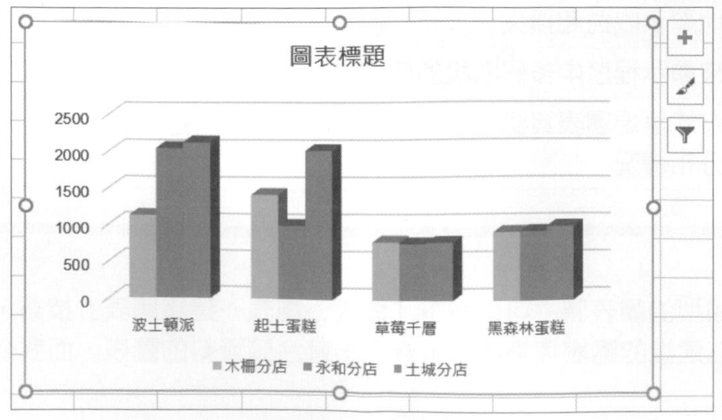

範例檔案：4-2-OK.xlsx

圖表建立好後，在圖表的右上方會看 **圖表項目**、**圖表樣式**及**圖表篩選**等三個按鈕，利用這三個按鈕可以快速地進行一些圖表的基本設定。

將圖表移動到新工作表中

建立圖表時，在預設下圖表會和資料來源放在同一個工作表中，若想要將圖表單獨放在一個新的工作表中，可以按下 **「圖表工具→設計→位置→移動圖表」** 按鈕，選擇圖表要放置的位置。

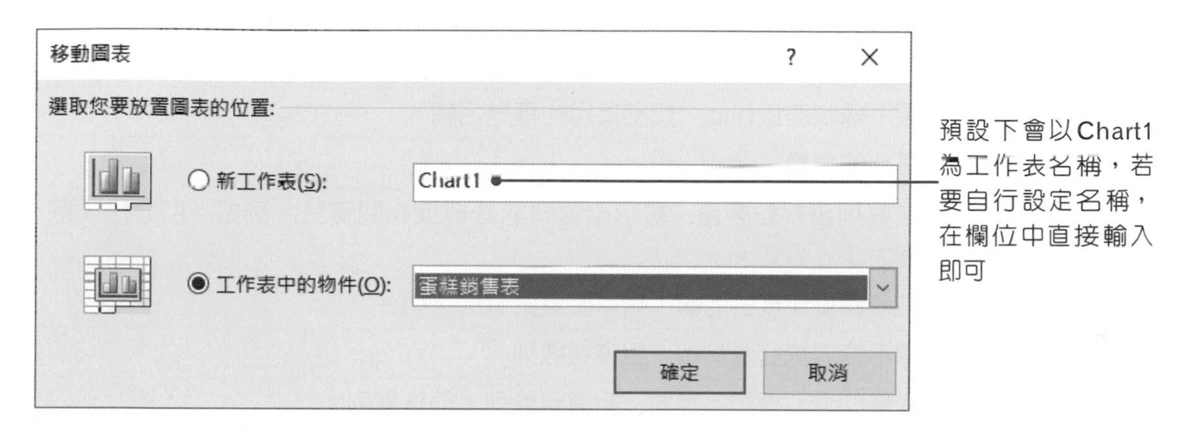

4-3 圖表的版面配置

建立圖表後，還可以幫圖表加上一些相關資訊，讓圖表更完整。

圖表的組成

基本上，一個圖表的基本構成，包含了：資料標記、資料數列、類別座標軸、圖例、數值座標軸、圖表標題等物件。

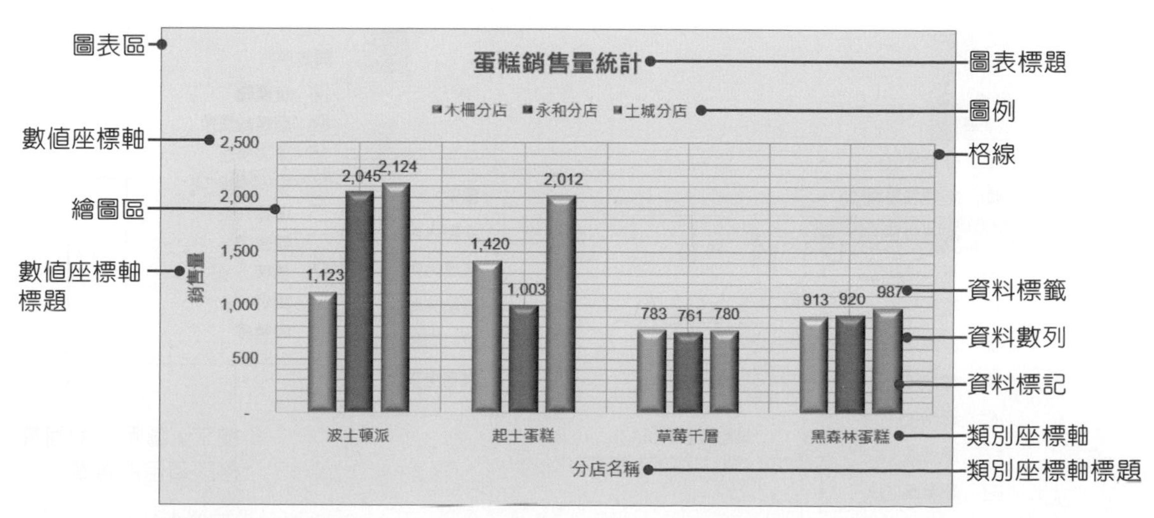

範例檔案：4-3.xlsx

在圖表中的每一個物件都可以個別修改，下表所列爲圖表各物件的說明。

名稱	說明
圖表區	整個圖表區域。
數值座標軸	根據資料標記的大小，自動產生衡量的刻度。
繪圖區	不包含圖表標題、圖例，只有圖表內容，可以拖曳移動位置、調整大小。
數值座標軸標題	顯示數值座標軸上，數值刻度的標題名稱。
類別座標軸標題	顯示類別座標軸上，類別項目的標題名稱。
圖表標題	圖表的標題。
資料標籤	在數列資料點旁邊，標示出資料的數值或相關資訊，例如：百分比、泡泡大小、公式。
格線	數值刻度所產生的線，用以衡量數值的大小。
圖例	顯示資料標記屬於哪一組資料數列。
資料數列	同樣的資料標記，為同一組資料數列，簡稱**數列**。
類別座標軸	將資料標記分類的依據。
資料標記	是指資料數列的樣式，例如：長條圖中的長條。每一個資料標記，就是一個資料點，也表示儲存格的數值大小。

新增圖表項目

在製作圖表時，可依據實際需求爲圖表加上相關資訊。按下**「圖表工具→設計→圖表版面配置→新增圖表項目」**按鈕，於選單中即可選擇要加入哪些項目。

也可以直接按下⊞按鈕，於選單中選擇要加入哪些項目，勾選表示該項目已加入圖表中。

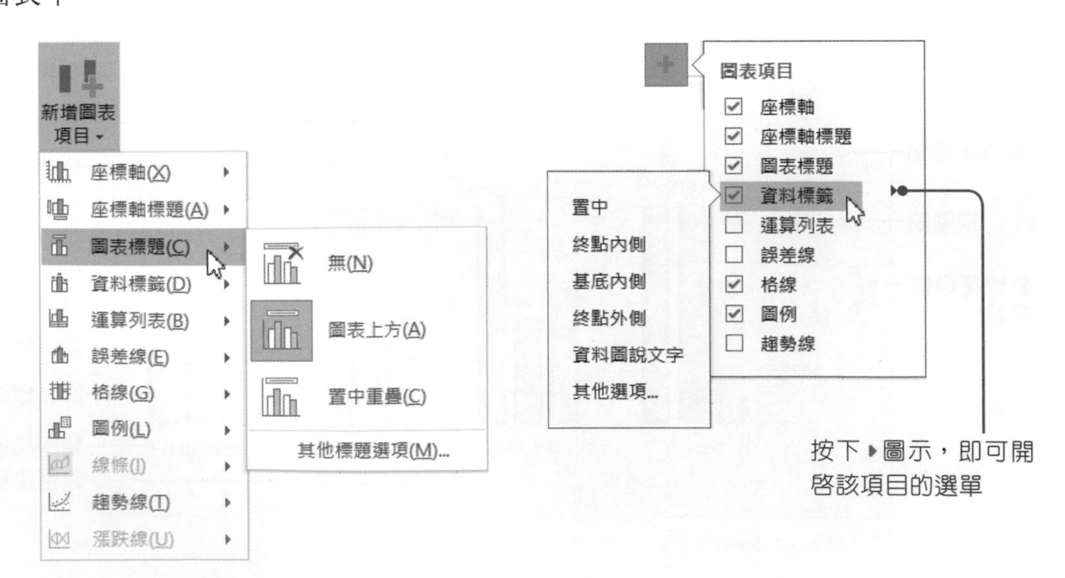

資料標籤的設定

因圖表將數值以長條圖表現，因此不能得知真正的數值大小，此時可以在數列上加入**資料標籤**，讓數值或比重立刻一清二楚。要加入資料標籤時，只要按下 + 按鈕，將**資料標籤**項目勾選，並按下 ▸ 按鈕，選擇資料標籤要放置的位置。

點選某一**數列資料標籤**，其他項目的資料標籤也會跟著被選取，此時就可以針對資料標籤進行文字大小及格式的修改，或是調整資料標籤的位置。

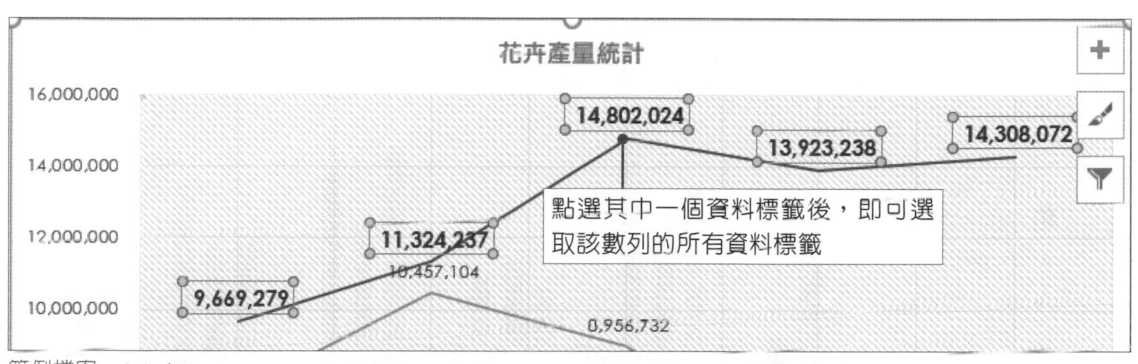

範例檔案：4-4.xlsx

除了在數列上顯示「值」資料標籤外，還可以顯示數列名稱、類別名稱及百分比大小等，按下**「圖表工具→格式，目前的選取範圍→格式化選取範圍」**按鈕，開啟「資料標籤格式」窗格，在**標籤選項**中將**數列名稱**勾選，就會顯示數列名稱；在**數值**中可以設定類別。

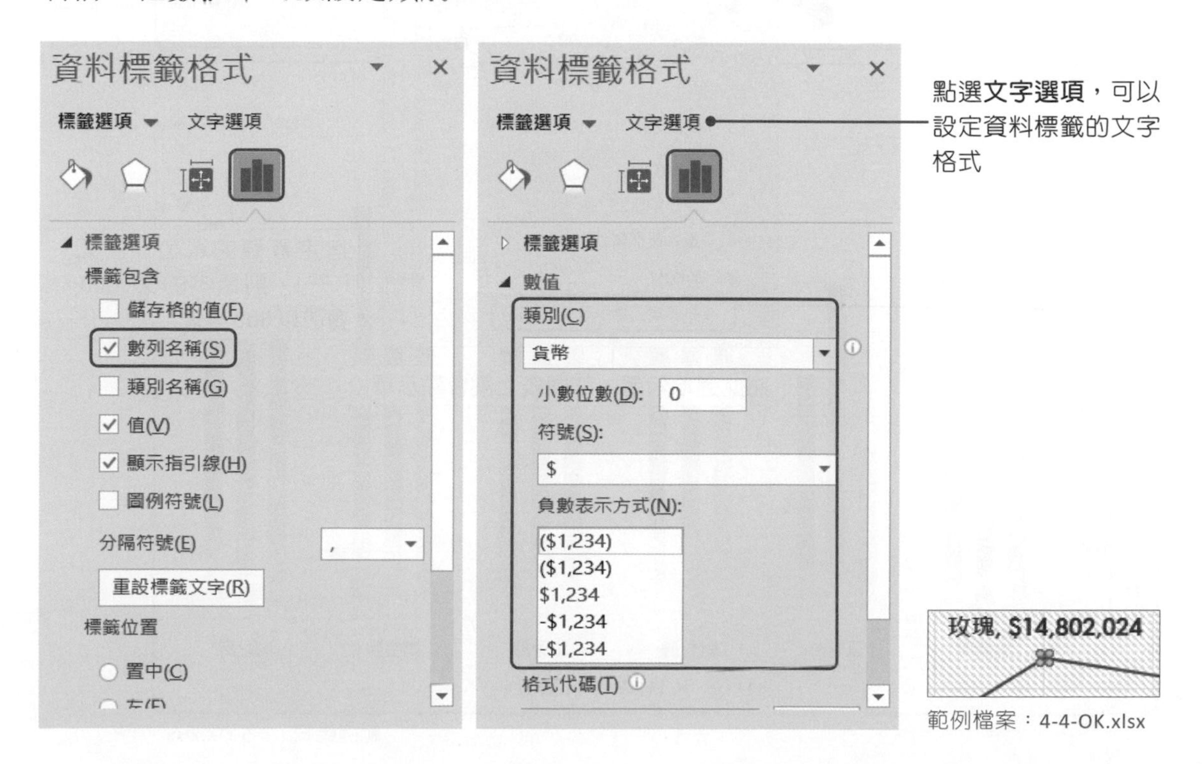

範例檔案：4-4-OK.xlsx

座標軸的設定

在預設下，圖表會直接顯示主水平座標軸與主垂直座標軸，不過，有時Excel自動產生的主垂直座標軸刻度會不如人意，此時必須自己動手修改，以便呈現最適合資料的主垂直座標軸。

點選圖表中的**座標軸**，按下**滑鼠右鍵**，於選單中點選**座標軸格式**，開啓「座標軸格式」窗格，即可設定刻度的間距、最大值及最小值等。

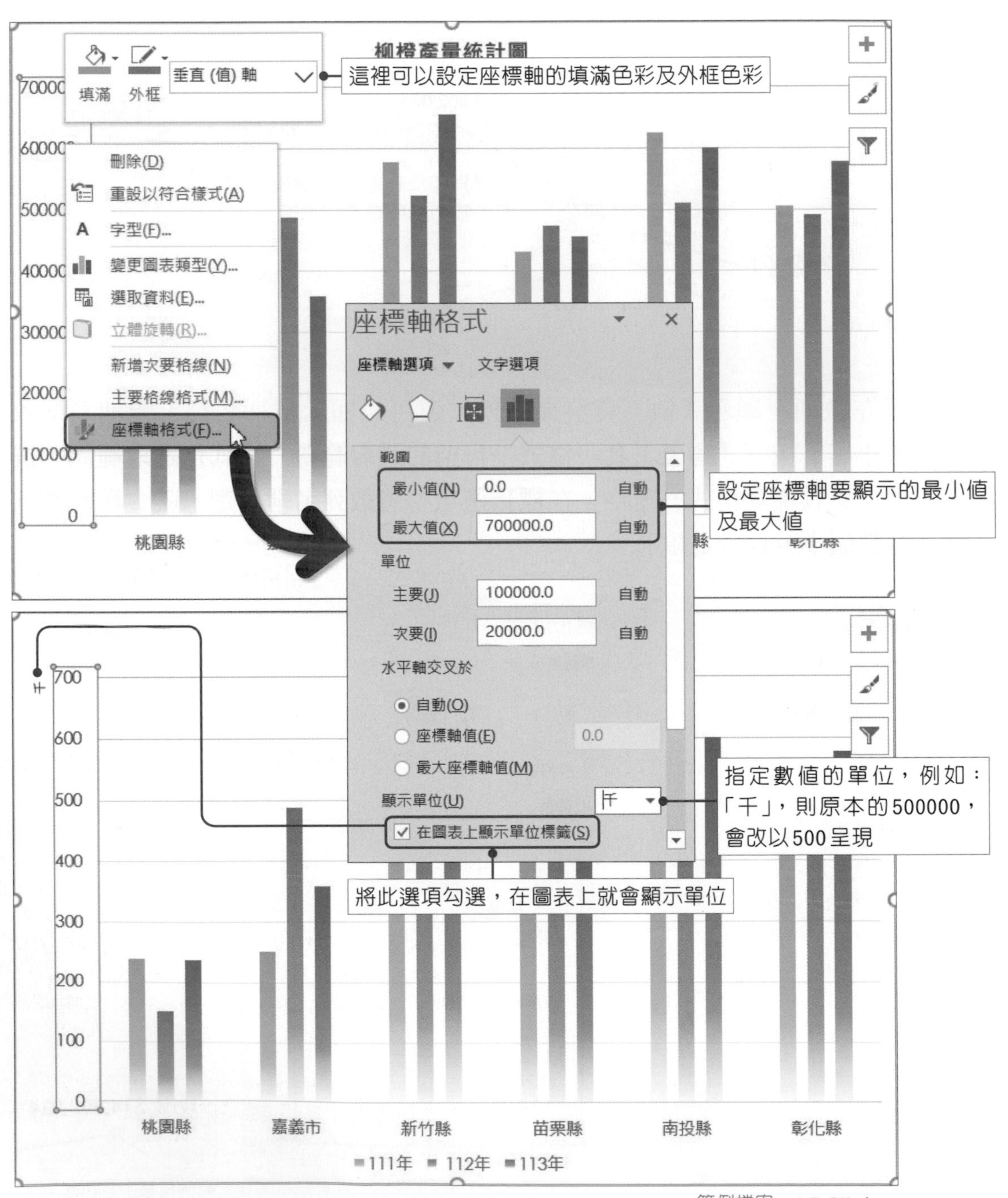

範例檔案：4-5-OK.xlsx

4-4 變更資料範圍及圖表類型

在建立好圖表之後，若發現選取的資料範圍錯了，或是圖表類型不適合時，不用擔心，因爲在Excel中，可以輕易的變更圖表的資料範圍及圖表類型。

修正已建立圖表的資料範圍

製作圖表時，必須指定數列要**循列**還是**循欄**。如果數列資料選擇**列**，則會把一列當作一組**數列**；把一欄當作一個**類別**。請開啓**4-6.xlsx**檔案，在此範例中，「合計」這一欄的資料並不能出現在圖表中，所以要重新設定資料範圍。

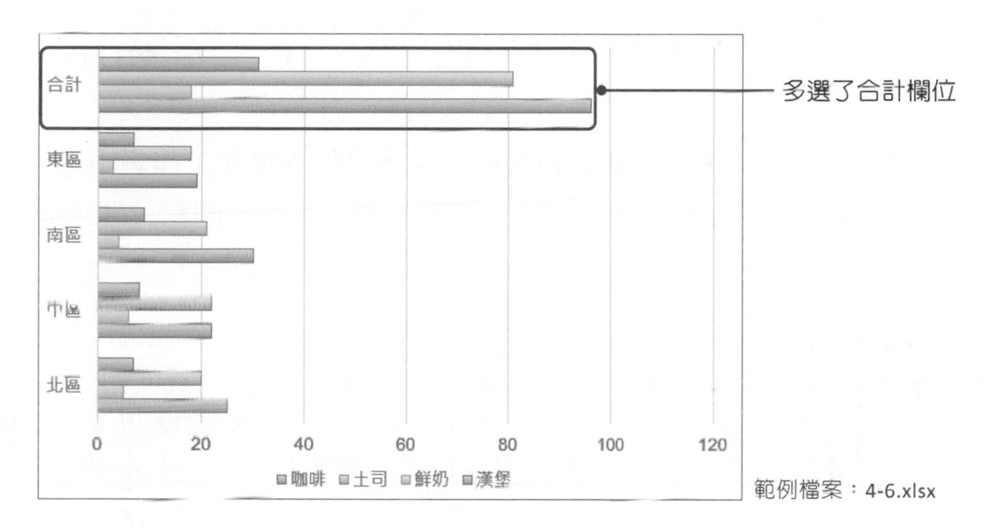

範例檔案：4-6.xlsx

01 點選圖表，按下**「圖表工具→設計→資料→選取資料」**按鈕，開啓「選取資料來源」對話方塊，將**合計**的勾選取消，即可將合計移除，設定好後按下**確定**按鈕。

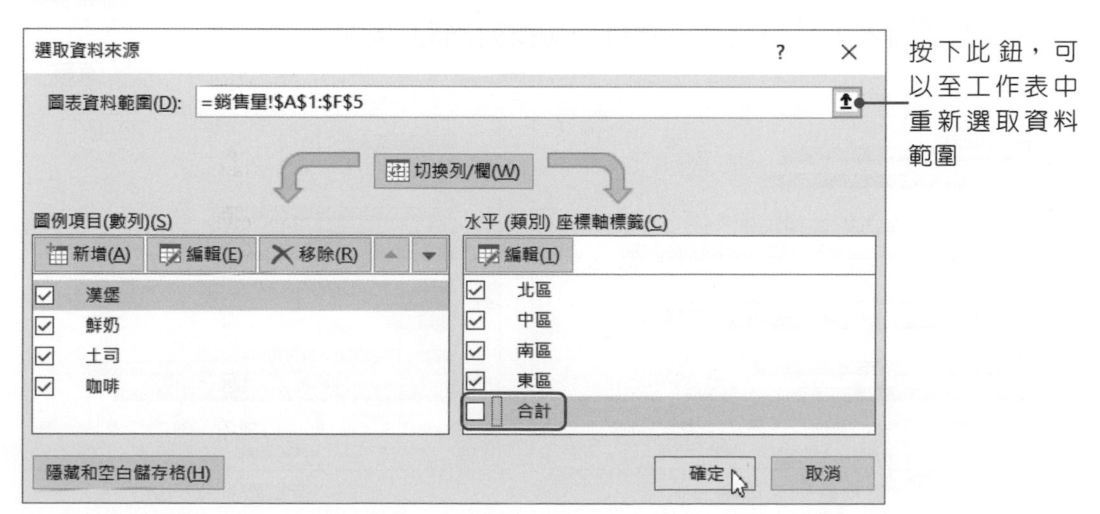

02 按下**確定**按鈕，圖表便會重新調整。

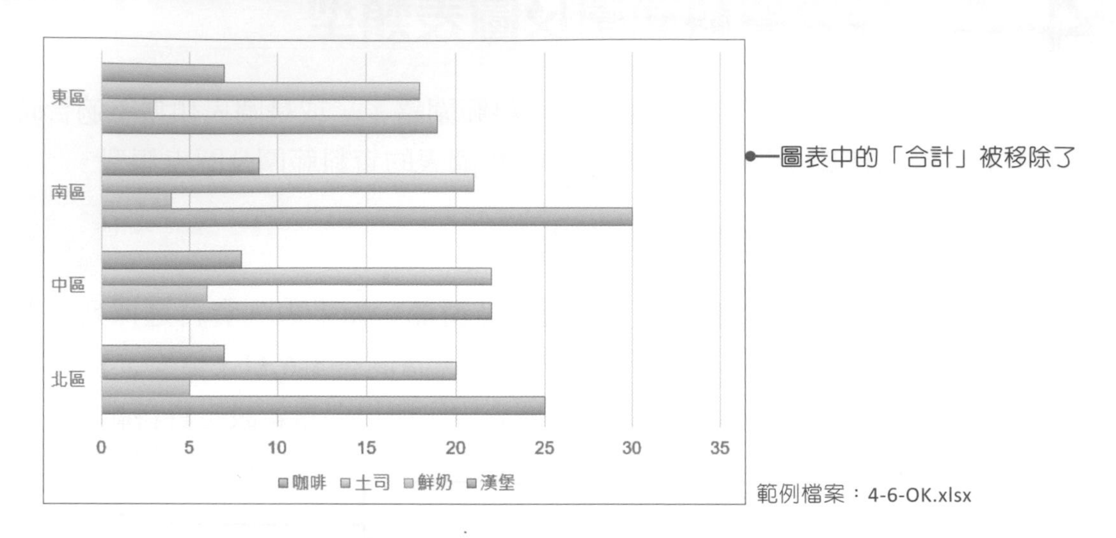

範例檔案：4-6-OK.xlsx

除了使用上述方式變更資料範圍外，也可以直接在工作表中進行，在工作表中的資料範圍會以顏色來區分數列及類別，直接拖曳範圍框，即可變更範圍。

	A	B	C	D	E	F
1		北區	中區	南區	東區	合計
2	漢堡	25	22	30	19	**96**
3	鮮奶	5	6	4	3	**18**
4	土司	20	22	21	18	**81**
5	咖啡	7	8	9	7	**31**
6						

	A	B	C	D	E	F
1		北區	中區	南區	東區	合計
2	漢堡	25	22	30	19	**96**
3	鮮奶	5	6	4	3	**18**
4	土司	20	22	21	18	**81**
5	咖啡	7	8	9	7	**31**
6						

切換列/欄

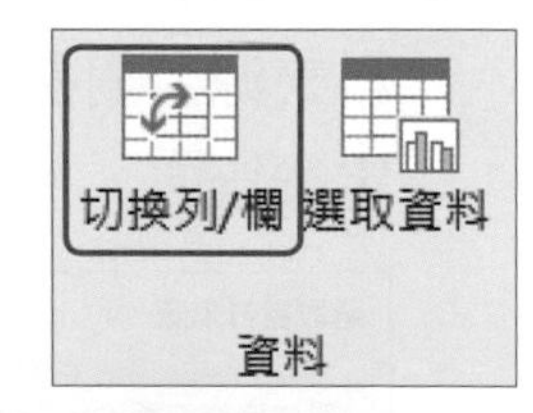

資料數列取得的方向有**循列**及**循欄**兩種，若要切換時，可以按下**「圖表工具→設計→資料→切換列/欄」**按鈕。

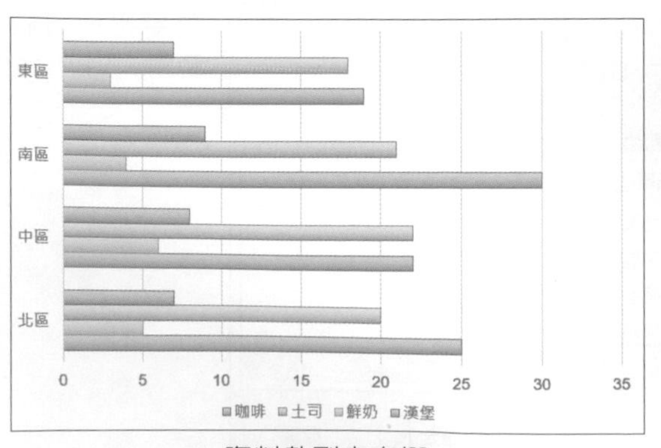

資料數列來自欄

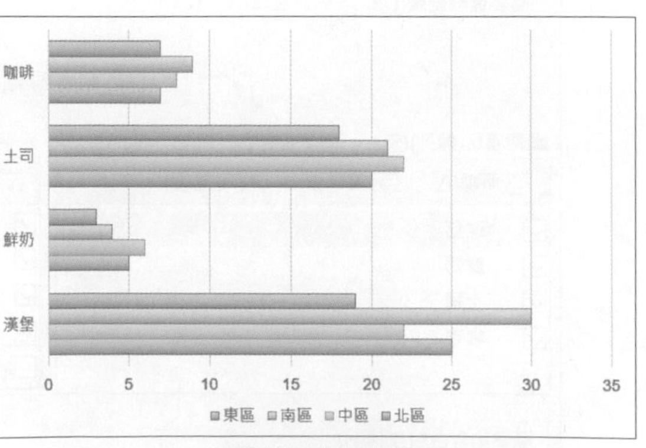

資料數列來自列

變更圖表類型

製作圖表時，可以隨時變更圖表類型，要變更時，直接按下**「圖表工具→設計→類型→變更圖表類型」**按鈕，開啟「變更圖表類型」對話方塊，即可重新選擇要使用的圖表類型。

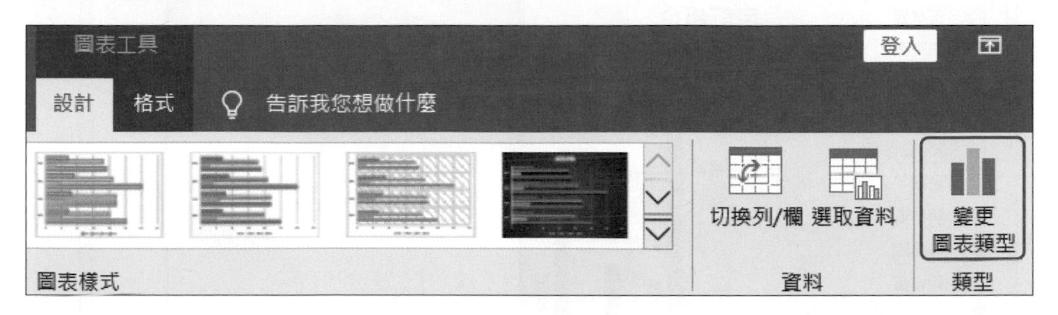

變更數列類型

變更圖表類型時，還可以只針對圖表中的某一組數列進行變更，請開啟**4-7.xlsx**檔案，進行變更數列類型的練習。

01 點選圖表中的任一數列，按下**滑鼠右鍵**，於選單中選擇**變更數列圖表類型**，開啟「變更圖表類型」對話方塊。

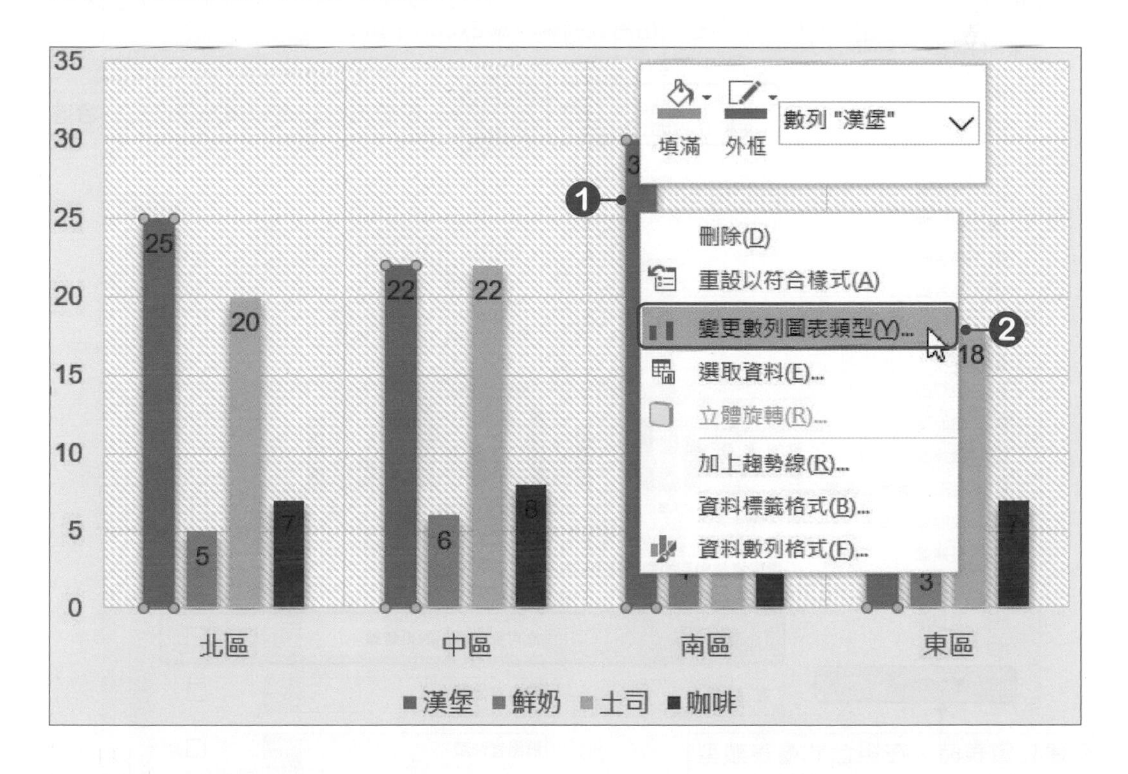

02 按下**漢堡**的**圖表類型**選單鈕，於選單中選擇要使用的圖表類型。

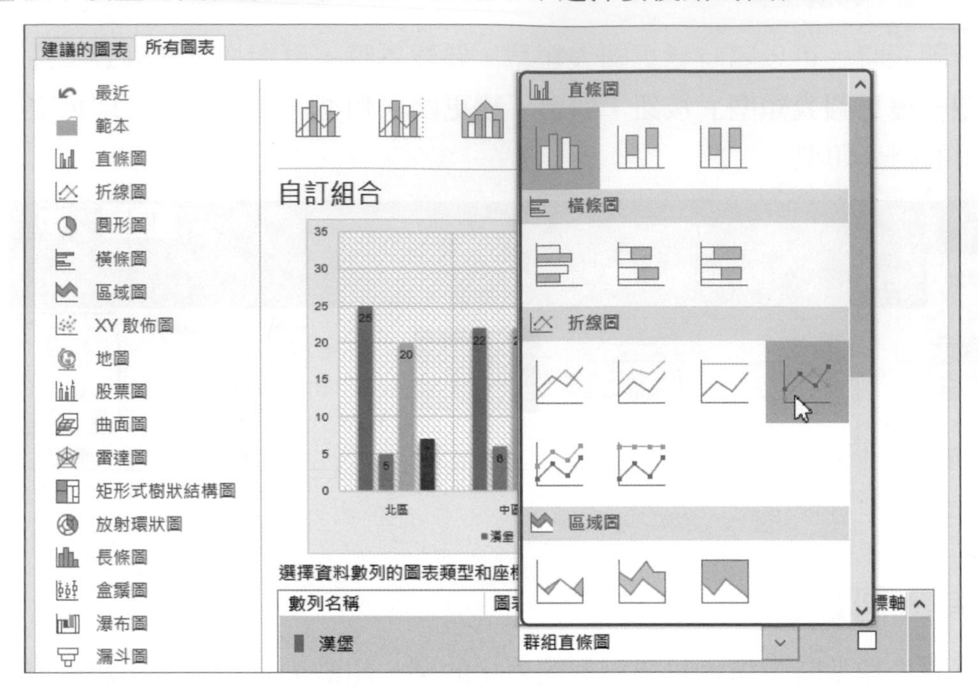

03 選擇好圖表類型後，再將**副座標軸**勾選，這樣在副座標軸就會顯示座標軸，都設定好後，按下**確定**按鈕。

04 圖表中的**漢堡數列**被變更爲折線圖了。

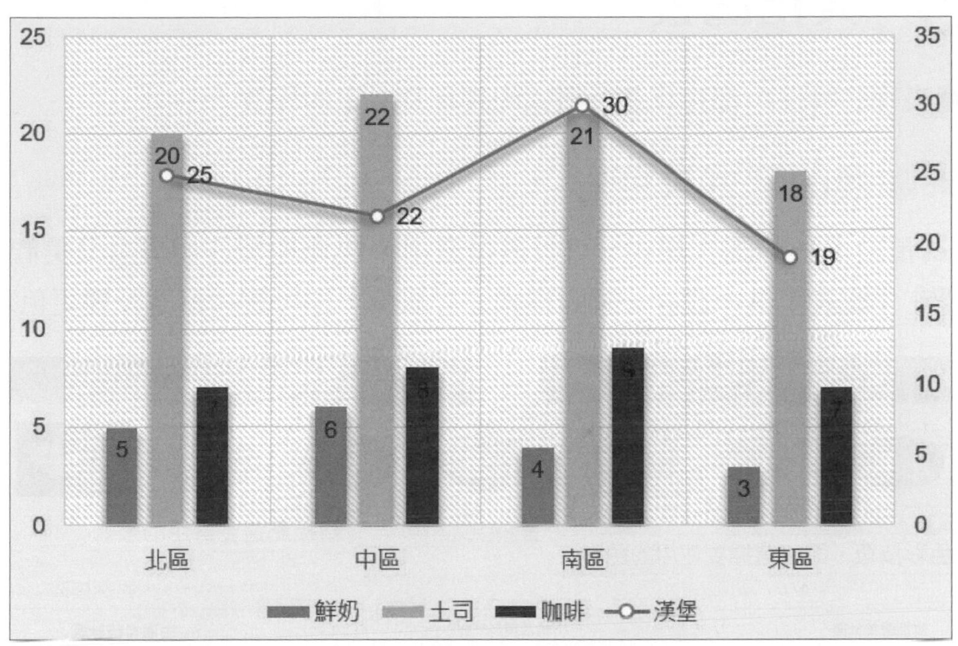

範例檔案：4-7-OK.xlsx

圖表篩選

若要快速地變更圖表的數列或是類別時，可以按下 **圖表篩選**按鈕，於**值**標籤頁中，即可設定要顯示或隱藏的數列或類別。

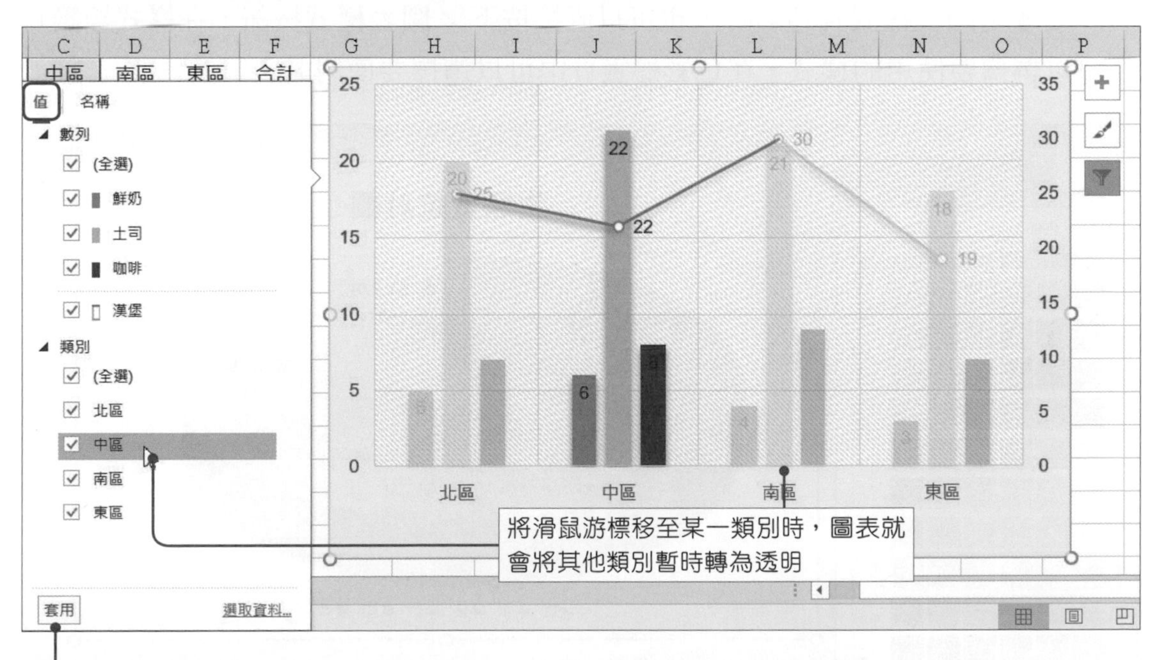

若要隱藏某個數列或類別時，先將勾選取消，再按下**套用**按鈕，即可變更圖表的數列或是類別資料範圍，若要再次顯示時，只要勾選(**全選**)選項即可

4-5 美化圖表

在圖表裡的物件，都可以進行格式的設定及文字的修改。

變更圖表的樣式及色彩

Excel預設了一些圖表樣式，可以直接套用，快速地製作出專業又美觀的圖表，只要在**「圖表工具→設計→圖表樣式」**群組中，即可選擇樣式及變更色彩。

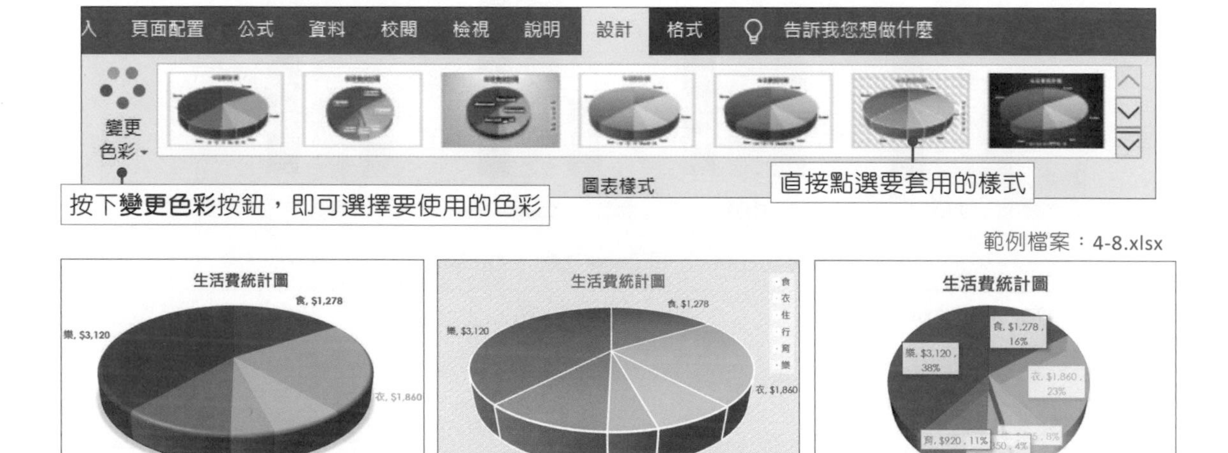

範例檔案：4-8.xlsx

要變更圖表樣式及色彩時，也可以直接按下 **圖表樣式**按鈕，在**樣式**標籤頁中可以選擇要使用的樣式，在**色彩**標籤頁中可以選擇要使用的色彩。

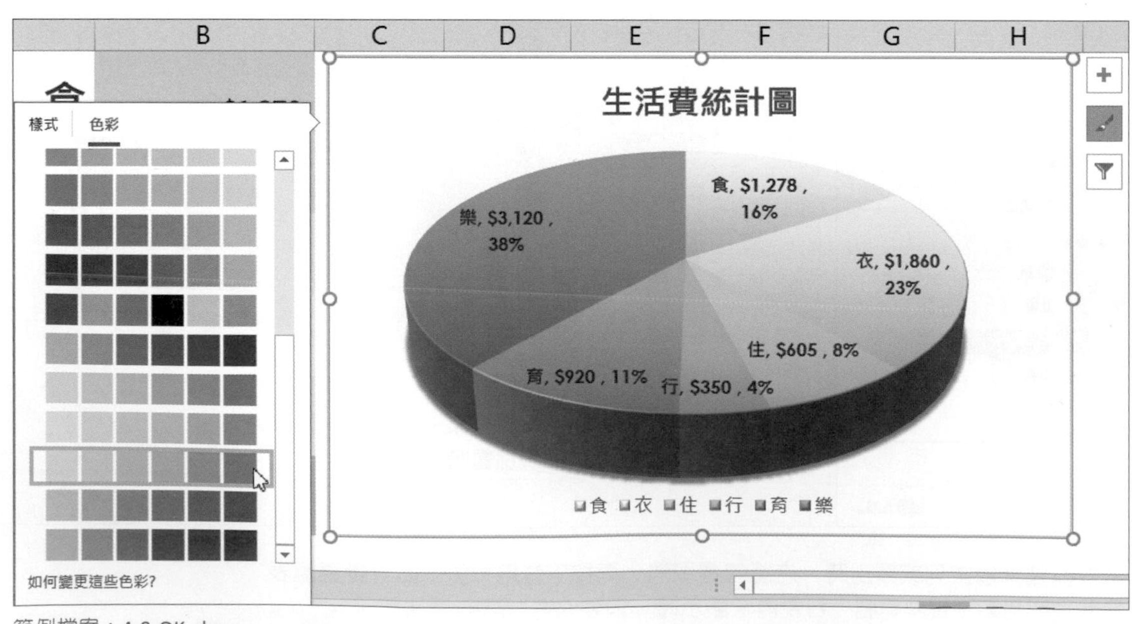

範例檔案：4-8-OK.xlsx

變更圖表物件的樣式

要針對圖表中的各個物件設定樣式時，只要先點選圖表中的物件，再進入**「圖表工具→格式→圖案樣式」**群組中，即可設定樣式、填滿色彩、外框色彩、效果等。

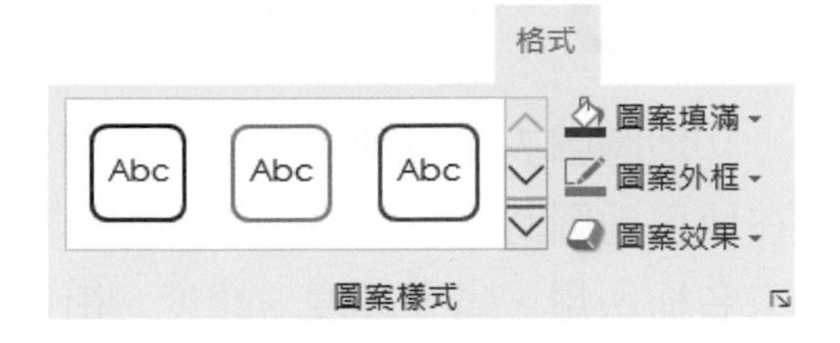

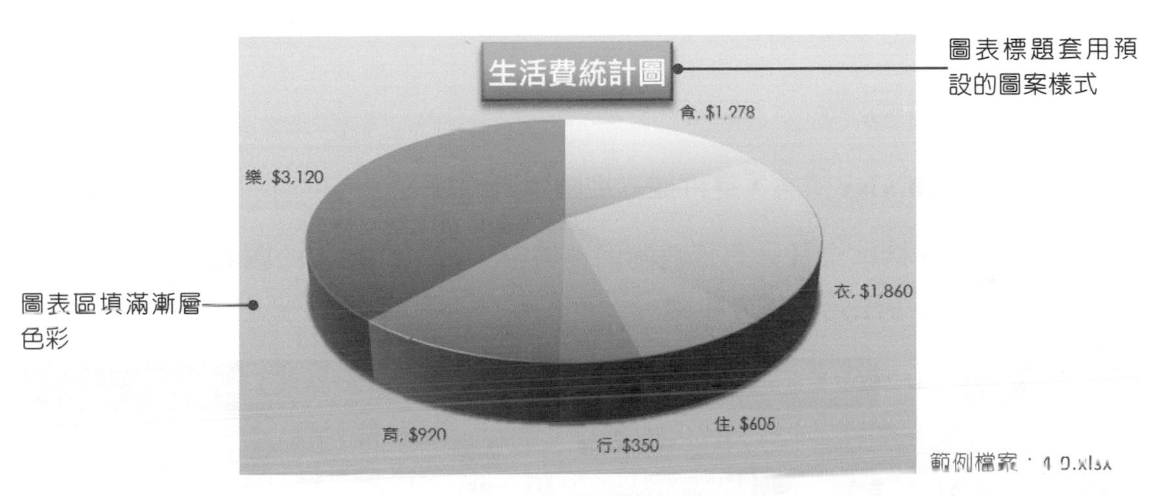

範例檔案：4-9.xlsx

要設定物件格式時，也可以按下**「圖表工具→格式→圖案樣式」**群組中的 **對話方塊啟動器**按鈕，開啟格式窗格，即可進行物件的填滿、線條、效果、大小及屬性等格式設定。

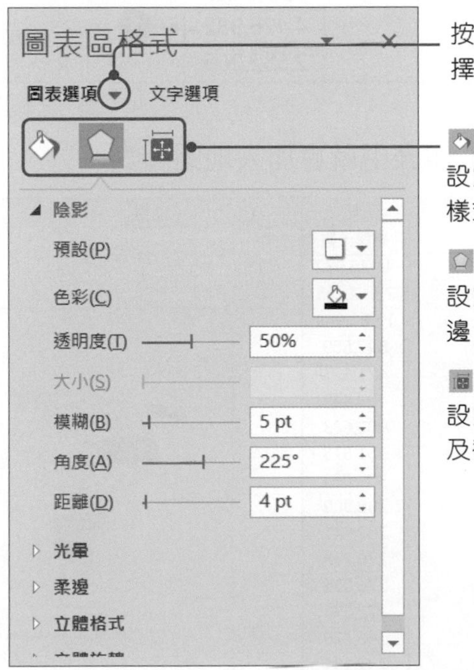

4-6 地圖圖表

地圖圖表是以地圖方式呈現圖表資訊，可以視覺化地區與數值之間的關係。在使用地圖時，統計資料中必須具有地理屬性，例如：鄉、鎮、縣、市名稱、國家名稱、州、省、經度、緯度、街道、郵遞區號、完整地址等，這樣在抓取資料時，才會正確顯示地理位置。

建立地圖圖表

請開啟**4-10.xlsx**檔案，進行建立地圖圖表的練習。

01 將作用儲存格移至任一有資料的儲存格中，按下「**插入→圖表→地圖**」選單鈕，於選單中點選**區域分布圖**。

02 點選後，工作表中就會加入地圖圖表。

	A	B
1	國家 / 地區	確診人數
2	美國	4,426,982
3	巴西	2,552,265
4	印度	1,581,963
5	俄羅斯	827,509
6	南非	471,123
7	墨西哥	408,449
8	秘魯	400,683
9	智利	351,575
10	英國	303,063
11	伊朗	298,909
12	西班牙	282,641
13	巴基斯坦	276,288
14	哥倫比亞	276,055
15	沙烏地阿拉伯	272,590
16	義大利	246,776
17	孟加拉	232,194
18	土耳其	228,924

圖表標題

確診人數

4,426,982

9

由 Bing 提供
© Microsoft, Navinfo, TomTom, Wikipedia

03 按下**「圖表工具→設計→位置→移動圖表」**按鈕，開啓「移動圖表」對話方塊，選擇圖表要放置的位置及工作表名稱，設定好後按下**確定**按鈕。

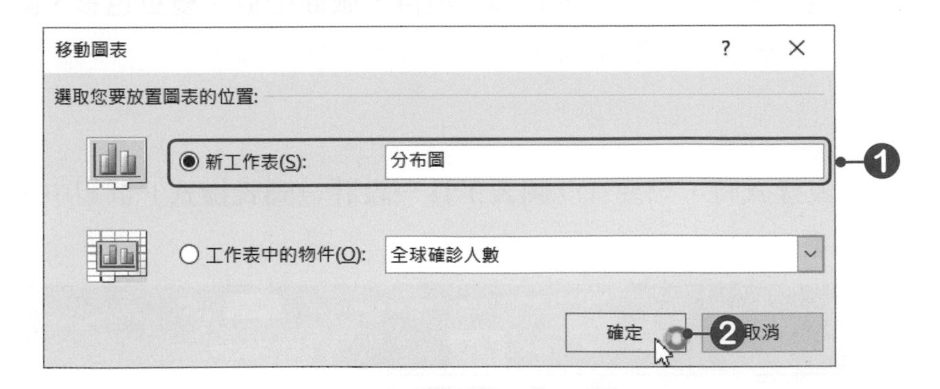

04 圖表移動到新工作表中。

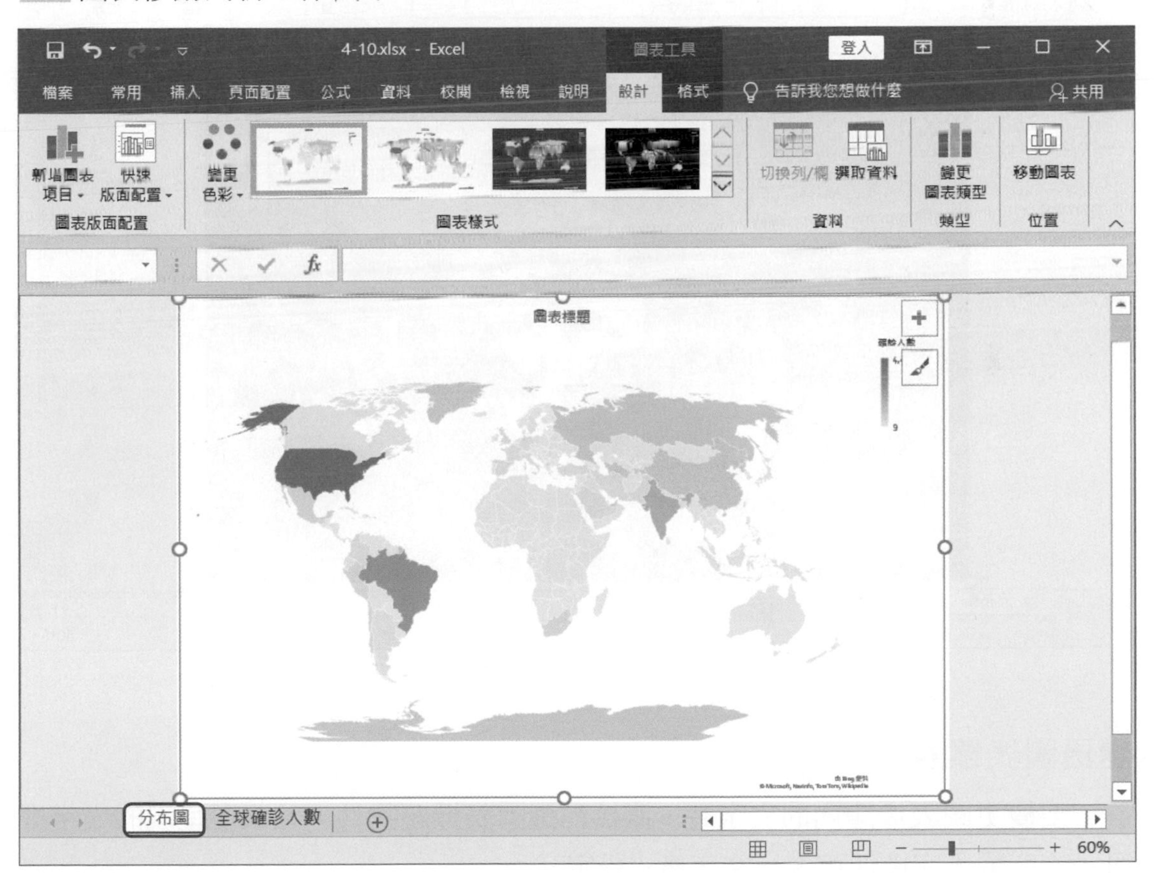

範例檔案：4-10-OK.xlsx

地圖圖表格式設定

地圖圖表與其他圖表一樣，可以進行**圖表項目**、**版面配置**、**變更色彩**、**圖表樣式**等設定，而操作方式大致上都相同。

變更圖表樣式

要變更地圖圖表樣式時，只要在「**圖表工具→設計→圖表樣式**」群組中，選擇要使用的樣式即可。

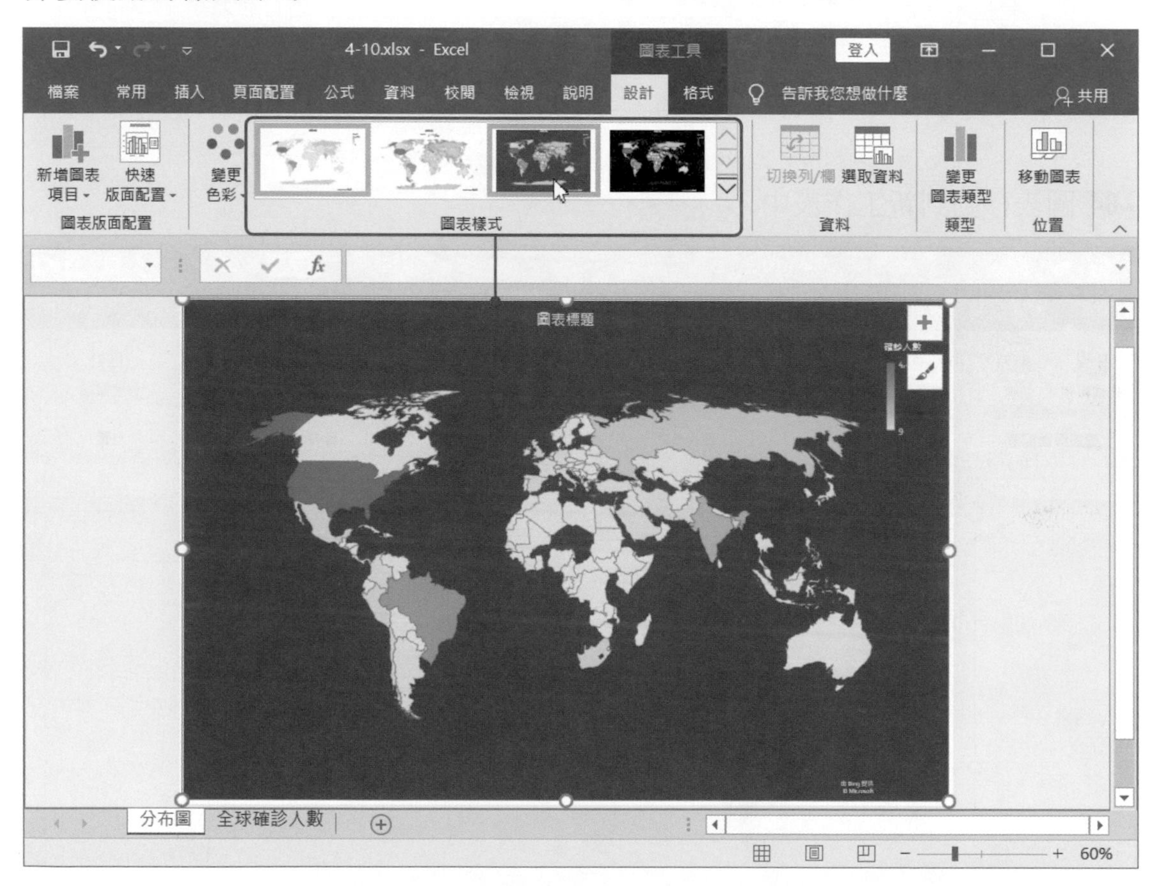

變更圖表標題

要變更圖表標題內的文字時，直接點選圖表標題物件，輸入要呈現的文字即可，文字輸入完後便可進行文字格式設定。

變更資料數列格式

地圖圖表提供了地圖投影、地圖區域、地圖標籤、數列色彩等資料數列格式設定，使用這些設定可以改變地圖的呈現方式。

變更地圖的資料數列格式時，可以按下**「圖表工具→格式→圖案樣式」**群組的**對話方塊啓動器**按鈕，開啓**資料數列格式窗格**，即可進行物件的填滿、線條、效果及數列選項等格式設定。

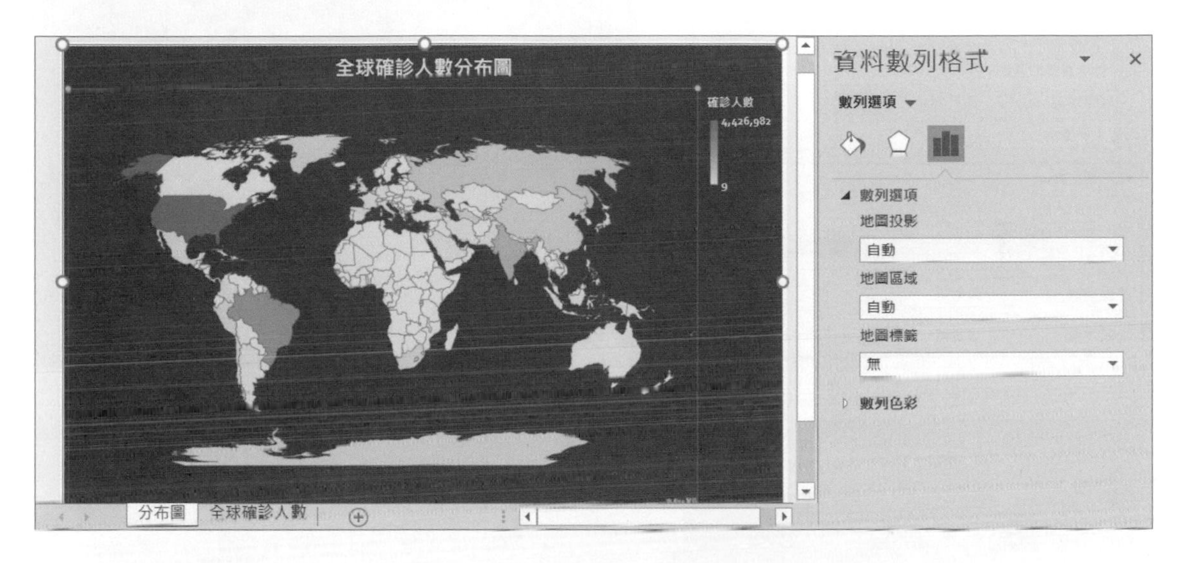

在**數列選項**中可以進行地圖投影、地圖區域及地圖標籤的設定。

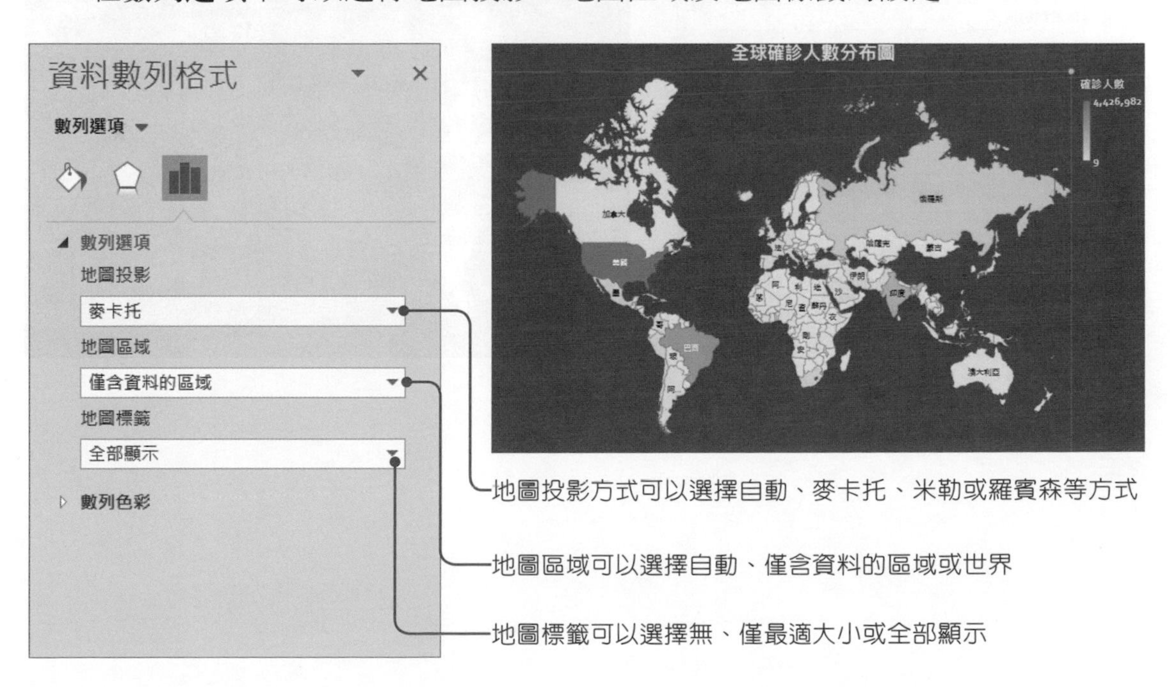

在**數列色彩**選項中可以選擇地圖要使用**連續(2色)**或**發散(3色)**，並可自行設定要使用的色彩。

範例檔案：4-10-OK.xlsx

自我評量

❖選擇題

( )1. 在Excel中，圖表的主要功能有哪些？(A)比較數值大小 (B)表現趨勢變化 (C)比較不同項目所佔的比重 (D)以上皆是。

( )2. 在Excel中，下列哪個圖表類型只適用於包含一個資料數列所建立的圖表？(A)折線圖 (B)圓形圖 (C)長條圖 (D)泡泡圖。

( )3. 比較自己參加這次入學測驗的各科成績與全體考生的各科平均時，下列四種Excel圖表，何者最能表達各科成績高或低於全體平均？(A)曲面圖 (B)泡泡圖 (C)圓形圖 (D)雷達圖。

( )4. 在Excel中，無法製作出下列哪種類型的圖表？(A)股票圖 (B)立體長條圖 (C)魚骨圖 (D)區域圖。

( )5. 在Excel中，下列哪個是直條圖無法使用的資料標籤？(A)顯示百分比 (B)顯示類別名稱 (C)顯示數列名稱 (D)顯示數值。

( )6. 在Excel中，下列哪個元件是用來區別「資料標記」屬於哪一組「數列」，所以可以把它看成是「數列」的化身？(A)資料表 (B)資料標籤 (C)圖例 (D)圖表標題。

❖實作題

1. 開啓「Excel→CH04→4-11.xlsx」檔案，進行以下的設定。
   - 將得票數製作成「立體圓形圖」。
   - 圖表中要顯示圖表標題及資料標籤(包含類別名稱、值、百分比)，不顯示「圖例」。
   - 圖表格式請自行設計及調整。

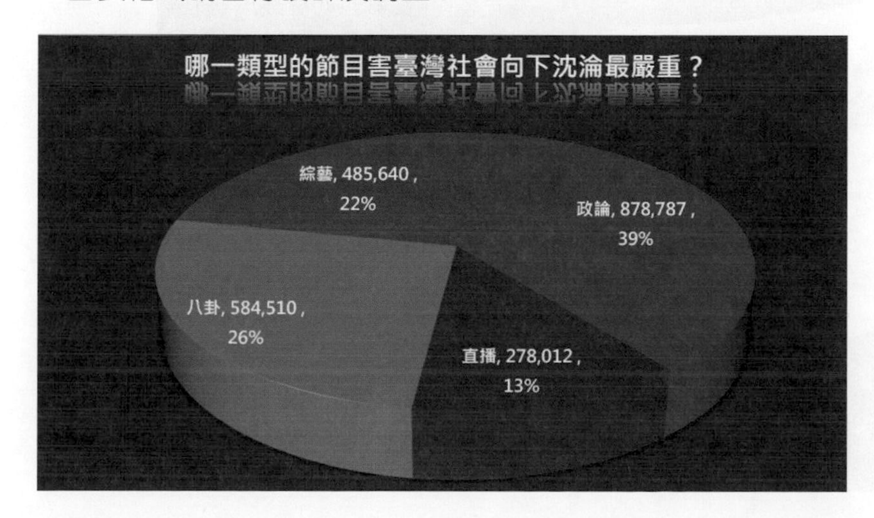

2. 開啓「Excel→CH04→4-12.xlsx」檔案，進行以下的設定。
   - 利用調查資料建立一個「帶有資料標記的雷達圖」，並加入圖表標題及圖例。
   - 將圖表新增至新工作表中，並自行設定圖表格式。

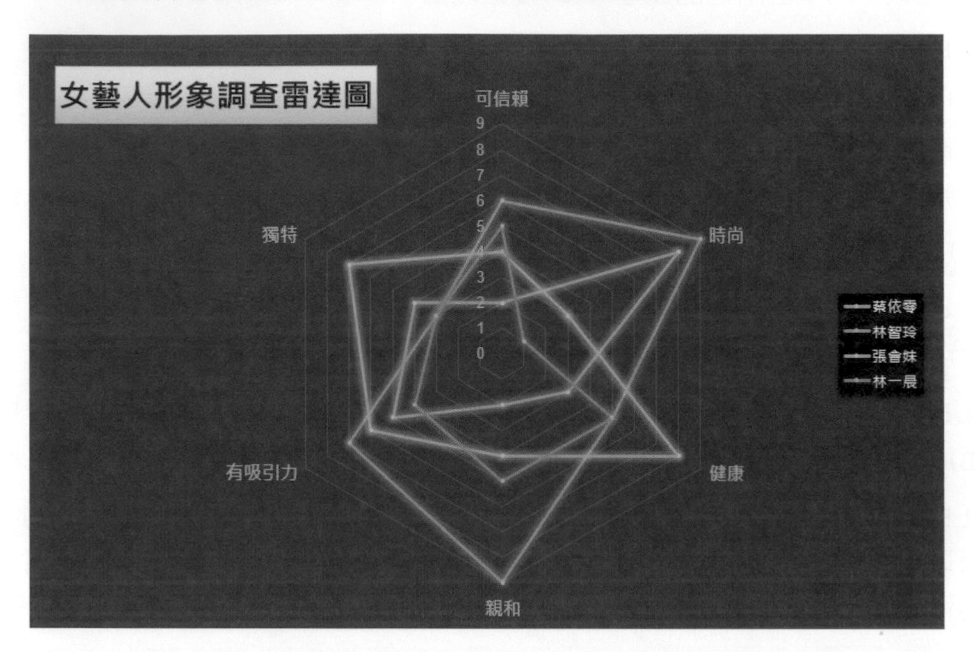

3. 開啓「Excel→CH04→4-13.xlsx」檔案，進行以下的設定。
   - 使用地圖圖表顯示美國各州人口數。
   - 將圖表新增至新工作表中，並自行設定圖表格式。

EXCEL 2019

CHAPTER 05
資料整理與分析

5-1 資料排序

當資料量很多時，為了搜尋方便，通常會將資料按照順序重新排列，這個動作稱為**排序**。同一「列」的資料為一筆「記錄」，排序時會以「**欄**」為依據，調整每一筆記錄的順序。

單一欄位排序

排序的時候，先決定好要以哪一欄作為排序依據，點選該欄中任何一個儲存格，再按下**「常用→編輯→排序與篩選」**按鈕，即可選擇排序的方式。

按下**「資料→排序與篩選」**群組中的**從最小到最大排序**、**從最大到最小排序**按鈕，也可以進行排序。

排序與篩選
從最小到最大排序(S)
從最大到最小排序(O)
自訂排序(U)...
篩選(F)
清除(C)
重新套用(Y)

範例檔案：5-1-OK.xlsx

	A	B	C	D	E
1	類型	1月	2月	3月	合計
2	國家風景區	4,176,804	3,984,873	3,642,768	**11,804,445**
3	國家公園	1,374,289	1,639,471	2,047,597	**5,061,357**
4	公營觀光區	7,262,175	12,972,005	6,192,405	**26,426,585**
5	縣級風景特定區	827,404	660,743	685,827	**2,173,974**
6	森林遊樂區	491,447	548,676	641,883	**1,682,006**
7	海水浴場	32,155	31,268	40,414	**103,837**
8	民營觀光區	1,349,078	1,140,464	1,036,475	**3,526,017**
9	寺廟	8,083,638	8,786,137	8,845,592	**25,715,367**
10	古蹟、歷史建物	1,242,054	1,261,000	918,865	**3,421,919**
11	其他	2,550,254	1,384,397	1,263,333	**5,197,984**

❶將作用儲存格移至資料範圍中的任一儲存格

	A	B	C	D	E
1	類型	1月	2月	3月	合計
2	公營觀光區	7,262,175	12,972,005	6,192,405	**26,426,585**
3	寺廟	8,083,638	8,786,137	8,845,592	**25,715,367**
4	國家風景區	4,176,804	3,984,873	3,642,768	**11,804,445**
5	其他	2,550,254	1,384,397	1,263,333	**5,197,984**
6	國家公園	1,374,289	1,639,471	2,047,597	**5,061,357**
7	民營觀光區	1,349,078	1,140,464	1,036,475	**3,526,017**
8	古蹟、歷史建物	1,242,054	1,261,000	918,865	**3,421,919**
9	縣級風景特定區	827,404	660,743	685,827	**2,173,974**
10	森林遊樂區	491,447	548,676	641,883	**1,682,006**
11	海水浴場	32,155	31,268	40,414	**103,837**

❷按下「**常用→編輯→排序與篩選→從最大到最小排序**」按鈕，即可將資料由大到小排序

多重欄位排序

資料進行排序時，有時候會遇到相同數值的資料，此時可以再設定一個依據，對下層資料排序。請開啟**5-2.xlsx**檔案，在此範例中要使用排序功能，將個人平均**從最大到最小排序**，遇到個人平均相同時，再根據國文、數學、英文成績做**從最大到最小排序**。

01 將作用儲存格移至要排序的資料範圍內，按下**「資料→排序與篩選→排序」**按鈕，開啟「排序」對話方塊。

02 設定第一個排序方式，於**排序方式**中選擇**個人平均**欄位；再於**順序**中選擇**最大到最小**。

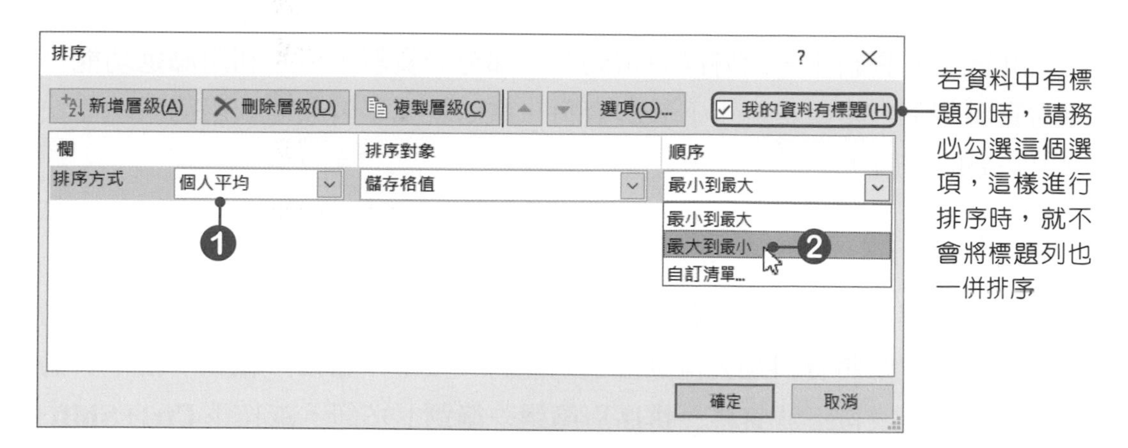

若資料中有標題列時，請務必勾選這個選項，這樣進行排序時，就不會將標題列也一併排序

03 設定好後，按下**新增層級**，進行次要排序方式設定。

04 將國文、數學、英文的排序順序設定為**最大到最小**。都設定好後按下**確定**按鈕，完成資料排序。

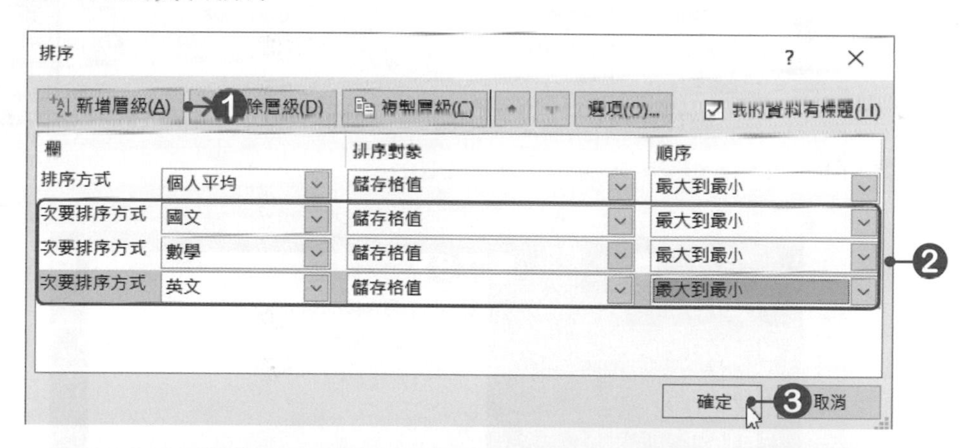

	A	B	C	D	E	F	G	H	I	J
1	學號	姓名	國文	英文	數學	歷史	地理	總分	個人平均	總名次
8	9802308	蔣雅惠	78	74	90	74	78	394	78.80	7
9	9802328	鄭冠宇	85	57	85	84	79	390	78.00	8
10	9802310	蘇心怡	81	69	72	85	80	387	77.40	9
11	9802320	朱怡伶	67	75	77	79	85	383	76.60	10
12	9802317	徐佩君	67	58	77	91	90	383	76.60	10
13	9802301	李怡君	72	70	68	81	90	381	76.20	12

範例檔案：5-2-OK.xlsx

個人平均相同時，會以國文分數高低排列；若國文分數又相同時，會依數學分數的高低排列；若數學分數又相同時，則會以英文分數的高低排列

5-2 資料篩選

在眾多的資料中，有時候只需要某一部分的資料，可以利用**篩選**功能，把需要的資料留下，隱藏其餘用不著的資料。這節就來學習如何利用篩選功能快速篩選出需要的資料。

自動篩選

自動篩選功能可以為每個欄位設一個準則，只有符合每一個篩選準則的資料才能留下來。要將資料加入自動篩選功能時，按下**「常用→編輯→排序與篩選→篩選」**按鈕，或按下**「資料→排序與篩選→篩選」**按鈕，或按下**Ctrl+Shift+L**快速鍵。點選後，每一欄資料標題的右邊，都會出現一個▾選單鈕，按下▾選單鈕，即可在選單中選擇想要篩選出來的資料，經過篩選後，不符合準則的資料就會被隱藏。

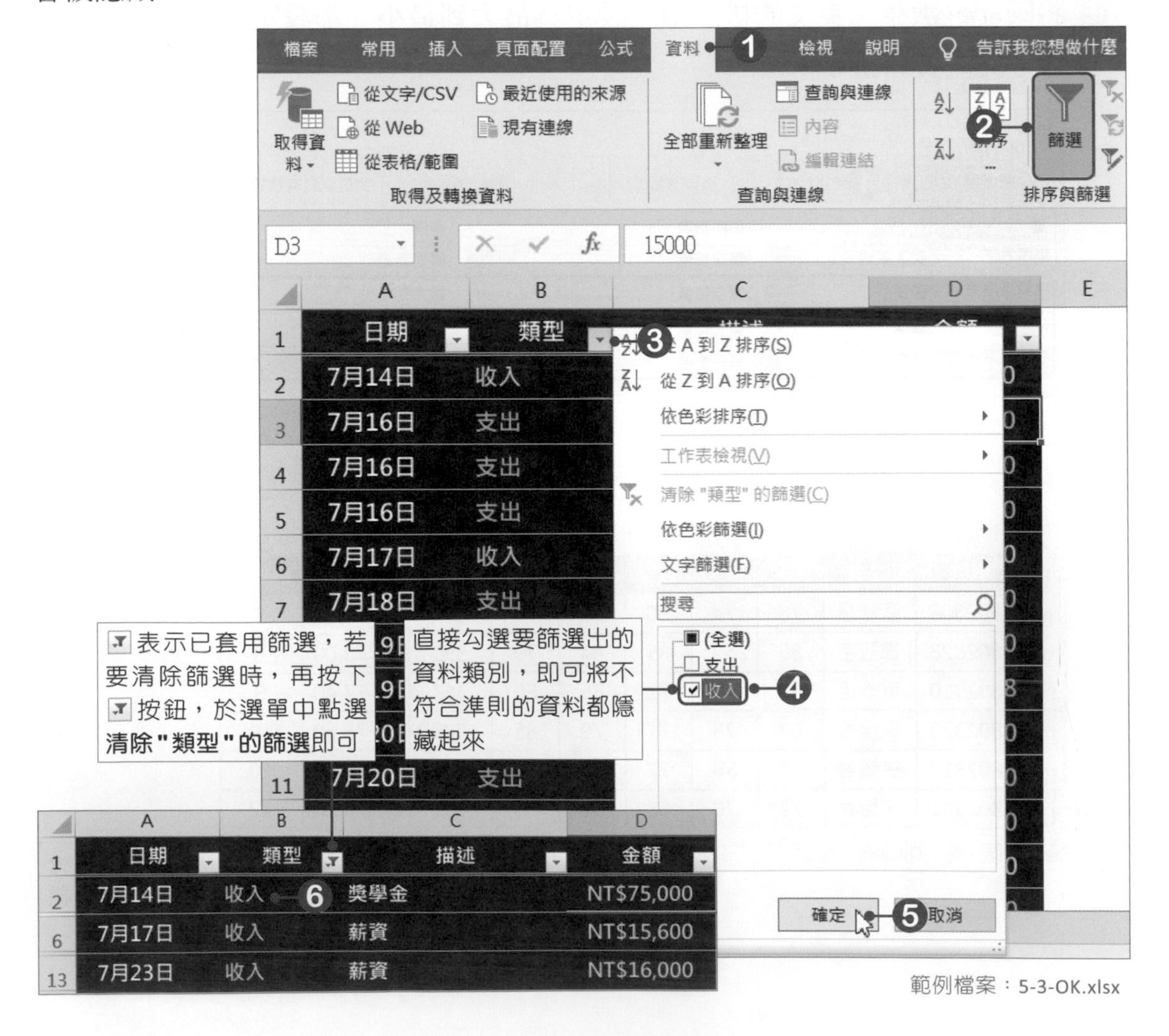

範例檔案：5-3-OK.xlsx

自訂篩選

除了自動篩選外，還可以自行設定篩選條件，只要按下▾選單鈕，選擇「**××篩選→自訂篩選**」選項，就可以開啓「自訂自動篩選」對話方塊，在左邊的欄位爲**比較運算子**，右邊則爲**各欄位準則條件**。例如：要篩選出金額介於1000~2000之間的所有資料時，設定方式如下：

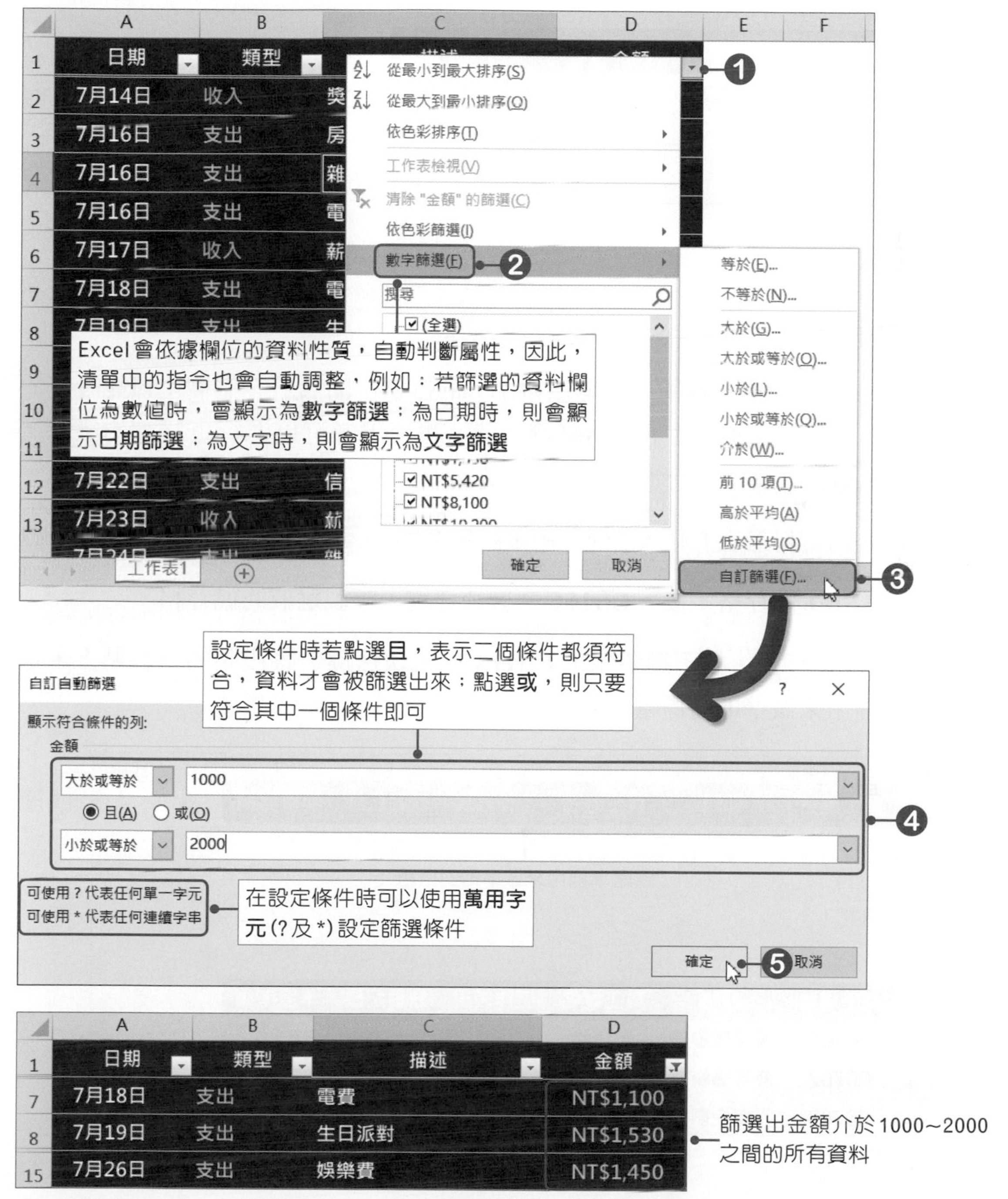

範例檔案：5-4.xlsx

清除篩選

當檢視完篩選資料後，若要清除所有的篩選條件，恢復到所有資料都顯示的狀態時，只要按下**「資料→排序與篩選→清除」**按鈕即可。

若要將「自動篩選」功能取消時，按下**「資料→排序與篩選→篩選」**按鈕，即可將篩選取消，而欄位中的▾也會跟著清除。

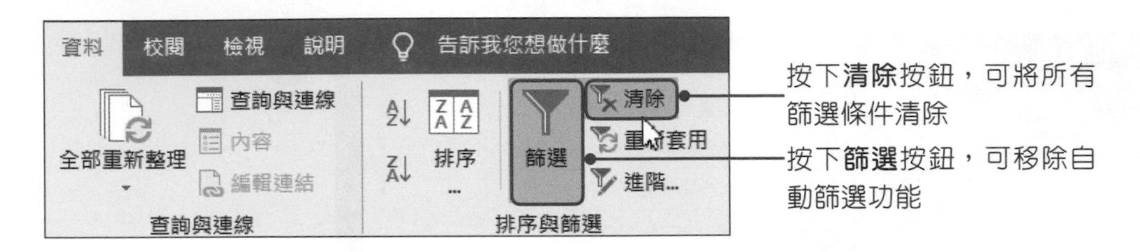

進階篩選

自動篩選功能雖然好用，但無法做部分的篩選，因為它一個欄位只能設定一個準則。因此，Excel提供了**進階篩選**功能，讓使用者可以進行更詳細的篩選。請開啓**5-5.xlsx**檔案，進行進階篩選的設定練習。

01 在現有的資料最上方插入5列，用來設定準則。

02 選取**A6:F6**儲存格，按下**Ctrl+C**複製快速鍵，複製選取的儲存格。

03 選取**A1**儲存格，按下鍵盤上的**Ctrl+V**貼上快速鍵，將複製的資料貼上，這是準備用來做準則的標題。

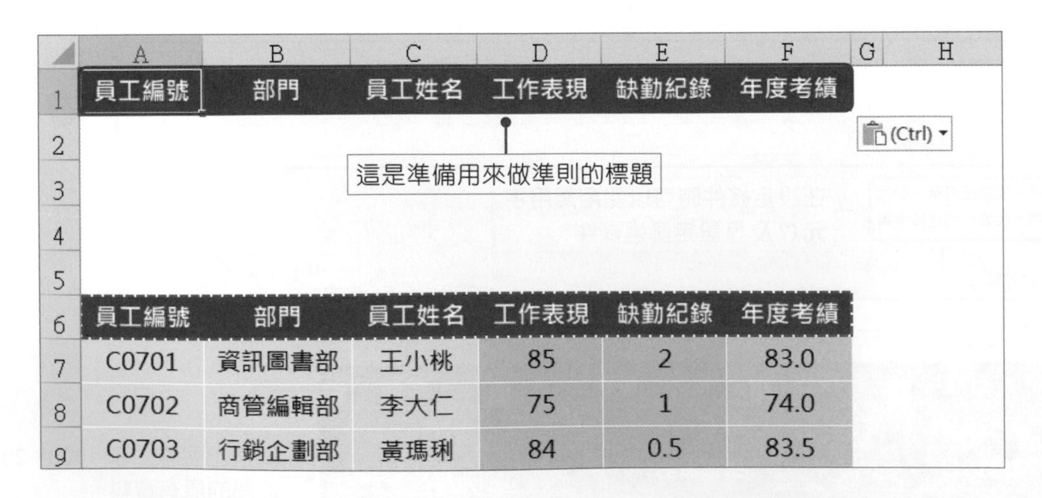

04 在**B2**儲存格中輸入**資訊圖書部**文字，在**F2**儲存格中輸入**>80**，這是第一個準則，此準則是要篩選出部門爲資訊圖書部，且年度考績大於80的員工。

05 在**B3**儲存格中輸入**業務部**文字，在**F3**儲存格中輸入**>80**，這是第二個準則，此準則是要篩選出部門爲業務部，且年度考績大於80的員工。

	A	B	C	D	E	F	G	H
1	員工編號	部門	員工姓名	工作表現	缺勤紀錄	年度考績		
2		資訊圖書部				>80		
3		業務部				>80		
4								

06 準則都設定好後，按下**「資料→排序與篩選→進階」**按鈕，開啓「進階篩選」對話方塊。

07 點選**將篩選結果複製到其他地方**選項，而在**資料範圍**欄位中會自動顯示範圍，請檢查範圍是否正確，若不正確，請按下 按鈕，重新選取資料範圍。

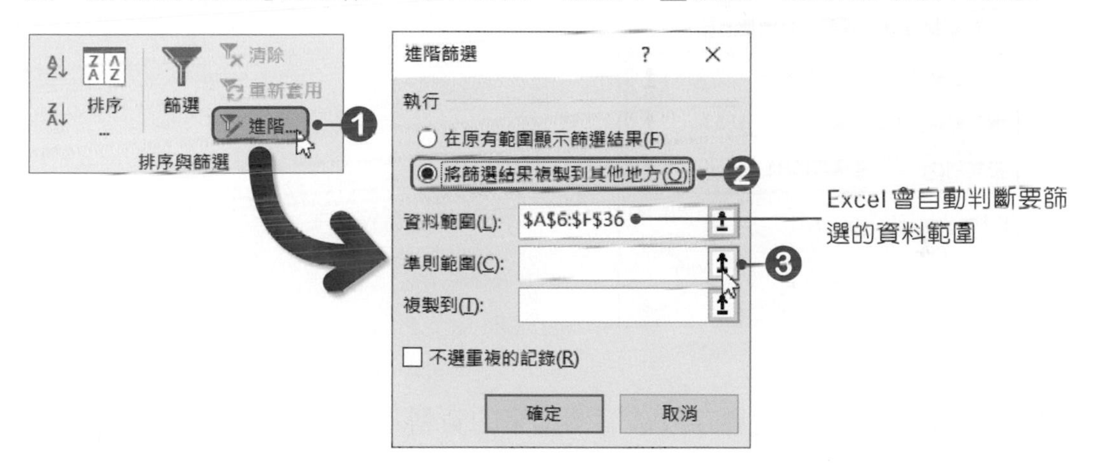

08 接著在**準則範圍**欄位中按下 按鈕，於工作表中選取**A1:F3**儲存格，這裡是用來篩選的準則。

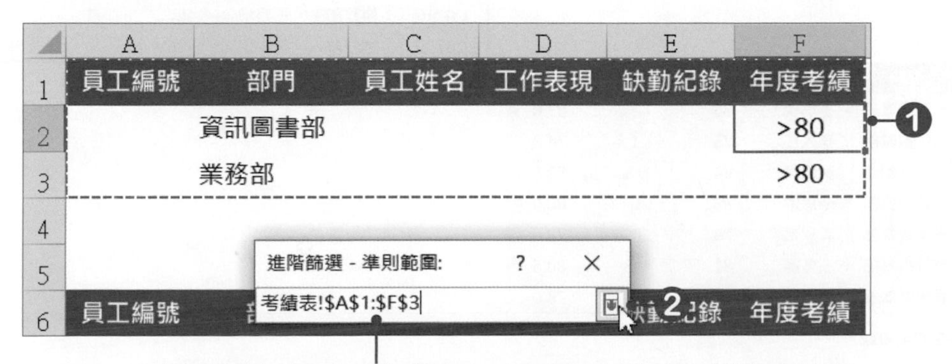

09 在**複製到**欄位中按下 ⬆ 按鈕，選取 **H1** 儲存格，表示要將篩選的結果從 H1 儲存格開始存放。

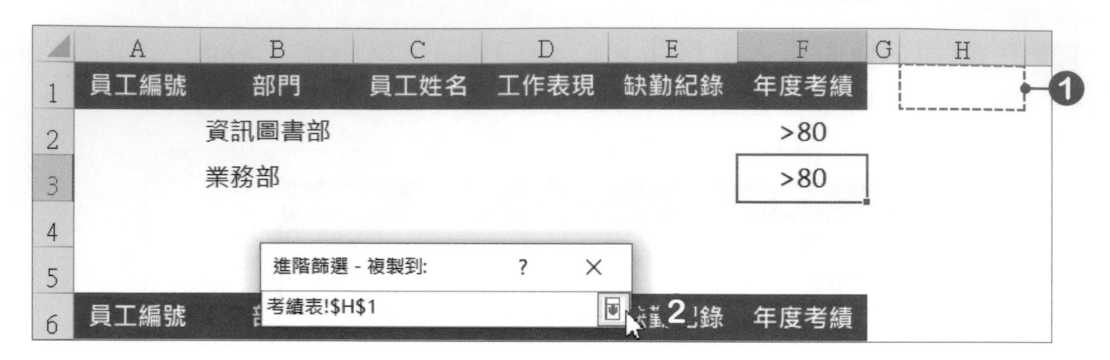

10 資料範圍、準則範圍及複製到都設定好後，按下**確定**按鈕。

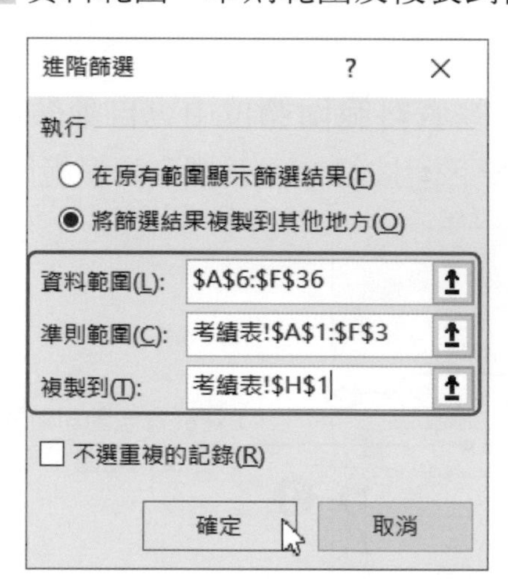

11 在 **H1:M5** 儲存格就會存放被篩選出來的資料。

	A	B	C	D	E	F	G	H	I	J	K	L	M
1	員工編號	部門	員工姓名	工作表現	缺勤紀錄	年度考績		員工編號	部門	員工姓名	工作表現	缺勤紀錄	年度考績
2		資訊圖書部				>80		C0701	資訊圖書部	王小桃	85	2	83.0
3		業務部				>80		C0711	業務部	李素玲	85	0	85.0
4								C0719	業務部	王嘉穗	87	1	86.0
5								C0722	業務部	謝謝妮	86	0	86.0
6	員工編號	部門	員工姓名	工作表現	缺勤紀錄	年度考績							
7	C0701	資訊圖書部	王小桃	85	2	83.0							
8	C0702	商管編輯部	李大仁	75	1	74.0							
9	C0703	行銷企劃部	黃瑪琍	84	0.5	83.5							
10	C0704	商管編輯部	陳思潔	88	0	88.0							
11	C0705	資訊圖書部	郭欣怡	78	0	78.0							
12	C0706	商管編輯部	王多麗	81	0.5	80.5							
13	C0707	資訊圖書部	徐有夢	74	1	73.0							

範例檔案：5-5-OK.xlsx

5-3 移除重複、資料驗證與合併彙算

Excel提供了許多整理及分析資料的工具，利用這些工具可以快速地完成資料的整理與分析，這節就來看看有哪些好用的資料工具吧！

移除重複

若要快速地將相同值移除，可以使用**移除重複**工具。移除重複的作法與篩選有些類似，而二者的差異在於移除重複在進行時，會**將重複值永久刪除**；而篩選則是會暫時將重複值隱藏。請開啟**5-6.xlsx**檔案，進行移除重複設定練習。

01 將作用儲存格移至資料範圍中的任一儲存格，按下**「資料→資料工具→移除重複」**按鈕，開啟「移除重複」對話方塊。

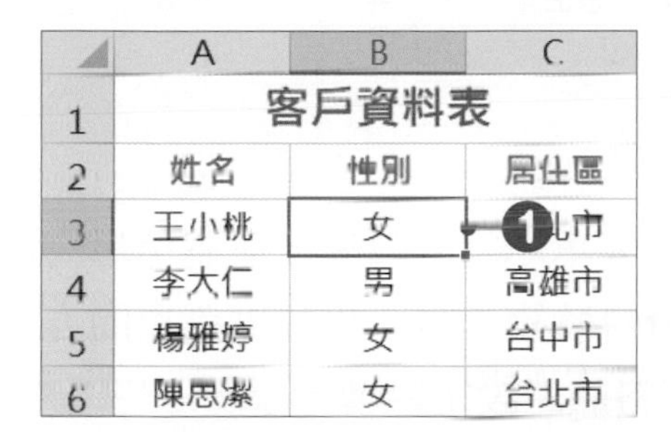

02 此時Excel會自動判斷要處理的資料範圍，接著在**欄**清單中將**姓名**欄位勾選，表示要判斷姓名欄位中重複的資料，勾選好後按下**確定**按鈕。

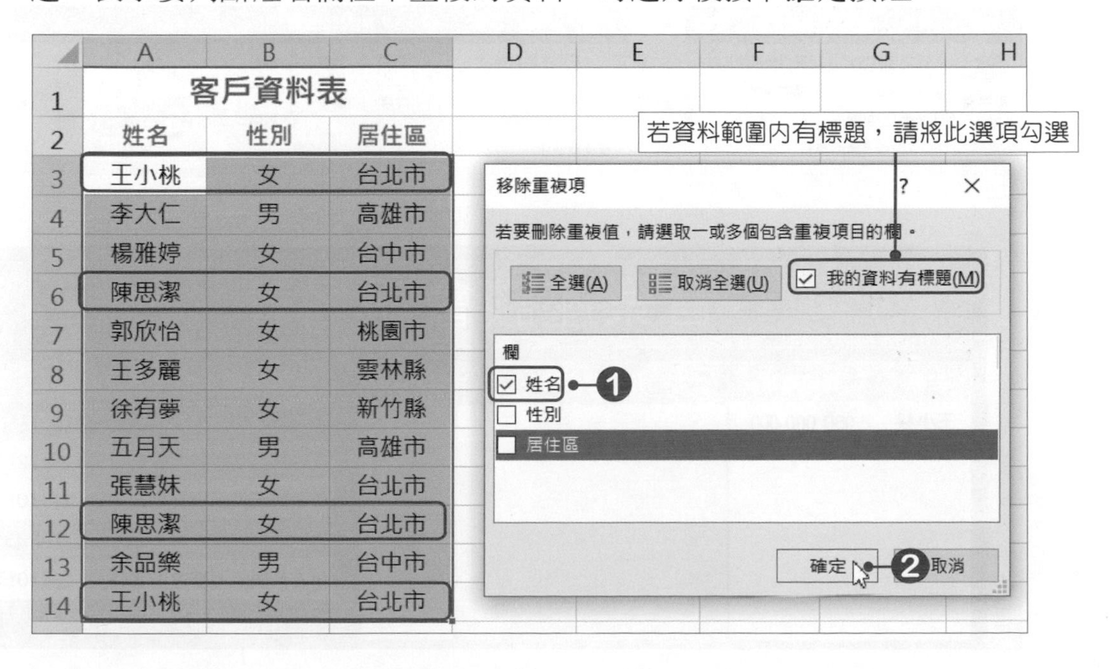

03 按下**確定**按鈕後，會顯示「找到並移除多少個重複值，共保留了多少個唯一的值」的訊息，沒問題後按下**確定**按鈕，即可完成移除重複工作。

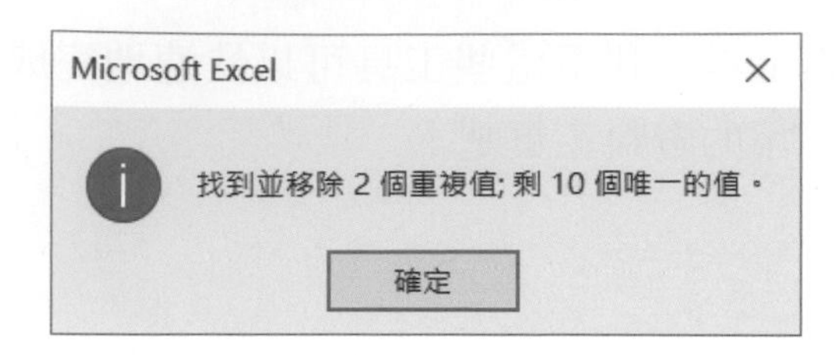

	A	B	C
1	客戶資料表		
2	姓名	性別	居住區
3	王小桃	女	台北市
4	李大仁	男	高雄市
5	楊雅婷	女	台中市
6	陳思潔	女	台北市
7	郭欣怡	女	桃園市
8	王多麗	女	雲林縣
9	徐有夢	女	新竹縣
10	五月天	男	高雄市
11	張慧妹	女	台北市
12	余品樂	男	台中市

範例檔案：5-6-OK.xlsx

資料驗證

在某些只有特定選擇的情況下，為了提高表單填寫的效率，並避免填寫內容不統一而造成統計上的失誤，此時可以利用**資料驗證**工具，以提供選單的方式來限制填寫內容。請開啓**5-7.xlsx**檔案，進行資料驗證設定練習。

01 選取要設定資料驗證的儲存格範圍(D5:D10)，按下**「資料→資料工具→資料驗證」**按鈕，開啓「資料驗證」對話方塊。

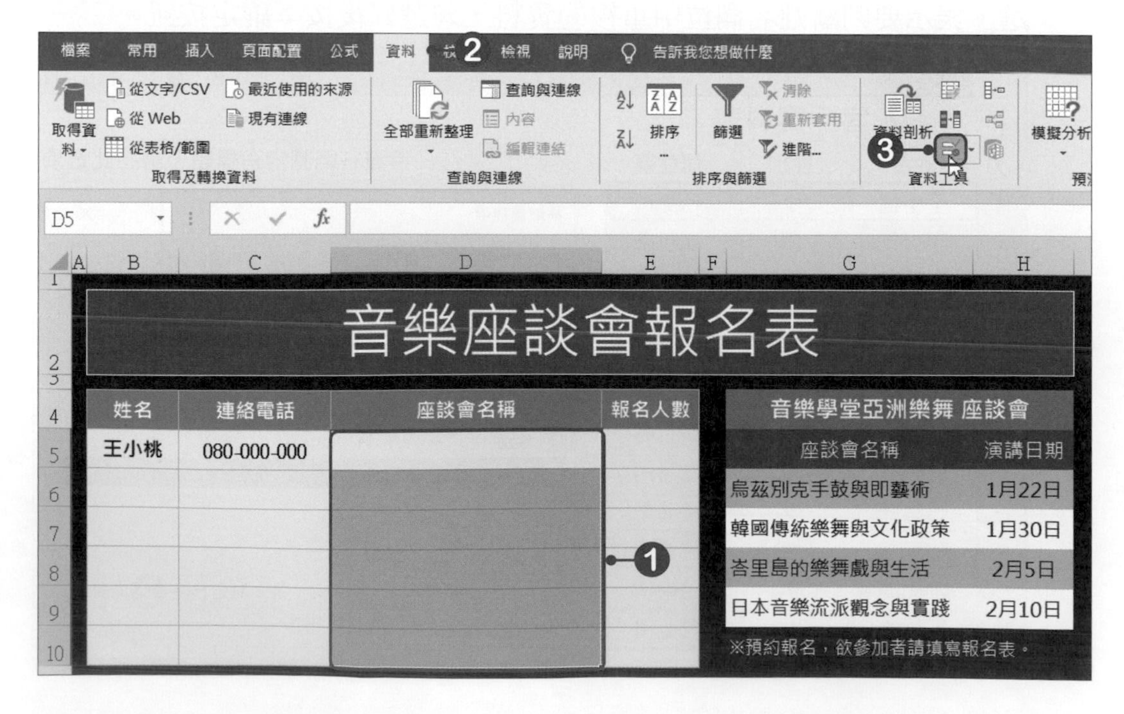

02 按下**設定**標籤頁，在**儲存格內允許**的欄位中選擇**清單**選項，並將**儲存格內的下拉式清單**勾選。

03 於**來源**欄位中輸入選項，不過，因為選項已在工作表中，所以可以只按下 按鈕，於工作表中選擇**G6:G9**儲存格，都設定好後按下**確定**按鈕。

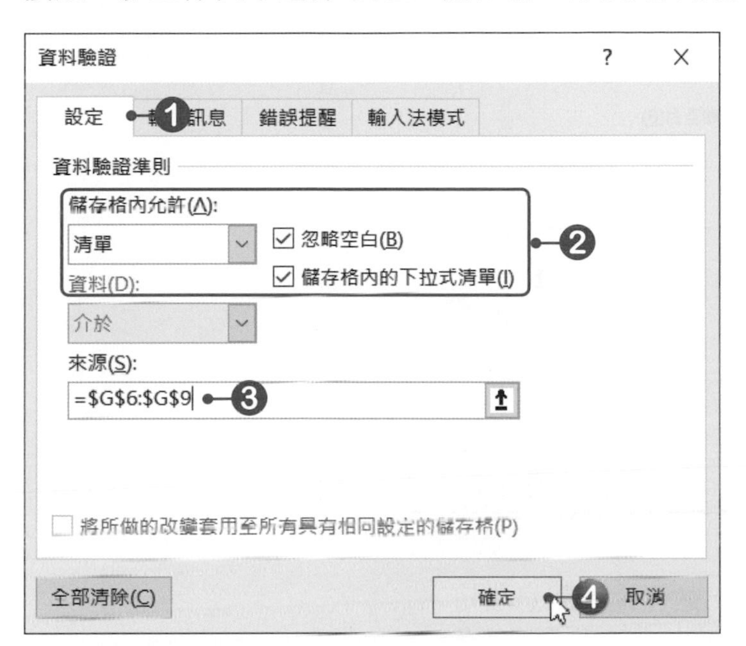

在**來源**欄位中也可以直接輸入清單內容，輸入時，選項與選項之間要以**逗號**隔開。

04 回到工作表後，當儲存格為作用儲存格時，便會出現下拉式清單鈕，按下 按鈕即可開啟選單。

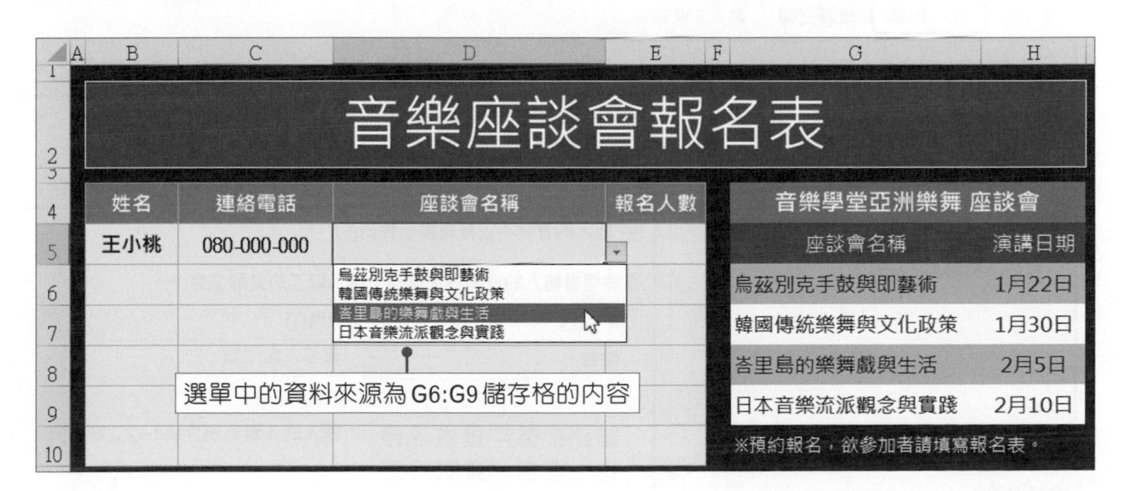

05 在報名人數中，要將輸入的人數做一個限制，這裡只能填入1~2的數字，也就是說報名人數最多是2人。選取**E5:E10**儲存格，按下**「資料→資料工具→資料驗證」**按鈕，開啟「資料驗證」對話方塊。

06 點選**設定**標籤頁，在**儲存格內允許**的欄位中選擇**整數**選項；在**資料**欄位中選擇**介於**選項；將**最小值**設為**1**，**最大值**設為**2**。

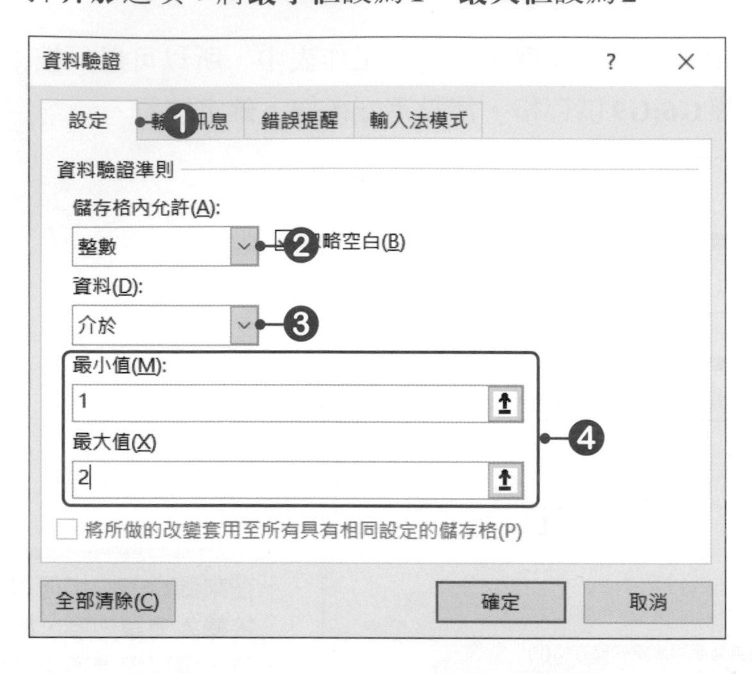

07 點選**輸入訊息**標籤頁，進行輸入訊息設定。

08 點選**錯誤提醒**標籤頁，進行錯誤提醒設定，設定好後按下**確定**按鈕。

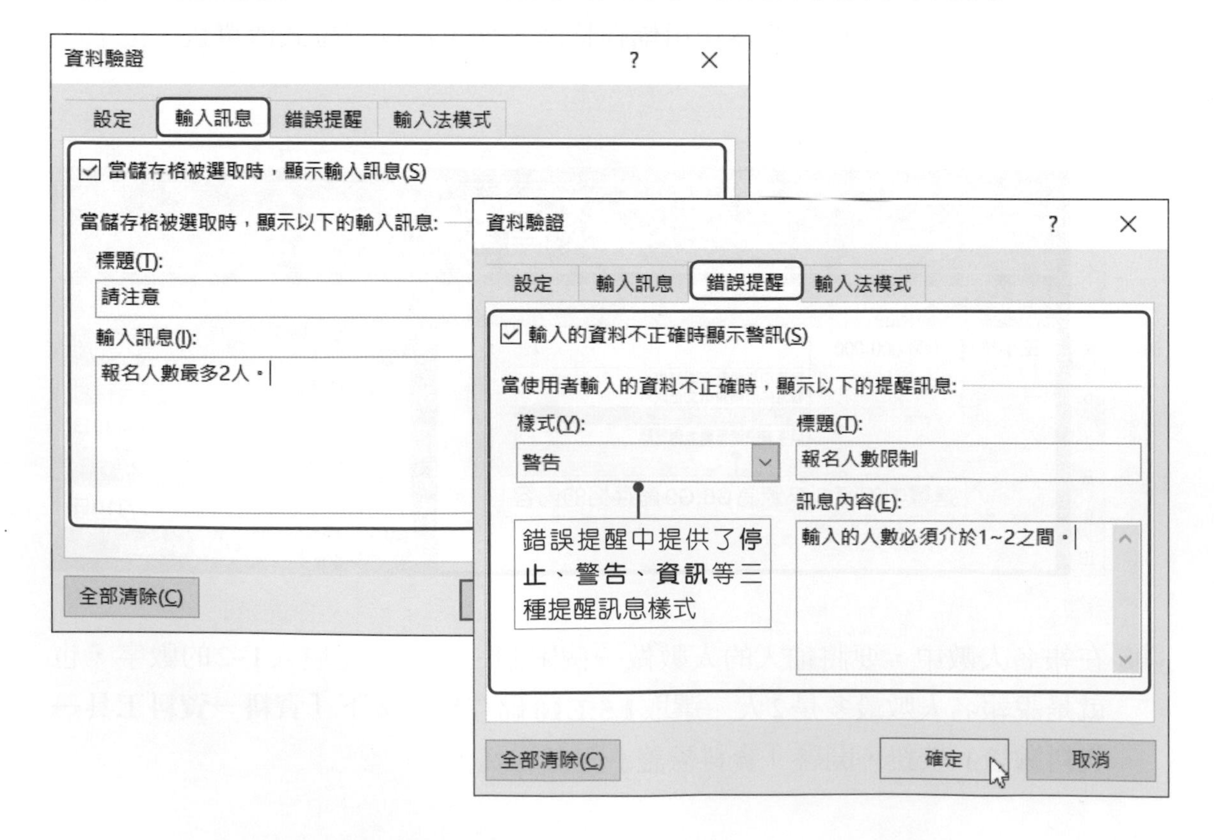

09 回到工作表後，將滑鼠游標移至該儲存格後，就會出現提示訊息，再試著於儲存格中輸入大於2的數字，輸入後就會出現錯誤的警告訊息。

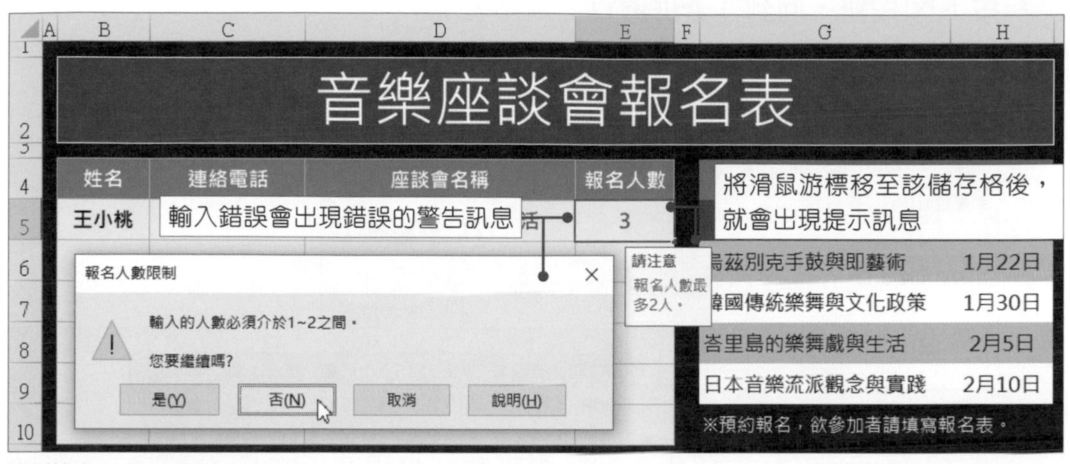

範例檔案：5-7-OK.xlsx

在警告訊息中，若按下**是**，則該儲存格就會以輸入的數值為主；若按下**否**，則可以回到儲存格重新輸入正確的數字；若按下**取消**，則可以取消輸入的數字。

合併彙算

要計算分散在不同工作表的資料，除了用複製、貼上功能將資料移到同一個工作表進行計算；還可以使用**合併彙算**工具，它會將活頁簿中的幾個工作表內的資料合併在一起計算。

在進行合併彙算時，還可以選擇不同活頁簿中的工作表進行合併計算。請開啟**5-8.xlsx**檔案，進行合併彙算設定練習。

01 進入**總營業額**工作表中，按下**「資料→資料工具→合併彙算」**按鈕，開啟「合併彙算」對話方塊。

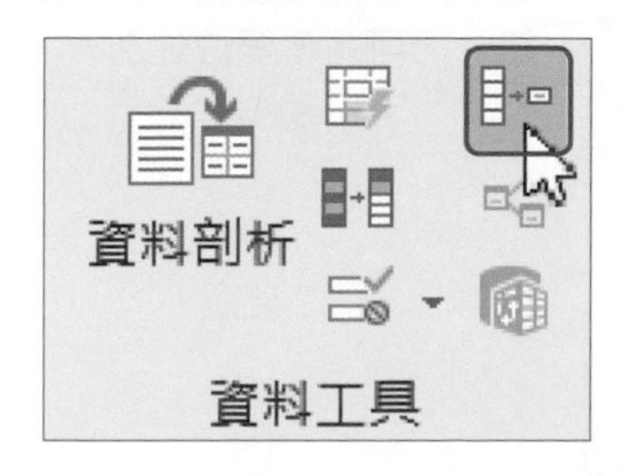

02 在函數選單中選擇**加總**，選擇好後，在**參照位址**欄位中按下按鈕，回到工作表中，進入**台北分店**工作表中，選取**A1:F5**儲存格，儲存格範圍選取好後按下按鈕，回到「合併彙算」對話方塊。

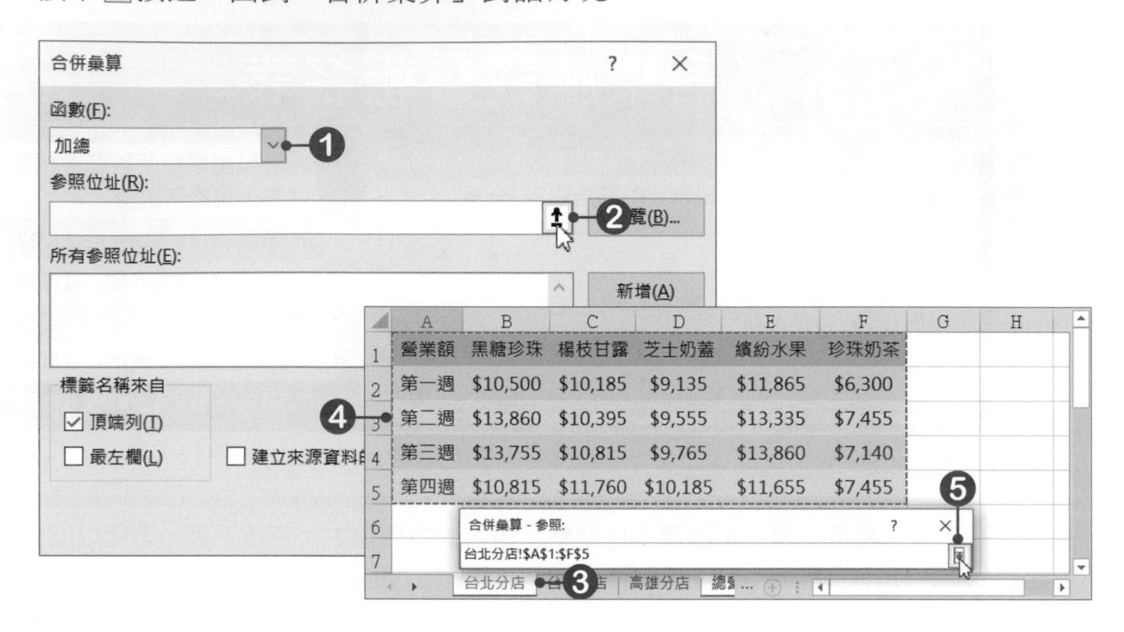

合併彙算提供了加總、項目個數、平均值、最大值、最小值、乘積、標準差、變異值等函數，在進行合併彙算時，可依需求選擇要使用的函數。

03 按下**新增**按鈕，參照位址就會被加到**所有參照位址**欄位中，表示為合併彙算的其中一部分資料。

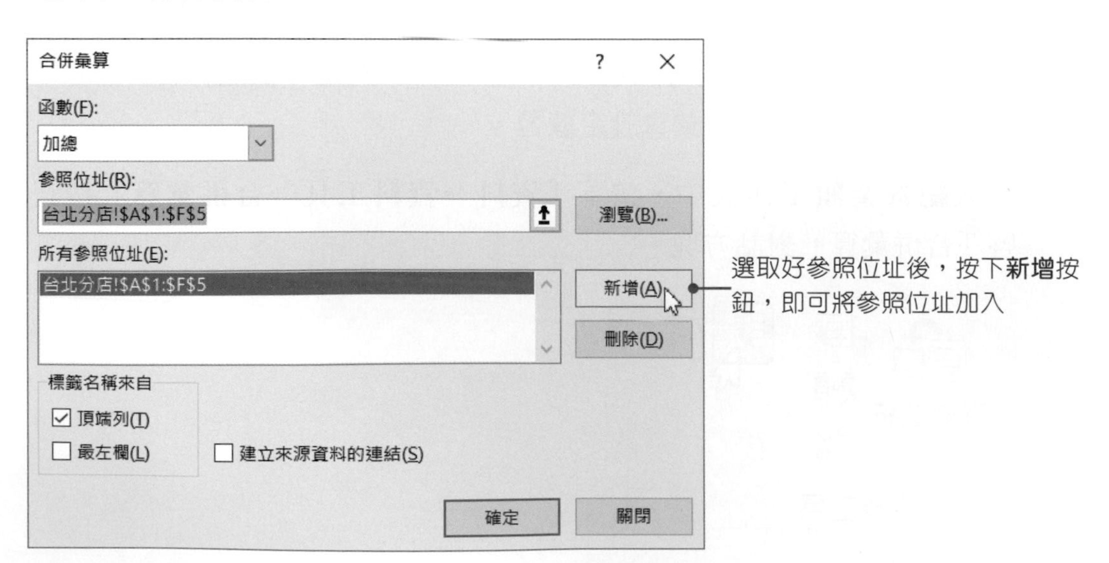

04 第一個參照位址新增完後，再將**台中分店**及**高雄分店**的資料也都新增到**所有參照位址**欄位中。

05 參照位址都設定好後，將**頂端列**及**最左欄**選項皆勾選，再按下**確定**按鈕。

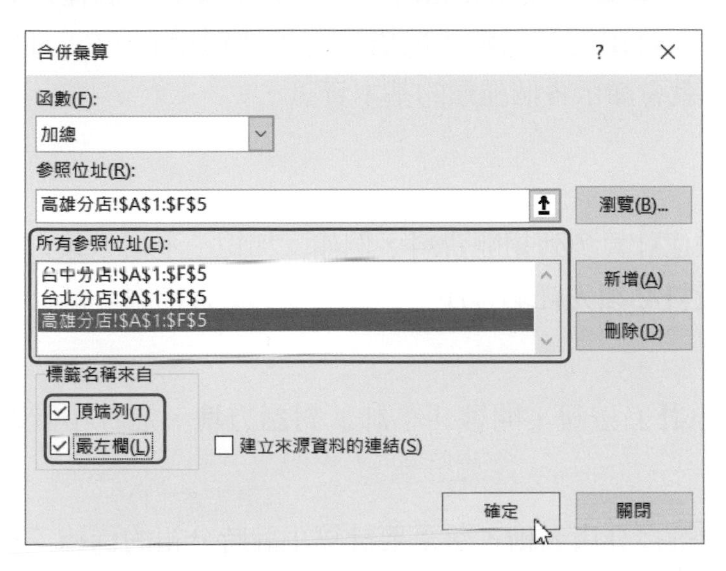

頂端列：若各來源位置中，包含有相同的欄標題，則可勾此選項，合併彙算表中便會自動複製欄標題至合併彙算表中。

最左欄：若各來源位置中，包含有相同的列標題，則可勾此選項，合併彙算表中便會自動複製列標題至合併彙算表中。

以上兩個選項可以同時勾選，如果兩者均不勾選，則 Excel 將不會複製任一欄或列標題至合併彙算表中。如果所框選的來源位置標題不一致，則在合併彙算表中，將會被視為個別的列或欄，單獨呈現在工作表中，而不計入加總的運算。

建立來源資料的連結：如果想要在來源資料變更時，也能自動更新合併彙算表中的計算結果，就必須勾選此選項。當資料來源有所變更時，目的儲存格也會跟著重新計算。

06 回到**總營業額**工作表後，在儲存格中就會顯示三個工作表資料合併加總的結果。

	A	B	C	D	E	F
1		黑糖珍珠	楊枝甘露	芝士奶蓋	繽紛水果	珍珠奶茶
2	第一週	$38,115	$34,125	$29,505	$41,055	$21,000
3	第二週	$46,935	$36,225	$31,605	$43,680	$24,360
4	第三週	$47,565	$39,375	$33,705	$46,515	$23,205
5	第四週	$38,745	$39,270	$35,910	$40,740	$25,410
6						

台北分店 | 台中分店 | 高雄分店 | 總營業額

範例檔案：5-8-OK.xlsx

5-4 小計的使用

當遇到一份報表中的資料繁雜、互相交錯時，若要從中找到一個種類的資訊，必須使用SUMIF或COUNTIF這類函數才能處理。不過別擔心，Excel提供了**小計**功能，利用此功能，就會顯示各個種類的基本資訊。

建立小計

使用小計功能，可以快速計算多列相關資料，例如：加總、平均、最大值或標準差，在**進行小計前，資料必須先經過排序**。請開啓**5-9.xlsx**檔案，進行小計設定練習。

01 按下**「資料→大綱→小計」**按鈕，開啓「小計」對話方塊，進行小計的設定。

02 在**分組小計欄位**選單中選擇**分店名稱**，這是要計算小計時分組的依據；在**使用函數**選單中選擇**加總**，表示要用加總的方法來計算小計資訊；在**新增小計位置**選單中將**數量**及**業績**勾選，則會將同一個分組的數量及業績加總，顯示爲小計的資訊，都設定好後，按下**確定**按鈕，回到工作表中。

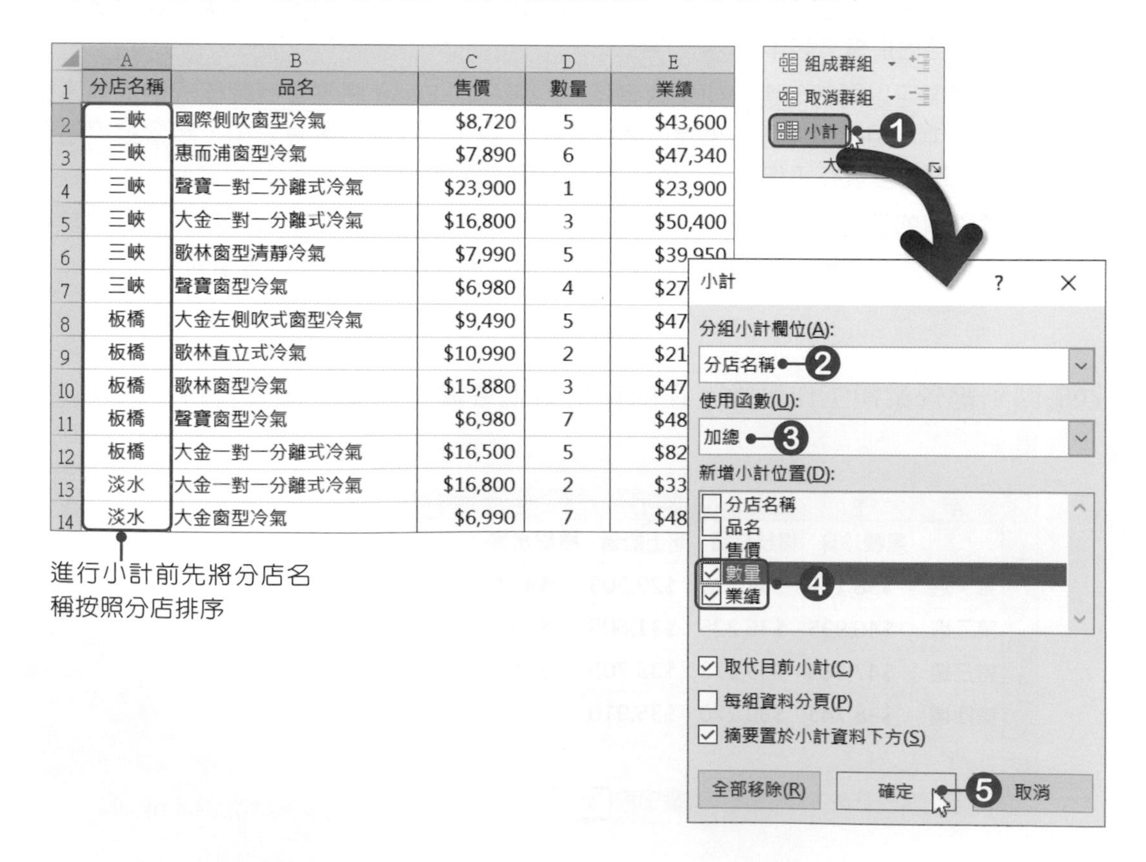

	A	B	C	D	E
1	分店名稱	品名	售價	數量	業績
2	三峽	國際側吹窗型冷氣	$8,720	5	$43,600
3	三峽	惠而浦窗型冷氣	$7,890	6	$47,340
4	三峽	聲寶一對二分離式冷氣	$23,900	1	$23,900
5	三峽	大金一對一分離式冷氣	$16,800	3	$50,400
6	三峽	歌林窗型清靜冷氣	$7,990	5	$39,950
7	三峽	聲寶窗型冷氣	$6,980	4	$27
8	板橋	大金左側吹式窗型冷氣	$9,490	5	$47
9	板橋	歌林直立式冷氣	$10,990	2	$21
10	板橋	歌林窗型冷氣	$15,880	3	$47
11	板橋	聲寶窗型冷氣	$6,980	7	$48
12	板橋	大金一對一分離式冷氣	$16,500	5	$82
13	淡水	大金一對一分離式冷氣	$16,800	2	$33
14	淡水	大金窗型冷氣	$6,990	7	$48

03 回到工作表後，可以看到每一個分店類別下，顯示一個**小計**，就可以輕易地比較每一個分組的差距。而這裡的小計資訊，是將同一分店的數量和業績加總得來的。

	A	B	C	D	E
1	分店名稱	品名	售價	數量	業績
2	三峽	國際側吹窗型冷氣	$8,720	5	$43,600
3	三峽	惠而浦窗型冷氣	$7,890	6	$47,340
4	三峽	聲寶一對二分離式冷氣	$23,900	1	$23,900
5	三峽	大金一對一分離式冷氣	$16,800	3	$50,400
6	三峽	歌林窗型清靜冷氣	$7,990	5	$39,950
7	三峽	聲寶窗型冷氣	$6,980	4	$27,920
8	三峽 合計			24	$233,110
9	板橋	大金左側吹式窗型冷氣	$9,490	5	$47,450
10	板橋	歌林直立式冷氣	$10,990	2	$21,980
11	板橋	歌林窗型冷氣	$15,880	3	$47,640
12	板橋	聲寶窗型冷氣	$6,980	7	$48,860
13	板橋	大金一對一分離式冷氣	$16,500	5	$82,500
14	板橋 合計			22	$248,430
15	淡水	大金一對一分離式冷氣	$16,800	2	$33,600

04 產生小計後，在左邊的大綱結構中列出了各層級的關係，按下 - 按鈕，可以隱藏分組的詳細資訊，只顯示每一個分組的小計資訊；若要再展開時，按下 + 按鈕，就可以顯示分組的詳細資訊。

	A	B	C	D	E
1	分店名稱	品名	售價	數量	業績
8	三峽 合計			24	$233,110
14	板橋 合計			22	$248,430
20	淡水 合計			16	$173,020
21	鶯歌	聲寶窗型冷氣	$6,980	6	$41,880
22	鶯歌	歌林窗型清靜冷氣	$7,990	3	$23,970
23	鶯歌	國際側吹冷氣	$11,880	3	$35,640
24	鶯歌	惠而浦窗型冷氣	$7,890	4	$31,560
25	鶯歌	國際分離式冷氣	$16,880	2	$33,760
26	鶯歌	聲寶一對二分離式冷氣	$23,900	1	$23,900
27	鶯歌 合計			19	$190,710
28	總計			81	$845,270

範例檔案：5-9-OK.xlsx

層級符號的使用

在工作表左邊有個 1 2 3 層級符號鈕，這裡的層級符號鈕是將資料分成三個層級，經由點按這些符號鈕，便可變更所顯示的層級資料。按下**1**只會顯示**總計**資料；按下**2**會將品名、售價等資料隱藏，只顯示每個分店的數量及業績的小計；按下**3**則會顯示完整的資料。

	A	B	C	D	E
1	分店名稱	品名	售價	數量	業績
8	三峽 合計			24	$233,110
14	板橋 合計			22	$248,430
20	淡水 合計			16	$173,020
27	鶯歌 合計			19	$190,710
28	總計			81	$845,270

按下2，只顯示每個分店的數量及業績的小計

移除小計

如果不需要小計了，只要再按下**「資料→大綱→小計」**按鈕，於「小計」對話方塊中，按下**全部移除**即可。

5-5 取得及轉換資料

在Excel中除了直接在工作表輸入文字外，也可以利用**取得及轉換資料**功能，匯入純文字檔、資料庫檔、網頁格式的資料等檔案，並轉換爲表格。

匯入文字檔

Excel可以將純文字檔的內容，直接匯入Excel，製作成工作表。所謂的純文字檔，指的是副檔名爲**「*.txt」**的檔案。要將純文字檔匯入Excel時，文字檔中不同欄位的資料之間必須要有分隔符號，可以是**逗點**、**定位點**、**空白**等，這樣Excel才能夠準確的區分出各欄位的位置。

請使用**5-10.txt**檔案，進行匯入文字檔練習，該文字檔的欄位資料之間已使用定位點符號分隔了。

01 開啟一個空白活頁簿，按下**「資料→取得及轉換資料→從文字/CSV」**按鈕，開啟「匯入資料」對話方塊。

02 選擇要匯入資料的檔案，選擇好後按下**匯入**按鈕。

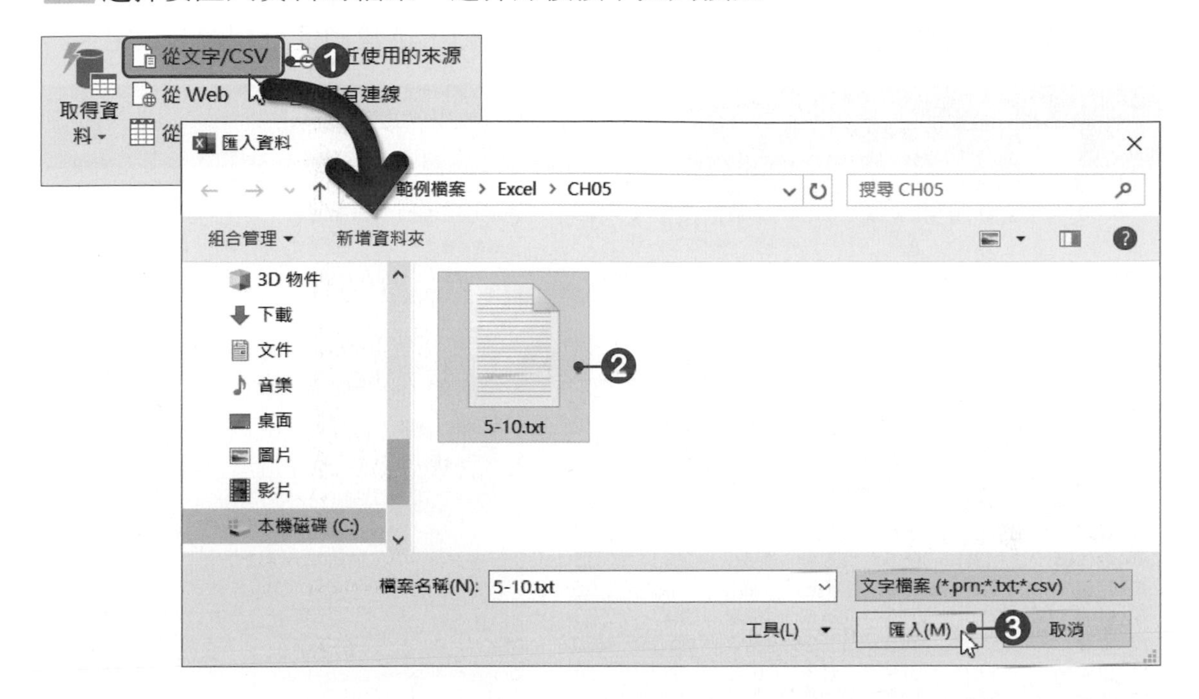

03 此時Excel會自動判斷文字檔是以什麼分隔符號做分隔的，並顯示匯入後的結果，沒問題後，按下**載入**按鈕。

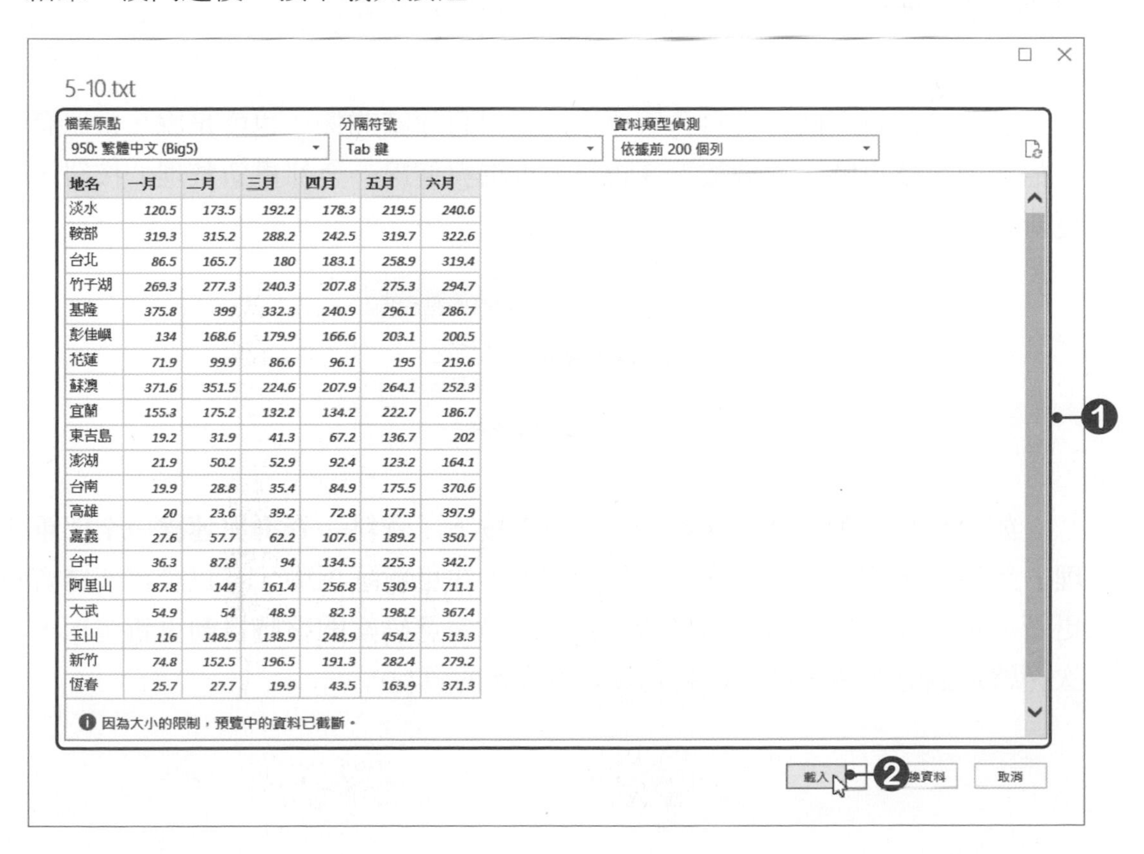

地名	一月	二月	三月	四月	五月	六月
淡水	120.5	173.5	192.2	178.3	219.5	240.6
鞍部	319.3	315.2	288.2	242.5	319.7	322.6
台北	86.5	165.7	180	183.1	258.9	319.4
竹子湖	269.3	277.3	240.3	207.8	275.3	294.7
基隆	375.8	399	332.3	240.9	296.1	286.7
彭佳嶼	134	168.6	179.9	166.6	203.1	200.5
花蓮	71.9	99.9	86.6	96.1	195	219.6
蘇澳	371.6	351.5	224.6	207.9	264.1	252.3
宜蘭	155.3	175.2	132.2	134.2	222.7	186.7
東吉島	19.2	31.9	41.3	67.2	136.7	202
澎湖	21.9	50.2	52.9	92.4	123.2	164.1
台南	19.9	28.8	35.4	84.9	175.5	370.6
高雄	20	23.6	39.2	72.8	177.3	397.9
嘉義	27.6	57.7	62.2	107.6	189.2	350.7
台中	36.3	87.8	94	134.5	225.3	342.7
阿里山	87.8	144	161.4	256.8	530.9	711.1
大武	54.9	54	48.9	82.3	198.2	367.4
玉山	116	148.9	138.9	248.9	454.2	513.3
新竹	74.8	152.5	196.5	191.3	282.4	279.2
恆春	25.7	27.7	19.9	43.5	163.9	371.3

04 資料匯入後，會將資料格式化為表格，並套用表格樣式，自動加上自動篩選功能，且也會產生「表格工具」及「查詢工具」，讓我們進行相關的設定。

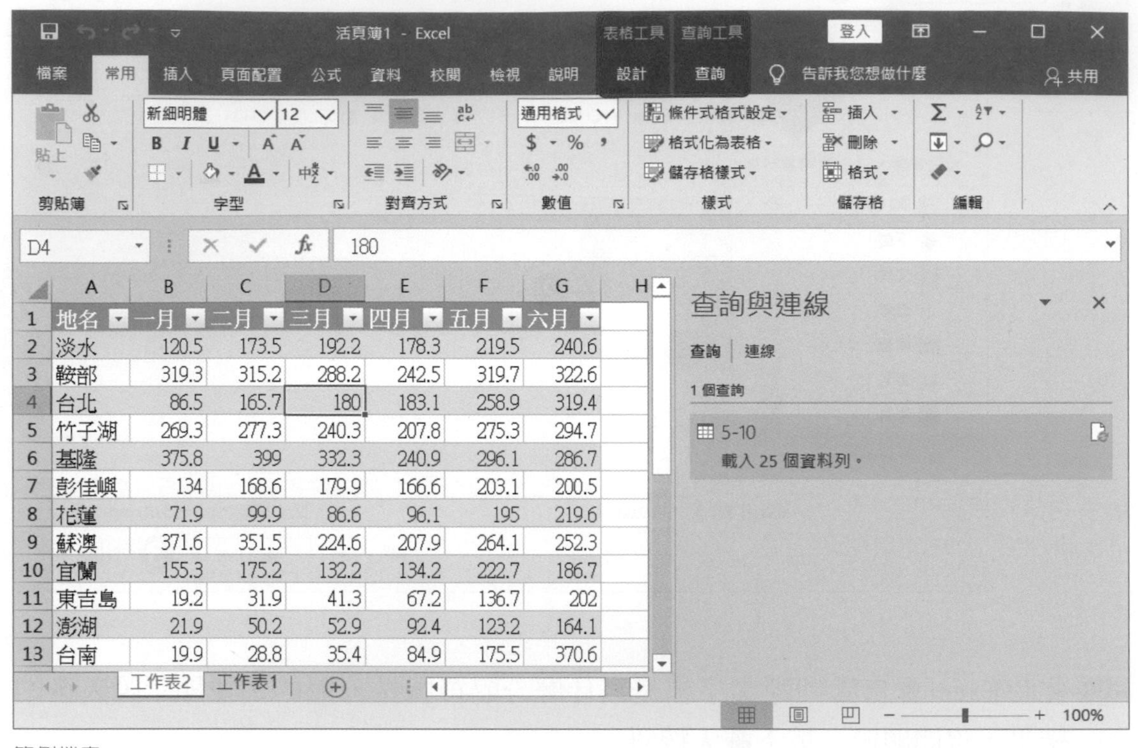

範例檔案：5-10-OK.xlsx

匯入外部資料時，資料會與原來的資料有連結關係。也就是說，當原有的文字檔案內容變更時，只要按下**「資料→查詢與連線→全部重新整理」**按鈕，即可更新資料。

如果覺得手動更新太麻煩的話，可以按下**「資料→查詢與連線→全部重新整理」**選單鈕，開啓「查詢屬性」對話方塊，在**更新**選項中，可以設定連結資料的更新。可以設定每隔幾分鐘更新一次，或是勾選**檔案開啓時自動更新**選項，則每次開啓這個檔案時，都會連到網頁取得最新的資料。

將資料格式化為表格

在Excel中的資料，可以利用**格式化爲表格**功能，快速地格式化儲存格範圍，並將它轉換爲表格，讓資料立即套用表格樣式，再進行合計列設定，即可立即計算出想要統計的結果。

請開啓**5-11.xlsx**檔案，進行以下練習。

01 點選工作表中的任一儲存格，按下「**常用→樣式→格式化爲表格**」按鈕，於選單中選擇一個要套用的表格樣式。

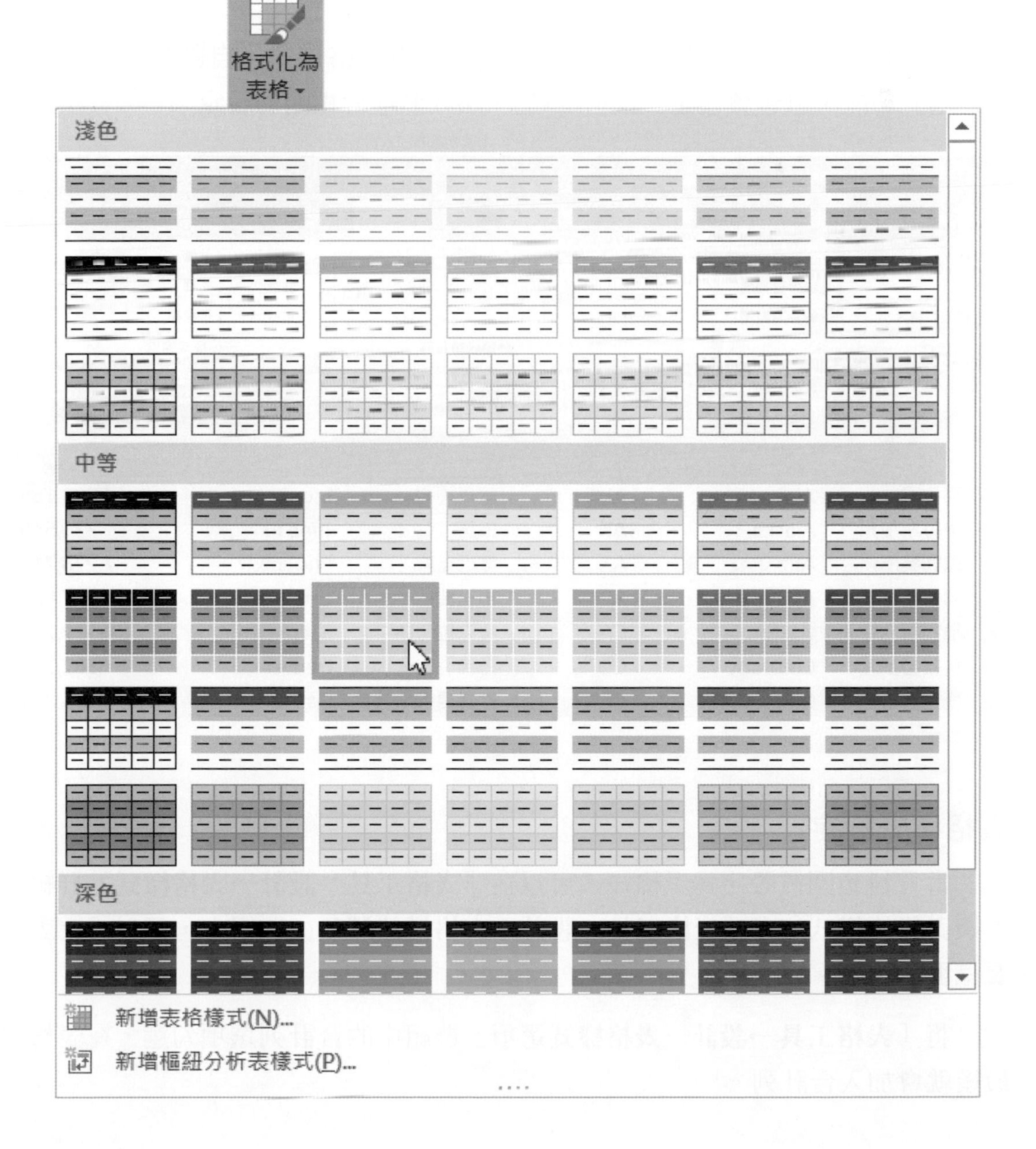

02 點選後，開啓「格式化爲表格」對話方塊，在表格的資料來源中，Excel會自動判斷表格的資料範圍，若範圍沒問題，按下**確定**按鈕。

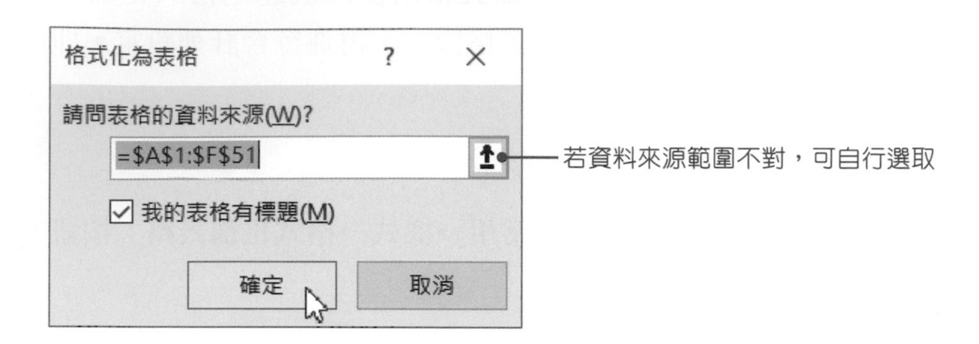

03 儲存格中的資料就建立成表格資料，並套用表格樣式，自動加上「自動篩選」功能，且也會產生「表格工具」，讓我們進行相關的設定。

表格工具 5-11.xlsx - Excel
檔案 常用 插入 頁面配置 公式 資料 校閱 檢視 說明 設計 告訴我您想做什麼
表格名稱: 表格1 調整表格大小 內容
以樞紐分析表摘要 移除重複項 轉換為範圍 插入交叉分析篩選器 工具
匯出 重新整理 內容 以瀏覽器開啟 取消連結 外部表格資料
標題列 首欄 篩選按鈕 合計列 末欄 帶狀列 帶狀欄 表格樣式選項
D2 蒙哥馬利
自動篩選

	A	B	C	D	E	F
1	州（中文）	州（英文）	州（簡碼）	首都（中文）	首都（英文）	人口數
2	阿拉巴馬州	Alabama	AL	蒙哥馬利	Montgomery	4,903,185
3	阿拉斯加州	Alaska	AK	朱諾	Juneau	731,545
4	阿利桑那州	Arizona	AZ	菲尼克斯	Phoenix	7,278,717
5	阿肯色州	Arkansas	AR	小石城	Little rock	3,017,804
6	加利福尼亞州	California	CA	薩克拉門託	Sacramento	39,512,223
7	科羅拉多州	Colorado	CO	丹佛	Denver	57,587,336
8	康涅狄格州	Connecticut	CT	哈特福德	Hartford	3,565,287

表格樣式設定

當資料範圍被設定爲表格後，可以在「**表格工具→設計→表格樣式**」群組中更換表格的樣式；在「**表格工具→設計→表格樣式選項**」群組中，可以設定表格要呈現的選項。

將「**表格工具→設計→表格樣式選項**」群組中的**合計列**選項勾選，在表格的最後就會加入合計列。

範例檔案：5-11-OK.xlsx

設定合計列的計算方式

在「合計列」的每個儲存格都會有一個下拉式清單，在清單中是預設的函數，像是**平均值**、**項目個數**、**最大值**、**最小值**、**加總**、**標準差**等，利用這些函數即可快速計算出你要的合計數。

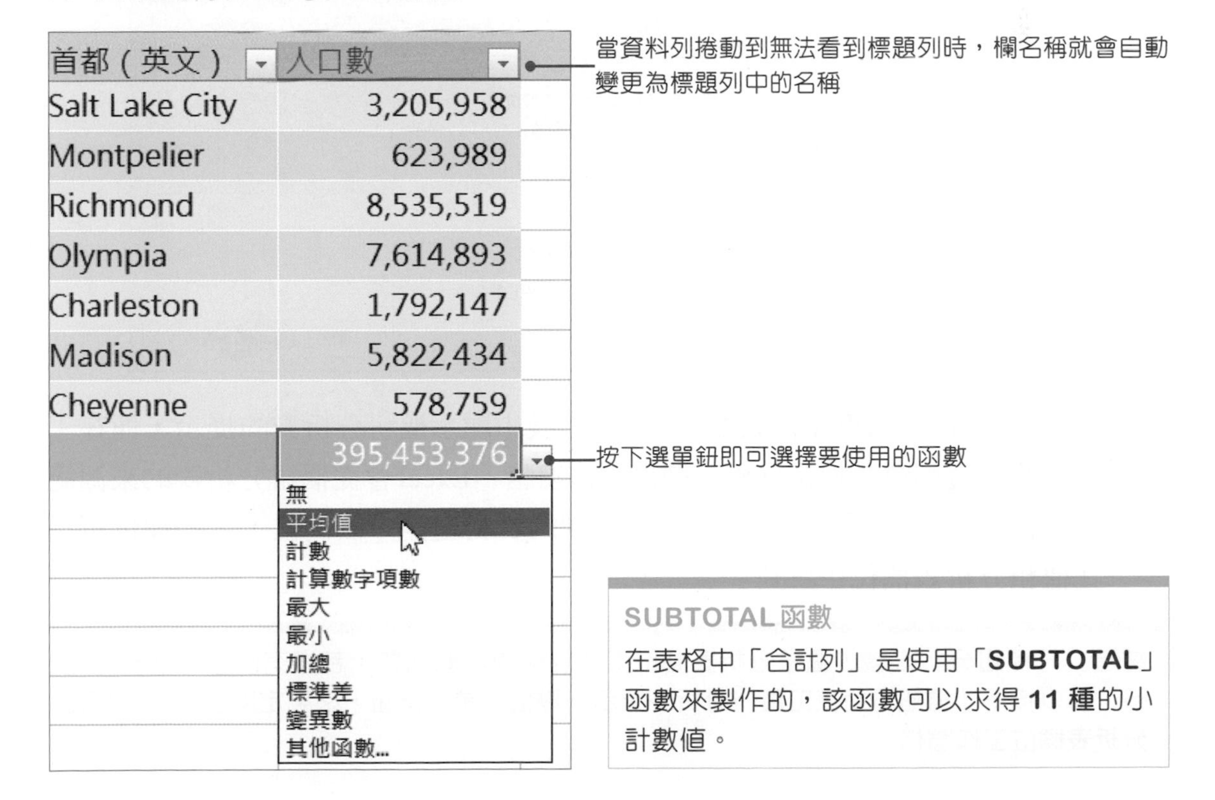

SUBTOTAL 函數

在表格中「合計列」是使用「**SUBTOTAL**」函數來製作的，該函數可以求得 **11** 種的小計數值。

5-6 樞紐分析表的應用

運用Excel輸入了許多流水帳資料後，卻很難從這些資料中，立即分析出資料所代表的意義。所以，Excel提供了資料分析的利器—**樞紐分析表**。樞紐分析表可以將繁雜、毫無順序可言的流水帳資料，彙總及分析出重要的摘要資料。

建立樞紐分析表

請開啓**5-12.xlsx**檔案，在此範例檔案中，要將產品銷售記錄建立一個樞紐分析表，這樣就可以馬上看到各種相關的重要資訊。

01 按下**「插入→表格→樞紐分析表」**按鈕，開啓「建立樞紐分析表」對話方塊。

02 Excel會自動選取儲存格所在的表格範圍，請確認範圍是否正確，點選**新工作表**，將產生的樞紐分析表放置在新的工作表中，都設定好後按下**確定**按鈕。

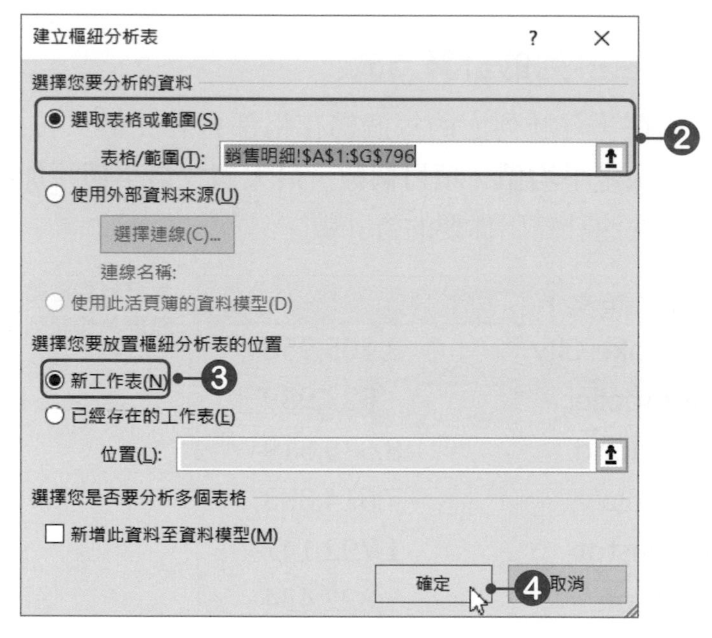

03 Excel就會自動新增**工作表1**，並於工作表中顯示樞紐分析表的提示，而在工作表的右邊則會有**樞紐分析表欄位**工作窗格。Excel會從樞紐分析表的來源範圍，自動分析出欄位，通常是將一整欄的資料當作一個欄位，這些欄位可以在**樞紐分析表欄位**中看到。

當建立好樞紐分析表後，**樞紐分析表欄位**工作窗格會自動開啓；若沒有開啓，或要關閉時，可以按下「**樞紐分析表工具→分析→顯示→欄位清單**」按鈕，來設定開啓或關閉**樞紐分析表欄位**工作窗格。

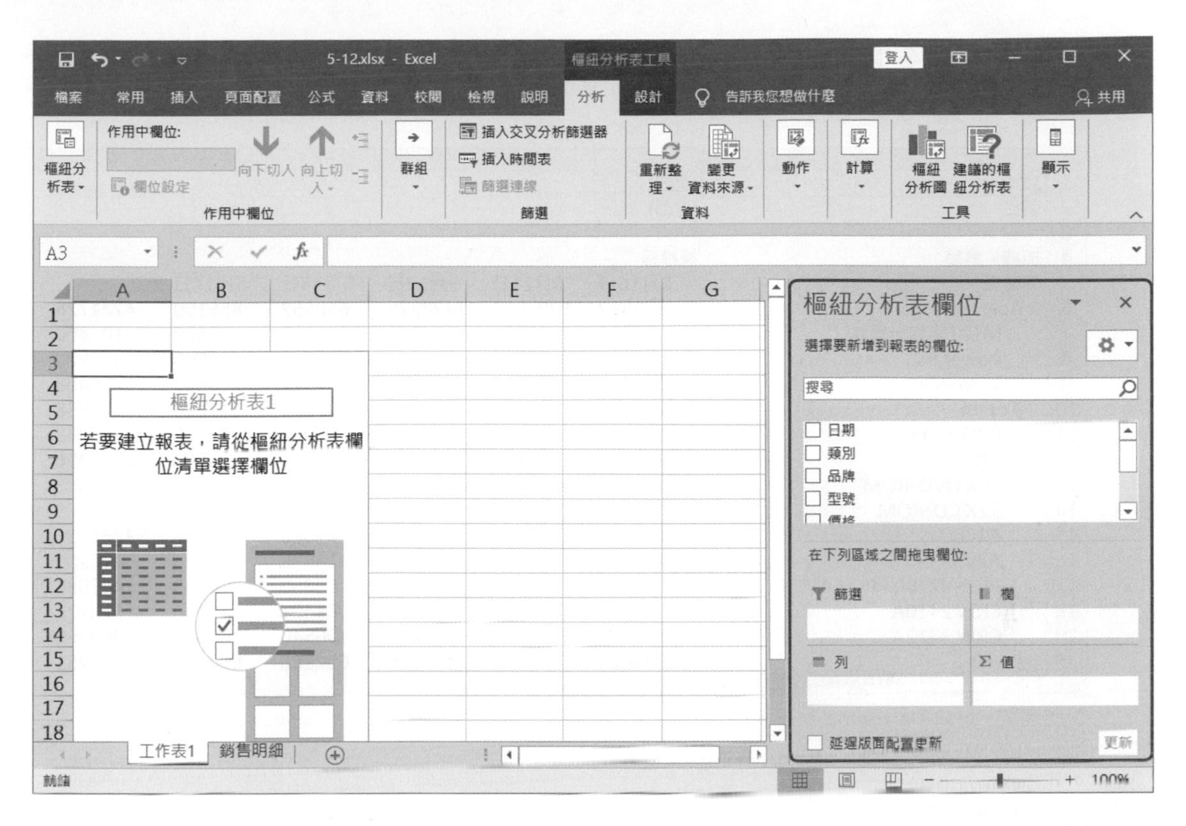

04 一開始所產生的樞紐分析表都是空白的，因此必須手動加入欄位。在此範例中，要將**類別**及**價格**加入**篩選**中；將**日期**加入**欄**中；將**品牌**、**型號**加入**列**中；將**業績**加入 **Σ 值**區域中。

樞紐分析表的各個標籤允許放置多個欄位，但要注意欄位放置的先後順序，會影響報表顯示的內容。若是順序弄錯了，直接拖曳標籤內的欄位進行順序的調整即可。

05 到這裡，基本樞紐分析表就完成了，從樞紐分析表中可以看出各廠牌產品的業績。

	A	B	C	D	E	F	G
1	類別	(全部)					
2	價格	(全部)					
3							
4	**加總 - 業績**	**欄標籤**					
5	**列標籤**	**5月10日**	**5月11日**	**5月12日**	**5月13日**	**5月14日**	**總計**
6	⊟**Acer**	**273832**	**1003924**	**1428320**	**660552**	**855100**	**4221728**
7	M101迷你光學鼠	35200	5500	34100	23100	5500	103400
8	Power Sd	46920	375360	914940	445740	609960	2392920
9	TravelMate 260	191712	623064	479280	191712	239640	1725408
10	⊟**Aopen**	**150960**	**139638**	**169830**	**132090**	**113220**	**705738**
11	CRW3248	150960	139638	169830	132090	113220	705738
12	⊟**ASUS**	**976230**	**1592992**	**1341602**	**1691034**	**928598**	**6530456**
13	16X DVD-ROM	43146	95880	162996	31161	38352	371535
14	52X CD-ROM	15249	62169	11730	3519	30498	123165
15	A1000	170088	1105572	637830	1275660	552786	3741936
16	A7V333	247600	54472	9904	113896	69328	495200
17	AGP-V7100 PRO 64M SE	96390	24786	137700	68850	74358	402084
18	CRW 2410A	34672	170208	160752	91408	56736	513776
19	CRW 3212A	369085	79905	220690	106540	106540	882760
20	⊟**BenQ**	**1202068**	**714698**	**1461130**	**602886**	**694469**	**4675251**

工作表1 | 銷售明細

範例檔案：5-12-OK.xlsx

資料的篩選

樞紐分析表中的每個欄位旁邊都有▾選單鈕，它是用來設定篩選項目的。當按下任何一個欄位的▾選單鈕，從選單中選擇想要顯示的資料項目，即可完成篩選的動作。

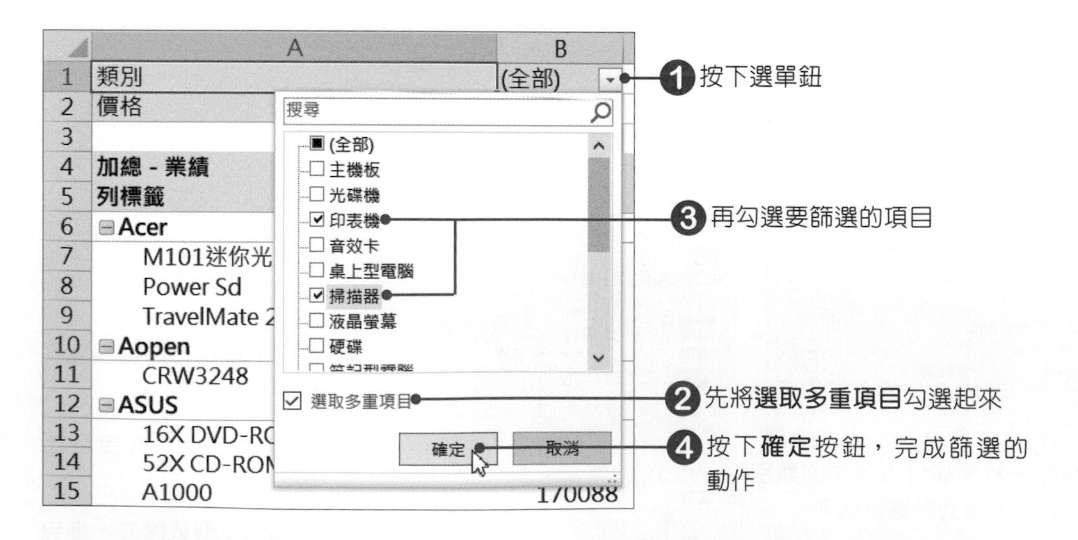

若想要再次顯示全部的資料時，則點選類別的▾按鈕，在開啟的選單中點選**清除 "類別" 的篩選**即可；或是按下**「樞紐分析表工具→分析→動作→清除→清除篩選」**按鈕，即可將樞紐分析表內的篩選設定清除。

改變資料欄位的摘要方式

使用樞紐分析表時，預設的資料欄位都是用「加總」方式統計，能否改成其他的統計方法呢？例如：平均值、標準差。答案是可以的，只要修改資料的摘要方式即可。

01 點選A4儲存格，再按下**「樞紐分析表工具→分析→作用中欄位→欄位設定」**按鈕，開啓「值欄位設定」對話方塊，選擇**最大**，選擇好後按下**確定**按鈕。

當建立樞紐分析表時，樞紐分析表內的欄位名稱是Excel自動命名的，但有時這些命名方式並不符合需求，若要修改時，可以在「值欄位設定」對話方塊中的**自訂名稱**欄位裡修改

02 選擇好後，原本的資料欄位的加總業績會改爲顯示最大值業績。

	A	B	C	D	E	F	G
1	類別	(多重項目)					
2	價格	(全部)					
3							
4	最大 - 業績	欄標籤					
5	列標籤	5月10日	5月11日	5月12日	5月13日	5月14日	總計
6	⊟BenQ	**234192**	**97104**	**171666**	**68544**	**99960**	**234192**
7	3300U	137547	81345	38454	48807	28101	137547
8	4300U	166617	95931	65637	53856	58905	166617
9	5000U	20808	46818	171666	7803	65025	171666
10	5300U	234192	97104	148512	68544	99960	234192
11	⊟Canon	**298452**	**269892**	**197064**	**112404**	**188496**	**298452**
12	S100SP	77428	86362	58071	61049	35736	86362
13	S300	298452	54264	166668	112404	127908	298452
14	S450	278460	269892	197064	94248	188496	278460
15	⊟EPSON	**302373**	**1326510**	**884340**	**594456**	**1208598**	**1326510**
16	1650U PHOTO	71330	499310	91710	264940	397410	499310
17	2450U PHOTO	115056	997152	690336	594456	210936	997152
18	EPL-N2050+	147390	1326510	884340	206346	1208598	1326510

套用樞紐分析表樣式

Excel提供了樞紐分析表樣式，讓我們可以直接套用於樞紐分析表中，而不必自行設定樞紐分析表的格式。進入**「樞紐分析表工具→設計→樞紐分析表樣式」**群組中，就有許多不同的樣式，直接點選想要使用的樣式即可。

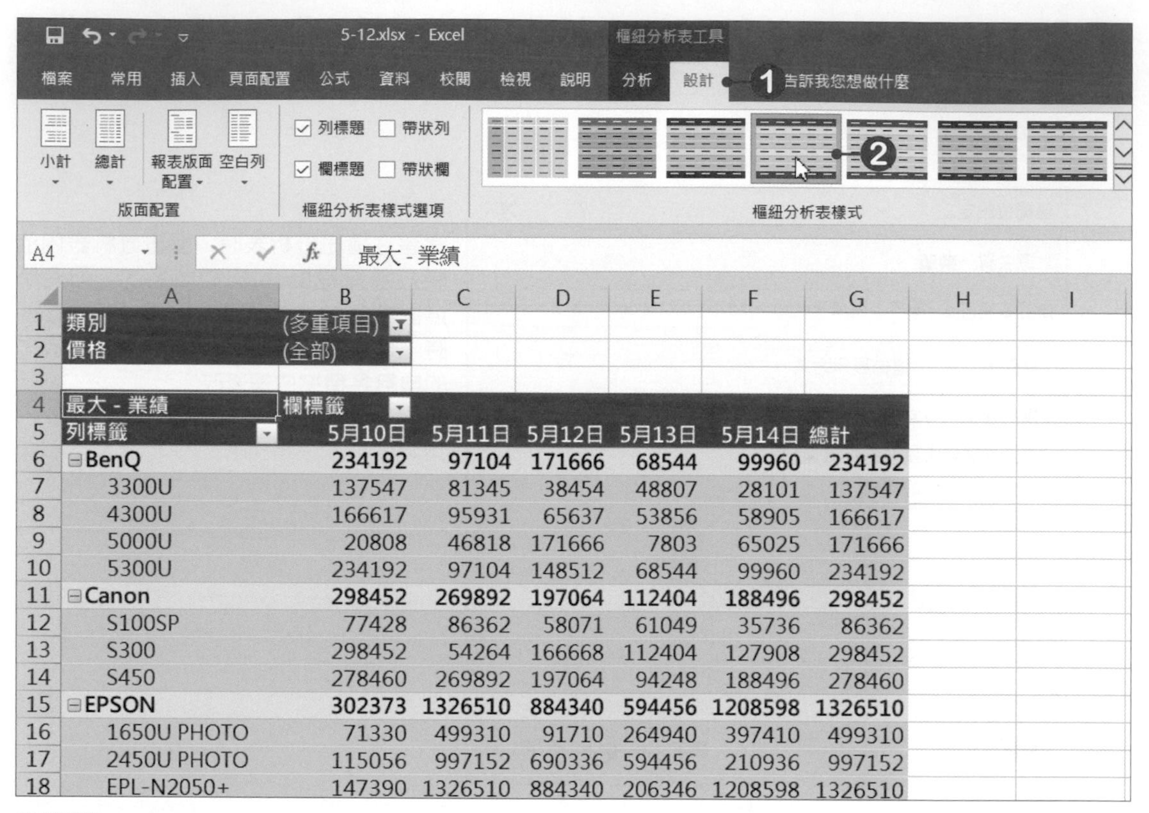

	A	B	C	D	E	F	G
1	類別	(多重項目)					
2	價格	(全部)					
3							
4	最大 - 業績	欄標籤					
5	列標籤	5月10日	5月11日	5月12日	5月13日	5月14日	總計
6	⊟BenQ	234192	97104	171666	68544	99960	234192
7	3300U	137547	81345	38454	48807	28101	137547
8	4300U	166617	95931	65637	53856	58905	166617
9	5000U	20808	46818	171666	7803	65025	171666
10	5300U	234192	97104	148512	68544	99960	234192
11	⊟Canon	298452	269892	197064	112404	188496	298452
12	S100SP	77428	86362	58071	61049	35736	86362
13	S300	298452	54264	166668	112404	127908	298452
14	S450	278460	269892	197064	94248	188496	278460
15	⊟EPSON	302373	1326510	884340	594456	1208598	1326510
16	1650U PHOTO	71330	499310	91710	264940	397410	499310
17	2450U PHOTO	115056	997152	690336	594456	210936	997152
18	EPL-N2050+	147390	1326510	884340	206346	1208598	1326510

範例檔案：5-13.xlsx

製作樞紐分析圖

將樞紐分析表的概念延伸，使用拖曳欄位的方式，也可以產生樞紐分析圖。要建立樞紐分析圖時，可以使用以下的方法。

01 先建立樞紐分析表後，再按下**「樞紐分析表工具→分析→工具→樞紐分析圖」**按鈕，開啓「插入圖表」對話方塊。

02 選擇要使用的圖表類型，選擇好後按下**確定**按鈕，在工作表中就會產生樞紐分析圖。

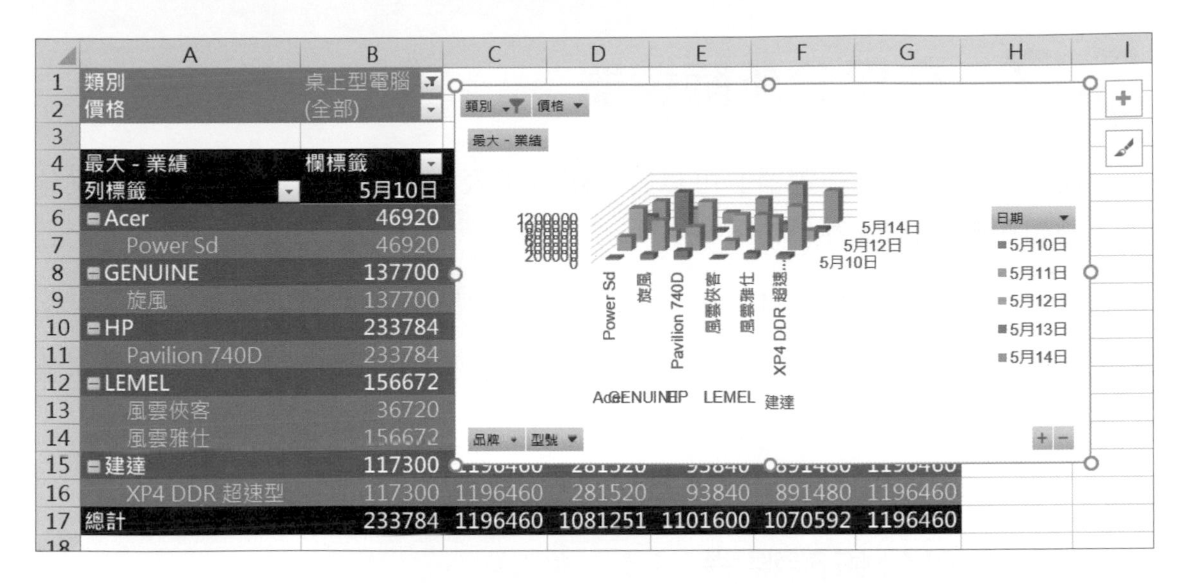

03 按下「**樞紐分析圖工具→設計→位置→移動圖表**」按鈕，將圖表移動至新工作表中，並將工作表命名為「樞紐分析圖」。

04 與樞紐分析表一樣，樞紐分析圖可以在「欄位清單」中設定報表欄位，來決定樞紐分析圖想要顯示的資料內容；或是直接在圖表中按下選單鈕，來設定顯示內容。

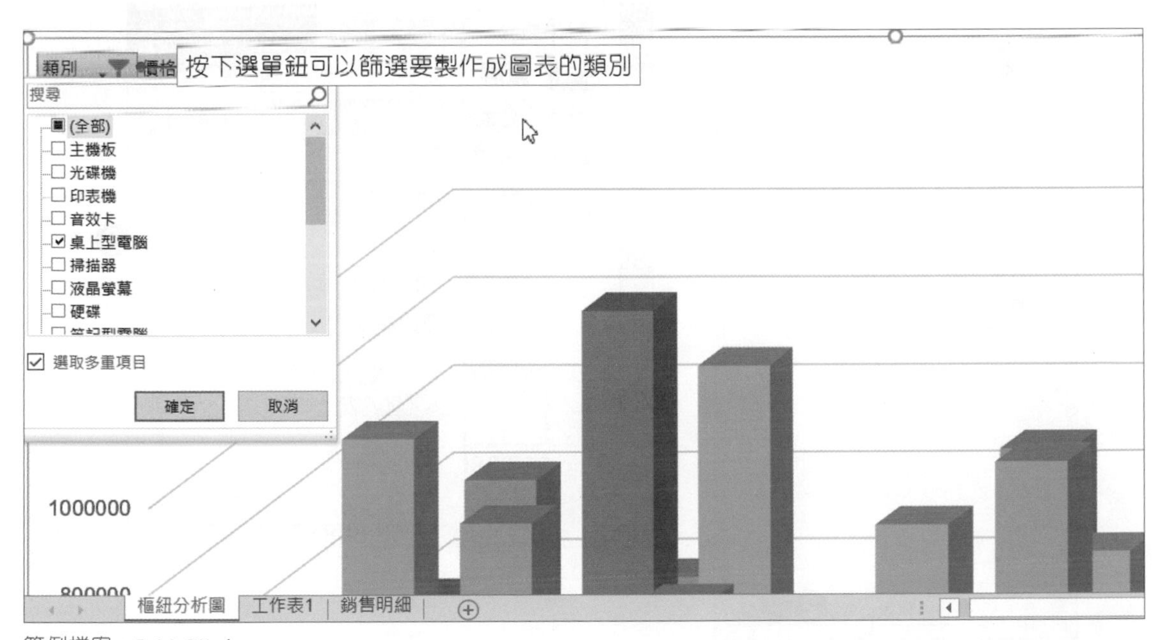

範例檔案：5-14-OK.xlsx

5-7 交叉分析篩選器

使用「交叉分析篩選器」可以將樞紐分析表內的資料做更進一步的交叉分析，例如在**5-15.xlsx**範例檔案中：

- 想要知道「台北」門市「Canon」廠牌的銷售數量及銷售金額爲何？
- 想要知道「台北」門市「Canon」及「SONY」廠牌在「第三季」的銷售數量及銷售金額爲何？

此時，便可使用「交叉分析篩選器」來快速統計出我們想要的資料。

插入交叉分析篩選器

01 按下**「樞紐分析表工具→分析→篩選→插入交叉分析篩選器」**按鈕，開啓「插入交叉分析篩選器」對話方塊。

02 選擇要分析的欄位，這裡請勾選**門市**、**廠牌**及**季**等欄位，勾選好後按下**確定**按鈕，回到工作表後，便會出現我們所選擇的交叉分析篩選器。

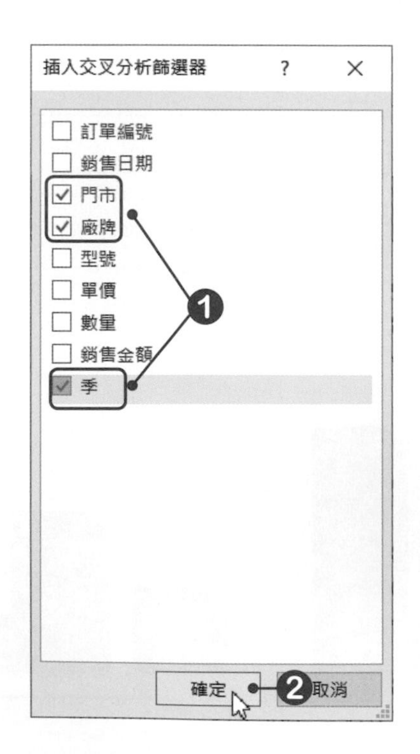

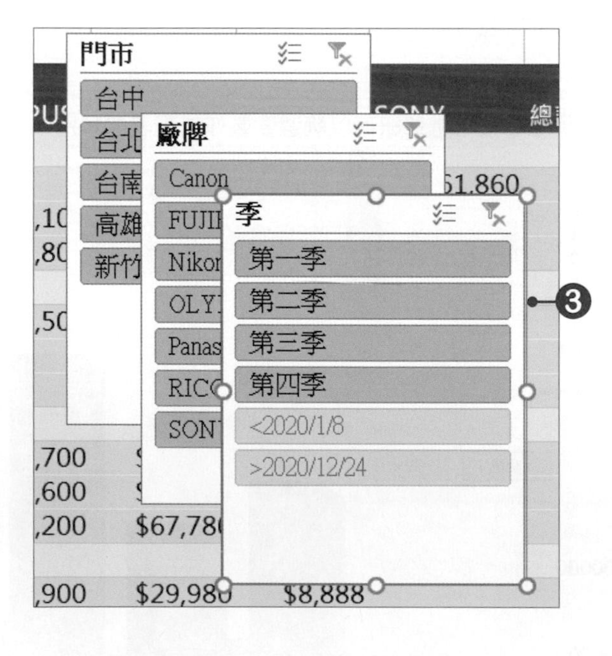

03 交叉分析篩選器加入後，將滑鼠游標移至篩選器上，按下**滑鼠左鍵**不放並拖曳滑鼠，即可調整篩選器的位置。

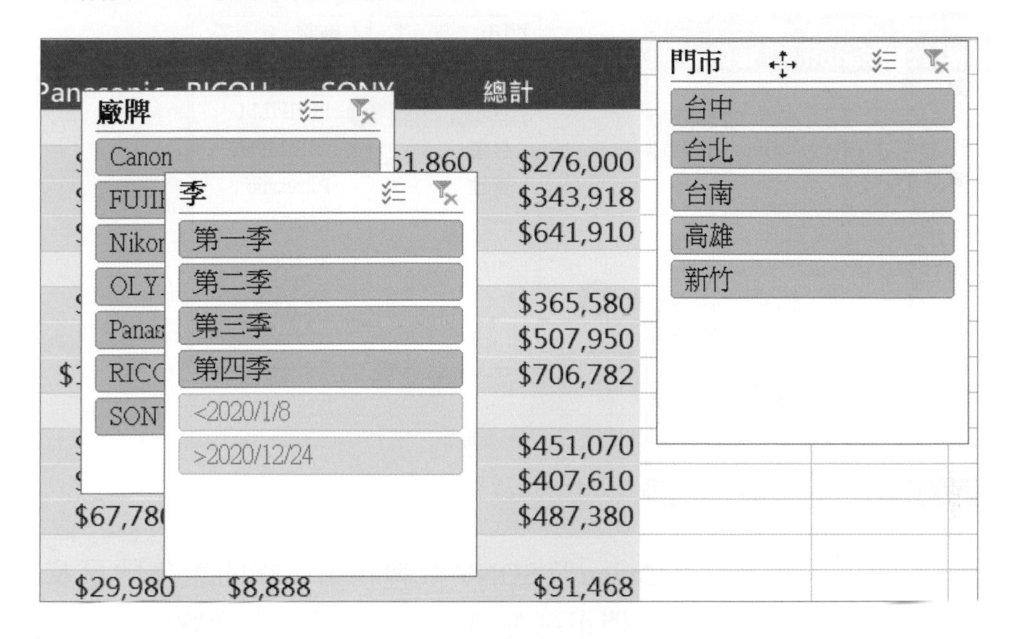

04 將滑鼠游標移至篩選器的邊框上，按下**滑鼠左鍵**不放並拖曳滑鼠，即可調整篩選器的大小。

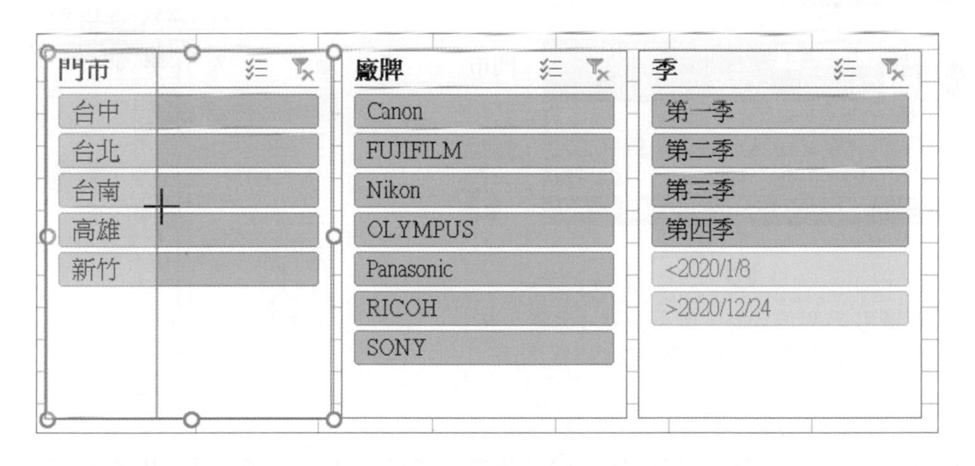

05 篩選器位置調整好後，接下來就可以進行交叉分析的動作了，首先，我們想要知道「台北門市Canon廠牌的銷售數量及銷售金額爲何？」。此時，只要在**門市**篩選器上點選**台北**；在**廠牌**篩選器上點選**Canon**。經過交叉分析後，便可立即知道台北門市Canon廠牌每個月的銷售數量及銷售金額。

	A	B	C
1	門市	台北	
2			
3	銷售總額	欄標籤	
4	列標籤	Canon	總計
5	⊟第一季		
6	2月	$13,990	$13,990
7	3月	$85,000	$85,000
8	⊟第二季		
9	5月	$27,980	$27,980
10	6月	$25,600	$25,600
11	⊟第三季		
12	7月	$9,800	$9,800
13	9月	$29,800	$29,800
14	⊟第四季		
15	10月	$9,900	$9,900
16	11月	$13,990	$13,990
17	12月	$27,980	$27,980
18	總計	$244,040	$244,040

門市：台中、台北、台南、高雄、新竹

廠牌：Canon、FUJIFILM、OLYMPUS、Panasonic、RICOH、SONY、Nikon

06 接著想要知道「台北門市Canon及SONY廠牌在第三季的銷售數量及銷售金額爲何？」。此時，只要在**門市**篩選器上點選**台北**，在**廠牌**篩選器上點選**Canon**及**SONY**，在季篩選器上點選**第三季**，即可看到分析結果。

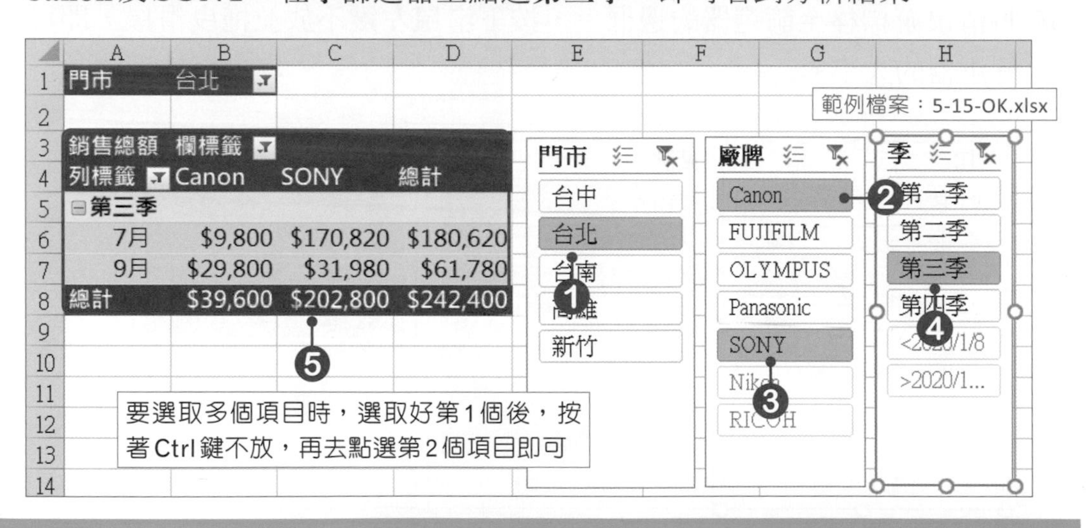

若要清除篩選器上的篩選結果，可以按下篩選器右上角的按鈕，或按下**Alt+C**快速鍵，即可清除篩選，而恢復成選取每個資料項。

移除交叉分析篩選器

若不需要交叉分析篩選器時，可以點選交叉分析篩選器後，再按下鍵盤上的**Delete**鍵，即可刪除；或是在交叉分析篩選器上，按下**滑鼠右鍵**，於選單中點選**移除**選項，即可刪除。

自我評量

❖選擇題

(　　)1. 在Excel中，下列關於「排序」的敘述，何者不正確？(A)排序時會以「欄」為依據　(B)設定排序層級時，最多只能設二層　(C)按下「Z↓A」按鈕，可以將資料從大到小排序　(D)按下「A↓Z」按鈕，可以將資料從小到大排序。

(　　)2. 在Excel中，下列關於「篩選」的敘述，何者正確？(A)執行「篩選」功能後，除了留下來的資料，其餘資料都會被刪除　(B)利用欄位旁的▾按鈕做篩選，稱作「進階篩選」　(C)要進行篩選動作時，可執行「資料→排序與篩選→篩選」功能　(D)設計篩選準則時，不需要任何標題。

(　　)3. 在Excel中，要將資料加入自動篩選功能時，可以按下下列哪組快速鍵？(A)Ctrl+L　(B)Shift+L　(C)Ctrl+Shift+L　(D)Alt+Shift+L。

(　　)4. 在Excel中，將篩選準則輸入為「???冰沙」，不可能篩選出下列哪一筆資料？(A)草莓冰沙　(B)巧克力冰沙　(C)百香果冰沙　(D)翡冷翠冰沙。

(　　)5. 在Excel中，輸入篩選準則時，以下哪個符號可以代表一串連續的文字？(A)「*」　(B)「?」　(C)「/」　(D)「+」。

(　　)6. 在Excel中，資料驗證功能中，「輸入訊息」的作用為下列何者？(A)指定該儲存格的輸入法模式　(B)當儲存格被選定時，顯示訊息　(C)設定資料驗證準則(D)輸入的資料不正確時顯示警訊。

(　　)7. 在Excel中，下列哪一個功能，可以將不同工作表的資料，合在一起進行計算？(A)目標搜尋　(B)資料分析　(C)移除重複　(D)合併彙算。

(　　)8. 下列哪一個不是Excel可以匯入的外部資料？(A)網頁資料　(B)MP3檔　(C)資料庫檔　(D)文字檔。

(　　)9. 在Excel中，要匯入文字檔時，不同欄位必須用哪些符號隔開？(A)逗號　(B)分號　(C)空格　(D)以上皆可。

(　　)10. 在Excel中，使用小計功能可以計算出？(A)最大值　(B)最小值　(C)平均值　(D)以上皆可。

(　　)11. 在Excel中，下列關於「樞紐分析表」的敘述，何者正確？(A)樞紐分析表的結果可設定產生在新工作表或已經存在的工作表中　(B)來源資料更改後，樞紐分析表不會自動更新　(C)使用樞紐分析表時，預設的資料欄位皆是以「加總」方式統計，無法再自行更改　(D)在樞紐分析表中無法使用排序功能。

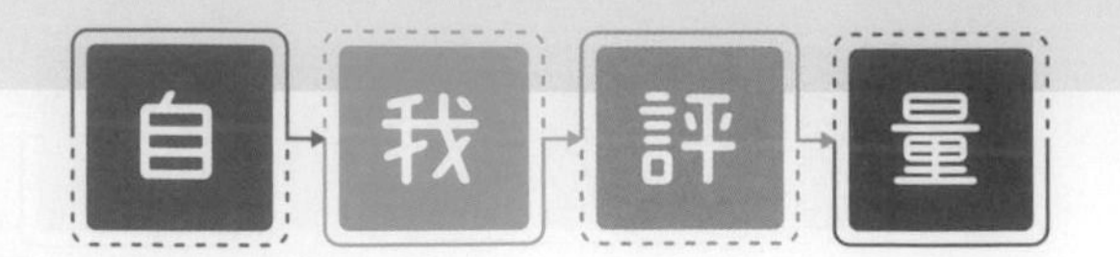

❖ 實作題

1. 開啟「Excel→CH05→5-16.xlsx」檔案，學生每個月的體重，分別記錄在不同的工作表，請用「合併彙算」功能，在「春季」工作表，計算這三個月每個學生體重的標準差，找出體重變化最大的是誰。

一月份

	A	B
1		體重
2	王小桃	55
3	郭小怡	51
4	陳小潔	64
5	劉小寶	75

二月份

	A	B
1		體重
2	王小桃	57
3	郭小怡	53.2
4	陳小潔	59
5	劉小寶	73

三月份

	A	B
1		體重
2	王小桃	59
3	郭小怡	55
4	陳小潔	61
5	劉小寶	75

	A	B
1		體重
2	王小桃	2
3	郭小怡	2.00333
4	陳小潔	2.51661
5	劉小寶	1.1547

2. 開啟「Excel→CH05→5-17.xlsx」檔案，進行以下的設定。
   - 在新的工作表中製作樞紐分析表，樞紐分析表的版面配置如下圖所示。

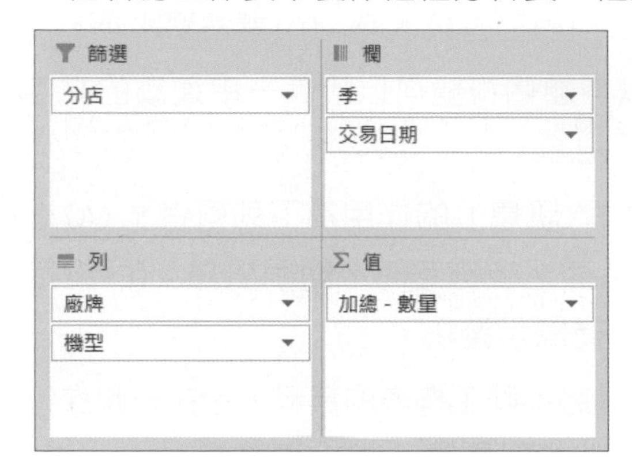

   - 將「交易日期」欄位設定群組，分別設為「季」、「月」，在「分店」和「廠牌」欄位中篩選出北區、Apple廠牌的資料。
   - 將樞紐分析表套用一個樣式。

	A	B	C	D	E	F	G
1	分店	北區					
2							
3	加總 - 數量	欄標籤					
4		⊟第一季			⊟第二季		總計
5	列標籤	1月	2月	3月	4月	5月	
6	⊟Apple	17	1	5	14	18	55
7	iPhone 12	4	1	1	1		7
8	iPhone 12S	8			13	12	33
9	iPhone 12C	5		4		6	15
10	總計	17	1	5	14	18	55

提示：設定群組時，可以至「**樞紐分析表工具→分析→群組**」群組中，按下**群組欄位**按鈕，開啟「群組」對話方塊，在**間距值**中選擇**季**及**月**即可。

CHAPTER 06
保護與列印活頁簿

6-1 活頁簿與工作表的保護

有時不希望工作表的內容被別人擅自修改；或是工作表的名稱被竄改，可以針對工作表或活頁簿設定「**保護**」。

保護活頁簿結構

為了避免在傳閱的過程中，工作表不小心被某些人誤刪或修改時，可以將活頁簿加上**保護**的設定。設定了保護之後，其他人就不能隨便修改活頁簿的結構，必須要有密碼才能解除保護。

要設定時，按下**「校閱→保護→保護活頁簿」**按鈕，開啟「保護結構及視窗」對話方塊，進行保護及密碼的設定，設定好後按下**確定**按鈕，再次確認密碼，確認好後，就完成了保護活頁簿結構的設定。

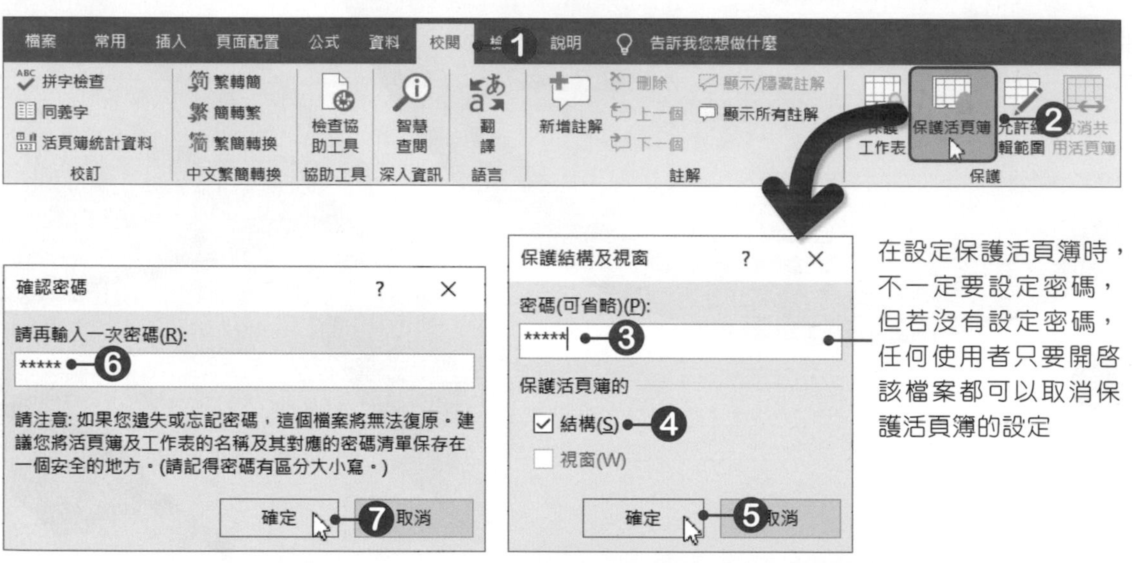

保護活頁簿的結構後，工作表就無法被移動、或執行複製、刪除、隱藏、新增等動作。

範例檔案：6-1-OK.xlsx(密碼為12345)

設定允許編輯範圍

除了針對活頁簿設定保護外，也可以指定某些範圍不必保護，可以允許他人使用及修改。請開啟**6-2.xlsx**檔案，在此範例中的報價單，要設定為只讓使用者填入類別、貨號、品名、廠牌、包裝、單位、售價、數量等資料，而其他部分則無法修改。

01 選取**C5:J14**儲存格，按下**「校閱→保護→允許編輯範圍」**按鈕，開啟「允許使用者編輯範圍」對話方塊，按下**新範圍**按鈕。

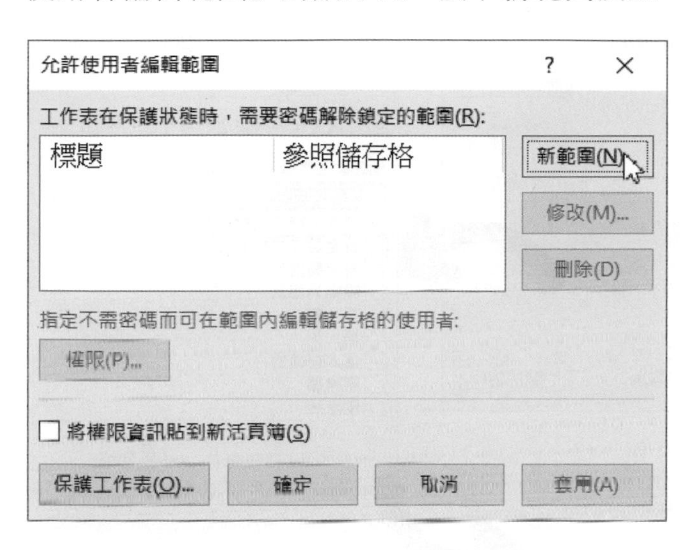

02 開啟「新範圍」對話方塊，在**標題**欄位中輸入要使用的標題名稱；在**參照儲存格**中會自動顯示所選取的範圍；在**範圍密碼**欄位中輸入密碼(12345)，不輸入表示不設定保護密碼，設定好後按下**確定**按鈕。

03 接著會要求再輸入一次密碼(12345)，輸入好後，按下**確定**按鈕，回到「允許使用者編輯範圍」對話方塊。

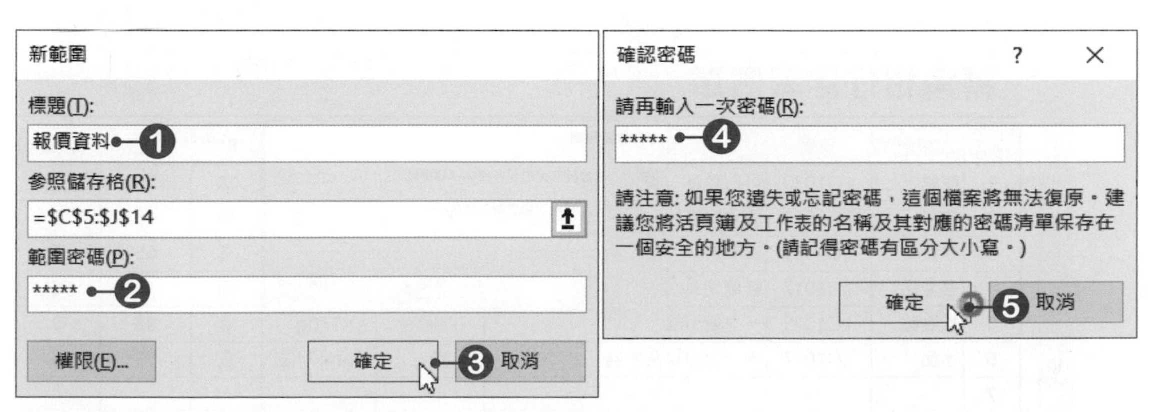

04 當允許使用者編輯範圍都設定好後，還必須進行「保護工作表」的設定，才能眞正啓動保護的動作。在「允許使用者編輯範圍」對話方塊中，按下**保護工作表**按鈕，開啓「保護工作表」對話方塊。

05 建立一個保護工作表的密碼(12345)，將**選取鎖定的儲存格**及**選取未鎖定的儲存格**選項勾選，設定好後按下**確定**按鈕。

06 接著會要再確認一次密碼，輸入完後，按下**確定**按鈕。

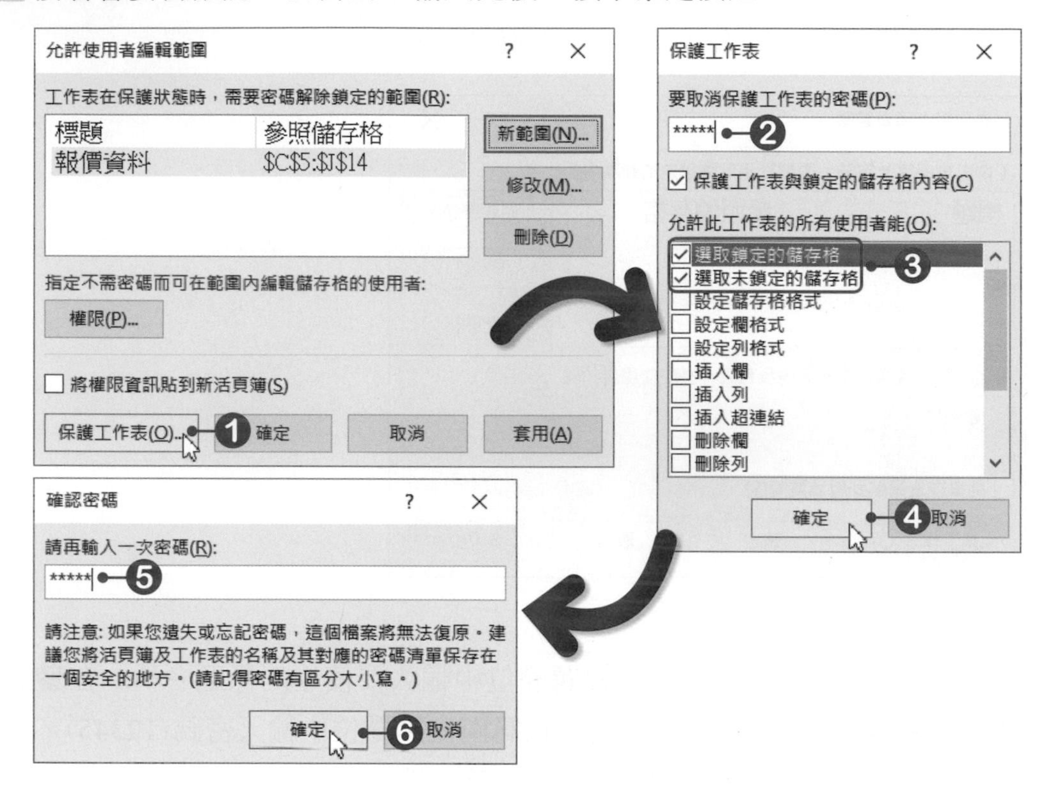

07 保護工作表設定好後，當使用者要輸入資料時，會開啓「解除鎖定範圍」對話方塊，此時只要輸入正確的密碼，即可解除鎖定，並輸入資料。

轉角柑仔店報價單

新北市土城區忠義路21號
TEL : 02-2262-5666 FAX : 02-2262-1868
統一編號 : 04383129

編號	類別	貨號				單位	售價	數量
1	餅乾	LG1030	可口美酥			盒	75	10
2	飲料	LG1022	優沛蕾發酵			瓶	48	5
3	零食	LG1035	洋芋片			盒	65	5
4	農產品	LG1017	鮭魚切片			兩	7	6
5	糕點類	LG1025	一之鄉蛋糕	亞妮刻	470g	盒	88	3
6	冰品	LG1027	統一冰戀草莓雪糕	統一	75ml×5支	盒	55	10
7								

解除鎖定範圍
您嘗試變更的儲存格有密碼保護。
輸入密碼以變更儲存格(E):
確定 取消

範例檔案：6-2-OK.xlsx(密碼為12345)

取消活頁簿及工作表的保護

若要取消保護工作表或活頁簿時，只要進入**「校閱→保護」**群組中，按下相關按鈕，即可取消保護，取消時會要求輸入設定的密碼。

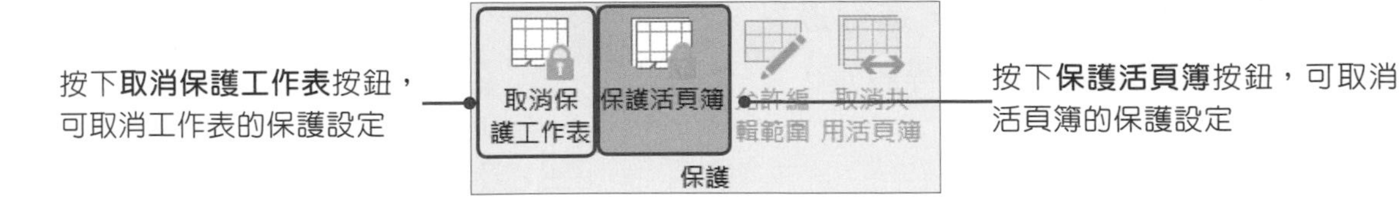

若要查看活頁簿進行了哪些保護措施時，可以按下**「檔案→資訊」**選項，即可看到相關的資訊。

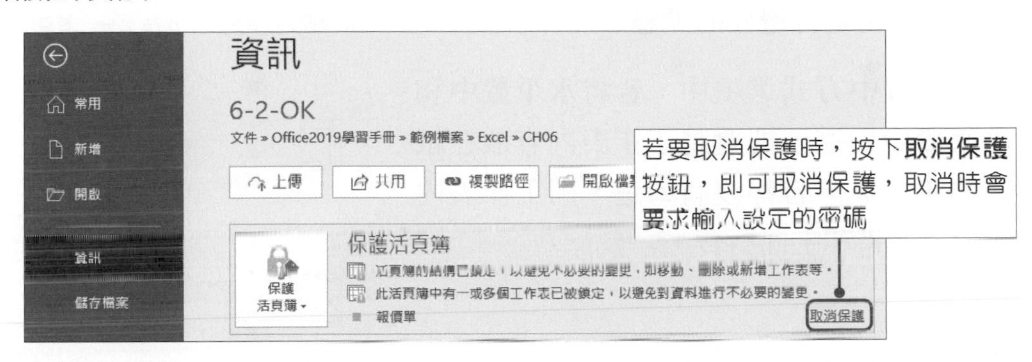

設定活頁簿開啟密碼

若檔案不想被人任意開啟時，可以幫檔案設定開啟密碼，只要在**「資訊」**頁面中，按下**保護活頁簿**按鈕，於選單中點選**以密碼加密**，即可進行密碼的設定。

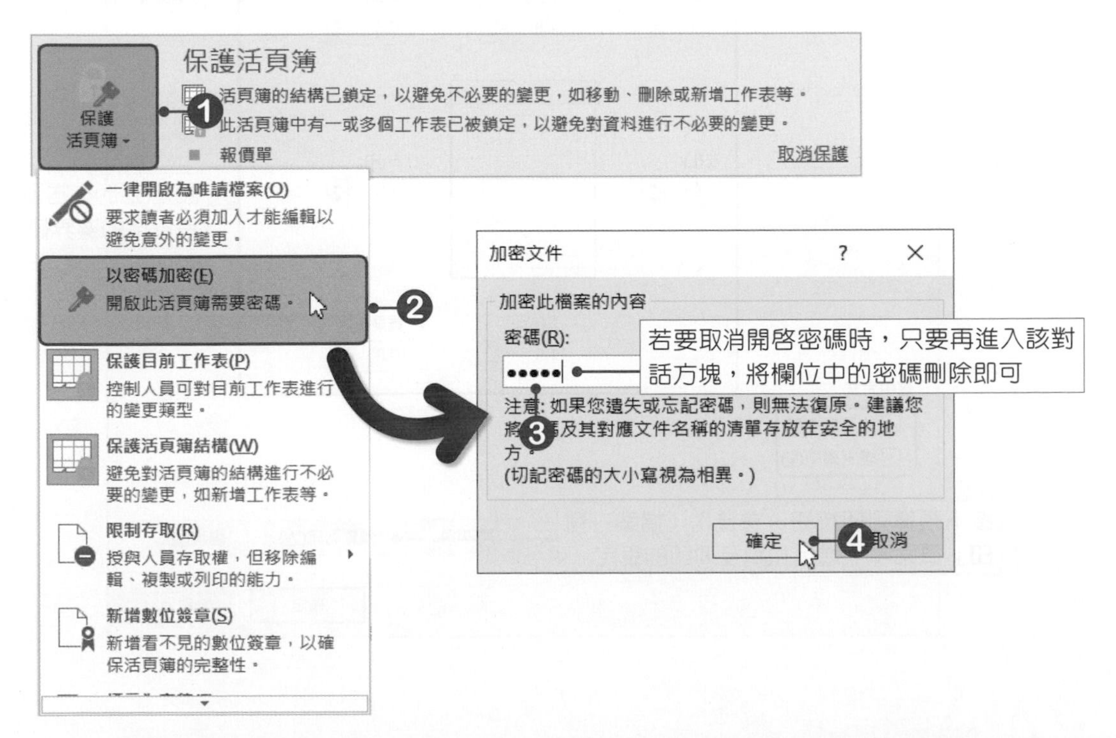

6-2 工作表的版面設定

在列印工作表前，可以先到**「頁面配置→版面設定」**群組中，進行邊界、方向、大小、列印範圍、背景等設定。

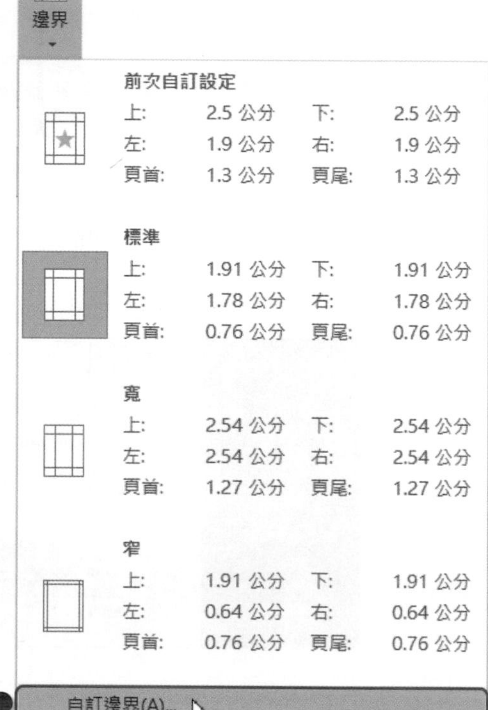

邊界設定

要調整邊界時，按下**「頁面配置→版面設定→邊界」**按鈕，於選單中選擇**自訂邊界**，即可進行邊界的調整。

在**置中方式**選項中，若將**水平置中**和**垂直置中**勾選，則會將工作表內容放在紙張的正中央，若都沒有勾選，則工作表內容會靠左邊和上面對齊。

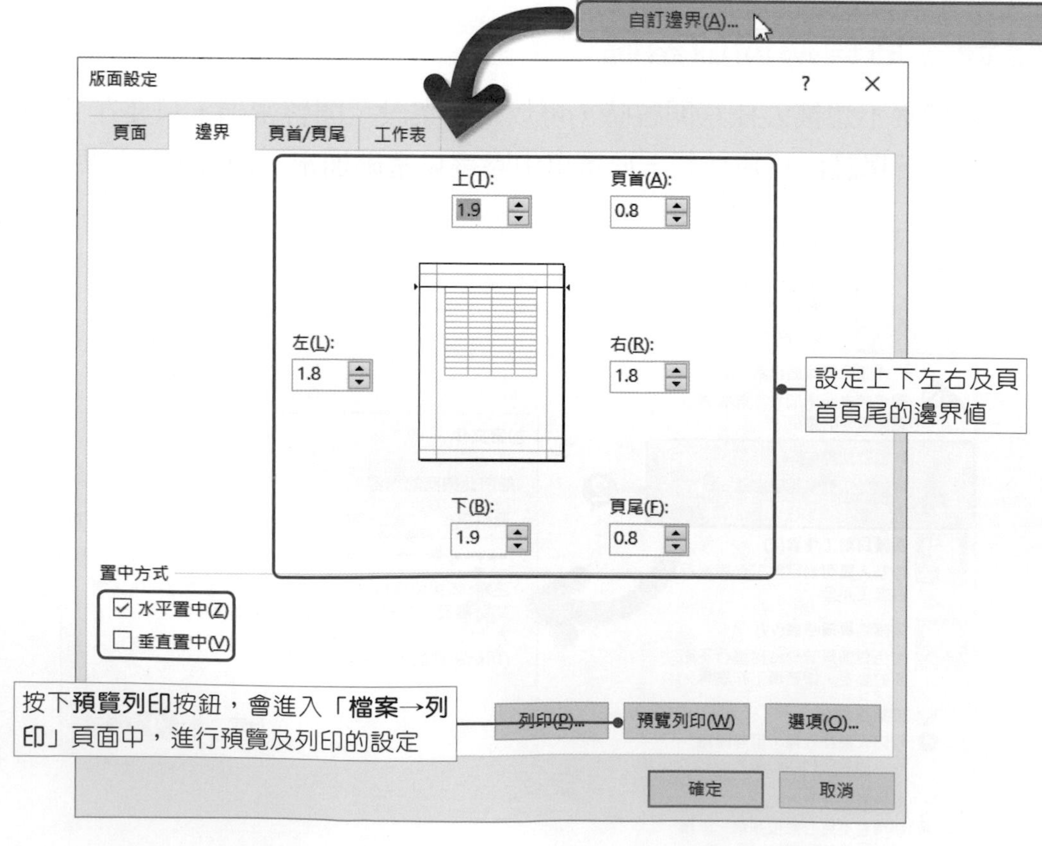

改變紙張方向與縮放比例

要設定紙張方向時，可以在「版面設定」對話方塊的**頁面**標籤頁中，選擇紙張要列印的方向，這裡提供了**直向**和**橫向**兩種選擇；而在**紙張大小**中可以選擇要使用的紙張大小。

當工作表超出單一頁面，又不想拆開兩頁列印時，可以將工作表縮小列印。在**縮放比例**欄位，輸入一個縮放的百分比，工作表就會依照一定比例縮放。通常會直接指定要印成幾頁寬或幾頁高，決定要將寬度或高度濃縮成幾頁，Excel就會自動縮放工作表以符合頁面大小。

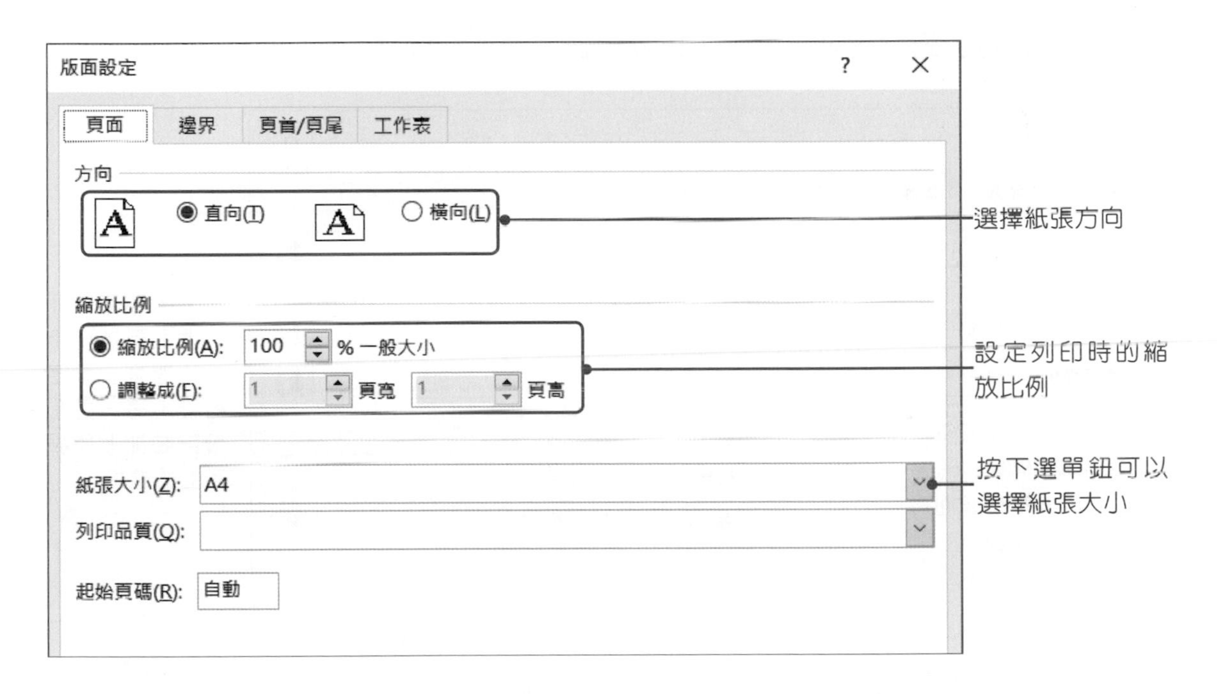

要設定紙張方向及紙張大小時，也可以至**「頁面配置→版面設定」**群組中按下**方向**按鈕，選擇紙張方向；按下**大小**按鈕，選擇紙張大小。在**「頁面配置→配合調整大小」**群組中，則可以進行縮放比例的設定。

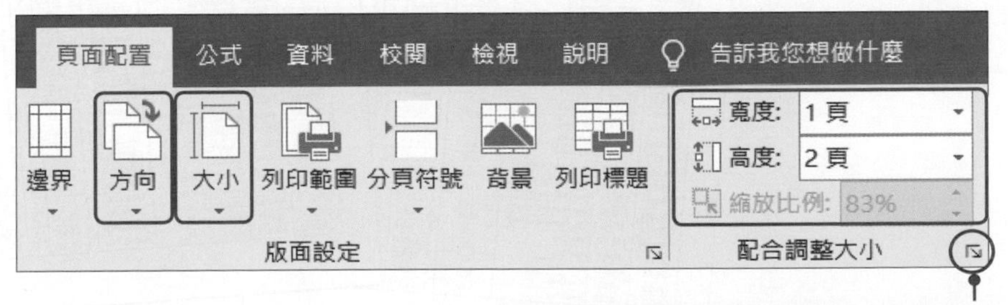

設定列印範圍及列印標題

只想列印工作表中的某些範圍時，先選取範圍再按下**「頁面配置→版面設定→列印範圍→設定列印範圍」**按鈕，即可將被選取的範圍單獨列印成1頁，選取要列印的範圍時，可以是許多個不相鄰的範圍。

一般而言，會將資料的標題列放在第一欄或第一列，在瀏覽或查找資料時，比較好對應到該欄位的標題。所以，當列印資料超過二頁時，就必須特別設定標題列，才能使表格標題出現在每一頁的第一欄或第一列。

要設定列印標題時，按下**「頁面配置→版面設定→列印標題」**按鈕，開啟「版面設定」對話方塊，點選**工作表**標籤，即可進行列印標題的設定。

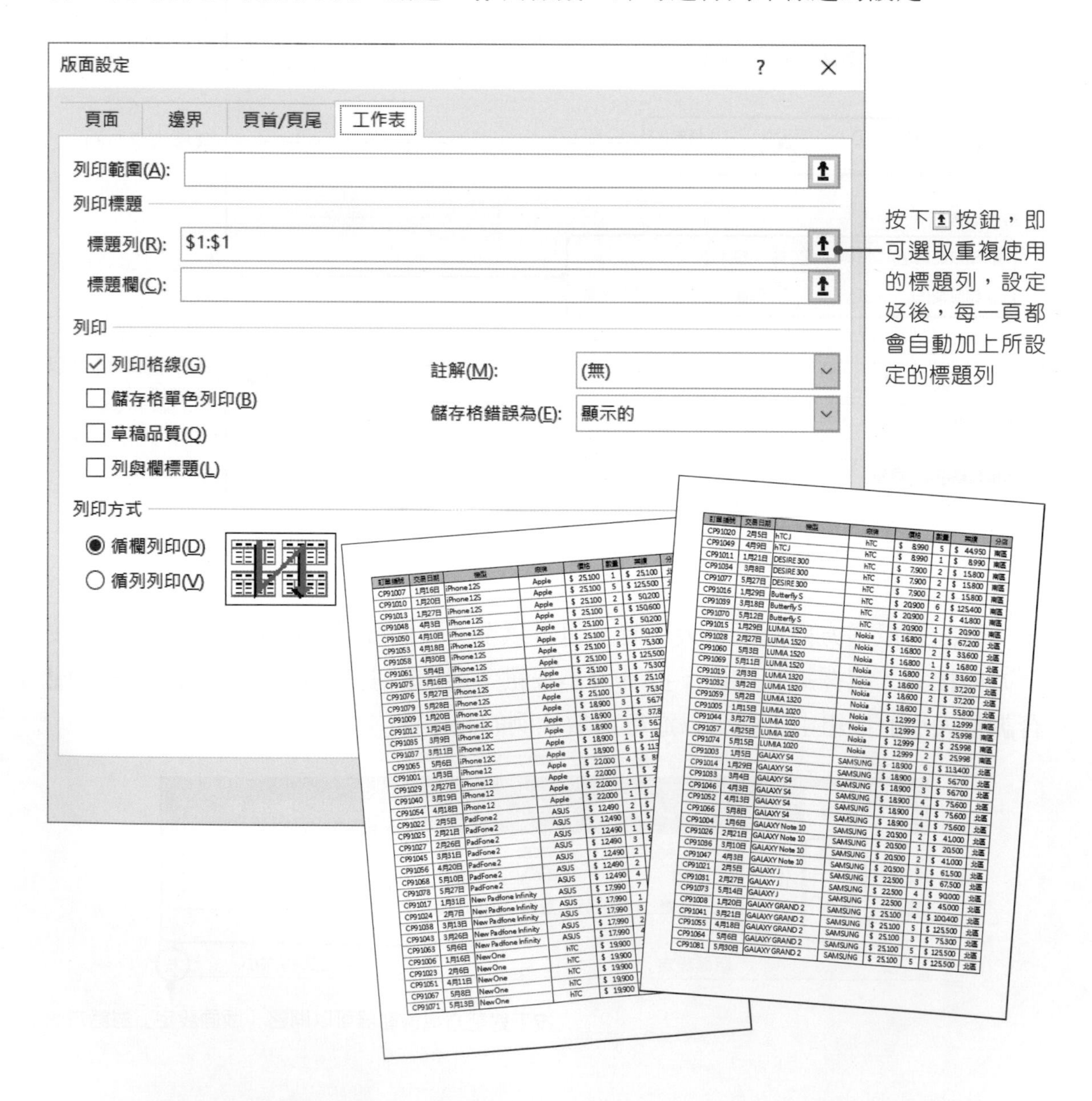

在「版面設定」對話方塊的**工作表**標籤頁中，有一些項目可以選擇以何種方式列印，表列如下。

選項	說明
列印格線	在工作表中所看到的灰色格線，在列印時是不會印出的，若要印出格線時，可以將**列印格線**選項勾選，勾選後列印工作表時，就會以虛線印出。在「**頁面配置→工作表選項**」群組中，將**格線**的**列印**選項勾選，也可以列印出格線。 格線 標題 ☑ 檢視 ☑ 檢視 ☑ 列印 ☐ 列印 工作表選項
註解	如果儲存格有插入註解，一般列印時不會印出。但可以在**工作表**標籤的**註解**欄位，選擇**顯示在工作表底端**選項，則註解會列印在所有頁面的最下面；另外一種方法是將註解列印在工作表上。
儲存格單色列印	原本有底色的儲存格，勾選**儲存格單色列印**選項後，列印時不會印出顏色，框線也都印成黑色。
草稿品質	儲存格底色、框線都不會被印出來。
列與欄位標題	會將工作表的欄標題A、B、C……和列標題1、2、3……，一併列印出來。在「**頁面配置→工作表選項**」群組中，將**標題**的**列印**選項勾選，也可以列印出列與欄位標題。 A | B | C | D | E | F 1 | 訂單編號 | 交易日期 | 機型 | 廠牌 | 價格 | 數量 2 | CP91007 | 1月16日 | iPhone 12S | Apple | $ 25,100 | 1 3 | CP91010 | 1月20日 | iPhone 12S | Apple | $ 25,100 | 5
循欄或循列列印	當資料過多，被迫分頁列印時，點選**循欄列印**選項，會先列印同一欄的資料；點選**循列列印**選項，會先列印同一列的資料。例如：有個工作表要分成A、B、C、D四塊列印。 若選擇「**循欄列印**」，則會照著A→C→B→D的順序列印。 A B C D 若選擇「**循列列印**」，則會照著A→B→C→D的順序列印。 A B C D

6-3 頁首及頁尾的設定

工作表在列印前可以先加入頁首及頁尾等相關資訊，再進行列印的動作，而我們可以在頁首與頁尾中加入標題文字、頁碼、頁數、日期、時間、檔案名稱、工作表名稱等資訊。請開啓**6-3.xlsx**檔案，進行頁首及頁尾的設定練習。

01 按下「**插入→文字→頁首及頁尾**」按鈕，進入頁首及頁尾編輯模式中；或點選檢視工具列上的 **整頁模式**按鈕，進入整頁模式中。

02 在頁首區域中會分爲三個部分，在中間區域中按一下**滑鼠左鍵**，即可輸入頁首文字，並進行文字格式設定。

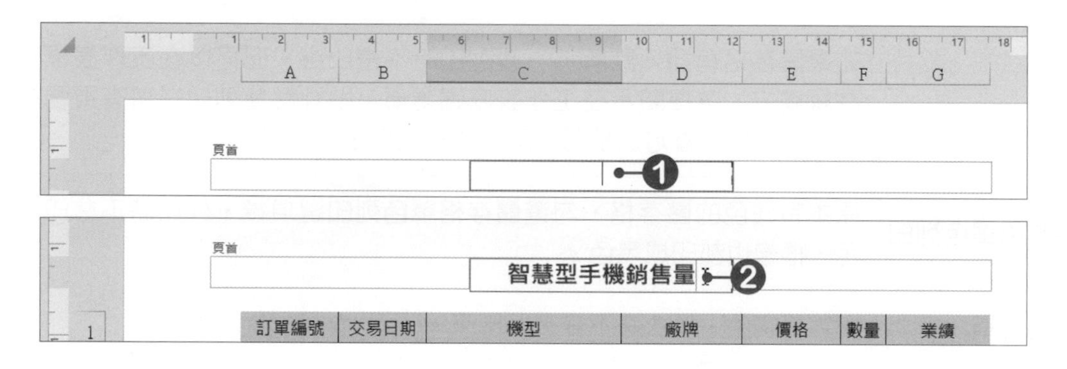

03 接著按下「**頁首及頁尾工具→設計→導覽→移至頁尾**」按鈕，切換至頁尾區域中。

04 在中間區域按一下**滑鼠左鍵**，按下「**頁首及頁尾工具→設計→頁首及頁尾→頁尾**」按鈕，於選單中選擇要使用的頁尾格式。

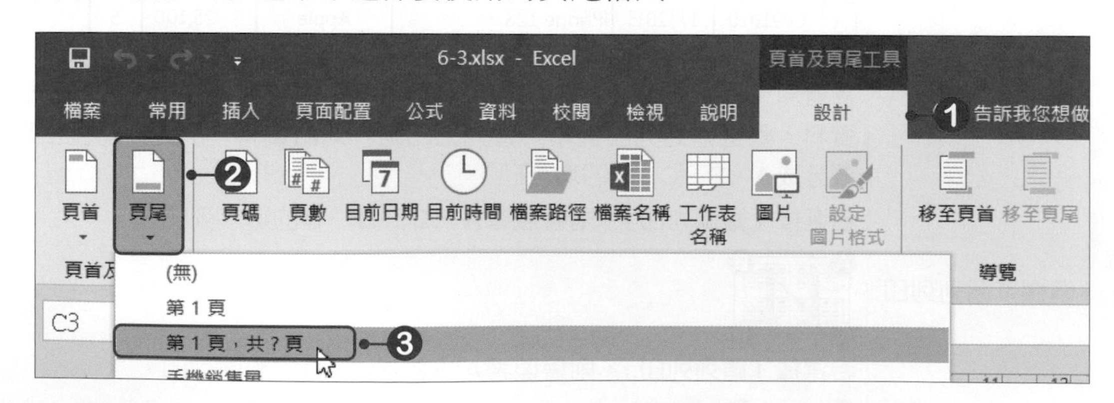

05 在左邊區域中，按一下**滑鼠左鍵**，再輸入「**製表日期：**」文字，文字輸入好後，按下「**頁首及頁尾工具→設計→頁首及頁尾項目→目前日期**」按鈕，插入當天日期。

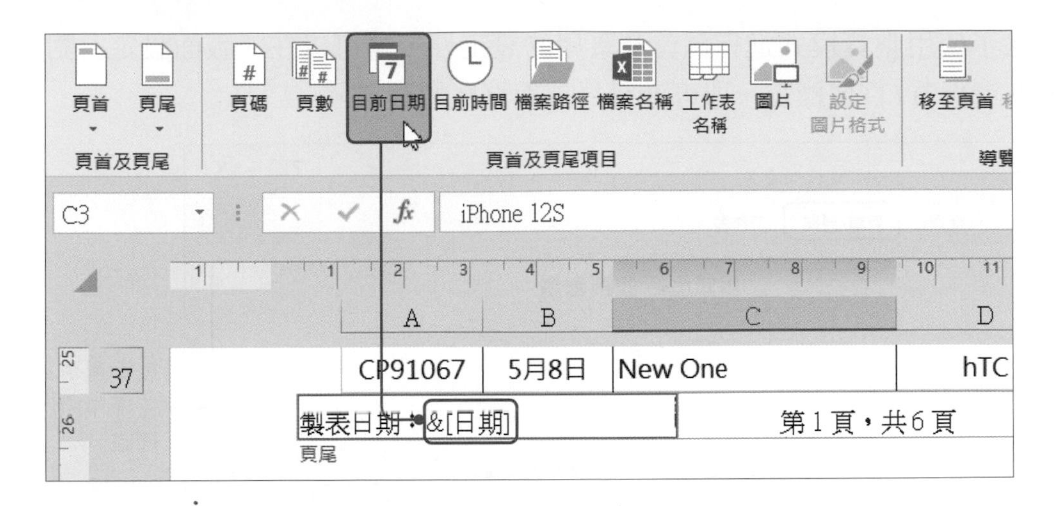

06 在右邊區域中，按一下**滑鼠左鍵**，按下**「頁首及頁尾工具→設計→頁首及頁尾項目→檔案名稱」**按鈕，插入活頁簿的檔案名稱。

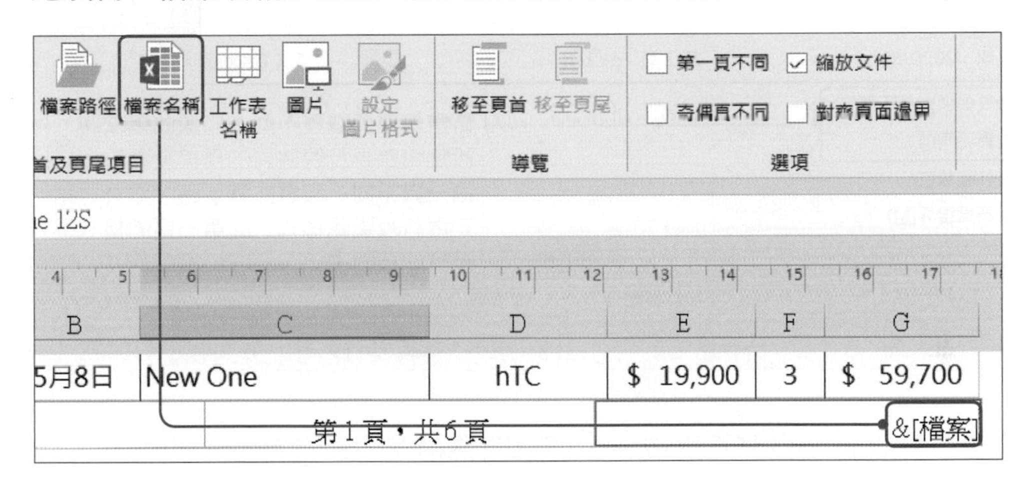

07 頁首頁尾設定好後，再檢查看看還有哪裡需要調整及修改。最後，於頁首頁尾編輯區以外的地方按一下**滑鼠左鍵**，或是按下檢視工具中的 ▦ **標準模式**，即可離開頁首及頁尾的編輯模式。

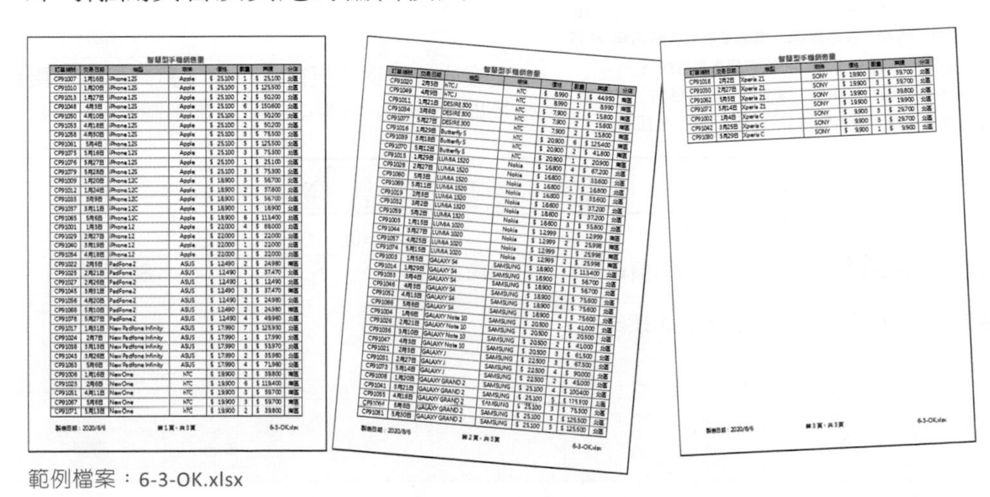

範例檔案：6-3-OK.xlsx

除了使用整頁模式進行頁首及頁尾的設定外，還可以在「版面設定」對話方塊，點選**頁首/頁尾**標籤，即可進行頁首與頁尾的設定。

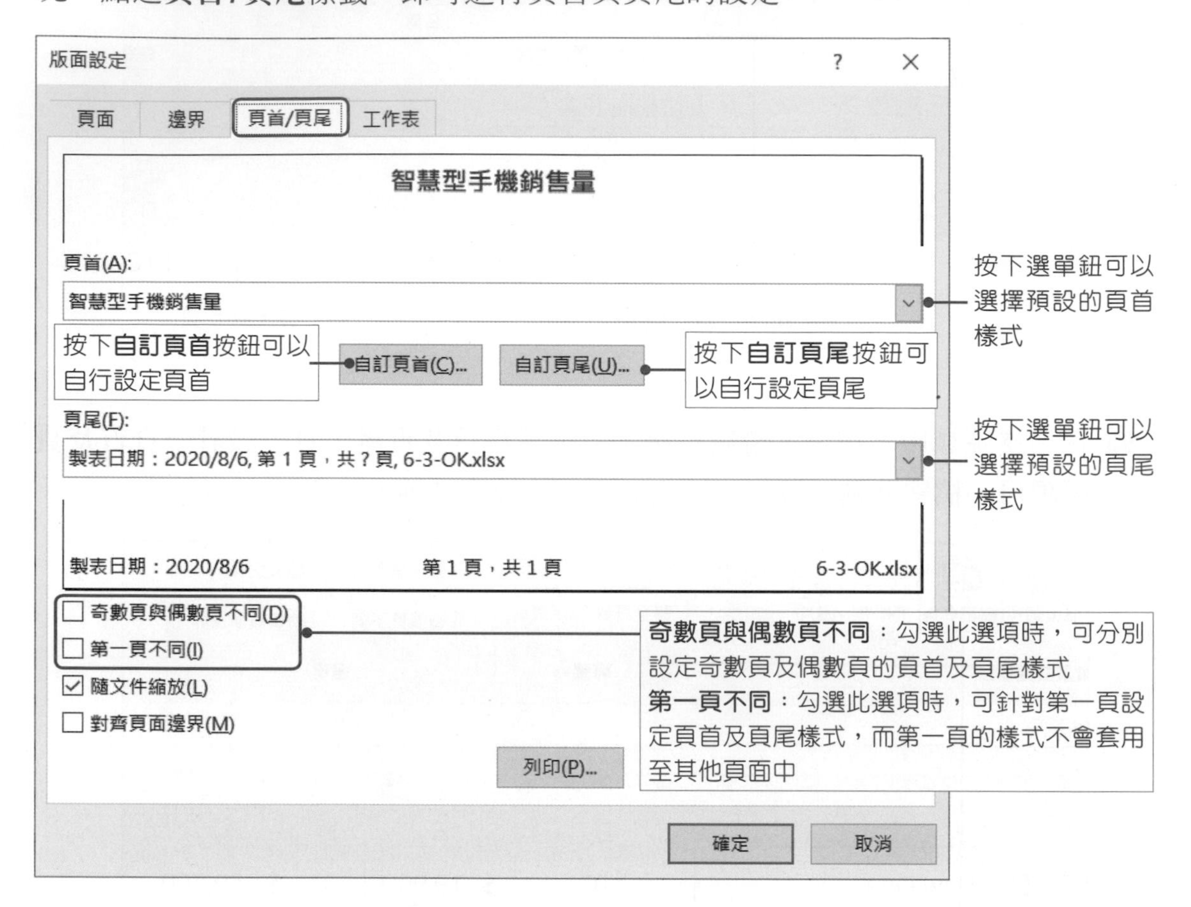

按下**自訂頁首**或**自訂頁尾**按鈕，便會開啟相關的對話方塊，開啟後，即可進行設定。

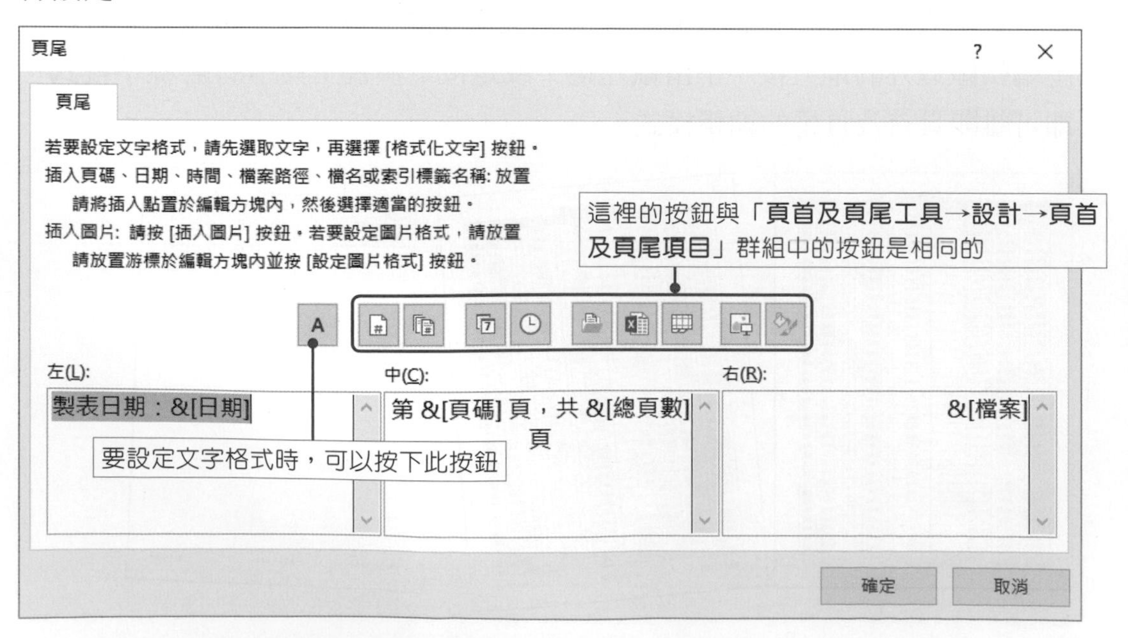

6-4 列印的設定

工作表版面及頁首頁尾都設定好後，即可將工作表從印表機中列印出，而列印前還可以進行一些相關設定，像是列印份數、選擇印表機、列印頁面等，這裡就來看看該如何設定。

預覽列印

當版面設定好後，按下「**檔案→列印**」功能，或**Ctrl+P**、**Ctrl+F2**快速鍵，即可預覽列印結果，並設定要使用的印表機及要列印的頁面。點選 **顯示邊界**按鈕，即可顯示邊界。

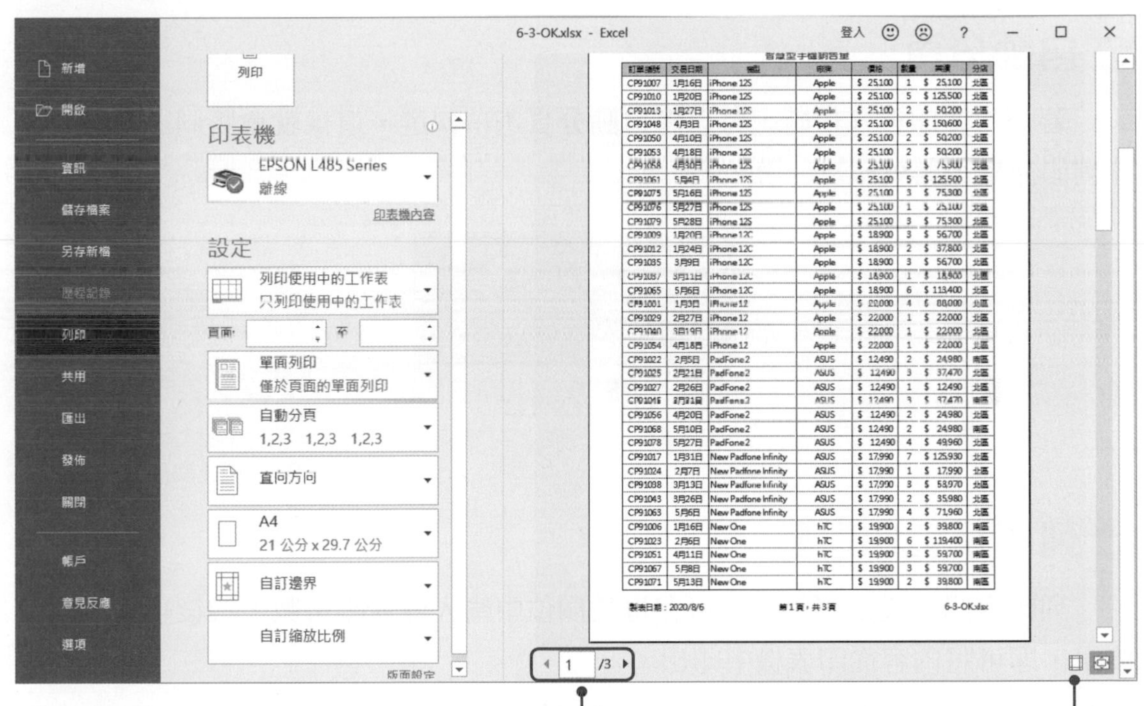

印表機選擇

若電腦中安裝多台印表機時，則可以按下**印表機**選項，選擇要使用的印表機，因為不同的印表機，紙張大小和列印品質都有差異，可以按下**印表機內容**按鈕，進行印表機的設定。

指定列印頁數

在**列印使用中的工作表**選項中，可選擇列印使用中的工作表、整本活頁簿及選取範圍，或是指定列印頁數。

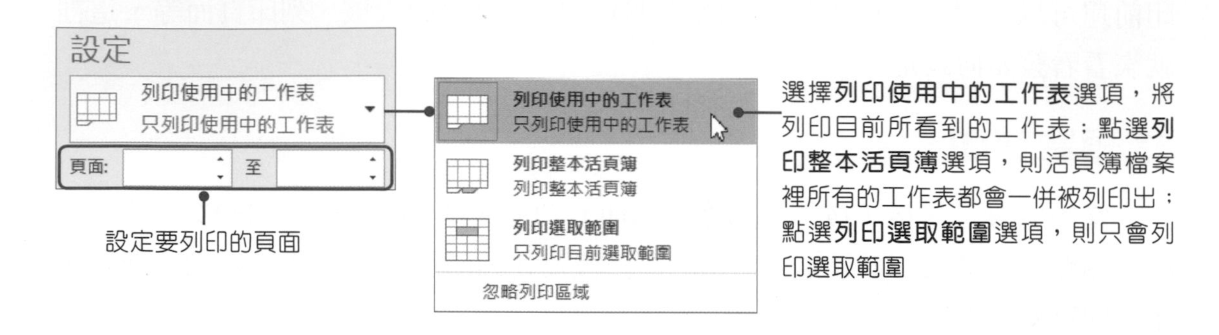

自動分頁

若一次要印很多份時，可以將**自動分頁**選項勾選，這樣就會將同一份的頁面先列印完畢，再列印下一份。

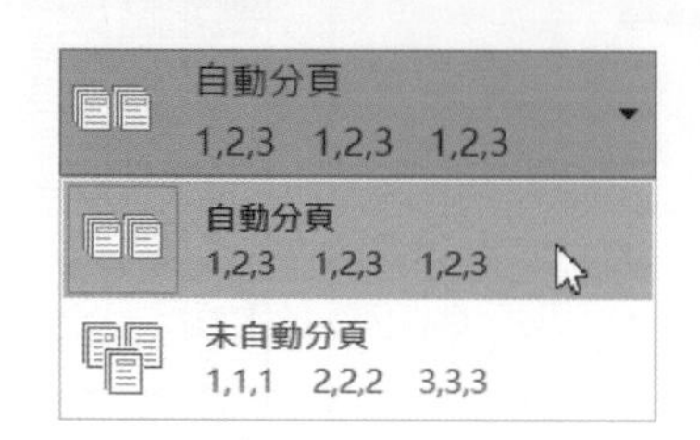

列印及列印份數

列印資訊都設定好後，即可在**份數**欄位中輸入要列印份數，最後再按下**列印**按鈕，即可將內容從印表機中印出。

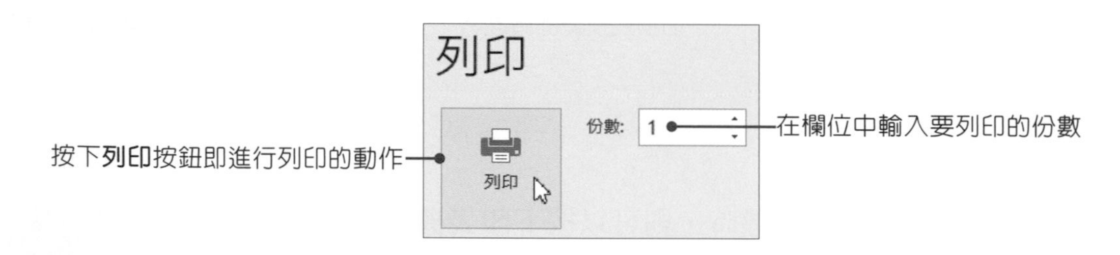

自我評量

❖選擇題

(　　)1. 在Excel中，設定鎖定儲存格後，須再執行何種功能，鎖定的功能才會生效？(A)儲存檔案　(B)建立名稱　(C)儲存工作環境　(D)保護工作表。

(　　)2. 阿嘉利用Excel來記錄家庭收支明細，他不希望檔案被他人開啓，請問他可以利用下列哪一項功能來達成？(A)設定只允許使用者編輯特定儲存格範圍　(B)設定活頁簿防寫密碼　(C)設定活頁簿保護密碼　(D)設定保護工作表的密碼。

(　　)3. 在Excel中，要列印出格線時，可以進入「版面設定」對話方塊的哪個頁面中設定？(A)頁面　(B)邊界　(C)頁首頁尾　(D)工作表。

(　　)4. 在Excel中，要將列印出來的工作表「水平置中」時，可以進入「版面設定」對話方塊的哪個頁面中設定？(A)頁面　(B)邊界　(C)頁首頁尾　(D)工作表。

(　　)5. 在Excel中，當工作表的資料筆數過多，需要多頁才能列印完畢時，可以設定下列哪一項列印屬性，讓每一頁都會顯示標題文字？(A)列印方向　(B)列印標題　(C)列印範圍　(D)頁首/頁尾。

(　　)6. 在Excel中，如果工作表大於一頁列印時，Excel會自動分頁，若想先由左至右，再由上至下自動分頁，則下列何項正確？(A)須設定循欄列印　(B)須設定循列列印　(C)無須設定　(D)無此功能。

(　　)7. 請問Excel在列印方面擁有下列哪些功能？(A)可以選擇列印整本活頁簿　(B)可以任意指定要列印的工作表範圍及頁數　(C)可以進行放大或縮小列印範圍　(D)以上皆是。

(　　)8. 在Excel中，下列關於頁首及頁尾設定的敘述，何者不正確？

(A)設定頁尾的格式為「&索引標籤」時，頁尾可列印出工作表名稱

(B)設定頁首的格式為「&檔案名稱」時，頁首可列印出工作表的檔案名稱

(C)設定頁尾的格式為「&頁數」時，頁尾可列印出該工作表的頁碼

(D)設定頁首的格式為「&日期」時，頁首可列印出當天的日期。

(　　)9. 在Excel中，於頁首及頁尾中，可以插入下列哪些項目？(A)日期及時間　(B)圖片　(C)工作表名稱　(D)以上皆可。

(　　)10. 在Excel中，要進入列印頁面中，可以按下下列哪組快速鍵？(A) Ctrl+P　(B) Alt+P　(C) Shift+D　(D) Ctrl+Alt+P。

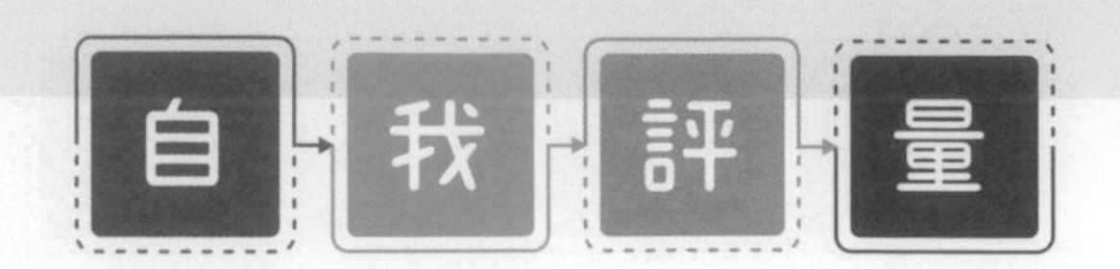

❖ 實作題

1. 開啓「Excel→CH06→6-4.xlsx」檔案，進行以下的設定。
   - 由於工作表比較長，又超過頁面寬度，所以把紙張列印方向設為「橫向」，縮放比例改為1頁寬、2頁高。
   - 將上下邊界設定為「2.5cm」，將左右的邊界設定為「1.5cm」，頁首及頁尾的邊界設定為「1cm」，並讓工作表水平置中列印。
   - 將第1列及第2列設定為「標題列」，並列印「格線」。
   - 在頁首放置「就業統計表：依就業者區分」標題名稱、檔名及「製表人：行政院主計處」，頁尾放置工作表名稱以及「第1頁，共?頁」格式的頁碼。

檔名：6-4-OK.xlsx　　就業統計表：依就業者區分　　製表人：行政院主計處

單位：千人

年別	平均	1月	2月	3月	4月	5月	6月	7月	8月	9月	10月	11月	12月
67	6,231	6,117	6,081	6,066	6,131	6,155	6,222	6,452	6,442	6,289	6,281	6,284	6,255
68	6,432	6,405	6,420	6,315	6,334	6,311	6,383	6,614	6,550	6,471	6,444	6,424	6,508
69	6,547	6,569	6,528	6,407	6,423	6,488	6,528	6,717	6,672	6,528	6,518	6,538	6,652
70	6,672	6,703	6,590	6,548	6,503	6,564	6,702	6,844	6,736	6,634	6,679	6,754	6,808
71	6,811	6,855	6,744	6,681	6,640	6,668	6,808	6,888	6,837	6,826	6,855	6,975	6,949
72	7,070	7,064	6,912	6,854	6,825	6,897	7,008	7,138	7,186	7,118	7,184	7,349	7,300
73	7,308	7,376	7,271	7,214	7,151	7,202	7,308	7,416	7,330	7,293	7,324	7,387	7,425
74	7,428	7,539	7,501	7,335	7,352	7,374	7,434	7,477	7,357	7,350	7,418	7,436	7,565
75	7,733	7,728	7,580	7,524	7,565	7,618	7,701	7,868	7,777	7,727	7,853	7,868	7,986
76	8,022	8,049	7,946	7,865	7,844	7,898	8,030	8,118	8,139	8,065	8,098	8,096	8,122
77	8,107	8,145	8,025	7,949	7,935	7,931	8,009	8,100	8,189	8,135	8,261	8,336	8,272
78	8,258	8,292	8,215	8,257	8,229	8,217	8,197	8,241	8,355	8,257	8,265	8,289	8,284
79	8,283	8,208	8,165	8,197	8,210	8,196	8,214	8,301	8,435	8,356	8,346	8,398	8,371
80	8,439	8,340	8,309	8,324	8,367	8,432	8,446	8,498	8,534	8,470	8,487	8,512	8,550
81	8,632	8,567	8,510	8,535	8,550	8,582	8,588	8,638	8,705	8,690	8,717	8,742	8,761
82	8,745	8,744	8,628	8,659	8,691	8,702	8,677	8,725	8,863	8,862	8,835	8,780	8,780
83	8,939	8,865	8,714	8,899	8,876	8,879	8,860	8,953	9,055	8,980	9,045	9,062	9,076
84	9,045	9,092	9,008	8,999	9,016	9,008	8,983	9,075	9,084	9,035	9,066	9,074	9,095
85	9,068	9,103	9,131	9,027	9,018	9,050	9,013	9,026	8,996	9,067	9,068	9,133	9,183
86	9,176	9,180	9,078	9,123	9,119	9,138	9,131	9,164	9,171	9,168	9,228	9,275	9,332
87	9,289	9,333	9,245	9,296	9,277	9,276	9,247	9,271	9,287	9,260	9,300	9,338	9,342
88	9,385	9,352	9,337	9,275	9,303	9,348	9,385	9,413	9,429	9,376	9,424	9,478	9,498

工作表名稱：就業統計表　　第1頁　共2頁

檔名：6-4-OK.xlsx　　就業統計表：依就業者區分　　製表人：行政院主計處

單位：千人

年別	平均	1月	2月	3月	4月	5月	6月	7月	8月	9月	10月	11月	12月
89	9,491	9,494	9,406	9,430	9,453	9,470	9,485	9,511	9,531	9,505	9,521	9,545	9,549
90	9,383	9,483	9,394	9,378	9,349	9,337	9,360	9,370	9,384	9,356	9,362	9,395	9,422
91	9,454	9,447	9,420	9,416	9,440	9,451	9,454	9,468	9,474	9,443	9,451	9,480	9,506
92	9,573	9,524	9,500	9,514	9,535	9,523	9,542	9,593	9,613	9,584	9,612	9,654	9,683
93	9,786	9,697	9,686	9,715	9,732	9,764	9,791	9,829	9,836	9,788	9,837	9,870	9,887
94	9,942	9,901	9,874	9,877	9,899	9,918	9,920	9,941	9,972	9,951	9,993	10,024	10,037
95	10,111	10,038	10,006	10,029	10,048	10,064	10,073	10,134	10,170	10,154	10,182	10,207	10,228
96	10,294	10,239	10,243	10,244	10,245	10,260	10,262	10,321	10,353	10,310	10,320	10,349	10,381
97	10,403	10,391	10,349	10,380	10,395	10,413	10,414	10,436	10,464	10,405	10,424	10,410	10,354
98	10,279	10,303	10,224	10,220	10,226	10,241	10,244	10,258	10,285	10,278	10,310	10,369	10,384
99	10,493	10,388	10,373	10,384	10,414	10,459	10,483	10,538	10,570	10,531	10,560	10,605	10,613
100	10,709	10,623	10,601	10,629	10,648	10,670	10,696	10,752	10,782	10,750	10,765	10,788	10,802
101	10,860	10,808	10,790	10,806	10,818	10,834	10,854	10,883	10,901	10,878	10,897	10,918	10,931
102	10,967	10,935	10,915	10,921	10,929	10,939	10,959	10,984	11,000	10,980	10,996	11,019	11,029
103	11,079	11,036	11,019	11,027	11,040	11,052	11,062	11,091	11,110	11,099	11,120	11,137	11,151
104	11,198	11,159	11,160	11,162	11,170	11,179	11,185	11,211	11,230	11,213	11,225	11,235	11,242
105	11,267	11,244	11,231	11,237	11,242	11,247	11,251	11,275	11,290	11,276	11,291	11,307	11,315
106	11,313	11,320	11,307	11,313	11,040	11,052	11,062	11,091	11,110	11,099	11,120	11,137	11,151
107	10,967	10,935	10,915	10,921	10,929	10,939	10,959	10,984	11,000	10,980	10,996	11,019	11,029
108	11,079	11,036	11,019	11,027	11,040	11,052	11,062	11,500	11,110	11,099	11,120	11,137	11,151

工作表名稱：就業統計表　　第2頁，共2頁

CHAPTER 01
PowerPoint的基本操作

1-1 PowerPoint基本介紹

PowerPoint是由微軟(Microsoft)公司所推出的**簡報軟體**。而什麼是簡報呢？簡單的說，簡報就是一份報告的簡要說明。製作簡報的目的，是希望**能透過簡報讓其他人從中了解作者所要闡述的想法**。

簡報製作的概念

製作簡報時，最重要的是如何將簡報的重點呈現出來，讓聽眾能快速掌握簡報的內容。在製作簡報時有以下幾點是要注意的。

- 簡報**內容不宜過多或過少**，製作時應考量簡報時間長短。
- 使用簡單明瞭的**圖形或是圖表來取代文字**。
- 選擇適當的字型樣式，讓遠處的聽眾也能清楚看到簡報內容，字體大小可依照場地大小，挑選最後一排都能不吃力就看到的大小，建議**標題文字的大小應設定爲48pt以上**；而條列式文字，依層級不同，文字最好介於24pt~ 32pt之間。

- 簡報內容不宜太過花俏，**勿使用過多的動畫效果**，才不致於讓聽眾眼花撩亂，失去簡報重點。
- 簡報版面色彩不宜過多，**建議不要使用超過5種顏色，文字與背景的色彩最好能對比明顯**，使用單一的背景，**避免使用圖案複雜的圖片作爲背景**。

啟動PowerPoint

安裝好Office應用軟體後，執行「**開始→PowerPoint**」，即可啓動**PowerPoint**。

啓動PowerPoint時，會先進入開始畫面中的**常用**選項頁面，在畫面的左側會有**常用**、**新增**及**開啓**等選項；而畫面的右側則會依不同選項而有所不同，例如：在常用選項中會有空白簡報、範本及最近曾開啓過的檔案。

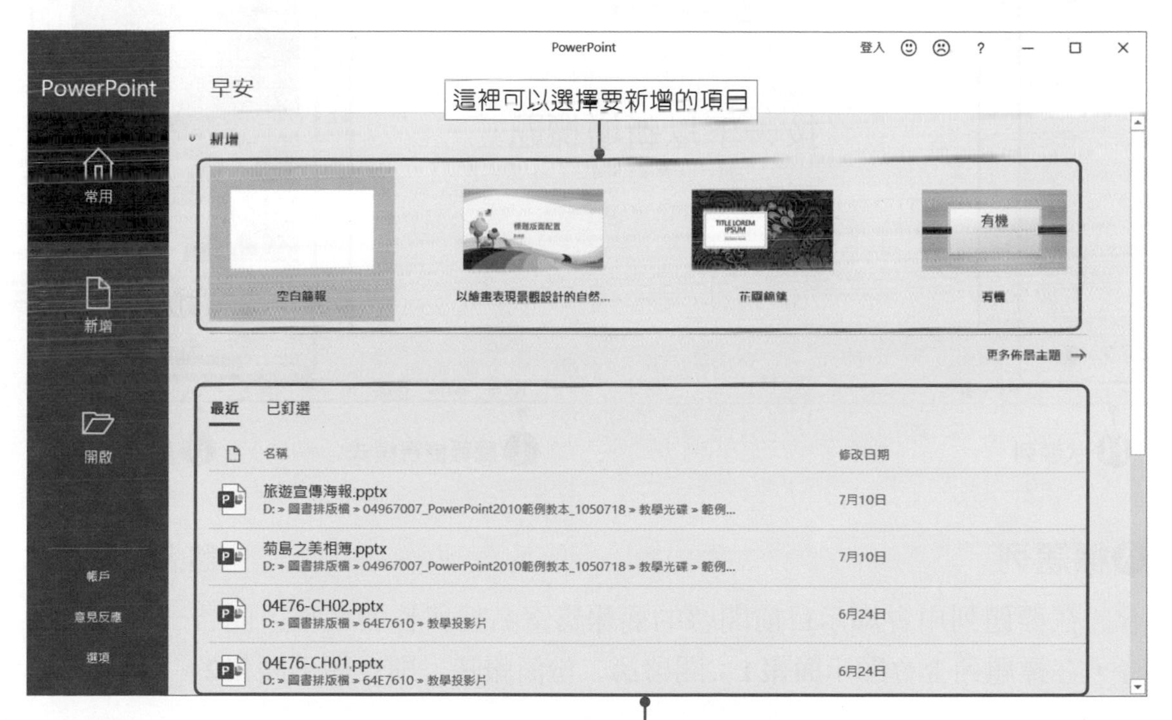

除了上述方法外，還可以直接在PowerPoint簡報的檔案名稱或圖示上，**雙擊滑鼠左鍵**，啓動PowerPoint操作視窗，並開啓該份簡報。

PowerPoint的操作視窗

在開始使用PowerPoint之前，先來認識PowerPoint的操作視窗，在視窗中會看到許多不同的元件，而每個元件都有一個名稱，了解這些名稱後，在操作上就會更容易上手，以下就來看看這些元件有哪些功能吧！

Ⓐ標題列

在標題列中會顯示目前開啓的簡報檔案名稱與軟體名稱，開啓一份新簡報時，在標題列上會顯示**簡報1**；開啓第二份簡報時，則會顯示**簡報2**。

Ⓑ快速存取工具列

快速存取工具列在預設情況下，會有**儲存檔案**、**復原**、**重複**、**取消復原**(當執行復原動作時，重複按鈕就會轉換爲取消復原按鈕)、**從首張投影片**(按下即可從第1張投影片開始播放)等工具鈕，在快速存取工具列上的這些工具鈕，主要是讓我們在使用時，能快速執行想要進行的工作。

在快速存取工具列上的工具鈕，可以把一些常用的工具鈕加入，以方便自己使用。按下**自訂快速存取工具列**的選單鈕，即可選擇要加入的工具。

Ⓒ視窗控制鈕

視窗控制鈕主要是控制視窗的縮放及關閉，▬將視窗最小化；▫將視窗最大化；×將簡報及視窗關閉。

Ⓓ索引標籤與Ⓔ功能區

在視窗中可以看到**檔案**、**常用**、**插入**、**設計**、**轉場**、**動畫**、**投影片放映**、**校閱**、**檢視**、**說明**等索引標籤，點選某一個標籤後，在功能區中就會顯示該標籤的相關功能，而PowerPoint將這些功能以**群組**方式分類，以方便使用。

若不想讓功能區出現於視窗中，可以按下 ^ **摺疊功能區**按鈕，即可將功能區隱藏起來。若要再顯示功能區時，按下 **功能區顯示選項**按鈕，於選單中點選**顯示索引標籤和命令**即可。按下 **Ctrl+F1** 快速鍵，也可以切換功能的隱藏及顯示狀態。

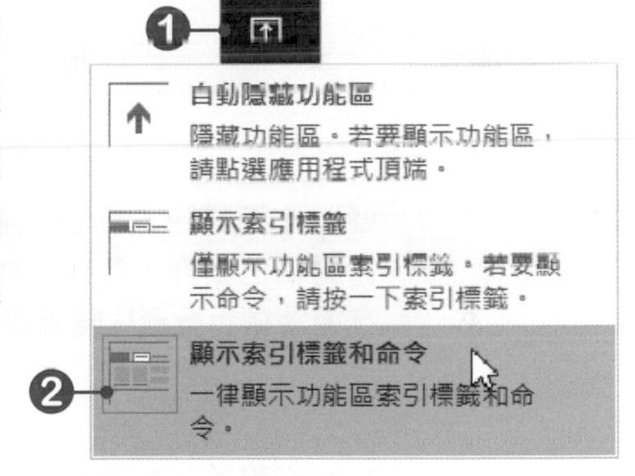

在每個群組的右下角如果有 **對話方塊啟動器**工具鈕，表示該群組還可以進行細部的設定，例如：當按下**字型**群組的 工具鈕後，會開啟「字型」對話方塊，即可進行字型及字元間距的設定。

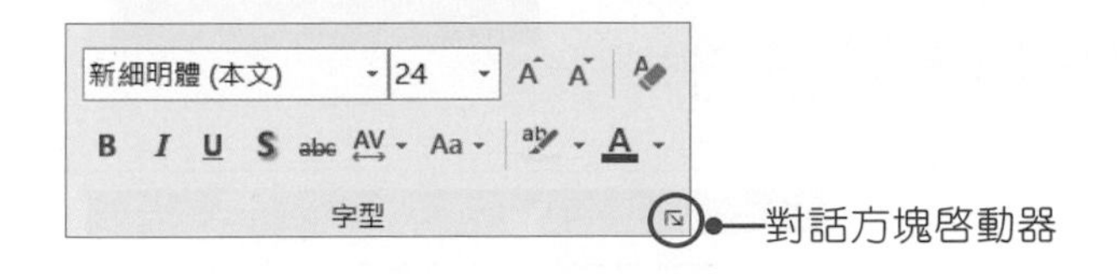

本書在說明功能區選項時，將統一以按下「××→○○→☆☆」來表示，其中××代表索引標籤名稱；○○代表群組名稱；☆☆代表指令按鈕名稱。例如：要將文字變為粗體時，我們會以「常用→字型→粗體」來表示。

Ⓕ投影片縮圖窗格

在投影片縮圖窗格中，會顯示該份簡報的所有投影片，除此之外，還可以在窗格中，調整投影片的排列順序、複製投影片及刪除投影片等。

Ⓖ投影片編輯區

投影片編輯區是編輯單張投影片的地方，這裡可以設定各種投影片功能，例如：輸入文字、插入圖片、插入物件等。

Ⓗ狀態列

在狀態列會顯示投影片的編號、拼字檢查、語言等資訊，在狀態列上按下**滑鼠右鍵**，開啓快顯功能表，還可以自訂狀態列要顯示的資訊。

Ⓘ簡報檢視模式

PowerPoint 提供了 **標準**、**大綱模式**、 **投影片瀏覽**、 **備忘稿**、 **閱讀檢視**、 **投影片放映**等檢視方式，下表所列爲各檢視模式說明。

檢視模式	說明	畫面
標準	要製作簡報時，都是使用標準模式進行編輯的動作，而在此模式下視窗的左邊會顯示投影片縮圖窗格。	
大綱模式	在大綱模式下，視窗左邊會開啓大綱窗格，並將投影片內容以大綱模式呈現。在大綱窗格中，可以調整文字的排列順序、複製文字及刪除文字等。 若在標準模式下，按下 按鈕，可以切換至大綱模式；反之，在大綱模式下，按下 按鈕，會切換至標準模式中。	
投影片瀏覽	會列出此份簡報中所有投影片的縮圖，並輕鬆地看到每張投影片的設定與資訊，且可以進行投影片位置的調整。	

檢視模式	說明	畫面
閱讀檢視	會將整張投影片顯示成視窗大小，預覽簡報的設計結果或是動畫效果。	凡格羅夫與波蘭室內樂團
投影片放映	切換到此模式時，即可進行投影片的播放動作，它的播放順序會從目前所在位置的投影片開始進行播放。而按下**快速存取工具列**上的工具鈕，或按下**F5**快速鍵，也會進行投影片放映的動作，但放映的順序會從第1張投影片開始。	凡格羅夫與波蘭室內樂團
備忘稿	切換到此模式時，可以在投影片下方輸入備忘稿內容。 於標準模式及大綱模式下可以隨時按下 備忘稿 按鈕，來開啟或關閉備忘稿窗格。	凡格羅夫與波蘭室內樂團

範例檔案：1-1.pptx

要切換檢視模式時，可以直接在狀態列中選擇，或是在**「檢視→簡報檢視」**群組中，點選要使用的檢視模式。

❶縮放

要調整簡報的顯示比例時，可以使用視窗右下角的按鈕，進行簡報顯示比例的調整，按下 **縮小**按鈕，可以縮小顯示比例，每按一次就會縮小10%；按下 **放大**按鈕，則可以放大顯示比例，每按一次就放大10%，也可以直接拖曳中間控制點進行調整；按下按鈕，則可以依目前視窗調整投影片大小。

而按下 53% **縮放層級**按鈕，或按下**「檢視→縮放→縮放」**按鈕，會開啟「縮放」對話方塊，在此即可進行簡報顯示比例的設定。

Ⓚ設計構想窗格

新增一份簡報時會自動開啓「**設計構想**」窗格，此窗格中提供了各種簡報範本，直接點選便可以使用，省去設計的時間。

1-2 建立簡報的方法

在PowerPoint中要建立一份簡報時，有非常多種選擇，以下就來看看該如何建立一份簡報。

建立空白簡報

一份空白的簡報，可以讓自行設計簡報的版面、插入、文字位置等。要建立一份空白簡報時，按下**「檔案→新增」**功能，進入**新增**頁面中，點選**空白簡報**；或直接按下**Ctrl+N**快速鍵，即可建立一份空白簡報。

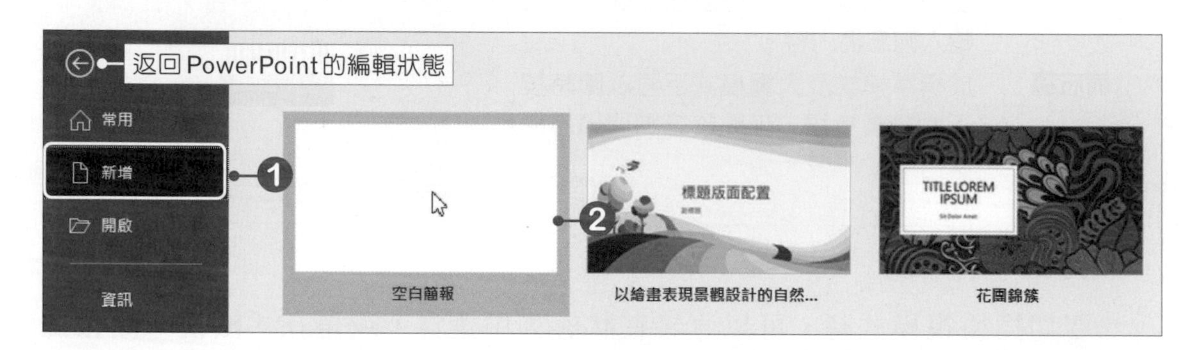

建立空白簡報後，會自動顯示「**設計構想**」窗格，直接點選窗格中的範本，即可將此範本套用至新簡報中。

從佈景主題建立簡報

PowerPoint提供了許多已經設計好背景、字型、色彩、版面等佈景主題範本，讓我們直接使用。在**新增**視窗中列出了所有可以使用的佈景主題，點選該佈景主題後，便可進行預覽，預覽時還可以選擇不同的變化方式，來建立一份新的簡報。

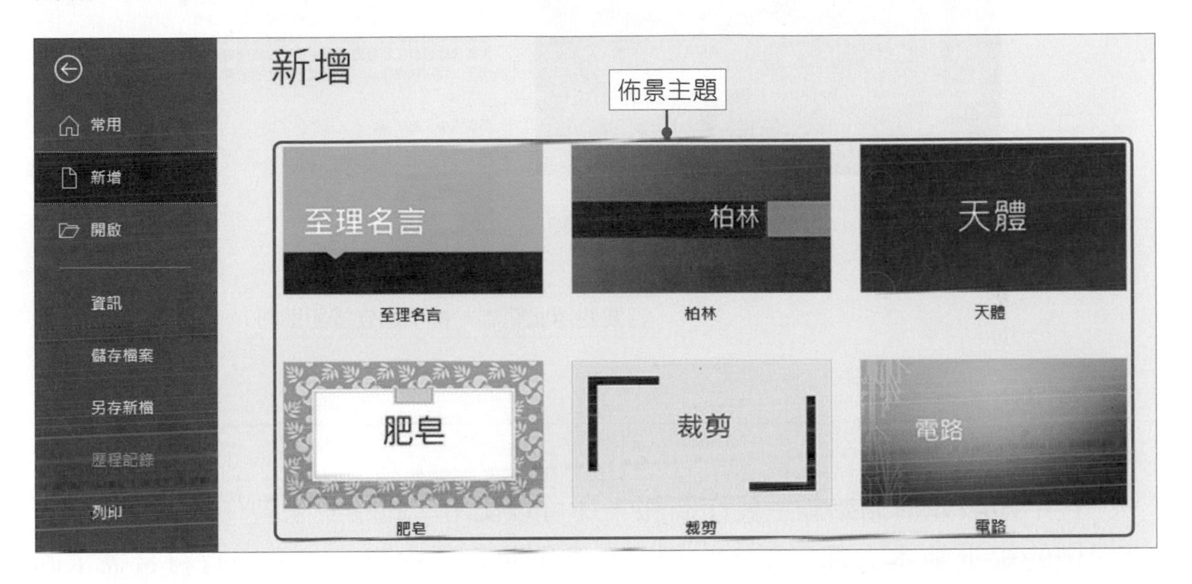

使用範本建立簡報

PowerPoint提供了許多範本，進入**新增**視窗中，於搜尋欄位中直接輸入要尋找的範本關鍵字，PowerPoint就會尋找出相關的範本，此時便可選擇要使用的範本(電腦必須處於能連上網路的狀態)。

點選要使用的範本後，便可預覽該範本，若要使用按下**建立**按鈕即可。

若不知該如何開始動手製作簡報，那可以使用「範本」來製作，PowerPoint所提供的線上範本大都已擬好大綱，有些則包含了內容，若剛好有符合需求的範本，可以直接修改使用。若該範本常使用到，可以將簡報儲存為**範本格式(*.potx)**，以供日後重複使用。

從Word文件建立簡報

Office系列軟體有個好處，就是各軟體間的相容性高，常有可互相支援的功能。例如：想要將一份報告內容製作成簡報，除了透過複製與貼上的反覆作業之外，還有一個更聰明的方法，就是直接將Word中的大綱文件插入至PowerPoint。

在匯入Word文件時，文件中套用「標題1」樣式的段落內容，會轉換為投影片項目內容的第一個層次；而套用「標題2」樣式的段落內容，則會轉換為第二個層次，依此類推……。

> 如果要將Word文件內容匯入至PowerPoint中，必須注意一個原則，就是簡報首重簡單明瞭，所以內容最好只節錄大綱或重點就好，而不須將Word內文一併匯入。

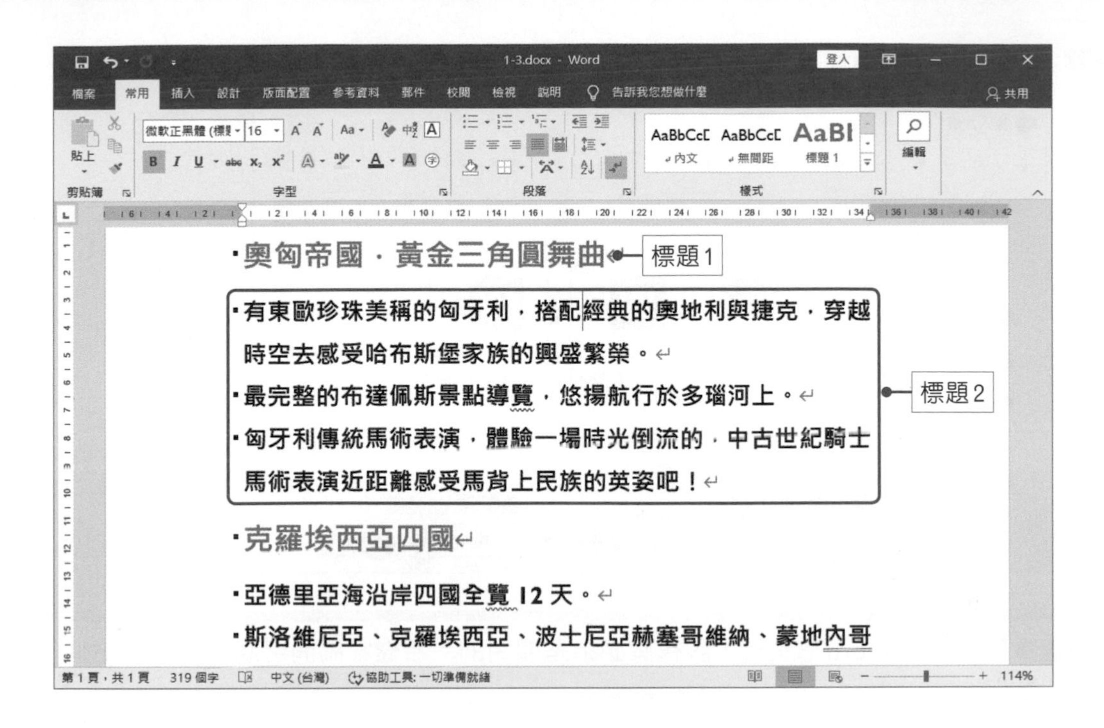

了解後，這裡就來試試如何將Word文件內的大綱文字插入於簡報中，請開啓**1-2.pptx**檔案，進行從大綱插入投影片的練習。

01 按下**「常用→投影片→新投影片」**按鈕，在選單中點選**從大綱插入投影片**，開啓「插入大綱」對話方塊。

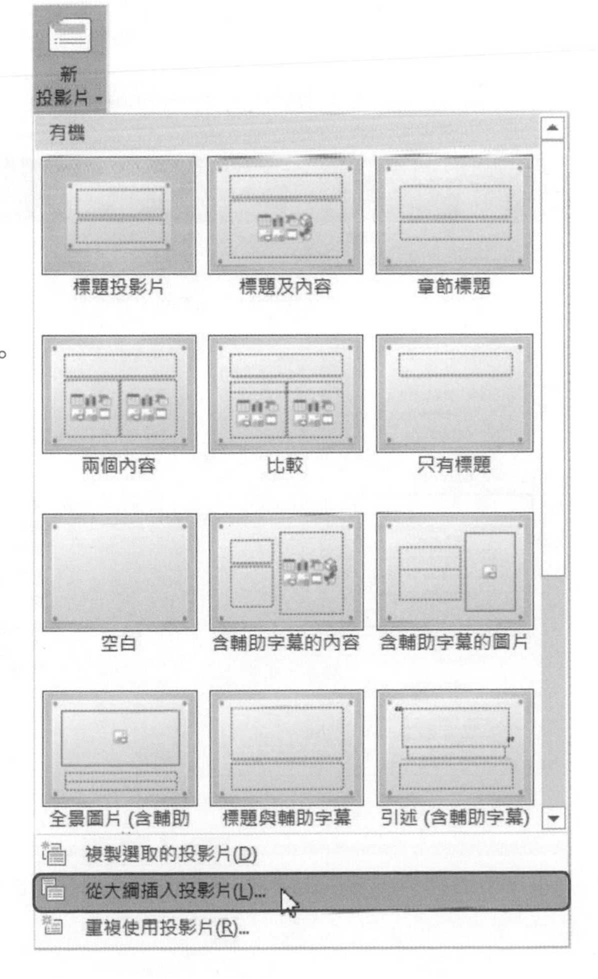

02 選擇「**1-3.docx**」檔案，選擇好後按下**插入**按鈕。

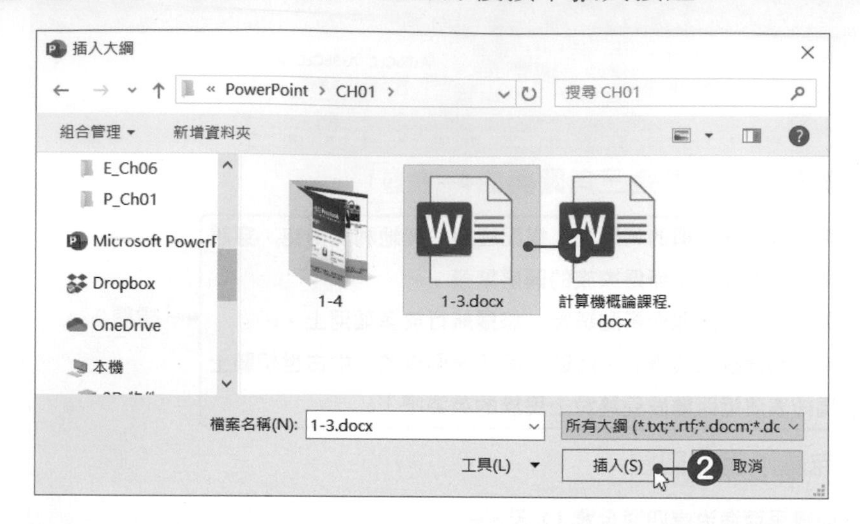

在選擇要插入的Word檔案時，該檔案必須是關閉的；若檔案為開啟狀態，則無法進行插入的動作。

03 Word文件內的大綱文字就會插入於簡報中。套用標題1樣式的段落文字會出現在標題配置區中；套用標題2樣式的段落文字則會出現在物件配置區中。

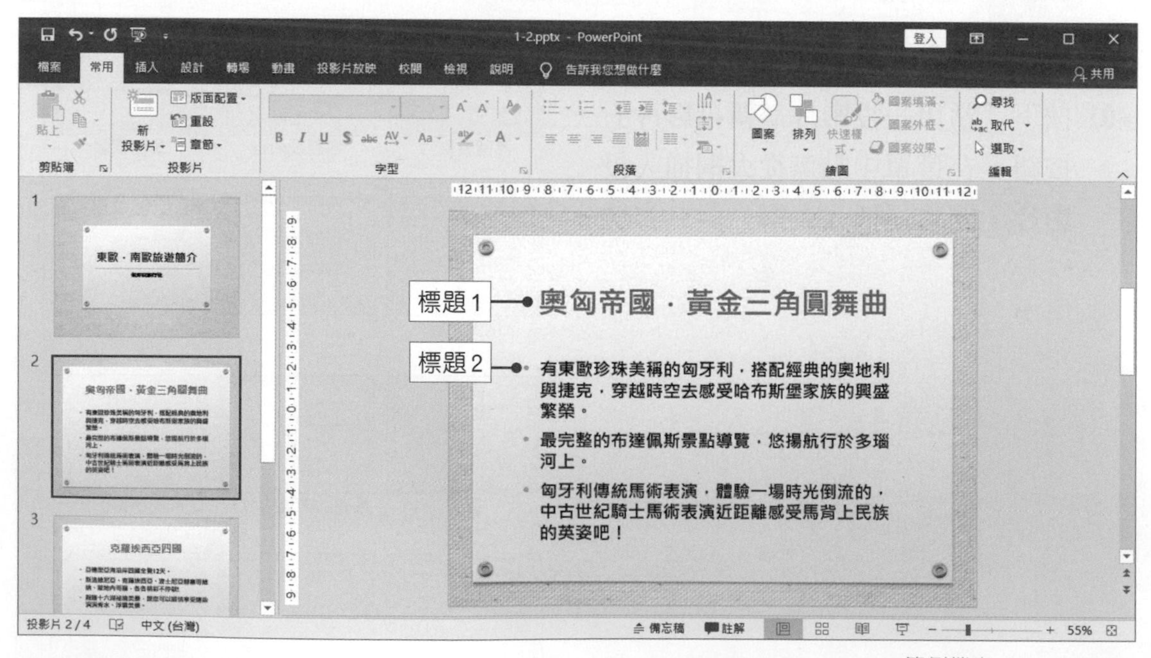

範例檔案：1-2-OK.pptx

從Word插入大綱文字時，在簡報中的文字格式會以原Word所設定的格式為主。

1-3 簡報的開啟與關閉

學會了建立簡報的方法後，接著學習如何開啓現有的簡報檔案及關閉檔案。

開啟舊有的簡報

要開啓已存在的PowerPoint檔案時，可以按下**「檔案→開啓」**功能；或按下**Ctrl+O**快速鍵，選擇要開啓的檔案。若要開啓的是最近編輯過的簡報時，可以直接按下**最近**，PowerPoint就會列出最近曾經開啓過的簡報，而這份清單會隨著開啓的簡報而有所變換。

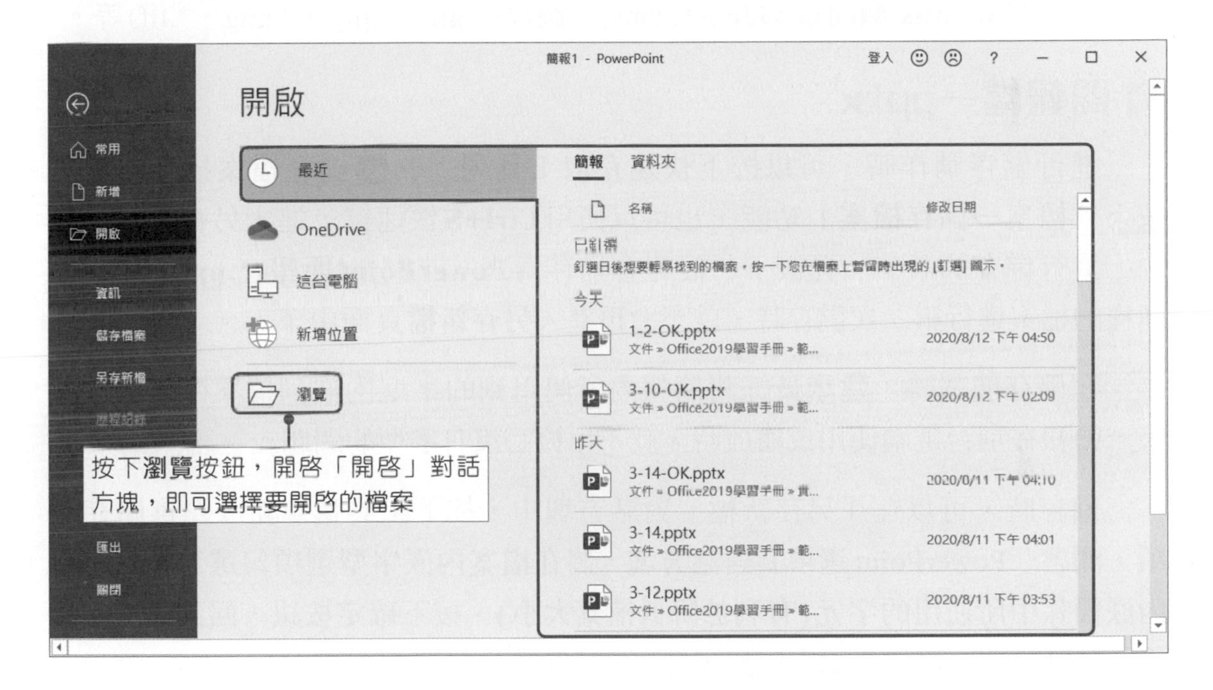

若在清單中的某個檔案是固定常用的，可以將此檔案固定到清單中，只要按下檔案名稱右邊的按鈕，即可將簡報固定至「**已釘選**」清單中，而該檔案的圖示會呈狀態；若要取消，則再按下該按鈕即可。

關閉簡報

在進行關閉簡報的動作時，PowerPoint會先判斷簡報是否已經儲存過，如果尚未儲存，PowerPoint會先詢問是否要先進行儲存的動作。要關閉簡報時，按下**「檔案→關閉」**功能，即可將目前所開啓的簡報關閉。

1-4 簡報的儲存

PowerPoint可以將簡報儲存成不同的檔案格式，如：**大綱/RTF檔**(*.rtf)、**OpenDocument簡報**(*.odp)、**PDF**(*.pdf)、**XPS文件**(*.xps)、**Mpeg-4視訊**(*.mp4)、**Windows Media Video**(*.wmv)、**圖片**(*.gif、*.jpg、*.png、*.tif)等。

簡報檔—pptx

進行儲存動作時，可以按下**快速存取工具列**上的**儲存檔案**按鈕，或是按下**「檔案→儲存檔案」**功能，也可以使用**Ctrl+S**快速鍵，進入**另存新檔**頁面中，進行儲存的設定，預設下，簡報會儲存爲**PowerPoint簡報(*.pptx)**格式。同樣的檔案進行第二次儲存時，就不會再進入**另存新檔**頁面中了。

在儲存簡報時，建議最好將簡報內所使用到的字型內嵌到檔案中，這樣一來，簡報在別台電腦使用或播放時，就不用擔心沒有字型的問題。

儲存時，可以在「另存新檔」對話方塊中，按下**工具**選單鈕，點選**儲存選項**，開啓「PowerPoint選項」對話方塊，將**在檔案內嵌字型**選項勾選，再點選**只內嵌簡報中所使用的字元(有利於降低檔案大小)**，按下**確定**按鈕，回到「另存新檔」對話方塊，再按下**儲存**按鈕，即可將字型內嵌於簡報中。

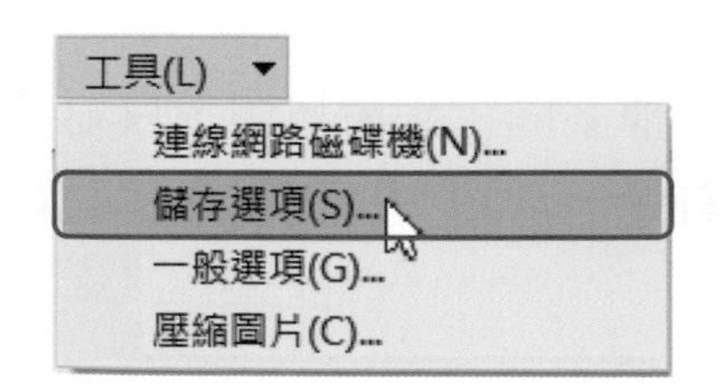

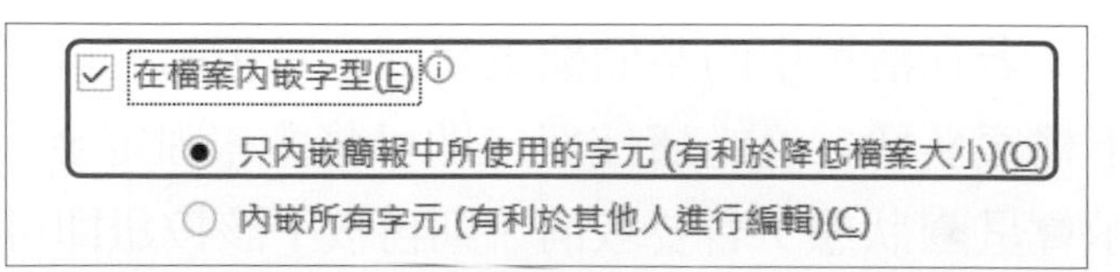

播放檔—ppsx

簡報製作完成時，最主要的目的就是要播放，而要進行播放時，須先將簡報儲存成播放類型的檔案，這樣一來，只要直接點選該播放檔案，就可以進行投影片播放的動作。

按下**「檔案→另存新檔」**功能，進入**另存新檔**頁面中；或按下**F12**鍵，開啓「另存新檔」對話方塊，於**存檔類型**選單中點選**PowerPoint播放檔**，即可將簡報儲存成播放格式。

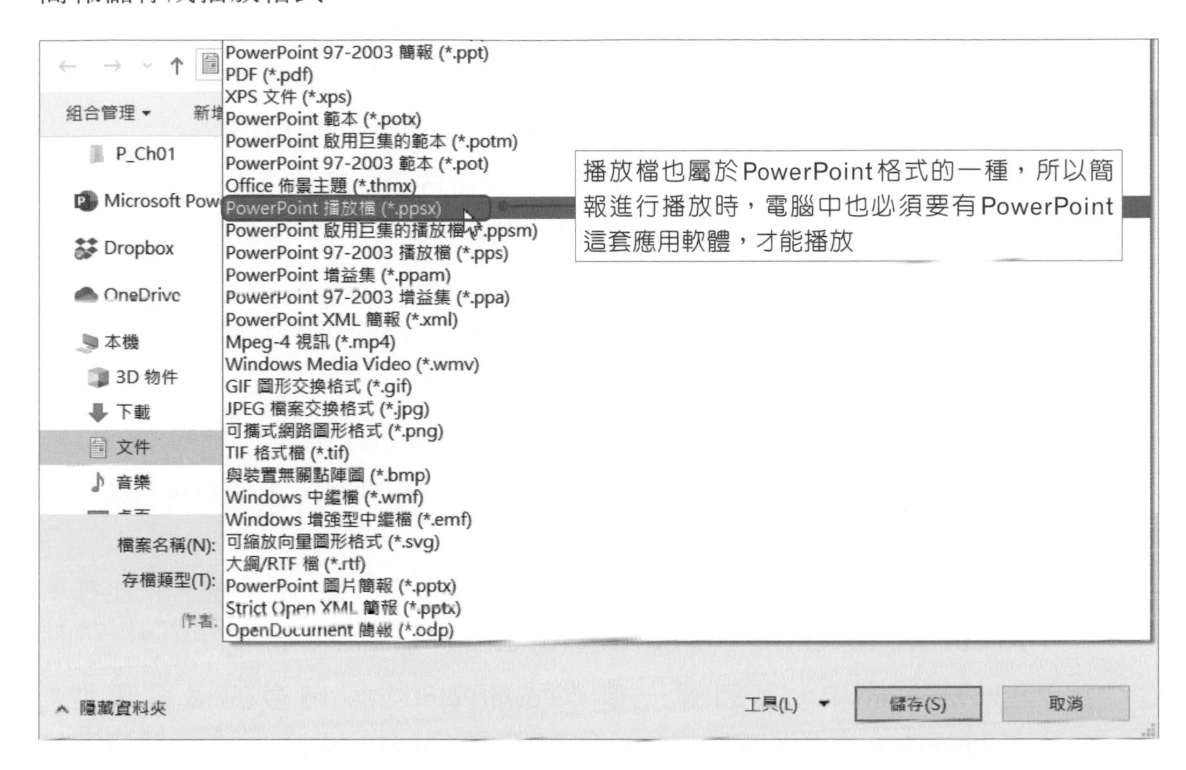

圖片格式

製作好的簡報也可以直接轉存成jpg、gif、png、tif、bmp、wmf、svg等格式的圖片，只要在「另存新檔」對話方塊中，按下**存檔類型**選單鈕，即可選擇要將簡報儲存為哪種圖片格式。

範例檔案：1-4.pptx

投影片1.PNG　投影片2.PNG　投影片3.PNG

投影片4.PNG　投影片5.PNG　投影片6.PNG

自我評量

❖ 選擇題

(　　)1. 下列關於PowerPoint的敘述，何者不正確？(A)開啓PowerPoint操作視窗，將會自動新增一份空白簡報檔案　(B)一次只能開啓一個簡報檔　(C)簡報檔的檔案名稱會顯示於「標題列」　(D)狀態列會顯示投影片的編號。

(　　)2. 在PowerPoint中，哪個模式下會將整張投影片顯示成視窗大小，讓我們預覽簡報的設計結果或是動畫效果？(A)投影片瀏覽　(B)投影片放映　(C)標準模式　(D)閱讀檢視。

(　　)3. 在PowerPoint中，按下鍵盤上的哪個按鍵，可以進行投影片的播放？(A) F5　(B) F6　(C) F7　(D) F8。

(　　)4. 在PowerPoint中，下列哪一項可以快速地將Word文件插入編輯中的投影片？(A)複製、貼上　(B)由PowerPoint直接開啓Word文件　(C)從大綱插入投影片　(D)從現有新增。

(　　)5. 在PowerPoint中，按下鍵盤上的哪組快速鍵，可以進行開啓舊檔的工作？(A) Ctrl+N　(B) Ctrl+C　(C) Ctrl+O　(D) Ctrl+S。

(　　)6. 在PowerPoint中，下列哪一項非PowerPoint可以儲存的檔案類型？(A)PowerPoint 97-2003簡報(.ppt)　(B)網頁(.html)　(C)可攜式網路圖形格式(.png)　(D)大綱/RTF檔(.rtf)。

❖ 實作題

1. 開啓「PowerPoint→CH01→1-5.pptx」檔案，將「資訊科技課程.docx」文件內的大綱文字插入於簡報中。

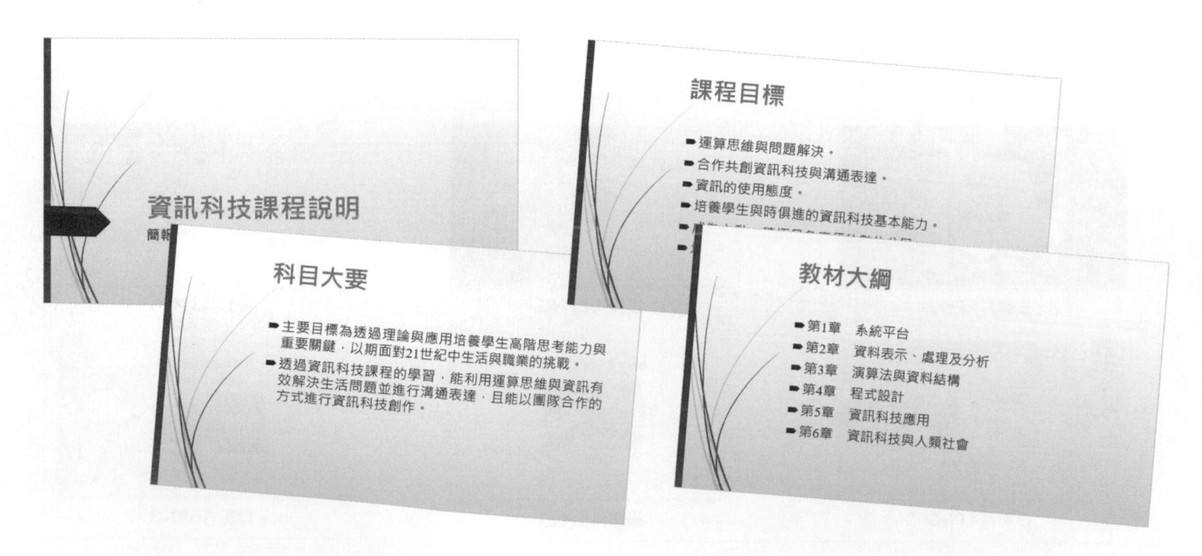

CHAPTER 02
簡報的編輯

2-1 投影片的版面配置

所謂的「**版面配置**」是指PowerPoint事先規劃好投影片要呈現的方式，並在簡報中預設了要放置的文字位置、圖表位置、圖片位置等，而我們只要點選預設的版面配置位置，即可進行文字的輸入、圖片的插入等動作。

版面配置的使用

開啟一份新的簡報時，PowerPoint會將第1張投影片，自動套用**標題投影片**的版面配置，此時只要依據指示，在**按一下以新增標題**的區域中，按下**滑鼠左鍵**，即可輸入標題文字。

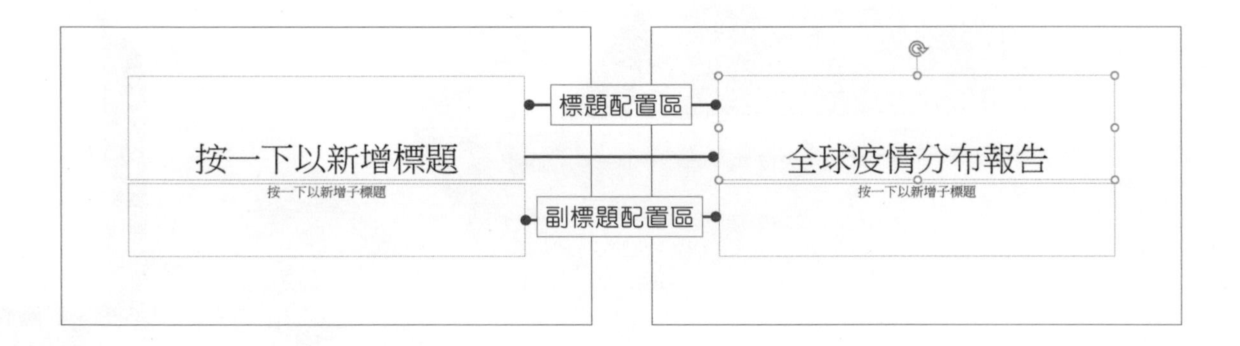

文字方塊的使用

建立投影片時，PowerPoint會自行配置好配置區，讓我們加入文字或是物件，但若要在投影片中再加其他文字時，可以按下**「插入→文字→文字方塊」**按鈕，於選單中選擇要插入水平或垂直的文字方塊，即可在文字方塊內輸入文字。

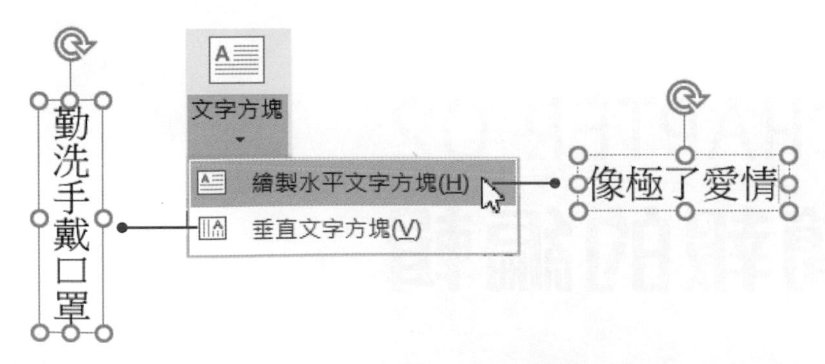

使用文字方塊時，滑鼠游標會呈↓狀態，若在投影片上按一下滑鼠插入文字方塊，那麼在輸入文字時，會依照輸入的文字自動調整其寬度；若以拖曳的方式插入文字方塊，則輸入的文字超過文字方塊的寬度時會自動換行。

更換版面配置

PowerPoint提供了許多不同的版面配置，只要按下**「常用→投影片→版面配置」**按鈕，即可在選單中選擇要套用的版面配置。

調整版面配置

雖然投影片的版面配置已規劃好所需要的配置區，但還是可以依據自己的需求來調整配置區的位置及大小，或刪除不必要的配置區。

調整配置區大小

要調整配置區大小時，先點選配置區，此時配置區會出現8個控制點，將滑鼠游標移至控制點上，按著**滑鼠左鍵**不放，即可調整配置區的大小。

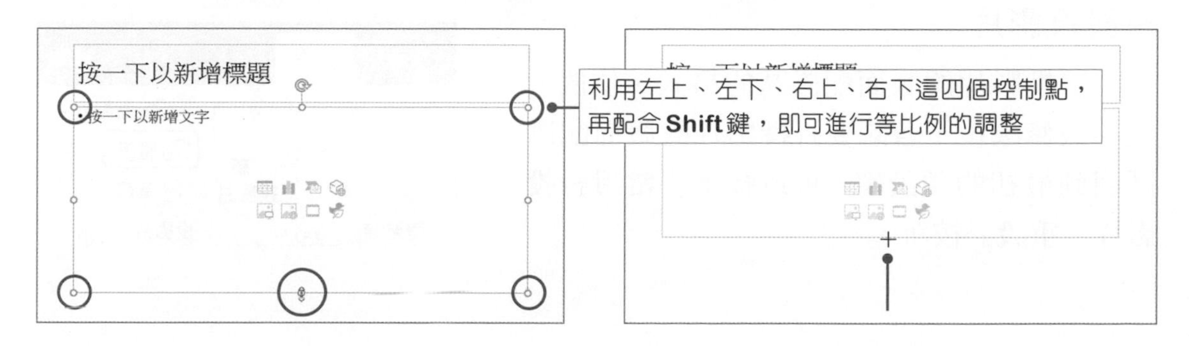

在調整配置區時，配置區內的文字大小也會隨著調整，若調整的尺寸小於配置區內的文字時，PowerPoint會自動將文字縮小以配合新的配置區大小。而當輸入的文字超過在配置區時，左下角就會出現 **自動調整選項**按鈕，可以選擇如何處理文字。

當文字內容超過文字方塊的大小時，就會自動出現**自動調整選項**按鈕

開啟「自動校正」對話方塊，可以設定在輸入文字時，是否要設定為自動調整版面配置區等

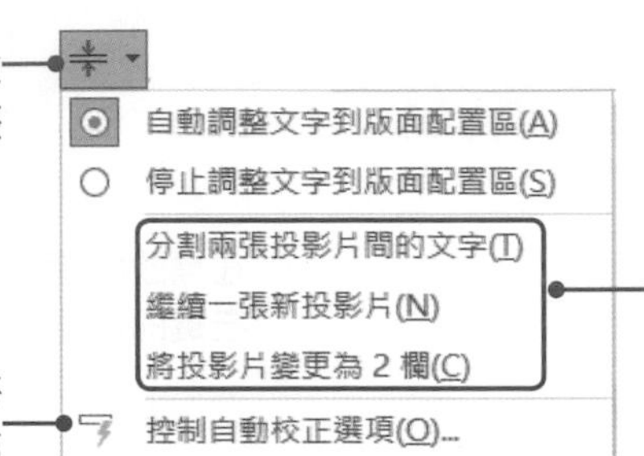

選擇要以何種方式來調整投影片內的文字：

分割兩張投影片間的文字：將原有的內容自動分割成兩張投影片

繼續一張新投影片：自動新增一張新的投影片

將投影片變更為2欄：將投影片的配置區設定為2欄，段落文字就會以2欄方式呈現

刪除配置區

若投影片中有用不到的配置區，只要點選該配置區，再按下**Delete**鍵，即可將配置區從投影片中刪除。不過，若配置區內已有文字或物件時，按下**Delete**鍵只會將配置區內的文字或物件刪除，並且將配置區恢復到當初版面配置的樣子，所以若要完全刪除配置區，就必須再按一次**Delete**鍵。

點選配置區後，按下**Delete**鍵，會先刪除配置區中的文字或物件

重設投影片

當投影片的版面配置區的格式、位置、大小被修改後，若想要將投影片的版面配置區回到最初的預設值，可以按下**「常用→投影片→重設」**按鈕。

2-2 投影片的編輯

在簡報中若要新增、刪除、複製、移動整張投影片時，可以按下 按鈕，或按下**「檢視→簡報檢視→投影片瀏覽」**按鈕，進入投影片瀏覽模式中，在這個模式下可以瀏覽整個簡報的投影片，方便進行投影片調整的動作。

除了在投影片瀏覽模式下進行調整外，也可以直接在標準模式下的**投影片縮圖窗格**中進行投影片的新增、刪除、複製、移動等。

新增投影片

要在簡報中新增投影片時，只要按下**「常用→投影片→新投影片」**按鈕，或是直接按下**Ctrl+M**快速鍵，即可新增一張投影片。

要自行選擇要新增的版面配置時，可以按下**新投影片**選單鈕，於選單中選擇要新增哪一種版面配置的投影片。

在新增投影片時若要選擇版面配置，則需按下**新投影片**選單鈕

直接按下**新投影片**按鈕，在預設下會直接新增一張目前選取投影片相同的版面配置；若在**標題投影片**(簡報的第1張投影片)，按下**新投影片**按鈕，則會新增套用**標題及物件**版面配置的投影片

在投影片窗格中按下**滑鼠右鍵**，點選**新投影片**選項，會新增一張套用與目前選取投影片相同版面配置的投影片。

刪除投影片

要刪除簡報中的某一張投影片時，只要在**投影片窗格**中先選取要刪除的投影片，再按下**Delete**鍵，即可將選取的投影片刪除。除此之外，也可以直接在縮圖上按下**滑鼠右鍵**，於選單中點選**刪除投影片**即可。

複製投影片

要複製投影片，可以使用以下的方法：

- 在**投影片窗格**選取要複製的投影片，按下**Ctrl+D**快速鍵；或按**滑鼠右鍵**，於選單中選擇**複製投影片**即可。
- 在**投影片窗格**中先選取要複製的投影片，再按下**Ctrl+C複製**快速鍵，再將滑鼠游標移至要複製的位置上，按下**Ctrl+V貼上**快速鍵，此時在滑鼠游標的位置上就會多了一張我們所複製的投影片了。
- 選取要複製的投影片，按下**「常用→剪貼簿→ 複製」**按鈕，再按下**「常用→剪貼簿→ 貼上」**按鈕，即可完成投影片的複製。

調整投影片順序

要調整投影片順序時，可以進入 **投影片瀏覽**模式，選取要調整順序的投影片，選取好後，按下**滑鼠左鍵**不放，拖曳該投影片至要調整的位置上，再放掉**滑鼠左鍵**即可完成調整的動作。

2-3 文字與段落的設定

要進行文字格式設定時，必須先選取文字配置區或配置區內的文字，再利用**「常用→字型」**群組及**「常用→段落」**群組中的指令按鈕，就可以完成大部分的文字格式設定。

字型設定

使用**「常用→字型」**群組中的各種指令按鈕，可以進行文字的字型、大小、粗體、陰影、色彩、字元間距等格式設定，按下**字型**群組右下角的按鈕，會開啓「字型」對話方塊，進行更多的設定。

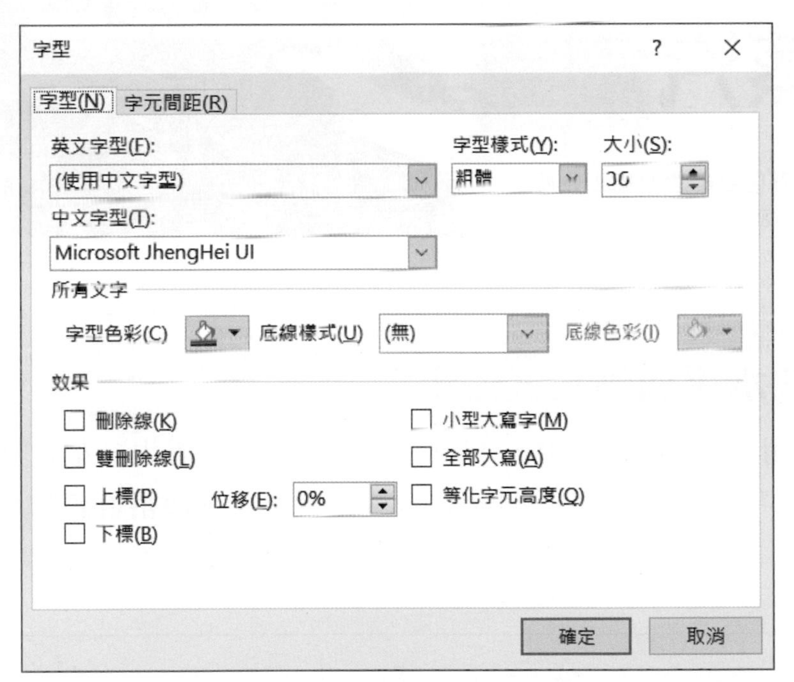

按鈕	功能	快速鍵	按鈕	功能
A^	放大字型	Ctrl+Shift+>	abc	刪除線
A˅	縮小字型	Ctrl+Shift+<	AV	字元間距：按下選單鈕可以選擇要使用的字元間距
B	粗體	Ctrl+B	Aa	大小寫轉換：按下選單鈕可以設定英文單字的轉換方式
I	斜體	Ctrl+I	A	字型色彩
U	底線	Ctrl+U	A	清除所有格式設定：會將文字格式全部清除，只留下一般未格式化的文字
S	文字陰影	—		

當選取某個文字時，會自動顯示一個**迷你工具列**，利用此工具列也可以進行一些基本的文字格式設定。

範例檔案：2-1.pptx

段落的水平對齊方式設定

在**「常用→段落」**群組中，提供了靠左、靠右、置中、左右對齊、分散對齊等水平對齊方式，直接點選即可進行設定，若按下**段落**群組的 按鈕，會開啟「段落」對話方塊，按下**對齊方式**選單鈕，也可以進行段落的對齊方式設定。

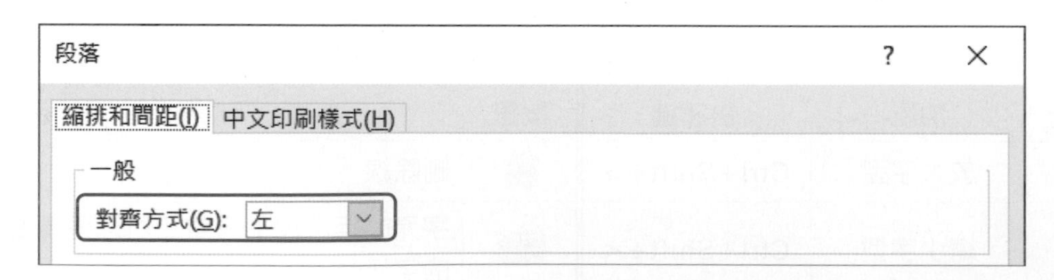

按鈕	功能	快速鍵	按鈕	功能	快速鍵
	靠左對齊	Ctrl+L		置中	Ctrl+E
	靠右對齊	Ctrl+R		左右對齊：將文字平均分配在二個邊界之間，在設定段落對齊方式時，建議設定為左右對齊。	
	分散對齊：文字平均分配在左右邊界之間。				

段落的垂直對齊方式設定

除了設定段落的水平對齊方式外，還可以將配置區或文字方塊內的文字，進行垂直對齊設定，可以將配置區內的文字設定為靠上對齊、中間或是靠下對齊，只要將插入點移至段落中或選取配置區，按下**「常用→段落→對齊文字」**按鈕，即可選擇要使用的對齊方式。

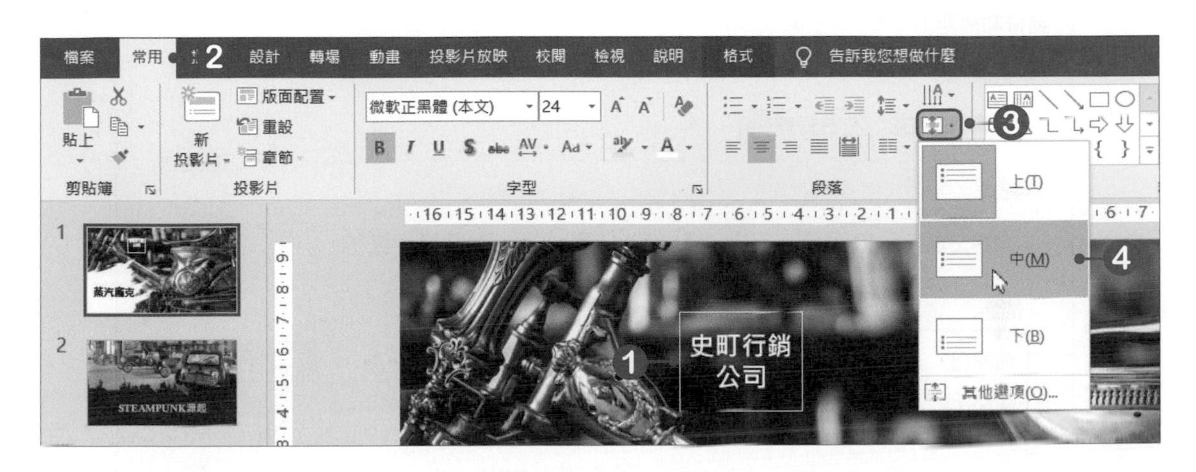

行距的設定

要設定文字行與行之間的間距時，可以按下**「常用→段落→行距」**按鈕，即可選擇行距大小。

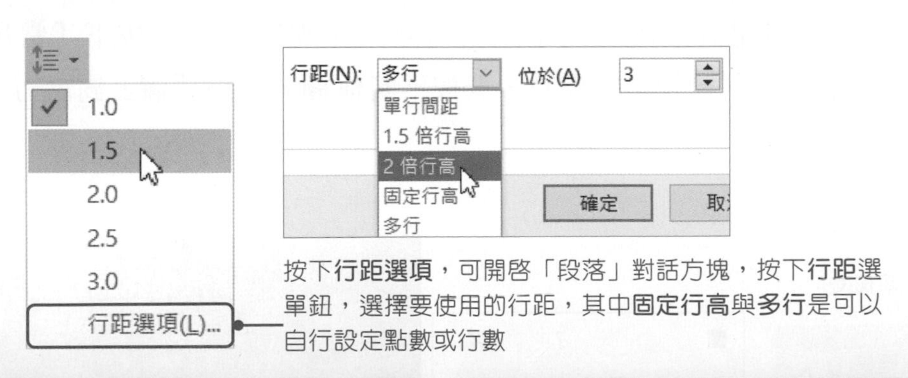

按下**行距選項**，可開啓「段落」對話方塊，按下**行距選單**鈕，選擇要使用的行距，其中**固定行高**與**多行**是可以自行設定點數或行數

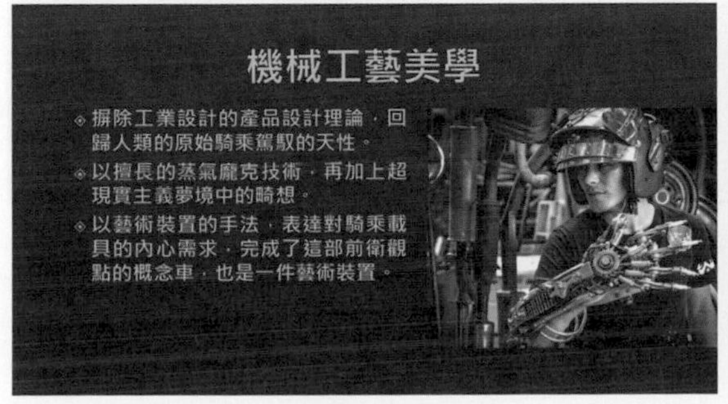

行距為1.0

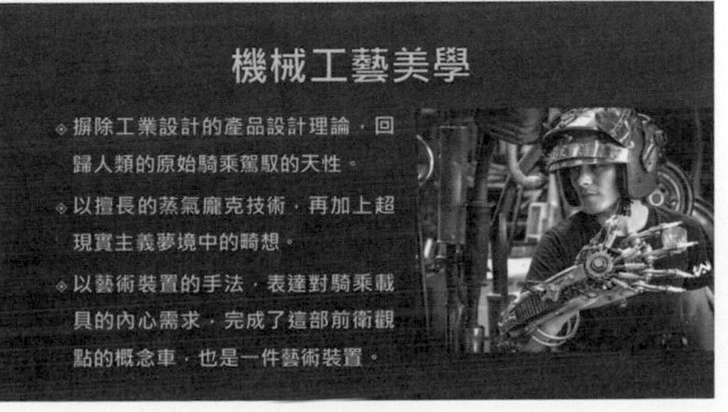

行距為1.5

段落間距的設定

若要增加段落與段落之間的距離時，可以至「段落」對話方塊的**間距**選項中設定。

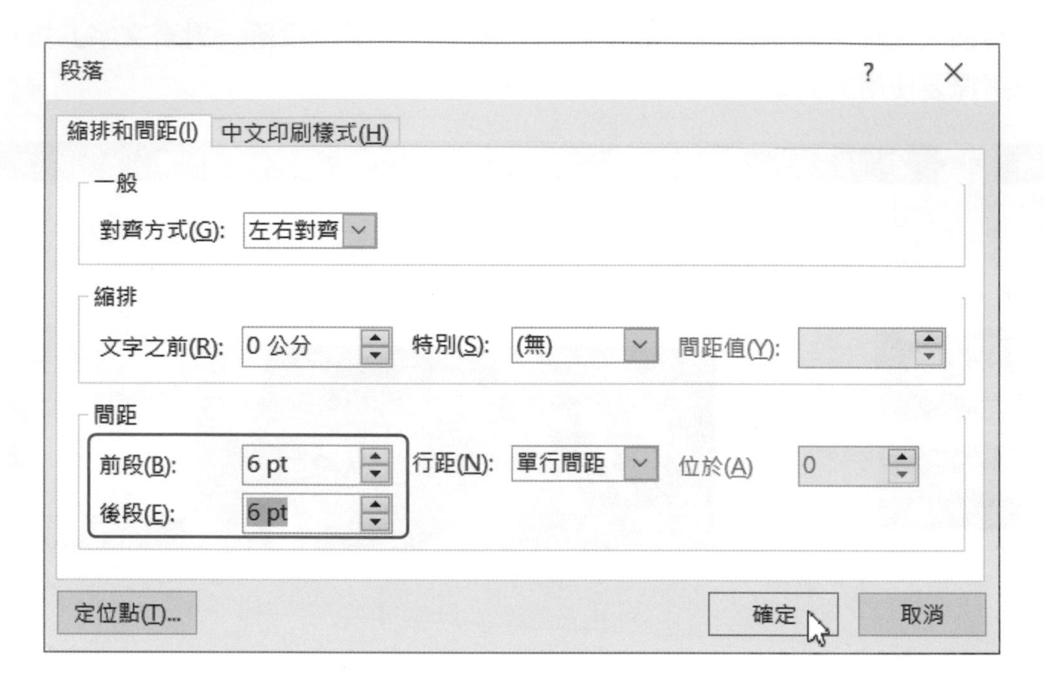

欄數設定

若要將文字配置區內的文字以多欄方式呈現時，可以按下**「常用→段落→** **」**按鈕，選擇要設定的欄數，或按下**其他欄**，開啓「欄」對話方塊，自行設定欄位數及欄與欄之間的間距。

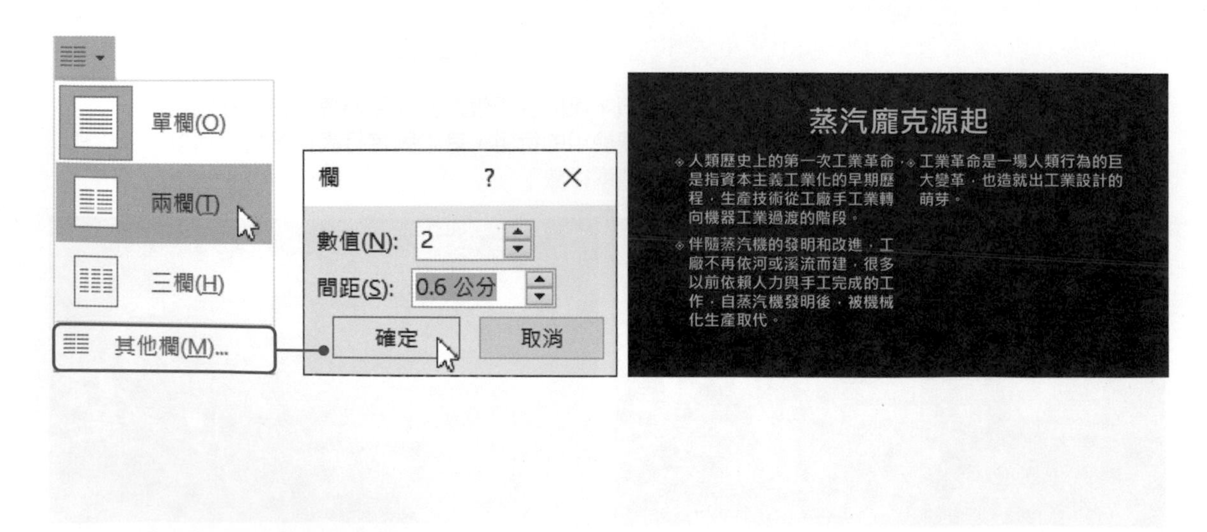

標點符號溢出邊界設定

在配置區中的文字有時會看到標點符號跑出了配置區，這是因爲在預設下勾選了**允許標點符號溢出邊界**選項，而爲了版面的美觀，通常會將此選項的勾選取消，這樣標點符號就不會跑出配置區，而會自動調整至下一行。

於「段落」對話方塊中，點選**中文印刷樣式**標籤頁，將**允許標點符號溢出邊界**選項的勾選取消即可。

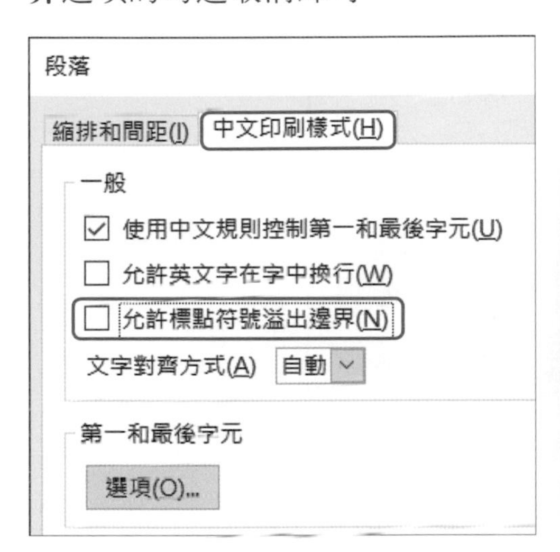

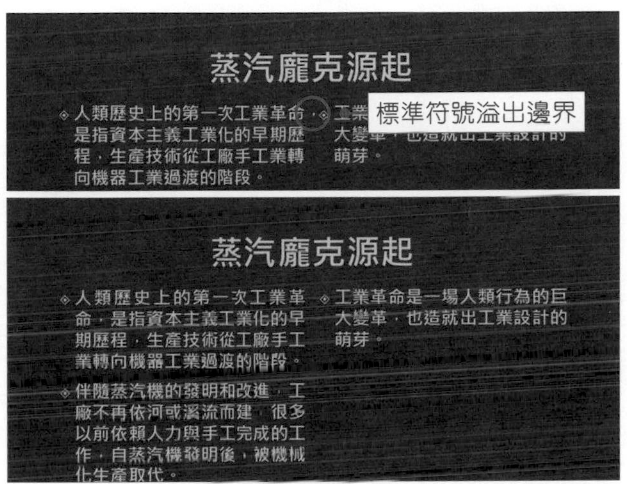

項目符號的使用

當投影片套用版面設定時，在預設下，文字都會先套用項目符號。若要更改項目符號時，按下**「常用→段落→ 項目符號」**選單鈕，於選單中選擇要使用的項目符號即可。

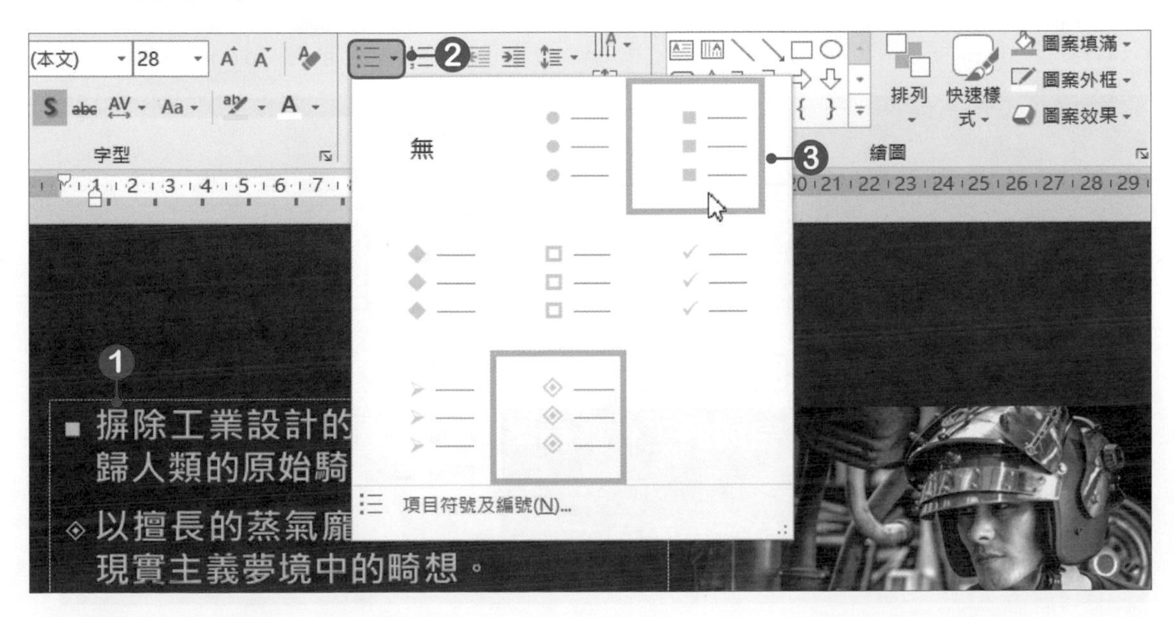

若點選**項目符號及編號**選項，可以開啟「項目符號及編號」對話方塊，即可設定項目符號的大小、色彩，按下**圖片**按鈕則可以選擇圖片項目符號、按下**自訂**按鈕則可以選擇**符號**當作項目符號。

編號的使用

要將段落文字加上編號時，按下**「常用→段落→ 編號」**按鈕，於選單中選擇要使用的編號，若點選**項目符號及編號**選項，即可設定編號的大小、色彩、起始值等。

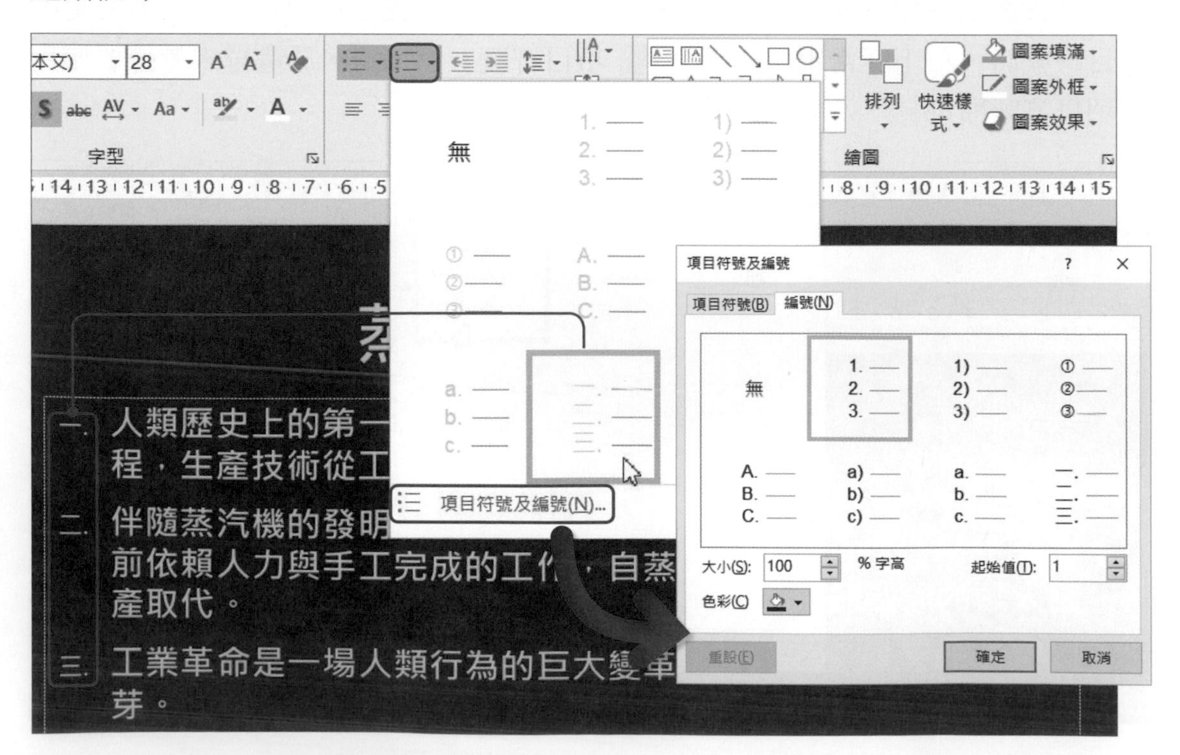

清單階層的設定

在「標題及物件」版面配置的預設下，當在**物件配置區**中輸入文字時，文字都會以**條列式方式呈現**，而在製作簡報時，所輸入的內容大都也以條列式爲主，因爲這樣的呈現方式可以讓簡報內容架構更清楚。

在物件配置區中輸入文字後，按下**Enter**鍵，就會產生一個新的段落，若要調整該段落階層時，會先按下**Tab**鍵，再輸入文字，此時該段落就會屬於第2個階層，且字級會比上一階層的段落文字來得小。

段落文字皆已輸入完成，臨時要調整段落階層時，也可以事後再使用**「常用→段落」**群組中的**增加清單階層**及**減少清單階層**按鈕，或利用快速鍵來調整，先將插入點移至段落文字的最前面(按下鍵盤上的**Home**鍵，即可將插入點移至該段落的最前面)，若是要降低層級，請按下**Tab**鍵；若是要提升層級，則請按下**Shift+Tab**鍵。

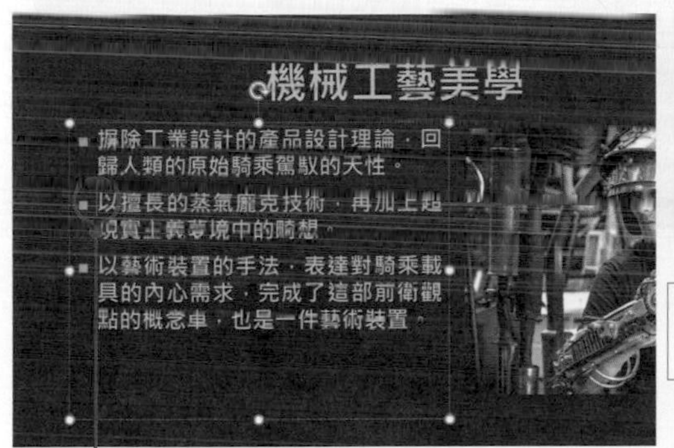

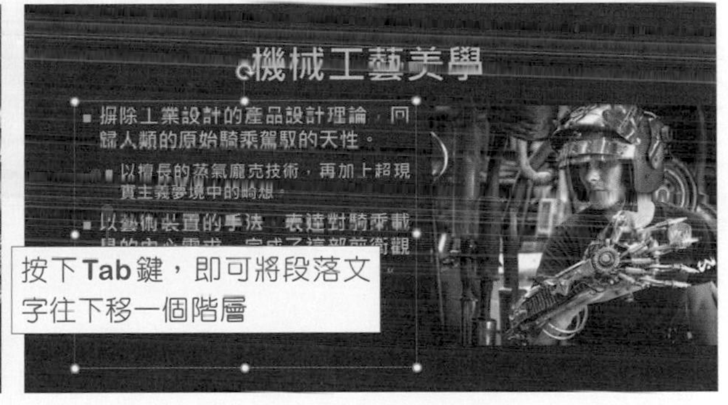

要將段落增加或減少階層時，一定要先將插入點移至段落文字的最前面，再使用快速鍵來調整階層

在設定階層時，也可以一次選取多個段落，再進行設定。要選取配置區內的段落文字時，只要在該段落前的項目符號按下滑鼠左鍵，即可選取該段落文字；而配合**Ctrl**鍵，則可以選取多個段落文字，先按著**Ctrl**鍵不放，再去點選段落文字前的項目符號，即可連續選取不同的段落文字。

在項目符號上按一下滑鼠左鍵，即可選取該段落

使用尺規調整縮排

將段落文字加上項目符號或編號時，可能會發現項目符號及編號與文字的距離過遠或過近，這是因為**縮排**的關係，若要調整縮排時，可以使用**尺規**上的縮排鈕進行調整。首先，先將「**檢視→顯示→尺規**」選項勾選，開啟「**水平尺規及垂直尺規**」，接著選取配置區內的段落文字，再將滑鼠游標移至縮排鈕上，並按著**滑鼠左鍵**不放，拖曳縮排鈕，即可調整距離。

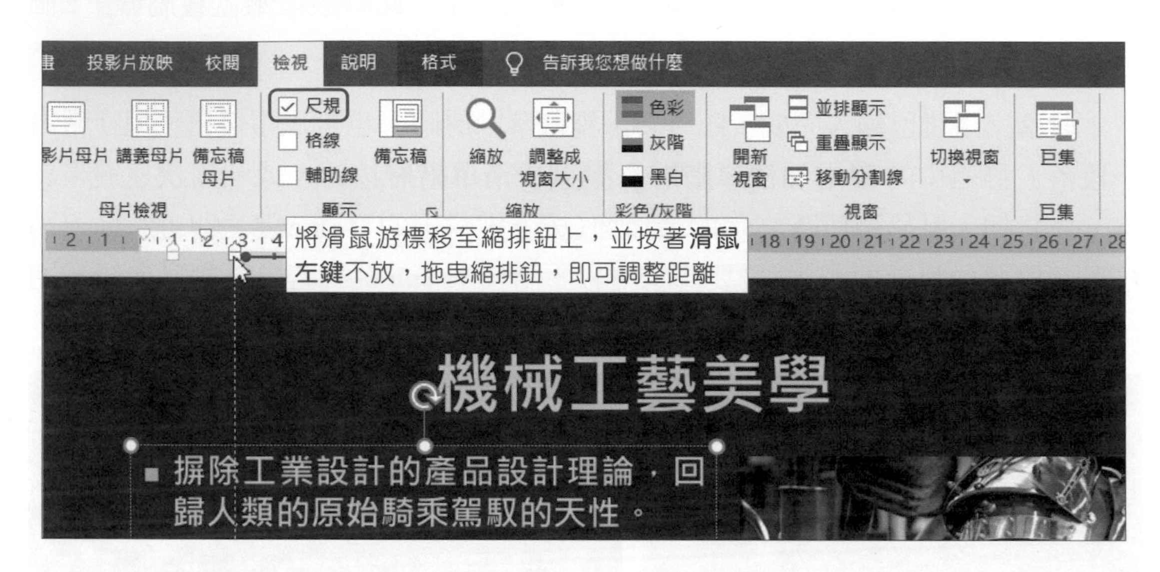

取代字型

要將投影片中的文字字型一次更換為同一種字型時，可以按下「**常用→編輯→取代**」按鈕，於選單中選擇**取代字型**，即可進行取代字型的設定。

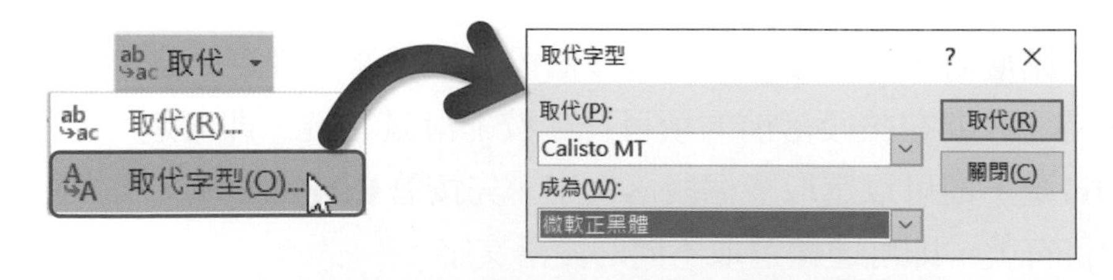

尋找與取代

PowerPoint 提供了「尋找與取代」的功能，可以快速地尋找到某個文字，或是將某些文字取代成其他文字。

尋找：可以於簡報中尋找特定的文字、符號等。按下「**常用→編輯→尋找**」按鈕，或按下 **Ctrl+F** 快速鍵，即可進行尋找的設定。

取代：在簡報中若有大量的文字需要修改時，可以使用「取代」功能，來進行修改。按下「**常用→編輯→取代**」按鈕，或按下 **Ctrl+H** 快速鍵，即可開啟「取代」對話方塊，進行取代的設定。

自我評量

❖選擇題

(　　)1. 在PowerPoint中，新增一份空白簡報後，在預設下，第1張投影片會套用哪種版面配置？(A)標題及物件　(B)章節標題　(C)只有標題　(D)標題投影片。

(　　)2. 在PowerPoint中，於「標題投影片」後，按下「新增投影片」按鈕，在預設下會套用哪種版面配置？(A)標題及物件　(B)章節標題　(C)只有標題　(D)標題投影片。

(　　)3. 在PowerPoint中，要插入一張新投影片時，可以按下下列哪組快速鍵？(A) Ctrl+L　(B) Ctrl+M　(C) Ctrl+N　(D) Ctrl+O。

(　　)4. 在PowerPoint中，若要將已調整過的版面配置，設定回最原始的狀態時，可以執行下列哪個功能？(A)常用→投影片→章節　(B)常用→投影片→版面配置　(C)常用→投影片→重設　(D)無法做到。

(　　)5. 在PowerPoint中，若要將被選取的文字加粗，可以按下下列哪組快速鍵？(A) Ctrl+B (B) Ctrl+I (C) Ctrl+U (D) Ctrl+C。

(　　)6. 在PowerPoint中，若要將被選取的文字以斜體呈現，可以按下下列哪組快速鍵？(A) Ctrl+B　(B) Ctrl+I　(C) Ctrl+U　(D) Ctrl+C。

(　　)7. 在PowerPoint中，透過下列哪一項操作，可加寬各條列項目間的距離？(A)設定字型大小　(B)將條列項目的對齊方式改為左右對齊　(C)加寬文字間距　(D)調整段落間距。

(　　)8. 在PowerPoint中，若要將文字方塊內的文字靠下對齊，可以使用下列哪項功能來完成？(A)對齊文字　(B)行距與段落間距　(C)多層次清單　(D)文字效果。

(　　)9. 在PowerPoint中，若標點符號跑出了配置區，可以至下列哪個標籤頁中將「允許標點符號溢出邊界」選項的勾選取消？(A)中文印刷樣式　(B)縮排和間距　(C)定位點　(D)項目符號。

(　　)10. 在PowerPoint中，若要調整段落文字的階層(往下調整)，可以按下下列哪個按鍵？(A) Ctrl　(B) Alt　(C) Tab　(D) Shift。

(　　)11. 在PowerPoint中，如果要取消段落文字前的項目符號時，該如何進行？(A)按Delete鍵移除　(B)無法移除　(C)按Tab鍵移除　(D)按下☰▾按鈕，即可將該段落文字的項目符號移除。

(　　)12. 在PowerPoint中，若要將簡報中的某個字型取代為另一個字型時，可以點選？(A)常用→編輯→取代→取代字型　(B)常用→編輯→版面配置→取代字型　(C)常用→編輯→選取→取代字型　(D)常用→編輯→尋找→取代字型。

自我評量

❖ 實作題

1. 開啟「PowerPoint→CH02→2-2.pptx」檔案，進行以下的設定。
   - 將簡報中的「新細明體」替換成「微軟正黑體」。
   - 將第1張投影片的標題文字的字型大小設定為「96」；對齊文字設定為「中」。
   - 將第3張投影片移至第4張之後。
   - 將「從善如流的消化之道」投影片中的項目符號，更改為「一.」編號，編號大小為「90%」。
   - 在最後加入1張「章節標題」投影片，並加入「為您好大藥廠．關心您」標題文字、「謝謝」副標題文字，文字格式自行設定。

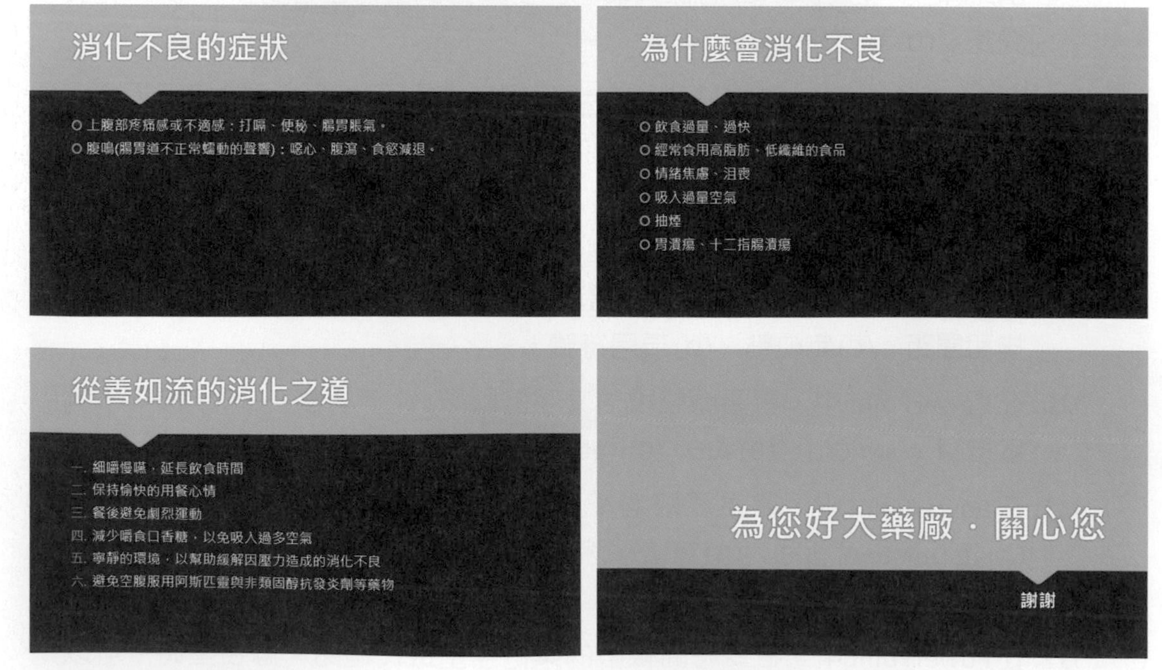

CHAPTER 03
簡報的版面設計

3-1 投影片大小的設定

在開始製作簡報前，可以依需求選擇要使用的投影片大小，再進行簡報的製作，這裡就來看看該如何選擇投影片大小。

認識投影片大小

在PowerPoint中建立一份新簡報時，在預設下，其投影片大小皆設定爲**寬螢幕(16:9)**。當然，PowerPoint除了提供16:9的寬螢幕外，也提供了**4:3**、**16:10**、**A4**、**A3**、**B4**等尺寸，讓我們在製作簡報時，能依據需求選擇要使用的大小。下表所列爲常使用的投影片尺寸說明：

投影片大小	尺寸	範例
如螢幕大小(16:9)	寬25.4公分，高14.29公分 螢幕解析度為(像素)： 1280*720或1920*1080	3-1.pptx
如螢幕大小(4:3)	寬25.4公分，高19.05公分 螢幕解析度為(像素)： 800*600或1024*768	3-2.pptx
如螢幕大小(16:10)	寬25.4公分，高15.87公分 螢幕解析度為(像素)： 1440*900或1920*1200	3-3.pptx
A4紙張(橫向)	寬27.51公分，高19.05公分	3-4.pptx

更換投影片大小

一般在製作簡報時，會選擇「**如螢幕大小**」的尺寸，而不會選擇A4、A3、A5等紙張尺寸，因爲簡報的最終目的就是要在電腦上或是投影布幕上播放。且在製作簡報前，最好是先選擇好要使用的大小，再進行製作，若臨時將已製作好的簡報更換爲其他尺寸時，在簡報中的文字、圖片、圖案等物件都會被調整，且圖案及圖片會有變形的問題，而導致必須再重新調整。

要更換投影片大小時，按下「**設計→自訂→投影片大小**」按鈕，就可以選擇要更換的大小，若將**寬螢幕(16:9)**更換爲**標準(4:3)**大小時，會要你選擇，要將內容大小調至最大，或將其縮小以確保能容納於新投影片中，點選要使用的選項後，即可完成更換投影片大小的步驟。

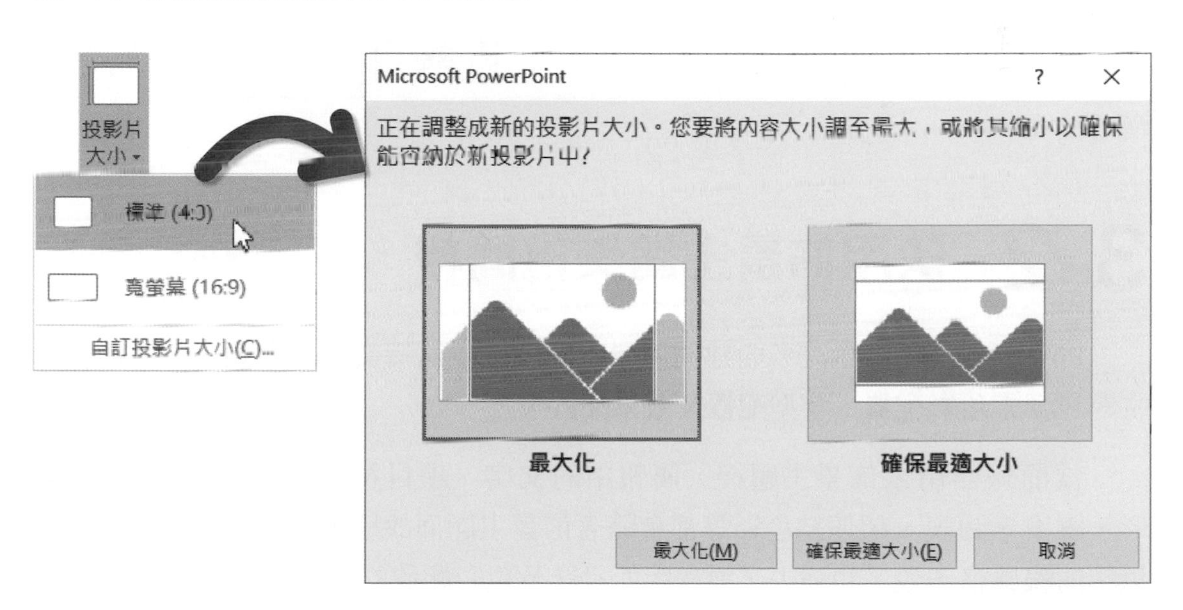

範例檔案：3-5-OK.pptx

範例檔案：3-5.pptx

將16:9的尺寸更改為4:3尺寸時，投影片中的物件就會變形要選擇其他投影片大小時，可以按下**自訂投影片大小**選項，開啟「投影片大小」對話方塊，按下**投影片大小**選單鈕，即可選擇要使用的大小，在**方向**選項中則可以選擇投影片要**直向**或**橫向**。

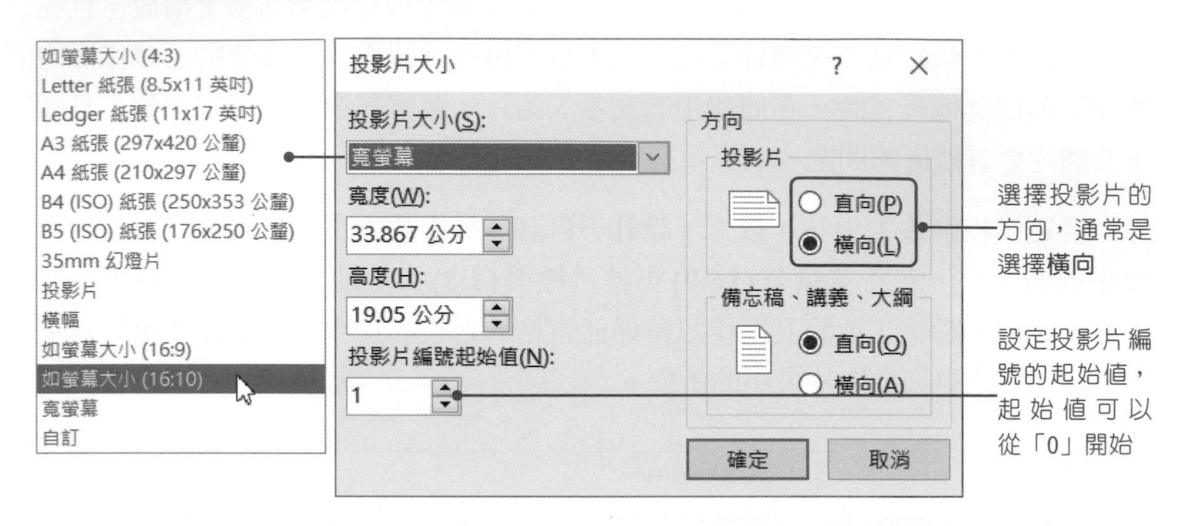

3-2 使用佈景主題美化簡報

PowerPoint提供了許多內建的佈景主題，可以直接套用於簡報中，一個佈景主題包含了**色彩配置**、**字型配置**及**效果配置**等。

當簡報套用了佈景主題後，簡報中的文字、項目符號、表格、SmartArt圖形、圖案、圖表、超連結色彩等都會隨著佈景主題而改變，所以使用佈景主題可以讓簡報風格一致，也省去了簡報版面設計及色彩配置的時間。

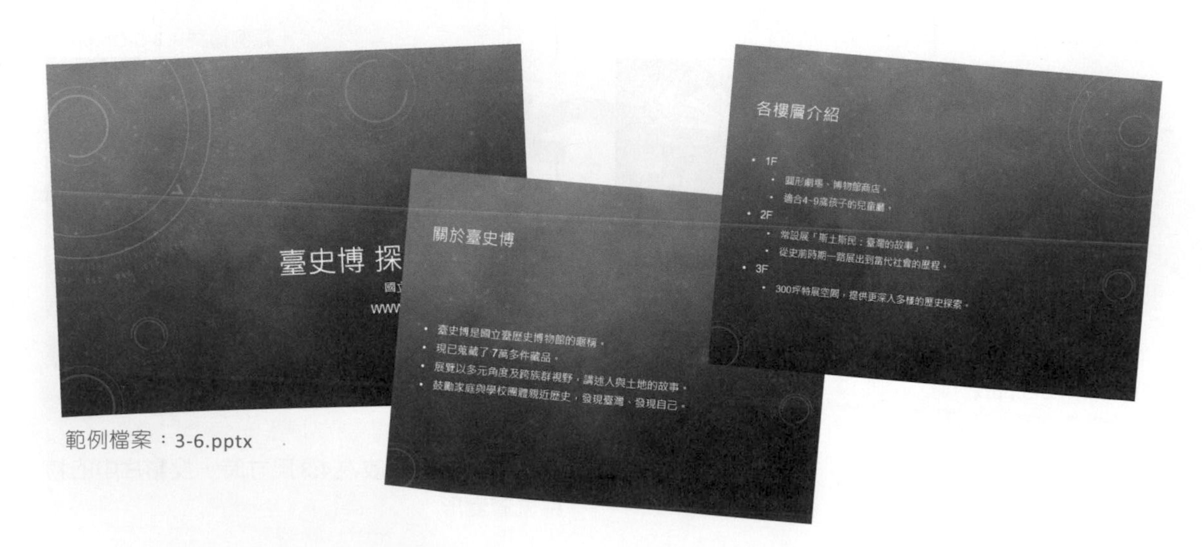

範例檔案：3-6.pptx

套用佈景主題

當建立一份新的空白簡報時，在預設下會套用**「Office佈景主題」**，該佈景主題並沒有做任何的版面、色彩及字型等設計。要將簡報套用佈景主題時，只要在**「設計→佈景主題」**群組中，選擇要使用的佈景主題即可。

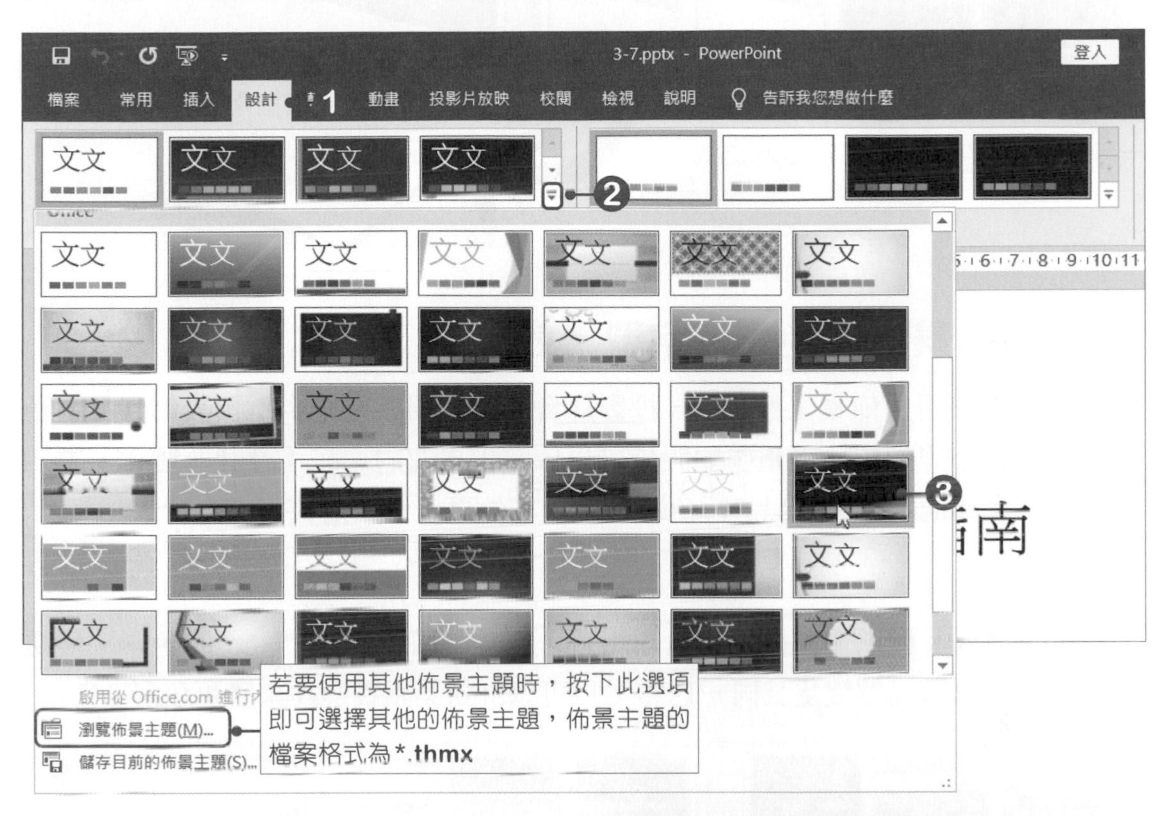

範例檔案：3-7.pptx　　範例檔案：3-7-OK.pptx

套用佈景主題後，簡報中的所有投影片都會套用該佈景主題，若只想套用到某一張投影片時，在佈景主題上按下**滑鼠右鍵**，於選單中選擇**套用至選定的投影片**選項即可。

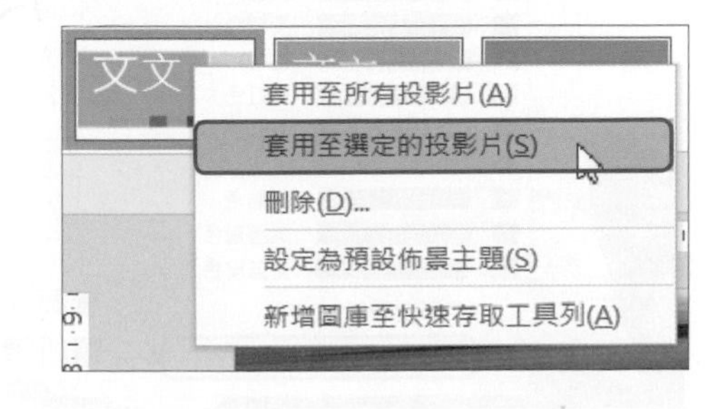

變更變化方式

套用了佈景主題後，還可以在**「設計→變化」**群組中，選擇該佈景主題的變化方式。

變更佈景主題色彩、字型、效果

將簡報套用「佈景主題」時，投影片會直接套用該主題中所預設的**背景**、**色彩**、**標題文字**等配置，而這些配置是可以依需求更改的。在**「設計→變化」**群組中，按下▼其他按鈕，可以進行色彩、字型、效果、背景樣式等設定。

變更色彩

PowerPoint提供了預設好的色彩組合，可以隨時更換佈景主題的色彩，變更色彩時，可以將簡報變更爲同一色彩，也可以針對某張投影片來變更色彩。

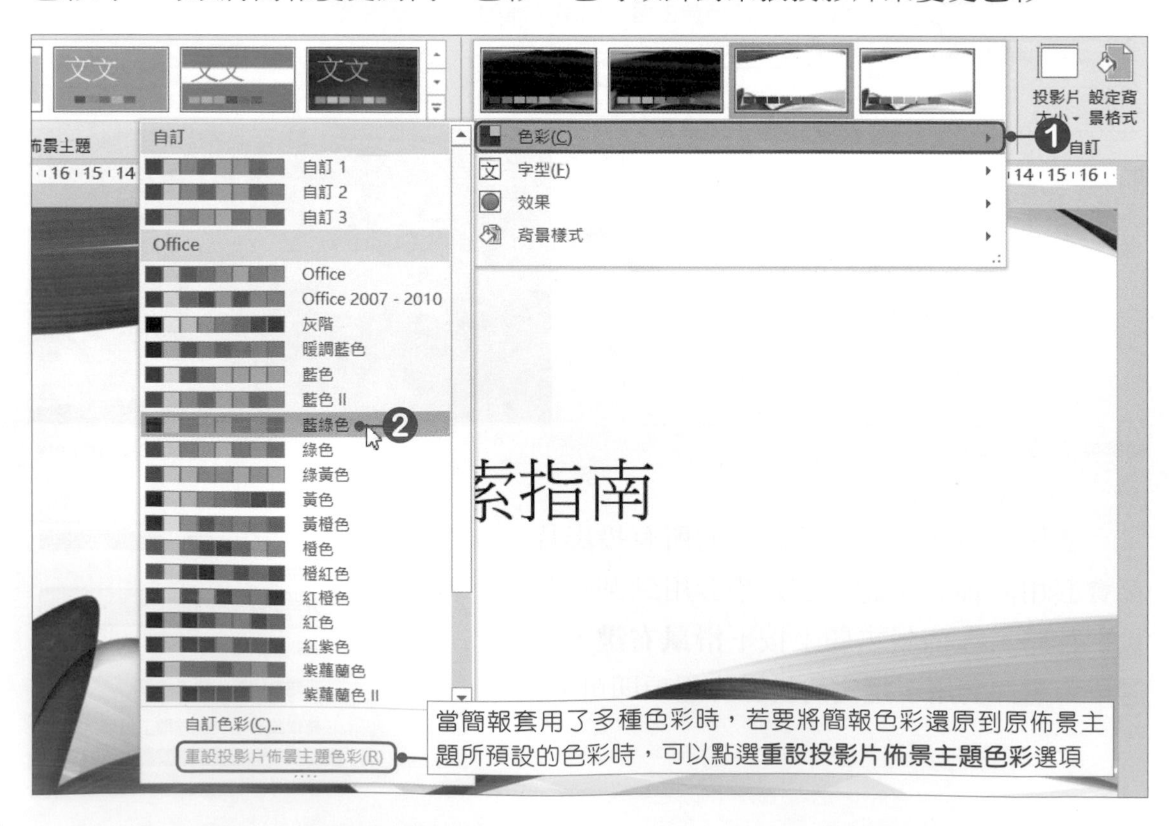

變更字型

每個佈景主題都有自己的字型組合，而這組合當然也是可以修改的，若選單中沒有適合的字型組合時，可以點選**自訂字型**選項，開啓「建立新的佈景主題字型」對話方塊，進行字型的設定。

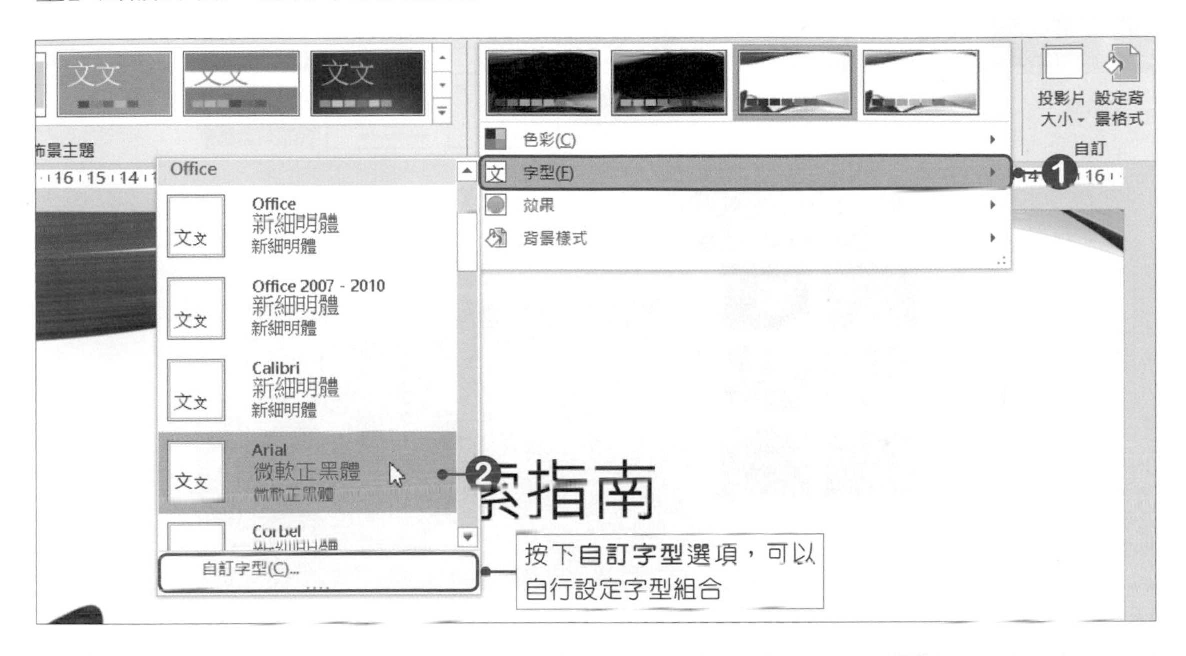

變更效果

在簡報中加入了圖表、圖案等物件時，這些物件也會套用佈景主題所預設的效果，當選用不同的佈景主題效果時，物件就會呈現出不同的效果。

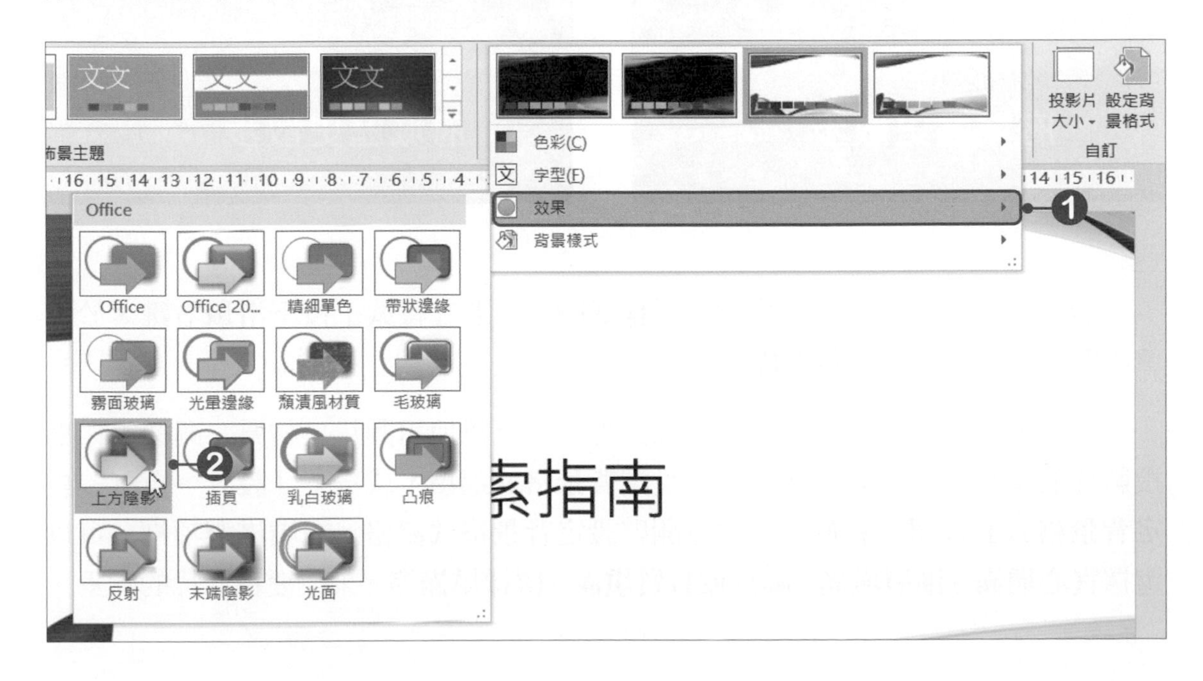

變更背景樣式

每一種佈景主題都會提供多種**背景樣式**，讓我們依需求更換。按下**「設計→變化→▼→背景樣式」**選項，可以在選單中選擇該佈景主題所提供的背景樣式。

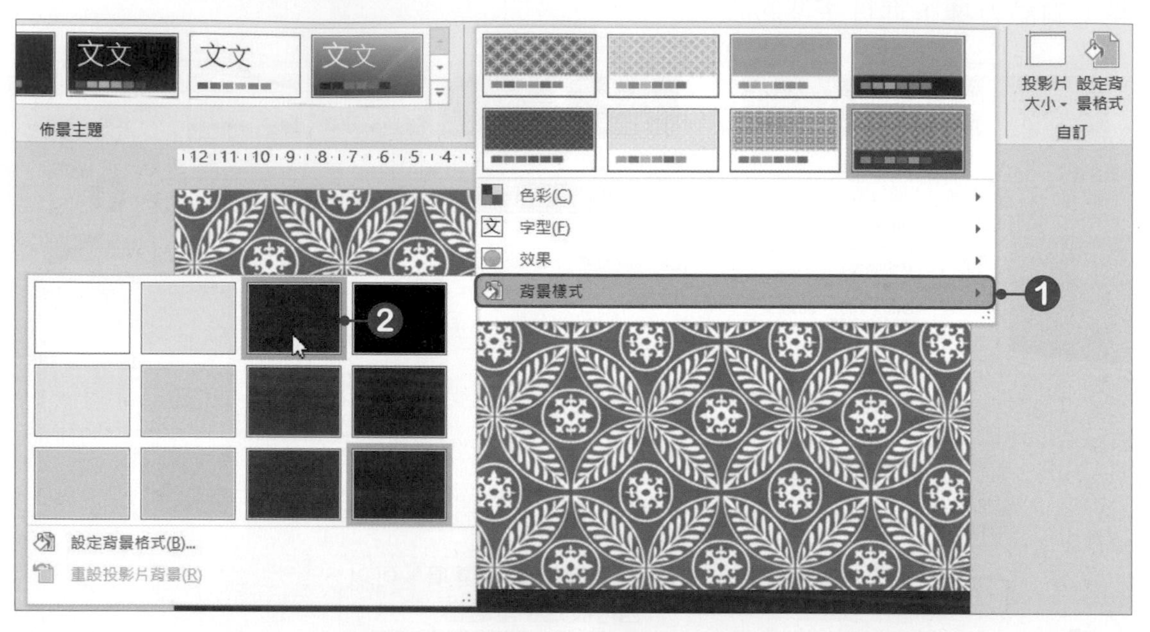

範例檔案：3-8.pptx
範例檔案：3-8-OK.pptx

若只想修改某一張投影片的背景樣式時，只要在樣式上按下**滑鼠右鍵**，於選單中點選**套用至所選的投影片**選項即可。

除了使用佈景主題預設的背景樣式外，也可以使用圖片、材質、圖樣等作爲投影片的背景。在背景樣式選單中點選**背景格式**選項，或按下**「設計→自訂→設定背景格式」**按鈕，會於視窗右方開啓**設定背景格式窗格**，在**填滿**選項裡，可以選擇**實心填滿**、**漸層填滿**、**圖片或材質填滿**、**圖樣填滿**等，來改變投影片的背景。

實心填滿

使用實心填滿可以選擇單一顏色來填滿投影片的背景，除了選擇色彩外，還可以設定色彩的透明度。

範例檔案：3-9.pptx，第1張投影片

在進行背景設定時，若設定結果要套用至所有投影片，可以按下**全部套用**按鈕，若對設定的結果不滿意，可以按下**重設背景**按鈕，清除背景設定。

漸層填滿

漸層填滿可以選擇預設的漸層方式，或是自行設定漸層的類型、方向、停駐點、色彩等。

範例檔案：3-9.pptx，第2張投影片

圖片或材質填滿

在**圖片**或**材質**填滿選項中，可以選擇要使用材質或是圖片等當作背景。點選**材質**按鈕，可以選擇PowerPoint所提供的材質。

範例檔案：3-9.pptx，第3張投影片

要使用圖片當作背景時，則可以按下**插入**按鈕，選擇要當作背景的圖片，選擇好後，投影片就會套用該圖片。

範例檔案：3-9.pptx，第4張投影片

當選擇以材質或圖片當作投影片背景時，若將**將圖片砌成紋理**選項勾選，那麼材質或圖片就會以重複排列的方式顯示。通常使用圖片作爲背景時，我們不會勾選**將圖片砌成紋理**選項；若使用材質作爲背景時，那麼就會將**將圖片砌成紋理**選項勾選。

圖樣填滿

圖樣填滿可以選擇預設的圖樣，並自行設定圖樣的前景與背景色彩。

範例檔案：3-9.pptx，第5張投影片

隱藏背景圖形

PowerPoint 提供的佈景主題大部分都有「背景圖形」，當在設計簡報時，若不想顯示佈景主題所設計的「背景圖形」時，可以將**隱藏背景圖形**選項勾選，這樣就可以將佈景主題中的背景圖形給隱藏起來。

將隱藏背景圖形選項勾選後，右側的底圖就被隱藏了

3-3 使用母片統一簡報風格

建立一份簡報時，簡報便會提供各式各樣的投影片版面配置，而這些投影片版面配置與母片有著密不可分的關係，這節就來學習如何使用母片。

投影片版面配置與母片的關係

每種投影片版面配置都有**母片**，母片是指簡報的版型，當要調整或修改**「投影片版面配置」**時，便可進入**「檢視→母片檢視」**中進行修改的動作。

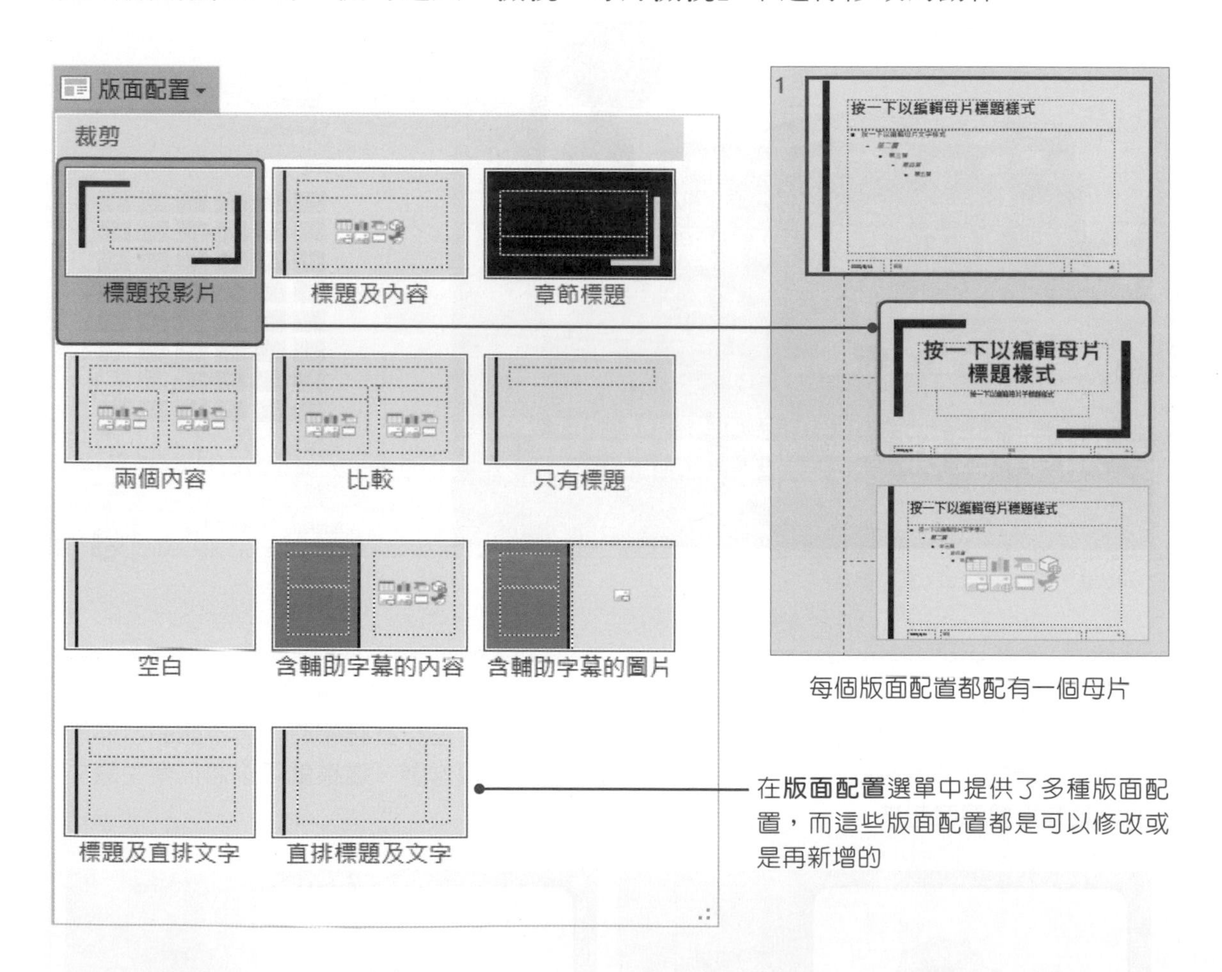

每個版面配置都配有一個母片

在**版面配置**選單中提供了多種版面配置，而這些版面配置都是可以修改或是再新增的

投影片母片

PowerPoint的每份簡報至少包含了一張**「投影片母片」**及每個版面配置專屬的母片，例如：標題母片、標題及物件、章節標題等。投影片母片是母片階層中最上層的母片，在投影片母片下還會有相關聯的版面配置母片。

設定母片時，可針對不同的母片進行設定。不過，這裡要注意的是，**投影片母片**儲存了簡報之佈景主題與投影片版面配置的相關資訊，因此設定投影片母片時，會影響到使用相同物件的其他版面配置母片，例如：文字格式、背景及頁碼等。所以，若要設定整份簡報的一致風格時，建議從**投影片母片**中進行設定。

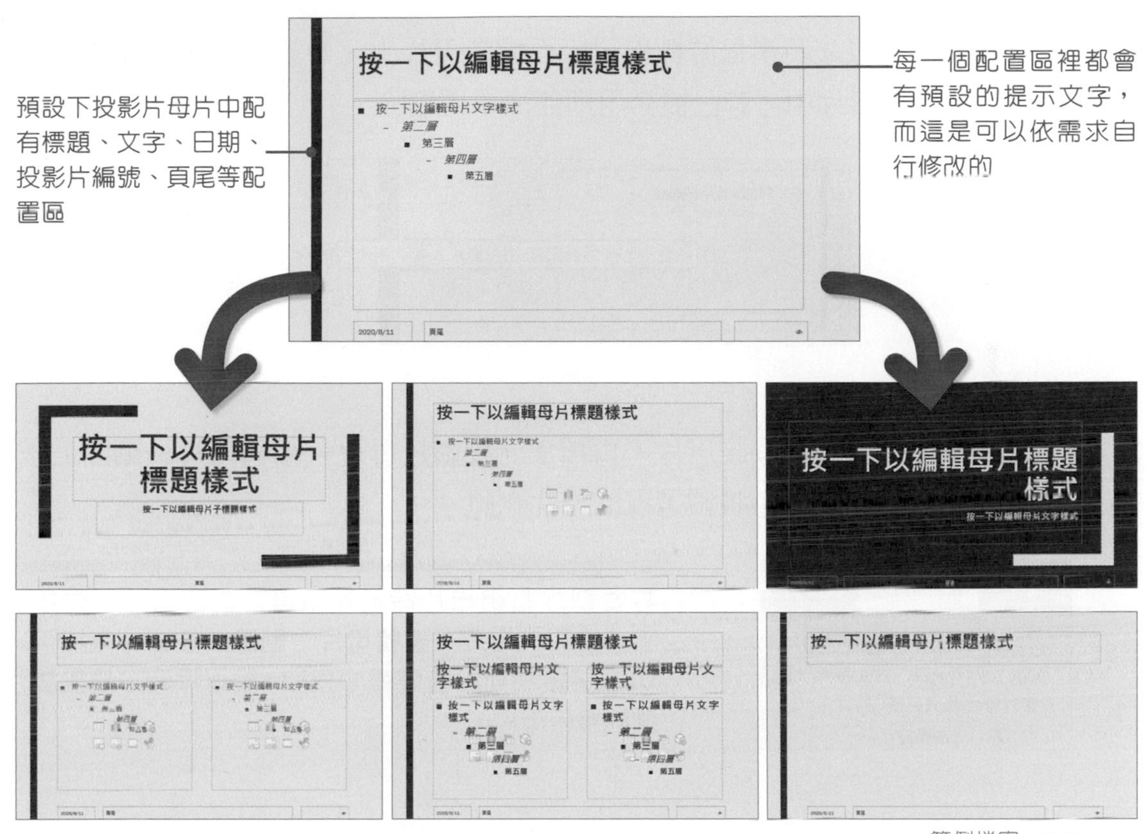

範例檔案：3-10.pptx

在投影片母片中編輯佈景主題

在3-2節中學會了佈景主題的使用，不過，在使用過程中都是直接於投影片進行設定，而當投影片的量很大時，若要一一修改投影片的佈景主題色彩、字型、效果、背景時，會花非常多的時間。當遇到這樣的狀況時，可以直接進入**投影片母片**，在母片中針對不同的版面配置進行不同的佈景主題設定。

在「**投影片母片→編輯佈景主題**」及「**投影片母片→背景**」群組中，即可進行佈景主題及背景的修改。

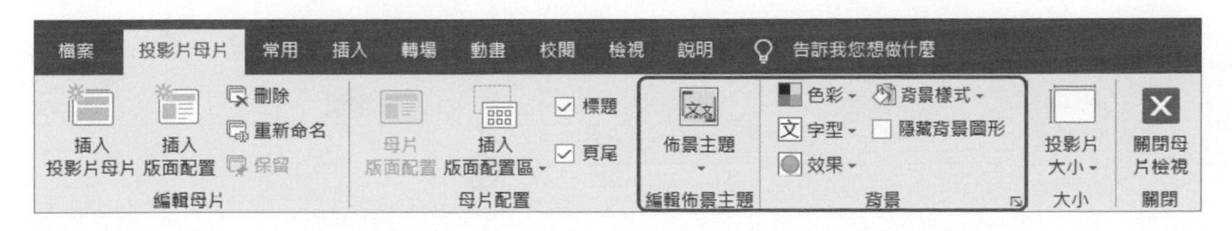

刪除不用的版面配置母片

在**投影片母片**中，可以直接將不會使用到的版面配置母片，從母片組中刪除，這樣在編輯母片時，也不致於眼花撩亂。於投影片母片中被刪除的母片，在**「常用→投影片→版面配置」**選單中的版面配置也會跟著被刪除。

在刪除前，可以先將滑鼠游標移至版面配置母片上，看看該張版面配置母片是否有被套用於投影片中，若已被套用則無法單獨刪除。

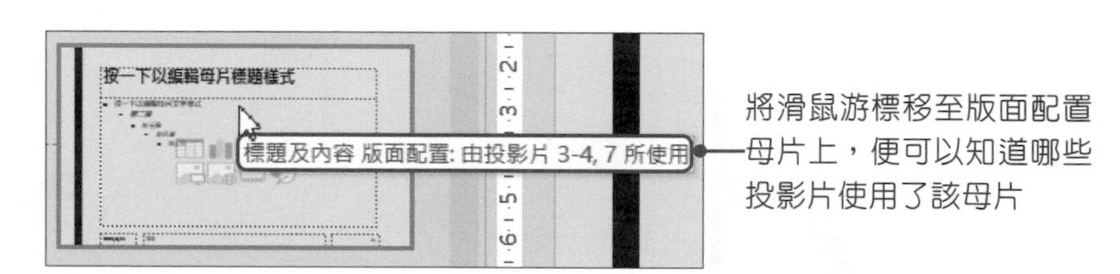

要刪除母片時，先選取該母片，再按下**「投影片母片→編輯母片→刪除」**按鈕，或按下**Delete**鍵，即可將被選取的母片刪除。

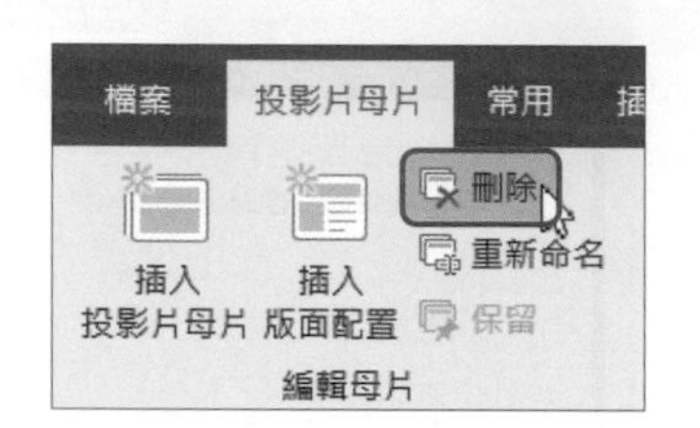

若要刪除整組母片時，先點選投影片母片，再按下「**投影片母片→編輯母片→刪除**」按鈕，或按下**Delete**鍵即可，若簡報中只有1組母片時，便無法刪除整組母片。

統一簡報文字及段落格式

利用**投影片母片**可以快速地統一簡報的文字格式、段落格式、配置區位置等，只要點選要設定的配置區，再進行文字及段落格式的設定即可。

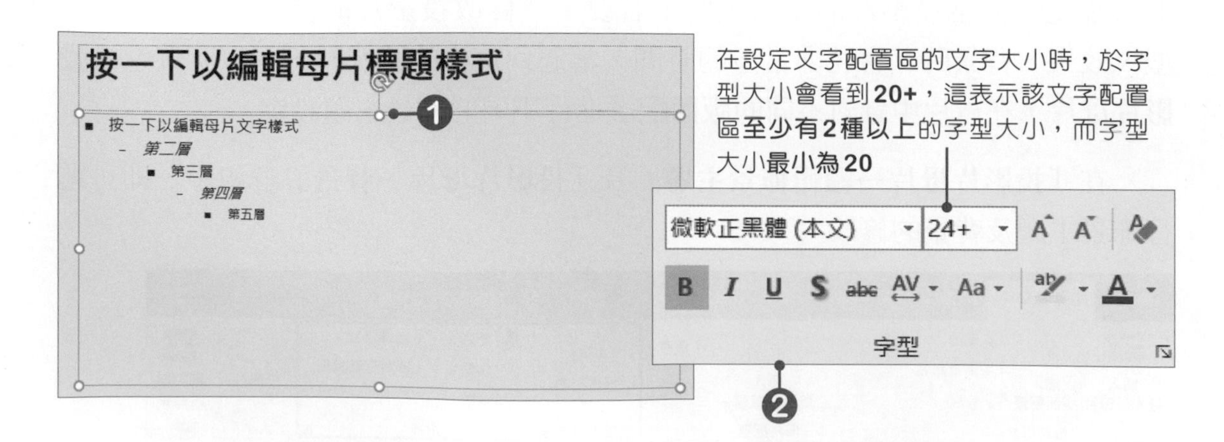

格式設定好後，會發現該格式也會套用於使用相同物件的其他版面配置母片中，如此就能快速地統一簡報文字及段落格式。

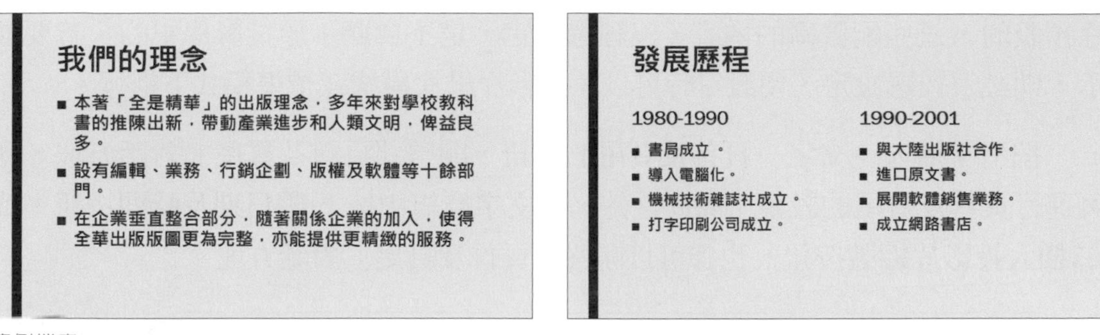

範例檔案：3-10-OK.pptx

新增版面配置母片

PowerPoint中除了調整原有的版面配置外，還可以自行設計新的版面配置，只要按下**「投影片母片→編輯母片→插入版面配置」**按鈕，便可插入一個配有「標題」及「頁尾」配置區的版面配置。

新增了版面配置母片後，可以使用**插入版面配置區**功能，插入內容、文字、圖片、圖表、表格、SmartArt圖形、媒體、線上影像等配置區。

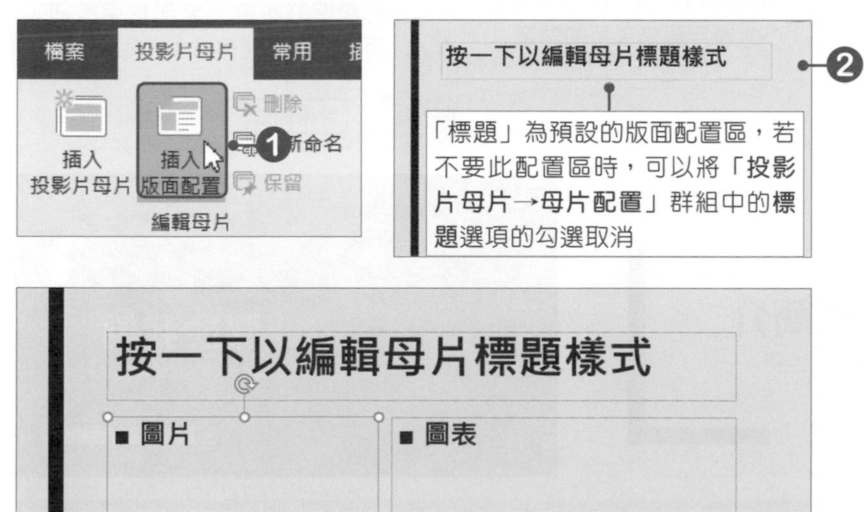

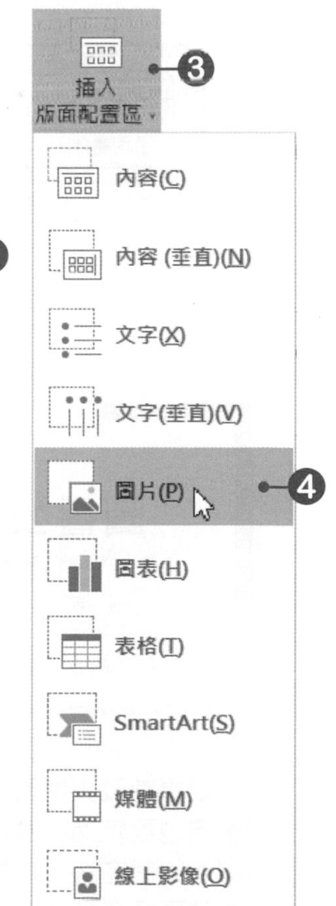

頁首頁尾的設定

進入投影片母片時，都會看到日期、頁尾、投影片編號等配置區，這是母片預設的，這些配置區的內容，沒經過設定，是不會顯示於投影片中的，若要顯示，則必須經過設定，要設定時可以在投影片母片模式或標準模式下進行。

按下**「插入→文字→頁首及頁尾」**按鈕，開啓「頁首及頁尾」對話方塊，即可進行頁首及頁尾的設定。除此之外，在**文字**群組中按下**日期及時間**按鈕，或**插入投影片編號**按鈕，也都可以開啓「頁首及頁尾」對話方塊。

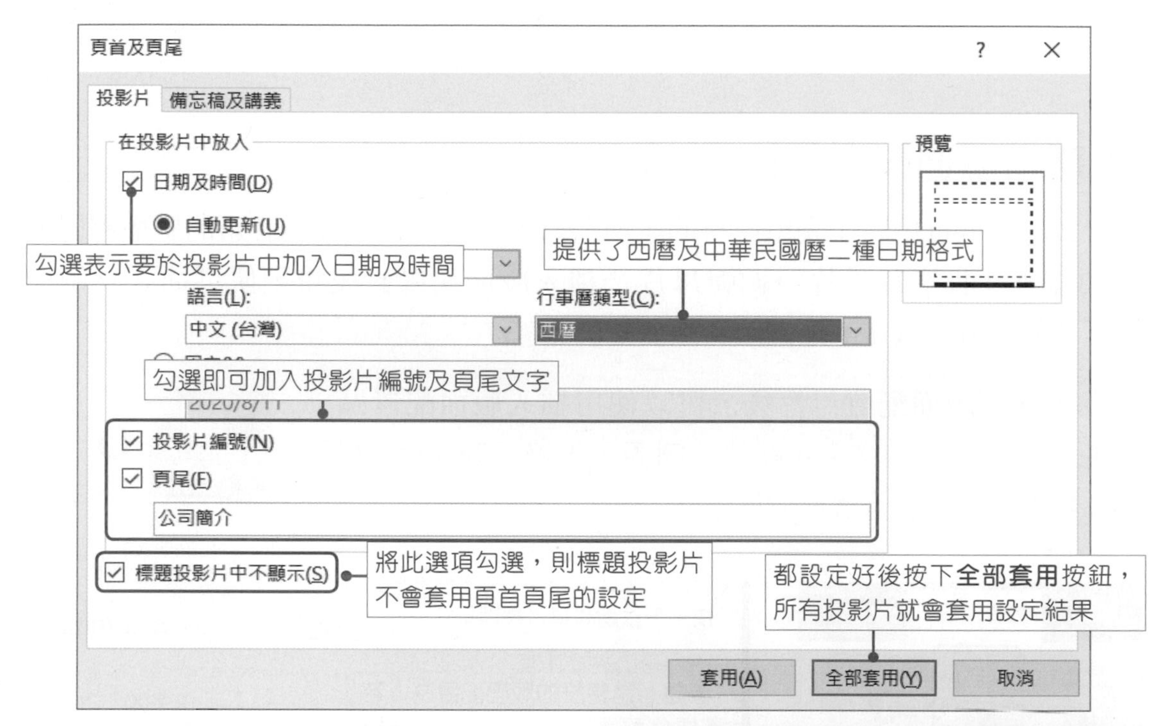

範例檔案：3-11.pptx

移除某張版面配置的頁首及頁尾

在設定頁首及頁尾時，可以將**標題投影片**設定為不套用頁首及頁尾資訊，但若要將某張版面配置也設定為不套用頁首及頁尾資訊時，該如何做呢？先點選投影片，再進入「頁首及頁尾」對話方塊，將所有的選項勾選皆取消，最後按下**套用**按鈕，該張投影片就不會顯示頁首及頁尾資訊。

講義母片及備忘稿母片

PowerPoint中除了投影片母片外，還提供了**備忘稿母片**及**講義母片**，要設定這些母片時，在**「檢視→母片檢視」**中，即可選擇要進入的母片。

在講義母片及備忘稿母片中可以設定講義方向、投影片大、每頁投影片的張數、版面配置區及佈景主題。

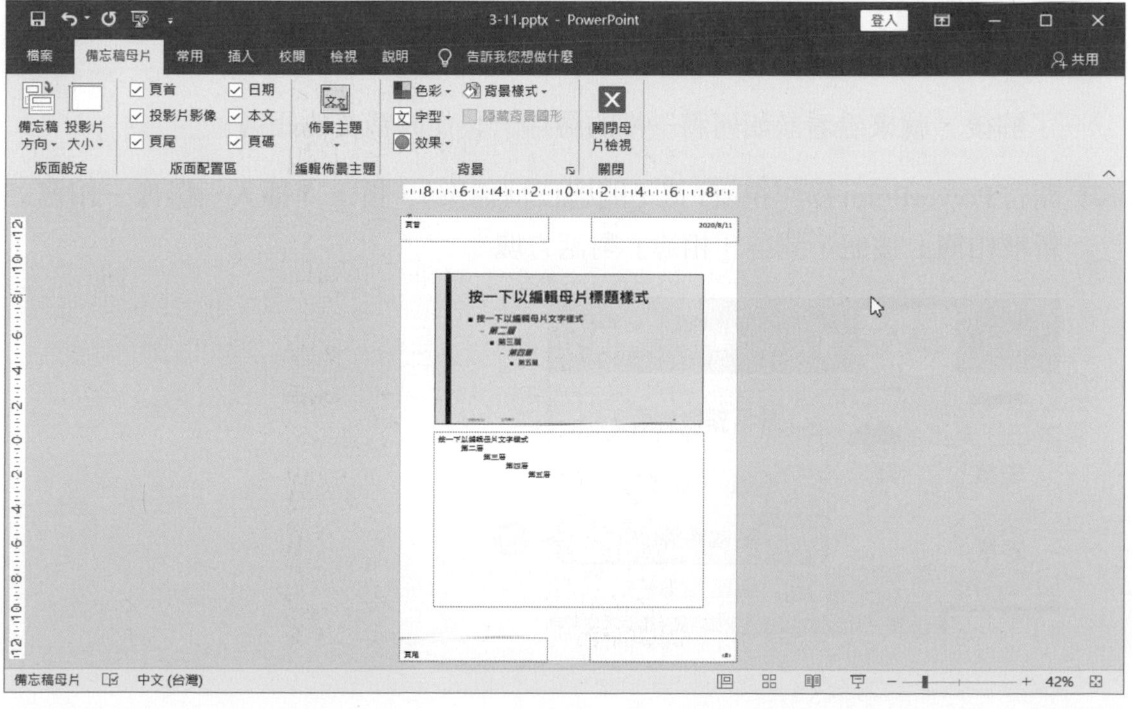

3-4 將照片製作成相簿簡報

PowerPoint提供了「**相簿**」功能，可以快速地幫一組圖片製作成投影片式的相簿，此功能可以省去不少版面設計的時間。

新增相簿

製作相簿時，建議先將要製作成相簿的圖片整理出來，若要在相簿中顯示說明文字，則要先將圖片進行命名的動作，因爲說明文字會直接顯示爲圖片的檔案名稱。

要製作相簿時，建議你先將要製作成相簿的圖片整理出來，並將圖片命名，這樣在製作相簿時，才會得心應手

了解後，就來看看該如何將一堆的圖片，製作成精美的相簿。

01 開啓PowerPoint操作視窗(可不開啓任何檔案)，按下**「插入→影像→相簿→新增相簿」**按鈕，開啓「相簿」對話方塊。

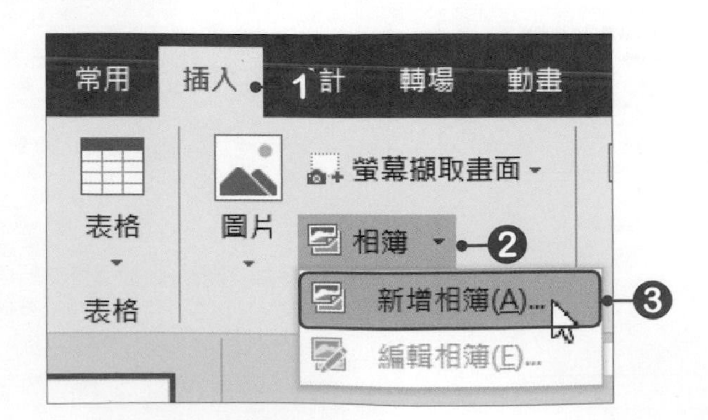

02 按下**檔案/磁碟片**按鈕，開啟「插入新圖片」對話方塊後，請進入**相簿**資料夾中，選取要製作成相簿的圖片，選取好後按下**插入**按鈕，回到「相簿」對話方塊中。

03 在**相簿中的圖片**會列出圖片檔案名稱，接著即可調整圖片的順序，或進行簡單的圖片格式設定。圖片調整好後，再進行圖片的配置方法、外框形狀等相簿配置的設定，將**標題在所有圖片下方**勾選，都設定好後按下**建立**按鈕。

勾選圖片後，即可利用上移或下移調整圖片的順序；若發現某張圖片不要時，按下**移除**按鈕即可。針對每張圖片還可以進行翻轉、調整對比、調整亮度等

建立相簿時可以直接選擇要使用的佈景主題，也可以不選擇，待建立好相簿後，再回到簡報中進行設定即可

04 回到簡報後，PowerPoint就會自動完成相簿的製作囉！

05 最後在標題投影片中，修改相簿的名稱，再進入**「設計→佈景主題」**群組中，替相簿套用一個自己喜歡的佈景主題。

範例檔案：3-12.pptx

使用者名稱修改

使用「相簿」功能建立相簿時，會自動將相簿加入**標題投影片**，而標題會自動顯示為「**相簿**」，副標題則會顯示為「**由 王小桃**」，其中「王小桃」是直接顯示為 PowerPoint 所設定的「使用者名稱」。若要查看使用者名稱或變更時，可以點選「**檔案→選項**」功能，開啟「PowerPoint 選項」對話方塊，點選**一般**標籤，在**使用者名稱**欄位中即可看到所設定的名稱，若要修改時，直接輸入要顯示的名稱即可。

個人化您的 Microsoft Office

使用者名稱(U): 王小桃

縮寫(I): 王小桃

☑ 無論是否登入 Office，一律使用這些值(A)

Office 佈景主題(T): 彩色

編輯相簿

當相簿製作完成後，若想要變更相簿的版面配置、調整相片位置、加入新的相片時，只要按下**「插入→影像→相簿→編輯相簿」**按鈕，就會開啟「編輯相簿」對話方塊，即可進行編輯的動作，完成後按下重新整理鈕套用設定即可。

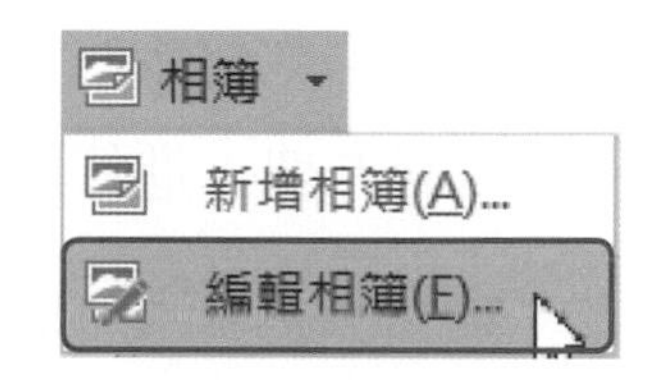

更換相簿中的圖片

當相簿製作完成後，若想要變更相簿的圖片時，先點選圖片，再按下**「圖片工具→格式→調整→變更圖片」**按鈕；或直接在圖片上按下**滑鼠右鍵**，於選單中點選**變更圖片**，即可選擇要**從檔案**、**從線上來源**、**從圖示**等方式，選擇要更換的圖片。

範例檔案：3-13.pptx

建立有說明文字的相簿時，會將圖片與說明文字組合在一起，所以要選取圖片時，先點選整個物件，再點選要選取的圖片，即可單獨選取圖片，而在此物件中的圖片無法進行旋轉的設定，但文字物件可以單獨進行旋轉、刪除及搬移

壓縮相簿中的圖片

當簡報插入許多圖片時，會造成簡報檔案變大，若要將檔案E-mail出去時，可能會造成無法傳送或傳送時間過久的問題，此時便可利用**壓縮圖片**功能，將簡報中的圖片壓縮或調整解析度，以縮減簡報檔案的大小。

01 要壓縮圖片時，先選取圖片，再按下**「圖片工具→格式→調整→壓縮圖片」**按鈕，開啓「壓縮圖片」對話方塊，進行壓縮的設定。

02 將**只套用到此圖片**勾選取消，因爲要將簡報中的所有圖片都進行壓縮。將**刪除圖片的裁剪區域**勾選，則會將圖片被裁剪的部分眞正刪除。在**解析度**中可以選擇要使用的解析度，都設定好後按下**確定**按鈕，即可進行壓縮的動作。

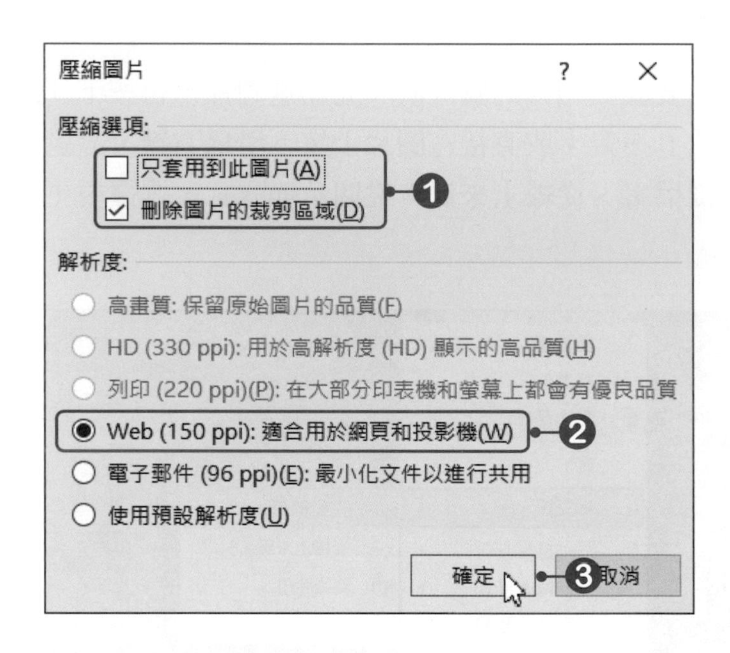

影像解析度

在預設下 PowerPoint 所設定的文件解析度為**高畫質**，而這個解析度是可以調整的，只要按下「**檔案→選項**」功能，開啓「PowerPoint 選項」對話方塊，點選**進階**標籤，在**影像大小和品質**選項中，即可選擇解析度，這裡有 300ppi、220ppi、150ppi、96ppi 等選項。

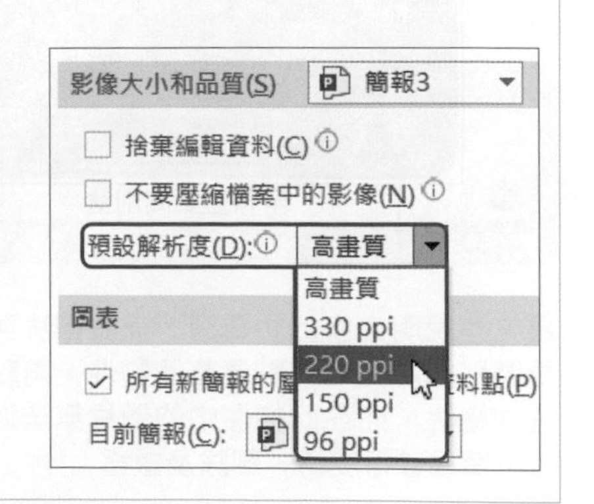

自我評量

❖選擇題

(　　)1. PowerPoint在預設下，建立一份新簡報時，其投影片大小設定為？ (A) 4:3 (B) 16:9 (C) 16:10 (D) A4。

(　　)2. 阿中製作了一份防疫新生活的簡報，他覺得簡報的樣式設定有些單調，請問他可以利用下列哪一個功能，快速地改變投影片的外觀？(A)佈景主題 (B)加入圖片 (C)加入圖表 (D)版面配置。

(　　)3. 在PowerPoint中，可以在投影片的背景中填入哪些格式？(A)漸層色彩 (B)圖片 (C)材質 (D)以上皆可。

(　　)4. 在PowerPoint中，在下列哪一種情況之下，最適合使用投影片母片來編輯？(A)在多張投影片上輸入相同資訊 (B)包含大量投影片的簡報 (C)需要經常修改的投影片 (D)需要調整版面配置的投影片。

(　　)5. 在PowerPoint中，修改及使用投影片母片的主要優點為下列哪一項？(A)可提高簡報播放效能 (B)可降低簡報檔案的大小 (C)可對每一張投影片進行通用樣式的變更 (D)可增加簡報設計的變化。

(　　)6. 在PowerPoint中，母片預設的版面配置包含了？(A)標題 (B)日期 (C)頁碼 (D)以上皆是。

(　　)7. 在PowerPoint中，若要在母片中加入頁首頁尾時，須執行下列哪個指令？(A)常用→文字→頁首及頁尾 (B)插入→文字→頁首及頁尾 (C)檢視→文字→頁首及頁尾 (D)動畫→文字→頁首及頁尾。

(　　)8. 於PowerPoint投影片中加入日期及時間時，無法將日期及時間設定為？(A)西曆 (B)中華民國曆 (C)陰曆 (D)中文或英文。

(　　)9. 在PowerPoint中，若想要改變投影片編號字型大小，需由哪一項進入設定？(A)版面配置 (B)投影片編號 (C)大小及位置 (D)投影片母片。

(　　)10. 在PowerPoint中，下列關於「相簿」功能的說明，何者不正確？(A)按下「插入→圖像→相簿→新增相簿」按鈕，即可進行相簿的設定 (B)一次只能選擇10張圖片進行相簿的製作 (C)可以在不開啟任何檔案下執行該功能 (D)可以設定於圖片下方顯示檔案名稱。

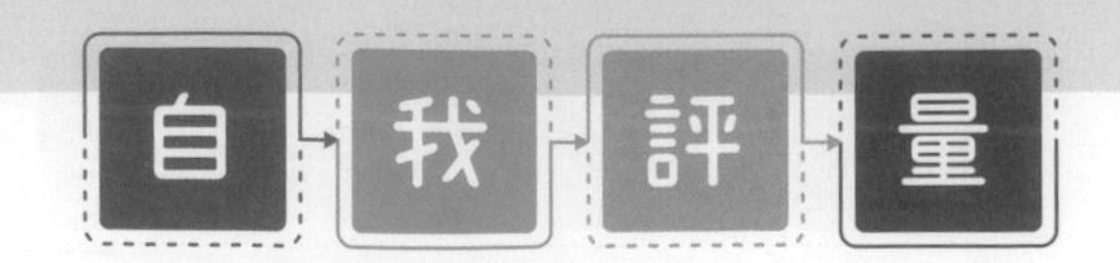

❖ 實作題

1. 開啓「PowerPoint→CH03→3-14.pptx」檔案，進行以下的設定。
   - 將投影片大小更改為寬螢幕(16:9)，套用「包裹」佈景主題。
   - 修改簡報文字格式，格式請自行設定，加入投影片編號及頁尾文字，標題投影片不套用。
   - 將第3~6張投影片的背景樣式更改為「樣式9」。
   - 將第8~9張的背景樣式更改為「樣式11」。

POWERPOINT 2019

CHAPTER 04
圖片、圖例及媒體的應用

4-1 圖片的應用

在簡報中適時加入一些圖片，可以增加簡報的可讀性，並引起觀眾的興趣，這節就來學習如何加入圖片讓簡報更精彩。

插入圖片

在簡報中加入圖片時，可以選擇**此裝置**或是**線上圖片**，按下**「插入→影像→圖片」**按鈕，於選單中即可選擇要從何處加入圖片。

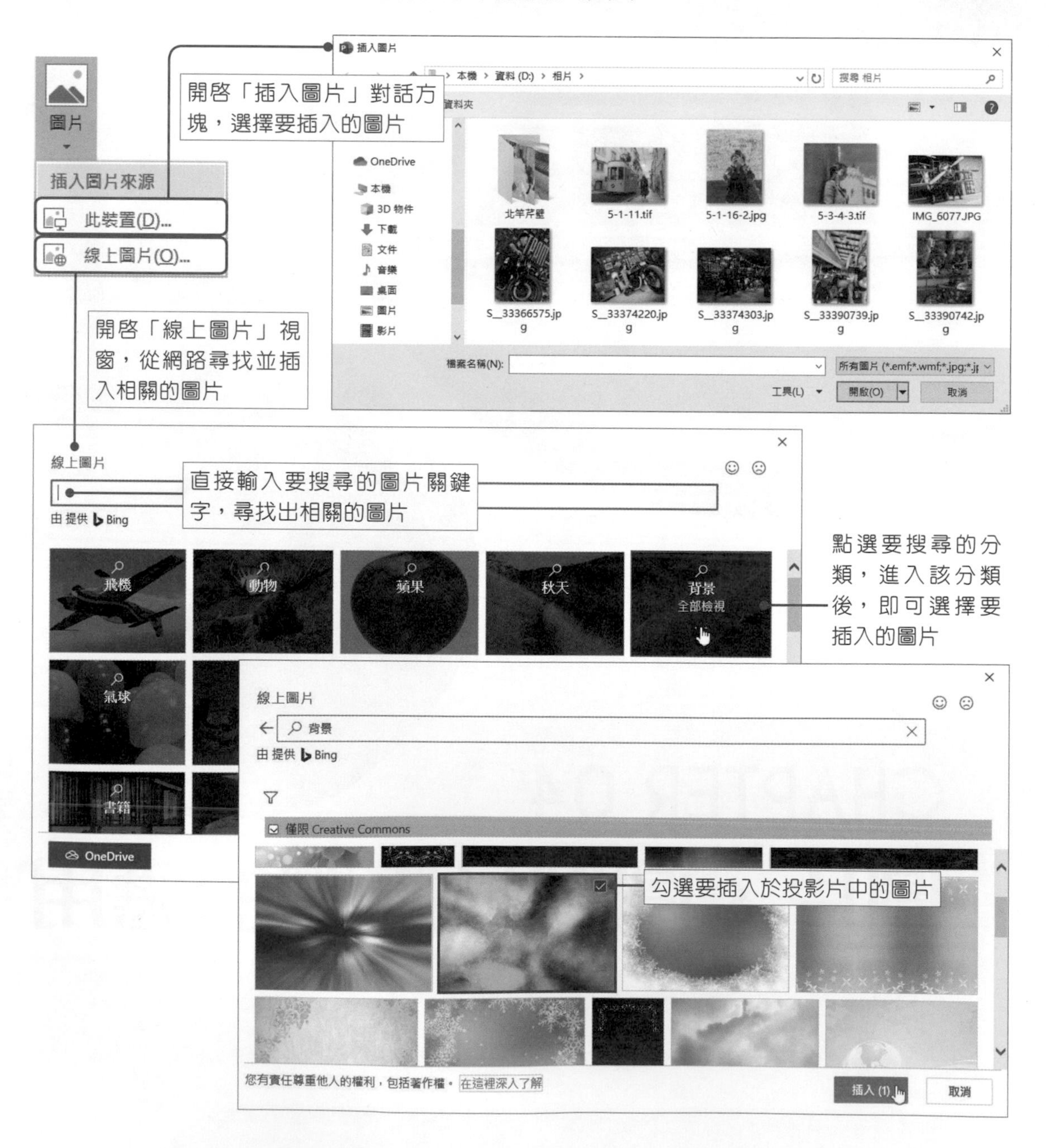

除此之外，也可以利用**版面配置區**中的**圖片**按鈕及**線上圖片**按鈕來插入圖片。

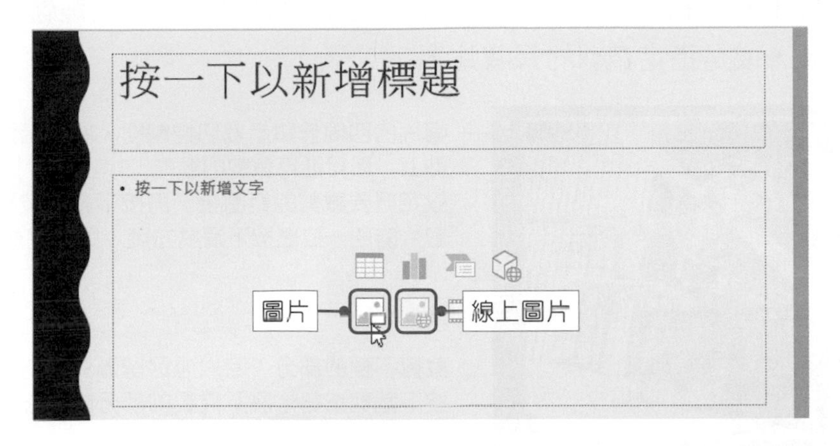

圖片格式設定

在簡報中的圖片，可以進行校正、色彩、美術效果、圖片樣式、圖片框線、圖片效果等格式設定，經過設定後圖片就會有更多的變化。點選圖片後，進入**「圖片工具→格式」**中，即可進行各種格式設定。

範例檔案：4-1.pptx

範例檔案：4-1-OK.pptx

圖片的裁剪

在**「圖片工具→格式→大小」**群組中，使用**裁剪**功能，可以輕鬆地將圖片裁剪成任一圖形，或是指定裁剪的長寬比。

圖片的四周會顯示裁切控制點，將滑鼠游標移至控制點上，即可進行裁剪的動作

設定好要裁剪的範圍後，再按下**裁剪**按鈕，或是在投影片的任一位置按下**滑鼠左鍵**，即可完成裁剪的動作

裁剪不要的部分：若只想保留圖片中的某一部分時，按下裁剪按鈕，將不需要的部分隱藏起來，保留要的部分

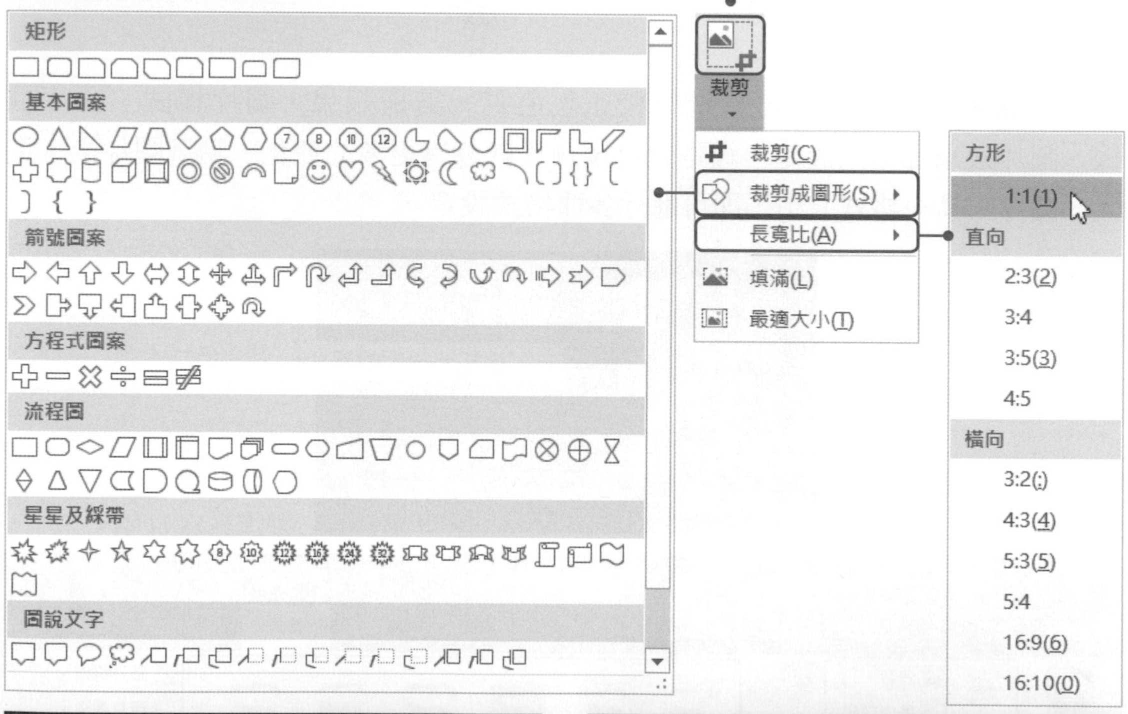

裁剪成圖形：可以將圖片裁剪成各種圖形

長寬比：使用預設的長寬比進行裁剪的動作，圖片會自動標示出指定的大小，接著即可調整裁剪範圍及大小

4-2 圖案的應用

利用PowerPoint所內建的各種圖案可以增加投影片的視覺效果，這節就來學習圖案的使用方法吧！

插入內建的圖案並加入文字

PowerPoint提供了各式各樣的**圖案**，像是矩形、圓形、箭號、線條、流程圖、方程式圖案、星星及綵帶、圖說文字等，在製作簡報時可以依據需求加入相關的圖案，以增加投影片的視覺效果。

按下**「常用→繪圖→圖案」**按鈕，或是**「插入→圖例→圖案」**按鈕，於選單中點選要加入的圖案，即可在投影片中加入圖案。

範例檔案：4-2.pptx

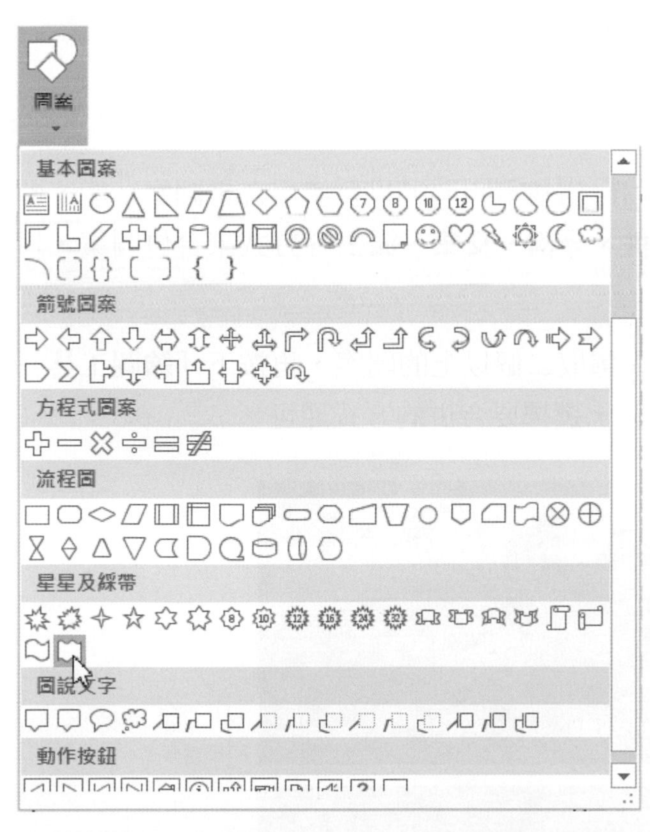

選擇好圖案後，滑鼠游標會呈「十」狀態，將滑鼠游標移至投影片中，按著**滑鼠左鍵**不放並拖曳出一個適當大小的圖案

要在圖案中加入文字時，在圖案上按下**滑鼠右鍵**，點選**編輯文字**，圖案就會產生插入點，接著便可輸入文字。文字輸入完後即可進行文字格式設定

繪製好圖案後，可隨時利用圖案的控制點重新調整大小，若要等比例調整時，先按著**Shift**鍵不放，再將滑鼠游標移至控制點上並拖曳控制點，即可等比例調整。

　　圖案建立好後，進入**「繪圖工具→格式→圖案樣式」**群組中，可以選擇圖案要套用的樣式。若想要自行設定圖案的填滿色彩、外框色彩及效果時，可以按下**圖案樣式**群組中的**圖案填滿**、**圖案外框**及**圖案效果**功能來設定。

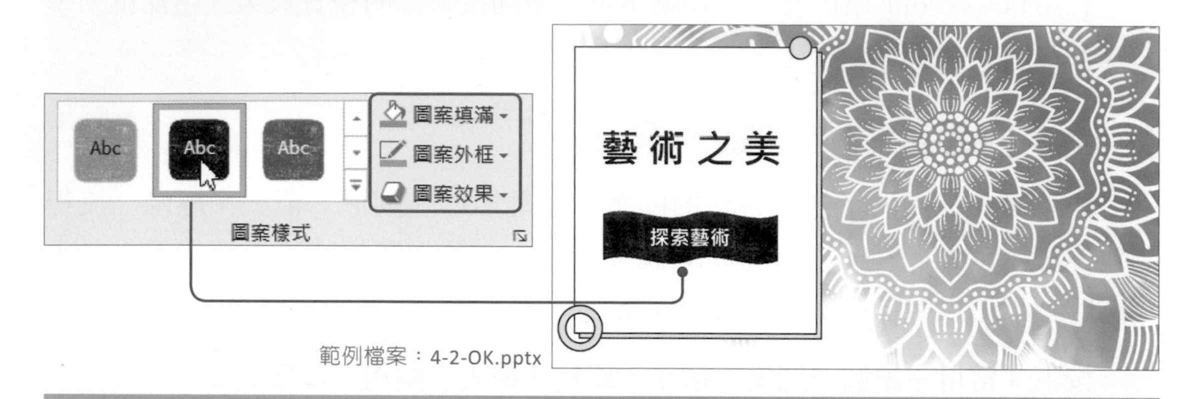

範例檔案：4-2-OK.pptx

當圖案格式都設定好後，若之後要建立的圖案都要使用相同格式時，可以在圖案上按下**滑鼠右鍵**，於選單中點選**設定為預設圖案**。

合併圖案

　　除了使用內建的圖案外，還可以自創基本圖形，只要使用**合併圖案**功能，即可達成。合併圖案提供了**聯集**、**合併**、**分割**、**交集**、**減去**等方式來合併圖案，以創造出更多變的圖形。

　　要使用合併圖案功能時，必須先選取二個以上的圖案，再按下**「繪圖工具→格式→插入圖案→合併圖案」**按鈕，選擇要合併的方式即可。

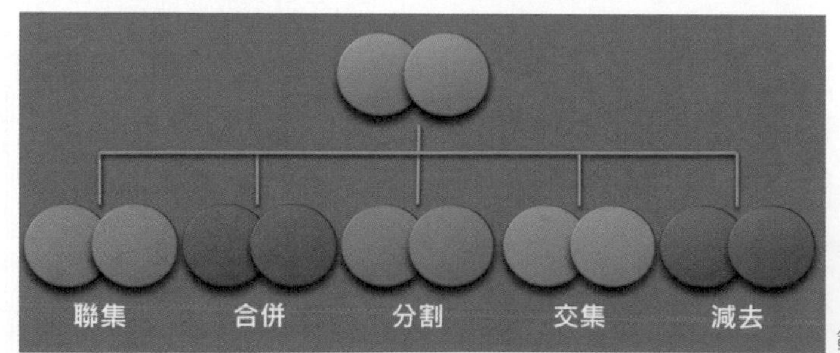

範例檔案：4-3.pptx

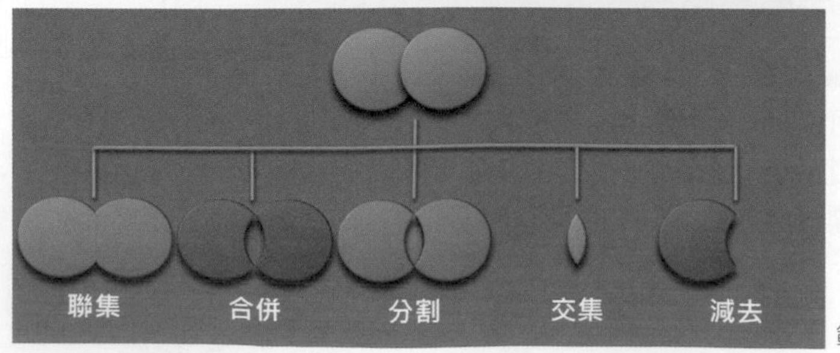

範例檔案：4-3-OK.pptx

圖案的使用技巧

在使用圖案時，某些技巧是不可不知的，像是旋轉、大小的調整、排列的方式、對齊的設定、群組的關係等，這些使用技巧，也都適用於圖片、表格、圖表、SmartArt圖形、文字方塊等物件。

選取多個圖案

在投影片中要選取多個圖案時，可以直接利用滑鼠來選取，將滑鼠游標移至選取處，按下**滑鼠左鍵**不放並拖曳出要選取圖案的範圍，在範圍內的圖案就都會被選取。

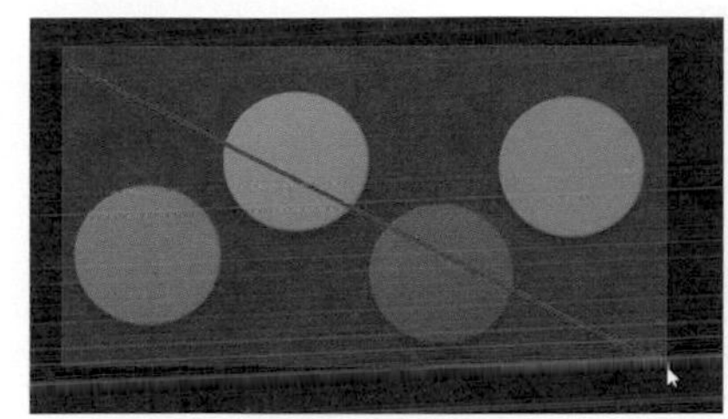
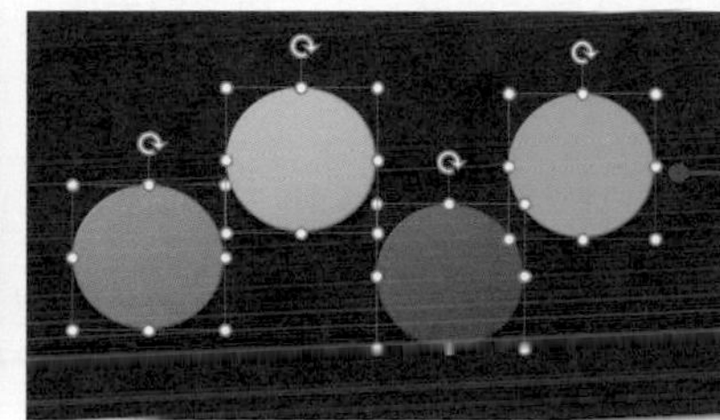

也可以利用**Shift**鍵來進行選取多個物件的動作。先點選第一個物件，再按下**Shift**鍵不放，接著一一點選要選取的物件

範例檔案：4-1.pptx

複製圖案

要複製圖案時，可以使用**「常用→剪貼簿」**群組中的 **複製**(Ctrl+C)和 **貼上**(Ctrl+V)按鈕來完成；也可以利用滑鼠加**Ctrl**鍵來完成複製的動作。

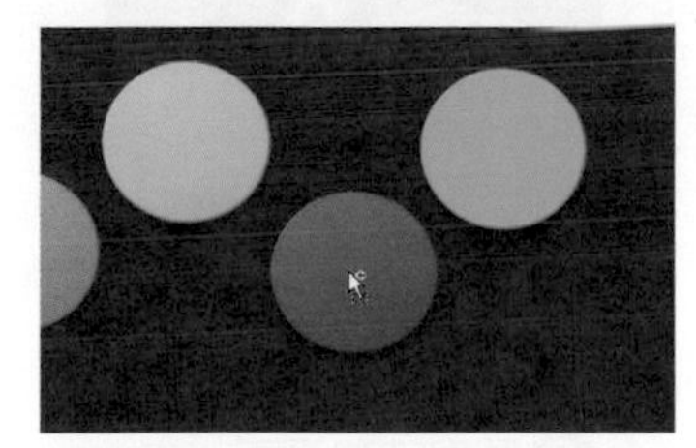

❶選取要複製的圖案，再按**Ctrl**鍵不放

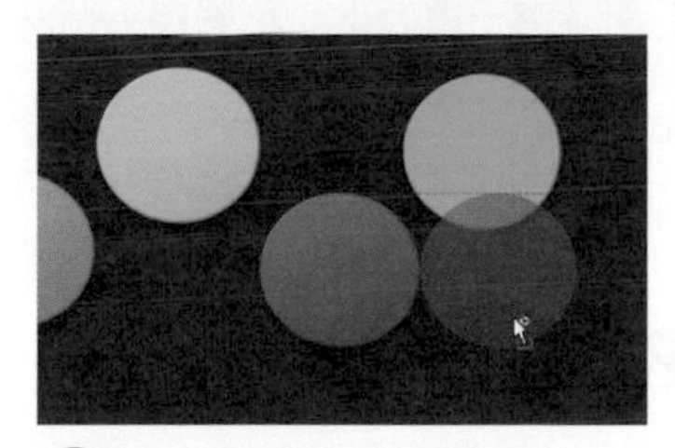

❷拖曳圖案到其他位置上

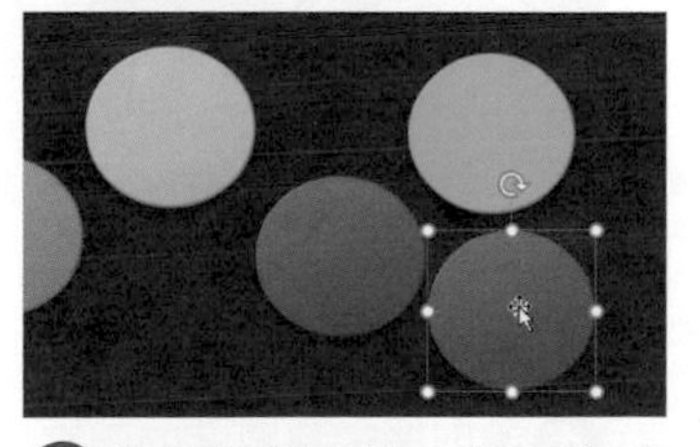

❸放掉**滑鼠左鍵**，即可完成複製的動作

調整圖案大小

在點選圖案後，將滑鼠游標移至任一控制點上，即可進行調整的動作；若要指定大小時，可以在**「繪圖工具→格式→大小」**群組中，進行長寬的設定。

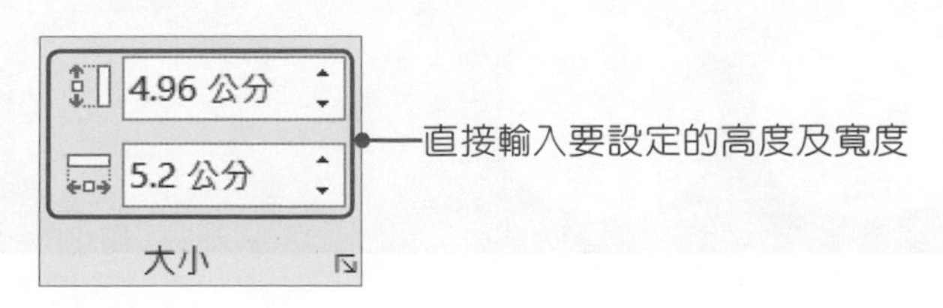

直接輸入要設定的高度及寬度

圖案的旋轉與翻轉

點選圖案時，在圖案上會看到旋轉鈕，將滑鼠游標移至旋轉鈕上，再按著**滑鼠左鍵**不放，即可往右或往左旋轉圖案。

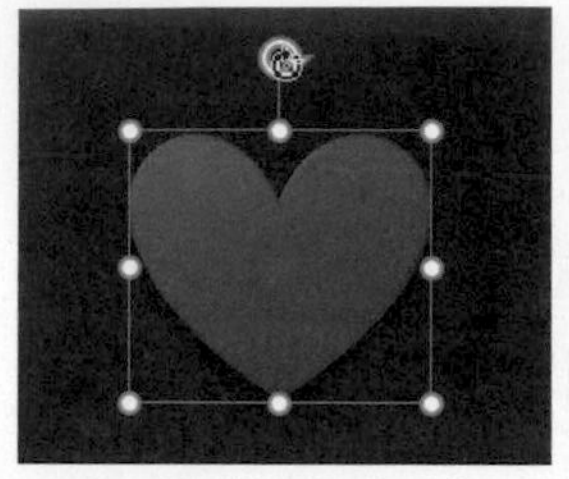

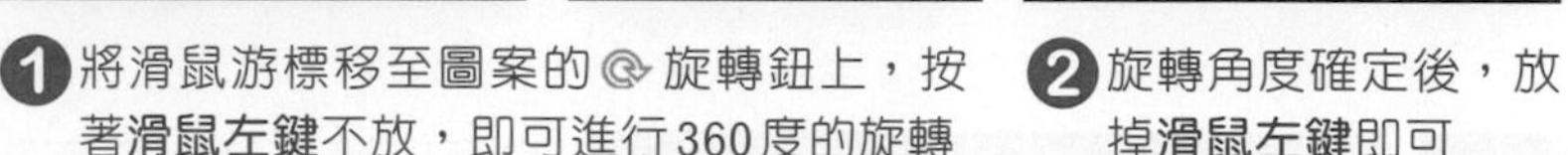

❶將滑鼠游標移至圖案的旋轉鈕上，按著**滑鼠左鍵**不放，即可進行360度的旋轉

❷旋轉角度確定後，放掉**滑鼠左鍵**即可

> 選取物件後，按著**Alt**鍵不放，再按下→方向鍵，可以將物件**向右旋轉15度**；按下←方向鍵，可以將物件**向左旋轉15度**。

也可以按下**「繪圖工具→格式→排列→旋轉」**按鈕，選擇要旋轉或是翻轉。

旋轉 ▾
- 向右旋轉 90 度(R)
- 向左旋轉 90 度(L)
- 垂直翻轉(V)
- 水平翻轉(H)
- 其他旋轉選項(M)...

順序的調整

要調整圖案的排列順序時，可以使用**「繪圖工具→格式→排列」**群組中的**上移一層**與**下移一層**二個按鈕來調整圖案的順序。

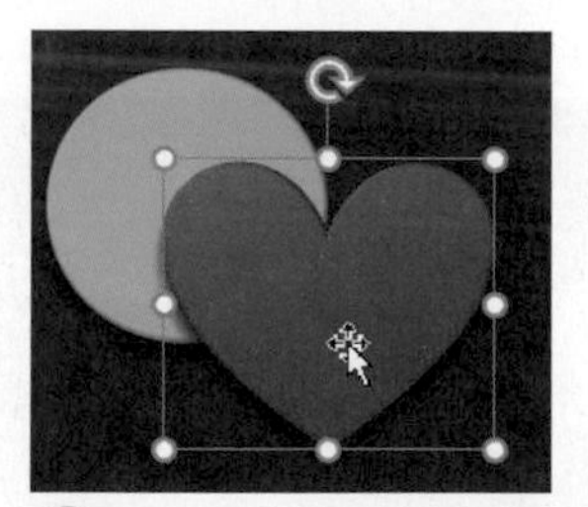

❶選取要調整順序的圖案

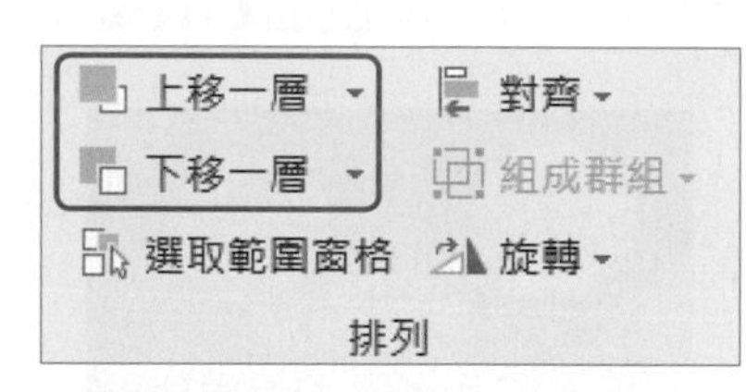

❷按下**下移一層**按鈕

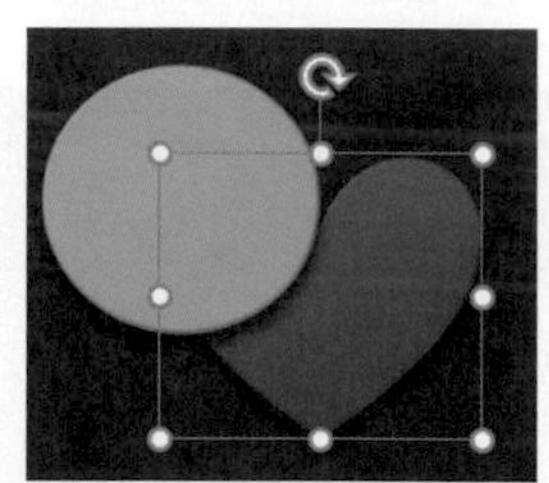

❸圖案被移至下一層

> 智慧型指南
>
> 在拖曳或複製物件時，預設下會顯示「**智慧型指南**」幫助我們在調整物件位置時，能快速地對齊物件。若並未顯示智慧型指南時，可以在投影片空白處按下**滑鼠右鍵**，於選單中看看「**智慧型指南**」選項是否有勾選。
>
> 
>
> 在拖曳物件時，會自動顯示一條對齊的虛線，方便我們進行對齊，這就是「智慧型指南」

群組的設定

在繪製了許多的圖案以後，若要進行搬移、複製等動作時，一個圖案一個圖案的進行實在太麻煩了，這個時候就可以利用**「繪圖工具→格式→排列→群組」**按鈕，將多個圖案群組成一個物件。

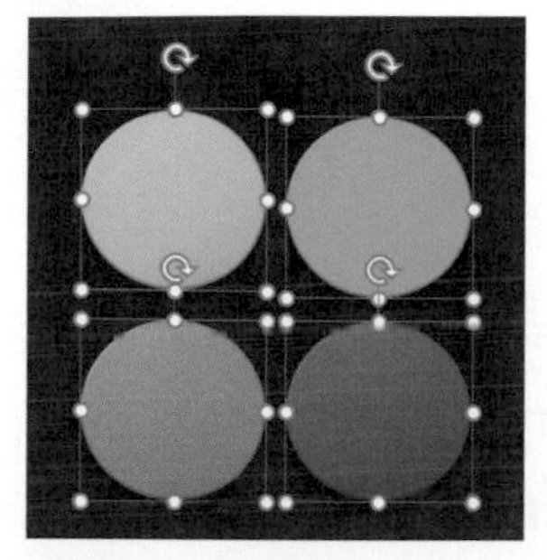

❶選取所有圖案

❷按下「**繪圖工具→格式→排列→組成群組→組成群組**」按鈕

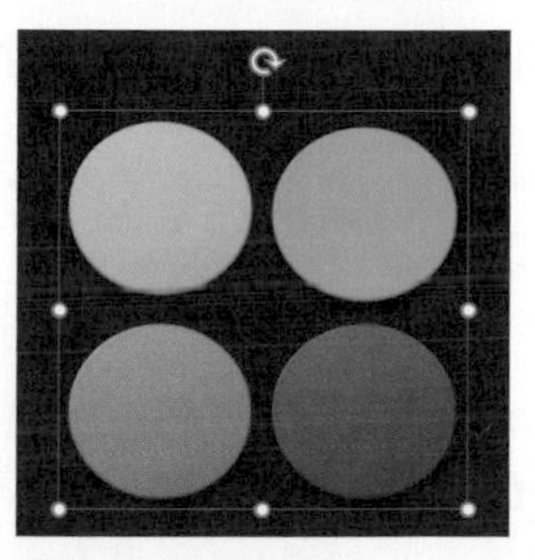

❸所有圖案被組成一個物件

將圖案群組起來後，即可進行大小的調整、複製及搬移的動作，不過這裡要說明的是，進行調整時，在群組中的圖案都會跟著被調整。

物件對齊與等距設定

要將物件進行對齊或是等距設定時，可以使用**「繪圖工具→格式→排列→對齊」**按鈕，於選單中點選要對齊的方式，即可讓物件一一排列整齊。

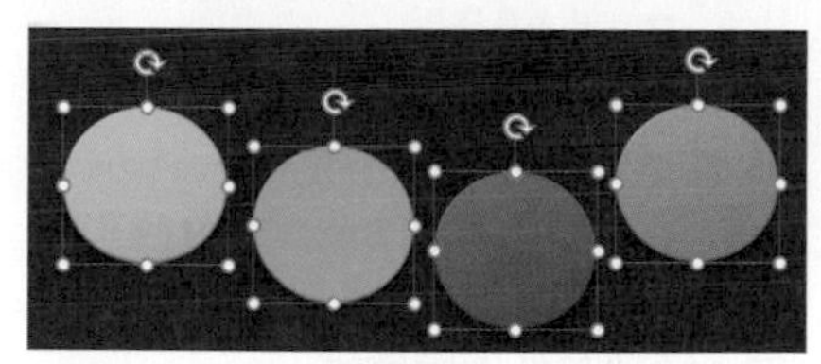

❶選取所有要設定為對齊的圖案

❷按下「**繪圖工具→格式→排列→對齊**」按鈕，選擇要對齊的方式

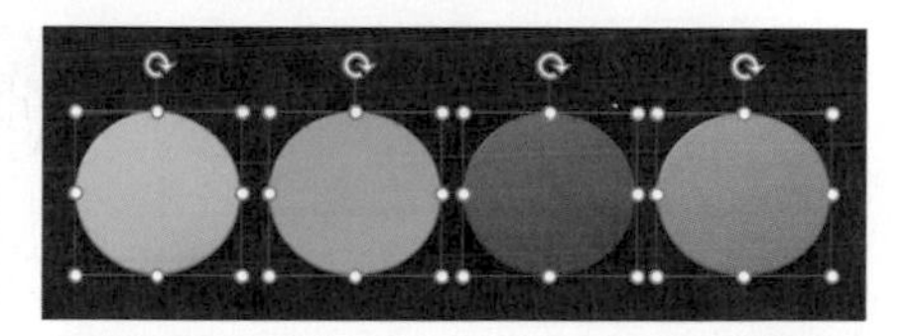

❸點選**垂直置中**後，物件便會自動排列整齊

變更圖案

想要將已製作好的圖案，變更為其他圖案時，先選取圖案，再按下**「繪圖工具→格式→插入圖案→編輯圖案→變更圖案」**按鈕，即可選擇要更換的圖案。

4-3 SmartArt圖形的應用

在製作投影片內容時，除了使用條列式文字來表達外，還可以使用**SmartArt圖形**來表達內容，而PowerPoint提供了清單、流程圖、循環圖、階層圖、關聯圖、矩陣圖、金字塔圖等各式各樣的圖形。

將條列式文字轉換為SmartArt圖形

條列式文字有時用圖形來表達，會讓閱讀者更容易了解要表達的內容，而在PowerPoint中可以快速地將既有的條列式文字，轉換爲SmartArt圖形。只要選取要轉換的條列式文字，再按下**「常用→段落→轉換成SmartArt」**按鈕，選擇要轉換的SmartArt圖形。

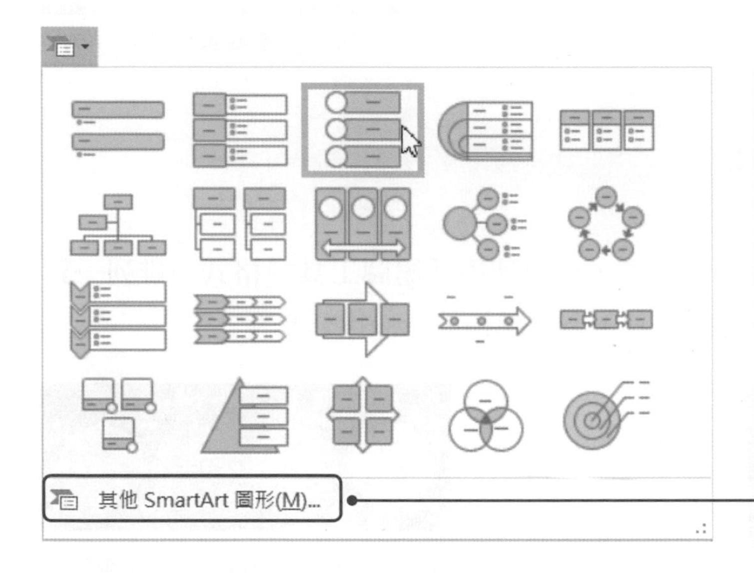

範例檔案：4-5.pptx

- ■ **整合居家美學設計**
  - □ 商業空間設計
  - □ 生活風格設計
  - □ 特殊家具訂製
- ■ **文化創意服務**
  - □ 展演活動規劃
  - □ 手作創意木工
  - □ 手作創意鐵件

若選單中沒有適合的SmartArt圖形，可以點選**其他SmartArt圖形**，開啓「選擇SmartArt圖形」對話方塊，選擇其他的圖形

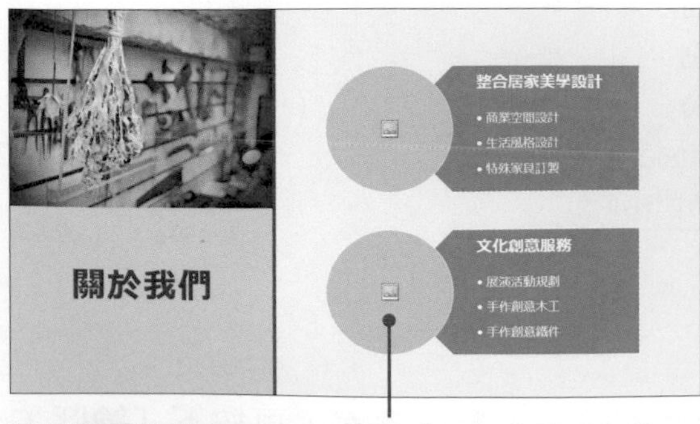

選擇有圖片的SmartArt圖形時，在此圖示上按一下**滑鼠左鍵**，即可選擇要插入的圖片

範例檔案：4-5-OK.pptx

建立及美化SmartArt圖形

除了將條列式文字轉換爲SmartArt圖形外，也可以直接建立一個新的SmartArt圖形。請開啓**4-6.pptx**檔案，學習如何建立及美化SmartArt圖形。

01 進入第2張投影片中，按下**版面配置區**內的按鈕，或按下**「插入→圖例→SmartArt圖形」**按鈕，開啓「選擇SmartArt圖形」對話方塊。

02 點選**流程圖**類型，再於清單中點選**交替流程圖**，選擇好後按下**確定**按鈕，於物件配置區中便會插入交替流程圖。

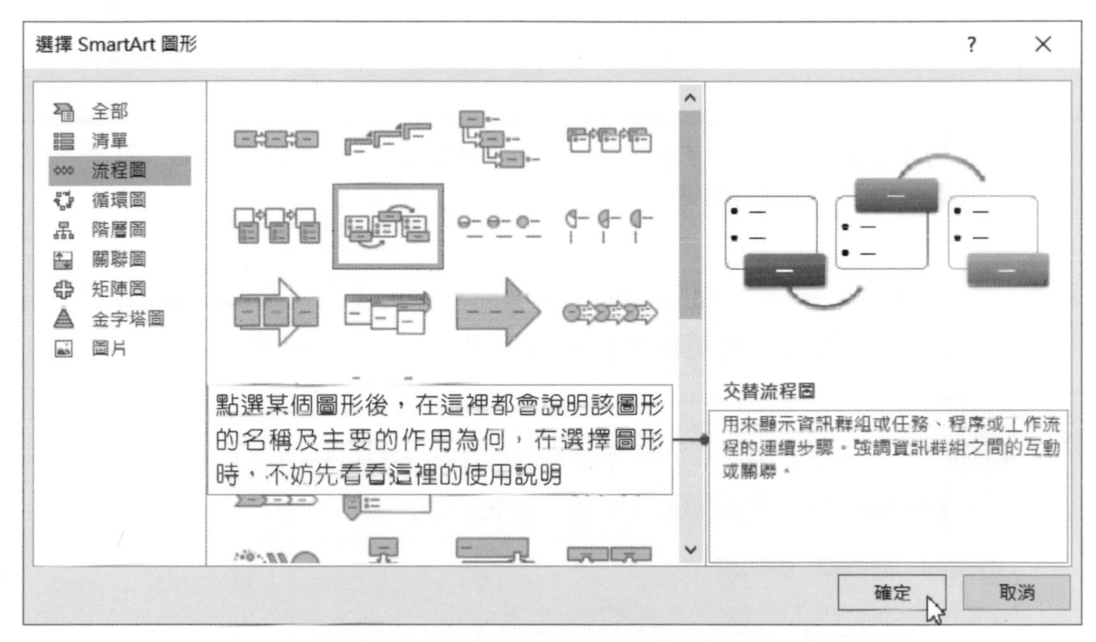

點選某個圖形後，在這裡都會說明該圖形的名稱及主要的作用為何，在選擇圖形時，不妨先看看這裡的使用說明

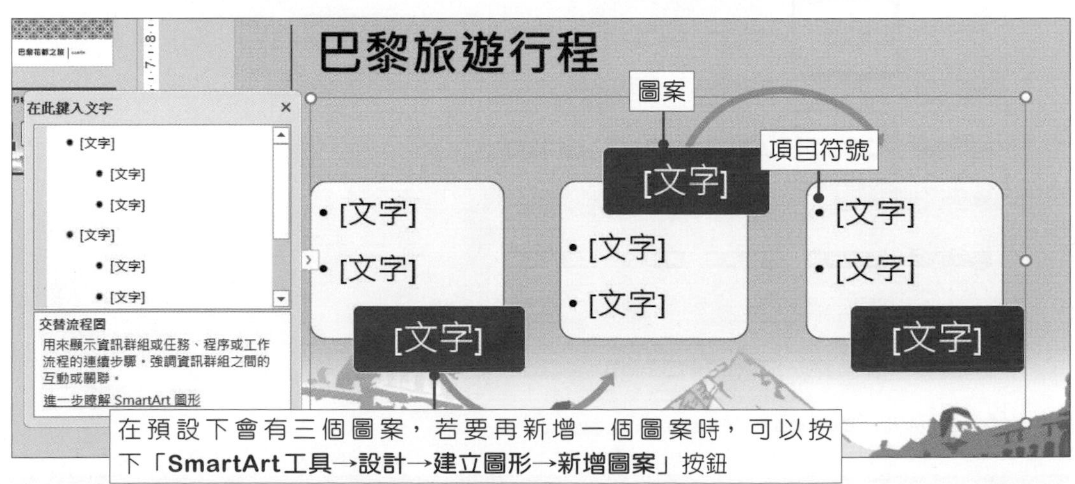

在預設下會有三個圖案，若要再新增一個圖案時，可以按下「**SmartArt工具→設計→建立圖形→新增圖案**」按鈕

03 圖形加入後，即可在**文字窗格**中，進行文字的輸入動作。

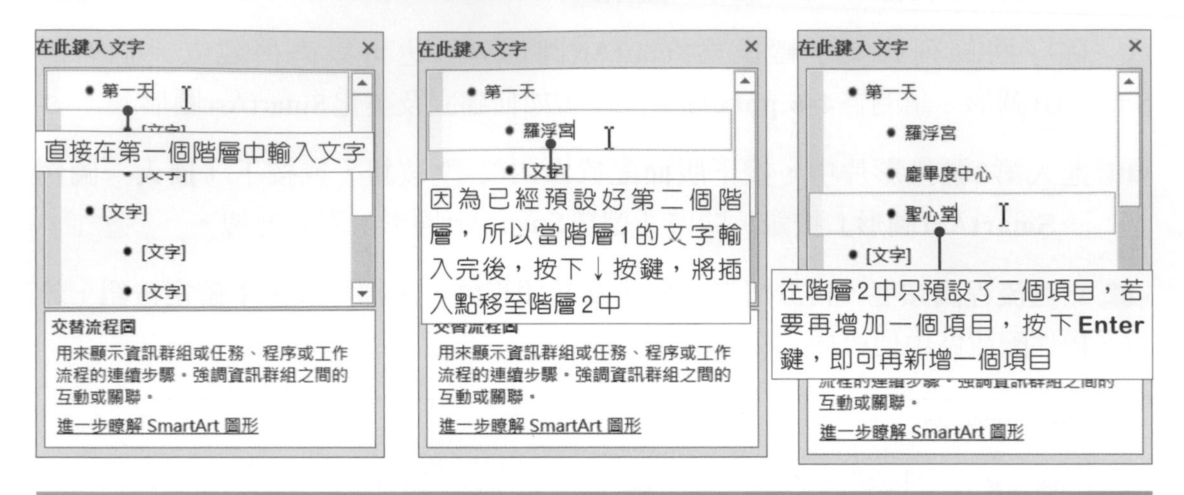

在文字窗格進行輸入動作時，於投影片中的SmartArt圖形，也會跟著變動。若要修改圖案內的文字時，也可以直接在圖案上修改。

04 文字都輸入好後，點選SmartArt圖形，再按下「**SmartArt工具→設計→SmartArt樣式→變更色彩**」按鈕，選擇要套用的色彩。

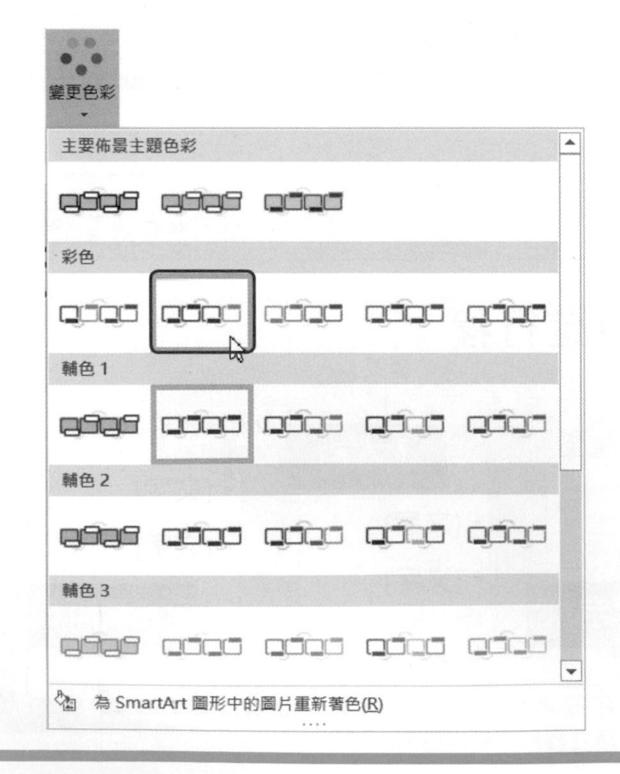

變更版面配置

在使用 SmartArt 圖形時，可以隨時變更圖形的版面配置，進入「**SmartArt 工具→設計→版面配置**」群組中，即可選擇要變更的版面配置。

05 按下「**SmartArt工具→設計→SmartArt樣式**」群組的▼按鈕，於選單中選擇要套用樣式。

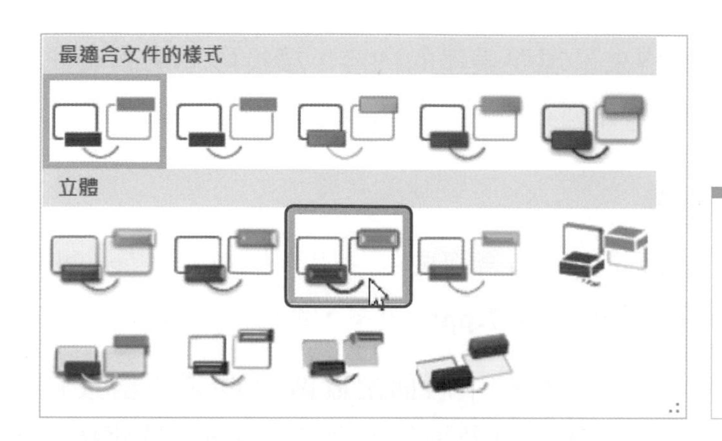

將SmartArt圖形進行了各種格式設定後，若要將圖形回復到最原始狀態時，可以按下「**SmartArt工具→設計→重設→重設圖形**」按鈕。

06 完成了SmartArt圖形的樣式設計後，再進入「**常用→字型**」群組中進行文字格式的設定，到這裡就完成了SmartArt圖形的製作囉！

範例檔案：4-6-OK.pptx

若要將SmartArt圖形轉換為原先的條列式文字時，可以按下「**SmartArt工具→設計→重設→轉換**」按鈕，於選單中點選**轉換成文字**，即可將圖形轉換為條列式文字。

在進行SmartArt圖形的編輯及美化時，除了可以針對整個SmartArt圖形進行設定外，還可以針對SmartArt圖形中的個別圖案進行變更圖樣、樣式、文字格式、大小等設定。只要進入「**SmartArt工具→格式**」索引標籤中，即可進行變更圖案及圖案樣式。

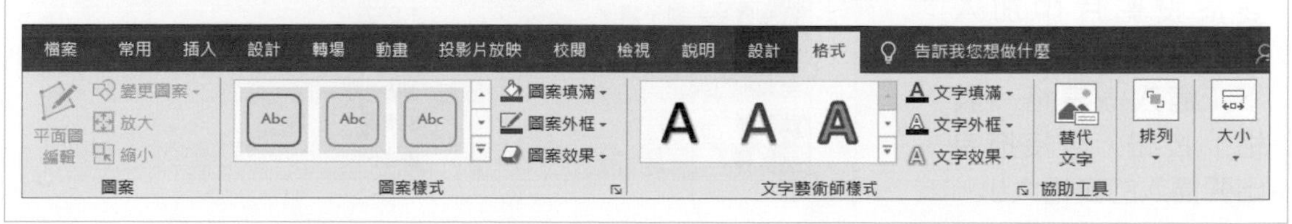

4-4 表格的應用

在簡報中可以適時的以表格來呈現要表達的內容，讓投影片中的資訊更清楚、更容易閱讀，這一節就來學習如何在投影片加入表格及表格樣式設定。

在投影片中插入表格

表格是由多個「欄」和多個「列」組合而成的。假設一個表格有5個欄，6個列，則簡稱它爲「5×6表格」。請開啓**4-7.pptx**檔案，進行以下練習。

要在投影片中加入表時，可以直接按下**版面配置區**中的**表格**按鈕，開啓「插入表格」對話方塊，設定表格的欄數及列數，設定好後按下**確定**按鈕，物件配置區就會加入表格，而該表格會自動套用佈景主題所預設的表格樣式。

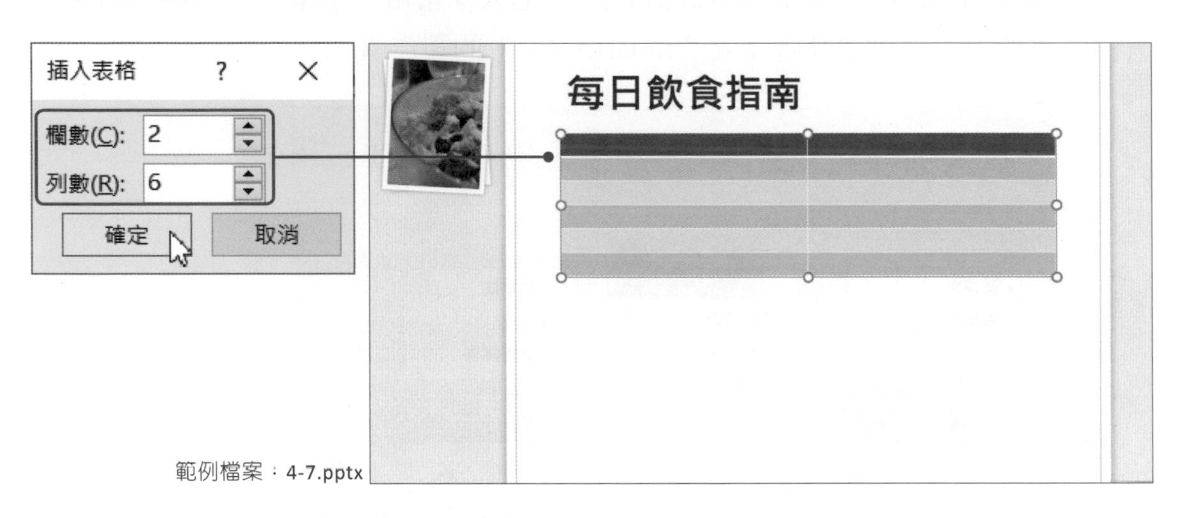

範例檔案：4-7.pptx

在表格中輸入文字時，只要將滑鼠游標移至表格的儲存格中，按下**滑鼠左鍵**，接著就可以進行文字的輸入。輸入完文字後，若要跳至下一個儲存格時，可以使用**Tab**鍵，跳至下一個儲存格中。

要於投影片中加入表格時，也可以按下「**插入→表格→表格**」按鈕，直接拖曳出要插入的表格大小。

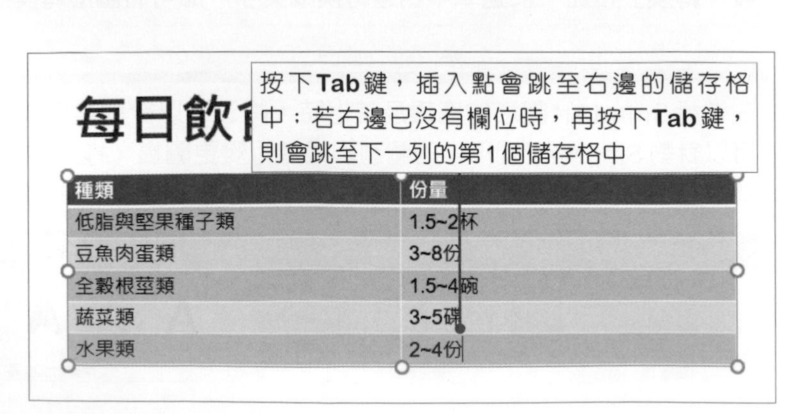

表格的美化與設計

在PowerPoint中的表格，可以進行框線、色彩等設定，只要進入**表格工具**中的**設計**索引標籤頁即可。

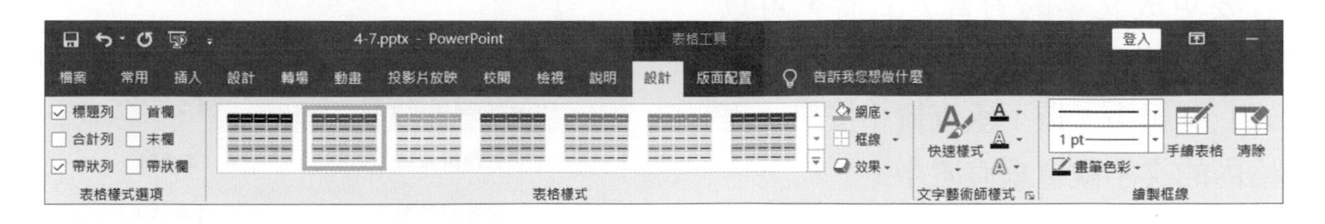

表格的調整

表格製作好後，可以隨時修改表格的大小。選取表格後，將滑鼠游標移至控制點上，按下**滑鼠左鍵**不放，即可進行調整，而配合**Shift**鍵，則可以等比例調整。將滑鼠游標移至表格物件下方的控制點，再按著**滑鼠左鍵**不放，並往下拖曳滑鼠，放掉**滑鼠左鍵**，即可增加表格物件高度。

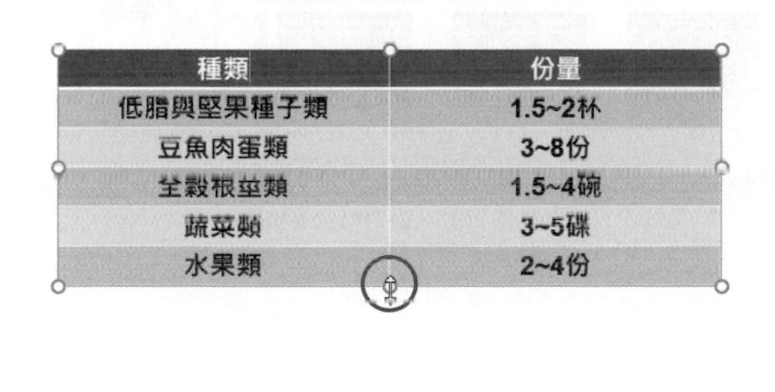

種類	份量
低脂與堅果種子類	1.5~2杯
豆魚肉蛋類	3~8份
全穀根莖類	1.5~4碗
蔬菜類	3~5碟
水果類	2~4份

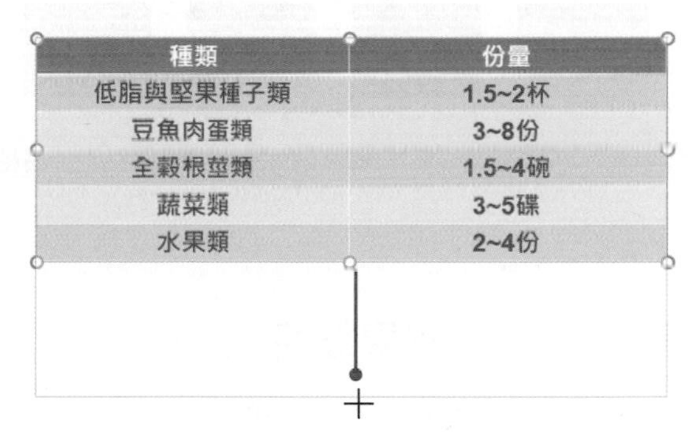

種類	份量
低脂與堅果種子類	1.5~2杯
豆魚肉蛋類	3~8份
全穀根莖類	1.5~4碗
蔬菜類	3~5碟
水果類	2~4份

要調整欄寬時，將滑鼠游標移至表格的框線上，按下**滑鼠左鍵**不放，即可調整欄寬。

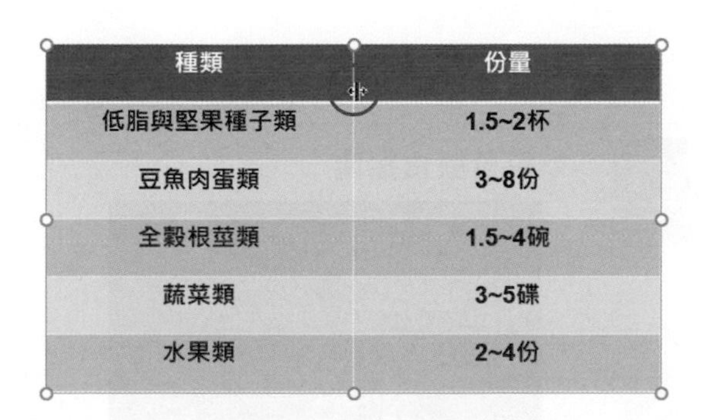

種類	份量
低脂與堅果種子類	1.5~2杯
豆魚肉蛋類	3~8份
全穀根莖類	1.5~4碗
蔬菜類	3~5碟
水果類	2~4份

種類	份量
低脂與堅果種子類	1.5~2杯
豆魚肉蛋類	3~8份
全穀根莖類	1.5~4碗
蔬菜類	3~5碟
水果類	2~4份

文字對齊方式設定

在表格中的文字通常會往左上方對齊，這是預設的文字對齊方式。若要更改文字的對齊方式時，可以在**「表格工具→版面配置→對齊方式」**群組中，按下**垂直置中**按鈕，表格內的文字就會垂直置中。

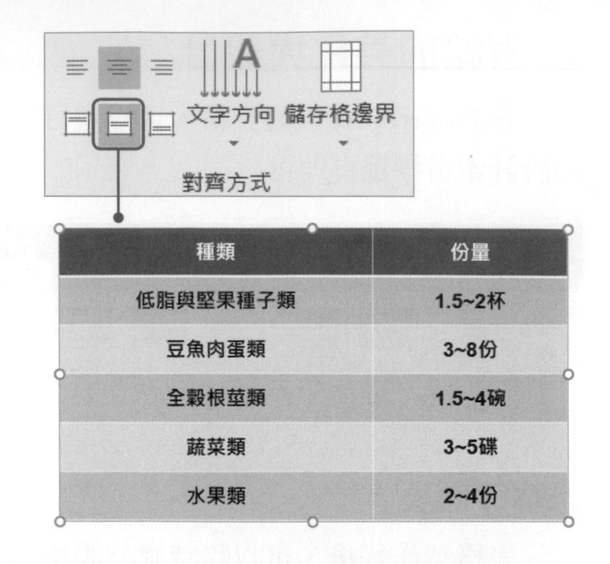

套用表格樣式

若要快速地改變表格外觀時，可以使用**「表格工具→設計→ 表格樣式」**群組中所提供的表格樣式。

若要自行設定表格的網底色彩、框線樣式及色彩時，可以利用**網底**及**框線**這二個指令按鈕來進行

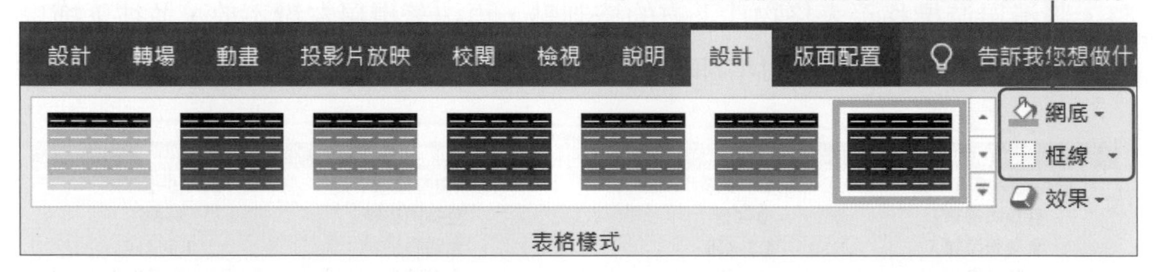

儲存格浮凸效果設定

若要將表格加上立體效果時，可以使用**儲存格浮凸**功能來達成。選取表格物件，按下**「表格工具→設計→表格樣式→效果」**按鈕，於選單中點選**儲存格浮凸**，即可選擇要套用的浮凸效果。

範例檔案：4-7-OK.pptx

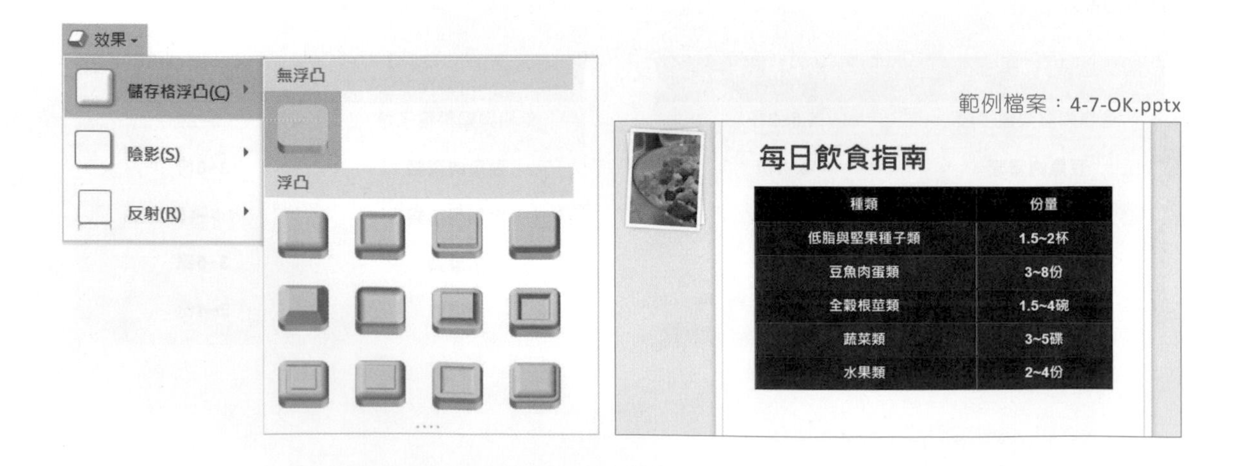

4-5 圖表的應用

一大堆的數據資料，都比不上圖表的一目了然，透過圖表能夠很容易解讀出資料的意義。所以，在製作統計或銷售業績相關的簡報時，可以將數據資料製作成圖表，藉以說明或比較數據資料，讓簡報更為專業。

插入圖表

PowerPoint提供的圖表類型有**直條圖、折線圖、圓形圖、橫條圖、區域圖、XY散佈圖、地圖、股票圖、曲面圖、雷達圖、矩形式樹狀結構圖、放射環狀圖、長條圖、盒鬚圖、瀑布圖、漏斗圖、組合圖**等，在選擇時，可依據需求選擇適當的圖表，例如：圓形圖適用於顯示一個數列中，不同類別所佔的比重；而直條圖適用於比較同一類別中數列的差異。

要在投影片中加入圖表時，按下**版面配置區**中的**插入圖表**按鈕，或按下「**插入→圖例→圖表**」按鈕，開啓「插入圖表」對話方塊，即可選擇要使用的圖表。

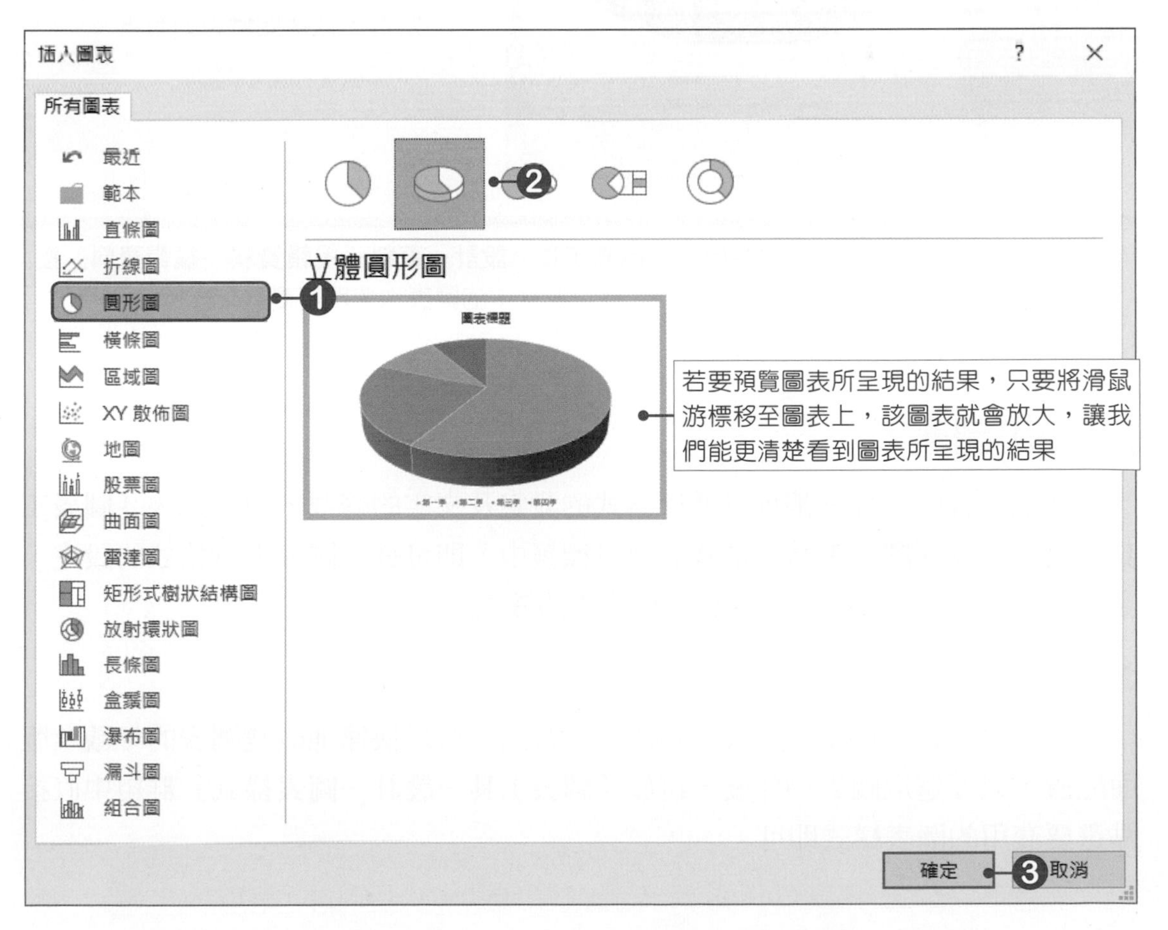

選擇好圖表後，會開啟Excel的編輯視窗，接著即可在資料範圍內輸入相關資料，輸入好後按下 **關閉**按鈕，關閉Excel編輯視窗，即可完成圖表的製作。

Microsoft PowerPoint 的圖表

關閉按鈕

	A	B	C	D	E	F	G	H	I	J
1		各季銷售業績比例								
2	第一季	27								
3	第二季	33								
4	第三季	21								
5	第四季	19								

圖表的標題名稱

若要調整資料範圍時，將滑鼠游標移至此，再按著**滑鼠左鍵**不放，並拖曳滑鼠，即可調整資料範圍

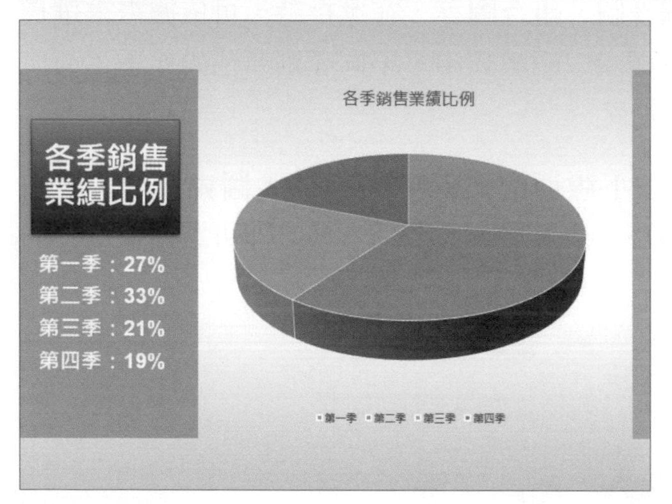

變更圖表類型

圖表製作完成後，若想要換個圖表類型，可以按下「**圖表工具→設計→類型→變更圖表類型**」按鈕，開啟「變更圖表類型」對話方塊，選擇要變更的圖表。

若要修改圖表內的資料時，只要按下「**圖表工具→設計→資料→編輯資料→編輯資料**」按鈕，即可修改資料，當變動資料內容時，在投影片中的圖表也會跟著變動。

美化圖表

在圖表裡的物件，都可以進行格式的設定及文字的修改，只要進入「**圖表工具→設計**」及「**圖表工具→格式**」索引標籤中，即可針對圖表進行格式的設定，圖表經過格式設定後，可以達到美化圖表的效果。

套用圖表樣式

將圖表直接套用圖表樣式中預設好的樣式，可以快速地改變圖表的外觀及版面配置，只要選取圖表物件後，再於「**圖表工具→設計→圖表樣式**」群組中直接點選要套用的圖表樣式即可。

套用了圖表樣式後，還可以按下**「圖表工具→設計→圖表樣式→變更色彩」**按鈕，於選單中選擇要使用的色彩，就可以改變圖表的色彩了。

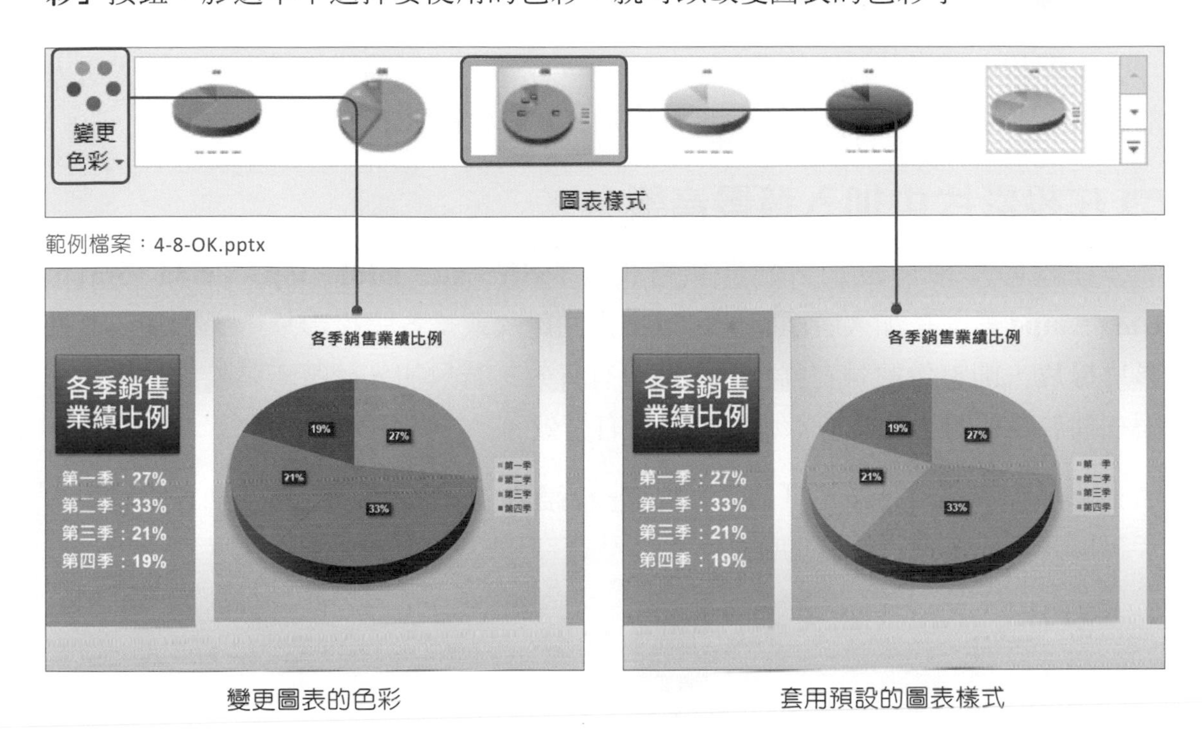

範例檔案：4-8-OK.pptx

變更圖表的色彩　套用預設的圖表樣式

編輯圖表項目

基本上一個圖表的基本構成，包含了：資料標記、資料數列、類別座標軸、圖例、數值座標軸、圖表標題等物件，而這些物件都可依需求選擇是否要顯示。在製作圖表時，可依據實際需求將圖表加上相關資訊，在**「圖表工具→設計→圖表版面配置」**群組中，按下**新增圖表項目**按鈕，即可進行圖表的版面配置設定。

圖表建立好後，在圖表的右上方會看到 **圖表項目**、 **圖表樣式**及 **圖表篩選**等三個按鈕，利用這三個按鈕可以快速地進行一些圖表的基本設定。

4-6 媒體的應用

在簡報中適時的加入一些音效或影片等媒體，可以讓簡報播放時達到吸引人的效果。這節就來學習如何在投影片中加入音訊與視訊吧！

在投影片中加入背景音樂

在投影片中可以加入的音訊格式有：**aiff**、**au**、**midi**、**mp3**、**m4a**、**wav**、**wma**、**mp4**等。在加入音訊時，可以加入到母片或是各張投影片中，若加入於**投影片母片**，則整份簡報在播放時，都會有音效；若只加入於某一張投影片中，那麼在播放簡報時，就只有該張投影片會有音效。

要加入音訊時，按下**「插入→媒體→音訊」**按鈕，即可選擇要插入電腦中的音訊檔案，或是進行錄音的動作。

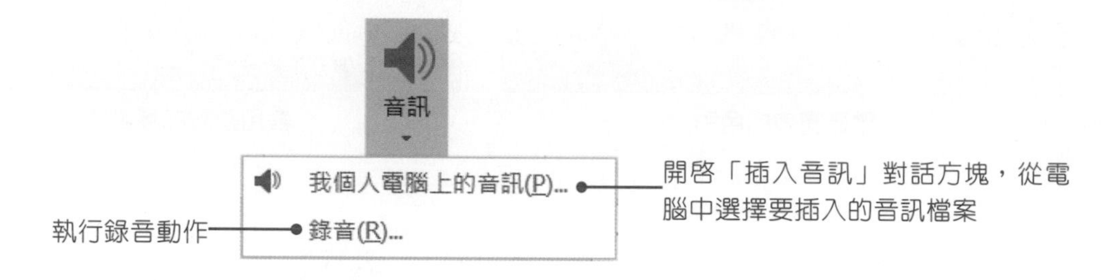

加入音訊後，在投影片中就會多一個音訊的圖示及播放列，利用此播放列即可試聽音訊的內容。

範例檔案：4-9-OK.pptx，第1張投影片

若要刪除投影片中的音訊時，直接點選音訊圖示，再按下**Delete**鍵即可。

音訊的設定

將音訊檔案加入投影片後，可以設定該音訊的音量、何時播放、是否循環播放等基本項目。

設定播放方式

要設定音訊的播放方式時，先選取音訊物件，進入**「音訊工具→播放→音訊選項」**群組中，即可進行音量、播放方式等設定。

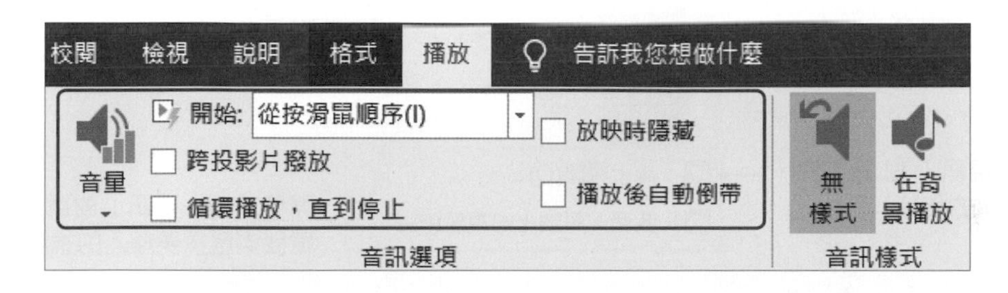

- **音量：**可以設定音訊在播放時的音量，有**低**、**中**、**高**、**靜音**等選項可以選擇。
- **開始：**按下**開始**選單鈕，可以從選單中選擇音訊要播放的方式，有**自動**及**按一下**等選項可以選擇，若選擇**自動**，在播放投影片時音訊就會自動跟著播放；若選擇**按一下**，在播放投影片時，要按一下滑鼠左鍵，才會播放音訊。
- **跨投影片播放：**若插入的音訊時間較長，當切換到下一張投影片時，音訊仍會繼續播放。
- **循環播放，直到停止：**音訊會一直播放，直到離開該張投影片。
- **放映時隱藏：**在放映投影片時，會自動隱藏音訊圖示。
- **播放後自動倒帶：**當音訊播放完後，會再重頭開始播放。

淡入淡出的設定

音訊在播放時，可以設定讓音訊在開始播放時從小聲慢慢轉爲正常音量，而在結束時從正常音量慢慢轉爲小聲，這樣的效果可以使用**「淡入」**及**「淡出」**進行設定。選取音訊圖示，進入**「音訊工具→播放→編輯」**群組中，在**淡入**及**淡出**欄位中，即可輸入要設定的時間。

在投影片中加入影片

在簡報中可以加入的視訊格式有：**asf**、**mov**、**mpg**、**swf**、**avi**、**wmv**、**mp4**、**3gp**等。這裡請繼續使用**4-9.pptx**檔案，要於第2張投影片中加入mov格式的視訊檔案。

要加入視訊檔案時，按下**「插入→媒體→視訊」**按鈕，即可選擇要加入**線上視訊**或是**電腦中的視訊檔案**。

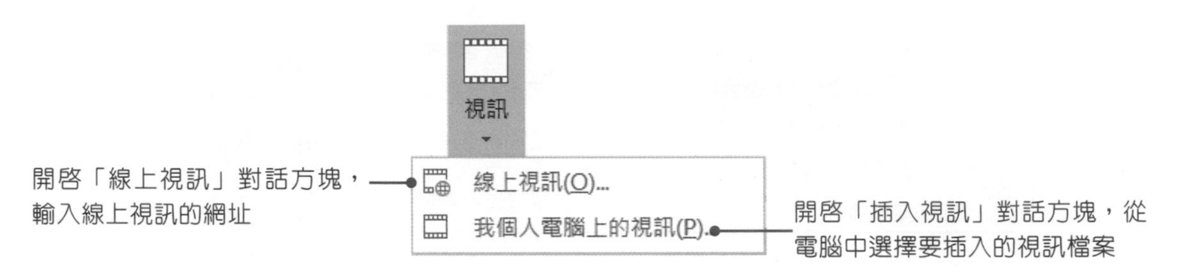

加入視訊檔案後，在投影片中就會多一個影片及播放列，此時可將影片調整至適當的位置，若要觀看影片，可以按下播放列上的**播放**按鈕，觀看視訊內容。視訊與音訊一樣，可以進行播放的設定，只要進入**「視訊工具→播放→視訊選項」**群組中，即可進行設定。

範例檔案：4-9-OK.pptx，第2張投影片

視訊的剪輯

PowerPoint提供了剪輯功能，可以依需求修剪視訊長度，只要按下**「視訊工具→播放→編輯→修剪視訊」**按鈕，開啓「修剪視訊」對話方塊，即可進行剪輯的動作。

將滑鼠游標移至**綠色滑桿**上，並按下**滑鼠左鍵**不放向右拖曳，在綠色滑桿後的片段是被修剪掉的片段，也就是設定視訊開始播放的時間

將滑鼠游標移至**紅色滑桿**上，並按下**滑鼠左鍵**不放向左拖曳，在紅色滑桿後的片段是被修剪掉的片段，也就是設定視訊結束播放的時間

設定視訊的起始畫面

通常插入視訊時，視訊的起始畫面會直接顯示爲影格的第一個畫面，但有時影片的第一個畫面是黑底，並沒有任何畫面，此時便可使用**海報畫面**來設定起始畫面。

範例檔案：4-9-OK.pptx，第3張投影片

❶ 將畫面調整至要作為起始畫面的位置

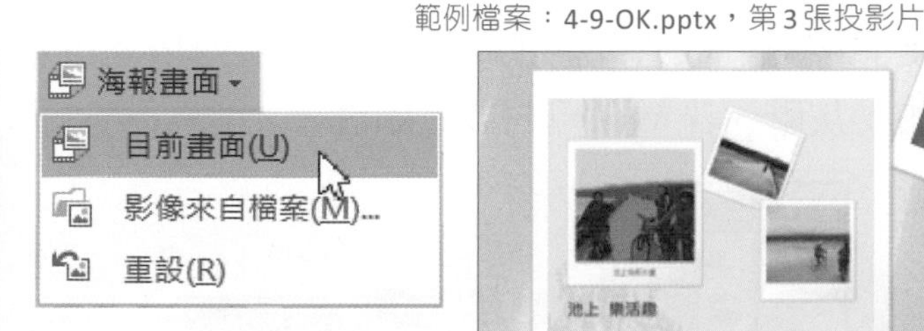

❷ 按下「**視訊工具→格式→調整→海報畫面→目前畫面**」按鈕

❸ 影片中的畫面設定為起始畫面

影像來自檔案：點選此選項可以選擇自己設計的圖片作為起始畫面。

重設：點選此選項可以清除之前所設定的起始畫面。

視訊樣式及格式的調整

在**「視訊工具→格式」**索引標籤中，可以調整視訊的色彩、校正視訊的亮度及對比，還可以將視訊套用各種樣式，讓視訊外觀更為活潑。

套用視訊樣式

要快速地改變視訊物件外觀時，可以直接套用PowerPoint所提供的視訊樣式，或是自行設定視訊邊框及效果。

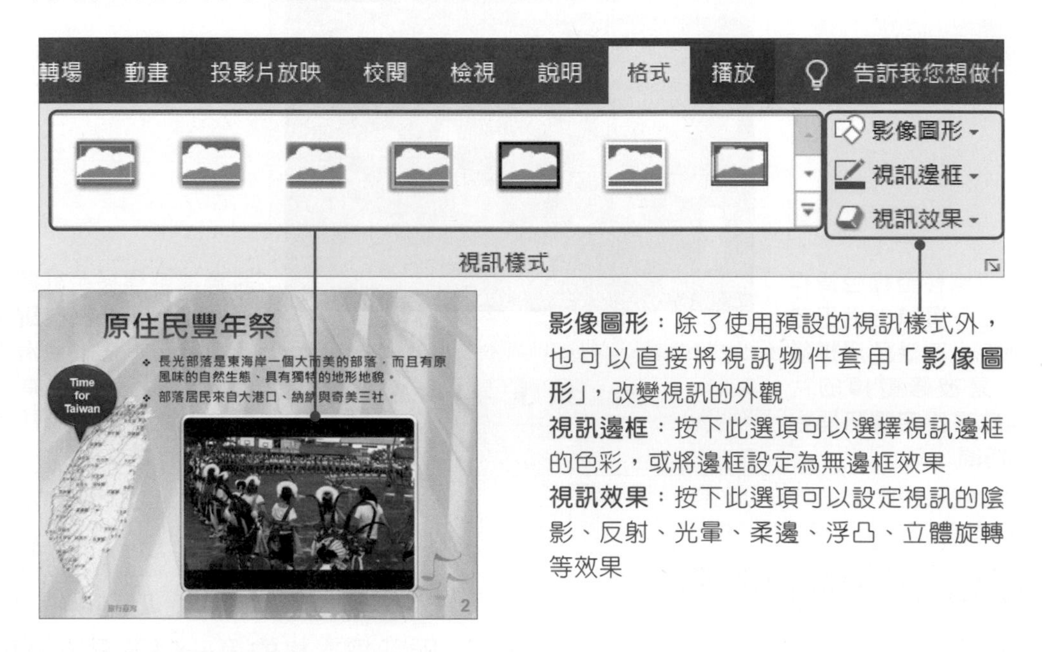

調整視訊的亮度、對比、色彩

若拍出來的影片太暗或太亮時，可以按下**「視訊工具→格式→調整→校正」**按鈕，改善視訊的亮度及對比；而按下**色彩**按鈕，可以替視訊重新著色，例如：灰階、深褐、黑白或是刷淡。

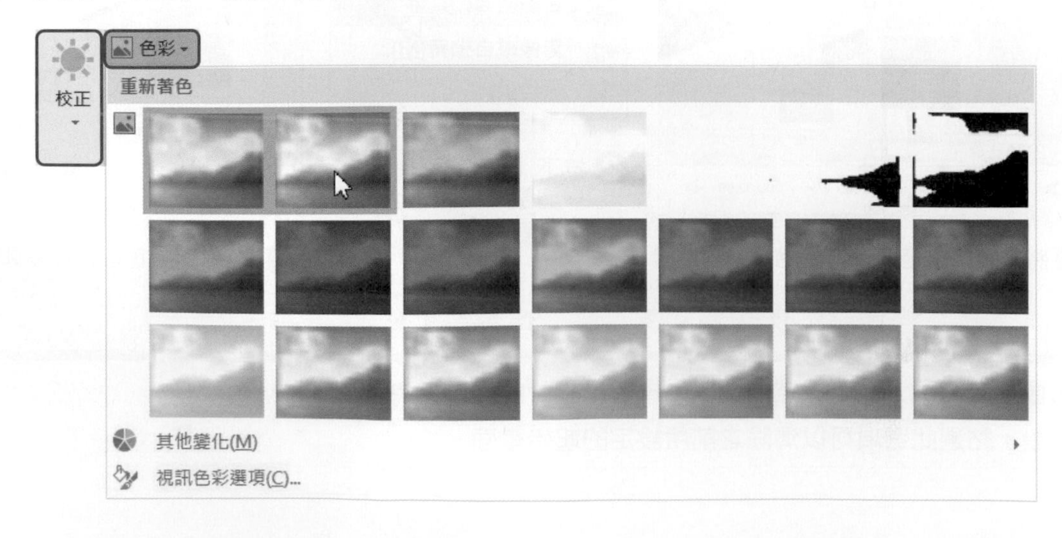

加入線上視訊

除了在投影片中插入自己準備的視訊檔案外，也可以加入網路上的影片，要加入線上視訊時，請先複製該影片的網址，再按下**「插入→媒體→視訊→線上視訊」**按鈕，開啟「線上視訊」對話方塊後，將複製好的網址，貼到「輸入線上視訊的URL」欄位中，最後按下**插入**按鈕，即可將該視訊加入到投影片中。

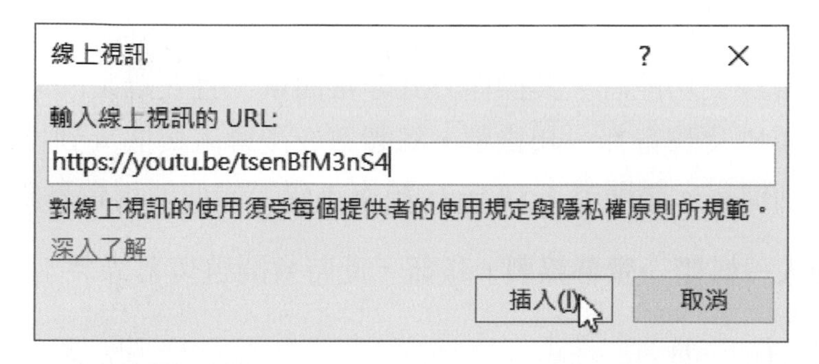

視訊加入後再調整影片的位置、大小及套用視訊樣式，讓影片更美觀。影片格式都設定好後，可以按下**「視訊工具→播放→預覽→播放」**按鈕，播放投影片中的影片。

範例檔案：4-9-OK.pptx，第4張投影片

將網站上的視訊插入於簡報時，實際上PowerPoint只是連結至該視訊檔案再進行播放，而不是將視訊檔案嵌入於簡報中，所以在播放影片時，電腦必須是處於連線狀態。

從網站上插入的影片不會有「播放列」，所以在投影片中要預覽影片內容時，要使用**「視訊工具→播放→預覽→播放」**按鈕。除此之外，從網路上插入的影片無法進行全螢幕播放、循環播放、淡入淡出設定及剪輯的動作。

4-7 錄製螢幕操作畫面

在PowerPoint中可以直接使用**螢幕錄製**功能，來錄製螢幕操作畫面，這節就來看看該如何使用吧！

錄製操作畫面

要使用螢幕錄製功能時，其操作方式非常簡單，且在錄製的同時，還能選擇是否要連滑鼠游標及聲音都一起錄製，錄製完成後會直接嵌入到投影片中，或者將其儲存爲個別檔案。請開啓**4-10.pptx**檔案，學習如何使用螢幕錄製功能。

01 按下「**插入→媒體→螢幕錄製**」按鈕，此時會開啓螢幕錄製工具列。

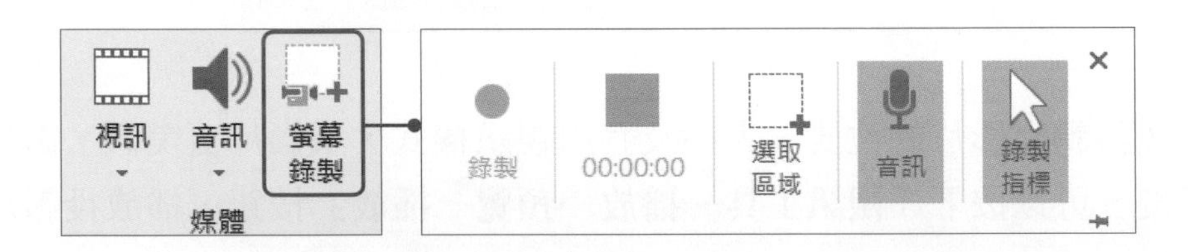

02 在預設下**音訊**及**錄製指標**是開啓的，若不想要連音訊及指標都錄製進去，請按下**音訊**按鈕(**Windows標誌鍵+Shift+U**)及**錄製指標**按鈕(**Windows標誌鍵+Shift+O**)。

03 接著按下**選取區域**按鈕(或按下**Windows標誌鍵+Shift+A**快速鍵)，於畫面中拖曳出要錄製的螢幕範圍；若要錄製整個螢幕時，請按下**Windows標誌鍵+Shift+F**快速鍵。

04 範圍選取好後，按下**錄製**按鈕(**Windows 標誌鍵 +Shift+R**)。

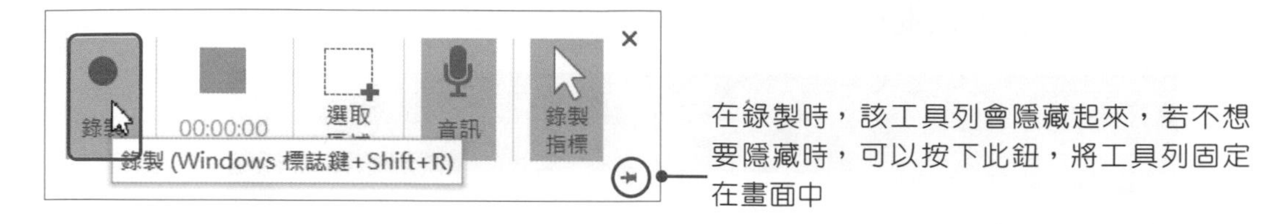

05 接著會進行倒數的動作，並告知若要停止錄影時，可以按下 **Windows 標誌鍵 +Shift+Q** 快速鍵。

06 倒數完後，便可以開始進行錄製的動作，再錄製過程中可以按下**暫停**按鈕或 **Windows 標誌鍵 +Shift+R** 快速鍵來中斷錄製。

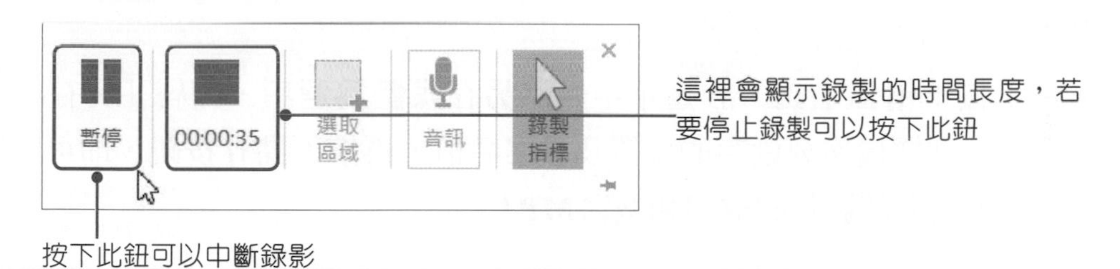

07 錄製好後，可以按下**停止**按鈕或 **Windows 標誌鍵 +Shift+Q** 快速鍵，即可將錄製的影片嵌入至投影片中。

08 接著可調整影片的位置及大小，再按下**播放**鈕，即可播放影片內容，而錄製好的影片也可以進行剪輯、格式及播放等設定。

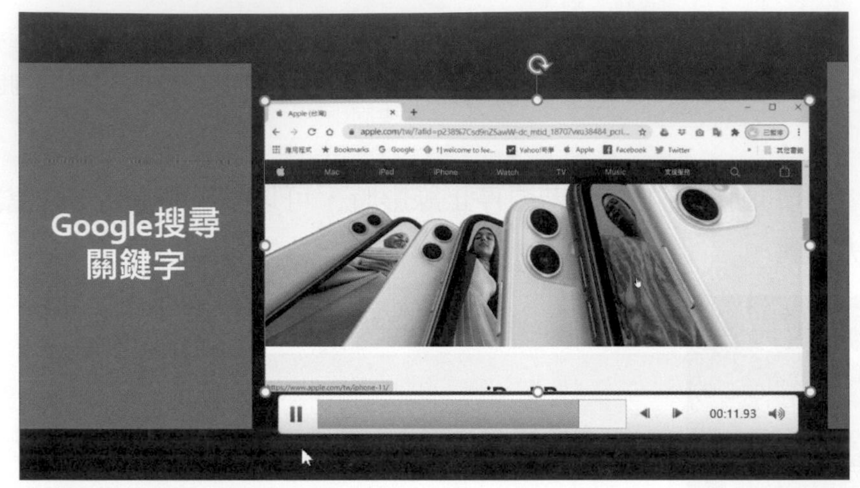

範例檔案：4-10-OK.pptx

儲存錄製的影片

利用PowerPoint所錄製的影片雖然內嵌於簡報中，但還是可以將該影片另存到電腦中喔！

在影片上按下**滑鼠右鍵**，於選單中點選**另存媒體爲**選項，開啓「另存媒體爲」對話方塊，選擇檔案要儲存的位置及檔案名稱，再按下**儲存**按鈕，即可將影片儲存至電腦中，而該影片的檔案類型爲**MP4**。

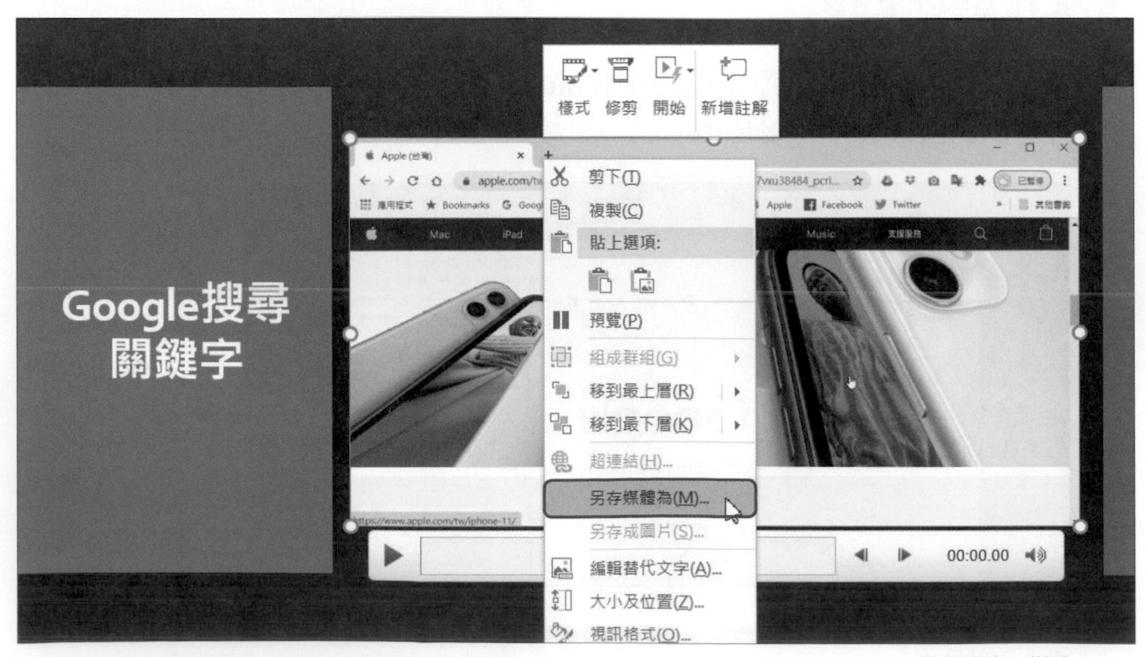

範例檔案：媒體1.mp4

自我評量

❖選擇題

(　　)1. 在PowerPoint中，下列關於「圖案」的敘述，何者不正確？(A)提供了流程圖、連接線、圖說文字等圖案　(B)圖案可以進行旋轉的設定　(C)圖案可以填滿漸層色彩　(D)圖案無法進行「群組」的設定。

(　　)2. 在PowerPoint中，想自創基本圖形，例如：合併兩個圖案。請問他可以使用下列哪項功能來達成？(A) SmartArt圖形　(B)合併圖案　(C)圖表　(D)文字方塊。

(　　)3. 在PowerPoint中，下列關於「SmartArt 圖形」的敘述，何者正確？(A)項目清單的數量決定於SmartArt圖形版面配置的圖案數目　(B)投影片上的文字可以直接轉換為SmartArt圖形　(C) SmartArt圖形無法直接轉換成文字　(D) SmartArt圖形只適用於含有文字的項目清單。

(　　)4. 在PowerPoint中，利用哪項功能，可以快速地建立「組織圖」？(A)圖片　(B)圖案　(C)文字方塊　(D) SmartArt圖形。

(　　)5. 在PowerPoint中，於表格輸入文字時，若要跳至下一個儲存格，可以按下鍵盤上的哪個按鍵？(A) Ctrl　(B) Tab　(C) Shift　(D) Alt。

(　　)6. 在PowerPoint中，不支援下列何種圖表形式？(A)甘特圖　(B)環圈圖　(C)雷達圖　(D)圓形圖。

(　　)7. 在PowerPoint中，關於「音訊」設定的敘述，何者不正確？(A)可以播放MID音樂檔　(B)可以播放WAV聲音檔　(C)不可以設定音訊循環播放　(D)可以調整聲音音量。

(　　)8. 在PowerPoint中，關於「視訊」設定的敘述，何者不正確？(A)可以插入AVI視訊檔　(B)可以將視訊檔的色彩更換為灰階　(C)無法插入來自網站的視訊檔　(D)可以調整視訊檔案的音量。

(　　)9. 在PowerPoint中，透過下列哪一項功能，可以調整視訊的相對亮度及對比度？(A)視訊樣式　(B)視訊效果　(C)色彩　(D)校正。

(　　)10. 在PowerPoint中，使用「修剪視訊」功能時，可以修剪影片片段中的哪個部分？(A)開頭與結尾　(B)中間片段　(C)影片中的音樂　(D)以上皆可。

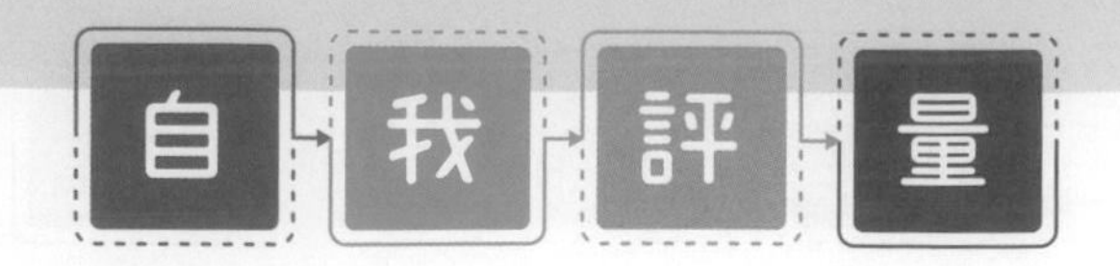

❖ 實作題

1. 開啟「PowerPoint→CH04→4-11.pptx」檔案，進行以下的設定。
   - 在第1張投影片中加入「主0.1.jpg與主02.jpg」圖片，圖片格式請自行設計。
   - 將第2張投影片中的文字轉換為「水平圖片清單」SmartArt圖形，並加入「追分車站」資料夾內的圖片，再更換圖片色彩。
   - 將第3張投影片中的條列式文字轉換為「垂直彎曲流程圖」SmartArt圖形，再新增一組圖案，並於圖案中輸入相關文字。

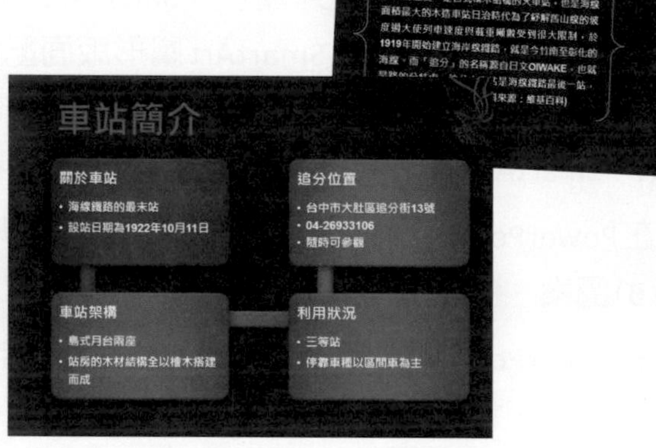

2. 開啟「PowerPoint→CH04→4-12.pptx」檔案，進行以下的設定。
   - 將第2張投影片中的表格進行美化的動作。
   - 於第3張投影片中加入「立體群組直條圖」，請使用第2張投影片中的資料製作，圖表樣式請自行設計。
   - 於第4張投影片中加入線上視訊，視訊內容請與茶文化有關，視訊樣式請自行設計。

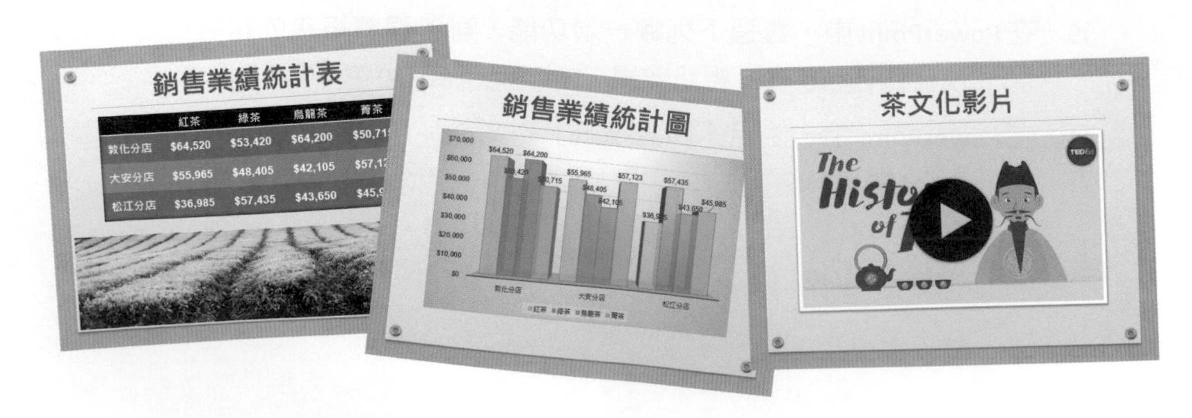

POWERPOINT 2019

CHAPTER 05

動態簡報的製作

5-1 精彩的動畫效果

在PowerPoint中可以將各種物件，加入動畫效果，讓投影片內的物件動起來，並達到互動的效果。

幫物件加入動畫效果

PowerPoint提供了**進入**、**強調**、**離開**、**移動路徑**等類型的動畫效果可以選擇，不同類型的動畫效果有不同的用處，說明如下：

- **進入**：用於進入投影片時的動畫效果，當動畫結束後物件還會保留在畫面上。
- **強調**：用於要強調某物件時的動畫效果。
- **離開**：用於要結束某物件時的動畫效果，當動畫結束後此物件也會自動從畫面上消失。
- **移動路徑**：要自訂動畫效果的路線時，可以使用移動路徑自行設計動畫。

了解各種動畫效果的用處後，請開啓**5-1.pptx**檔案，學習如何幫物件加上進入、強調等動畫效果。

01 選取第1個要設定動畫的文字方塊。

> 新增動畫
>
> 同一個物件可以套用多個動畫效果，讓動畫更為完整，但在套用第二個動畫效果時，必須按下「**動畫→進階動畫→新增動畫**」按鈕，於選單中選擇要再加入的動畫效果。

02 按下**「動畫→動畫」**群組的▼按鈕，於選單中點選**進入**效果的**縮放**效果。

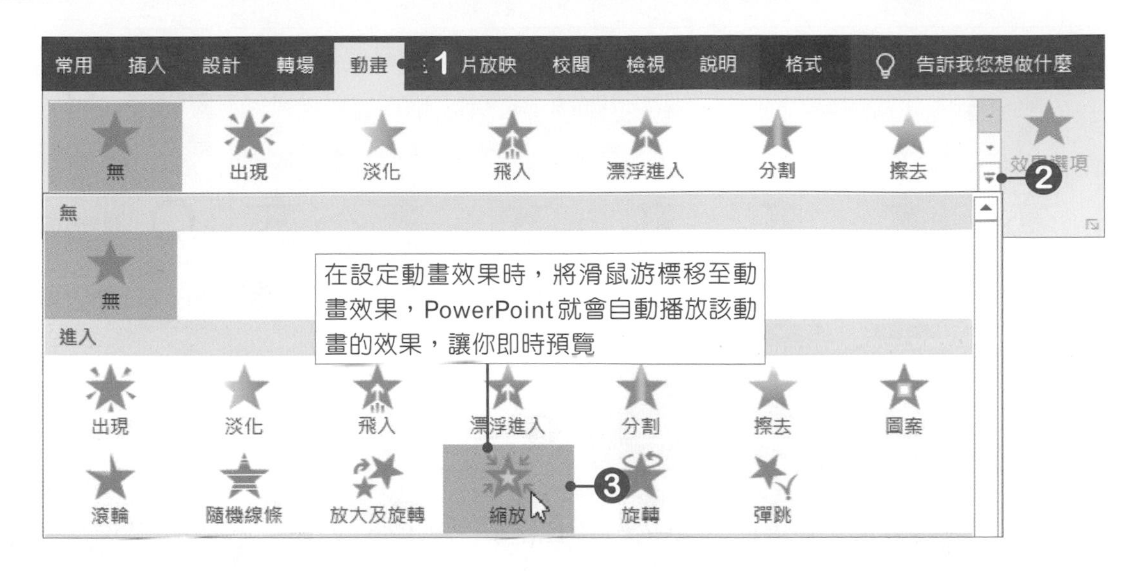

03 動畫選擇好後，按下**「動畫→預存時間→開始」**選單鈕，於選單中點選**接續前動畫**，再將**期間**設定為**1.5秒**。

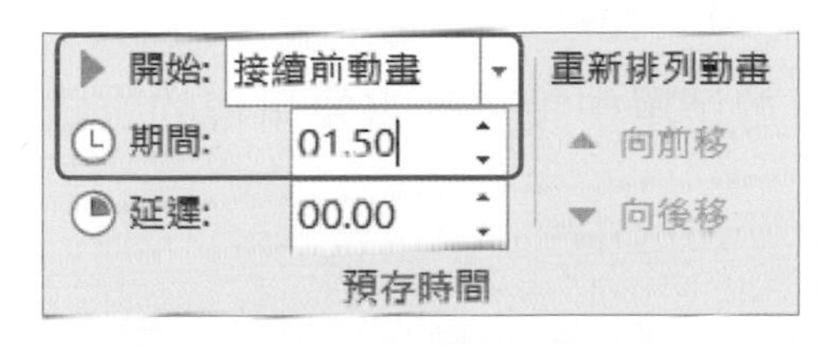

除了設定動畫時間長度外，還可以在**延遲**選項中，設定動畫要播放的延遲時間，也就是當同一物件的第1個動畫播放完後，要停頓多久再播放第2個動畫。

在PowerPoint中提供了按一下、與前動畫同時及接續前動畫等動畫播放方式，說明如下：
按一下時：要播放動畫前必須先按一下**滑鼠左鍵**，動畫才會開始播放。
隨著前動畫：動畫會與前一個動畫同時播放，若沒有前一個動畫時，則會自動播放。
接續前動畫：前一個動畫播放完畢後，下一個動畫就會自動接著播放。

04 第1個物件的動畫設定好後，點選第2個物件。

05 按下**「動畫→動畫」**群組的▣按鈕，於選單中點選**強調**效果的**陀螺轉**效果。

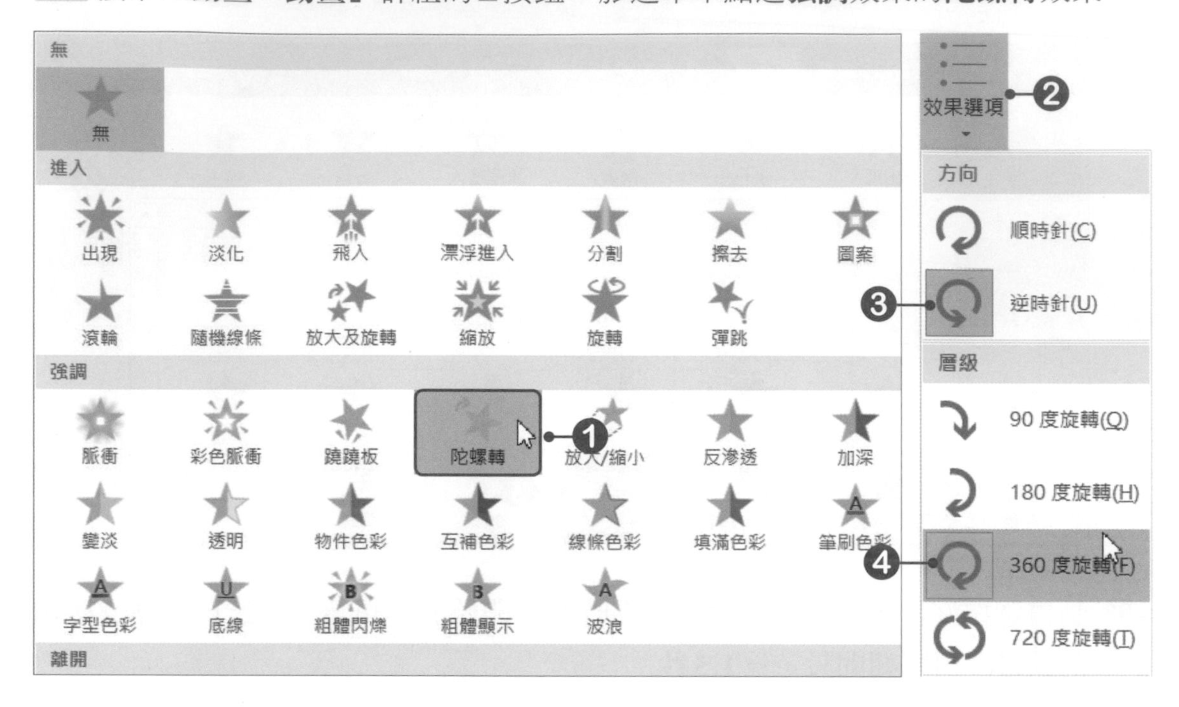

06 按下**「動畫→動畫→效果選項」**按鈕，於選單中設定動畫要呈現的方式，再將**開始**方式設定為**接續前動畫**。

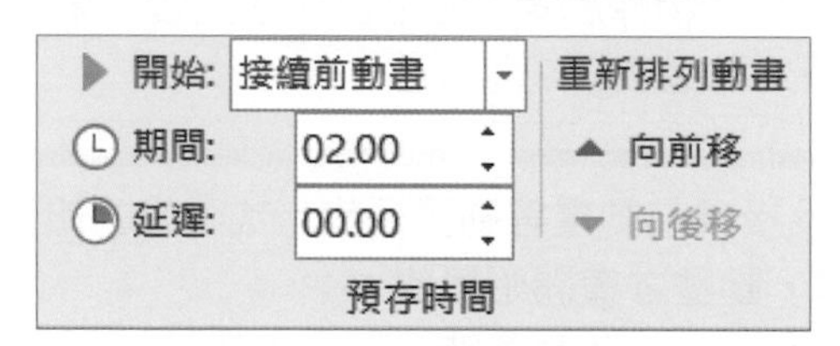

07 到這裡，動畫就設定完成了，此時可以按下**「動畫→預覽→預覽」**按鈕，或按下**F5**鍵，進入投影片放映模式中，預覽動畫效果。

範例檔案：5-1-OK.pptx

若有物件要使用相同的動畫效果時，可以按下「**動畫→進階動畫→複製動畫**」按鈕，或按下**Alt+Shift+C**快速鍵，進行複製動畫的動作，若雙擊**複製動畫**按鈕，可以進行連續複製的動作，也就是一次可以套用到多個物件上。

使用動畫窗格設定動畫效果

設定動畫時，可以按下**「動畫→進階動畫→動畫窗格」**按鈕，開啟「動畫窗格」，在此可以進行各種動畫設定。

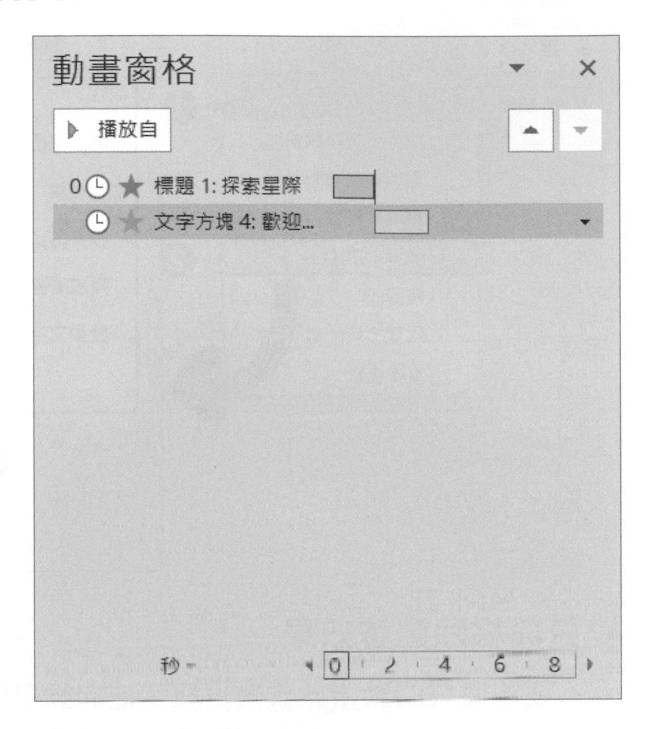

調整動畫播放順序

當所有的動畫都設定好後，若發現動畫的順序不對時，不用擔心，因爲動畫的順序是可以隨時調整的。點選要調整的物件，再按下**「動畫→預存時間」**群組中的**重新排列動畫**選項，使用**向前移**及**向後移**按鈕即可，也可以直接在「動畫窗格」中進行重新排列的動作。

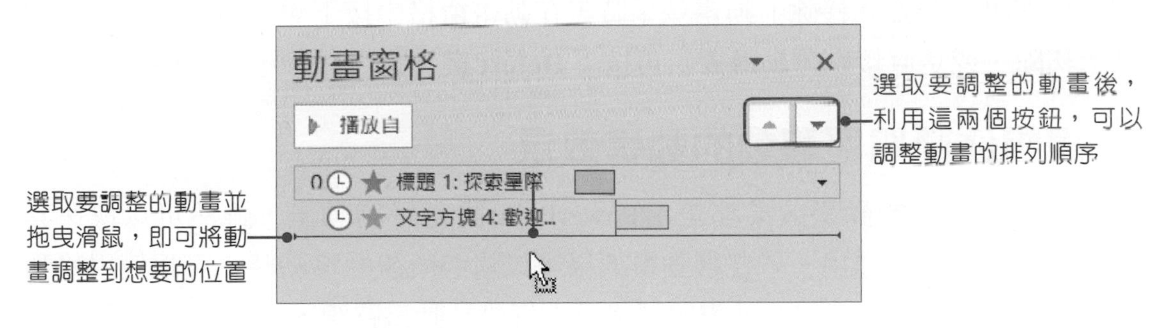

效果選項設定

除了設定動畫效果的開始方式及播放時間外，大部分的動畫都還提供了**效果選項**，例如：套用「圖案」動畫時，在效果選項中就可以選擇方向、要使用的圖案等。這裡要說明的是每個動畫的效果選項都不太一樣，有些動畫甚至沒有效果選項。

要進行更進階的設定時，可以在**動畫窗格**中，選擇要設定的動畫，在該動畫選項上按下▼選單鈕，於選單中，選擇**效果選項**，開啓該動畫的對話方塊，而此對話方塊會隨著所選擇的動畫而有所不同。

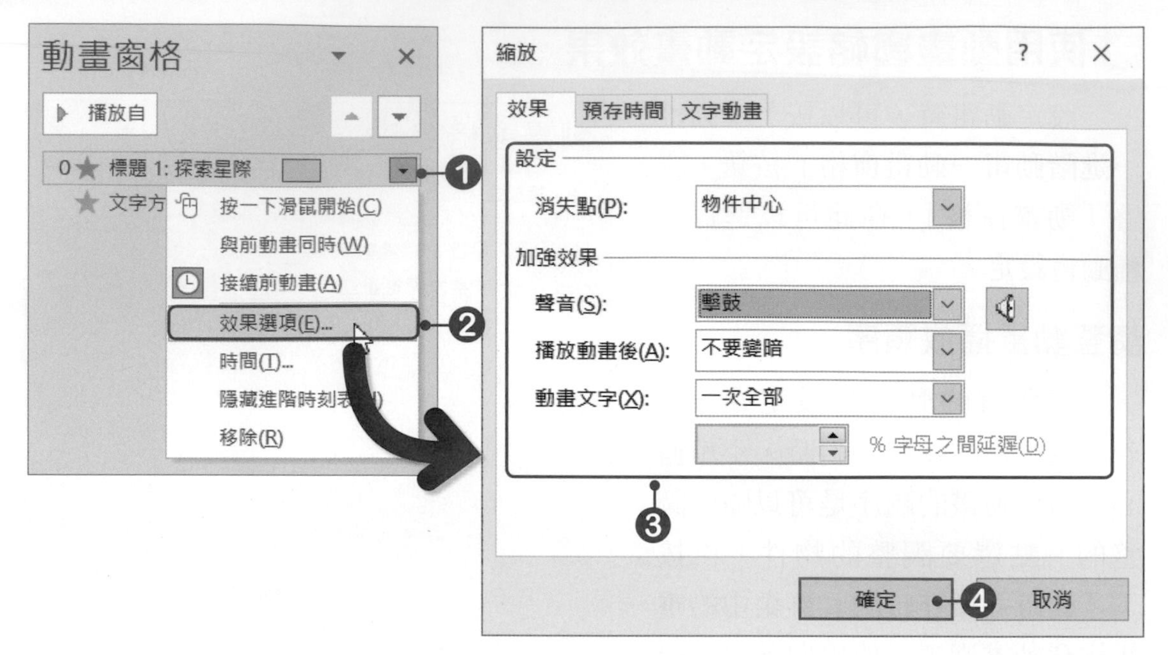

變更與移除動畫效果

要將原來的動畫效果變更成其他的動畫效果時，只要再重新選擇要套用的動畫效果即可。若要「移除」動畫效果時，在**動畫窗格**中按下▾選單鈕，於選單中點選**移除**，或是直接點選動畫後，再按下**Delete**鍵，也可以移除該動畫。

讓物件隨路徑移動的動畫效果

在前面介紹的動畫效果都是由PowerPoint設定好的動畫，雖然可以快速套用，但卻不能靈活運用，若要讓動畫效果可以隨心所欲的移動時，可以使用**移動路徑**功能，套用已設定好的動畫路徑或是自行設計動畫路線。

套用移動路徑

請開啟**5-2.pptx**檔案，在此範例中，要利用移動路徑動畫效果，讓投影片中的圖片隨著畫筆一同出現，製造出畫畫的效果，而範例中的圖片已經先設定好了階梯狀的進入動畫效果，所以我們只要針對投影片中的「筆」物件進行移動路徑的設定即可。

01 選取投影片中的「筆」物件，按下**「動畫→動畫」**群組的▾按鈕，於選單中點選**其他移動路徑**。

02 開啟「變更移動路徑」對話方塊，選擇**線條及曲線**中的**Z字形**路徑，選擇好後按下**確定**按鈕。

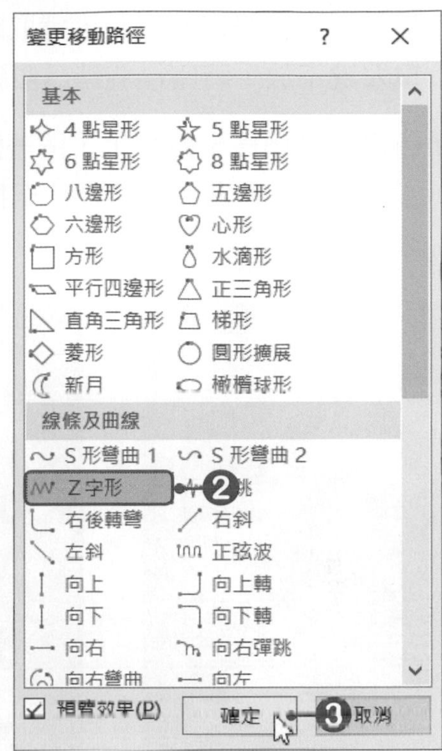

03 回到投影片後，物件就會產生一個路徑，路徑的開頭以**綠色**符號表示，路徑的結尾則以**紅色**符號表示。

04 將動畫的開始方式設定為**隨著前動畫**，動畫的播放**期間**調整成 **02.00**。

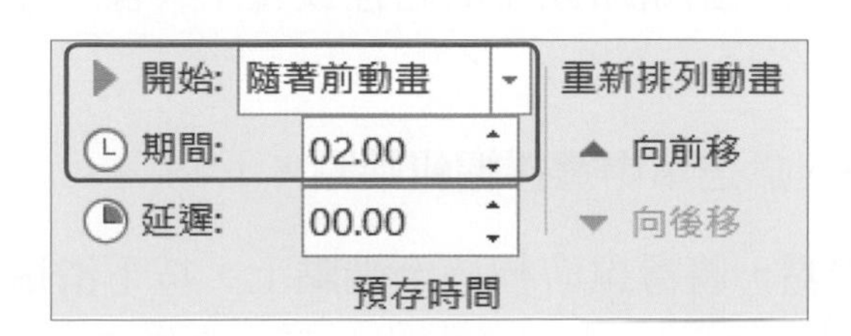

05 接著要進行路徑的調整，選取路徑，再將滑鼠游標移至旋轉鈕上，按下**滑鼠左鍵**不放，將路徑旋轉爲傾斜。

06 將滑鼠游標移至路徑上，按著**滑鼠左鍵**不放，並拖曳滑鼠，將路徑拖曳到適當位置上，再將滑鼠游標移至控制點上，調整路徑的大小。

07 路徑都設定好後，按下**「動畫→預覽→預覽」**按鈕，預覽看看動畫設定的結果。

編輯端點

使用編輯端點功能，可以改變路徑的形狀，讓路徑能更符合動畫效果，在路徑上的每個端點都可以調整，調整端點時，動畫所產生的路徑就會不一樣，在調整的過程中可以邊調整邊預覽動畫效果。

01 選取移動路徑物件，按下**滑鼠右鍵**，於選單中選擇**編輯端點**。

02 點選後被選取的路徑就會顯示各端點，將滑鼠游標移至端點上，按下**滑鼠左鍵**，並拖曳滑鼠即可調整端點。

03 路徑調整好後，再選取筆物件，按下**「動畫→進階動畫→新增動畫」**按鈕，於選單中點選**離開**中的**淡化**效果，再將開始方式設為**接續前動畫**，動畫期間設為**00.50**，這樣筆物件就會在畫完照片時消失在畫面中。

範例檔案：5-2-OK.pptx

自訂移動路徑

除了使用預設的影片路徑外，還可以自行繪製想要的路徑。請開啓**5-3.pptx**檔案，進行自訂移動路徑的練習。

01 選取投影片中要加入移動路徑的物件，按下**「動畫→動畫」**群組的按鈕，點選**移動路徑**中的**自訂路徑**。

02 點選後，按著**滑鼠左鍵**不放，此時滑鼠游標會呈＋狀態，即可用滑鼠在投影片中隨意的繪製出路徑，繪製好路徑後，放掉**滑鼠左鍵**，按下**Esc**鍵，結束路徑的繪製。

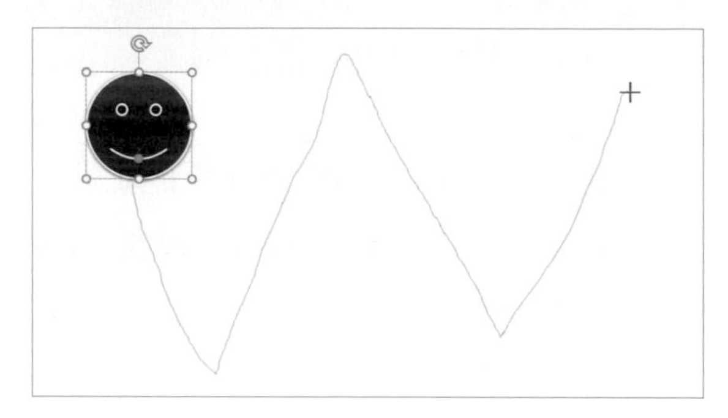

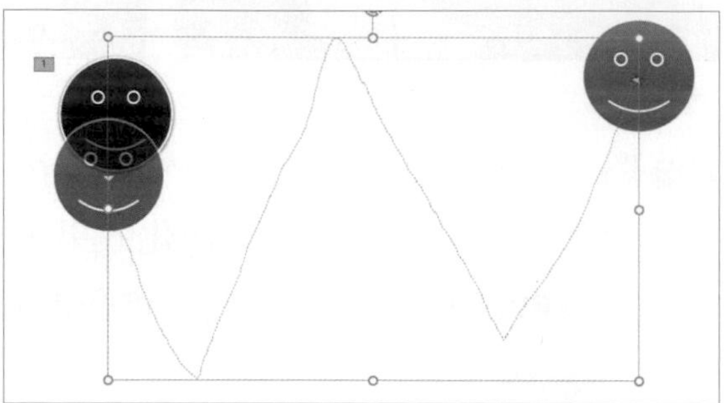

03 繪製完自訂路徑後，按下**「動畫→預覽→預覽」**按鈕，物件就會依照我們所繪製的路徑移動。

範例檔案：5-3-OK.pptx

反轉路徑方向

若要將路徑的開始與結尾互相轉換時，可以在路徑上按下**滑鼠右鍵**，於選單中點選**反轉路徑方向**；或是按下「**動畫→動畫→效果選項→反轉路徑方向**」按鈕即可。

SmartArt圖形的動畫設定

SmartArt圖形的動畫設定，其實與一般物件的設定方法是一樣的，只是因爲SmartArt圖形是由一組一組圖案物件所組成的，所以在播放時，可以設定SmartArt圖形要整體、同時或是一個接一個等播放方式。

選取SmartArt圖形物件，選擇要套用的動畫效果，再按下「**動畫→動畫→效果選項**」按鈕，於選單中即可選擇要**整體**、**一次全部**或是**一個接一個**等方式來播放SmartArt圖形。

選擇一個接一個選項時，SmartArt圖形中的圖案就會一個接一個的開始播放動畫效果。

消失點

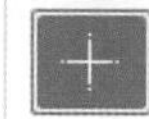

順序

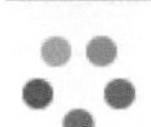

範例檔案：5-4-OK.pptx

觸發程序

在 PowerPoint 中若要製作出「互動功能」的簡報時，可以透過**觸發程序**來完成（**動畫→進階動畫→觸發程序**），觸發程序可以設定於投影片播放期間，按一下投影片上的物件來進行播放，或影片播放至特定片段時，執行動畫效果。

觸發程序提供了「**按一下時**」及「**由書籤觸發**」二種方式，前者為透過某物件來執行播放的動作；後者為先建立書籤，再透過書籤來觸發動畫。

5-2 動作按鈕的應用

在投影片中加入動作按鈕，可以快速地切換想要連結到的投影片，或是執行某個動作及程式，這節就來學習如何使用動作按鈕吧！

加入動作按鈕

PowerPoint中提供了各種**動作按鈕**，每一種動作按鈕都有不同的功用。

上一項	下一項	起點	終點	首頁	資訊
返回	影片	文件	聲音	說明	自訂

加入動作按鈕時，若這些動作按鈕要出現在相關的投影片中，那麼可以將動作按鈕設計在**投影片母片**，好讓與投影片母片相關的其他母片都能使用相同的動作按鈕。

按下**「插入→圖例→圖案」**按鈕，於動作按鈕選項中，即點選要加入的動作按鈕。

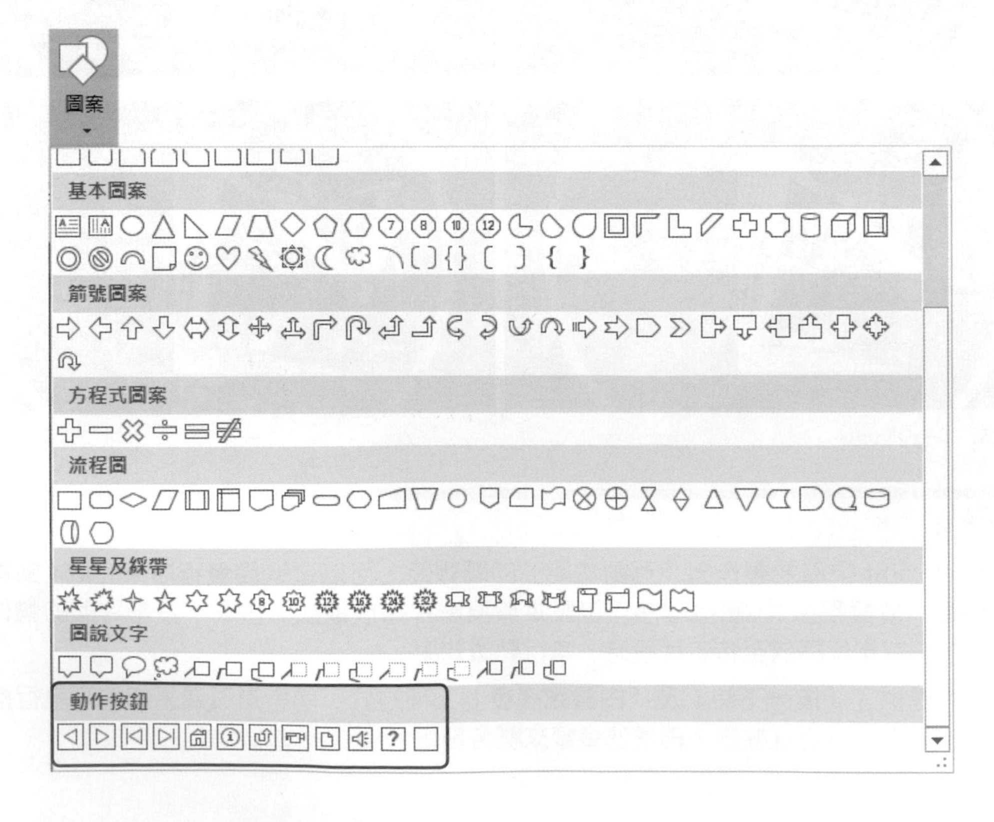

點選要加入的動作按鈕後，於投影片中按著**滑鼠左鍵**不放拖曳出要建立的大小，當放開**滑鼠左鍵**後，就會自動開啟「動作設定」對話方塊，而動作按鈕都已預設好要執行的動作，若沒問題直接按下**確定**按鈕，即可完成動作按鈕的建立。

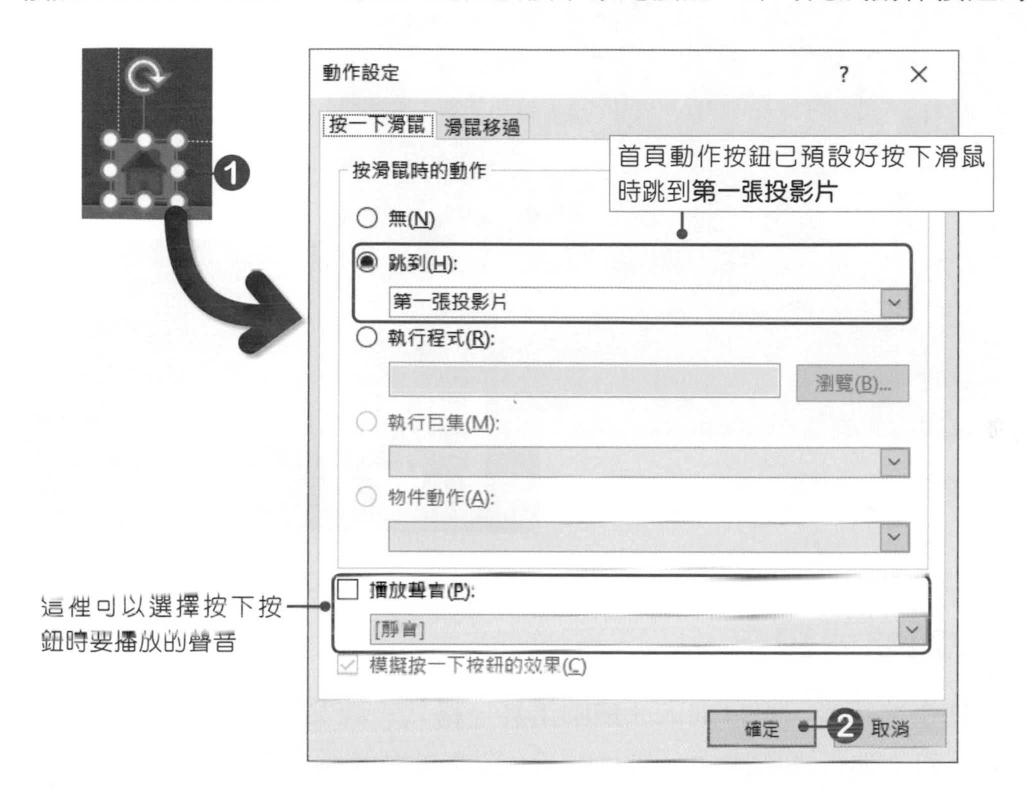

若預設的動作按鈕都適用的，那麼可以使用「**自訂**」動作按鈕，自行設定要執行的動作，且自訂按鈕還可以加入文字。

若要於**自訂動作**按鈕中加入文字時，在動作按鈕上按下**滑鼠右鍵**，於選單中點選**編輯文字**，即可輸入文字。

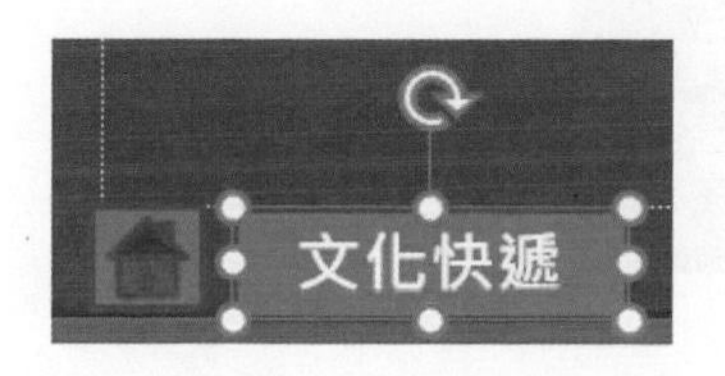

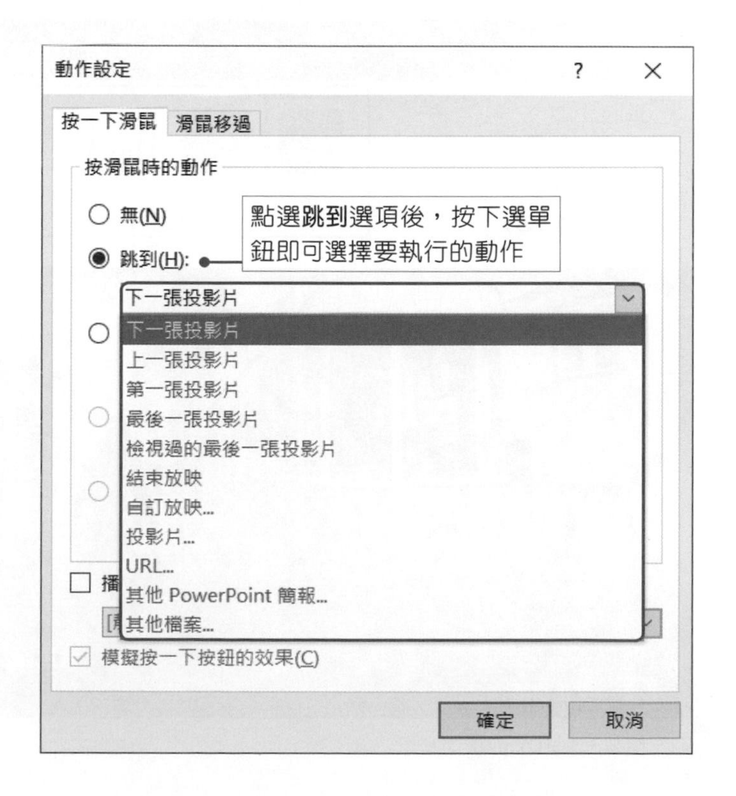

按下**F5**快速鍵，進行投影片的播放動作，再將滑鼠游標移至按鈕上，按下**滑鼠左鍵**後，即可連結至設定的投影片中。

按下按鈕後便會跳至指定的投影片中

動作按鈕格式設定

建立好動作按鈕後，可以進入**「繪圖工具→格式→圖案樣式」**群組中，美化動作按鈕，例如：進行圖案樣式、圖案填滿、圖案外框及圖案效果等設定。

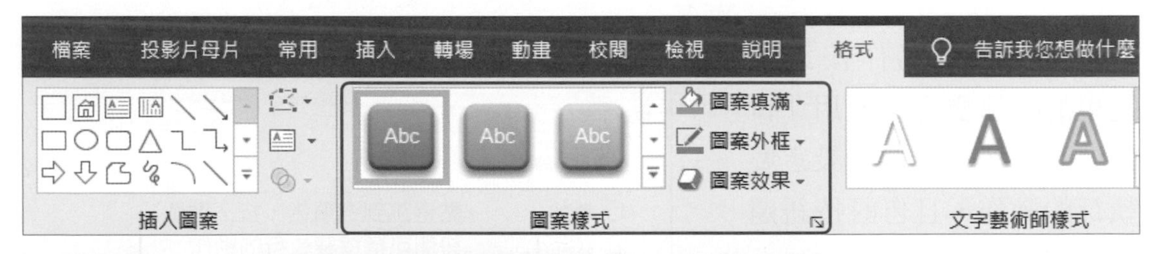

範例檔案：5-5-OK.pptx

動作按鈕的動作設定

在圖案中的動作按鈕都已設定好相關的動作，而除了使用預設的動作按鈕進行投影片切換的設定外，事實上在投影片中的任何物件都可以進行動作的設定，只要先選取該物件，再按下**「插入→連結→動作」**按鈕，即可開啓「動作設定」對話方塊，進行動作設定。

若要修改已設定好的動作物件時，只要點選該物件，再按下**「插入→連結→動作」**按鈕，開啓「動作設定」對話方塊，即可進行修改動作設定，若要取消動作設定，只要點選**無**選項即可。

在設定動作時，可以選擇**「按一下滑鼠」**或**「滑鼠移過」**兩種方式，前者是要在動作按鈕上按一下**滑鼠左鍵**才會執行動作；後者則是滑鼠只要移過動作按鈕就會執行動作。

動作設定 ? ×
按一下滑鼠 滑鼠移過
滑鼠移過時的動作
○ 無(N) 要取消動作設定，只要點選無選項即可
◉ 跳到(H):
檢視過的最後一張投影片
○ 執行程式(R):
瀏覽(B)...
○ 執行巨集(M):
○ 物件動作(A):
☐ 播放聲音(P):
[靜音]
☐ 模擬滑鼠移過按鈕的效果(O)
確定 取消

5-3 連結的設定

除了使用動作按鈕，來達到投影片與投影片之間的跳頁效果及執行某個動作外，還可以使用**連結**功能，來達到同樣的效果。

投影片與投影片之間的連結

要在簡報中達到投影片與投影片之間的跳頁效果時，可以使用連結功能，快速地達到此效果。

選取要設定連結的物件，再按下**「插入→連結→連結」**按鈕，開啟「插入超連結」對話方塊。點選**這份文件中的位置**，選單中便會顯示簡報中的所有投影片，接著即可選擇要連結的投影片，點選後按下**確定**按鈕，完成連結的設定。

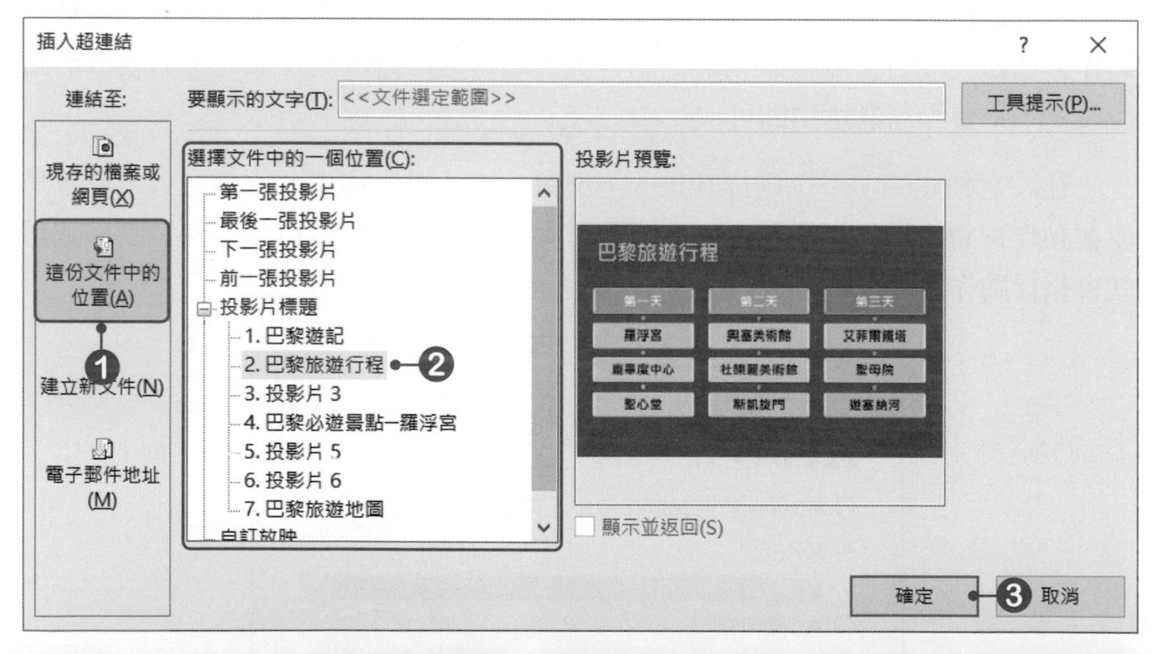

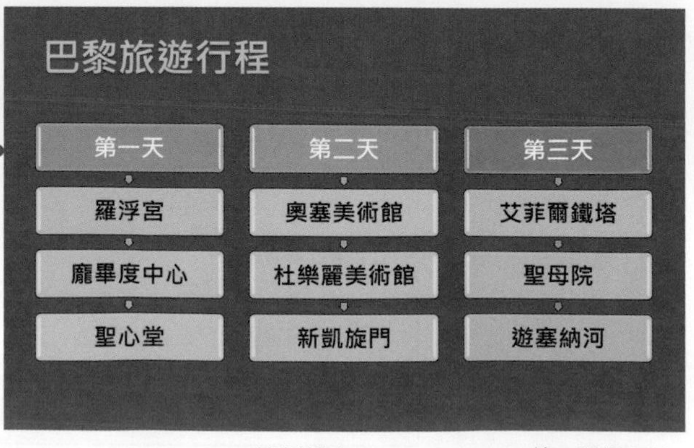

範例檔案：5-6-OK.pptx，第1張投影片

建立網站連結

使用連結功能，除了進行投影片與投影片之間的連結外，還可以將文字、圖片、圖案等物件連結至網站位址、電子郵件地址、檔案等。若在投影片中輸入的是網站位址，那麼當按下**Enter**鍵，PowerPoint就會自動將該網址加上連結的設定。

要建立網站連結時，在「插入超連結」對話方塊，點選**現存的檔案或網頁**，於**網址**欄位中輸入網站位址，再按下**工具提示**按鈕，開啓「設定超連結工具提示」對話方塊，於欄位中輸入提示文字，輸入好後按下**確定**按鈕，回到「插入超連結」對話方塊，再按下**確定**按鈕，完成連結的設定。

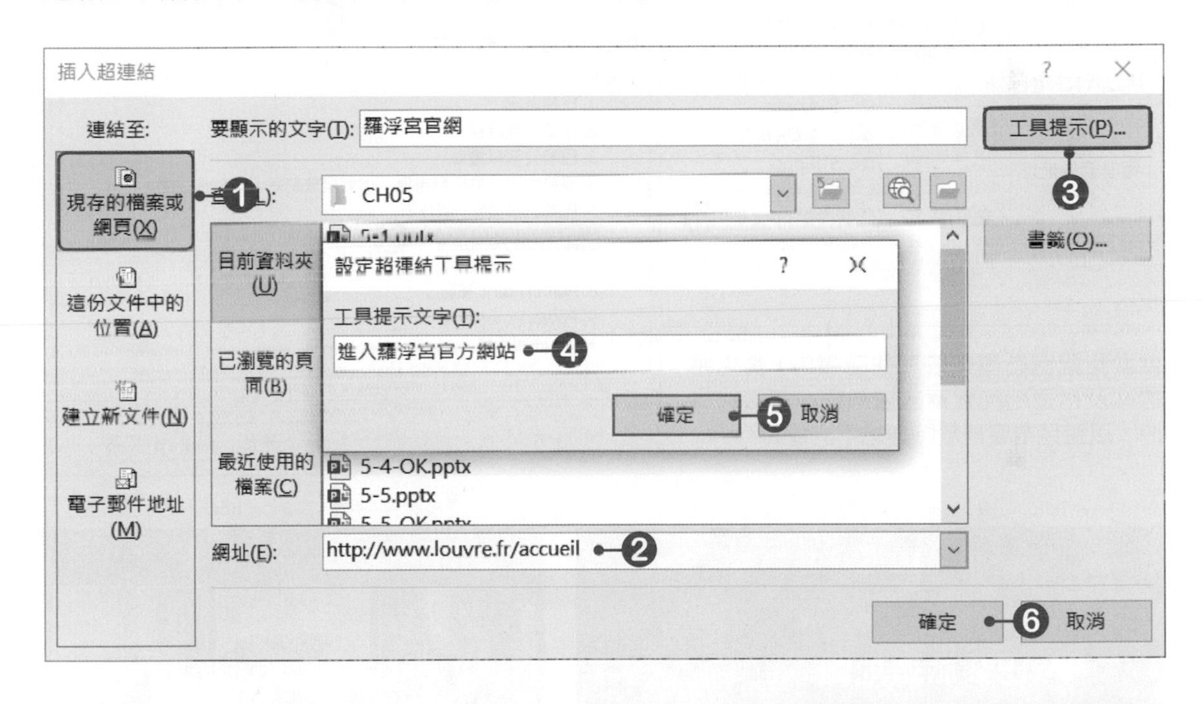

範例檔案：5-6-OK.pptx，第4張投影片

要建立連結時，也可以按下**Ctrl+K**快速鍵，開啓「插入超連結」對話方塊進行設定。

建立不同簡報之投影片的連結

在設定連結時，也可以連結至不同簡報之投影片。在「插入超連結」對話方塊中，按下**現存的檔案或網頁**，進行不同簡報投影片的連結設定。

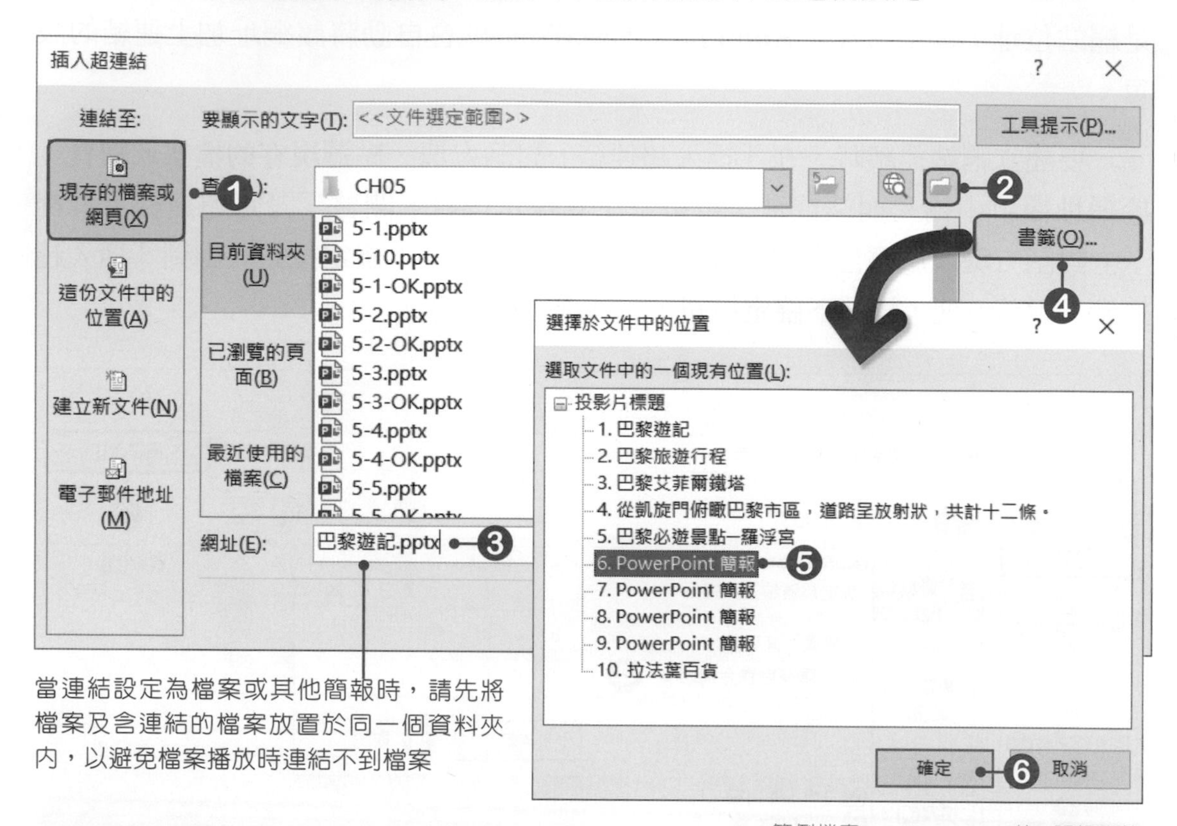

當連結設定為檔案或其他簡報時，請先將檔案及含連結的檔案放置於同一個資料夾內，以避免檔案播放時連結不到檔案

範例檔案：5-6-OK.pptx，第1張投影片

修改與移除連結設定

若要修改已設定好的連結設定時，只要在有設定連結的文字上按下**滑鼠右鍵**，於選單中點選**編輯連結**功能，即可開啟「編輯超連結」對話方塊，進行超連結的修改。要移除已設定好的連結，則按下**移除連結**按鈕即可。

5-4 幫投影片加上轉場特效

在投影片與投影片轉換的過程中，加上**轉場**效果，可以讓簡報在播放時更爲生動活潑。PowerPoint 提供了許多投影片的轉場效果，可以套用於投影片中，且還可以設定轉場音效、時間、方式等。

按下**「轉場→切換到此投影片」**群組中的按鈕，於選單中選擇要使用的轉場效果，點選要套用的轉場效果後，投影片就會即時播放此轉場效果。

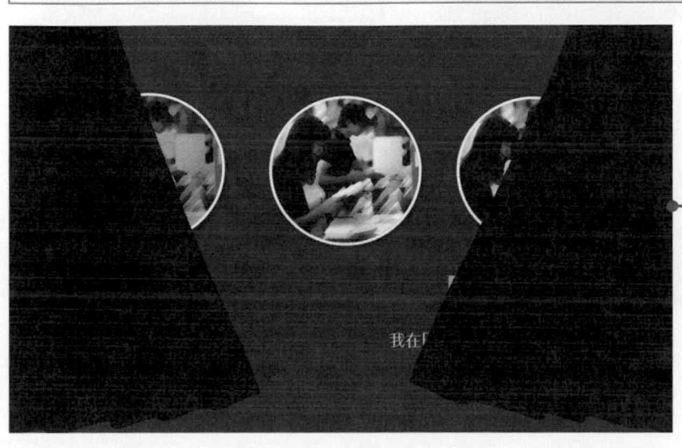

投影片套用窗簾轉場效果

範例檔案：5-7-OK.pptx

選擇好要使用的效果後，可以進入**「轉場→預存時間」**群組中，進行聲音、速度、投影片換頁方式等設定。都設定好後，若要將同一個效果套用至全部的投影片時，只要按下**「轉場→預存時間→全部套用」**按鈕即可。這裡要注意的是，若設定好後又修改設定時，須再按下**全部套用**按鈕，才會套用修改後的設定。

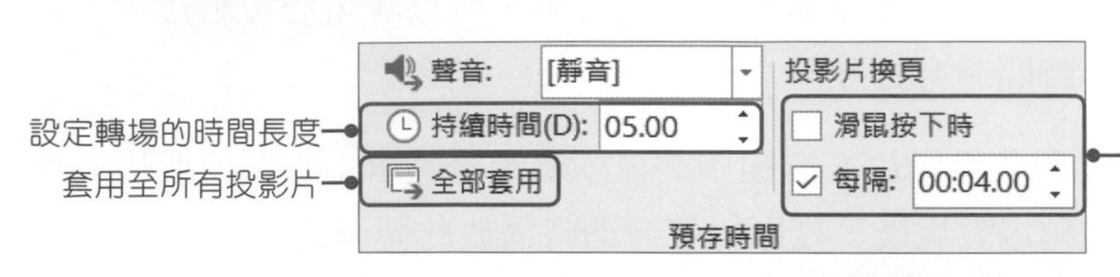

滑鼠按下時：在放映簡報時，要切換投影片，都須按一下**滑鼠左鍵**

每隔：可以自行設定轉場時間，投影片會依設定的時間自動切換投影片

範例檔案：5-7-OK.pptx

播放動畫效果

在投影片中進行動畫效果、動作按鈕、轉場效果等設定後，在**標準模式**下的**投影片窗格**或**投影片瀏覽**模式中就會看到★符號，此★符號代表該張投影片有設定動畫效果，若想要預覽時，可以在★圖示上按一下**滑鼠左鍵**，即可播放該投影片所設定的所有動畫效果。

自我評量

❖選擇題

(　　)1. 在PowerPoint中，下列關於「動畫」設定的敘述，何者不正確？(A)一個物件可以設定多個動畫效果　(B)每個動畫效果都可以設定時間長度　(C)文字方塊無法進行動畫效果的設定　(D)可自訂動畫的影片路徑。

(　　)2. 在PowerPoint中，若要讓投影片上的第一個動畫效果，在投影片顯示時自動播放，應該使用下列哪個操作？(A)接續前動畫　(B)隨著前動畫　(C)按一下時　(D)自動。

(　　)3. 在PowerPoint中，調整路徑時，使用「編輯端點」的目的為何？(A)鎖定路徑　(B)調整路徑大小　(C)旋轉路徑　(D)變更路徑的形狀。

(　　)4. 心儀希望簡報播放過程中，能透過操作按鈕的方式，讓投影片回到目錄頁，請問該如何操作？(A)加入自訂動畫　(B)設定自動放映　(C)加入動作按鈕　(D)新增自訂放映。

(　　)5. 在PowerPoint中，投影片裡使用了圖動作按鈕，請問該動作按鈕預設的功能為何？(A)開啟檔案　(B)跳至第1頁　(C)開啟網頁　(D)跳至最後一頁。

(　　)6. 在PowerPoint中，使用動作按鈕進行「動作設定」時，無法將動作設定為？(A)結束放映　(B)跳到其他PowerPoint簡報　(C)跳到某個網站　(D)開啟Word操作視窗。

(　　)7. 在PowerPoint中，下列關於「連結」的敘述，何者不正確？(A)按下「插入→連結→連結」按鈕，即可進行連結的設定　(B)連結的設定可以是這份文件中的投影片　(C)可以設定連結的提示文字　(D) 設定了連結後便無法移除。

(　　)8. 在PowerPoint中，按下哪組快速鍵可以進行「連結」的設定？(A) Ctrl+K　(B) Ctrl+C　(C) Ctrl+C　(D) Ctrl+B。

(　　)9. 在PowerPoint中，於第3張投影片，設定「蜂巢」轉場效果，則會為簡報中的哪一張投影片加入轉場效果？(A)第1張　(B)第3張　(C)第4張　(D)所有的投影片。

(　　)10. 在PowerPoint中，若要設定轉場的時期長度，要進入「轉場」索引標籤中的哪個群組裡設定？(A)動畫　(B)進階動畫　(C)預存時間　(D)設定。

自我評量

❖實作題

1. 開啟「PowerPoint→CH05→5-8.pptx」檔案，進行以下的設定。
   - 將第1張及第7張的投影片轉場效果設定為：窗簾、6秒、每隔2秒自動換頁。
   - 將第2~6張投影片轉場效果設定為：頁面捲曲、1.25秒、每隔2秒自動換頁。
   - 將第1張投影片的標題文字動畫設定為：擦去(自左)、接續前動畫、1秒。
   - 將第7張投影片中的文字設定為：強調效果-放大/縮小、接續前動畫、1.75秒。

2. 開啟「PowerPoint→CH05→5-9.pptx」檔案，進行以下的設定。
   - 在簡報中加入首頁、上一頁、下一頁及自訂(離開，結束放映)等動作按鈕。

   - 將第2張投影片中的文字，分別連結到相關的投影片中。

CHAPTER 06
簡報的放映、匯出及列印

6-1 簡報放映技巧

簡報製作完成後，便可進行簡報的放映，而在放映的過程中，還有許多技巧是不可不知的，接下來將學習這些放映技巧。

放映簡報及換頁控制

放映簡報時，可以按下**F5**快速鍵，或是▣按鈕，進行簡報放映。而在**「投影片放映→開始投影片放映」**群組中，可以選擇要從何處開始放映投影片。

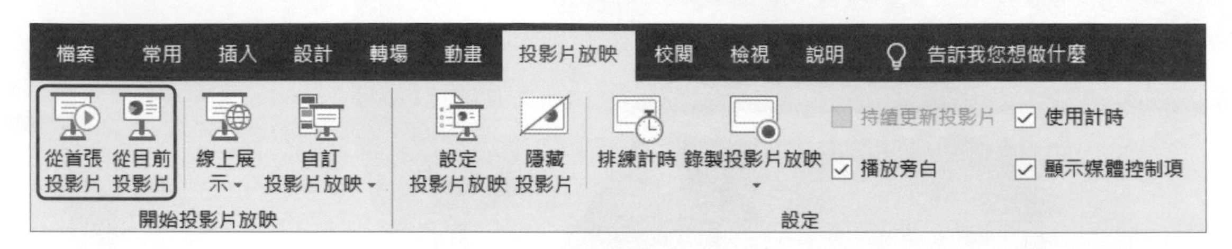

簡報在放映時，若要進行投影片換頁，可使用以下方法：

動作	指令按鈕及快速鍵
從首張投影片	「投影片放映→開始投影片放映→從首張投影片」按鈕、F5
從目前投影片	「投影片放映→開始投影片放映→從目前投影片」按鈕、Shift+F5
換至下一張投影片	N、空白鍵、→、↓、Enter、PageDown
翻回前一張投影片	P、Backspace、←、↑、PageUp
結束放映	Esc、-(連字號)
回到第一張投影片	Home、按住滑鼠左右鍵2秒鐘

在換頁時也可以直接使用滑鼠的滾輪來進行換頁，將滾輪往上推則可回到上一張投影片；往下推則是切換至下一張投影片。而若要結束放映時，則可以按下**Esc**鍵或**－**鍵。

使用以上方法進行換頁時，若投影片中的物件有設定動畫效果，且該動畫的開始方式爲**「按一下」**，那麼換頁時會先執行動畫，而不是換頁，待動畫執行完後，便可繼續換頁的動作。

若無法記住那麼多的快速鍵，那麼可以在放映投影片時，按下**F1**快速鍵，開啓「投影片放映說明」對話方塊，於**一般**標籤頁中，便會列出所有可使用的快速鍵。

放映投影片時，於投影片的左下角可以隱約的看到放映控制鈕，將滑鼠游標移至控制鈕上，便會顯示控制鈕，利用這些控制鈕也可以進行換頁控制。

範例檔案：6-1.pptx

運用螢光筆加強簡報重點

簡報放映過程中，可以使用**雷射筆**來指示投影片內容，或是使用**畫筆**、**螢光筆**功能，在投影片上標示文字或註解，在演說的過程中，能更清楚表達內容。

將滑鼠游標轉為雷射筆

播放簡報時，按下左下角⊘的按鈕，於選單中點選要使用的顏色，再按下雷射筆選項，即可將滑鼠游標轉換爲雷射筆，或是按下**Ctrl**鍵不放，再按下**滑鼠左鍵**不放，也可以將滑鼠游標暫時轉換爲雷射筆。雷射筆使用完後，若要關閉雷射筆狀態，只要按下**Esc**鍵即可。

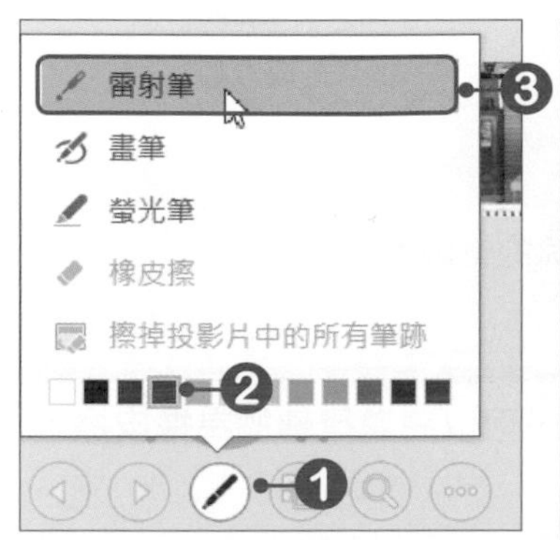

用螢光筆或畫筆標示重點

投影片放映時，可以使用**螢光筆**或**畫筆**在投影片中標示重點，在放映的過程中，按下⊘按鈕，選擇要使用的指標選項，其中**畫筆**較細，適合用來寫字，而**螢光筆**較粗，適合用來標示重點。

用螢光筆標示重點

用畫筆書寫文字

要快速轉換為畫筆時，也可以直接按下 **Ctrl+P** 快速鍵，將滑鼠游標轉換為畫筆。使用完畫筆或螢光筆時，按下 **Ctrl+A** 快速鍵，即可回復到正常的滑鼠游標狀態。

清除與保留畫筆筆跡

在投影片中加入了螢光筆及畫筆時，若要清除筆跡，可以按下⊘按鈕，於選單中點選**橡皮擦**，即可在投影片中選擇要移除的筆跡，而點選**擦掉投影片中的所有筆跡**，則可以一次將投影片中的所有筆跡移除。

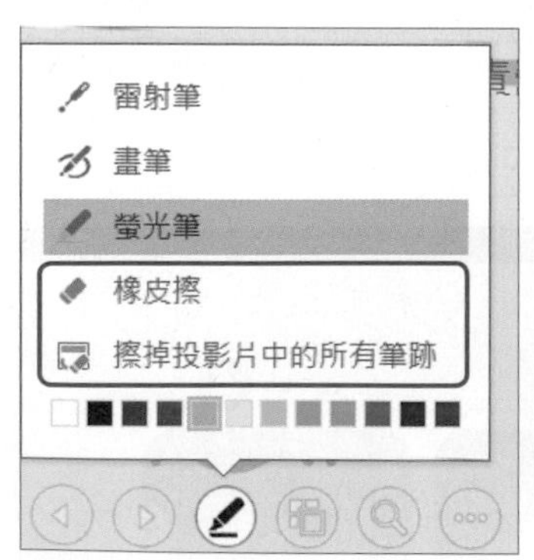

使用**橡皮擦**功能，只要直接在要移除的筆跡上按一下**滑鼠左鍵**，即可移除筆跡

在清除筆跡時也可以使用快速鍵來進行，按下 **Ctrl+E** 快速鍵，可以將游標轉換為**橡皮擦**；或直接按下 **E** 鍵，清除投影片上的所有筆跡。

結束放映時，若投影片中還有筆跡時，會詢問是否要保留筆跡標註，按下**保留**按鈕，會將筆跡保留在投影片中；按下**放棄**按鈕，則會清除投影片中的筆跡。

放映時檢視所有投影片

放映簡報時，若想要檢視所有投影片，可以按下左下角的按鈕，即可瀏覽該簡報中的所有投影片，在投影片上按下**滑鼠左鍵**，即可放映該張投影片。

使用拉近顯示放大要顯示的部分

使用左下角的按鈕，可以將簡報中的某部分放大顯示，這樣在簡報時就可以將焦點集中在這個部分。

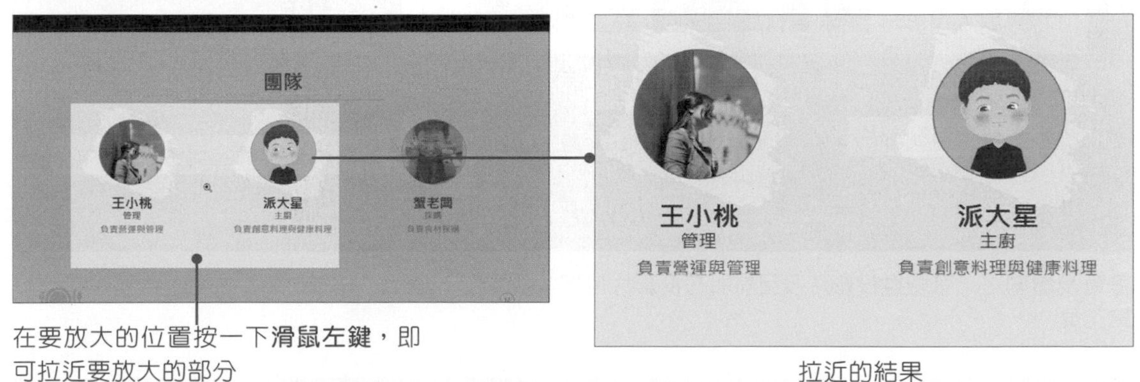

在要放大的位置按一下**滑鼠左鍵**，即可拉近要放大的部分

拉近的結果

拉近顯示後，滑鼠游標會呈狀態，按著**滑鼠左鍵**不放即可拖曳畫面，檢視其他的位置；要結束拉近顯示模式時，按下**Esc**鍵即可。

使用簡報者檢視畫面

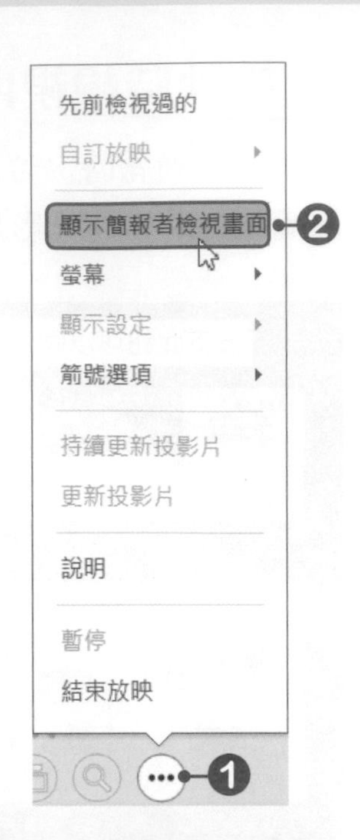

演講者在進行簡報時，可以進入**簡報者檢視畫面**模式，便可在自己的電腦螢幕上顯示含有備忘稿的簡報，並進行簡報放映的操作；而觀眾所看到的畫面則是全螢幕放映模式。

要進入簡報者檢視畫面模式時，可以按下左下角的 ⋯ 按鈕，於選單中點選**顯示簡報者檢視畫面**；或是在投影片上按下**滑鼠右鍵**，點選**顯示簡報者檢視畫面**即可。

顯示工作列以便切換程式
進行顯示器設定
結束放映
演講者所看到的播放畫面
顯示接下來要播放的投影片
顯示工作列
顯示設定
結束投影片放映
0:00:24
計時器，可暫停及重新啓動
下午 12:14
下一張投影片
風格
網站設計
介紹餐廳風格，以機械美學工藝為出發，創造出各種不同裝置，讓消費者置身在工業時代的氛圍中。
使投影片放映變黑或還原
放大投影片
備忘稿內容
其他放映選項
查看所有投影片
放大及縮小備忘稿的文字大小
第 10 張投影片 (共 13 張)
畫筆及雷射筆工具
可切換投影片及目前所在投影片位置

要使用簡報者檢視畫面時，也可以將「**投影片放映→監視器**」群組中的「**使用簡報者檢視畫面**」選項勾選即可。若只有一部監視器，直接按下 **Alt+F5** 快速鍵，即可使用簡報者檢視畫面。

6-2 自訂放映投影片範圍

在一份簡報中，可以自行設定不同版本的放映組合，讓投影片放映時更為彈性，這節就來學習如何自訂放映投影片範圍。

隱藏不放映的投影片

放映簡報時，若有某張投影片是不需要放映的，那麼可以先將投影片隱藏起來，只要在投影片上按下**滑鼠右鍵**，於選單中點選**隱藏投影片**，或按下**「投影片放映→設定→隱藏投影片」**按鈕。

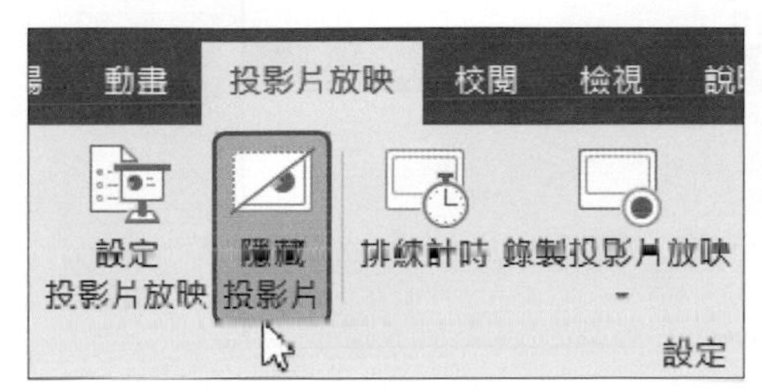

被設定為隱藏的投影片，在編號上會加上斜線，表示該張投影片目前為隱藏狀態

要取消隱藏的投影片時，在被隱藏的投影片上按下**滑鼠右鍵**，點選**隱藏投影片**，或按下**「投影片放映→設定→隱藏投影片」**按鈕，即可取消隱藏。

將投影片隱藏後，簡報在放映時，會自動跳過該張投影片，若臨時想要放映被隱藏的投影片，可以在要播放到時，例如：被隱藏的是第4張投影片，那麼在播放到第3張投影片時，按下**H**鍵，即可播放。

建立自訂投影片放映

在一份簡報中，可以自行設定不同版本的放映組合，請開啟**6-1.pptx**檔案，練習自訂投影片放映。

01 按下**「投影片放映→開始投影片放映→自訂投影片放映」**按鈕，於選單中點選**自訂放映**。

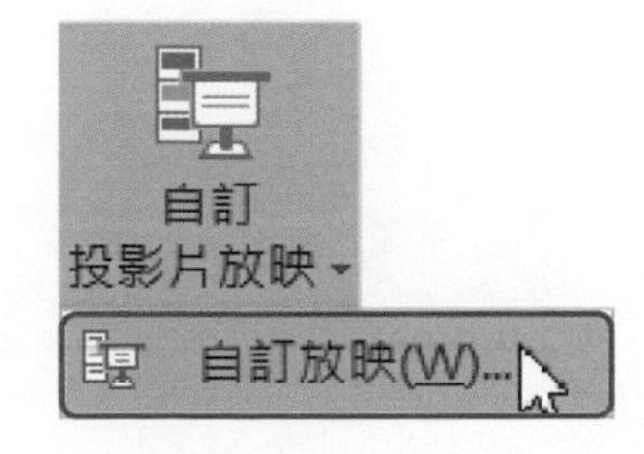

02 開啟「自訂放映」對話方塊，按下**新增**按鈕，開啟「定義自訂放映」對話方塊後，於**投影片放映名稱**欄位中輸入名稱，接著於**簡報中的投影片**中，勾選要自訂放映的投影片，選取好後再按下**新增**按鈕。

03 被選取的投影片便會加入**自訂放映中的投影片**中，接著再繼續選取要加入的投影片，投影片都選擇好後，最後按下**確定**按鈕。

定義自訂放映 ? ×
投影片放映名稱(N): 簡易版
簡報中的投影片(P):
1. 募資簡報
2. 關於我們
3. 服務
4. 產品
5. 商業模式
6. 營運
7. 競爭
8. 財務
新增(A)
自訂放映中的投影片(L):
1. 募資簡報
2. 營運
3. 競爭
4. 財務
5. 基金
向上(U)
移除(R)
向下(D)
確定
取消

04 回到「自訂放映」對話方塊，便可看見剛剛所建立的投影片放映名稱，沒問題後按下**關閉**按鈕，完成自訂投影片放映的動作。

05 自訂好要放映的投影片後，若要放映自訂投影片時，必須按下**「投影片放映→開始投影片放映→自訂投影片放映」**按鈕，於選單中選擇要放映的版本，點選後即可進行放映的動作。

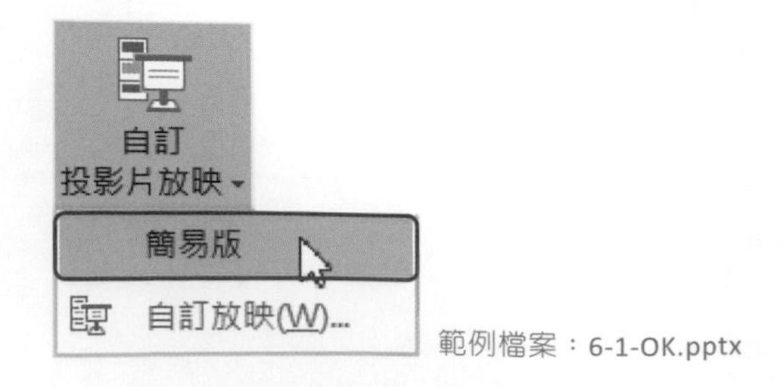

範例檔案：6-1-OK.pptx

6-3 錄製投影片放映時間及旁白

若製作的簡報是要作為自動展示使用時，可以先將簡報設定放映的時間及錄製一些相關的旁白。

設定排練時間

簡報要自動連續播放時，可以進入**「轉場→預存時間」**群組中，設定每隔多少秒自動換頁，或是使用**排練計時**功能，實際排練每張投影片所需要花費的時間。請開啓**6-2.pptx**檔案，學習排練計時的使用方法。

01 按下**「投影片放映→設定→排練計時」**按鈕，簡報會開始進行放映的動作，而在左上角則會出現一個「錄製」對話方塊，此時「錄製」對話方塊中的時間也會跟著啓動計時。

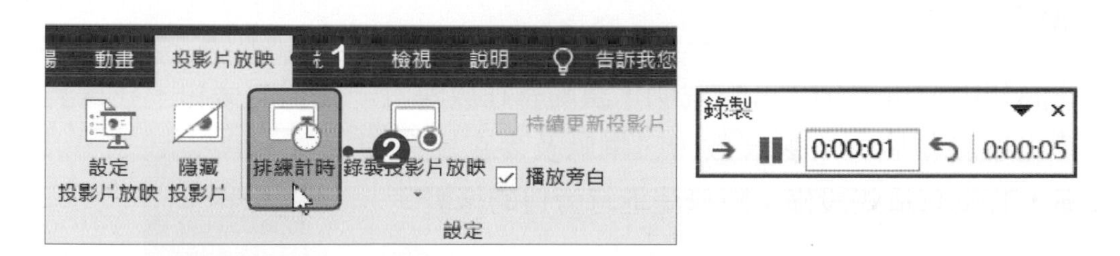

02 在排練計時的過程中，要換一張投影片時，可以按下 → **下一步**按鈕；若想要重新錄製該張投影片的時間時，可以按下 ↶ **重複**按鈕，或**R**鍵，先暫停錄製再按下**繼續錄製**按鈕，即可重新錄製投影片的排練時間。若在排練過程中想要暫停時，可以按下 ❚❚ 按鈕，便會停止排練。

03 所有的投影片時間都排練完成後，或過程中按下**Esc**鍵，便會出現一個訊息視窗，上面會顯示該份簡報的總放映時間，如果希望以此時間來作為播放時間，就按下**是**按鈕，完成排練的動作。

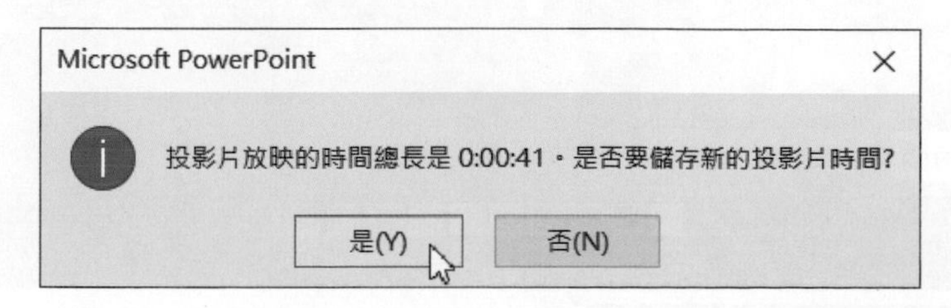

04 進入**投影片瀏覽**模式中，在每張投影片的左下角就會顯示一個時間，此時間就是投影片的放映時間。

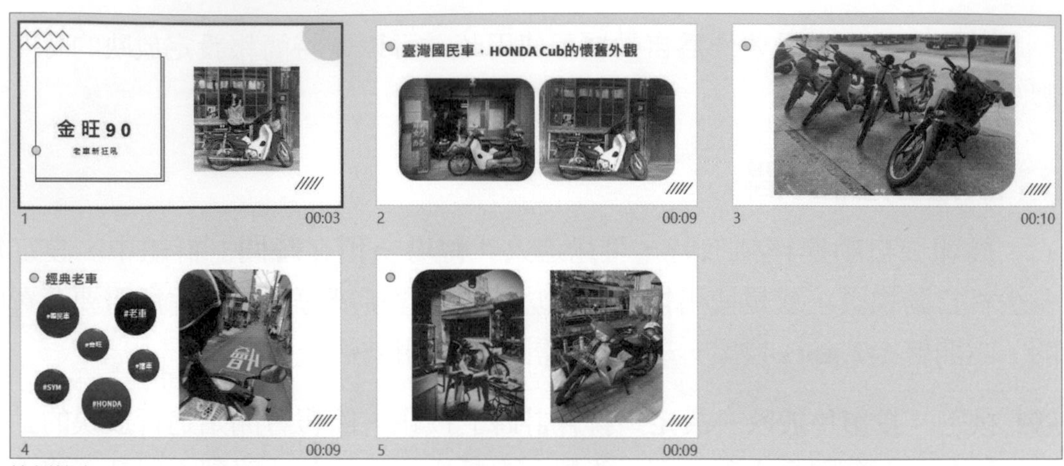

範例檔案：6-2-OK.pptx

錄製旁白

在簡報中還可以加入旁白說明，讓簡報在放映時一起播出旁白。在錄製旁白前，請先確認電腦已安裝音效卡、喇叭及麥克風等硬體設備，若沒有這些設備，將無法進行旁白的錄製。

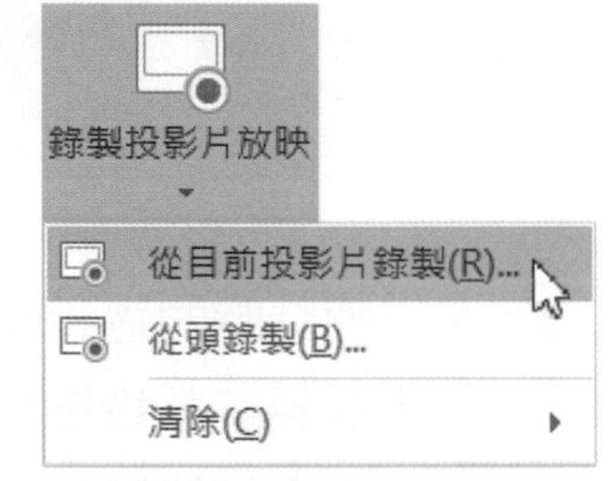

按下**「投影片放映→設定→錄製投影片放映」**選單鈕，即可選擇要**從頭錄製**或是**從目前投影片開始錄製**。選擇好後便會進入投影片放映的「錄製」視窗中，進行錄製的動作。

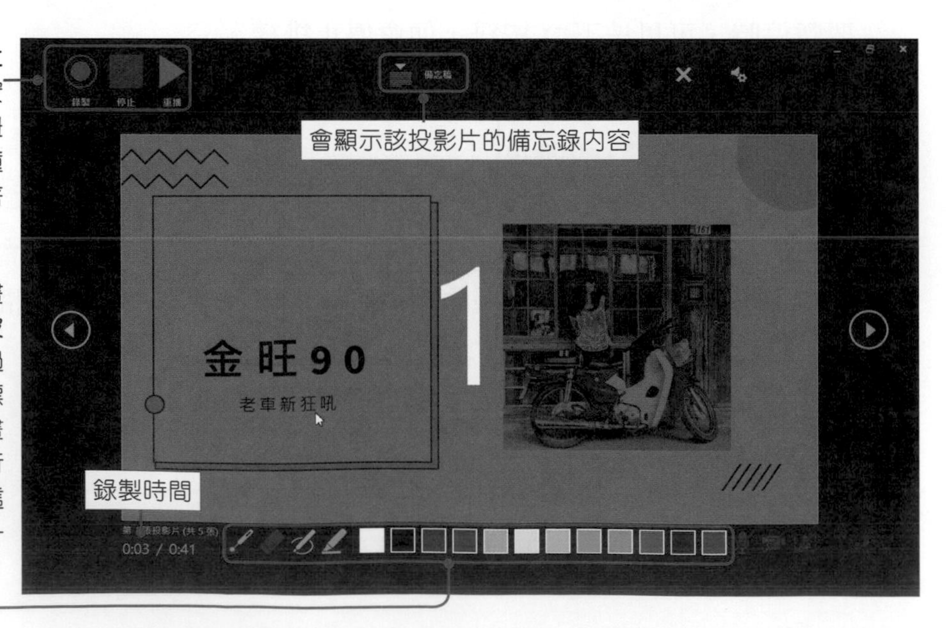

這裡有**錄製**、**停止**及**重播**三個操控按鈕。按下**錄製**按鈕後，會出現三秒鐘的倒數計時，接著便可開始錄製內容

提供**雷射筆**、**畫筆**、**螢光筆**及**橡皮擦**功能，在錄製過程中可將滑鼠游標轉換為雷射筆、畫筆、螢光筆，進行指示的動作，而這些筆跡動作也會一併被錄製下來

04 錄製完成後，或過程中按下**Esc**鍵，便可結束錄製的動作。

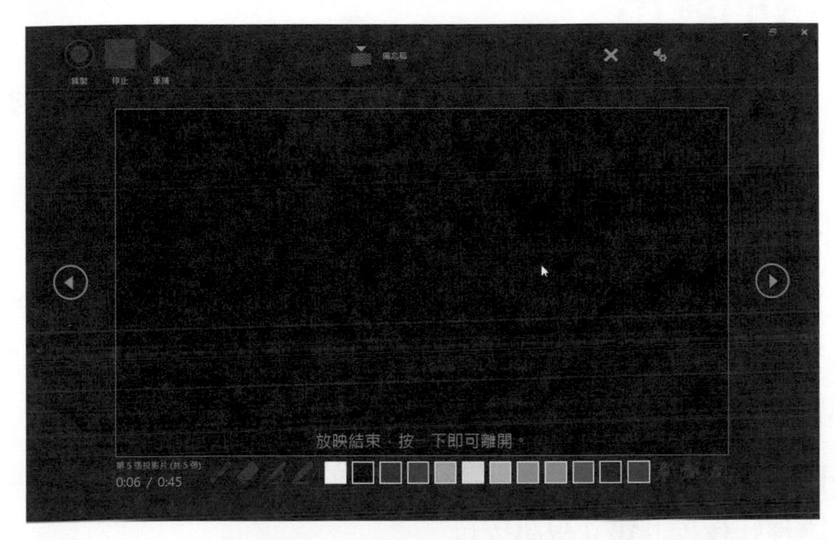

範例檔案：6-2-OK.pptx

若簡報有錄製預存時間及旁白時，別忘了將**播放旁白**及**使用計時**兩個選項勾選，這樣播放投影片時，才會使用錄製的時間來播放並加入旁白。

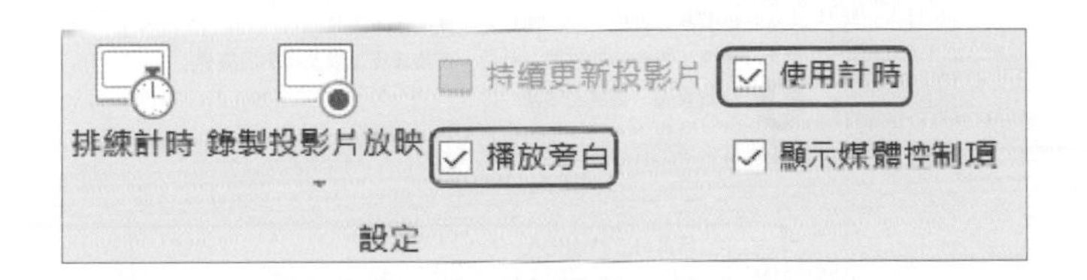

清除預存時間及旁白

若想要重新錄製或取消旁白時，可以按下**「投影片放映→設定→錄製投影片放映」**選單鈕，於選單中點選**清除**，即可選擇要清除目前投影片或所有投影片上的預存時間及旁白。

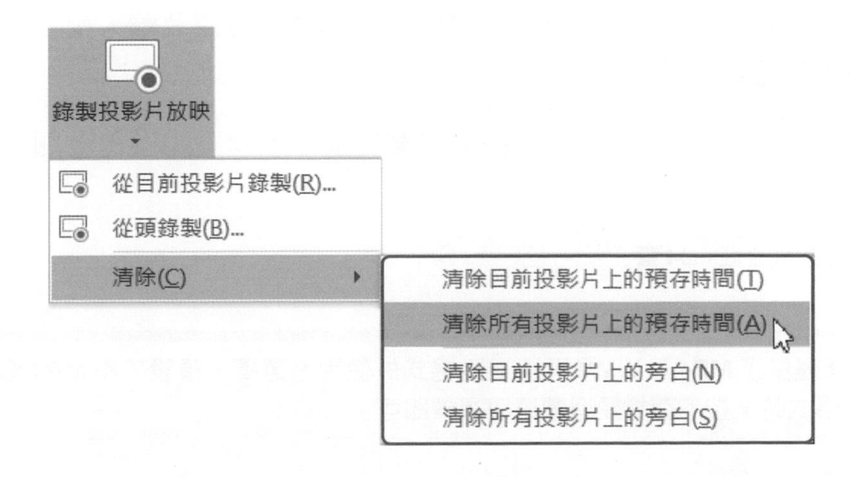

6-4 簡報的匯出

簡報製作完成後，可以使用**匯出**功能將簡報匯出為**視訊檔**、**GIF檔**、**封裝成光碟**、**建立講義**等，這節就來學習如何將簡報匯出。

將簡報匯出為視訊檔

簡報製作完成後，可以直接匯出為「視訊檔」，而PowerPoint提供了**MP4**及**WMV**兩種視訊格式，且轉換時，簡報中所使用的動畫效果及投影片轉場效果都能完整呈現於視訊檔中。請開啓**6-3.pptx**檔案，進行匯出的練習。

01 按下**「檔案→匯出→建立視訊」**功能，選擇視訊的品質及是否要使用錄製的時間和旁白，選擇好後按下**建立視訊**按鈕。

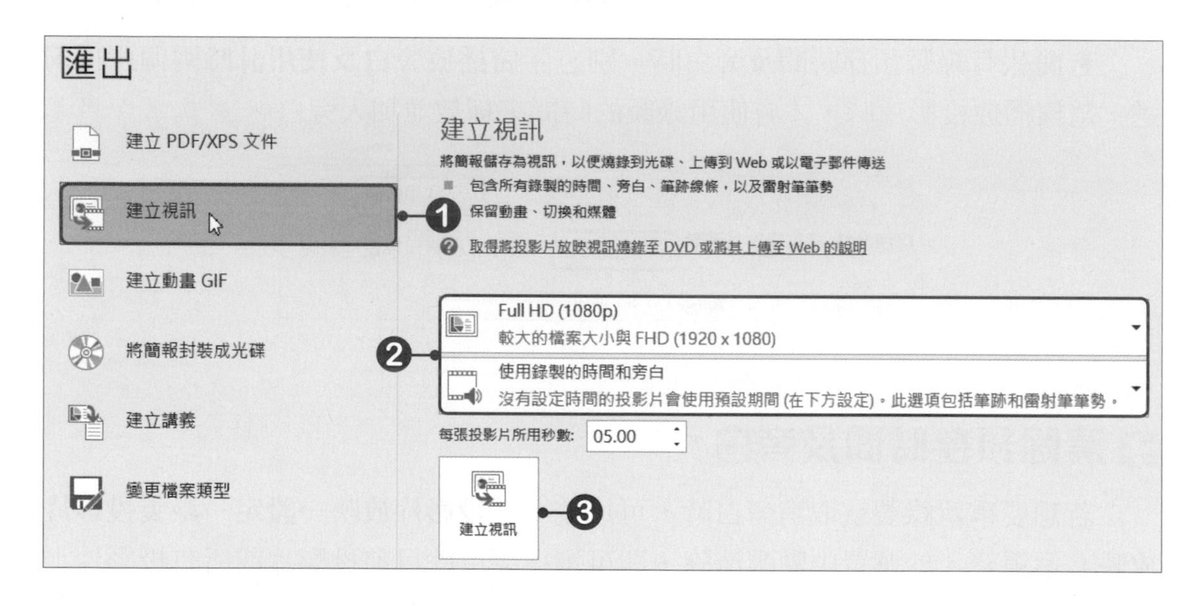

02 開啓「另存新檔」對話方塊，選擇檔案要儲存的位置及輸入檔案名稱，都設定好後按下**儲存**按鈕。

03 PowerPoint便會開始進行建立視訊檔案的動作，建立的過程會顯示於狀態列中。

PowerPoint提供了**MP4**及**WMV**兩種視訊格式供使用者選擇，預設下為MP4格式，若要選擇WMV格式時，按下**存檔類型**選單鈕選擇即可。

04 匯出完成後，在所選擇的儲存位置中，就會多了一個「MP4」格式的視訊檔案，此時便可使用播放軟體來播放視訊。

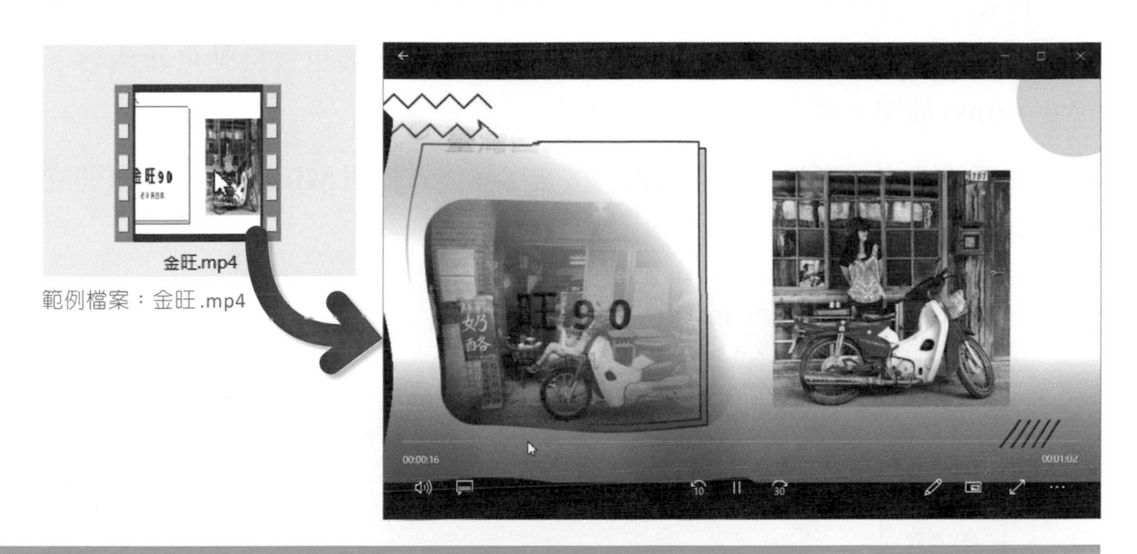

範例檔案：金旺.mp4

PowerPoint將簡報轉換為視訊格式時，轉換的時間會依所選擇的視訊品質而有所不同，若選擇**Ultra HD(4K)**、**Full HD(1080p)**，那麼轉換的時間會久一點，而此選項的視訊品質也較高，但相對的檔案也會比較大。要將簡報儲存為視訊檔時，也可以在「**另存新檔**」對話方塊中，按下**存檔類型**選單鈕，於選單中點選要使用的視訊格式即可。

將簡報匯出成GIF

製作好的簡報可以匯出成動畫GIF格式，且還可以選擇檔案要使用的品質。GIF格式可以將多張圖片存在同一個圖檔中，且會依照預設好的播放順序來顯示這些圖片，產生動畫的效果。

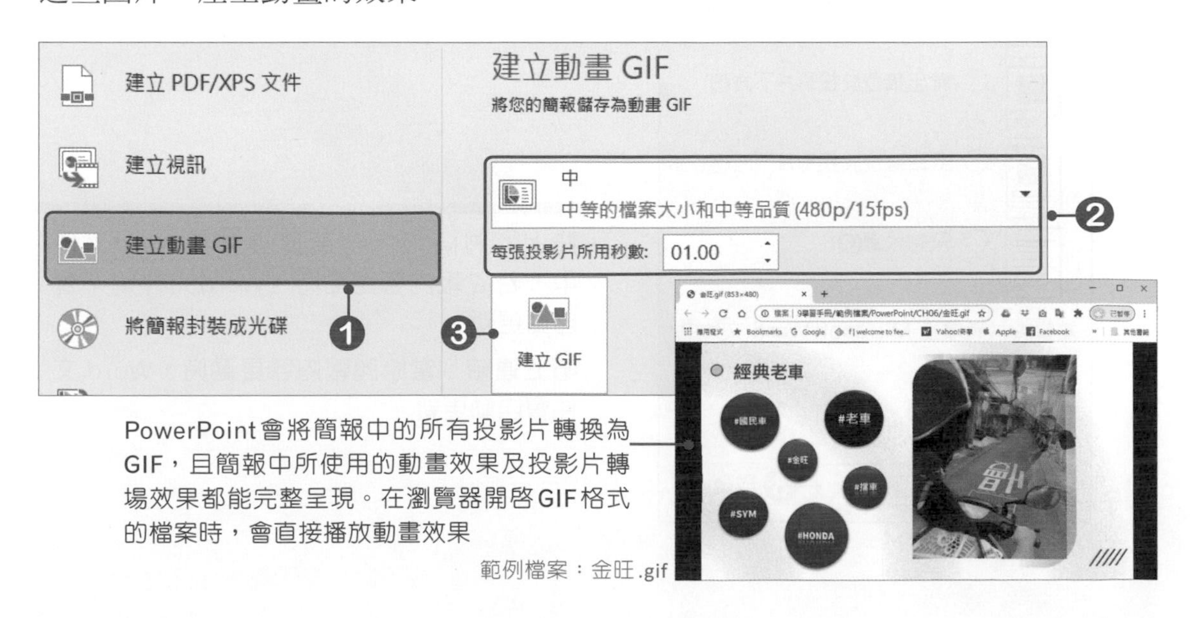

PowerPoint會將簡報中的所有投影片轉換為GIF，且簡報中所使用的動畫效果及投影片轉場效果都能完整呈現。在瀏覽器開啟GIF格式的檔案時，會直接播放動畫效果

範例檔案：金旺.gif

講義的製作

PowerPoint可以將簡報中的投影片和備忘稿，建立成可以在Word中編輯及格式化的講義，而當簡報內容變更時，Word中的講義也會自動更新內容。請開啓**6-4.pptx**檔案，進行講義製作的練習。

01 按下**「檔案→匯出→建立講義」**按鈕，然後在**使用Microsoft Word建立講義**中按下**建立講義**。

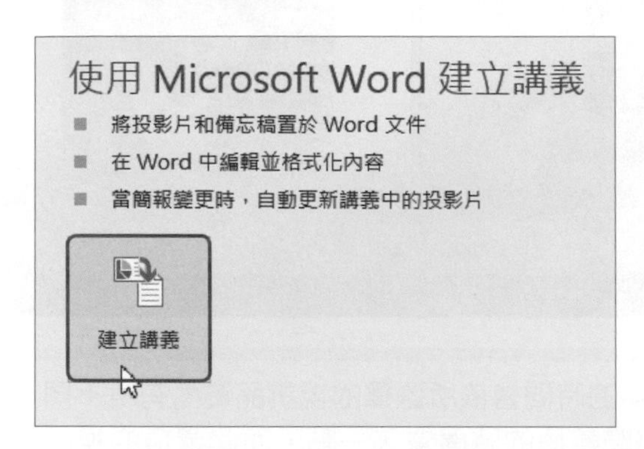

02 開啓「傳送至Microsoft Word」對話方塊，選擇要使用的版面配置，再點選**貼上連結**選項，都設定好後按下**確定**按鈕。

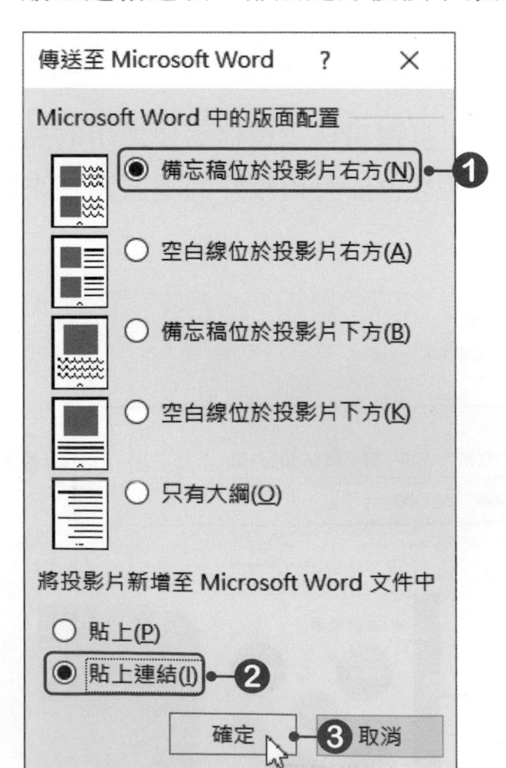

貼上：將簡報內容直接複製於Word文件中，若簡報內容更動時，Word文件則不會自動更新。

貼上連結：當原簡報內容更動時，Word 文件會自動更新。

03 簡報內容便會建立在Word文件中，接著便可在Word中進行任何的編輯動作，編輯完後再將文件儲存起來即可。

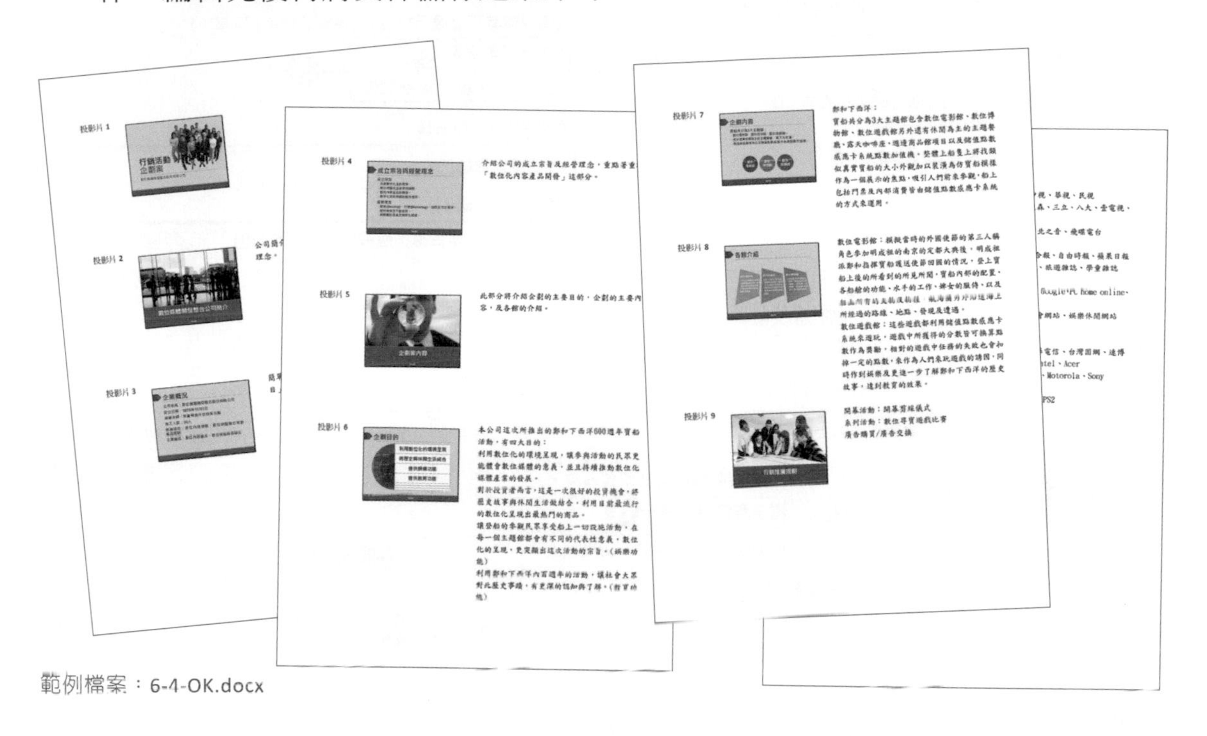

範例檔案：6-4-OK.docx

將簡報封裝成光碟

PowerPoint提供了將**簡報封裝成光碟**功能，使用此功能可以將簡報中使用到的字型及連結的檔案(文件、影片、音樂等)都打包在同一個資料夾中，或是燒錄到CD中，這樣在別台電腦開啓檔案時，就不會發生連結不到檔案的問題。

在封裝時還可以選擇要將簡報封裝到資料夾或是直接燒錄到光碟中，請開啓**6-5.pptx**檔案，進行封裝的練習。

01 按下 **「檔案→匯出→將簡報封裝成光碟」** 選項，再按下**封裝成光碟**按鈕，開啓「封裝成光碟」對話方塊。

02 在**CD名稱**欄位中輸入名稱，若要再加入其他的簡報檔案時，按下**新增**按鈕，即可再新增其他檔案。在封裝簡報前，還可以按下**選項**按鈕，選擇是否要將連結的檔案及字型一併封裝。

03 在「封裝成光碟」對話方塊中，按下**複製到資料夾**按鈕，開啓「複製到資料夾」對話方塊，設定資料夾名稱及位置，都設定好後按下**確定**按鈕即可。

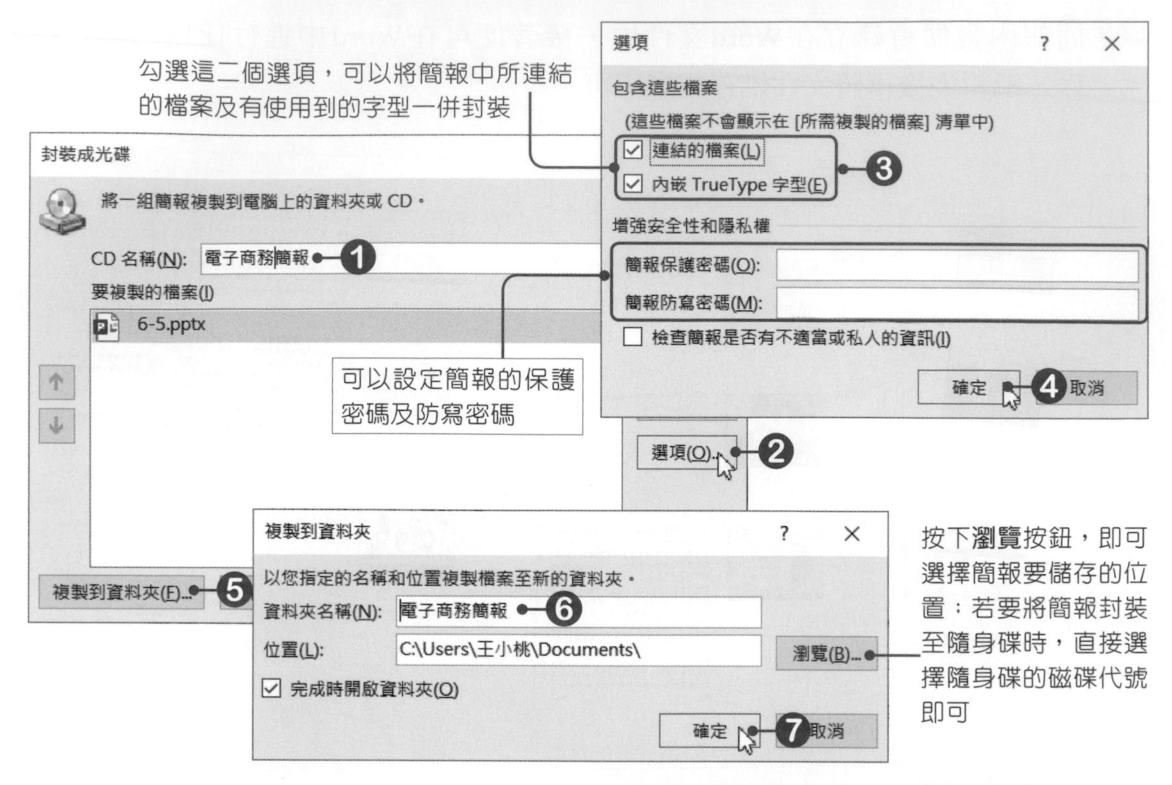

04 接著會詢問是否要將連結的檔案都封裝，這裡請按下**是**按鈕。

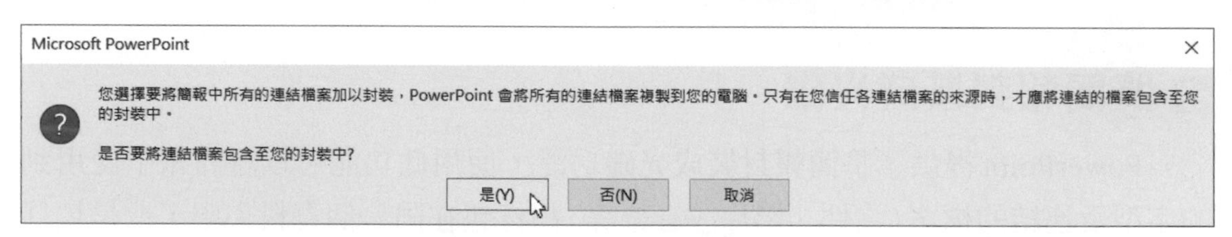

05 PowerPoint就會開始進行封裝的動作，完成後，在指定的位置，就會多了一個所設定的資料夾，該資料夾內存放著相關檔案。封裝完成後回到「封裝成光碟」對話方塊，按下**關閉**按鈕，結束封裝光碟的動作。

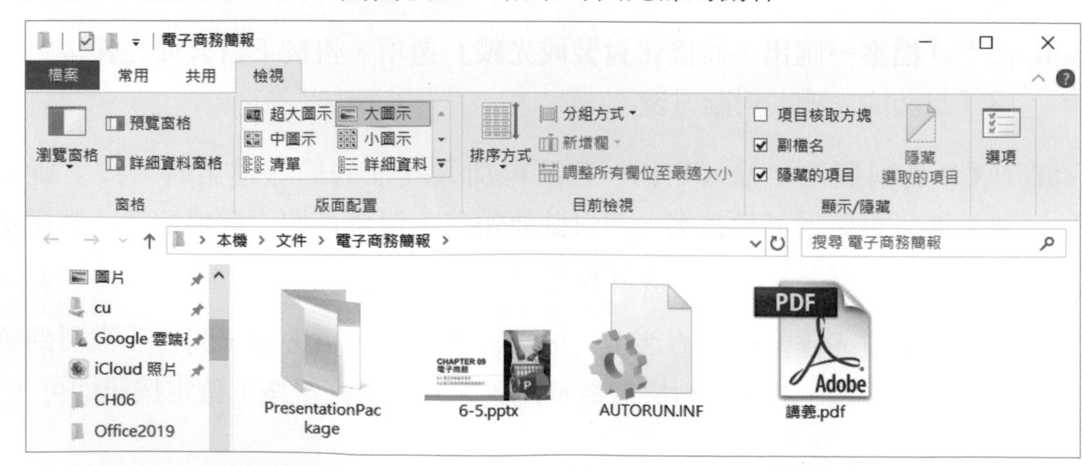

範例檔案：電子商務簡報資料夾

6-5 簡報的列印

簡報製作完成後，即可進行列印的動作，列印時可以選擇列印的方式，這節就來學習如何進行簡報的列印。

預覽列印

要預覽簡報時，可以按下**「檔案→列印」**功能，即可預覽列印的結果。

設定列印範圍

列印簡報時，可以自行設定要列印的範圍，選擇**列印所有投影片**時，則可列印全部的投影片；選擇**列印目前的投影片**時，則會列印出目前所在位置的投影片；選擇**列印選取範圍**時，只會列印被選取的投影片內容；選擇**自訂範圍**時，可以自行選擇要列印的投影片。

選擇「自訂範圍」時，可以自行輸入要列印的投影片編號，例如：要列印第 1 張到第 5 張投影片時，輸入「1-5」，如果要列印第 1、3、5 頁時，則輸入「1,3,5」

列印版面配置設定

列印投影片時，可以將列印版面配置設定為全頁投影片、備忘稿、大綱及講義等方式。

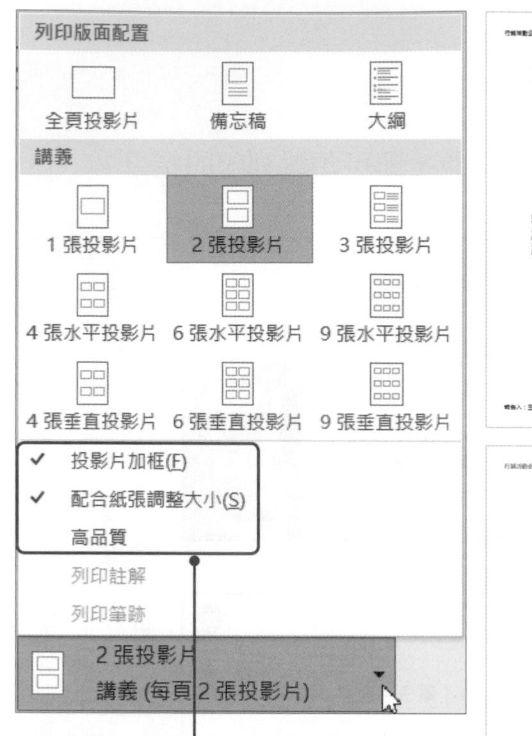

在列印時，還可以選擇是否要將投影片加框、投影片是否配合紙張調整大小、是否要以高品質列印等

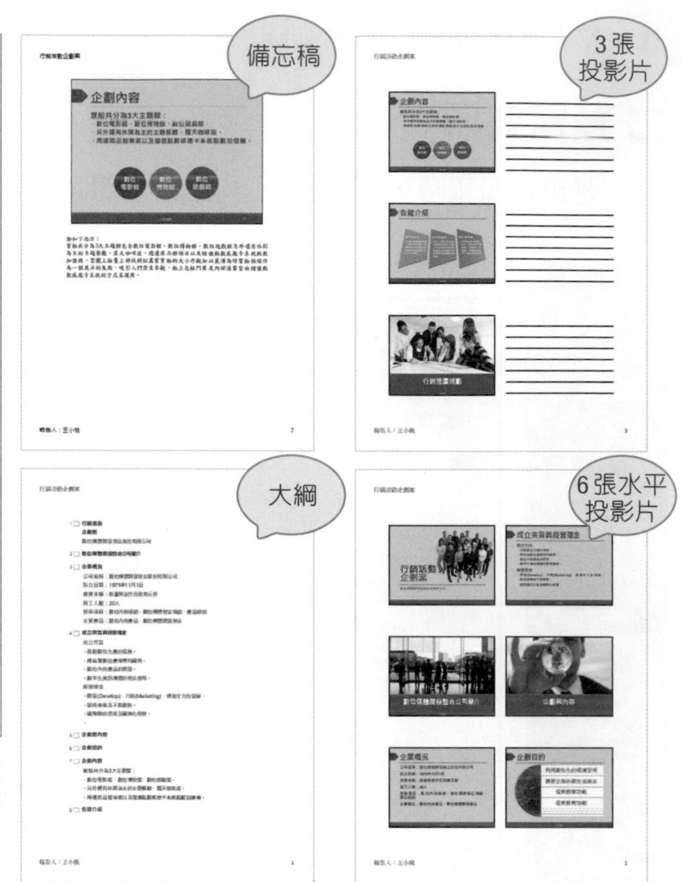

設定列印方向

列印簡報時還可以選擇紙張的方向，PowerPoint 提供了**直向**及**橫向**兩種方向，不過，列印方向只能在將版面配置設定為備忘稿、大綱、講義時才能選擇。

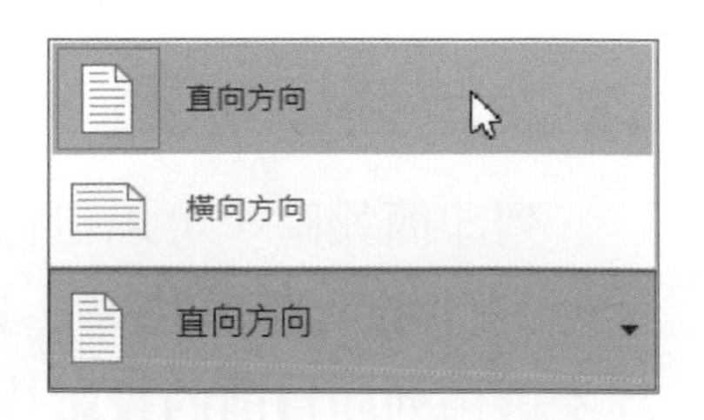

列印及列印份數

列印資訊都設定好後，即可在**份數**欄位中輸入要列印份數，最後再按下**列印**按鈕，即可將簡報從印表機中印出。

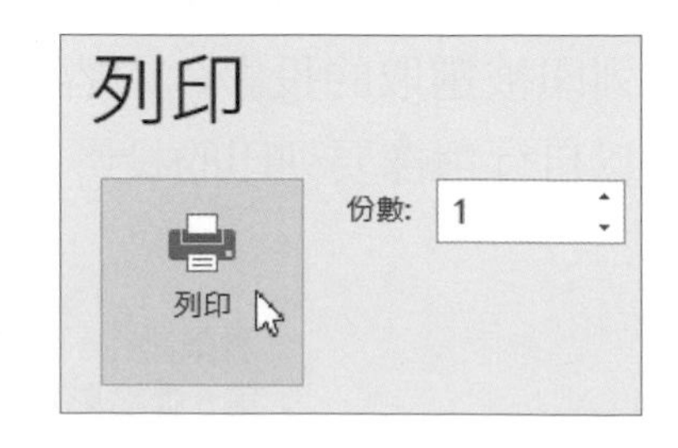

自我評量

❖選擇題

(　　)1. 在PowerPoint中，進行投影片放映時，可以按下下列哪組快速鍵，將滑鼠游標轉換為畫筆？(A) Ctrl+A　(B) Ctrl+C　(C) Ctrl+P　(D) Ctrl+E。

(　　)2. 在PowerPoint中，若要將投影片中的筆跡移除時，可以按下鍵盤上的哪個按鍵？(A) E　(B) P　(C) Z　(D) S。

(　　)3. 在PowerPoint中，如果同一份簡報必須向不同的觀眾群進行報告，可透過下列哪一項功能，將相關的投影片集合在一起，如此即可針對不同的觀眾群，放映不同的投影片組合？(A)設定放映方式　(B)自訂放映　(C)隱藏投影片　(D)新增章節。

(　　)4. 在PowerPoint中，要設定排練時間時，須點選？(A)投影片放映→設定→排練計時　(B)投影片放映→編輯→排練計時　(C)投影片放映→檢視→排練計時　(D)投影片放映→插入→排練計時。

(　　)5. 在PowerPoint中，可以將簡報轉換成下列何種視訊格式？(A) rm　(B) mov　(C) mp3　(D) mp4。

(　　)6. 在PowerPoint中，執行下列哪一項功能可以將簡報內容以貼上連結的方式傳送到Word？(A)建立講義　(B)存成「大綱/RTF」檔　(C)利用「複製」與「選擇性貼上/貼上連結　(D)由Word開啟簡報檔。

(　　)7. 在PowerPoint中，每頁列印幾張投影片的講義，含有可讓聽眾做筆記的空間？(A)二張　(B)三張　(C)四張　(D)六張。

(　　)8. 在PowerPoint中，若只想要列印簡報內的文字，而不印任何圖形或動畫，可設定下列哪一項「列印」模式？(A)全頁投影片　(B)講義　(C)備忘稿　(D)大綱。

(　　)9. 在PowerPoint中，若想要列印編號為2、3、5、6、7的投影片，可以在「列印」的「自訂範圍」輸入下列編號？(A) 2;3;5-7　(B) 2,3;5-7　(C) 2-3,5,6,7　(D) 2-3;5-7。

(　　)10. 在PowerPoint中，將「列印版面配置」設定為「全頁投影片」時，每頁最多可列印幾張投影片？(A)一張投影片　(B)二張投影片　(C)三張投影片　(D)四張投影片。

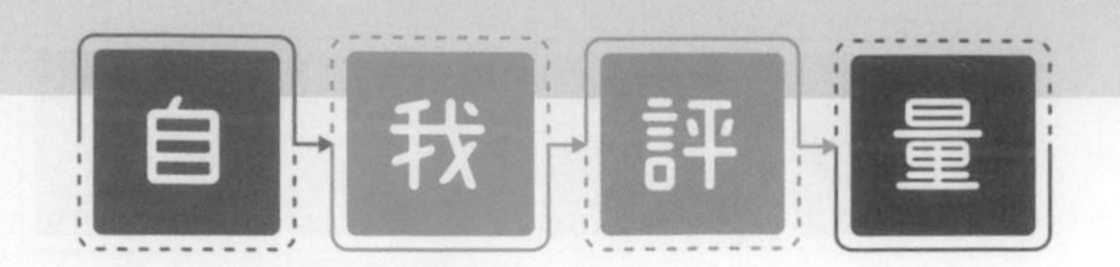

❖ 實作題

1. 開啓「PowerPoint→CH06→6-6.pptx」檔案，進行以下的設定。

- 將簡報內容以「貼上連結」方式建立成Word文件，使用「空白線位於投影片下方」版面配置。

- 將簡報以講義方式列印，每張紙呈現2張投影片，並將投影片加入框線，列印時配合紙張調整大小。

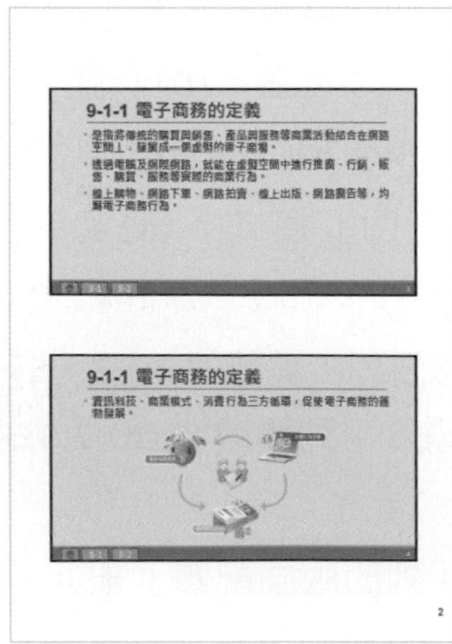

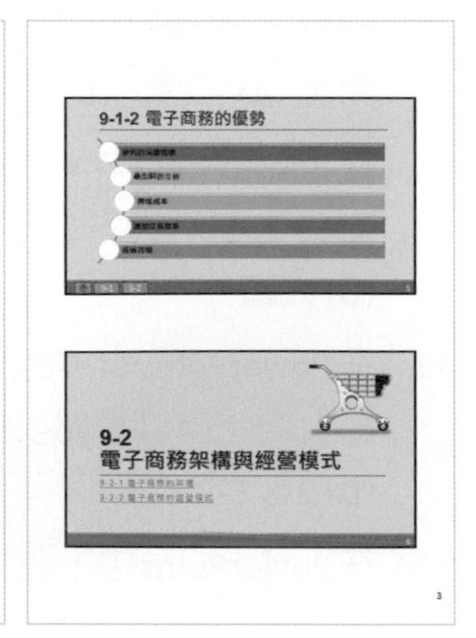

CHAPTER 01
Access的基本操作

1-1 Access基本介紹

Access是由微軟(Microsoft)公司所推出的**資料庫軟體，資料庫**(DataBase)指的是**「將一群具有相關連的檔案組合起來」**。使用資料庫可以將資料一筆一筆的記錄起來，當有需要的時候，再利用各種查詢方式，查詢出想要的資料。

啟動Access

安裝好Office應用軟體後，執行「**開始→Access**」，即可啓動**Access**。

啓動Access時，會先進入開始畫面中的**常用**選項頁面，在畫面的左側會有**常用**、**新增**及**開啓**等選項；而畫面的右側則會依不同選項而有所不同，例如：在常用選項中會有空白資料庫、範本及最近曾開啓過的檔案。

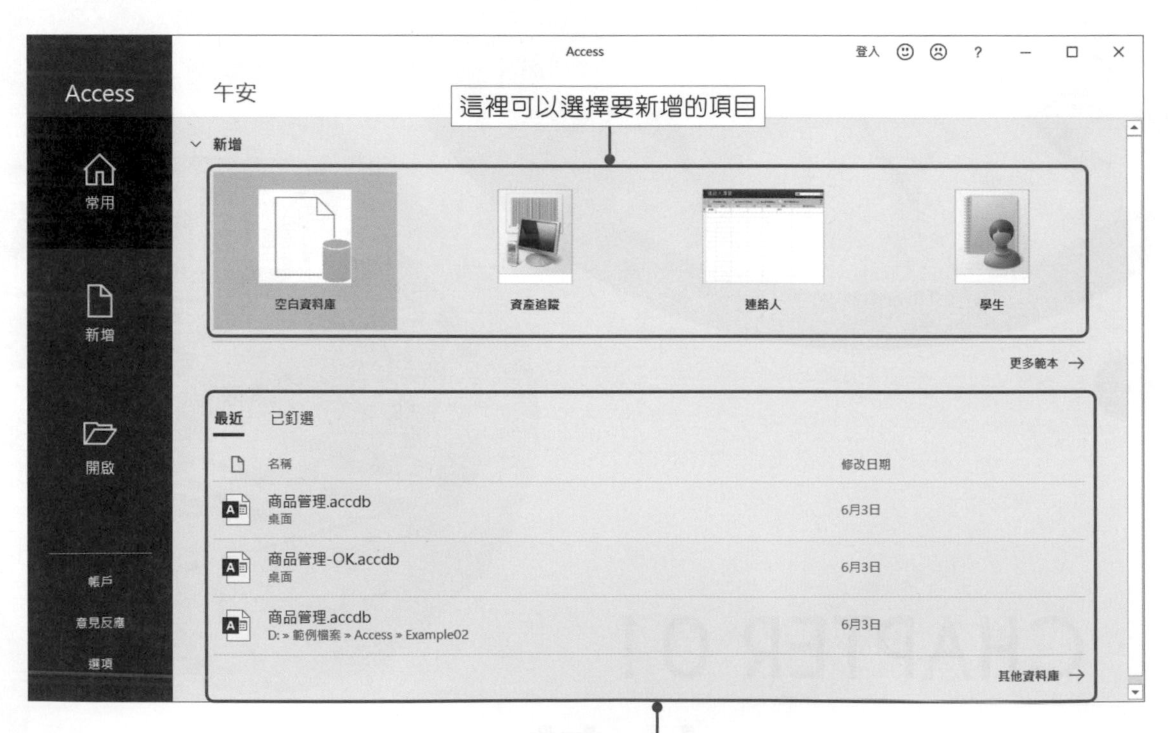

除了上述方法外，還可以直接在Access資料庫的檔案名稱或圖示上，**雙擊滑鼠左鍵**，啓動Access操作視窗，並開啓該資料庫。

Access的操作視窗

在開始使用Access之前，先來認識Access的操作視窗，在視窗中會看到許多不同的元件，而每個元件都有一個名稱，了解這些名稱後，在操作上就會更容易上手，以下就來看看這些元件有哪些功能吧！

A標題列

在標題列中會顯示目前開啓的資料庫檔案名稱。預設下，開啓一份新資料庫時，在標題列上會顯示**Database1**，而後面接著顯示該資料庫所在位置。

B快速存取工具列

快速存取工具列在預設情況下，會有**儲存檔案**、**復原**、**取消復原**等工具鈕，在快速存取工具列上的這些工具鈕，主要是讓我們在使用時，能快速執行想要進行的工作。

©視窗控制鈕

視窗控制鈕主要是控制視窗的縮放及關閉，將視窗最小化；將視窗最大化；將資料庫及視窗關閉。

ⓓ索引標籤與ⓔ功能區

在視窗中可以看到**檔案**、**常用**、**建立**、**外部資料**、**資料庫工具**、**說明**等索引標籤，點選某一個標籤後，在功能區中就會顯示該標籤的相關功能，而Access將這些功能以**群組**方式分類，以方便使用。例如：當點選**建立**標籤時，在功能區中就會顯示建立資料表、表單、報表等相關的功能，而這些功能主要是以**群組**方式呈現，像是**資料表**群組、**查詢**群組、**表單**群組、**報表**群組等，這些群組中又分成多個指令按鈕。

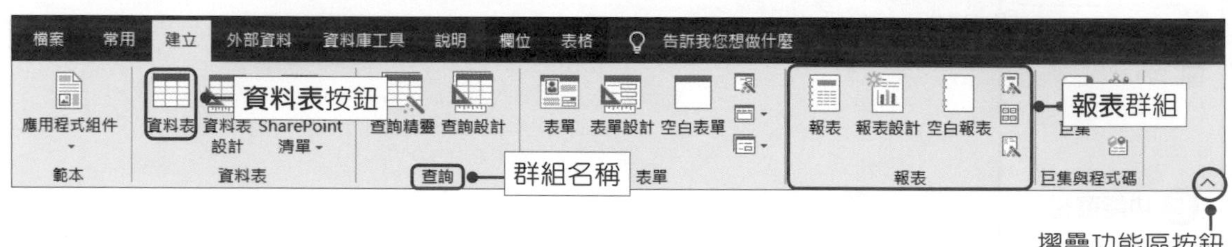

若不想讓功能區出現於視窗中，可以按下**摺疊功能區**按鈕，即可將功能區隱藏起來。若要再顯示功能區時，點選任一索引標籤後，再按下**釘選功能區**按鈕即可，也可以直接使用**Ctrl+F1**快速鍵，切換功能的隱藏及顯示狀態。

若在群組的右下角有看到**對話方塊啓動器**工具鈕，表示該群組還可以進行細部的設定，例如：當按下**文字格式設定**群組的工具鈕後，會開啓「資料工作表格式設定」對話方塊，即可進行資料表的設定。

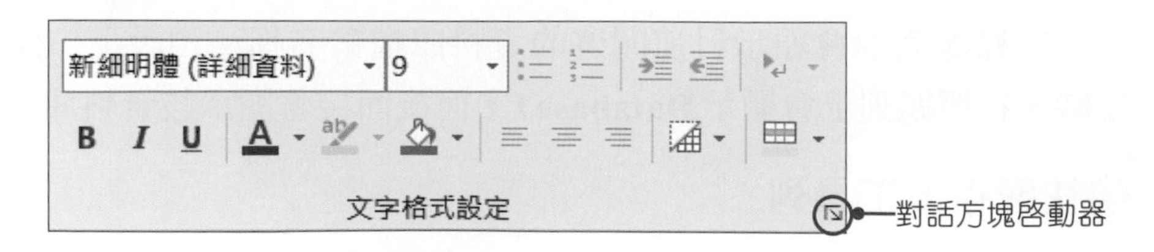

本書在說明功能區選項時，將統一以按下「××→○○→☆☆」來表示，其中××代表索引標籤名稱；○○代表群組名稱；☆☆代表指令按鈕名稱。例如：要將文字變為粗體時，我們會以「常用→文字格式設定→粗體」來表示。

F 功能窗格

在**功能窗格**中列出了所有資料庫檔案中所包含的各種資料庫物件，例如：資料表、表單及報表等。要開啟或刪除功能窗格中的物件時，只要在物件上**雙擊滑鼠左鍵**，即可開啟該物件；若要刪除物件時，只要在物件上按下**滑鼠右鍵**，於選單中點選**刪除**即可。

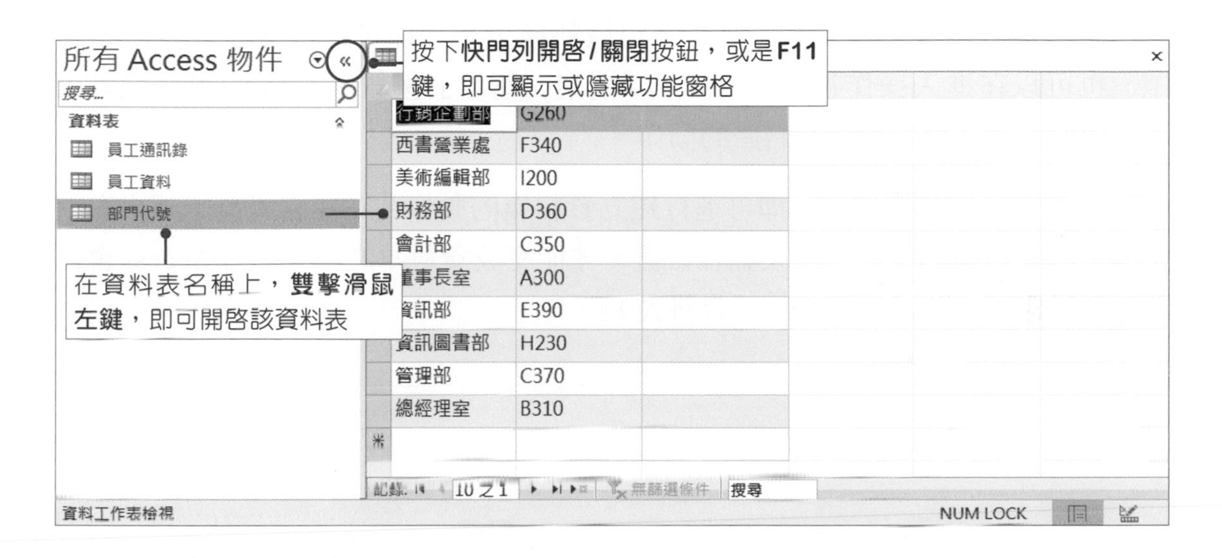

G 檢視模式

在Access中要切換檢視模式時，可以直接按下**檢視**工具鈕(**資料工作表檢視**、**設計檢視**)，或是按下「**常用→檢視→檢視**」按鈕，於選單中選擇檢視模式即可；而當資料庫增加了查詢、表單、報表等物件時，在檢視選單中就會有不同的檢視選項，例如：建立了報表物件，選單中就會多了**報表檢視**、**預覽列印**等檢視模式。

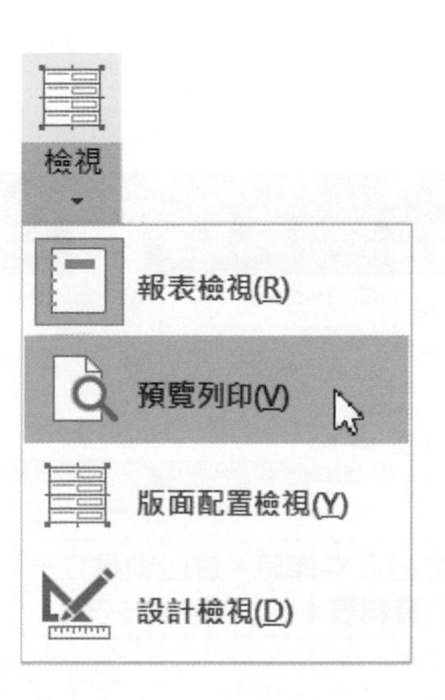

1-2 資料庫檔案的操作

這裡要學習如何建立空白資料庫、開啟現有資料庫等操作方式。

建立資料庫

開啟Access操作視窗後，按下**空白資料庫**選項，即可進行建立資料庫的動作，也可以在進入操作視窗後，按下**「檔案→新增」**按鈕，或**Ctrl+N**快速鍵，進入**新增**視窗，進行建立資料庫的動作。

按下**空白資料庫**選項，即可進行建立資料庫的動作，在建立資料庫時，必須先建立該資料庫的檔案名稱及儲存位置，才能完成資料庫的建立，且Access會自動在資料庫檔中新增一個空的**「資料表1」**。

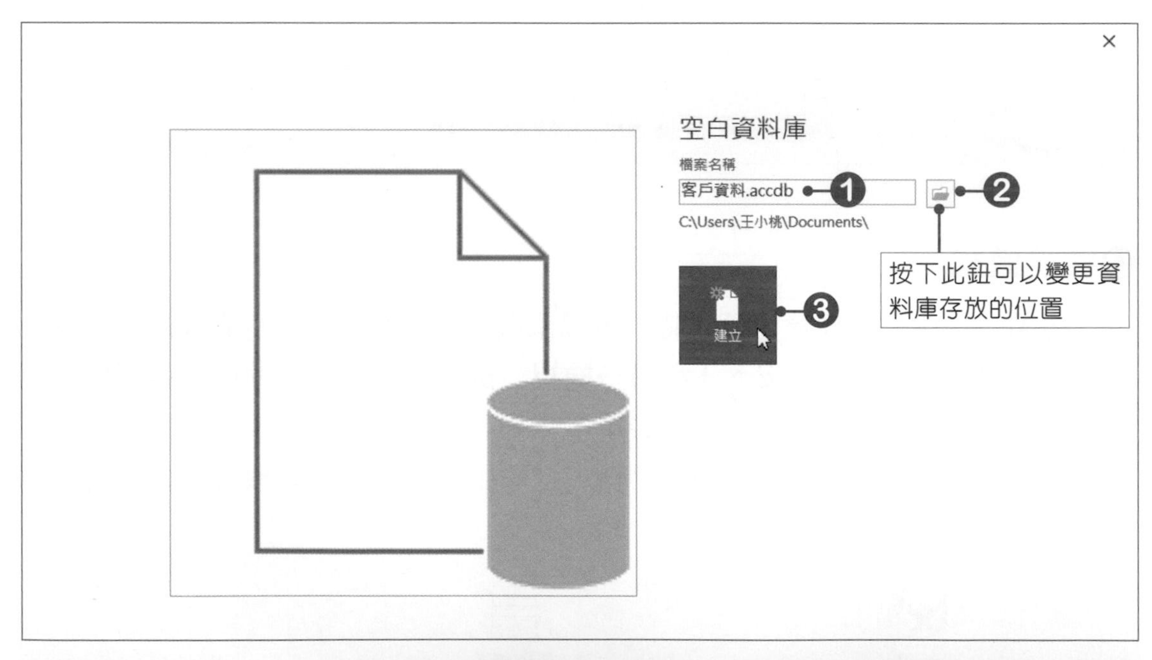

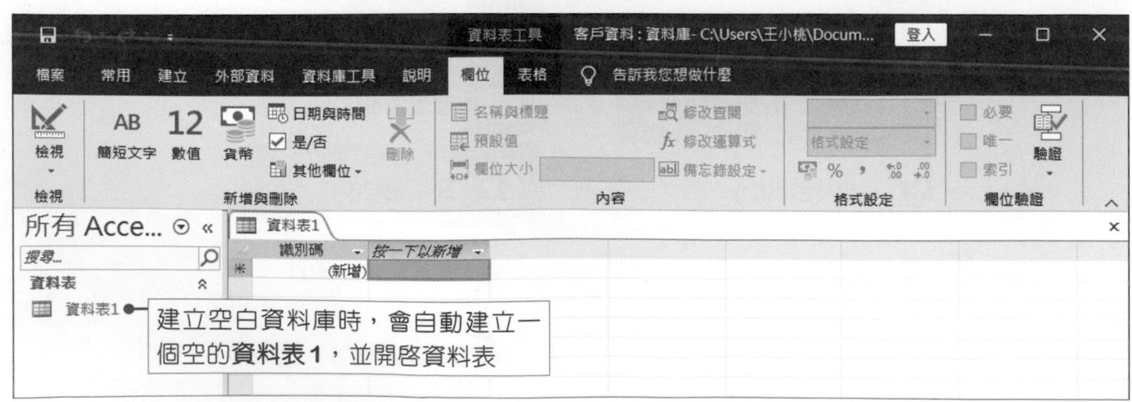

開啟現有的資料庫檔

要開啓現有的資料庫檔案時，按下**「檔案→開啓」**功能；或按下**Ctrl+O**快速鍵，選擇要開啓的資料庫檔案。

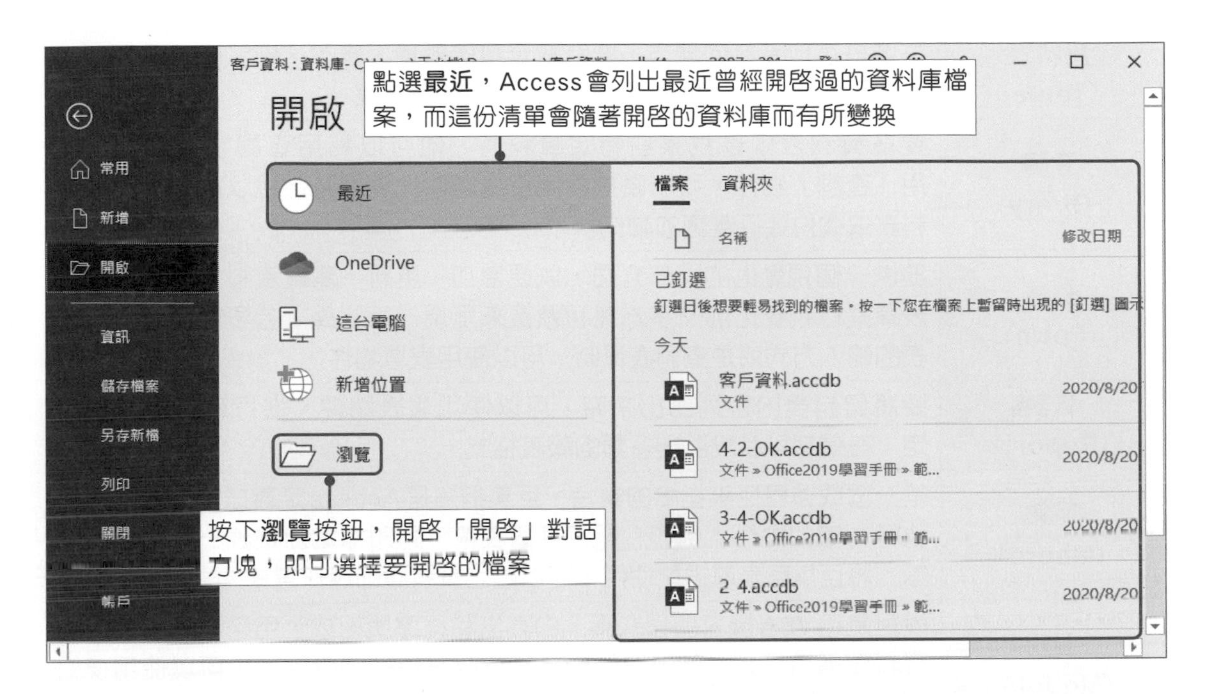

開啓資料庫檔案時，可能會遇到**「安全性警告」**訊息，這是因爲Access基於安全性的考量，將檔案中的巨集停用，所以出現訊息提示。而這個安全性警告並不會影響到操作，可以直接按下右上角的**關閉**鈕，將訊息關閉。

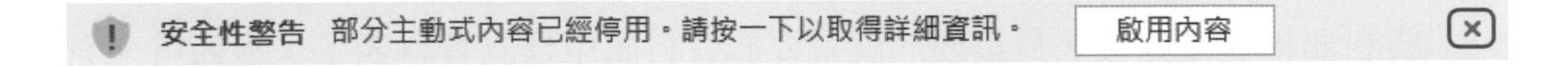

若不想要每次開資料庫都會出現此訊息時，可以按下**「檔案→選項」**功能，開啓「Access選項」視窗，點選**信任中心**標籤，再按下**信任中心設定**按鈕，開啓「信任中心」視窗，點選**巨集設定**標籤，點選**停用所有巨集(不事先通知)**選項，按下**確定**按鈕，這樣下次開啓資料庫時，就不會出現安全性警告訊息。

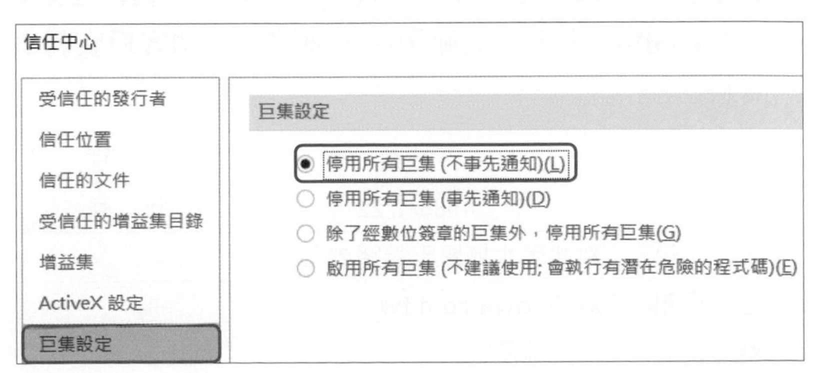

認識資料庫物件

一個資料庫檔中除了資料表外，可能還會包含了查詢、表單及報表等物件，不同物件有著不同的功能，分別說明如下：

物件	說明
資料表 (Table)	主要是存放資料的地方，要針對資料做新增、修改、刪除時，就必須到資料表中進行。**一個資料庫可以擁有多個資料表**。
查詢 (Query)	要在資料表中尋找某些特定資料時，便可以利用查詢物件進行，使用「查詢」物件，可以直接設定查詢條件，查詢時還可以針對不同的資料表或欄位進行查詢的動作。
表單 (Form)	提供一個視覺化的操作介面，以便增加、更新、瀏覽資料庫裡的資料。表單是以視覺化的文字方塊和標籤來呈現一筆記錄。若要自行設計資料表的輸入方式或是查詢表單時，可以使用表單物件。
報表 (Report)	要將資料表內容列印出來時，可以使用報表物件，進行報表格式的設定，在這裡可以設計出各類的報表格式。
巨集 (Macro)	是一個或多個巨集指令的集合，巨集指令是Access定義好的指令，可以執行特定的動作，例如：開啟某個表單、列印指定的報表、關閉資料庫等。將巨集與表單搭配使用，可以建立資料庫的操作選單。
模組 (Module)	模組是用VBA撰寫的程式碼，由宣告和程序所組成，用來設計更複雜的資料庫應用程式。若要設計較為複雜或是特殊的需求時，可以使用模組物件，自行撰寫程式。

1-3 建立與操作資料表

資料庫檔建立好後，最重要的就是要於資料庫中建立資料表了，這節就來看看資料表該如何使用及認識各種資料類型。

建立資料表結構

當資料庫建立完成後，於資料庫中就可以進行建立資料表結構的動作。請開啟**1-1.accdb**檔案，在此範例中，要建立一個**客戶資料表**，此資料表包含了以下的資料：

客戶姓名	王小桃	性　別	女
生　　日	1985/1/22	年　薪	600,000
住　　址	新北市土城區忠義路21號		
電子信箱	xx@chwa.com.tw		
備　　註	無欠款記錄		

在Access中，要將這些資料轉換成資料表中的欄位，欄位的類型及資料長度規劃如下：

欄位名稱	資料類型	資料長度	欄位名稱	資料類型	資料長度
客戶編號	自動編號的數字		客戶姓名	簡短文字	10個字元
性　　別	簡短文字	2個字元	生　　日	日期/時間	
年　　薪	貨幣		住　　址	簡短文字	255個字元
電子信箱	超連結		備　　註	長文字	

了解後，請跟著以下步驟進行練習。

01 開啟**1-1.accdb**資料庫檔案，按下**「建立→資料表→資料表設計」**按鈕。

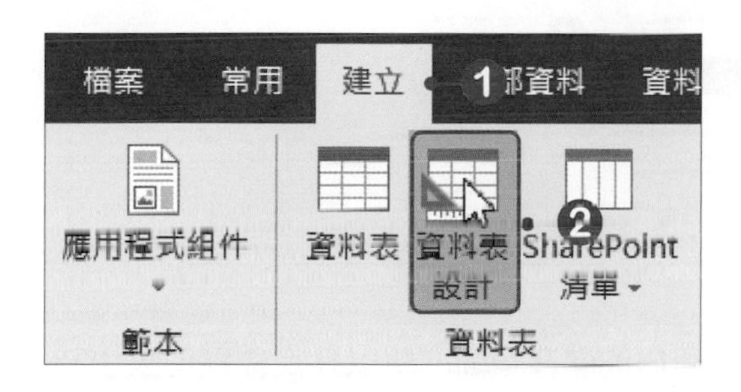

02 開啟**「資料表1」**視窗，在**欄位名稱**中輸入**客戶編號**文字，於**資料類型**選單中選擇**自動編號**。

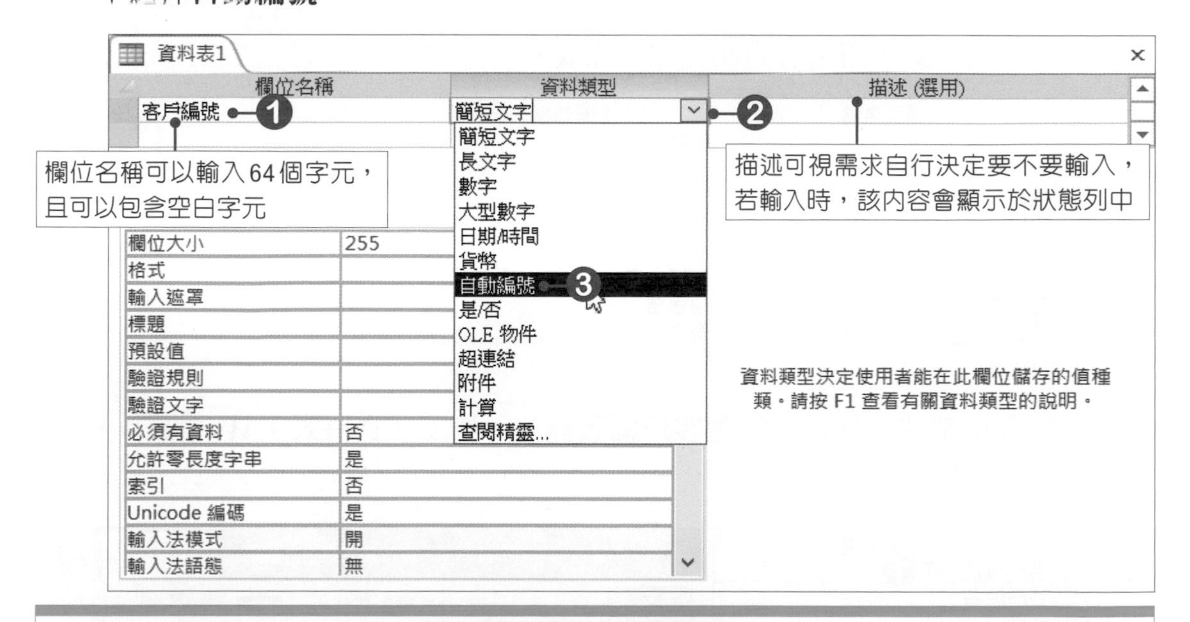

在Access 2019中，只要直接在**新增欄位**儲存格中輸入資料，Access就會自動建立**資料表結構**，且會依據所輸入的資料，自動判斷該欄位的**資料類型**，例如：在資料表欄位中輸入了日期，則該欄位的**資料類型**會自動設定為**日期/時間**。

03 再建立**客戶姓名**欄位，欄位資料類型為**簡短文字**，並將欄位屬性中的**欄位大小**設定為**10**、**必須有資料**設定為**是**。

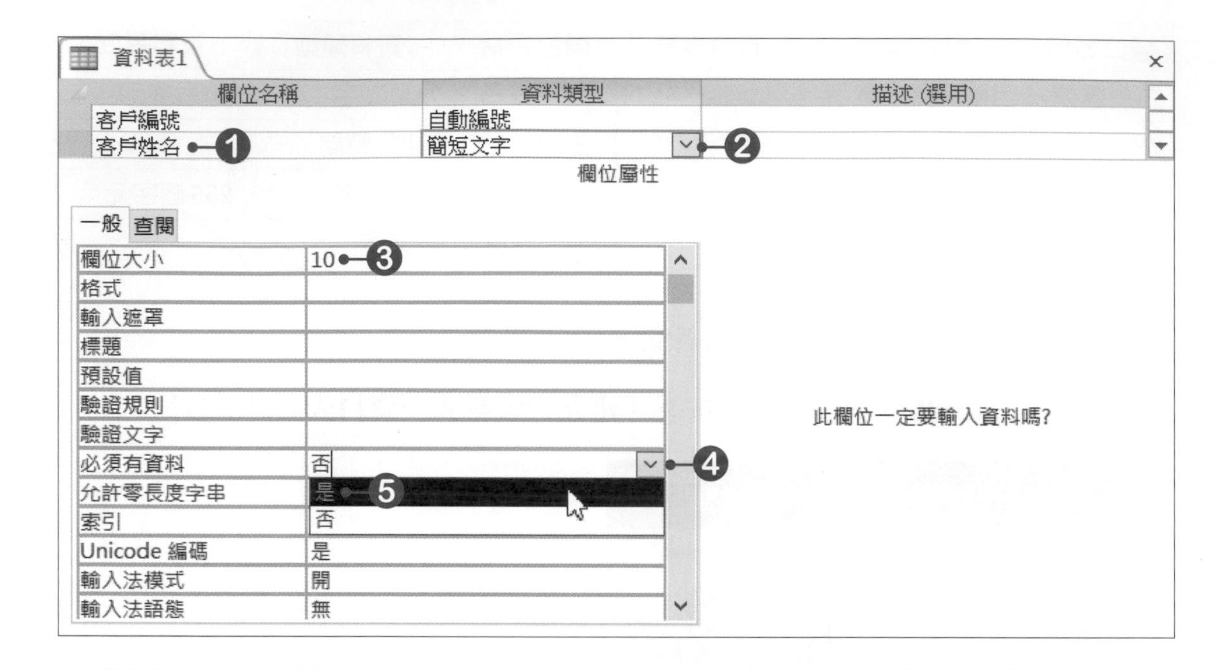

欄位大小是指每筆記錄中，該欄位在硬碟內所佔的儲存空間，所以在定義欄位大小時，最好事先預估該欄位要輸入的資料量。預設下只有簡短文字、數字及自動編號三種類型可以自訂欄位大小。

04 利用相同方式，將所有的欄位建立完成。

欄位名稱	資料類型
客戶編號	自動編號
客戶姓名	簡短文字
性別	簡短文字
生日	日期/時間
年薪	貨幣
住址	簡短文字
電子信箱	超連結
備註	長文字

05 資料欄位都建立好後，點選**客戶編號**欄位，按下**「資料表工具→設計→工具→主索引鍵」**按鈕。

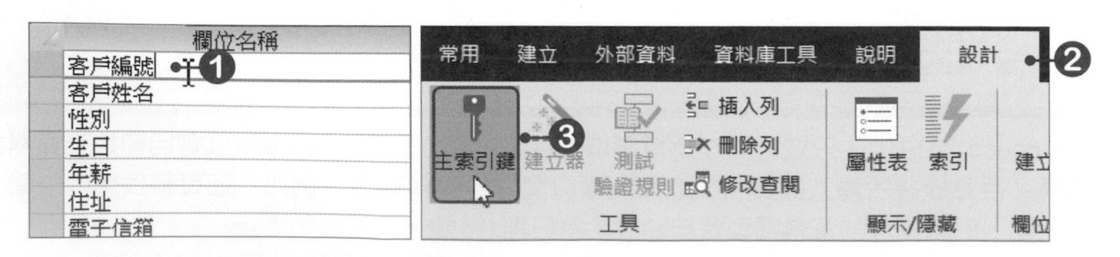

06 在客戶編號欄位前就多了一個圖示，表示將客戶編號設定爲主索引鍵。

欄位名稱	資料類型
客戶編號	自動編號
客戶姓名	簡短文字
性別	簡短文字
生日	日期/時間
年薪	貨幣
住址	簡短文字
電子信箱	超連結
備註	長文字

在一個資料表中，會將某個欄位當作索引欄位，以利在尋找資料時使用。而作為主索引的欄位，欄位中的每一個值都必須是唯一的，不能重複，且最好選擇具有意義或代表性的欄位作為主索引欄位。

07 建立完成後，按下 × **關閉**按鈕，關閉資料表，此時 Access 會詢問是否要儲存檔案，這裡請按下**是**按鈕。

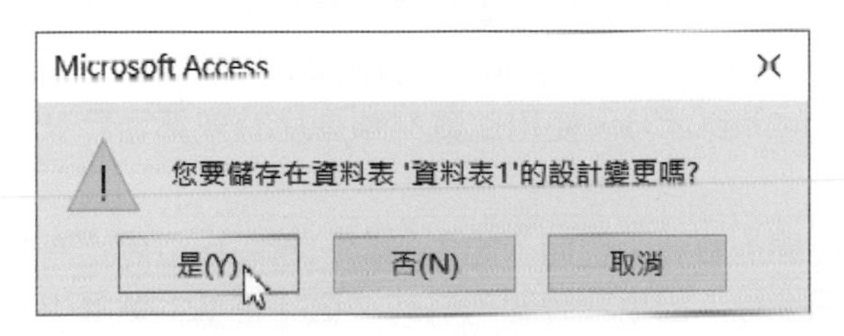

08 開啓「另存新檔」對話方塊，在**資料表名稱**欄位中輸入名稱，輸入完後按下**確定**按鈕。

另存新檔
資料表名稱(N):
客戶資料 ❶
確定 ❷ 取消

09 此時，在**功能窗格**中就會多了一個剛剛建立好的資料表。

範例檔案：1-1-OK.accdb

認識各種資料類型

在建立資料表時，可依資料屬性選擇適當的資料類型，資料類型是指資料在資料庫中儲存的格式，而Access提供了多種類型，各類型的說明如下表所示：

資料類型	說明
簡短文字	用來儲存文字資料，最多可儲存255個字元，在簡短文字類型欄位中可以有中英文字、數值、特殊字元等，所以電話號碼、姓名、身分證字號等都會以此類型儲存。
長文字	長文字類型與簡短文字類型一樣，都是用來儲存文字資料的，不同的是，其欄位長度並不是固定的，所以，若資料內容過多時，可以選擇此資料類型，資料內容最大可達1GB個字元。
數字	主要是用來存放可以計算的資料，將欄位設定為數字類型時，還可以再選擇長整數、位元組、整數、單精準數、雙精準數、複製識別碼、小數點等類型。
大型數字	主要是用來存放非金額、數字的值，與數字類型不同的是，大型數字類型提供更大範圍的計算(八個位元組)，數字資料類型的範圍為-2^{31}到$2^{31}-1$，但大型數字資料類型的範圍為-2^{63}到$2^{63}-1$，使用此資料類型可有效率地計算大型數字。
日期/時間	主要是用來存放日期或時間的資料，例如：出生年月。若將欄位設定為此類型時，在輸入資料時就只能輸入日期或時間的格式。在「格式」選單中，可以選擇要使用哪種格式的日期或時間。  一般 查閱 格式 / 輸入遮罩 / 標題 / 預設值 / 驗證規則 / 驗證文字 / 必須有資料 / 索引 通用日期 2015/11/12 下午 05:34:23 完整日期 2015年11月12日 中日期 12-Nov-15 簡短日期 2015/11/12 完整時間 下午 05:34:23 中時間 下午 05:34 簡短時間 17:34
貨幣	通常用來儲存金額的數值，選擇此類型時，預設的格式為「NT$#,###」，輸入「6500」數值時，該欄位會自動將數值顯示為「NT$6,500」。當然也可以按下「格式」選單鈕，選擇要使用的類型。  一般 查閱 格式 貨幣 小數位數 / 輸入遮罩 / 標題 / 預設值 / 驗證規則 / 驗證文字 / 必須有資料 通用數字 3456.789 貨幣 NT$3,456.79 歐元 €3,456.79 整數 3456.79 標準 3,456.79 百分比 123.00% 科學記法 3.46E+03

資料類型	說明
自動編號	將欄位設定為此類型後，在建立資料時，每新增一筆記錄，Access就會自動將此資料編號，所以就不須再做輸入的動作，但也無法變更此欄位中的資料。自動編號時，會以遞增方式編號，一次遞增1號。
是/否	輸入資料只有二種選擇時，可以選擇此種類型，將欄位設定為此類型後，在輸入資料時，欄位會以核取方式顯示，只要在核取方塊內按一下**滑鼠左鍵**，即可勾選該核取方塊，勾選代表「是」；未勾選則代表「否」。
OLE物件	是指「物件的連結與嵌入」，要在資料表中加入Excel試算表、Word文件等物件時，就須將欄位設定為此類型。
超連結	若要在資料表內建立超連結時，便可將欄位設定為此類型，設定為此類型後，在欄位中輸入網址或郵件地址後，會自動將文字加上超連結的效果。
附件	可存放各類型的資料及物件，例如：圖片、聲音、動畫等。一筆記錄可以同時儲存多個附件資料。
計算	將欄位設定為此類型後，便可建立運算式，Access提供了文字、日期、時間、財務、陣列、數學等函數。
查閱精靈	在資料表中可以將某個欄位設定為以「清單」方式呈現，也就是在輸入資料時，直接按下選單鈕，就可在選單中選擇某個選項，而若要達到這樣的效果時，就可以將欄位設定為「查閱精靈」。

修改資料表結構

要修改資料表的欄位名稱、欄位屬性時，先開啓資料表，再按下**「常用→檢視→檢視→設計檢視」**按鈕，進入**「設計檢視」**模式中，即可修改。

插入新欄位

要新增一個欄位時，先點選欄位，再按下**「資料表工具→設計→工具→插入列」**按鈕，即可新增一個空白欄位。

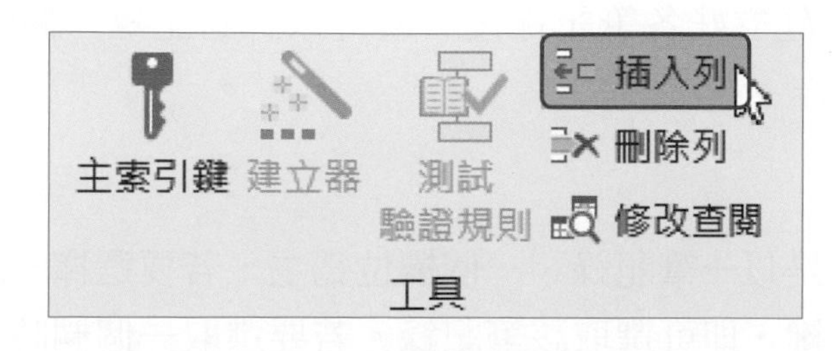

刪除欄位

要刪除欄位時，先點選該欄位，按下**「資料表工具→設計→工具→刪除列」**按鈕，或按下**Delete**鍵，即可將欄位刪除。

在資料工作表中建立資料

資料表的欄位屬性都設定好後，接下來就可以進行資料的輸入。要輸入資料前，先開啓該資料表的工作表，在**功能窗格**中的資料表名稱上**雙擊滑鼠左鍵**，開啓資料表視窗，即可於欄位中輸入相關的資料。

在輸入資料的過程中，Access 會自動以記錄爲單位來暫存資料，不過，也可以隨時按下**Ctrl+S**快速鍵，或是按下快速存取工具列上的按鈕來儲存記錄。

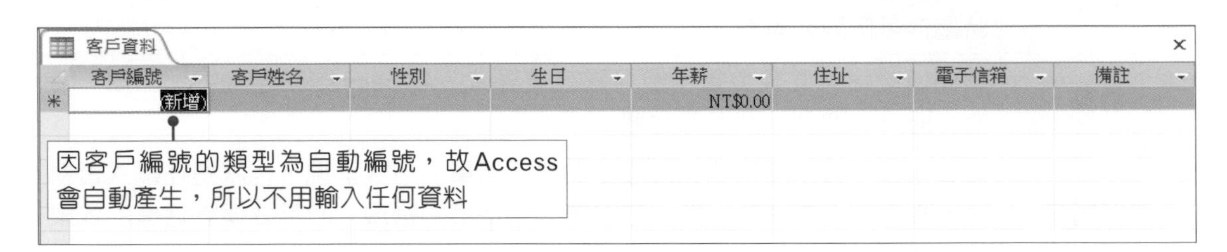

按下**Tab**鍵或在欄位中按一下**滑鼠左鍵**，即可將插入點移至欄位中，輸入相關資料

輸入日期資料時，可以直接輸入日期，或是按下日曆按鈕，從中選擇日期

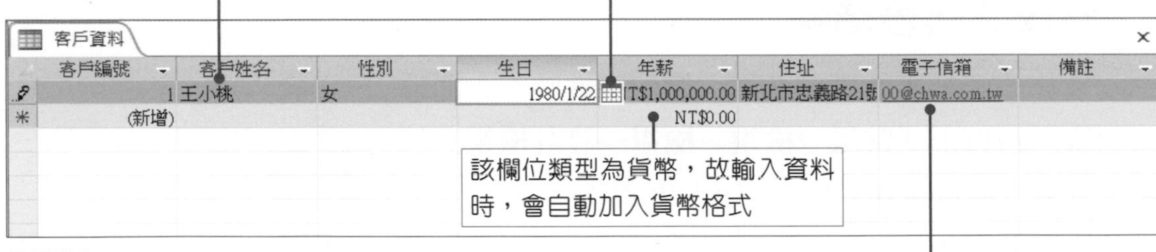

範例檔案：1-2.accdb

該欄位類型為超連結，故輸入電子郵件地址時，會自動加入超連結的設定

資料工作表的編輯

在資料工作表中建立好各筆記錄後，還可以針對記錄、欄位等資料進行調整、修改、刪除等動作。

選取記錄

在資料工作表中是以一筆記錄、一個欄位爲主，若要選擇一筆記錄時，在該記錄前按一下**滑鼠左鍵**，即可選取該筆記錄。若要選取一個欄時，則在欄位名稱的上方按一下**滑鼠左鍵**即可。

客戶資料

客戶編號	客戶姓名	性別	生日	年薪	住址	電子
1	王小桃	女	1980/1/22	NT$1,000,000.00	新北市忠義路21	00@ch
2	郭欣怡	女	1981/8/17	NT$1,200,000.00	台北市信義路101	11@ch
3	余品樂	男	1999/6/14	NT$800,000.00	桃園市中悅大樓	22@ch
4	李嘉哲	男	1998/3/29	NT$900,000.00	台中市中區第六	33@ch
(新增)				NT$0.00		

在該記錄前按一下**滑鼠左鍵**，即可選取該筆記錄；若要選取多筆記錄時，只要往下拖曳滑鼠即可選取所需的記錄

調整欄位順序

要調整資料表內的欄位順序，選取要調整的欄位，再按下**滑鼠左鍵**不放，並拖曳滑鼠，即可將選取的欄位拖曳至要調整的位置。

客戶資料

客戶編號	客戶姓名	性別	生日	年薪	住址	電子
1	王小桃	女	1980/1/22	NT$1,000,000.00	新北市忠義路21	00@ch
2	郭欣怡	女	1981/8/17	NT$1,200,000.00	台北市信義路101	11@ch
3	余品樂	男	1999/6/14	NT$800,000.00	桃園市中悅大樓	22@ch
4	李嘉哲	男	1998/3/29	NT$900,000.00	台中市中區第六	33@ch
(新增)				NT$0.00		

調整欄寬與列高

在資料工作表中的欄位寬度可依資料內容來調整，將滑鼠游標移至欄與欄之間，再按下**滑鼠左鍵**不放，即可調整欄寬。

客戶資料

客戶編號	客戶姓名	性別	生日	住址	年薪	電子
1	王小桃	女	1980/1/22	新北市忠義路21	NT$1,000,000.00	00@chw
2	郭欣怡	女	1981/8/17	台北市信義路101	NT$1,200,000.00	11@chw
3	余品樂	男	1999/6/14	桃園市中悅大樓	NT$800,000.00	22@chw
4	李嘉哲	男	1998/3/29	台中市中區第六	NT$900,000.00	33@chw
(新增)					NT$0.00	

將滑鼠游標移至列與列之間，再按下**滑鼠左鍵**不放，即可調整列高。若要一次調整所有的列高，可以按下資料工作表左上角的◢按鈕，選取整個資料表，再進行調整即可。

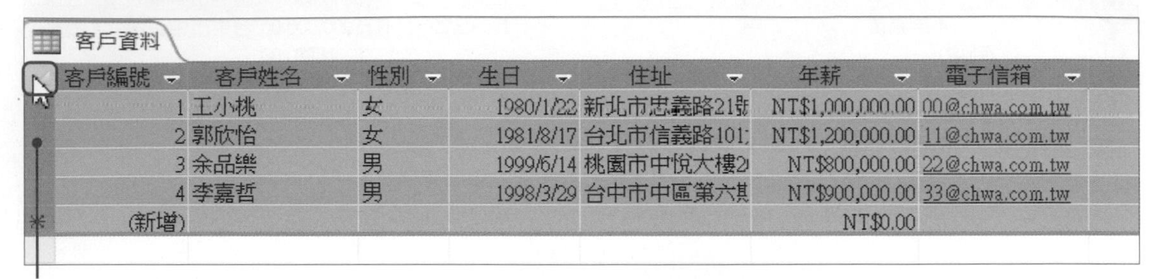

按下此鈕即可選取整個資料工作表

要調整欄寬或列高時，也可以按下「**常用→記錄→**其他」按鈕，從選單中選擇**列高**或**欄寬**，即可開啟相關的對話方塊，自行設定列高及欄寬。

刪除記錄

要將資料工作表中的記錄刪除時，先選取記錄，再按下**「常用→記錄→刪除」**按鈕即可，確定將此筆記錄刪除後，將無法復原刪除的動作喔！

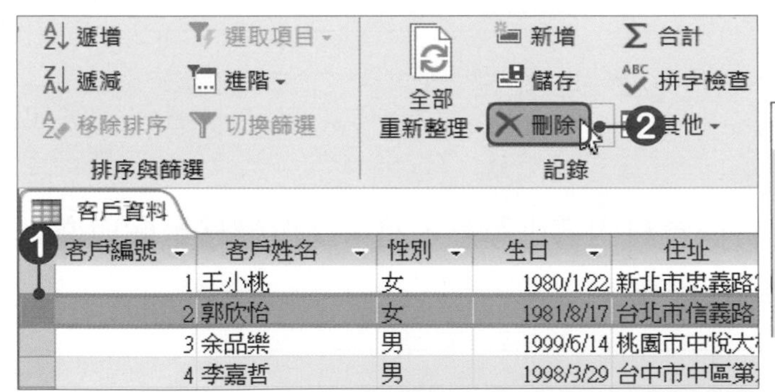

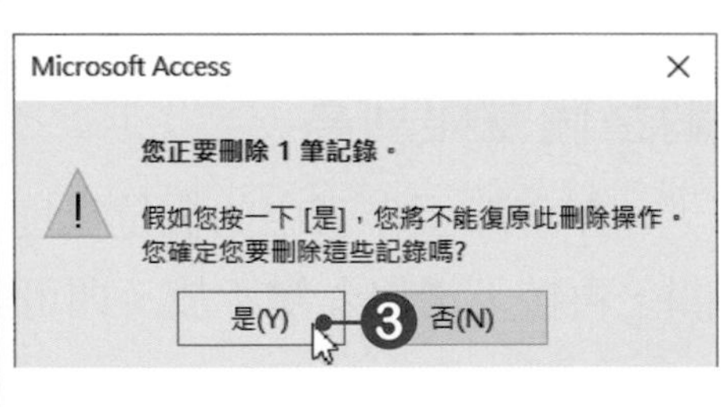

關閉資料工作表視窗

當不想使用資料工作表時，可以按下資料工作表視窗右上角的 × 按鈕，即可將資料工作表關閉。

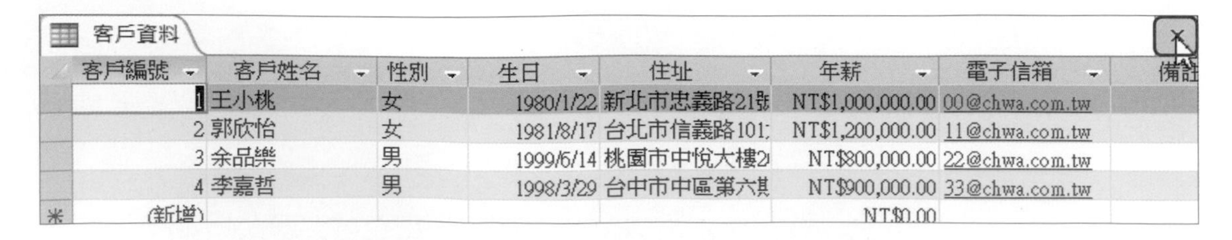

自我評量

❖選擇題

( )1. 在Access中，所有資料庫檔案中所包含的各種資料庫物件，例如：資料表、表單及報表等，皆位於？(A)功能窗格 (B)標題列 (C)功能區 (D)快速存取工具列。

( )2. 在Access中，要設定資料表欄位時，須進入哪個模式？(A)資料工作表檢視 (B)設計檢視 (C)版面配置檢視 (D)表單檢視。

( )3. 在Access中，下列哪項資料最適合設定為「主索引鍵」？(A)身分證字號 (B)出生年月 (C)姓名 (D)電話。

( )4. 在Access中，要開啟現有的資料庫檔案時，可以按下哪組快速鍵？(A) Ctrl+A (B) Ctrl+S (C) Ctrl+N (D) Ctrl+O。

( )5. 在Access中，下列哪個資料類型較適合存放要計算的數值？(A)貨幣 (B)數字 (C)自動編號 (D)長文字。

( )6. 下列哪個資料類型可以由Access自動產生流水編號？(A)貨幣 (B)數字 (C)自動編號 (D)簡短文字。

( )7. 在Access中，簡短文字資料類型最多可存放多少個字元？(A) 254 (B) 255 (C) 256 (D) 257。

( )8. 在Access中，下列哪一種資料類型可以連結或嵌入點陣圖影像？(A)長文字 (B)簡短文字 (C) OLE 物件 (D)超連結。

( )9. 在Access中，若要在欄位中加入各種檔案，且加入後便可直接在資料表中開啟，請問該欄位要設定為哪一種資料類型較為適合？(A)超連結 (B)是/否 (C)附件 (D)長文字。

( )10. 在Access中，下列敘述何者不正確？

(A)資料表是存放資料的地方

(B)報表物件可以將資料彙整成一份報表，顯示到螢幕上或是列印出來

(C)在一個資料表中，會將某個欄位當作索引欄位，以利在尋找資料時使用

(D)資料表中的欄位結構一旦建立後，便無法再進行修改的動作。

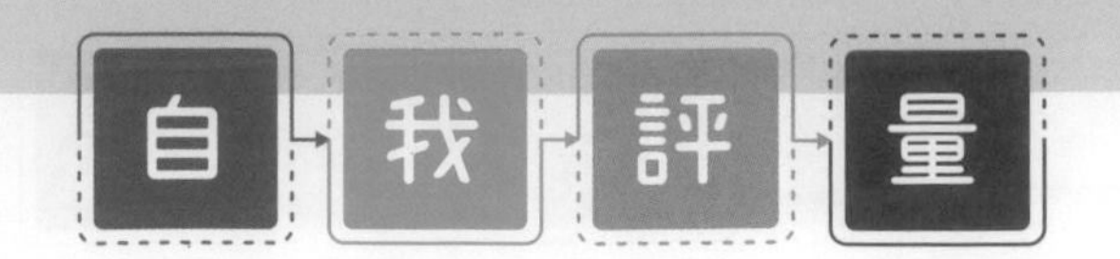

❖ 實作題

1. 開啟「Access→CH01→1-3.accdb」檔案，進行以下設定。

● 將下表中的資料建立一個名為「書籍資料」資料表，資料表的欄位名稱與類型請依資料內容判斷，並將資料輸入至資料表中。

書號	書名	作者	出版日期	附件	定價
IB0001	如何變美麗	王小桃	110.3.10	有	450
IB0002	如何開間好餐廳	阿積師	110.2.18	有	350
IB0003	居家收納技巧大公開	收納大師	110.8.20	有	390
IB0004	老宅新創意	徐宅男	111.3.25	有	490
IB0005	讓自己變有錢	周理財	111.6.21	有	450

● 將「書號」設定為主索引。

● 將資料表的欄寬與列高做適當的調整。

書籍資料

書號	書名	作者	出版日期	附件	定價
IB0001	如何變美麗	王小桃	110年3月10日	✓	NT$450
IB0002	如何開間好餐廳	阿積師	110年2月18日	✓	NT$350
IB0003	居家收納技巧大公開	收納大師	110年8月20日	✓	NT$390
IB0004	老宅新創意	徐宅男	111年3月25日	✓	NT$490
IB0005	讓自己變有錢	周理財	111年6月21日	✓	NT$450
*				☐	NT$0

ACCESS 2019

CHAPTER 02
資料排序、篩選及查詢

2-1 資料搜尋與排序

當資料表內有著成千上萬筆記錄時，該如何快速找到想要看的記錄呢？很簡單，只要使用搜尋功能，再加上排序的操作，就可以快速找到符合條件的記錄，這節就來學習搜尋、取代及排序的使用方法吧！

尋找記錄

利用**尋找**功能可以快速地從資料庫中找出要查看的記錄。要尋找記錄時，先開啓資料表，按下**「常用→尋找→尋找」**按鈕，或**Ctrl+F**快速鍵，開啓「尋找及取代」對話方塊，即可進行搜尋的設定。

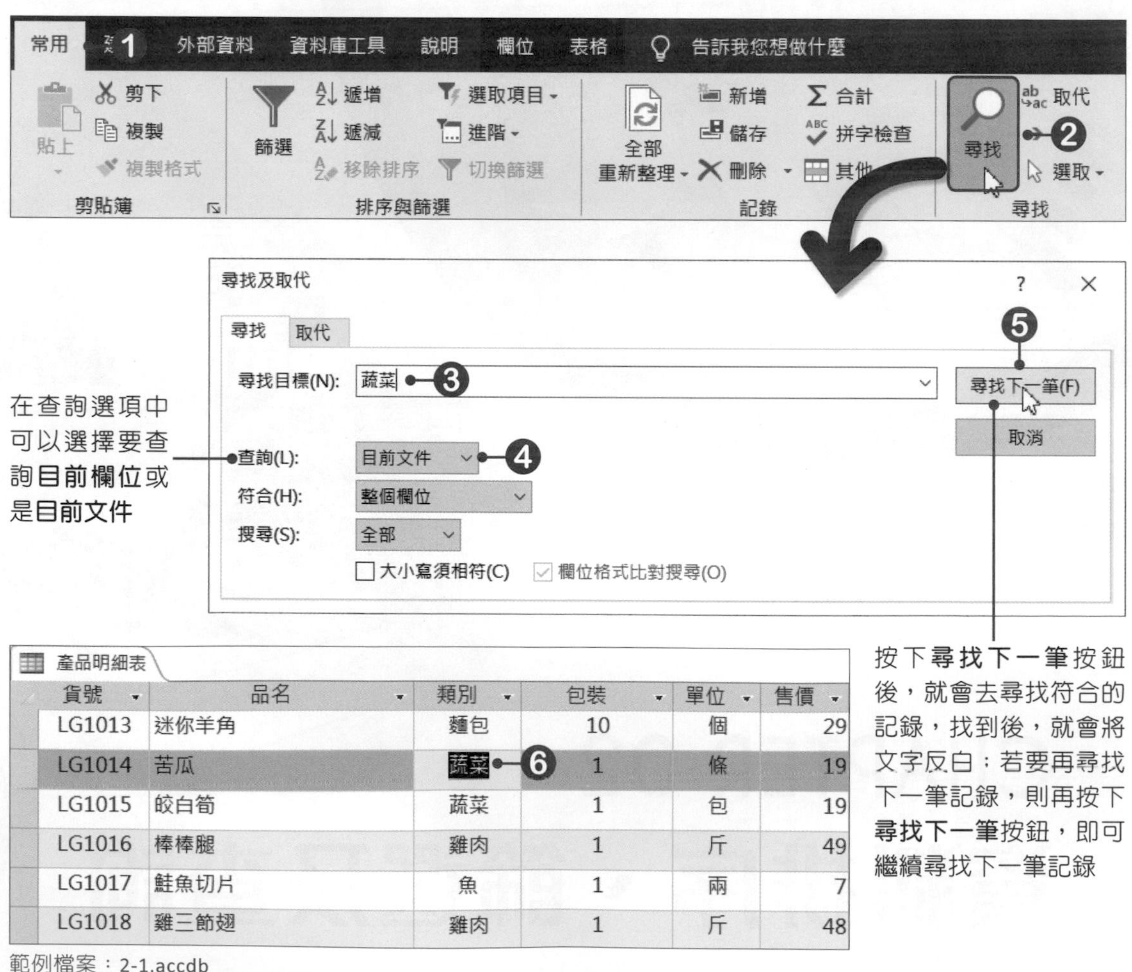

範例檔案：2-1.accdb

在輸入尋找字串時，可以使用「*」及「?」符號來協助尋找資料，「*」代表**萬用字元**；「?」代表**一個字元**，例如：要尋找「義」字開頭的資料時，就可以輸入「義*」字串，Access就會尋找出所有以「義」開頭的記錄。

取代資料

要將欄位中的某些文字替換成其他文字時，可以使用**取代**功能，將字串取代成新的文字。要取代資料時，先開啓資料表，按下**「常用→尋找→取代」**按鈕，或**Ctrl+H**快速鍵，開啓「尋找及取代」對話方塊，即可進行取代的設定。

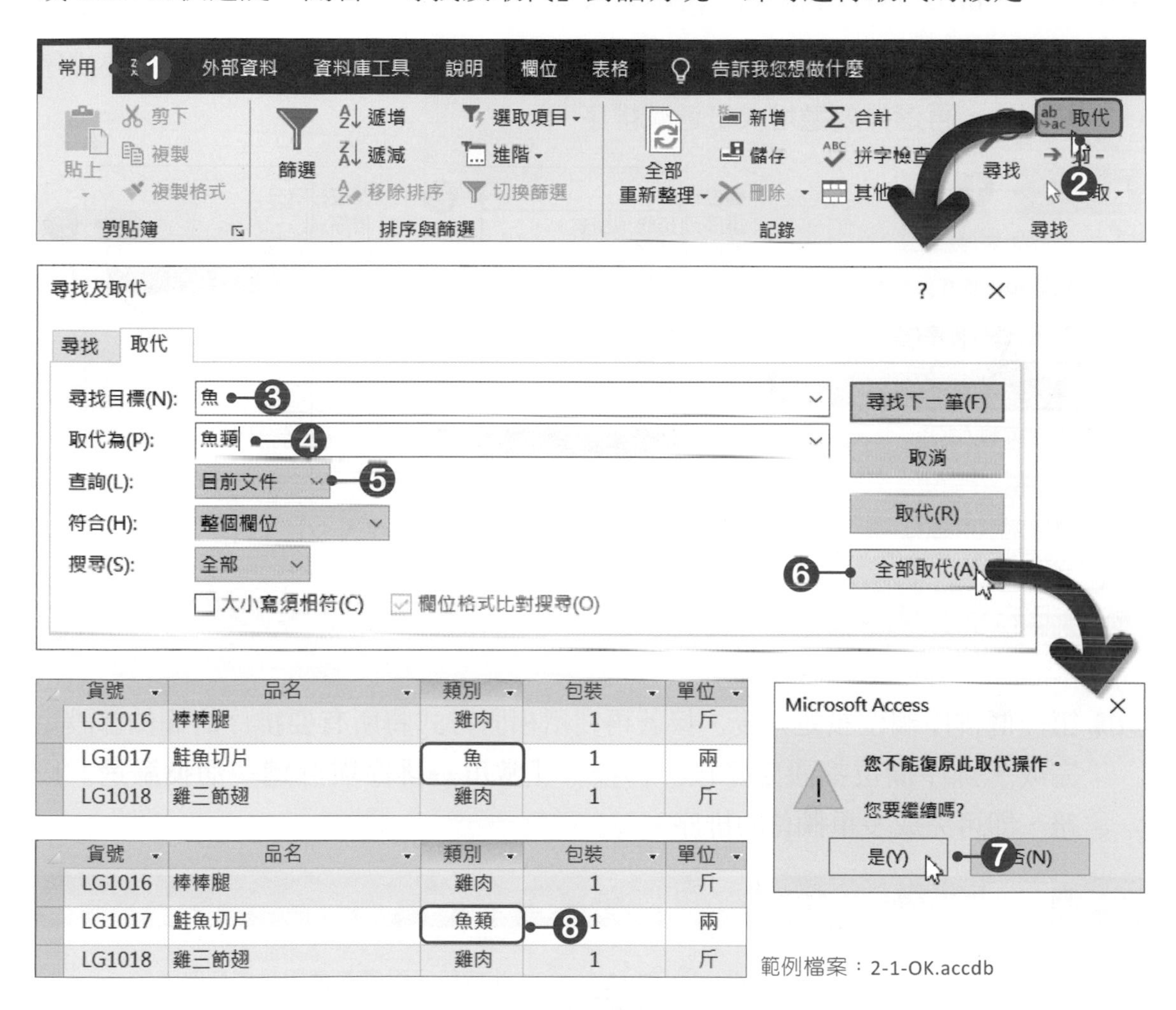

範例檔案：2-1-OK.accdb

資料排序

當資料表中的資料量很多時，爲了搜尋方便，通常會將資料按照某種順序排列，這個動作稱爲**排序**。排序時會以**「欄」**爲依據，調整每一筆記錄的順序。

單一排序

如果要將資料以某一欄爲依據排序時，可以先將滑鼠游標移至該欄位中，再按下**「常用→排序與篩選」**群組中的 遞增 **遞增排序**按鈕；或 遞減 **遞減排序**按鈕，即可將記錄進行排序的動作。

多重欄位排序

除了針對某一個欄位做遞增或遞減的排序外，還可以使用多重欄位進行排序。請開啓**2-2.accdb**檔案，進行多重排序的練習。

01 按下**「常用→排序與篩選→進階」**按鈕，於選單中選擇**進階篩選/排序**選項。

02 接著在設計視窗中，設定排序的欄位與條件，按下選單鈕選擇第一個要排序的欄位，再選擇要遞增或是遞減排序。

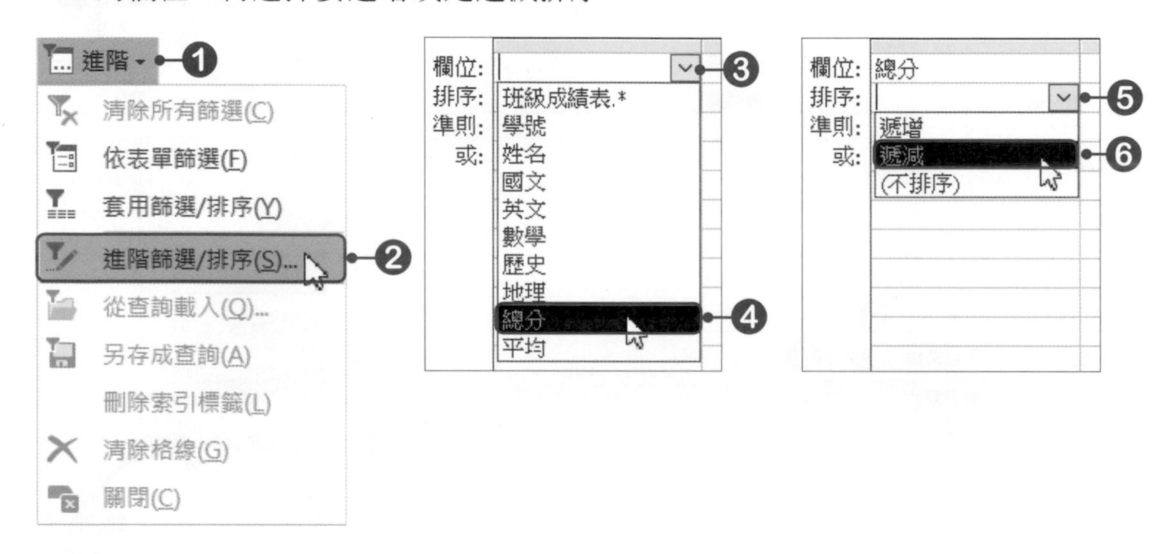

03 第一個排序欄位設定好後，接著再利用相同方式將所有要排序的欄位都設定完成。排序欄位都設定好後，再按下**「常用→排序與篩選→切換篩選」**按鈕，即可完成多重欄位的排序。

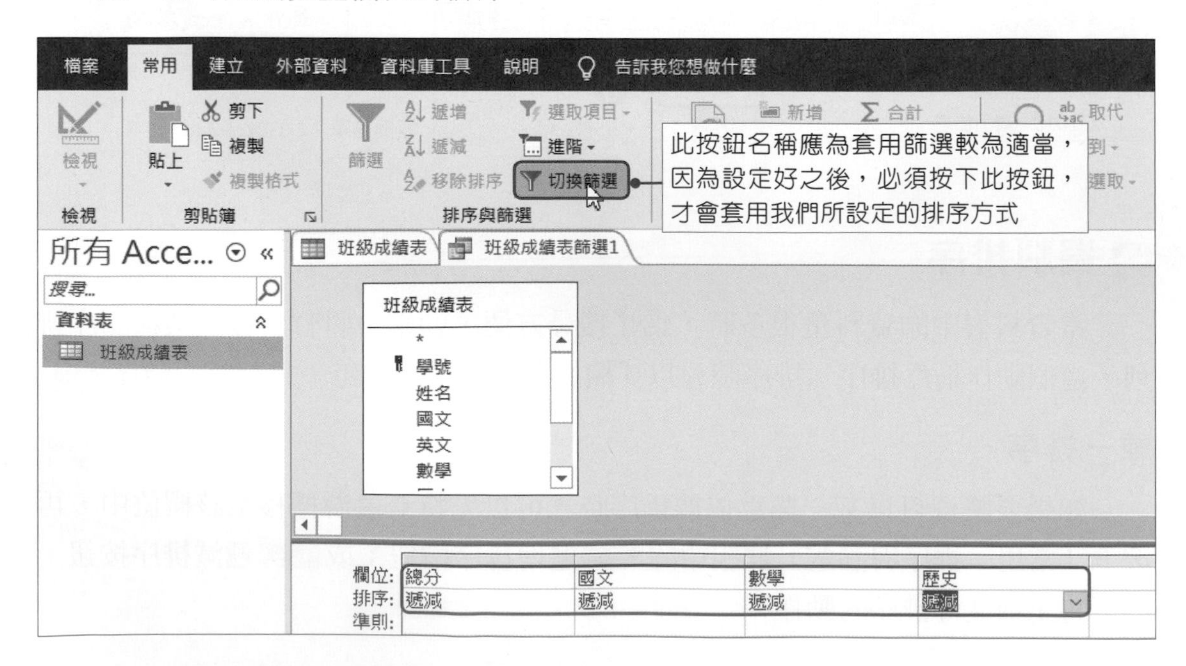

04 回到資料表後，資料就會先依「總分」進行遞減排序，若遇到總分相同時，再依「國文」進行遞減排序，若又遇到國文相同時，會再依「數學」進行遞減排序，若又遇到數學相同時，會再依「歷史」進行遞減排序。

班級成績表 | 班級成績表篩選1

學號	姓名	國文	英文	數學	歷史	地理	總分	平均
W102070005	林家豪	94	96	71	97	94	452	90.4
W102070002	陳雅婷	92	82	85	91	88	438	87.6
W102070008	蔣雅惠	88	85	85	91	88	437	87.4
W102070004	王雅雯	91	84	72	74	95	416	83.2
W102070013	鄭佩珊	81	85	70	75	90	401	80.2
W102070006	廖怡婷	80	81	75	85	78	399	79.8
W102070010	蘇心怡	78	74	90	74	78	394	78.8
W102070003	郭欣怡	85	57	85	84	79	390	78
W102070009	吳志豪	81	69	72	85	80	387	77.4
W102070011	陳建宏	67	58	77	91	90	383	76.6
W102070007	吳宗翰	67	75	77	79	85	383	76.6
W102070012	張佳蓉	72	70	68	81	90	381	76.2

表示該欄位有進行遞減排序

範例檔案：2-2-OK.accdb

在篩選頁面中進行設定排序欄位時，其排序順序是由左到右遞減，也就是會先以最左邊的排序欄位來排序，若值相同時再以第二個排序欄來排序，若在設定過程中，想要更換排序順序時，只要選取該欄位，再拖曳該欄位至新的位置即可更換排序順序。

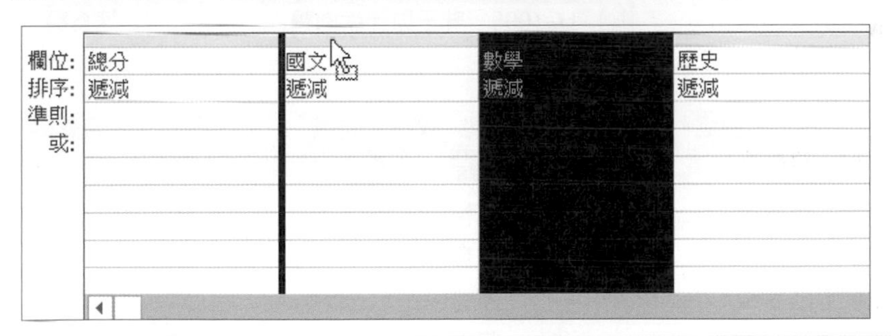

移除排序

要將資料表內的資料復原到未排序的狀態時，可以按下**「常用→排序與篩選→移除排序」**按鈕，即可將資料復原到原始狀態。

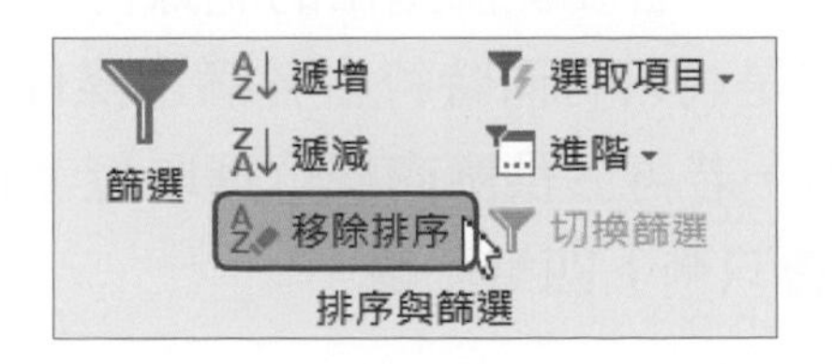

2-2 篩選資料

在眾多的記錄中，有時候只需要某部分的記錄，此時，可以利用**篩選**功能，在資料表裡挑出符合條件的資料，這裡就來學如何篩選資料。

➡ 依選取範圍篩選資料

要在資料表中篩選出某個字串時，可以直接將插入點移至儲存格中，再按下**「常用→排序與篩選→選取項目」**按鈕，於選單中即可選擇篩選的條件。

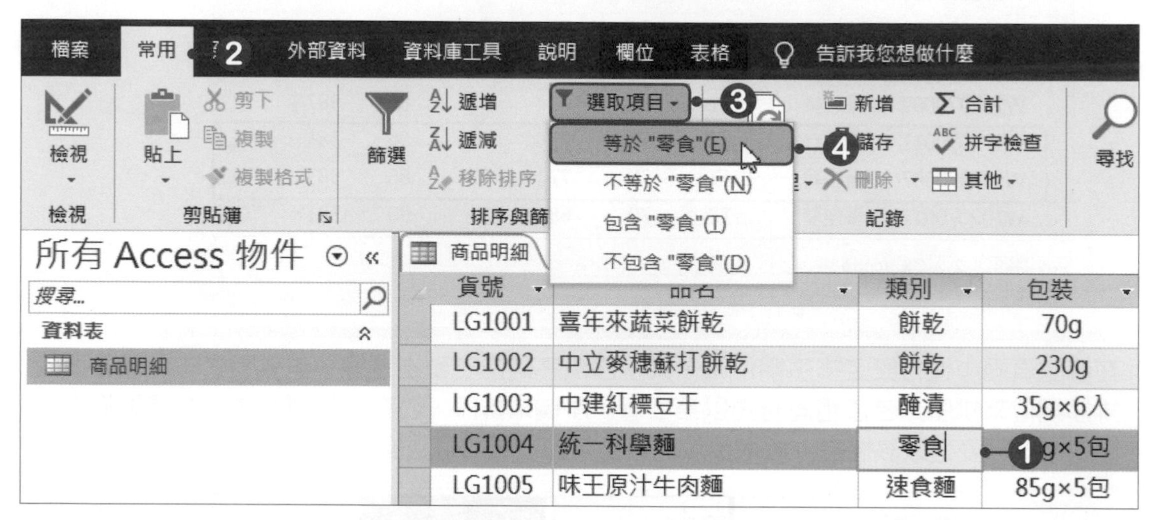

商品明細

貨號	品名	類別	包裝	單位	售價	供應商
LG1004	統一科學麵	零食	5 g×5包	袋	24	統一企業
LG1029	福記香鐵蛋	零食	1	包	68	盛香珍
LG1034	厚毅棒棒糖	零食	580g	桶	89	統一企業
LG1035	波卡洋芋片	零食	364g	盒	65	義美食品
LG1039	義美小泡芙	零食	325g	盒	79	義美食品
LG1050	喜年來蛋捲	零食	72g×6入	盒	89	義美食品
LG1051	歐斯麥小脆餅	零食	240g	盒	65	義美食品

點選等於"零食"選項後，屬於零食的記錄就會直接被篩選出來

設定好一個篩選條件後，若要從篩選出的記錄再次設定其他篩選條件時，這些條件會累加起來，也就是說只有同時符合各篩選條件的記錄才會顯示，例如：已篩選出零食類別的資料，若再於**供應商**欄位選取義美食品，按下**選取項目**，點選**等於"義美食品"**，就會只剩下四筆記錄。

貨號	品名	類別	包裝	單位	售價	供應商
LG1004	統一科學麵	零食	50g×5包	袋	24	統一企業
LG1029	福記香鐵蛋	零食	1	包	68	盛香珍
LG1034	厚毅棒棒糖	零食	580g	桶	89	統一企業
LG1035	波卡洋芋片	零食	364g	盒	65	義美食品
LG1039	義美小泡芙	零食	325g	盒	79	義美食品
LG1050	喜年來蛋捲	零食	72g×6入	盒	89	義美食品
LG1051	歐斯麥小脆餅	零食	240g	盒	65	義美食品

貨號	品名	類別	包裝	單位	售價	供應商
LG1035	波卡洋芋片	零食	364g	盒	65	義美食品
LG1039	義美小泡芙	零食	325g	盒	79	義美食品
LG1050	喜年來蛋捲	零食	72g×6入	盒	89	義美食品
LG1051	歐斯麥小脆餅	零食	240g	盒	65	義美食品

範例檔案：2-3.accdb

依表單篩選

依表單方式篩選，主要是使用選單方式，直接選擇要篩選的範圍。請開啟 **2-3.accdb** 檔案，使用商品明細資料表進行篩選的練習。

01 按下「**常用→排序與篩選→進階**」按鈕，於選單中選擇**依表單篩選**選項。

02 按下選單鈕後，在要篩選的欄位中，按一下**滑鼠左鍵**，欄位就會出現一個選單鈕，接著按下選單鈕，於選單中選擇第一個要篩選的資料範圍；選擇好後再選擇第二個要篩選的範圍。

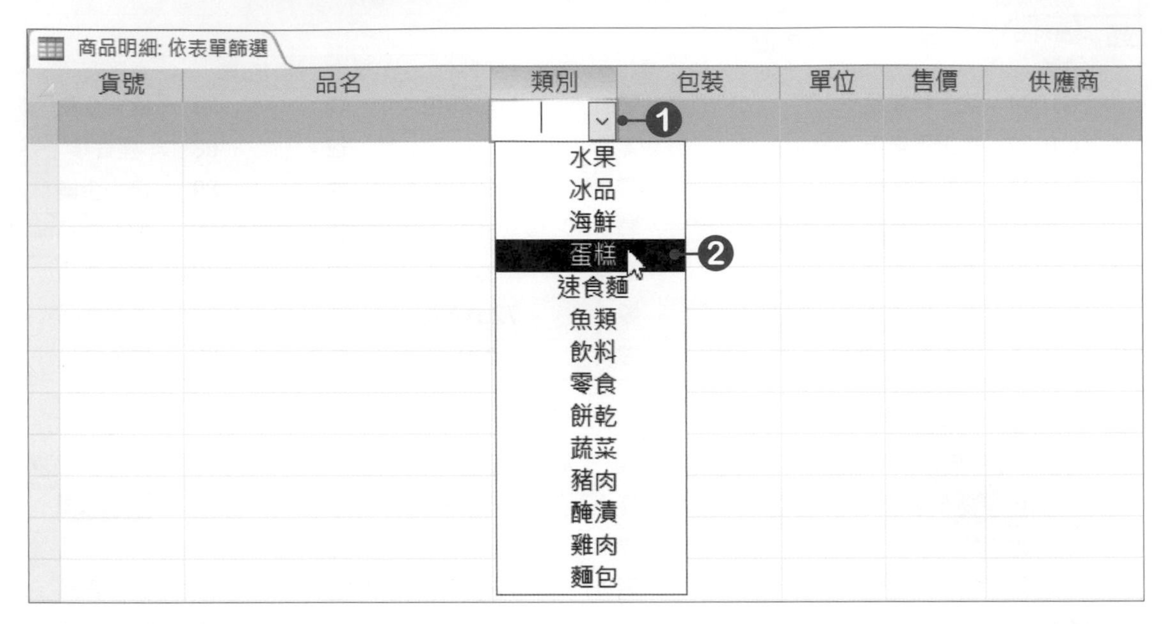

03 都設定好後，按下**「常用→排序與篩選→切換篩選」**按鈕，即可完成篩選的動作。

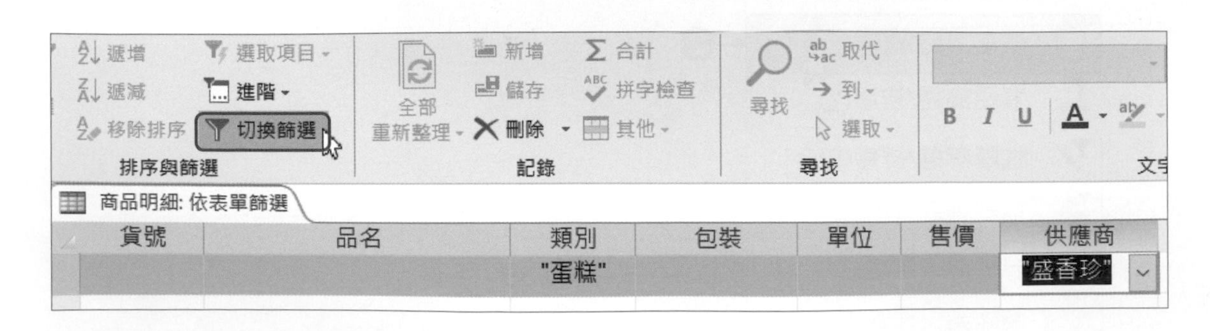

04 篩選出類別爲**蛋糕**，且供應商爲**盛香珍**的記錄。

商品明細

貨號	品名	類別	包裝	單位	售價	供應商
LG1011	水果塔	蛋糕	4入	盒	39	盛香珍
LG1025	一之鄉蛋糕	蛋糕	470g	盒	88	盛香珍

記錄: 2 之 1 已篩選 搜尋

範例檔案：2-3-OK.accdb

使用快顯功能篩選

在使用篩選功能時，也可以直接在欄位名稱的右邊按一下**滑鼠左鍵**，即可開啓篩選的功能表，於功能選單即可設定篩選條件。

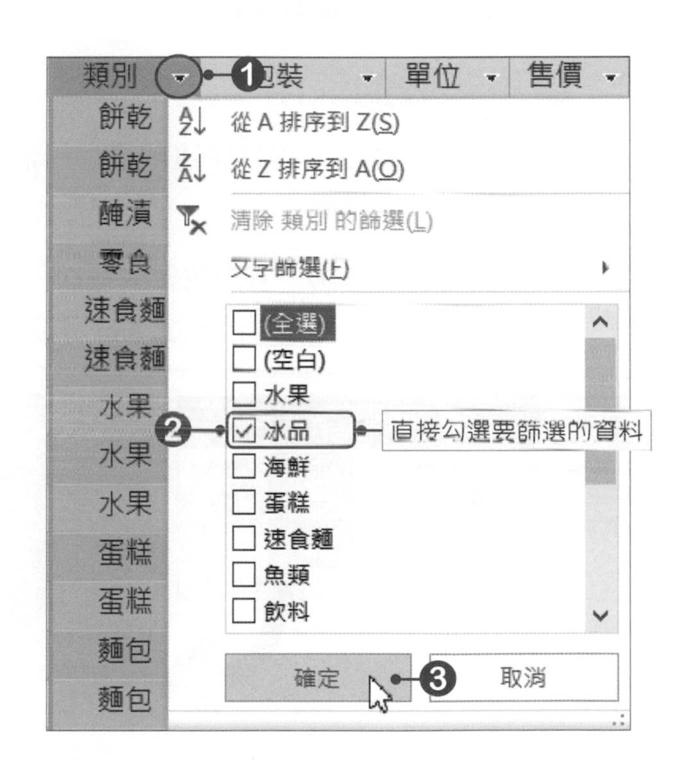

清除篩選

當資料表內的資料經過篩選後，在工作表視窗下的篩選按鈕會呈 已篩選 狀態，若要清除篩選時，按下 已篩選 按鈕；或是按下**「常用→排序與篩選→進階→清除所有篩選」**按鈕，即可清除篩選條件。

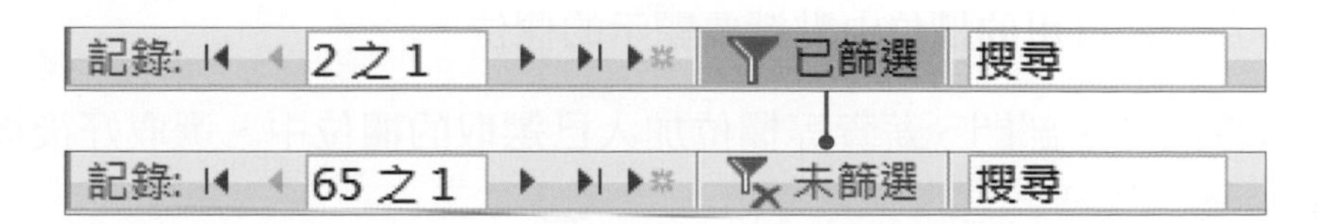

2-3 查詢物件的使用

查詢其實就類似「搜尋」或是「篩選」，當要從一個資料表中尋找出或篩選出符合條件的記錄時，尋找或是篩選就已經算是「查詢」的動作了。

而查詢與篩選主要不同在於，查詢可以依據不同行爲檢視、變更、分析資料，且查詢的結果還可以製作成表單、報表、資料頁的記錄來源；而篩選只是根據某個特定欄位中的特定值，尋找出符合條件的記錄，並顯示於資料表中，一旦移除了篩選，所有的記錄又會全部顯示。這節就來學習如何使用查詢物件吧！

查詢精靈的使用

使用「查詢精靈」可以快速地建立一個查詢物件。請開啓**2-4.accdb**檔案，學習如何使用查詢精靈。

01 按下**「建立→查詢→查詢精靈」**按鈕，開啓「新增查詢」對話方塊，點選**簡單查詢精靈**選項，點選後，按下**確定**按鈕。

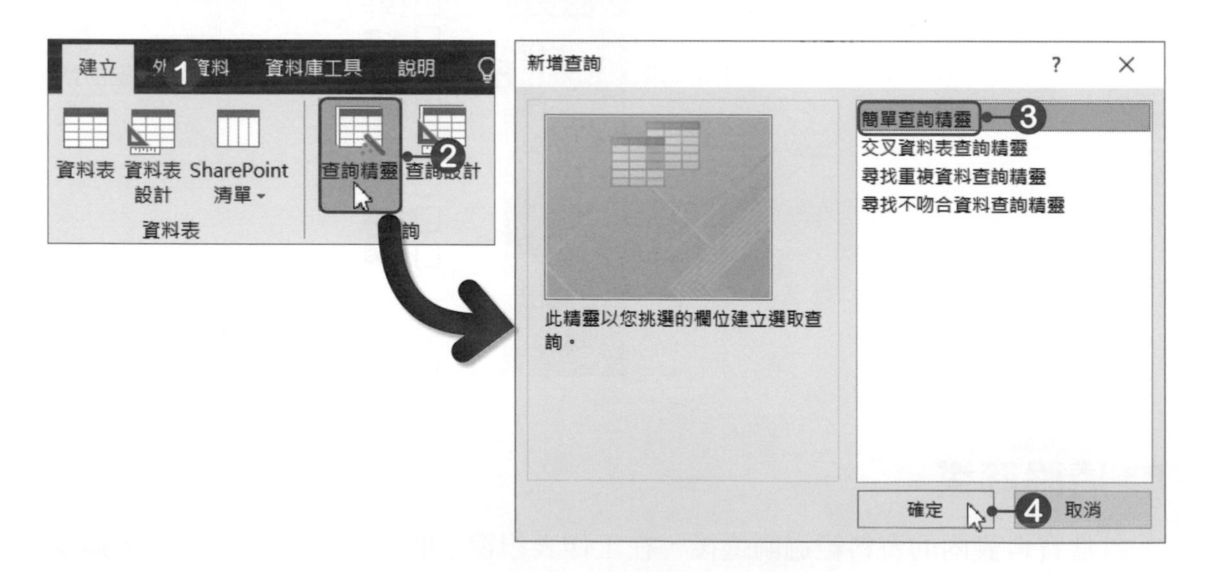

02 開啓「簡單查詢精靈」對話方塊，在**資料表/查詢**選單中，選擇要建立查詢的資料表；在**可用的欄位**中點選要顯示的欄位。

03 這裡請將姓名、部門、薪資等欄位加入**已選取的欄位**中，選取好後按**下一步**按鈕。

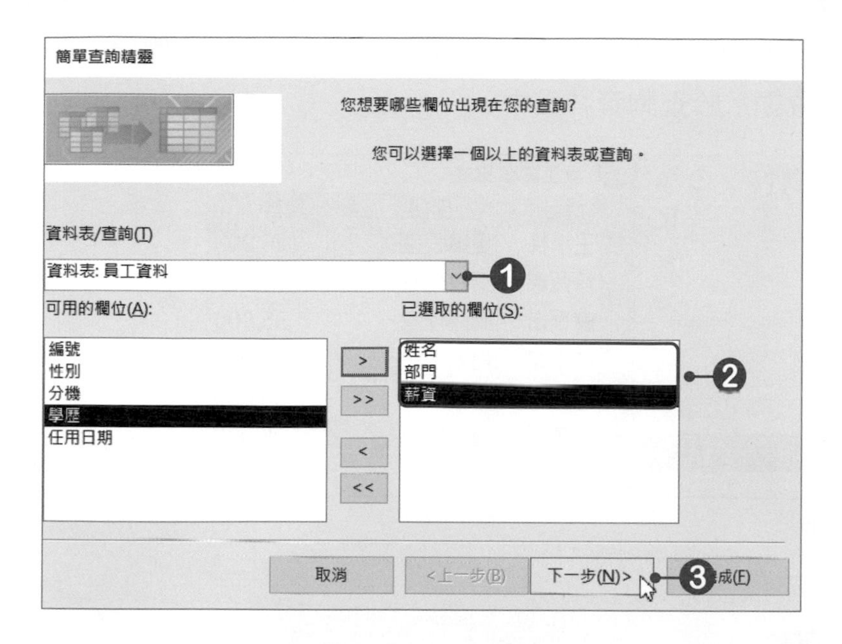

04 請點選**詳細(顯示每筆記錄的每個欄位)**選項，按**下一步**按鈕。

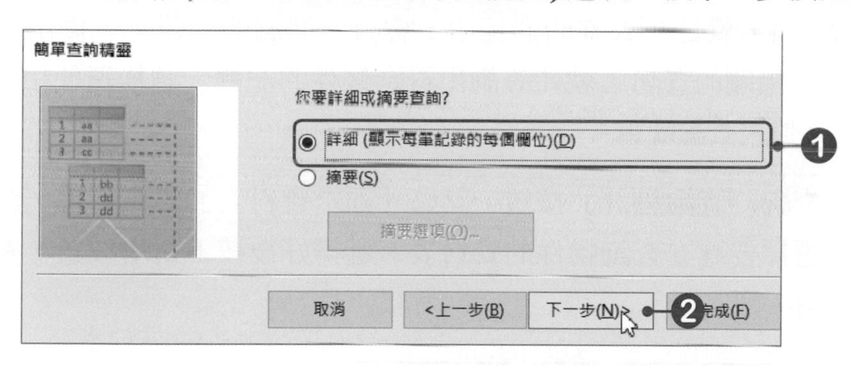

05 在欄位中幫查詢建立一個名稱，並點選**開啟查詢以檢視資訊**選項，設定好後按下**完成**按鈕即可。

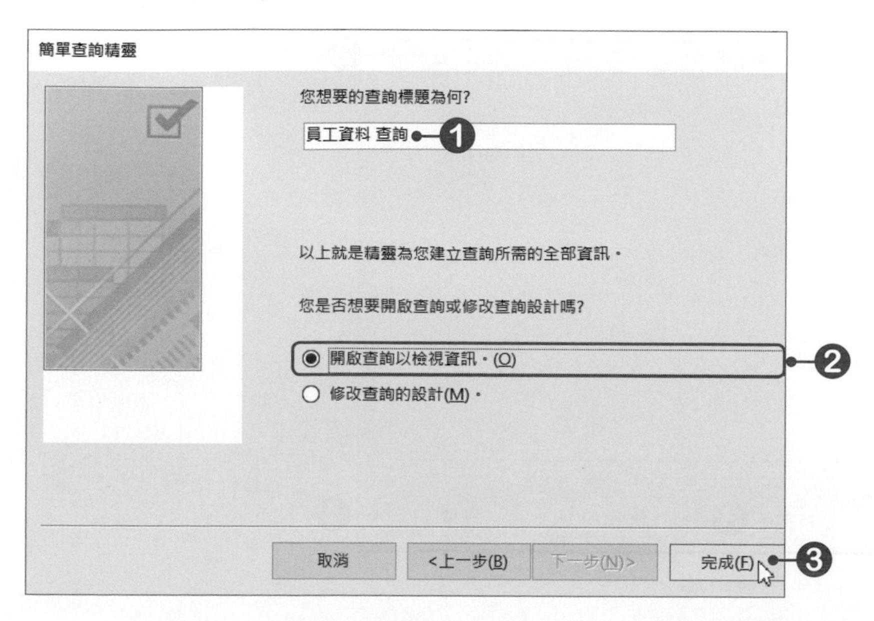

06 完成後，就會開啟查詢資料表，在資料表中就會顯示被選取的欄位，而未被選取的欄位就不會顯示於查詢資料表中。

所有 Access 物件
搜尋...
資料表
員工通訊錄
員工資料
部門代號
查詢
員工資料 查詢

員工資料 查詢

姓名	部門	薪資
王小桃	董事長室	120,000
徐甄環	總經理室	100,000
蘇蓁如	總經理室	35,000
林小如	財務部	28,000
陳玲玲	財務部	30,000
鄭書文	會計部	28,000
李信一	會計部	28,000

範例檔案：2-4-OK.accdb

互動式的查詢

所謂的「互動式」，就是在查詢的過程中，會有一個詢問的訊息，使用者只要再依據此訊息輸入相關的資訊，就能查詢出符合條件的記錄。請繼續使用 **2-4.accdb** 檔案，進行互動式查詢練習。

01 按下 **「建立→查詢→查詢設計」** 按鈕，開啟「顯示資料表」對話方塊，點選 **資料表** 標籤，選擇要建立查詢物件的資料表，選擇好後按下 **新增** 按鈕，新增完畢後按下 **關閉** 按鈕。

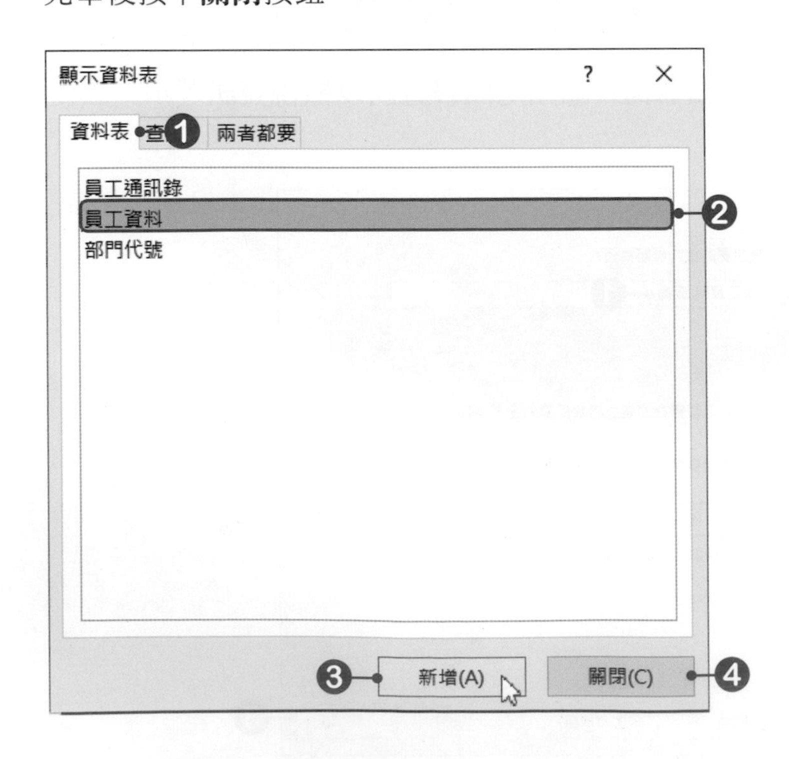

02 進入「設計檢視」模式後，會看到二個區域，上方會顯示剛剛選取的資料表；下方會顯示用來設計查詢的條件。

03 首先在欄位中將編號、姓名、部門、分機等欄位都選取好。接著要以部門作爲查詢的方式，因此將滑鼠游標移至**部門**欄位下的**準則**欄位，並按下**滑鼠左鍵**，於欄位中輸入**「[請輸入部門名稱]」**文字。

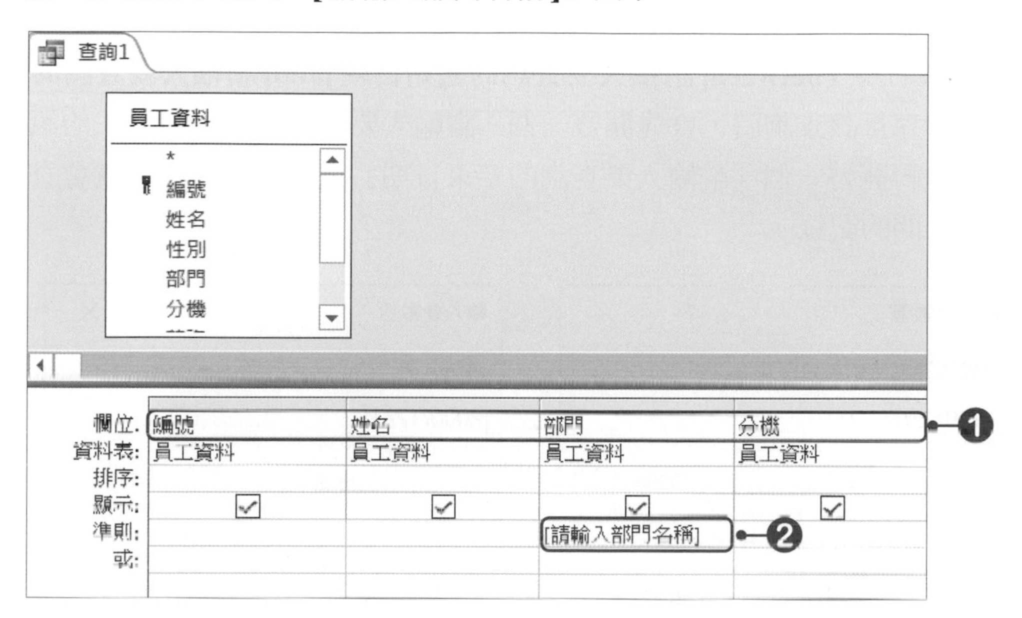

04 設定好後，按下**關閉**按鈕，會詢問是否要儲存，請按下**是**按鈕，接著會開啓「另存新檔」對話方塊，輸入一個名稱，輸入完後按下**確定**按鈕。

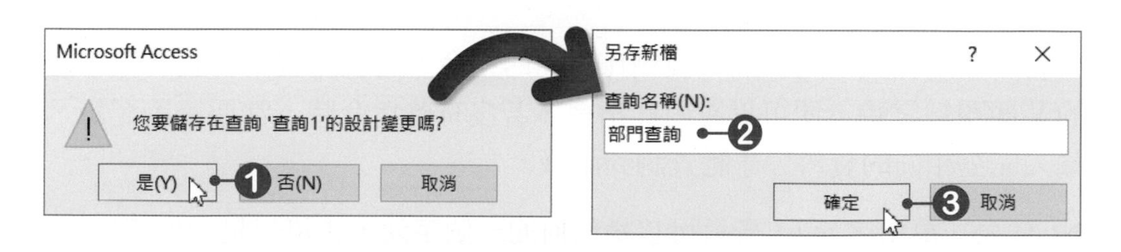

05 儲存完畢後，在查詢物件上**雙擊滑鼠左鍵**，會開啓「輸入參數值」對話方塊(此對話方塊就是剛剛所設計的準則)。接著在欄位中輸入要查詢的部門名稱，輸入完後按下**確定**按鈕，即可查詢到該部門的所有人員。

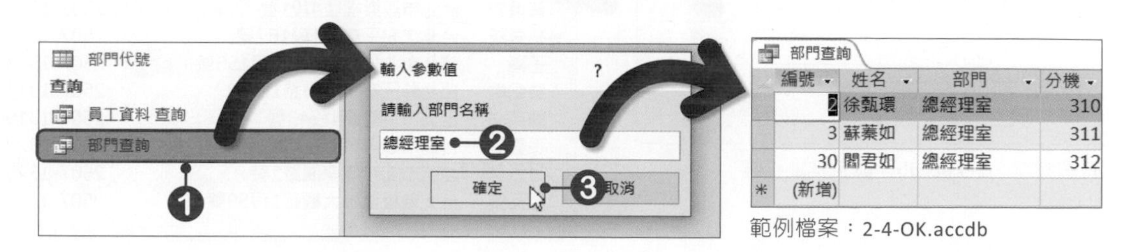

範例檔案：2-4-OK.accdb

常用的準則指令

在前面學會了，只要在準則中加入**「[]」**符號，就會自動產生輸入的對話方塊，而除了「[]」指令外，以下再介紹二種查詢指令。

between…and介於…之間

要查詢某一個區段之間的記錄時，可以使用**「between…and」**指令，例如：建立一個準則為**「between[請輸入要查詢的起始日期]and[請輸入要查詢的結束日期]」**。當執行該查詢時，會先開啟一個「請輸入要查詢的起始日期」的訊息，輸入完後會再開啟一個「請輸入要查詢的結束日期」訊息，輸入完後就會查詢出這段日期之間的記錄。

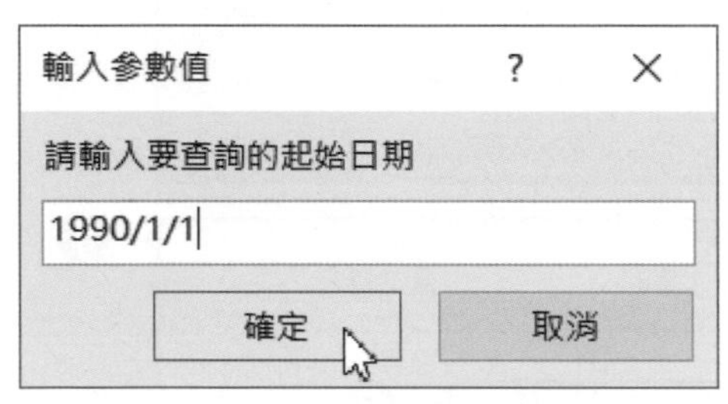

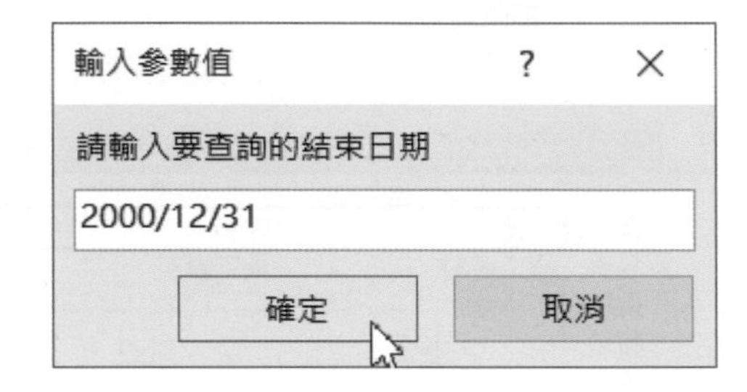

範例檔案：2-5.accdb，任用日期查詢

Like "*" &[請輸入要查詢的關鍵字]& "*"

在這個指令中，共有「Like」指令、「*」符號、「&」運算元等，它們的功能分別說明如下：

- **Like：**在運算式中是一個「模糊比對」的指令，也就是說，要查詢某筆記錄中的某個關鍵字時，便可以使用此指令，若沒有此指令時，當要查詢記錄，必須輸入完全相同的資料，才能查詢到記錄。
- ***：**代表「萬用字元」，表示可以是任何的一個字元，也可以是一個空白。
- **&：**代表「加」的意思，也就是把不同屬性的字串加起來。

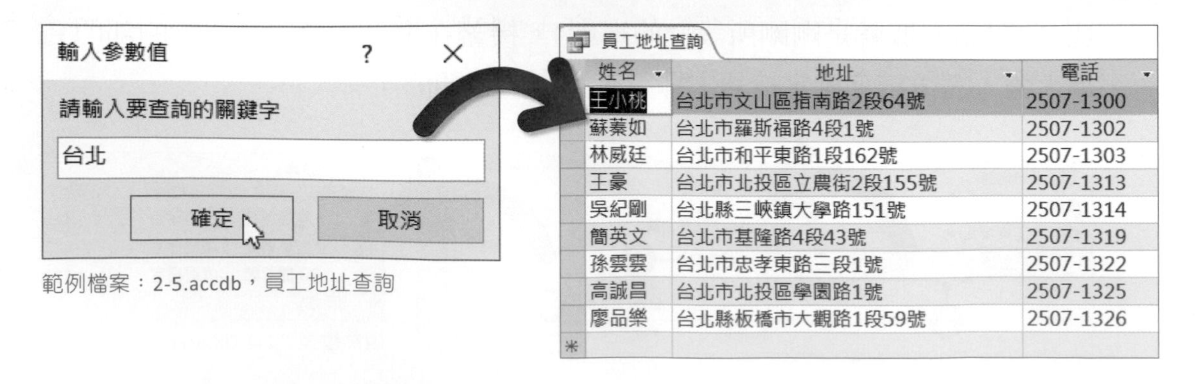

姓名	地址	電話
王小桃	台北市文山區指南路2段64號	2507-1300
蘇蓁如	台北市羅斯福路4段1號	2507-1302
林威廷	台北市和平東路1段162號	2507-1303
王豪	台北市北投區立農街2段155號	2507-1313
吳紀剛	台北縣三峽鎮大學路151號	2507-1314
簡英文	台北市基隆路4段43號	2507-1319
孫雲雲	台北市忠孝東路三段1號	2507-1322
高誠昌	台北市北投區學園路1號	2507-1325
廖品樂	台北縣板橋市大觀路1段59號	2507-1326

範例檔案：2-5.accdb，員工地址查詢

在查詢中加入計算欄位

利用查詢功能，還可以在資料表中直接加入計算欄位。請開啟**2-6.accdb**檔案，進行加入計算欄位的練習。

01 在**銷售金額查詢**上按下**滑鼠右鍵**，於選單中選擇**設計檢視**，進入查詢工具設計檢視模式中。

02 這裡要加入**銷售金額**欄位及計算公式，此欄位的計算結果是**「售價*銷量」**，所以，要在欄位中輸入**「銷售金額:售價*銷量」**，並將**顯示**欄位中的選項勾選。

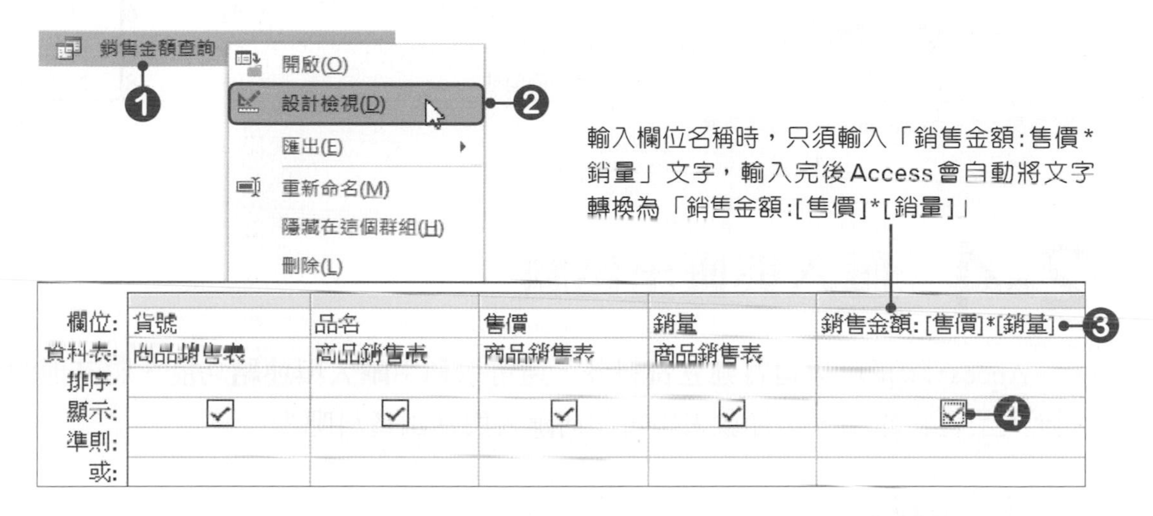

03 按下**「查詢工具→設計→顯示/隱藏→屬性表」**按鈕，開啟「屬性表」工作窗格，在屬性表中按下**格式**選單鈕，於選單中選**貨幣**格式。

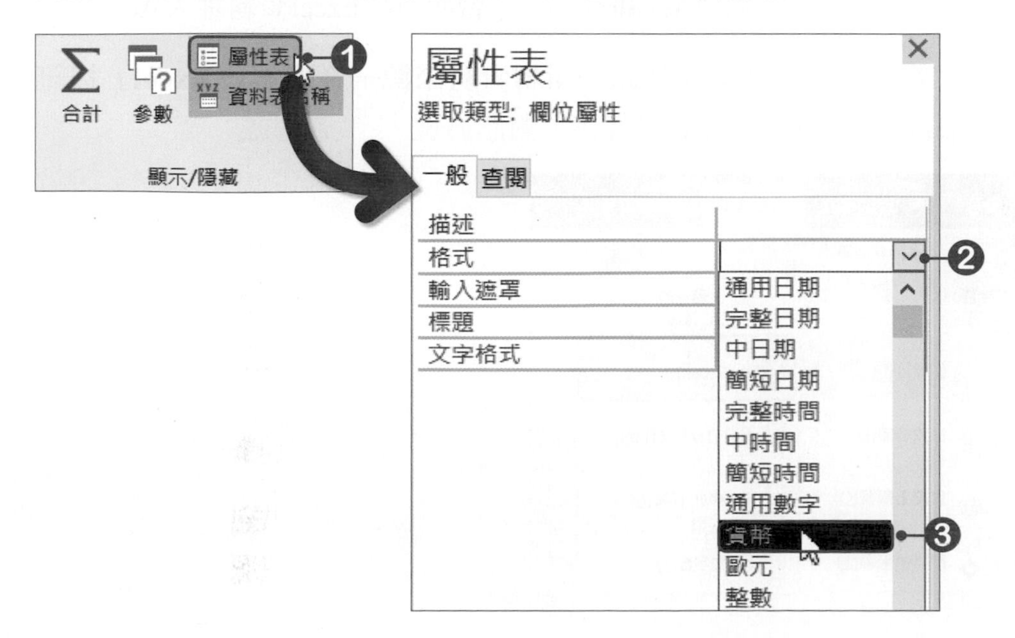

04 欄位格式設定好後，按下💾按鈕，將修改後的結果儲存起來，並離開設計檢視模式中。

05 在**功能窗格**中，於**銷售金額查詢**物件上**雙擊滑鼠左鍵**，開啟工作資料表即可看到多了一個**「銷售金額」**欄位，而欄位中的金額也自動計算出來了。

所有 Access 物件
搜尋...
資料表
商品明細
商品銷售表
查詢
銷售金額查詢

銷售金額查詢

貨號	品名	售價	銷量	銷售金額
LG1001	喜年來蔬菜餅乾	10	5	NT$50.00
LG1002	中立麥穗蘇打餅乾	20	9	NT$180.00
LG1003	中建紅標豆干	45	20	NT$900.00
LG1004	統一科學麵	24	7	NT$168.00
LG1005	味王原汁牛肉麵	41	6	NT$246.00
LG1006	浪味炒麵	39	9	NT$351.00
LG1007	佛州葡萄柚	99	8	NT$792.00

範例檔案：2-6-OK.accdb，銷售金額查詢

2-4 匯入與匯出資料

Access除了可以自行建立資料外，還可以利用**匯入與連結**功能，將其他的檔案匯入至資料庫中，這節就來學習如何匯入與匯出資料吧！

匯入資料

Access可以匯入的資料類型有：Excel、文字檔(txt)、XML檔案、HTML文件、Outlook資料夾等。請開啟**2-7.accdb**檔案，學習如何將Excel資料匯入Access中。

01 按下**「外部資料→匯入與連結→新增資料來源→從檔案→Excel」**按鈕，開啟「取得外部資料—Excel試算表」對話方塊。

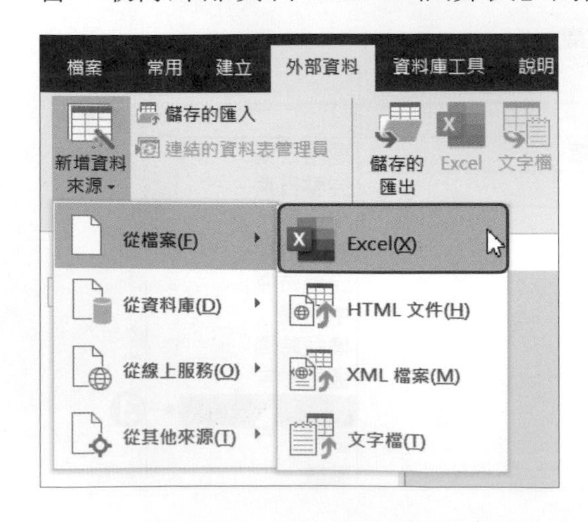

02 按下**瀏覽**按鈕，選擇要匯入的檔案，再點選**匯入來源資料至目前資料庫的新資料表**選項，選擇好後按下**確定**按鈕。

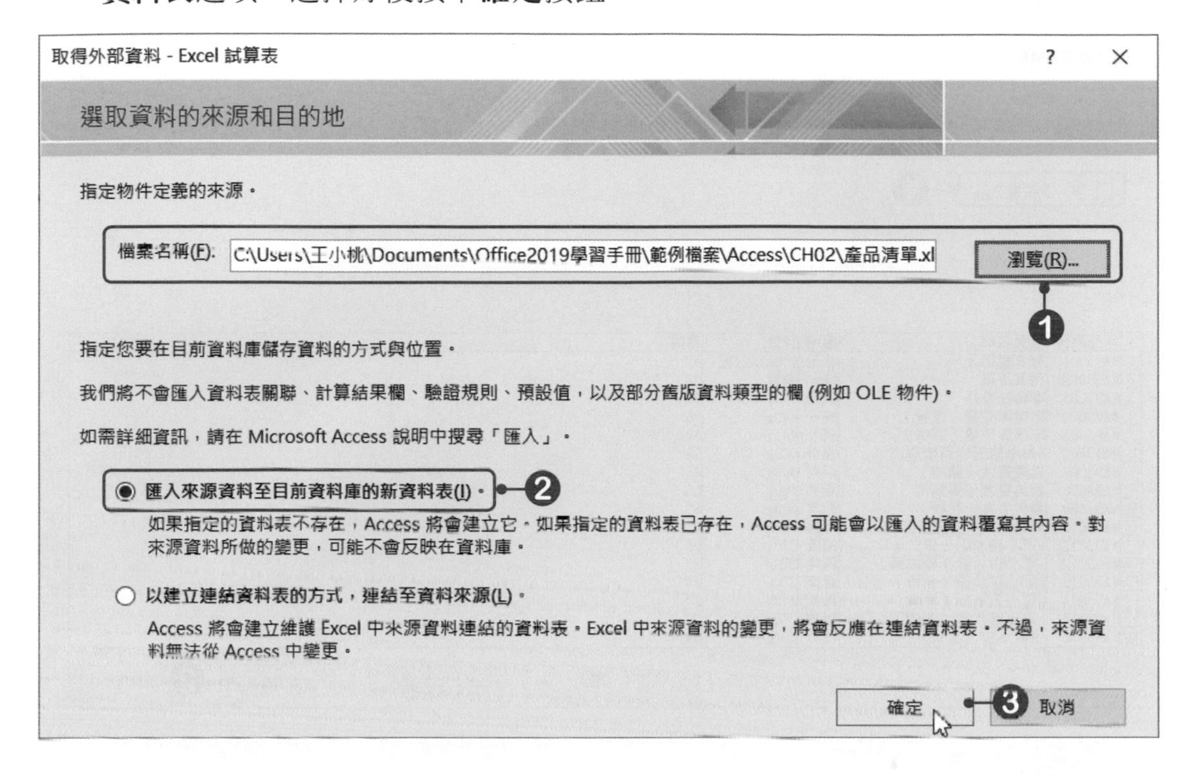

03 開啟「匯入試算表精靈」對話方塊，選擇要匯入的工作表，選擇好後按下**一步**按鈕。

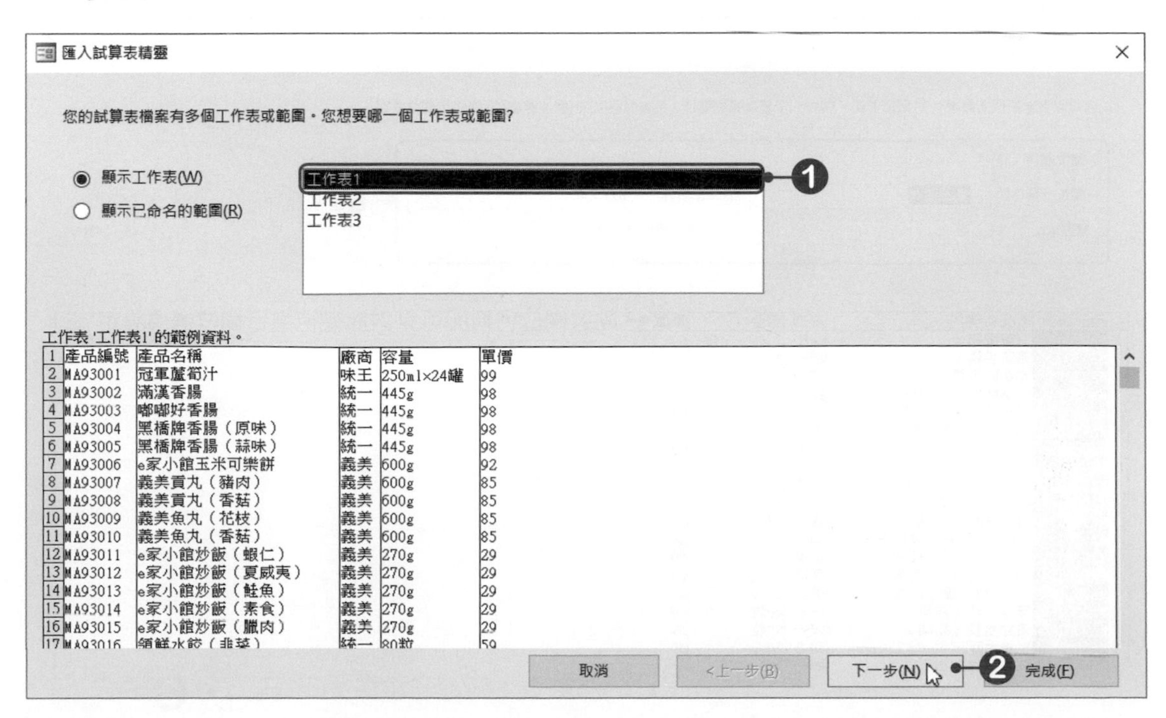

04 請將**第一列是欄名**勾選，若匯入的Excel資料沒有標題列，則此選項就不要勾選，設定好後按**下一步**按鈕。

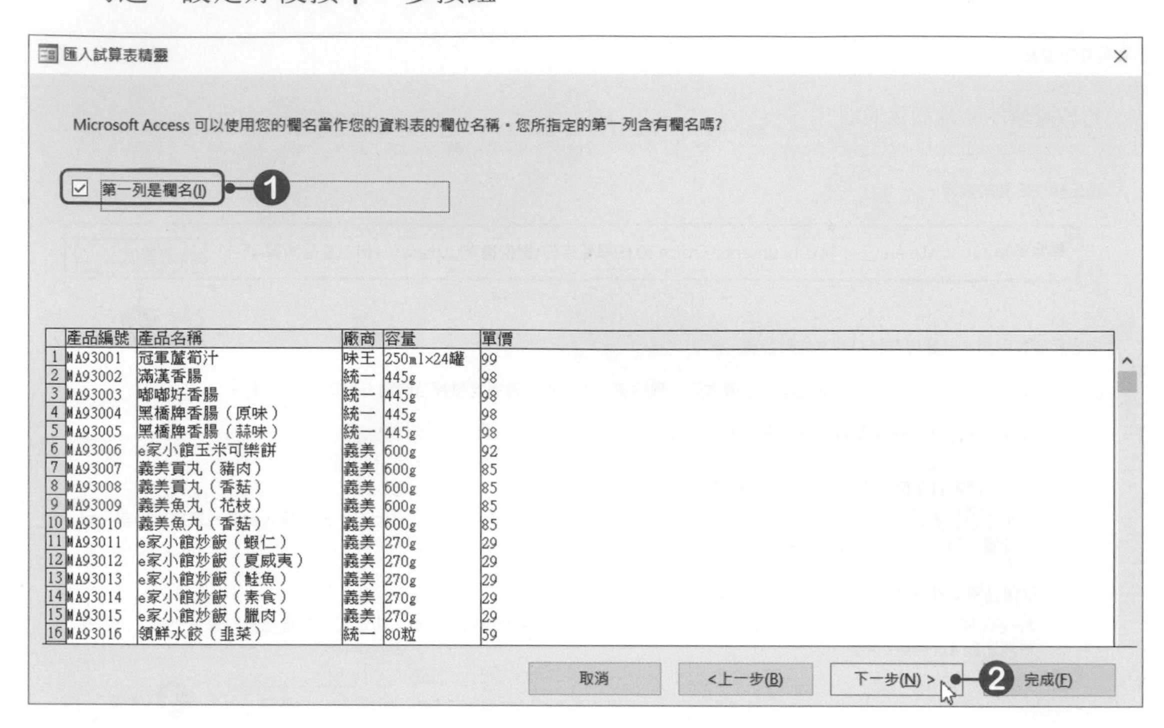

05 設定各欄位的名稱與資料類型，還可以選擇是否為索引欄位，或是不要匯入該欄位，都設定好後按**下一步**按鈕。

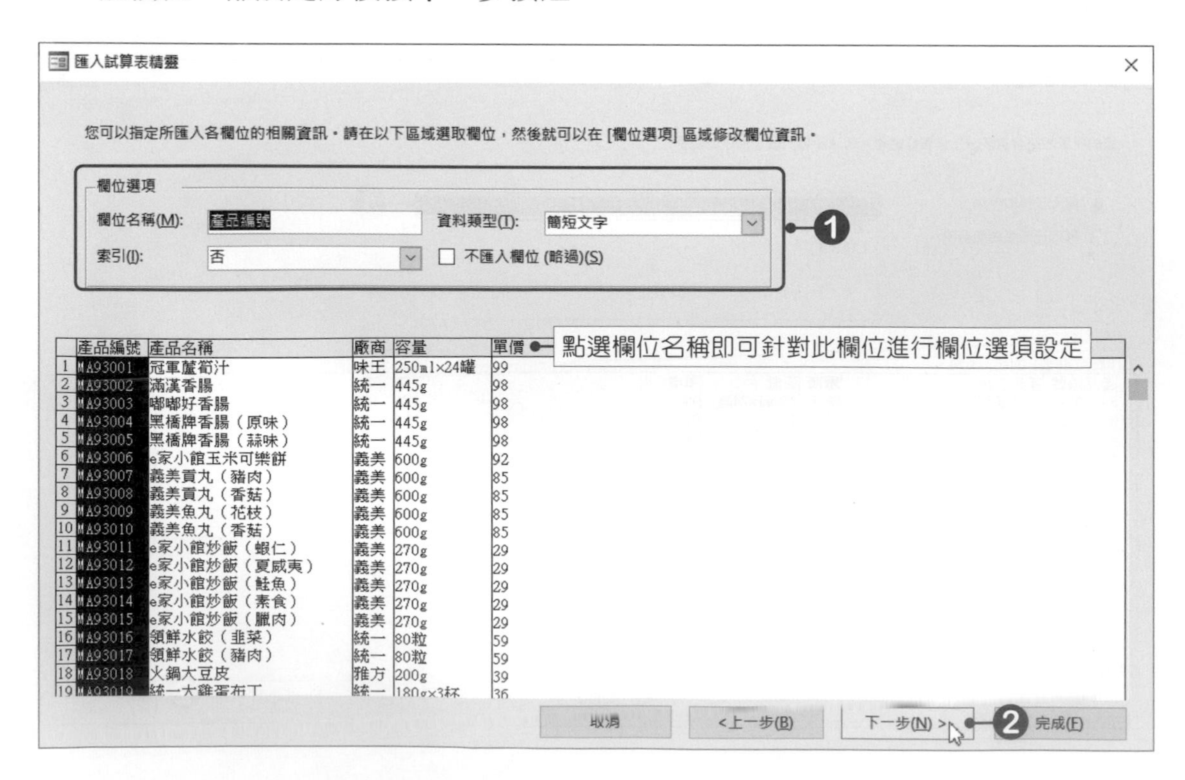

06 設定主索引欄位，點選**自行選取主索引鍵**，再選擇要設為主索引鍵的欄位，選擇好後按**下一步**按鈕。

	產品編號	產品名稱	廠商	容量	單價
1	MA93001	冠軍蘆筍汁	味王	250ml×24罐	99
2	MA93002	滿漢香腸	統一	445g	98
3	MA93003	嘟嘟好香腸	統一	445g	98
4	MA93004	黑橋牌香腸（原味）	統一	445g	98
5	MA93005	黑橋牌香腸（蒜味）	統一	445g	98
6	MA93006	e家小館玉米可樂餅	義美	600g	92
7	MA93007	義美貢丸（豬肉）	義美	600g	85
8	MA93008	義美貢丸（香菇）	義美	600g	85
9	MA93009	義美魚丸（花枝）	義美	600g	85
10	MA93010	義美魚丸（香菇）	義美	600g	85
11	MA93011	e家小館炒飯（蝦仁）	義美	270g	29
12	MA93012	e家小館炒飯（夏威夷）	義美	270g	29
13	MA93013	e家小館炒飯（鮭魚）	義美	270g	29
14	MA93014	e家小館炒飯（素食）	義美	270g	29
15	MA93015	e家小館炒飯（臘肉）	義美	270g	29
16	MA93016	領鮮水餃（韭菜）	統一	80粒	59
17	MA93017	領鮮水餃（豬肉）	統一	80粒	59
18	MA93018	火鍋大豆皮	雅方	200g	39
19	MA93019	統一大雞蛋布丁	統一	180g×3杯	36
20	MA93020	統一可愛布丁	統一	100g×12杯	65

07 在**匯入至資料表**欄位中輸入一個資料表名稱，輸入完後，按下**完成**按鈕。

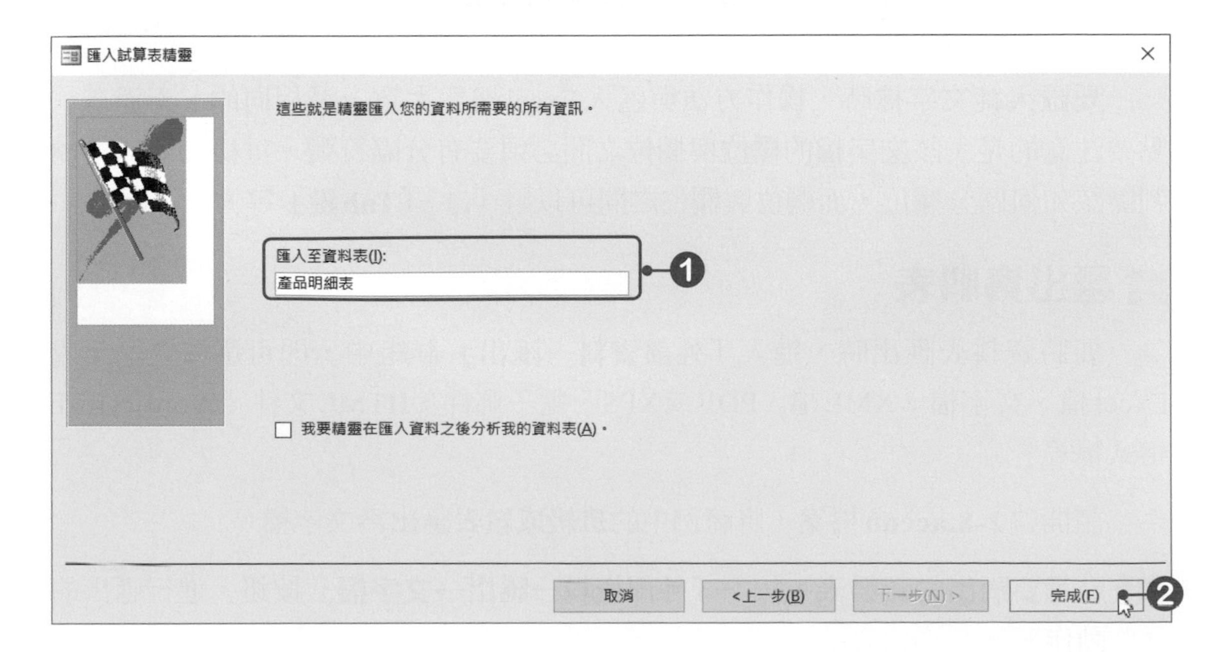

08 此時會詢問要不要將以上的匯入步驟儲存起來，這樣下次匯入資料時即可快速進行，而不需要使用精靈，選擇好後按下**關閉**按鈕。

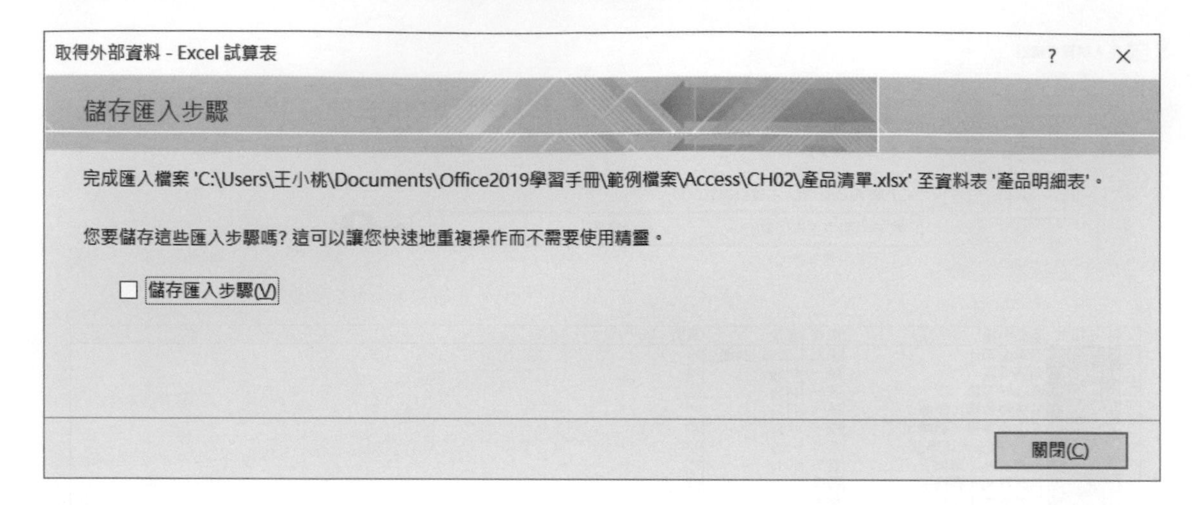

09 完成匯入後，在功能窗格中就會多了一個剛剛匯入的資料表了。

所有 Access 物件
搜尋...
資料表
產品明細表

產品明細表

產品編號	產品名稱	廠商	容量	單價
MA93001	冠軍蘆筍汁	味王	250ml×24罐	99
MA93002	滿漢香腸	統一	445g	98
MA93003	嘟嘟好香腸	統一	445g	98
MA93004	黑橋牌香腸（原味	統一	445g	98
MA93005	黑橋牌香腸（蒜味	統一	445g	98
MA93006	e家小館玉米可樂餅	義美	600g	92
MA93007	義美貢丸（豬肉）	義美	600g	85
MA93008	義美貢丸（香菇）	義美	600g	85
MA93009	義美魚丸（花枝）	義美	600g	85
MA93010	義美魚丸（香菇）	義美	600g	85
MA93011	e家小館炒飯（蝦	義美	270g	29

範例檔案：2-7-OK.accdb

要匯入純文字檔時，操作方法與匯入Excel檔案大致上是相同的。不過有一點要注意的是，該文字檔的欄位與欄位之間必須要有分隔符號，這樣Access才能判斷該如何區分欄位，而欄位與欄位之間可以用**「,」**、**「Tab鍵」**等方式分隔。

匯出資料表

要將資料表匯出時，進入**「外部資料→匯出」**群組中，即可選擇要匯出成Excel檔、文字檔、XML檔、PDF或XPS、電子郵件、HTML文件、Word的RTF格式檔等。

請開啓**2-8.accdb**檔案，將範例中的**班級成績表**匯出爲文字檔。

01 點選要匯出的資料表，按下**「外部資料→匯出→文字檔」**按鈕，進行匯出的動作。

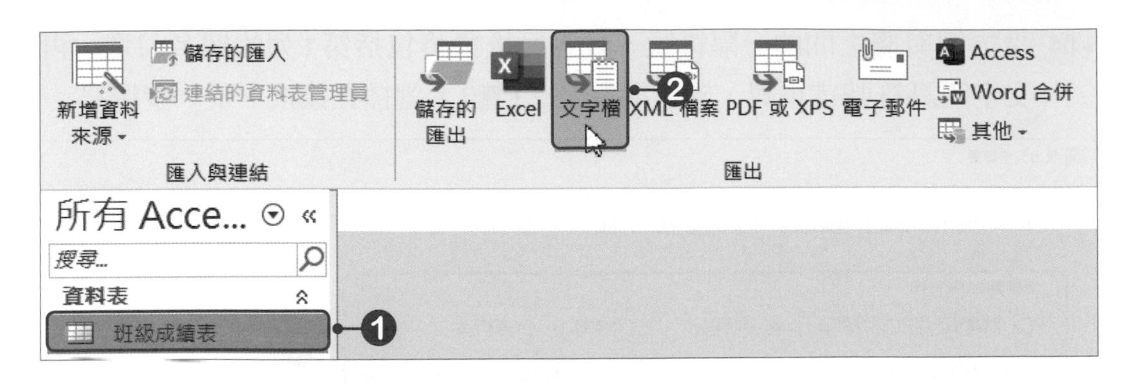

02 按下**瀏覽**按鈕，設定要匯出的位置與檔案名稱，設定好後按下**確定**按鈕。

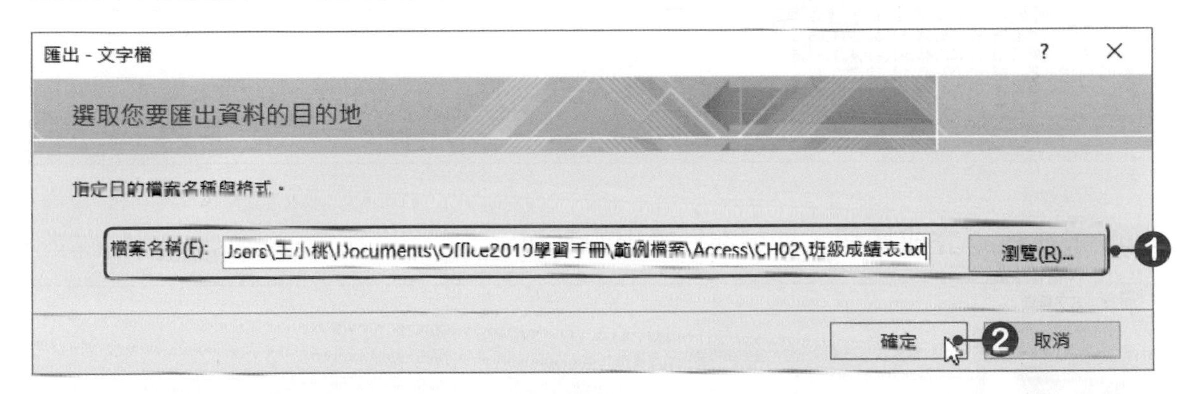

03 選擇要匯出的格式，這裡請點選**分欄字元**，選擇好後按下**下一步**按鈕。

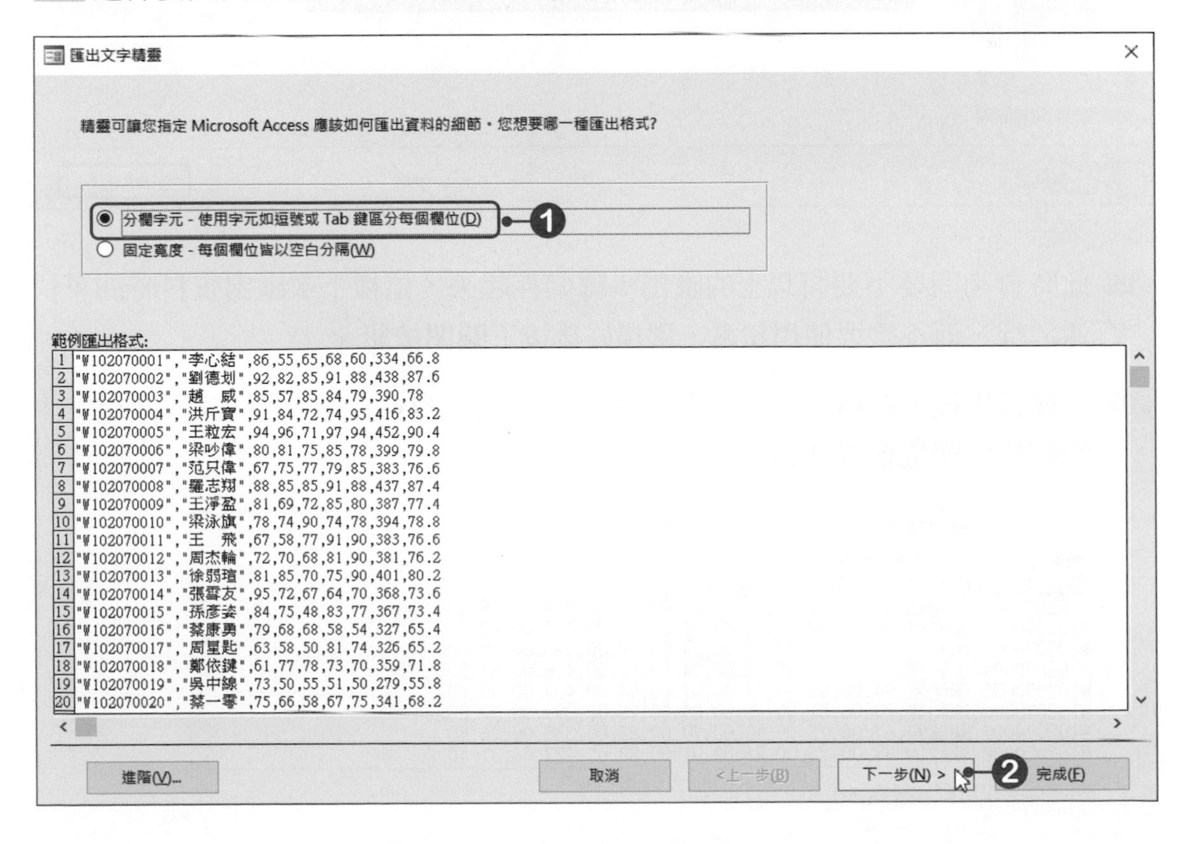

04 設定欄與欄之間的分隔符號，設定好後再將**包括第1列的欄名**勾選，再按下**文字辨識符號**選單鈕，於選單中選擇**{無}**，選擇好後按下**下一步**按鈕。

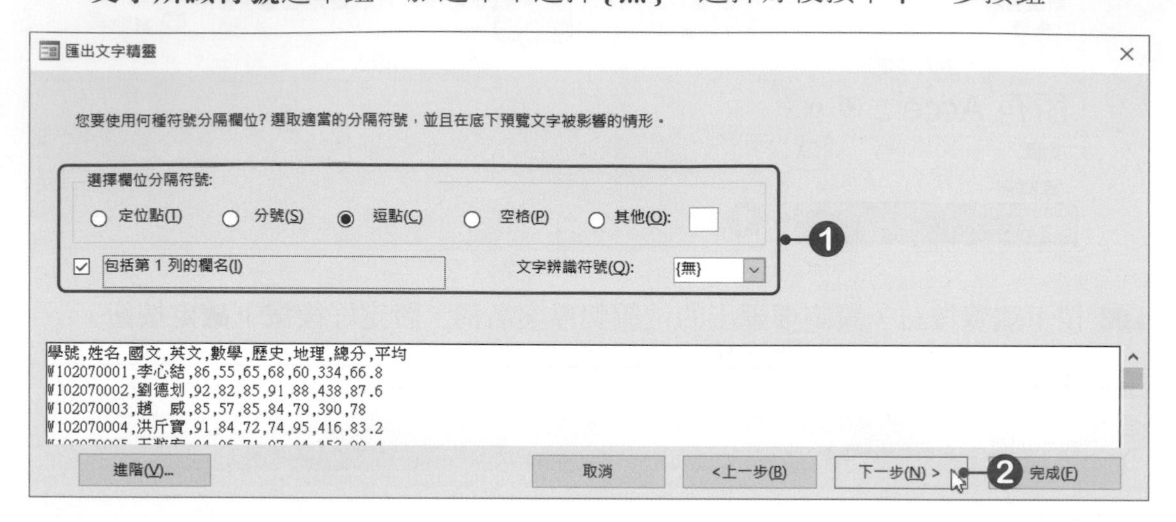

05 最後按下**完成**按鈕，即可進行匯出的動作。

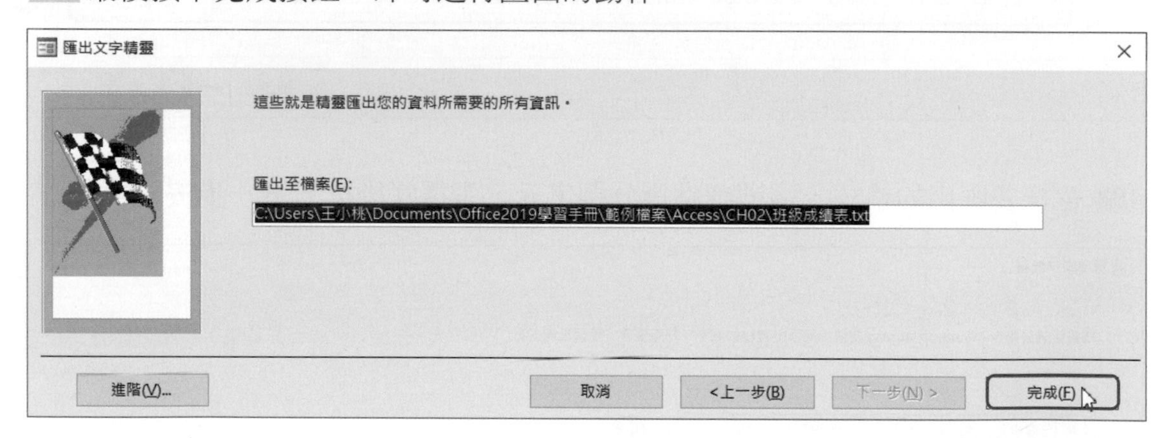

06 此時會詢問要不要將以上的匯出步驟儲存起來，這樣下次匯出資料時即可快速進行，而不需要使用精靈，選擇好後按下**關閉**按鈕。

07 完成匯出後，在所選的資料夾內就會多了一個「**txt**」格式的檔案，該檔案中的欄位與欄位會以「**逗點**」為分隔。

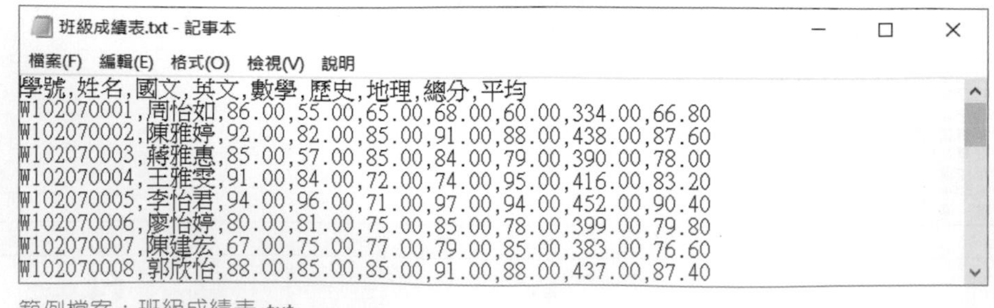

範例檔案：班級成績表.txt

自我評量

❖選擇題

( )1. 在Access中，下列關於排序的說明，何者不正確？(A)排序時會以「列」為依據，調整每一筆記錄的順序 (B)排序資料時可以使用多個欄位進行 (C)將資料排序後，還是可以再將資料復原到原始狀態 (D)進行資料排序時，可以選擇遞增或遞減兩種方式進行排序。

( )2. 在Access中，要尋找某個資料時，可以按下鍵盤上的哪組快速鍵，開啟尋找對話方塊？(A) Ctrl+A (B) Ctrl+F (C) Ctrl+H (D) Ctrl+P。

( )3. 在Access中，如果要篩選以「王」為開頭的資料時，準則該如何設定？(A) "*王" (B) "*王*" (C) "王*" (D) "王"。

( )4. 在Access中，如果要篩選出「王××」資料，準則該如何設定？(A) "王??" (B) "王?" (C) "*王*" (D) "王*"。

( )5. 在Access中，無法將資料表匯出為哪種檔案類型？(A) Excel檔 (B) PDF檔 (C)文字檔 (D) Flash檔。

( )6. 在Access中，將資料表匯出至文字檔時，可以使用哪個分隔符號，分隔欄與欄之間的資料？(A)定位點 (B)空白 (C)逗號 (D)以上皆可。

❖實作題

1. 開啟「Access→CH02→2-9.accdb」檔案，進行以下設定。
   - 將「手機銷售量.xlsx」檔案匯入至資料庫中，資料表命名為「手機銷售量」，將資料以廠牌遞增排序。
   - 以「手機銷售量」資料表，建立一個「銷售金額查詢表」，並在此表中加入一個「金額小計」欄位，金額小計欄位中的值等於「價格*銷售數量」。

所有 Access...

搜尋...

資料表
- 手機基本資料
- 手機銷售量

查詢
- 交易日期查詢表
- 廠商銷售金額查詢表
- 銷售金額查詢表

銷售金額查詢表

廠牌	機型	價格	銷售數量	金額小計
Apple	iPhone 12	$22,000	4	NT$88,000
SONY	Xperia XZ Premium	$9,900	3	NT$29,700
SAMSUNG	GALAXY S20	$18,900	6	NT$113,400
SAMSUNG	GALAXY Note 20	$20,500	2	NT$41,000
Nokia	LUMIA 1020	$12,999	1	NT$12,999
hTC	HTC U11	$19,900	2	NT$39,800
Apple	iPhone 12S	$25,100	1	NT$25,100
SAMSUNG	GALAXY A71	$25,100	4	NT$100,400
Apple	iPhone 12C	$18,900	3	NT$56,700
Apple	iPhone 12S	$25,100	5	NT$125,500
hTC	DESIRE 828	$7,900	2	NT$15,800

自我評量

- 以「手機銷售量」資料表，建立一個「廠商銷售金額查詢表」，以「廠牌」欄位為查詢方式。
- 查詢出來的記錄必須以「銷售金額」，由小到大排序。

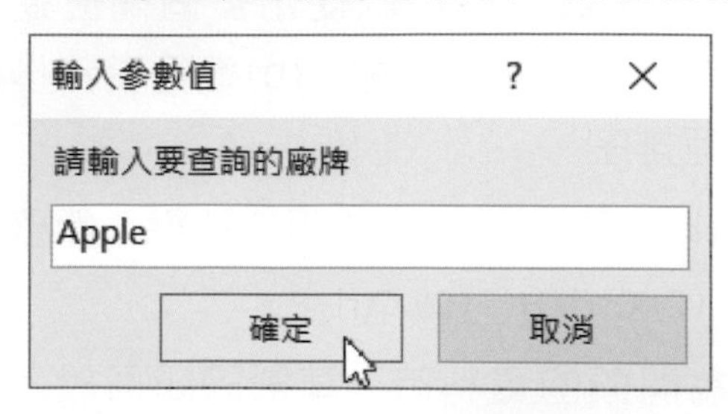

所有 Access ...

資料表：手機基本資料、手機銷售量

查詢：交易日期查詢表、廠商銷售金額查詢表、銷售金額查詢表

銷售金額查詢表 / 廠商銷售金額查詢表

廠牌	機型	價格	銷售數量	金額小計
Apple	iPhone 12	$22,000	4	NT$88,000
Apple	iPhone 12S	$25,100	1	NT$25,100
Apple	iPhone 12C	$18,900	3	NT$56,700
Apple	iPhone 12S	$25,100	5	NT$125,500
Apple	iPhone 12C	$18,900	2	NT$37,800
Apple	iPhone 12S	$25,100	2	NT$50,200
Apple	iPhone 12	$22,000	1	NT$22,000
Apple	iPhone 12C	$18,900	3	NT$56,700
Apple	iPhone 12C	$18,900	1	NT$18,900

- 以「手機基本資料」資料表，建立一個「交易日期查詢表」。
- 以「交易日期」欄位為查詢方式，查詢時要輸入開始查詢日和結束查詢日。

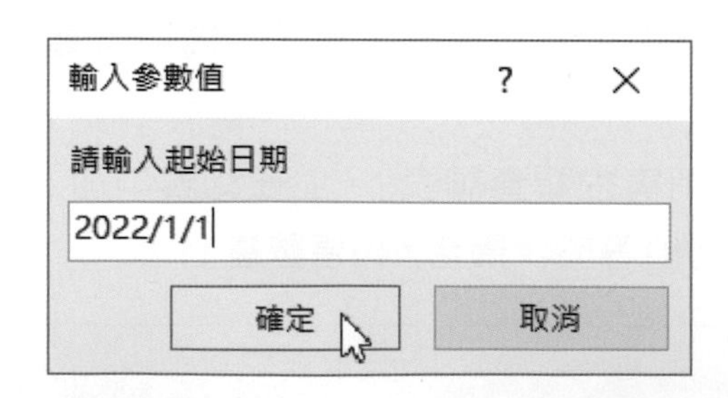

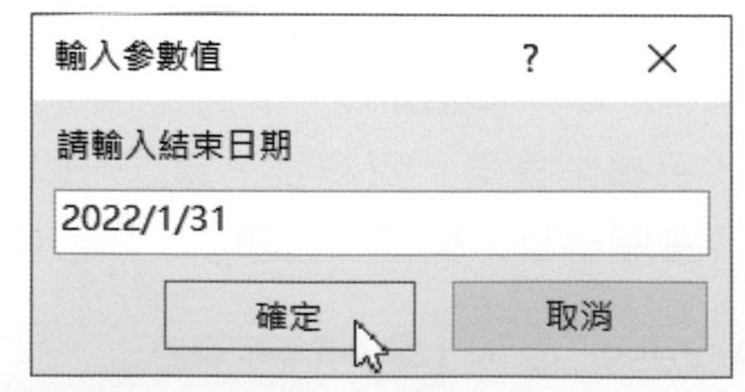

廠牌	機型	價格	交易日期
Apple	iPhone 12	$22,000	2022年1月3日
SONY	Xperia XZ Premium	$9,900	2022年1月4日
SAMSUNG	GALAXY S20	$18,900	2022年1月5日
SAMSUNG	GALAXY Note 20	$20,500	2022年1月6日
Nokia	LUMIA 1020	$12,999	2022年1月15日
hTC	HTC U11	$19,900	2022年1月16日
Apple	iPhone 12S	$25,100	2022年1月16日
SAMSUNG	GALAXY A71	$25,100	2022年1月20日

ACCESS 2019

CHAPTER 03
表單物件的使用

3-1 建立表單物件

進行新增、修改、檢視記錄時，通常會到「**資料表**」進行，但在資料表中的記錄是以一筆一筆方式呈現，若記錄中包含了OLE物件時，也不會顯示出來。而表單物件則可以依據個人的需求，自行設計新增、修改、檢視等工作環境，讓一成不變的記錄，也能變得更美觀。

使用表單精靈建立表單

使用**表單精靈**可以自行選擇表單所需的欄位及表單的配置方式，請開啓**3-1.accdb**檔案，練習如何使用表單精靈。

01 按下「**建立→表單→表單精靈**」按鈕，開啓「表單精靈」對話方塊。

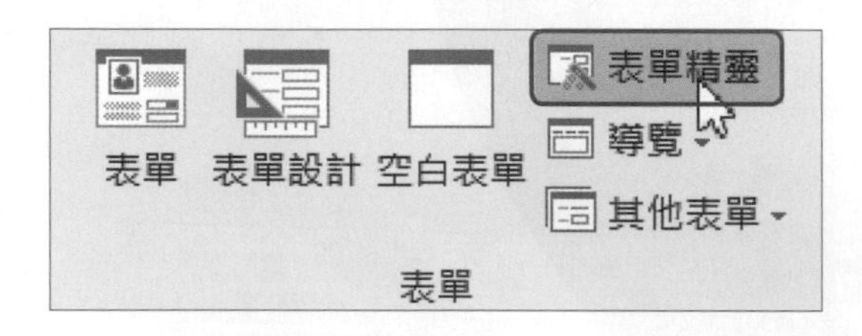

02 在**資料表/查詢**中選擇要製作表單的資料表，在**可用的欄位**選單中將欄位加入**已選取的欄位**中，設定好後按**下一步**按鈕。

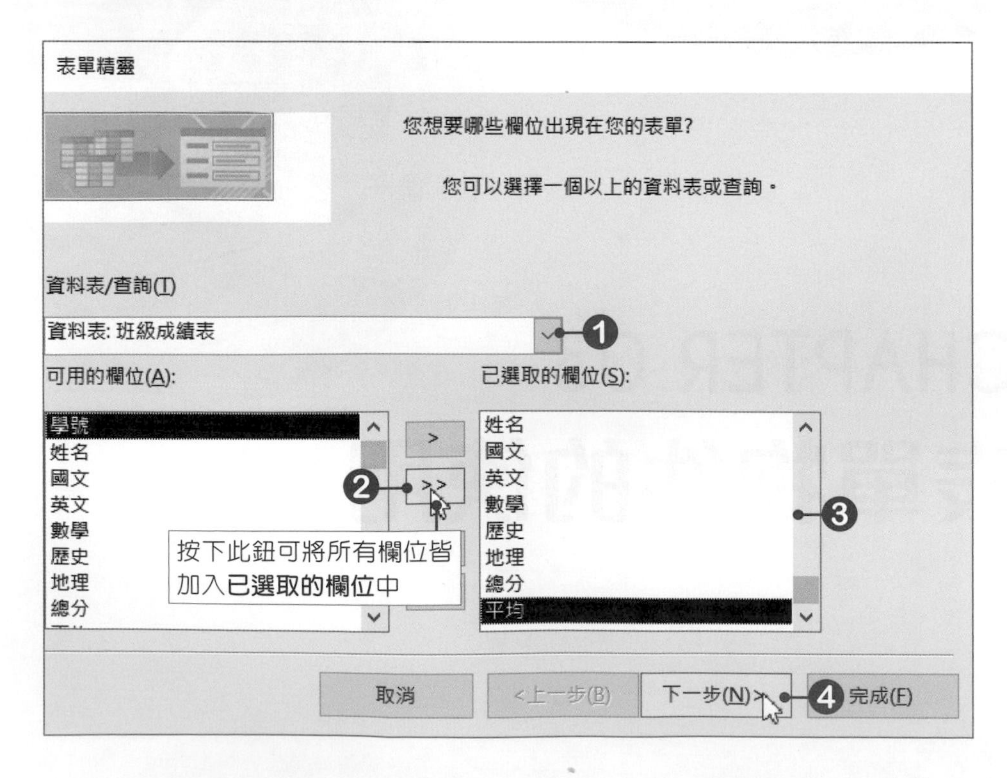

03 選擇表單的配置方式，這裡可依需求做選擇，選擇好後按**下一步**按鈕繼續。

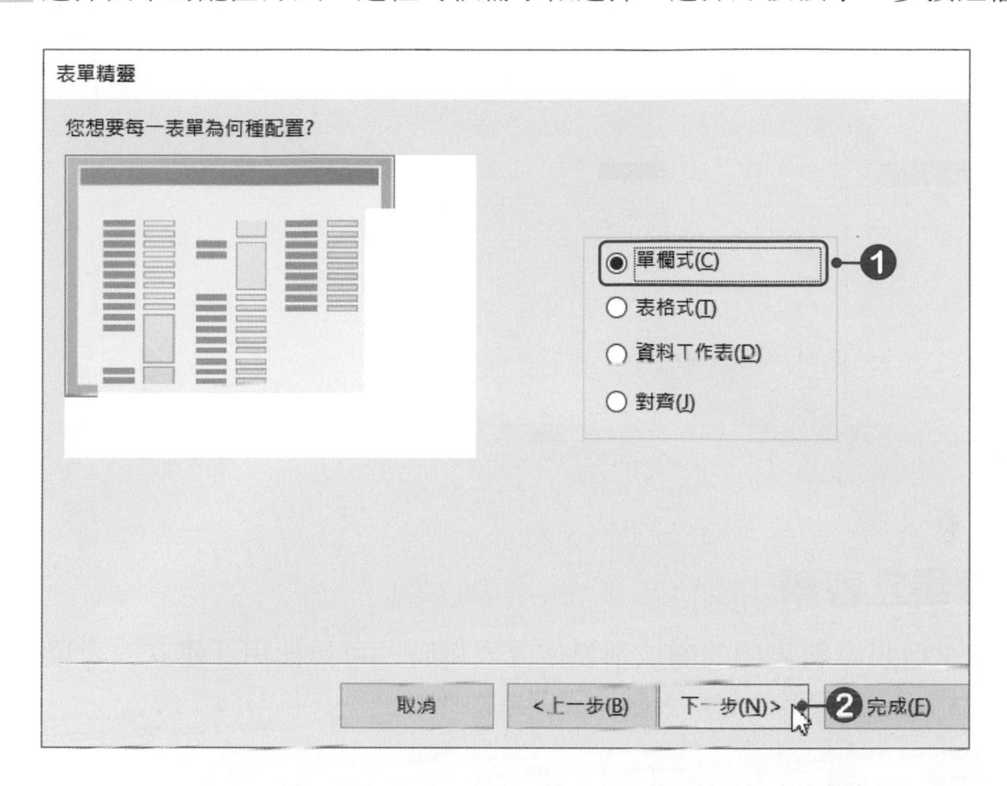

04 設定表單的名稱，設定好後再點選**開啟表單來檢視或是輸入資訊**，選擇好後按下**完成**按鈕。

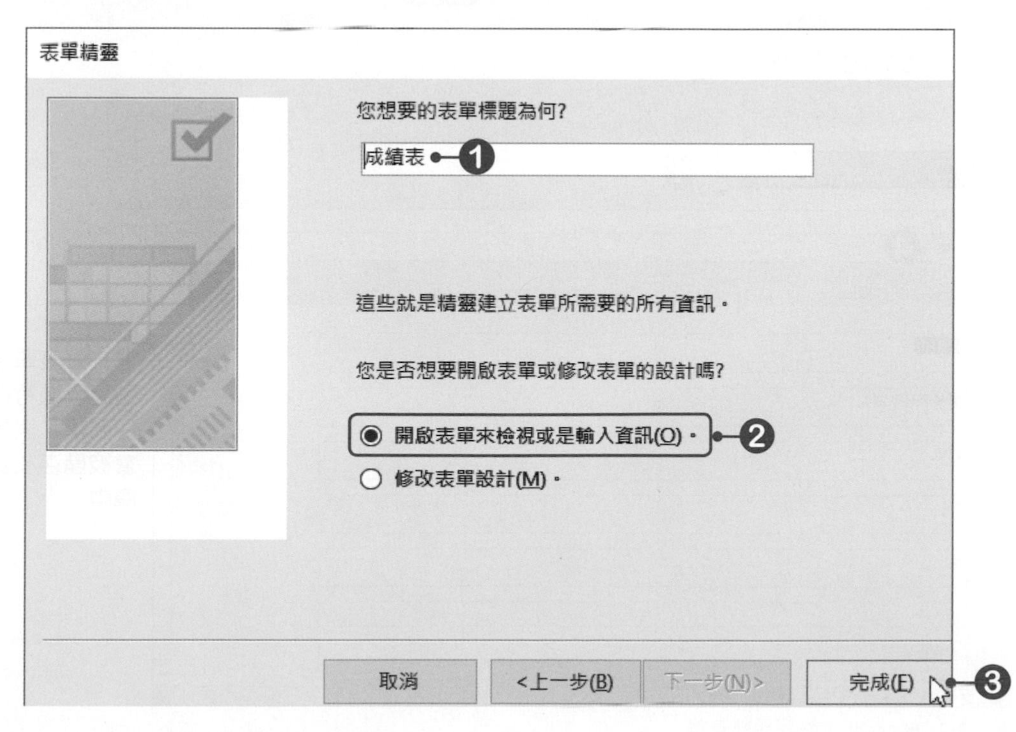

05 按下**完成**按鈕後，表單就製作完成囉！

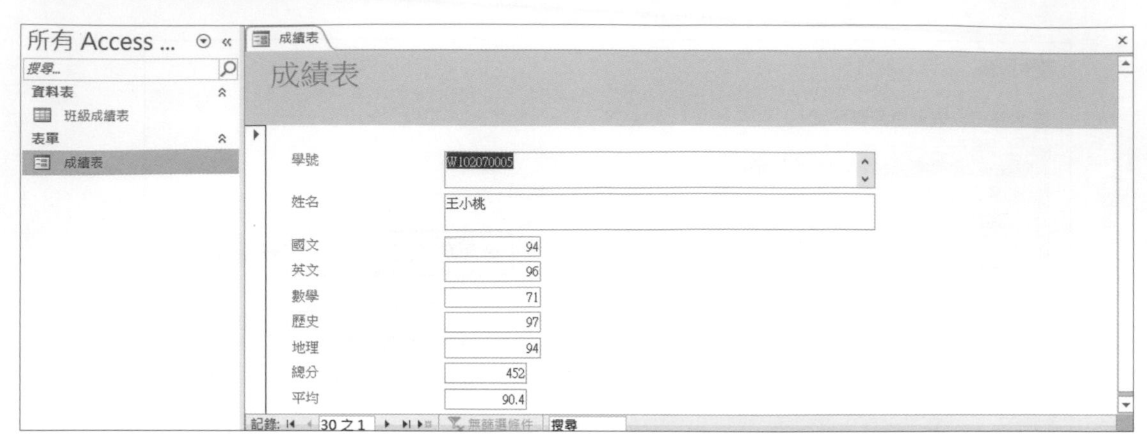

範例檔案：3-1-OK.accdb

快速建立表單

要快速地將資料表內的欄位都製作成表單時，可以使用**「建立→表單→表單」**按鈕，直接將選取的資料表製作成表單物件。

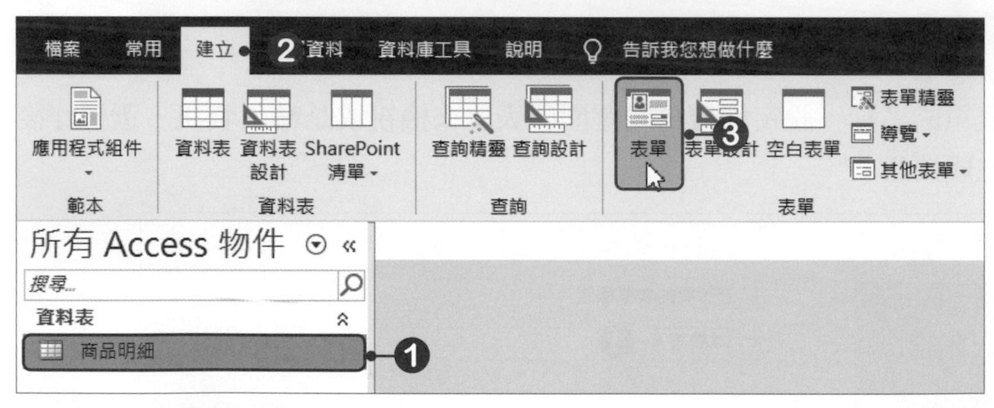

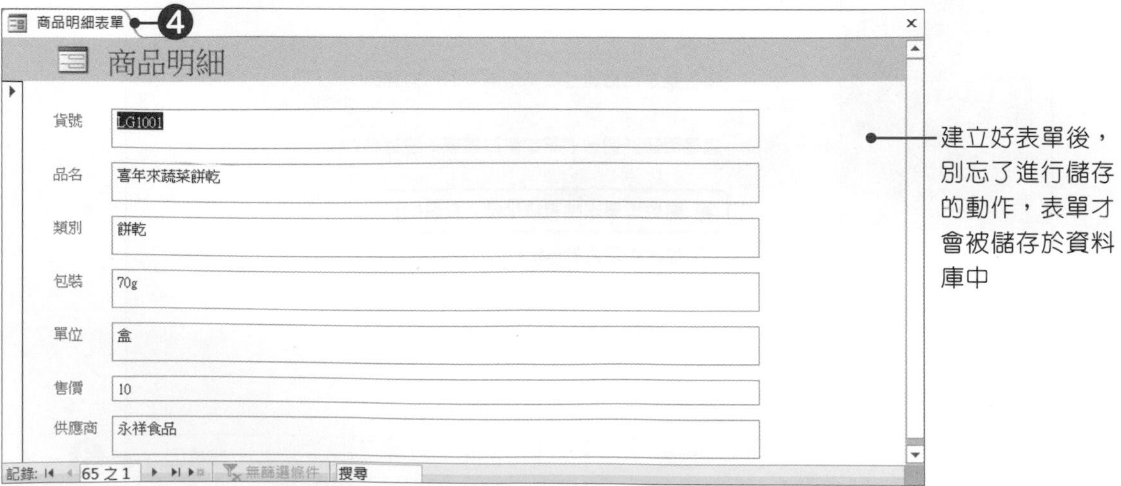

範例檔案：3-2-OK.accdb，商品明細表單

使用設計檢視建立表單

想要製作一個符合自己需求的表單時，按下「**建立→表單→表單設計**」按鈕，進入**表單設計**檢視模式中，即可進行表單的設計。

認識表單區段

當進入**表單設計**模式後，表單會同時顯示**格線**與**尺規**，並以區段來區分表單，表單的區段主要分為**表單首**、**頁首**、**詳細資料**、**頁尾**、**表單尾**等，預設下只會顯示**詳細資料**區段，若要顯示其他區段時，在表單上按下**滑鼠右鍵**，於選單中點選**頁首/頁尾**及**表單首/尾**，即可開啟表單首、頁首、頁尾、表單尾等區段。

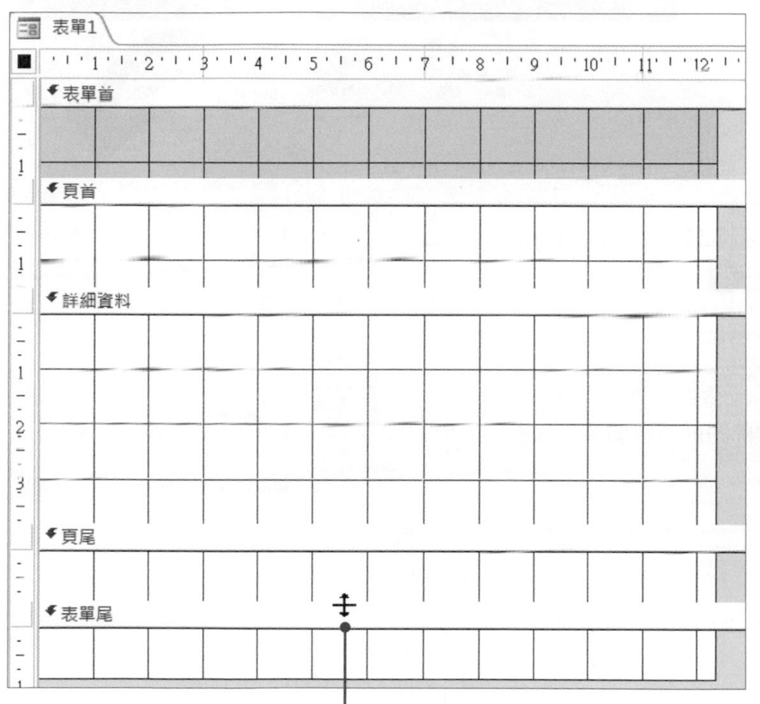

表單首：在表單的最上方，列印時則會出現在第一頁的上方，主要是用來顯示每筆記錄相同的資訊，例如：表單的標題

頁首：在每一列印頁面上方顯示標題、欄名等資訊，頁首只會在預覽列印或列印時顯示

詳細資料：是用來放置主要的記錄內容，在表單切換不同記錄時就會顯示不同內容

頁尾：在每一列印頁面下方顯示日期或頁數等資訊，頁尾只會在預覽列印或列印時顯示

表單尾：可用來顯示每筆記錄相同的資訊，例如：指令按鈕或使用表單的說明

將滑鼠游標移至區段與區段之間，按著**滑鼠左鍵**不放並拖曳，即可調整區段的高度

進行表單設計時，可以在**表單設計工具**中的**設計**、**排列**及**格式**等索引標籤裡進行。

新增現有欄位

進入了表單設計模式後，即可在表單中加入資料表中的欄位，請開啟**3-3.accdb**檔案，進行建立表單的練習。

01 按下「**表單設計工具→設計→工具→新增現有欄位**」按鈕，開啟**欄位清單**窗格，點選要使用的資料表，便會列出該資料表內的所有可用欄位。

02 點選要加入表單的欄位名稱，再按著**滑鼠左鍵**不放，並將欄位拖曳至表單，放掉**滑鼠左鍵**後，欄位就會被加入於表單中。

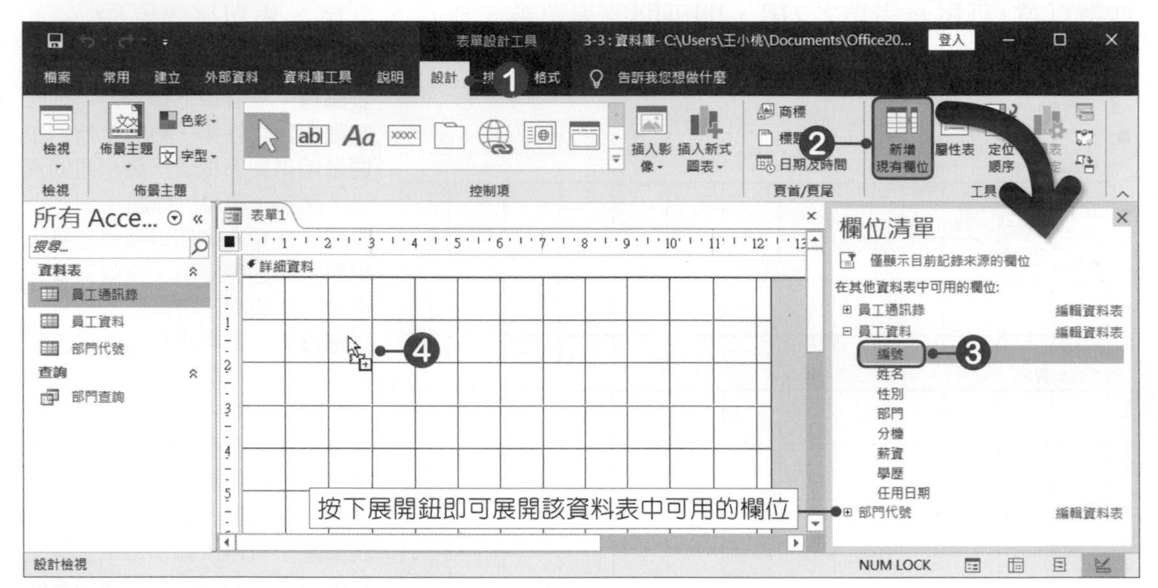

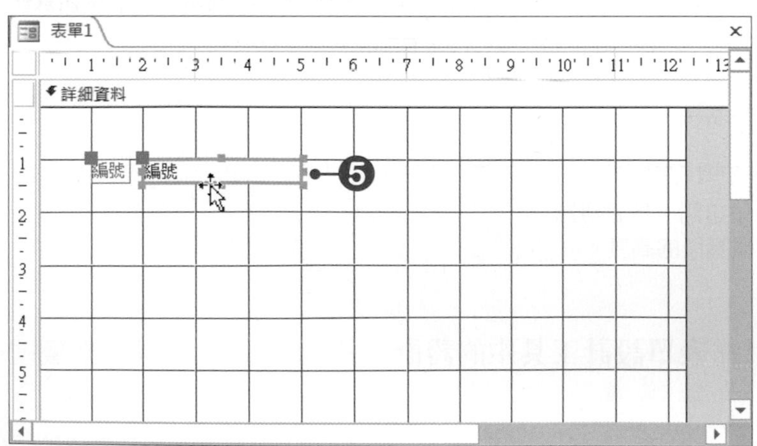

03 再使用相同方式，將要加入表單的欄位一一拖曳至表單中。

04 按下**Ctrl+A**快速鍵，選取表單中所有加入的欄位，再按下「**表單設計工具→排列→表格→堆疊方式**」按鈕，即可將欄位整齊排列。

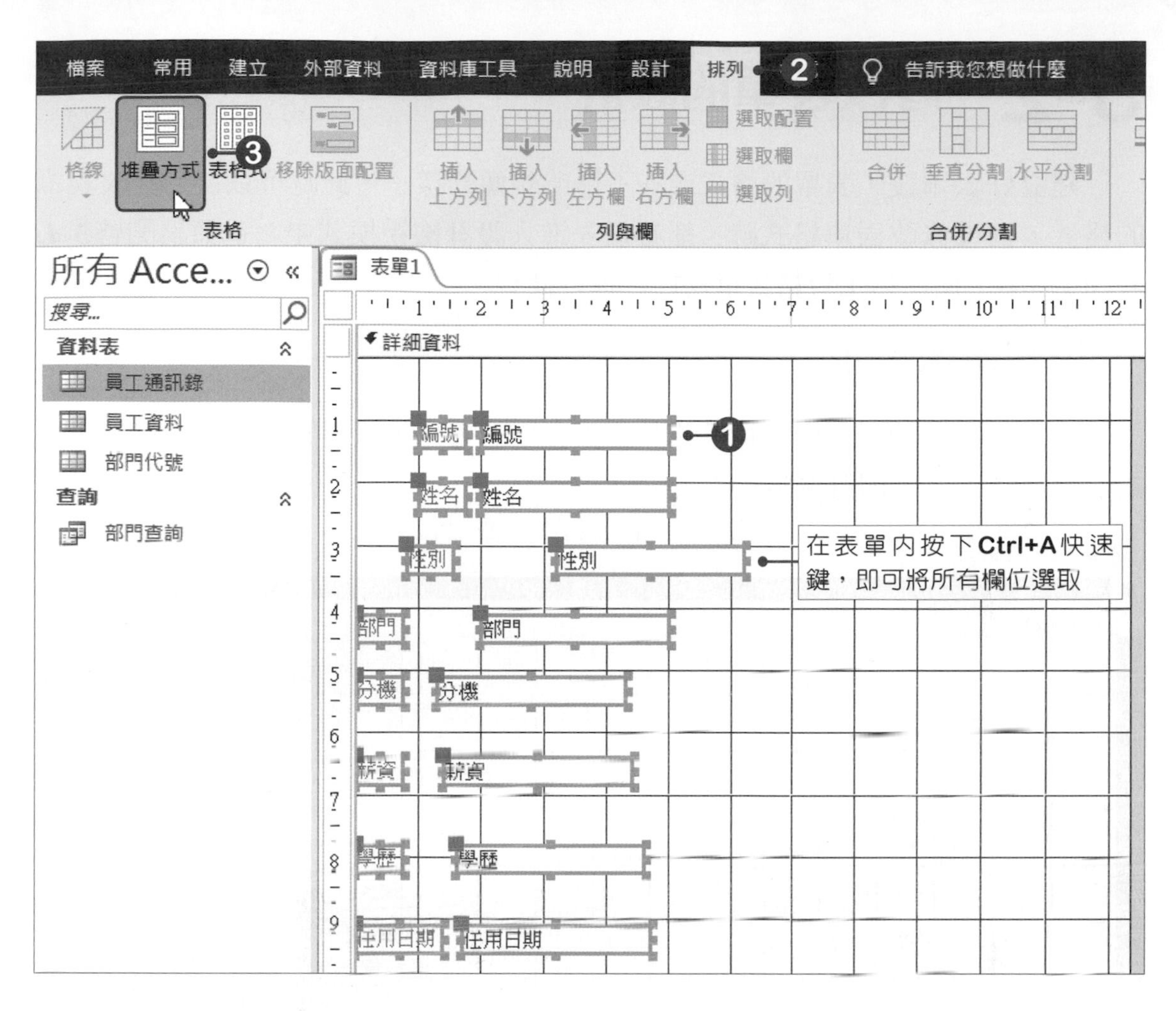

05 最後按下 **儲存檔案**按鈕，將設計好的表單儲存起來。

範例檔案：3-3-OK.accdb，員工資料表單

3-2 修改表單的設計

建立好表單後，表單的格式或許不是所想像的樣子，此時可以自行修改表單的格式，而要修改表單格式時，都必須先進入**設計檢視**模式中。這節請開啓**3-4.accdb**檔案，使用**員工資料表單**物件，進行練習。

修改表單大小

表單在設計的過程中，可以隨時調整表單的大小，只要將滑鼠游標移至表單的右邊或是下方，即可調整整個表單的大小。

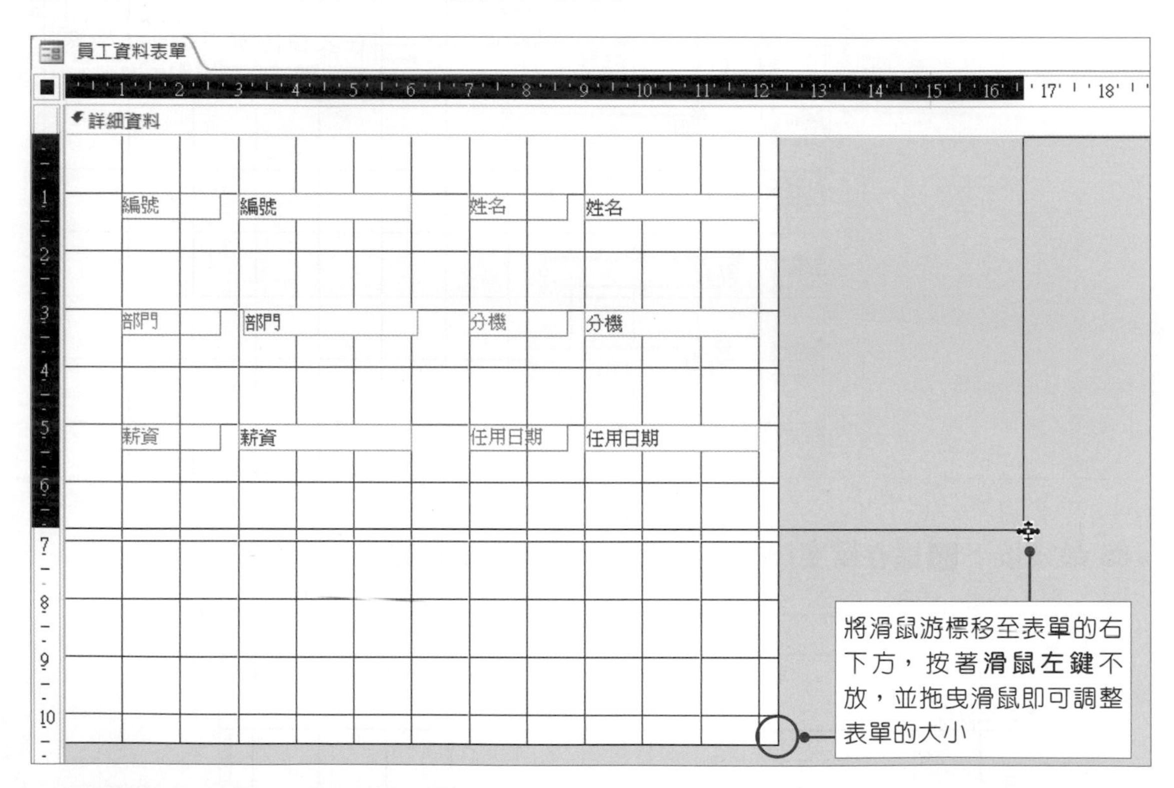

欄位大小與位置的調整

要調整欄位位置時，必須先選取欄位，選取時，可以一次選擇一個，也可以一次選擇多個，或者按下**Ctrl+A**快速鍵，選取全部的欄位。

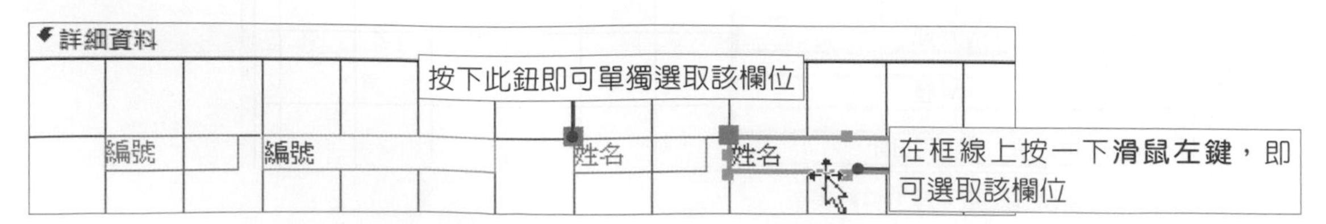

選取好欄位後，將滑鼠游標移至欄位上，按著**滑鼠左鍵**不放，並拖曳滑鼠，即可調整欄位位置。

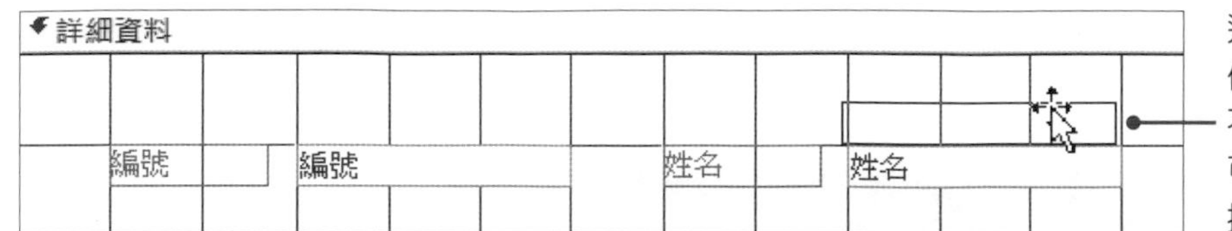

選取要調整位置的欄位後，按下**滑鼠左鍵**不放並拖曳滑鼠，即可將欄位調整至想要擺放的位置

要調整欄位大小時，直接用滑鼠點選要調整的欄位，點選後，再將滑鼠游標移至框線上即可調整欄位大小。

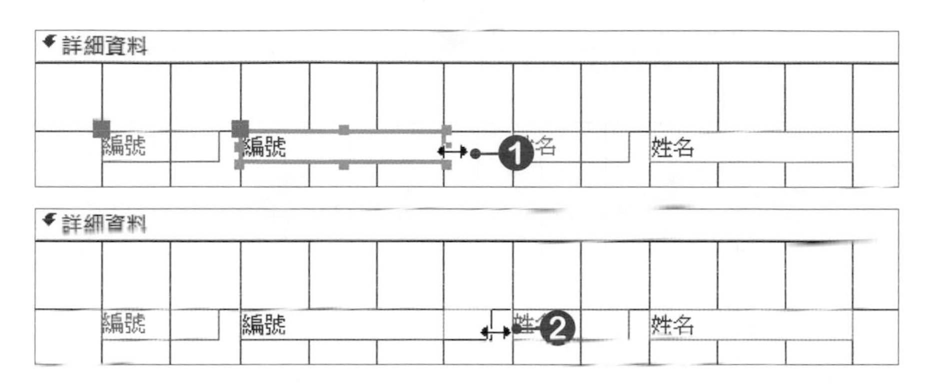

當調整完欄位大小、位置時，可以按下**「常用→檢視→檢視→表單檢視」**按鈕，或按下**「設計→檢視→檢視→表單檢視」**按鈕，預覽設計的結果。

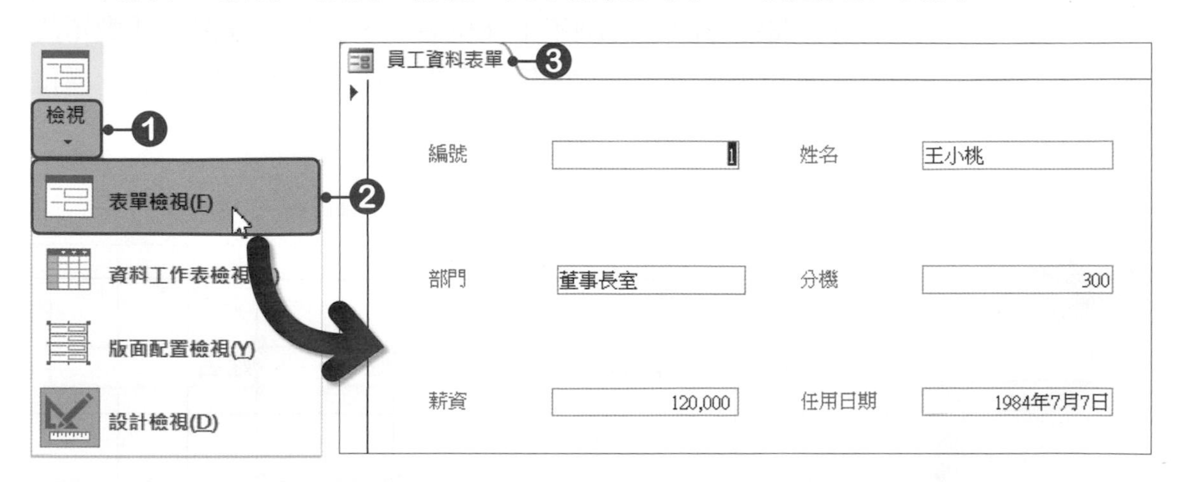

取消格線

進行表單設計時，若不想使用格線，可以在表單上按下**滑鼠右鍵**，於選單中點選**格線**，即可將格線取消。

欄位文字格式的設定

設定表單文字格式時，只要進入**「表單設計工具→格式→字型」**群組中，即可進行文字的字體、大小、色彩等設定。在設定時，可以先將所有欄位選取，再進行設定的動作。

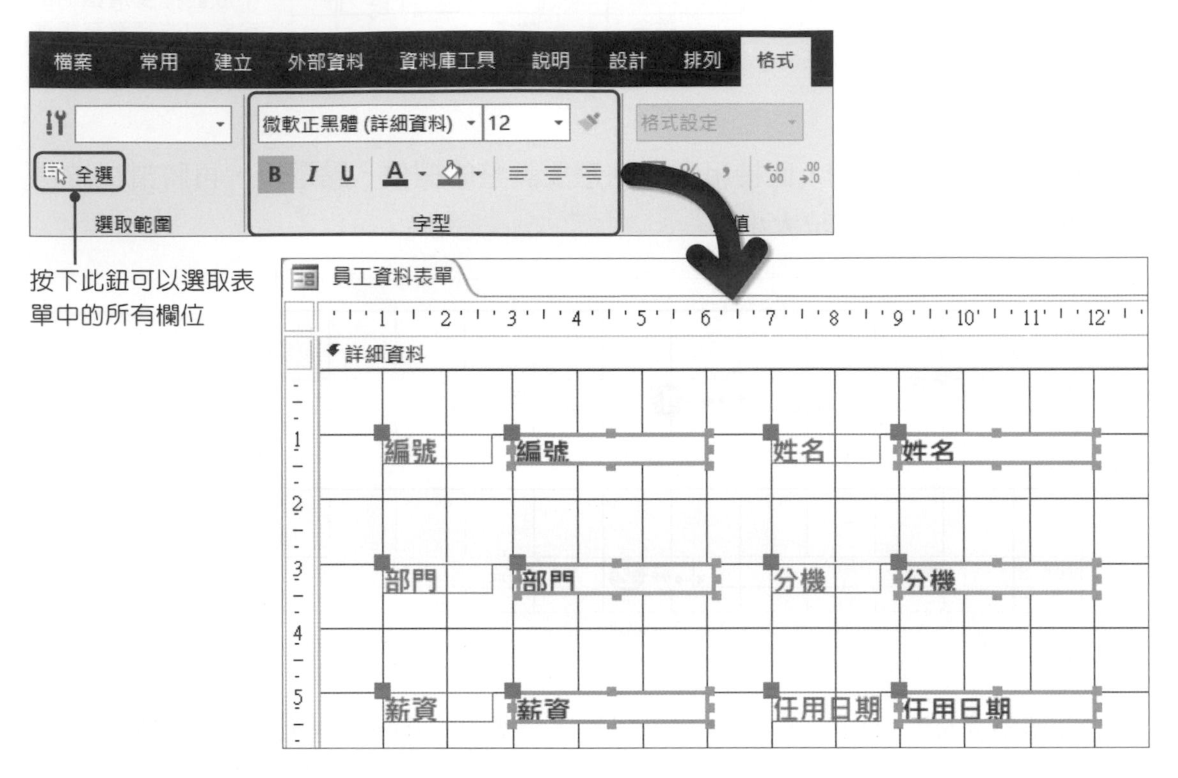

當變更文字大小時，欄位可能會容納不下欄位名稱，此時可以按下**「表單設計工具→排列→調整大小和排序→大小/空間」**按鈕，在選單中選擇**最適**，欄位就會自動依內容做最適當的調整。

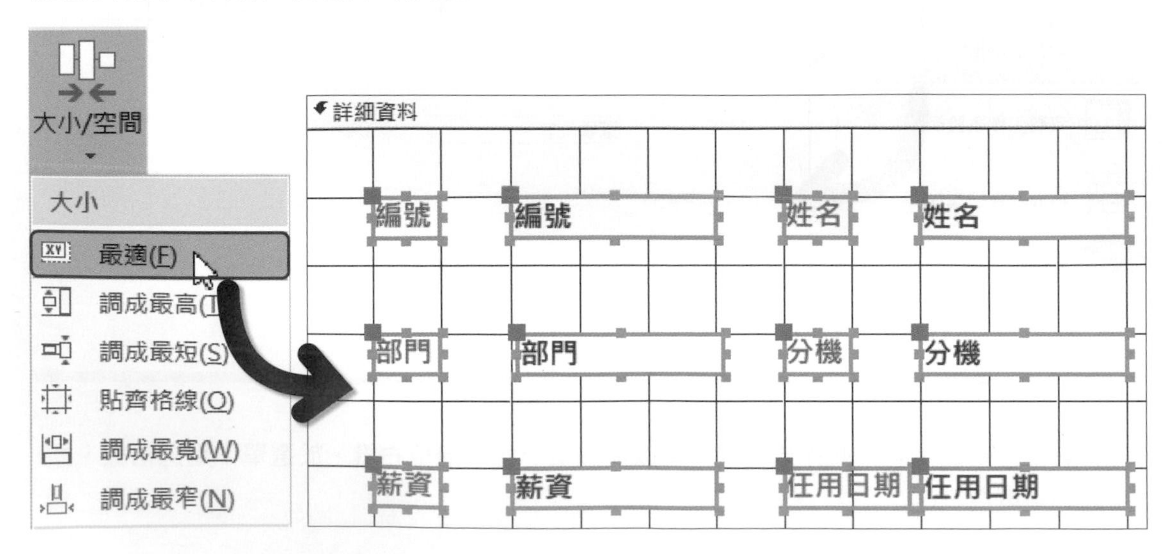

欄位及表單背景色彩設定

將欄位加入背景色彩時，可以按下**「表單設計工具→格式→字型→ 背景色彩」**按鈕，選擇要加入的色彩即可。

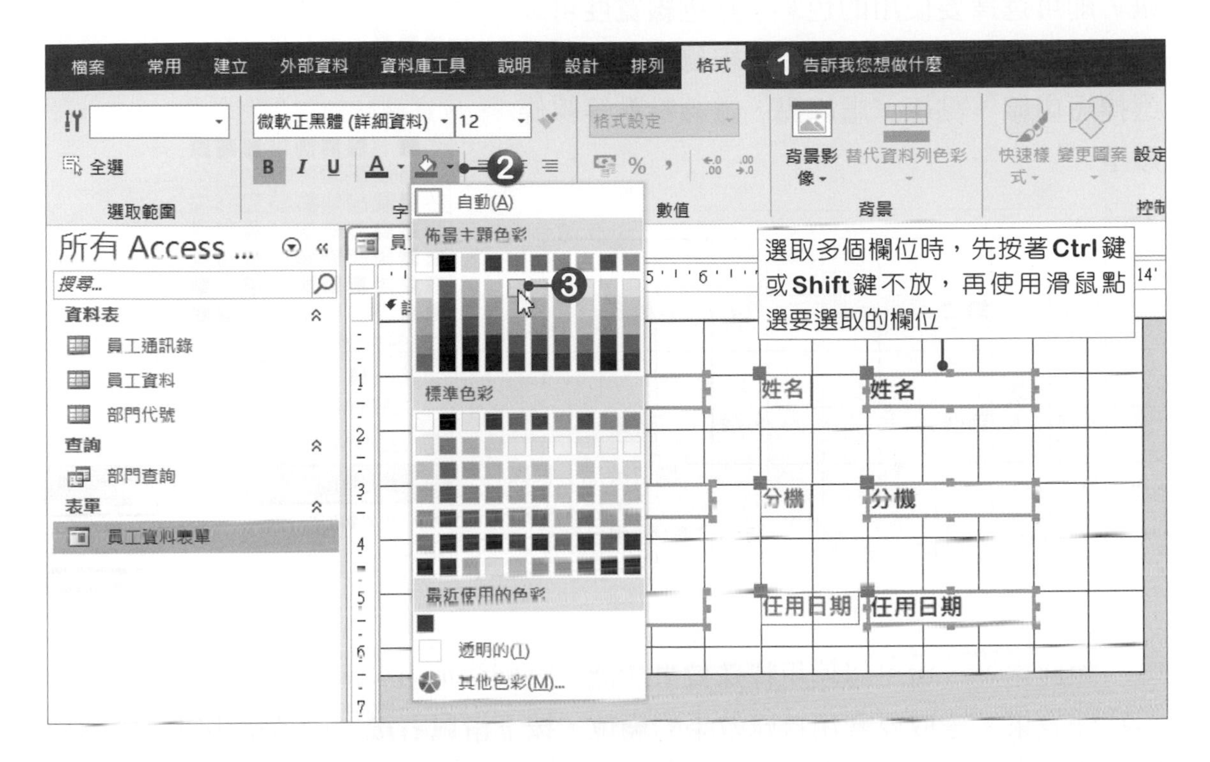

將表單背景加入色彩時，可以在表單上按下**滑鼠右鍵**，於選單中選擇**填滿/背景顏色**選項，於色彩選單中即可選擇要填滿的顏色。

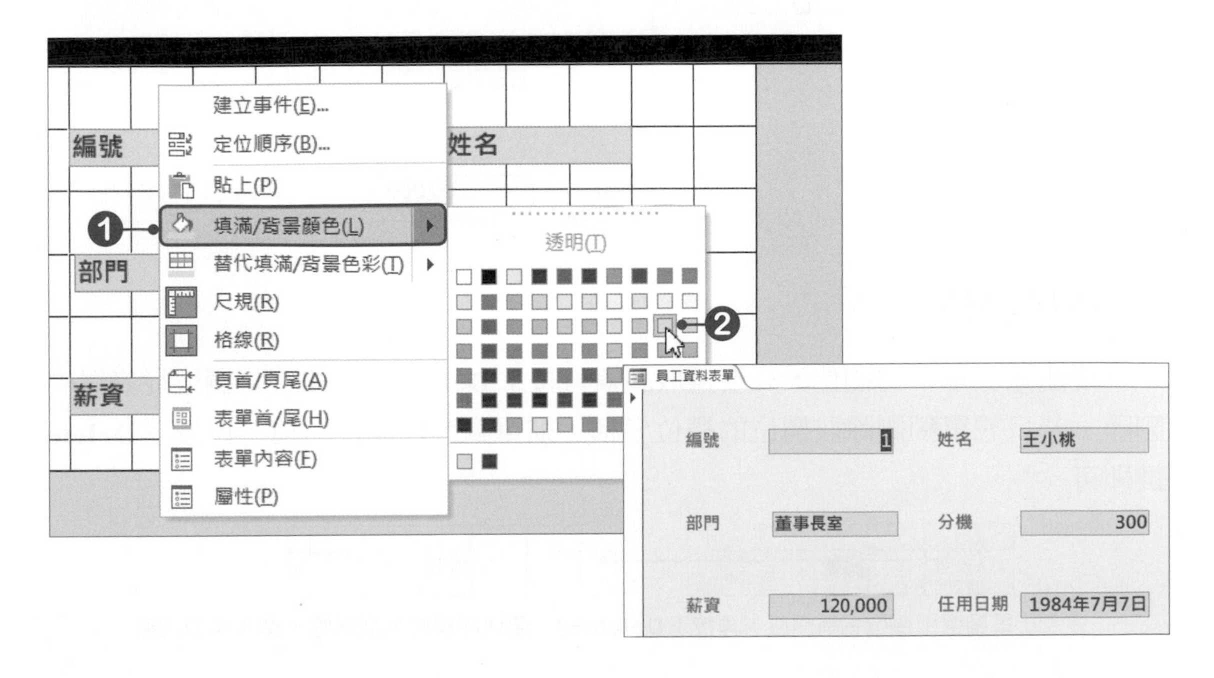

除了背景色彩外，若要設定欄位線條色彩、寬度、線條類型等，可以按下**「表單設計工具→格式→控制項格式設定→圖案外框」**按鈕，即可選擇要使用的色彩；點選**線寬度**可以選擇框線要使用的寬度；點選**線條類型**，可以選擇短虛線、點線、虛線點、虛線點點等線條類型。

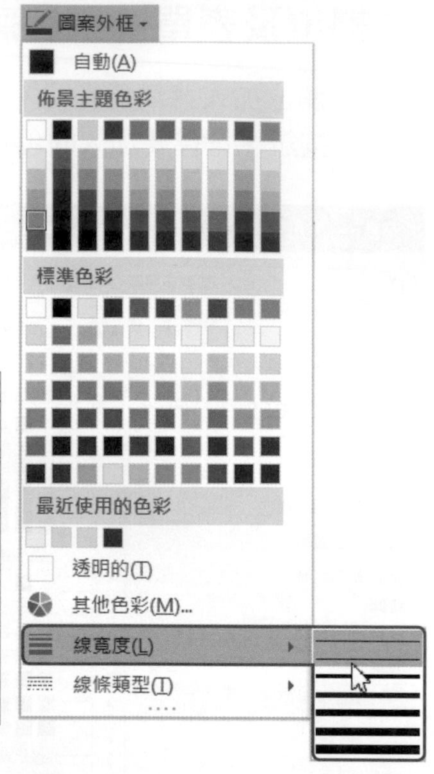

除此之外，還可以使用**特殊效果**功能，將欄位加上平面、凸起、下凹、陰影等特殊效果。選取要套用特殊效果的欄位，按下**滑鼠右鍵**，於選單中點選**特殊效果**功能，即可在選單中選擇要使用的效果。

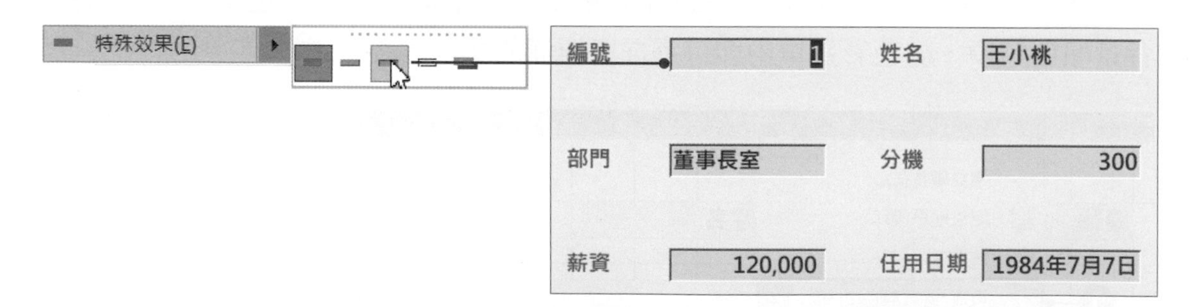

➡ 刪除欄位

要刪除表單中的欄位，只要選取該欄位按下**Delete**鍵，即可將欄位從表單中刪除，若只想單獨刪除該欄位的欄位名稱，則單獨選取欄位名稱，再按下**Delete**鍵即可。

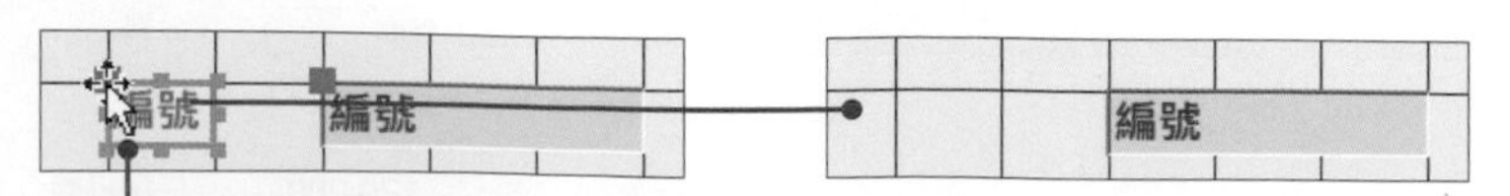

單獨選取欄位名稱欄位，再按下**Delete**鍵，便可將欄位名稱刪除，留下欄位內容

在表單首中加入商標圖片

表單首與表單尾在表單中是固定的，不管將記錄移動到哪一筆，永遠都會顯示在那裡，所以，要加入固定資訊時，可以在表單首與表單尾中進行。

使用**標題**及**商標**按鈕，可以快速地在表單首中加入標題文字或是圖片，當點選這二個按鈕時，表單首也會跟著開啟。

01 按下**「表單設計工具→設計→頁首/頁尾→商標」**按鈕，點選後，會開啟「插入圖片」對話方塊，選擇要插入的圖片，選擇好後按下**確定**按鈕。

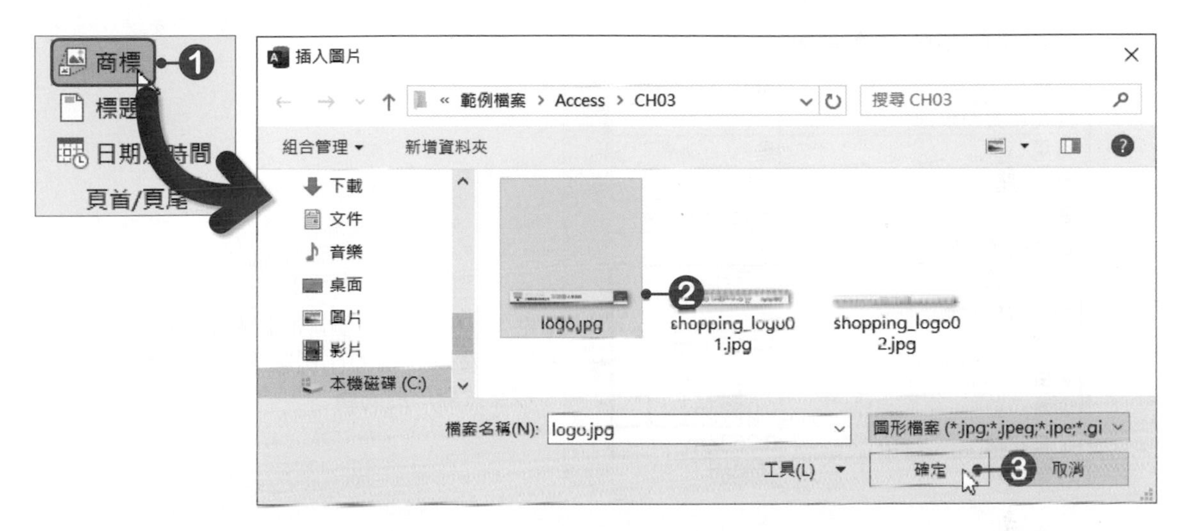

02 回到表單，圖片就會加入到表單首的區段中。接著要來調整一下圖片的大小，將滑鼠游標移至任一控制點上，按下**滑鼠左鍵**不放並拖曳，即可調整圖片的大小。

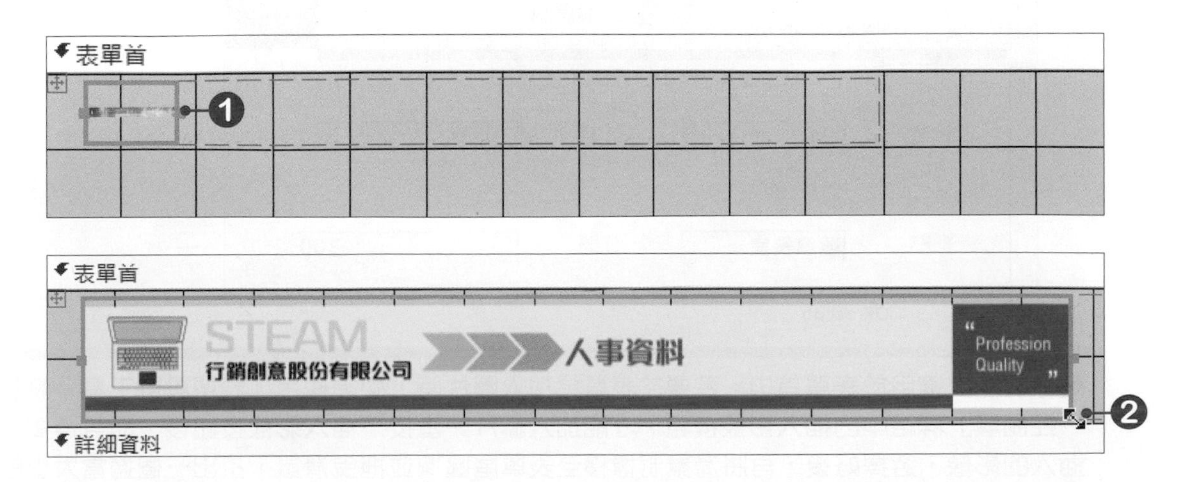

03 設定圖片的顯示方式，按下**「表單設計工具→設計→工具→屬性表」**按鈕，開啓**屬性表**窗格。

04 在**屬性表**窗格中，即可進行圖片大小模式、對齊方式、寬度、高度、與頂端距離、左邊距離等設定。

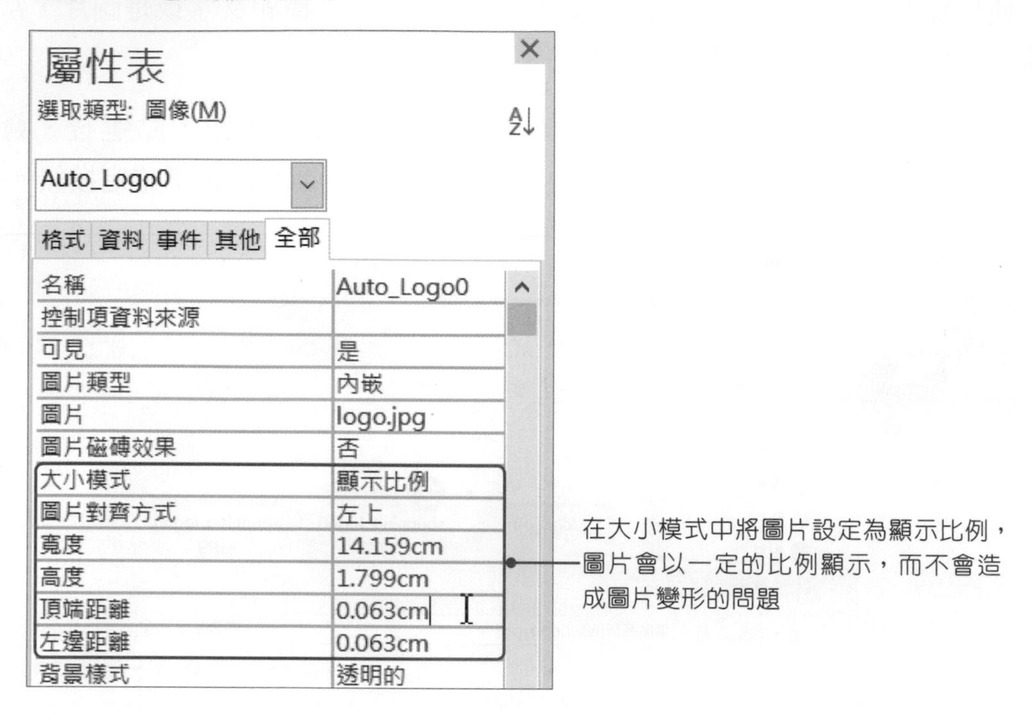

05 設定好後，圖片就會依照所設定的方式呈現在表單首中，接著按下**「表單設計工具→設計→檢視→檢視→表單檢視」**按鈕，看看表單設定的結果。

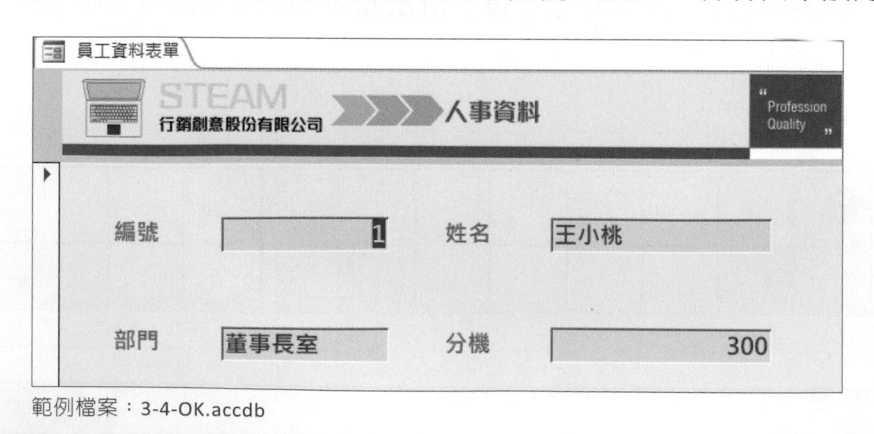

範例檔案：3-4-OK.accdb

商標功能只適用於表單首中，若要於表單尾加入圖片時，必須使用**「表單設計工具→設計→控制項」**群組中的**插入影像**按鈕，才能加入圖片。當按下**插入影像**按鈕後，即可選擇要插入的影像，選擇好後，再將滑鼠游標移至表單尾區域並拖曳滑鼠，拉出一個適當大小的區域，放掉**滑鼠左鍵**後，即可加入圖片。

3-3 在表單中新增、刪除資料

表單中也可以進行資料的新增、刪除、搜尋、取代、篩選等動作；而搜尋、取代、篩選的操作與第2章所介紹的操作方式是一樣的，所以就不再介紹。這節請開啟**3-5.accdb**檔案，進行新增及刪除資料的練習。

新增記錄

先開啟要新增資料的表單，再按下 **新(空白)記錄**按鈕，表單中就會增加一筆空白的記錄，此時就可以在表單中進行資料的輸入囉！

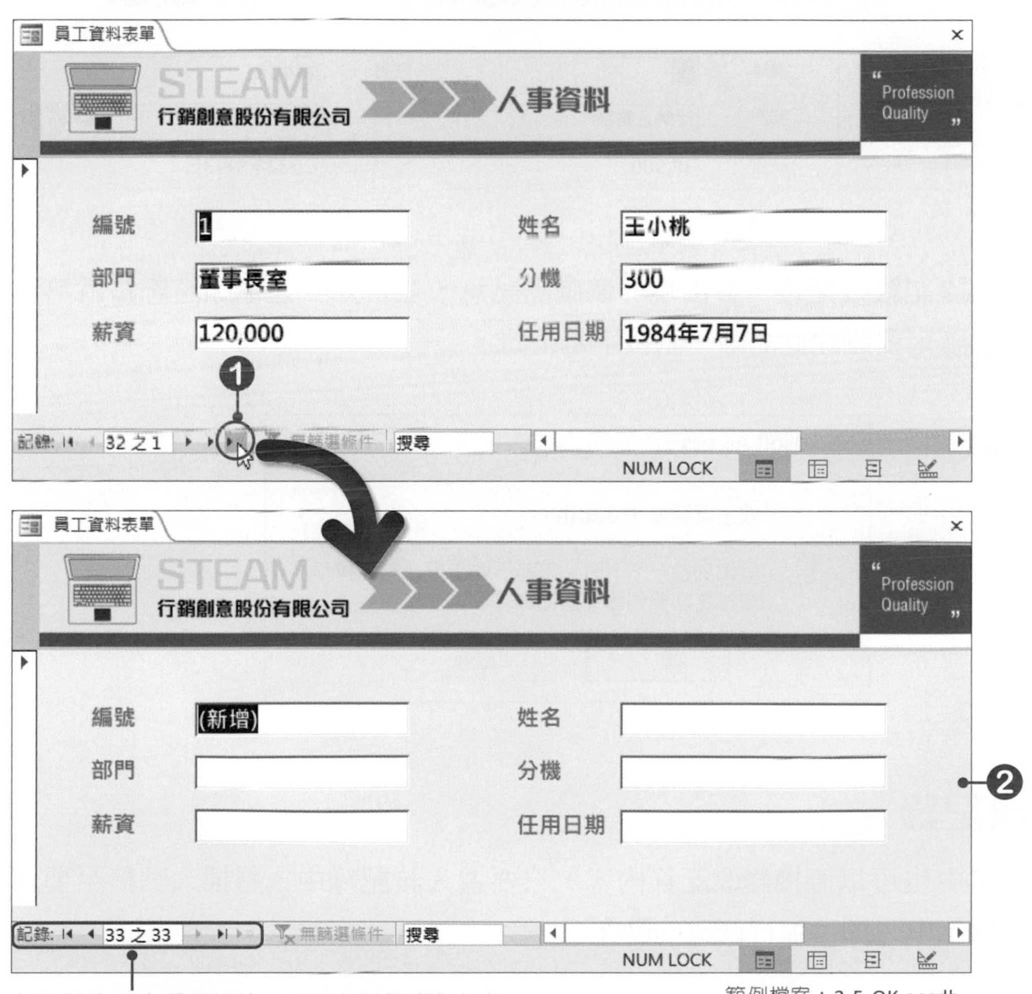

範例檔案：3-5-OK.accdb

新增記錄時，也可以按下**「常用→記錄→新增」**按鈕，或**Ctrl++**快速鍵，進行新增的動作。

刪除記錄

刪除某一筆記錄時，先跳至要刪除的記錄中，再按下**「常用→記錄→刪除→刪除記錄」**按鈕，即可將記錄刪除掉。

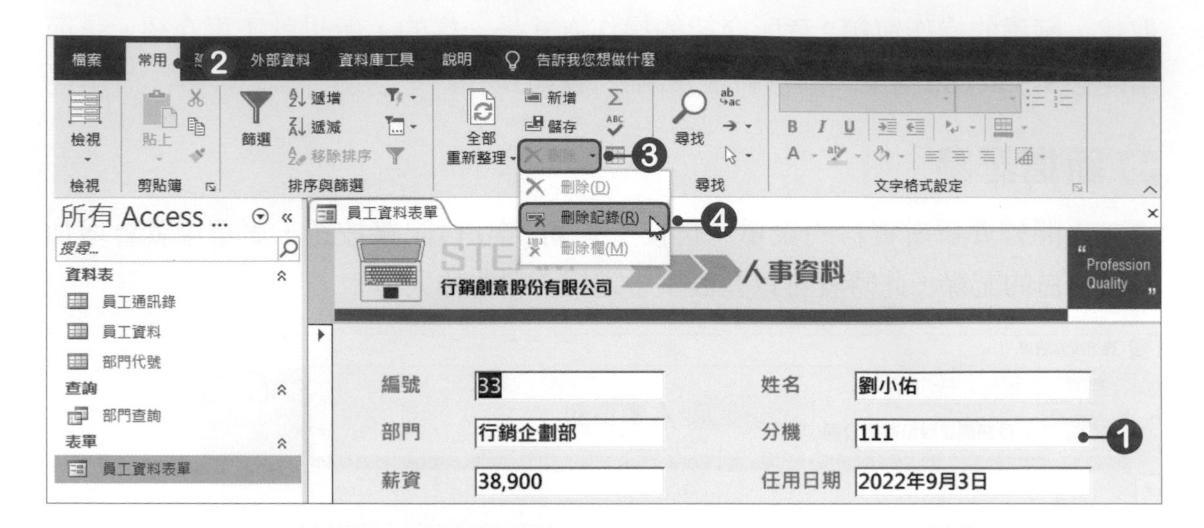

按下**刪除記錄**按鈕後，會出現一個確認訊息，並告知一旦刪除該記錄就無法再復原，若確定要刪除此記錄，請按下**是**按鈕。

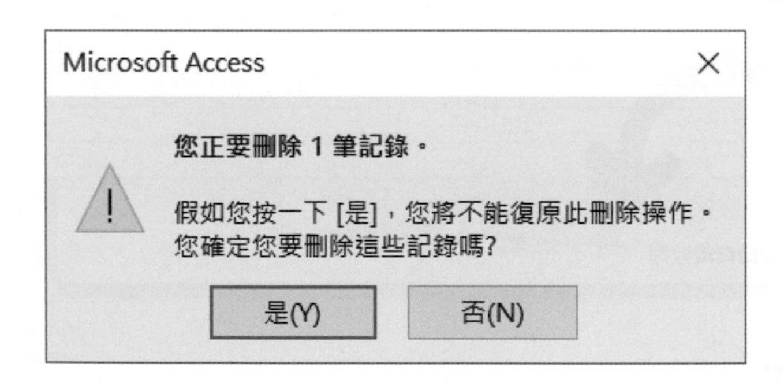

修改記錄

在表單中也可以直接修改記錄內容，只要進入該記錄中，將插入點移至要修改內容的欄位中，即可進行修改的動作。

自我評量

❖選擇題

(　　)1. 在Access中，使用下列哪一項功能，可以自行設計表單編排方式？(A)表單設計　(B)表單　(C)表單精靈　(D)導覽。

(　　)2. 在Access中，下列哪一個區段是用來放置主要的記錄內容，切換不同記錄內容也會隨之改變的？(A)表單首　(B)表單尾　(C)詳細資料　(D)頁首。

(　　)3. 在Access中，要修改表單的欄位位置或是欄位文字格式時，要進入哪個檢視模式中？(A)表單模式　(B)設計檢視　(C)資料工作表檢視　(D)版面配置檢視。

(　　)4. 在Access中，若要於表單首加入圖片時，可以使用下列哪一項指令按鈕來進行？(A)標題　(B)商標　(C)複製　(D)新增。

(　　)5. 在Access中，要於表單內新增記錄時，可以使用下列哪組快速鍵，新增一筆記錄？(A) Ctrl++　(B)Ctrl+1　(C) Ctrl+C　(D) Ctrl+*。

(　　)6. 在Access中，在表單檢視模式下可以進行下列哪一項工作？(A)刪除記錄(B)新增記錄　(C)修改記錄內容　(D)以上皆可。

❖實作題

1. 開啓「Access→CH03→3-6.accdb」檔案，進行以下設定。
   - 使用「購物資料」資料表，建立一個「訂單明細表單」物件，該表單必須包含如下所示的欄位，欄位格式與編排方式請參考下圖。

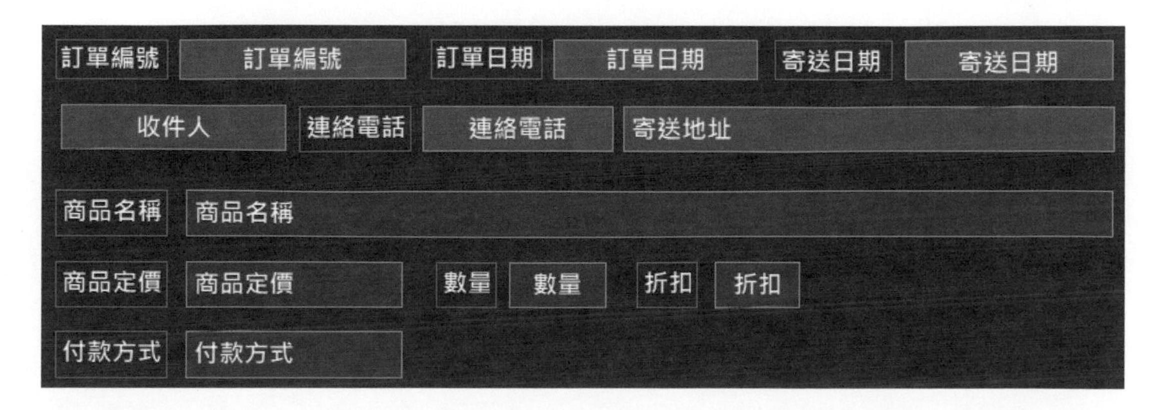

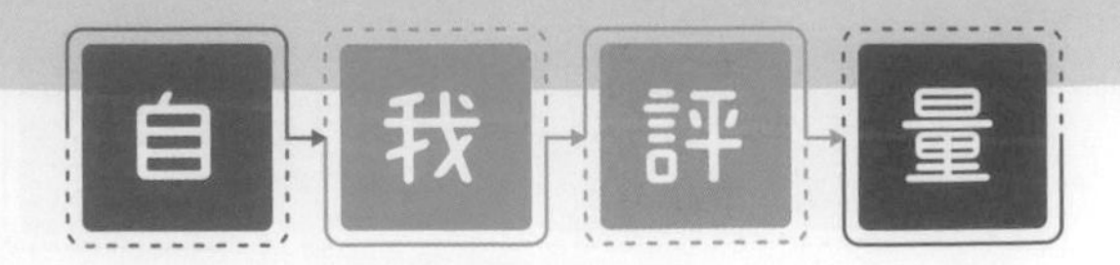

● 在表單首中加入「shopping_logo01.jpg」圖片；表單尾加入「shopping_logo02.jpg」圖片。

CHAPTER 04
報表物件的使用

4-1 建立報表物件

報表跟表單有些類似，只是報表是用來顯示彙整後的資料，且不具備輸入及修改來源資料的功能，這裡就先來看看如何建立報表物件。

使用報表精靈建立報表

使用報表精靈建立報表物件時，只要跟著步驟做，即可快速地完成報表的製作，請開啓**4-1.accdb**檔案，學習報表精靈的使用。

01 開啓資料庫檔案，並按下**「建立→報表→報表精靈」**按鈕，開啓「報表精靈」對話方塊。

02 在**資料表/查詢**中選擇**資料表：員工資料**，在**可用的欄位**選單中將欄位加入**已選取的欄位**中，設定好後按**下一步**按鈕。

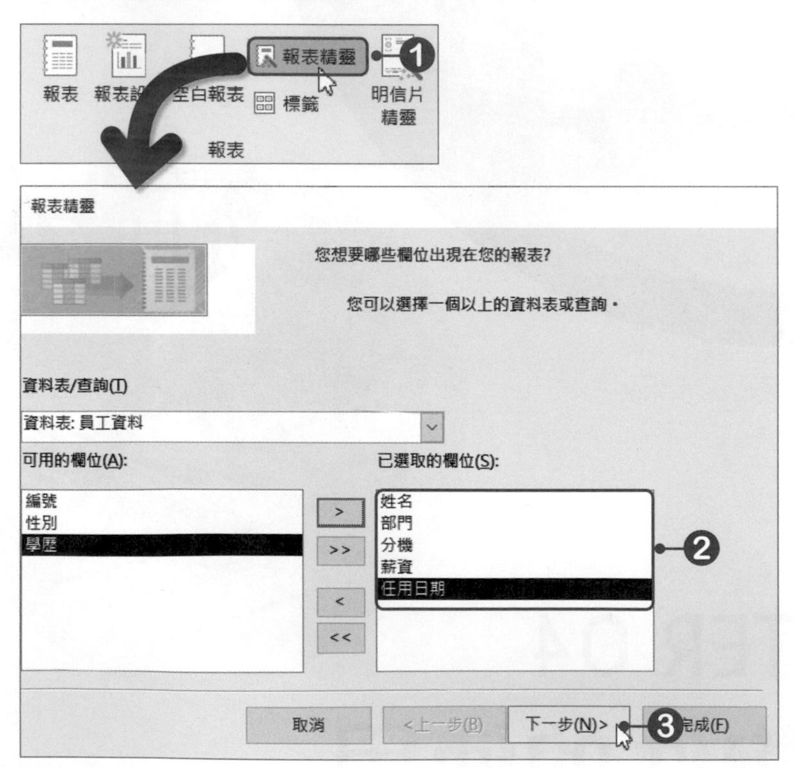

03 點選**部門**欄位，按下 > 按鈕，將該欄位設定為群組層次，設定好後按**下一步**按鈕。

04 由於報表是彙整顯示所有記錄，因此可以設定記錄的排列順序。選擇一個欄位當作排序依據，並選擇要遞增或遞減，設定好後按**下一步**按鈕。

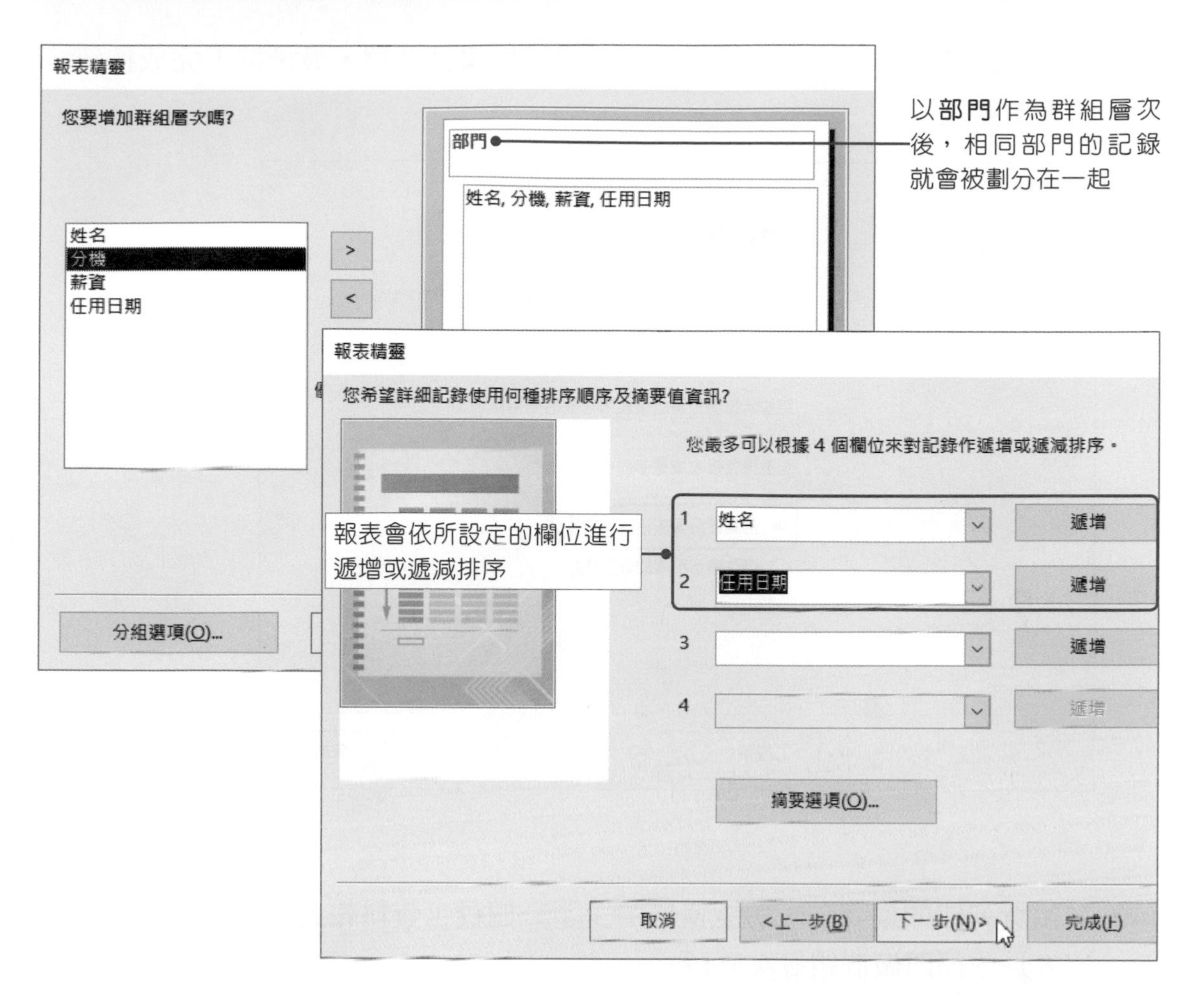

05 選擇報表要使用的版面配置及報表的列印方向，都選擇好後按**下一步**按鈕。

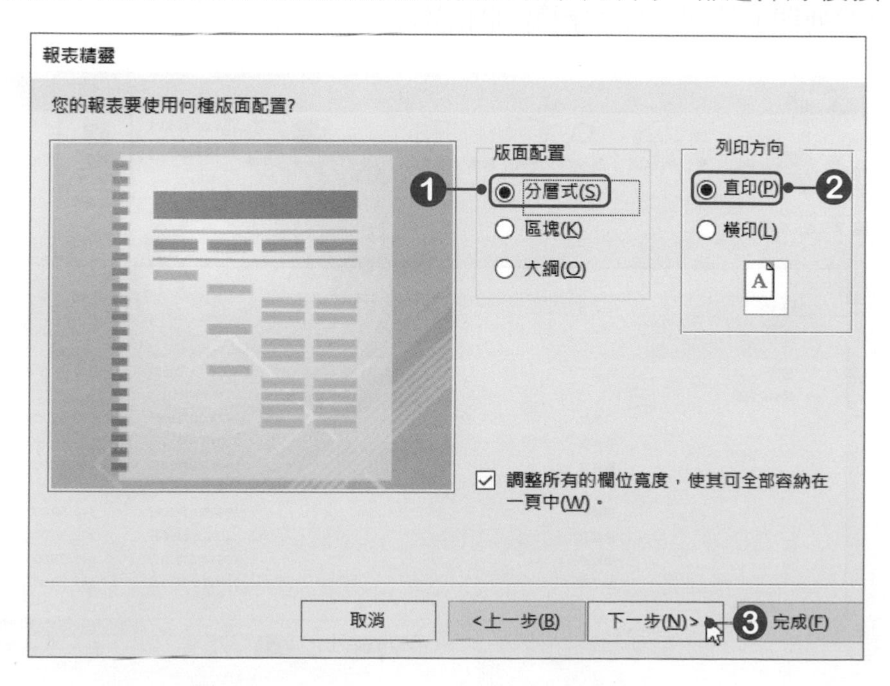

06 輸入報表標題名稱，輸入完後點選**預覽這份報表**選項，最後按下**完成**按鈕，即可預覽報表。

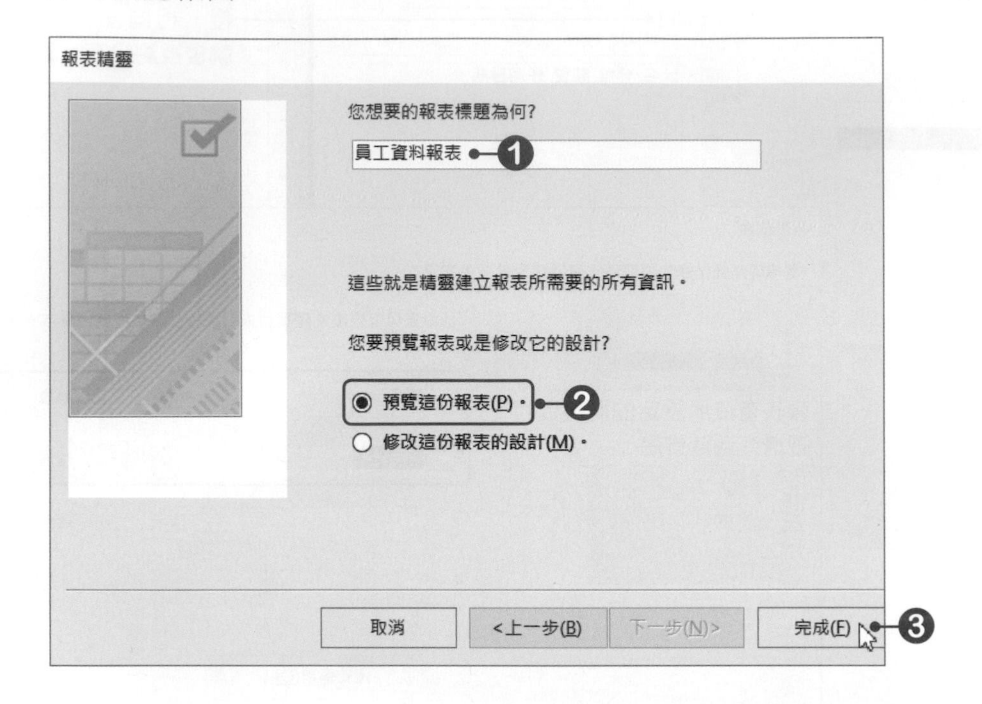

07 在**預覽列印**的模式下，功能窗格中多了一個**員工資料報表**的報表物件，而此報表是依**部門**做群組層次分類。

08 預覽列印這部分在4-4節中會有說明，所以請直接按下**「預覽列印→關閉預覽→關閉預覽列印」**按鈕，離開預覽列印模式。

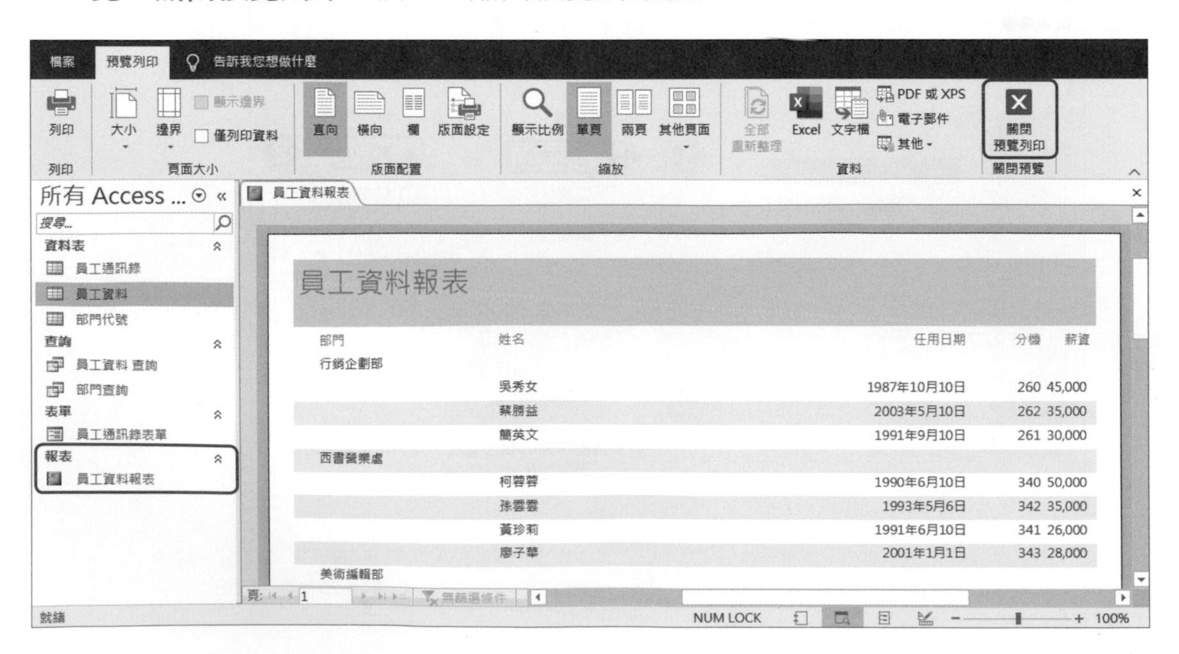

09 此時會開啟**報表設計工具**關聯式索引標籤，這裡便可以針對報表進行修改的動作，就像設計表單時一樣(這部分在4-2節會有說明)。這裡請直接按下**「報表設計工具→設計→檢視→檢視」**按鈕，於選單中選擇**報表檢視**，回到**報表檢視**模式，完成報表的製作。

員工資料報表

員工資料報表

部門	姓名	任用日期	分機	薪資
行銷企劃部				
	吳秀女	1987年10月10日	260	45,000
	蔡勝益	2003年5月10日	262	35,000
	簡英文	1991年9月10日	261	30,000
西書營業處				
	柯蓉蓉	1990年6月10日	340	50,000
	孫雲雲	1993年5月6日	342	35,000
	黃珍莉	1991年6月10日	341	26,000
	廖子華	2001年1月1日	343	28,000

範例檔案：4-1 OK.accdb，員工資料報表

自動建立報表

要快速建立報表物件時，先選擇要建立報表的資料表，再按下**「建立→報表→報表」**按鈕，即可自動建立報表物件。

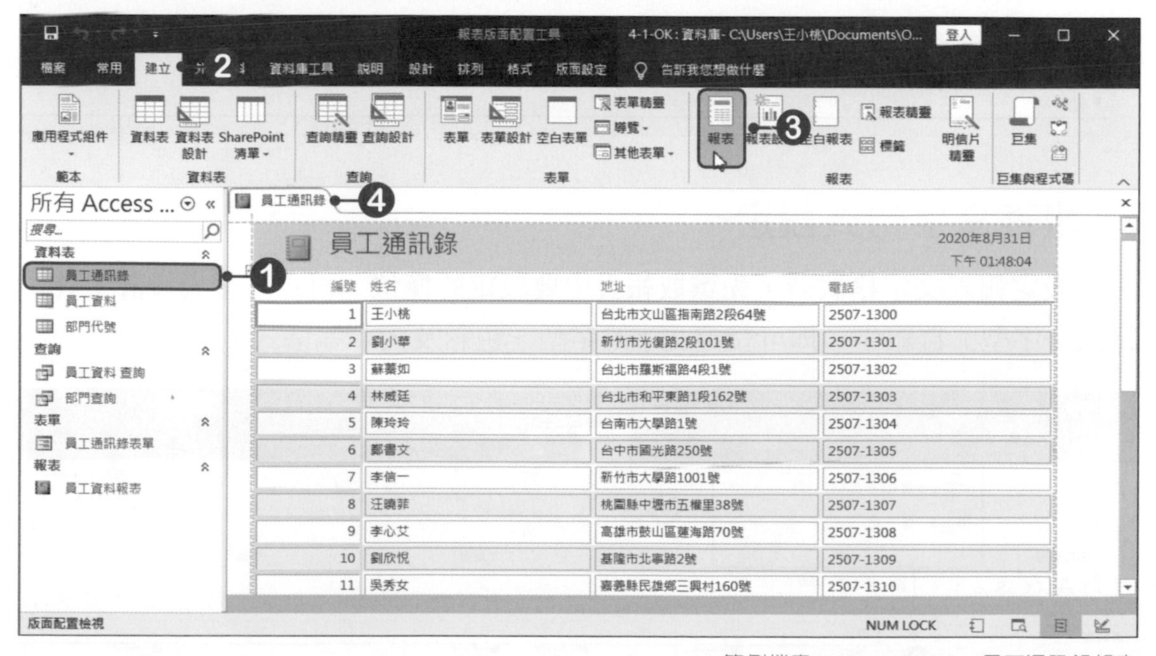

範例檔案：4-1-OK.accdb，員工通訊錄報表

4-2 修改報表設計

報表的修改就跟表單一樣，可以針對報表中的欄位大小、欄位位置、欄位格式等修改，而這些修改的方式就跟第3章所介紹的表單類似，所以就不再多做說明，而這節要說明的是一些報表特有的功能。這節請開啟**4-2.accdb**檔案，進行修改報表的練習。

認識報表區段

修改報表設計時，一樣要先進入**設計檢視**模式中，才能進行修改的動作，而報表與表單一樣，也包含了報表首、頁首、詳細資料、頁尾、報表尾等區段，這些區段要放置的資料大致與表單相同。

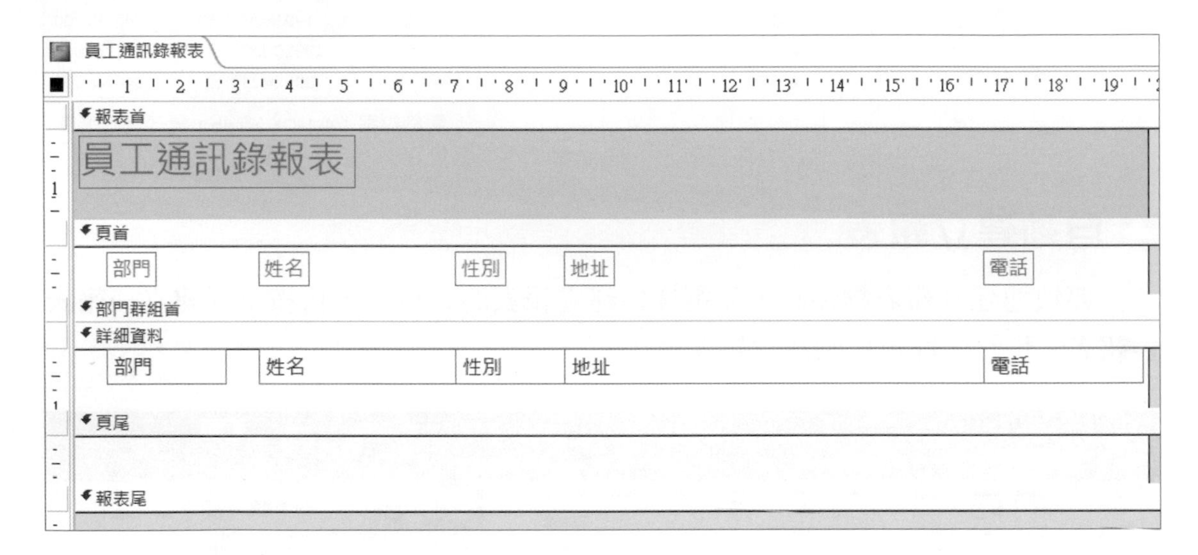

報表文字格式設定

設定報表文字格式時，先選取報表中要設定的欄位，再至「**報表設計工具→格式→字型**」群組中，即可設定文字的字型、色彩及大小等格式。

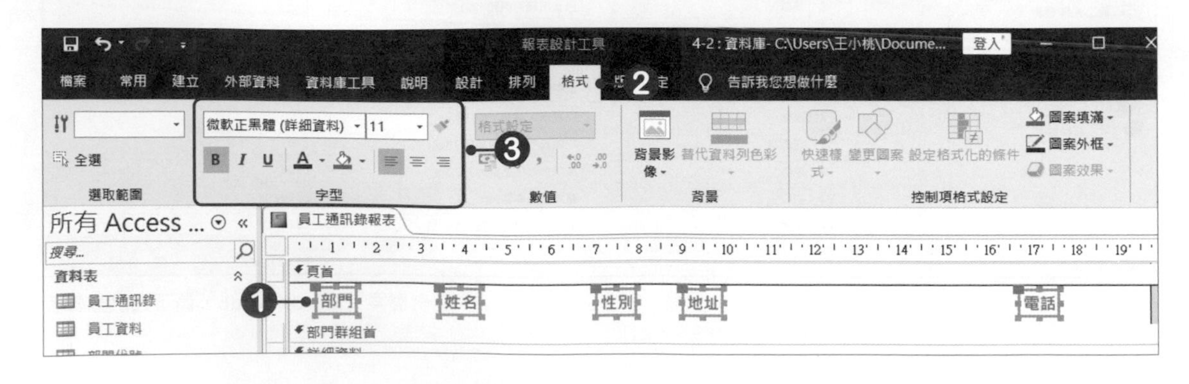

修改報表首標題及填滿色彩

報表首的標題在預設下會直接顯示為報表名稱，若要修改時，直接在標題文字上按一下**滑鼠左鍵**，即可進行修改的動作。

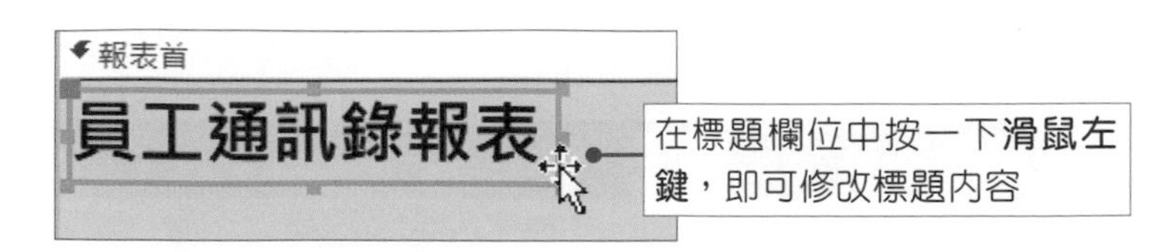

在預設下報表首的填滿色彩為灰色，要修改時，點選**報表首區域**，再按下**「報表設計工具→格式→控制項格式設定→圖案填滿」**按鈕，於選單中點選要填滿的色彩即可。

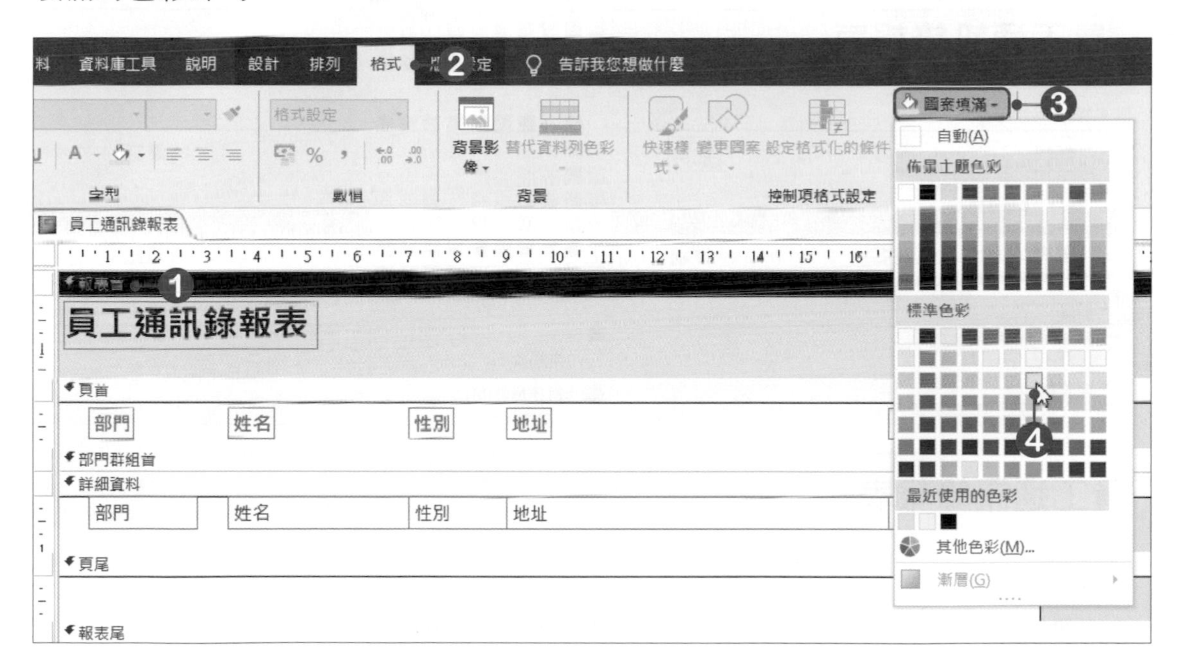

設定好後，按下**「報表設計工具→設計→檢視→檢視→報表檢視」**按鈕，即可檢視報表設計的結果。

員工通訊錄報表

員工通訊錄報表

部門	姓名	性別	地址	電話
行銷企劃部	吳秀女	女	嘉義縣民雄鄉三興村160號	2507-1310
	蔡勝益	男	南投縣埔里鎮大學路1號	2507-1331

修改替代列資料色彩

預設下報表中的記錄與記錄之間會有替代列色彩，若要更換時，先點選**詳細資料區段**，再按下**「報表設計工具→格式→背景→替代資料列色彩」**按鈕，於選單中選擇要使用的色彩即可。

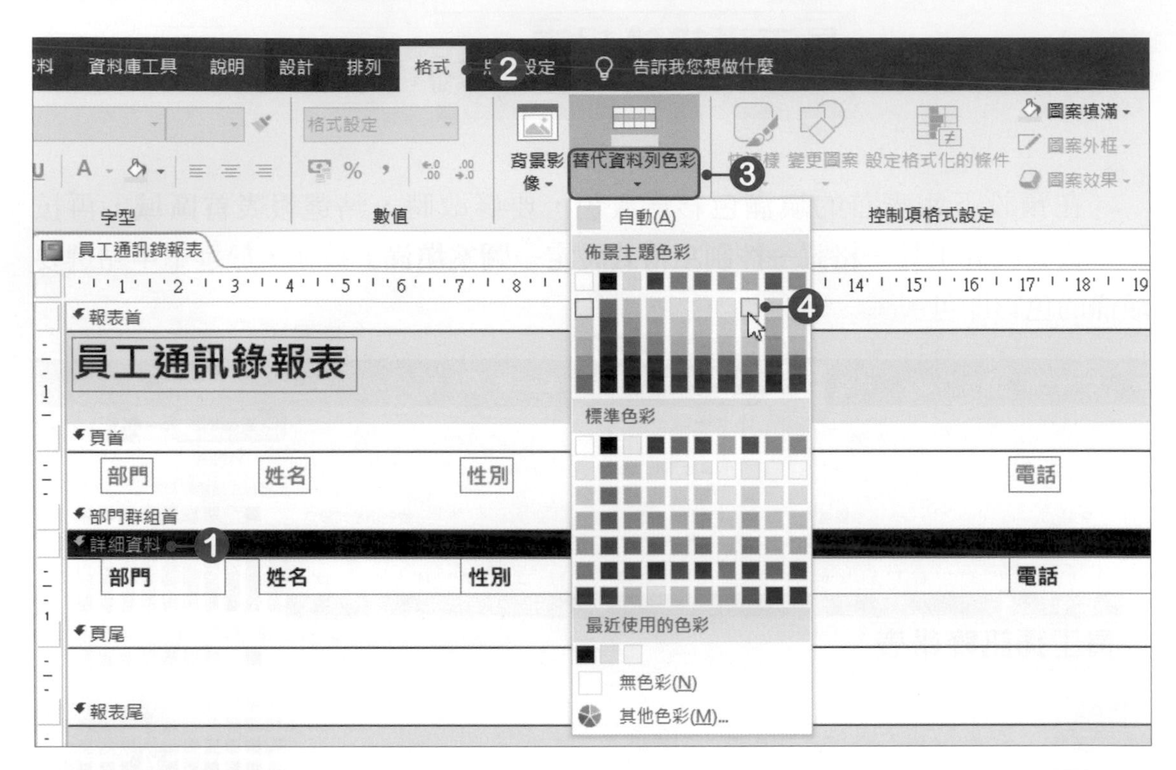

員工通訊錄報表 5

部門	姓名	性別	地址	電話
行銷企劃部	吳秀女	女	嘉義縣民雄鄉三興村160號	2507-1310
	蔡勝益	男	南投縣埔里鎮大學路1號	2507-1331
	簡英文	女	台北市基隆路4段43號	2507-1319

在頁尾加入頁碼

利用**頁碼**功能，可以快速地在頁尾區段中加入頁碼。按下**「報表設計工具→設計→頁首/頁尾→頁碼」**按鈕，開啓「頁碼」對話方塊，即可進行頁碼的設定，設定好後按下**確定**按鈕，於頁尾區域中就會加入頁碼的語法，若要檢視結果，進入**報表檢視**模式中，在報表的最下方便會顯示頁碼。

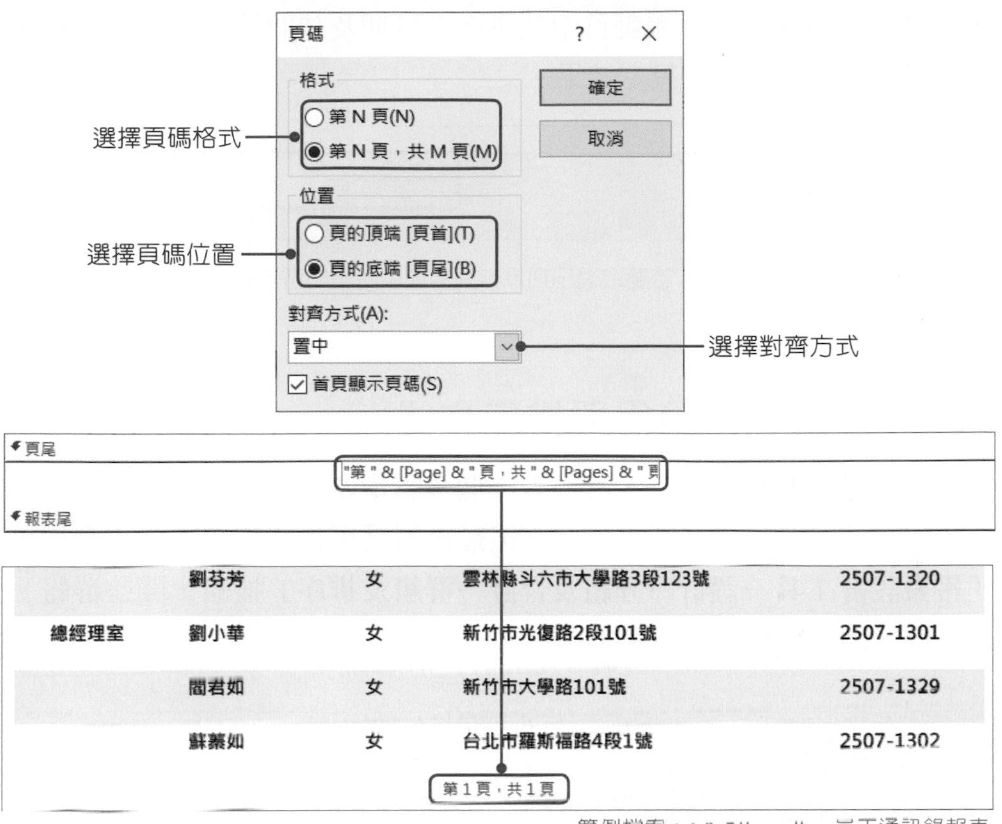

範例檔案：4-2-OK.accdb，員工通訊錄報表

在報表首加入日期及時間

要在報表中加入日期及時間，可以按下**「報表設計工具→設計→頁首/頁尾→日期及時間」**按鈕，開啟「日期及時間」對話方塊，即可選擇要加入的日期及時間格式。

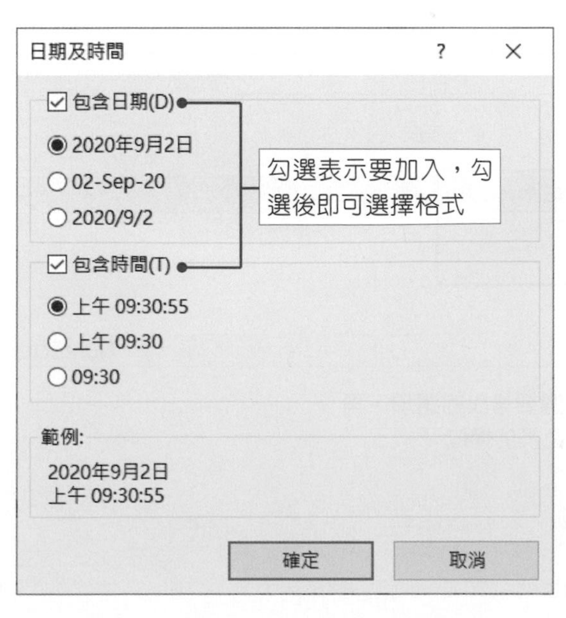

加入日期及時間後，在報表首中就會顯示日期及時間的函數，進入**報表檢視**模式中即可檢視日期及時間設定結果。

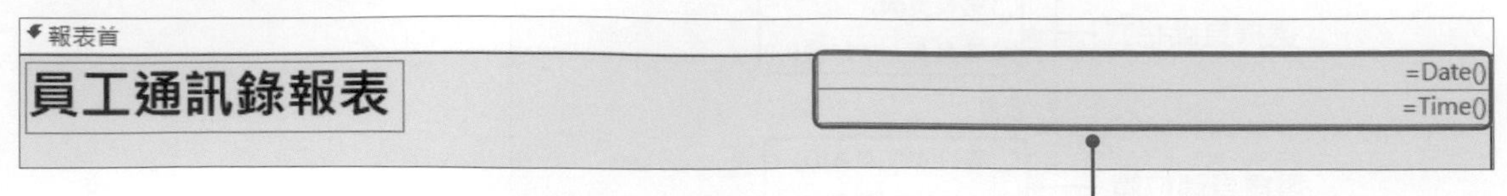

重新設定資料的分組與排序方式

使用**報表精靈**製作報表時，其中有一個步驟是要設定分組的欄位及要排序的欄位，雖然這些設定已在步驟中完成，但最後還是可以在報表物件中進行更改。按下**「報表設計工具→設計→分組及合計→群組及排序」**按鈕，開啟**群組、排序與合計**窗格，即可變更群組對象與排序。

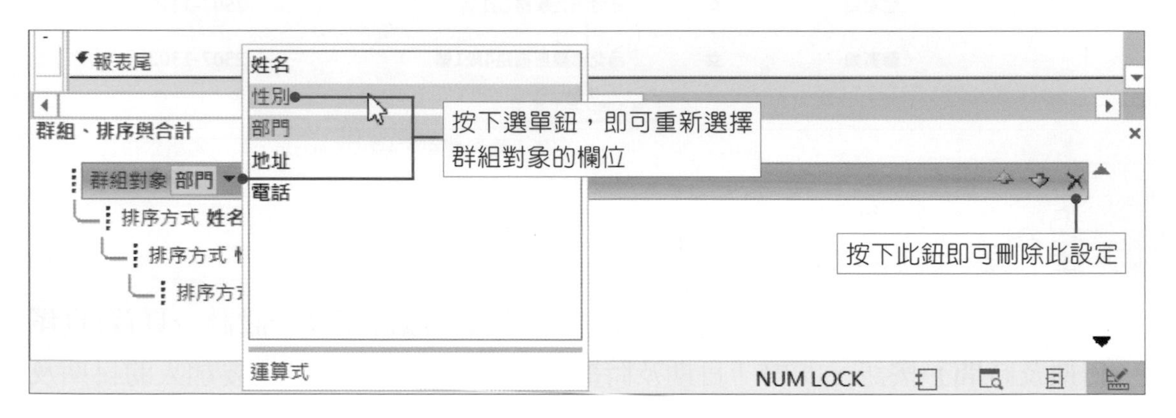

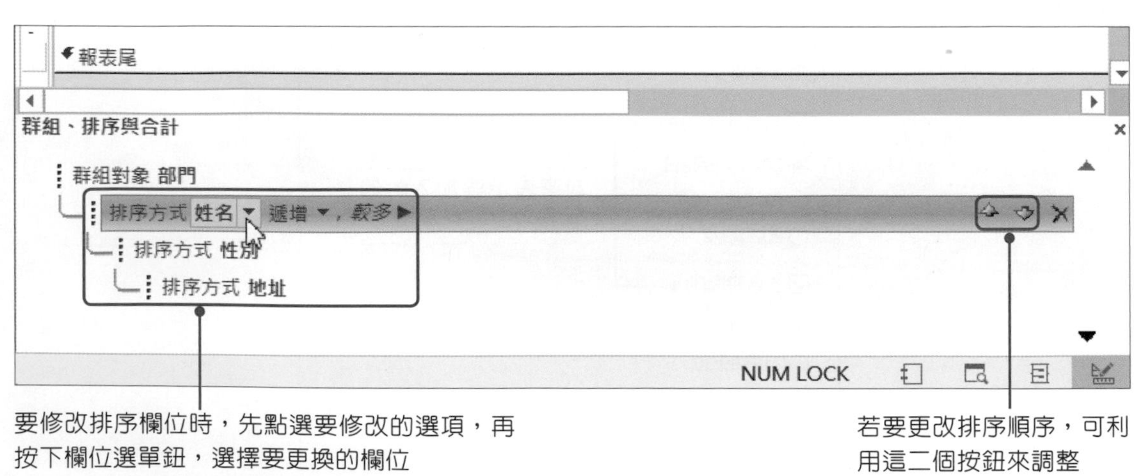

4-3 建立標籤報表

在報表物件中，提供了**標籤**精靈功能，可以將資料表中的記錄建立成標籤，例如：在資料表裡存放著所有人的聯絡資料，要寄信給所有人時，可以利用標籤精靈，快速地建立標籤。請開啟**4-3.accdb**檔案，進行標籤製作的練習。

標籤精靈的使用

使用標籤精靈可以快速地將資料表內的記錄建立成標籤，建立時可以選擇標籤紙規格、要顯示的欄位、文字格式等。

01 點選**功能窗格**中的**員工通訊錄**資料表，按下**「建立→報表→標籤」**按鈕，開啟「標籤精靈」對話方塊。

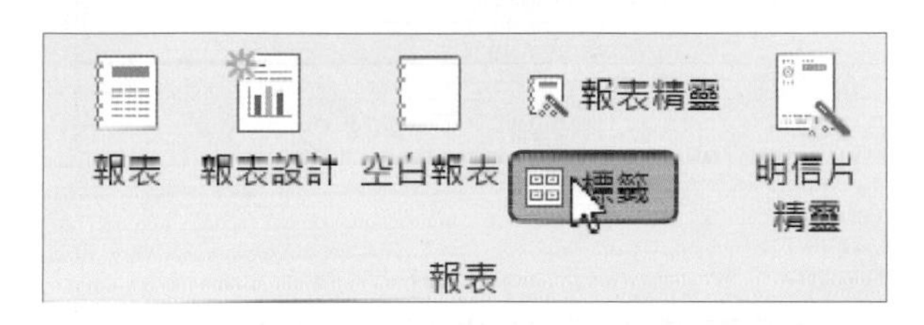

02 首先要選擇標籤規格，選擇時，可以先選擇製造廠商，再選擇要使用的標籤紙規格及標籤類型，都選擇好後按**下一步**按鈕。

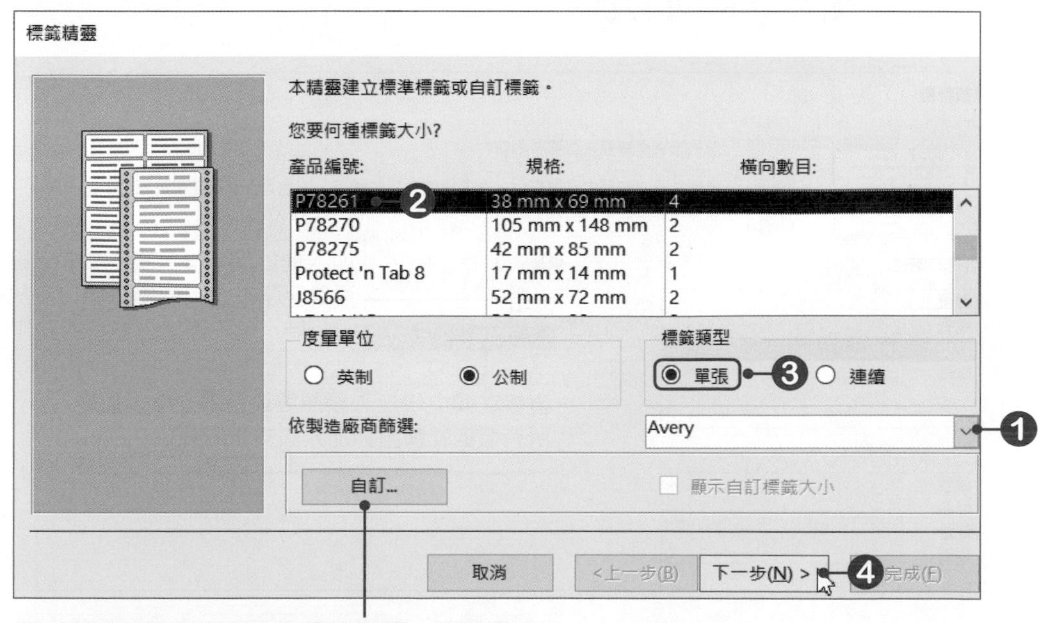

若預設的標籤紙沒有適合的規格時，可以按下自訂按鈕，自行設定標籤紙的規格

03 設定文字要使用的字型、字型大小、字型粗細、文字色彩等，這裡可依需求做選擇，選擇好後按**下一步**按鈕。

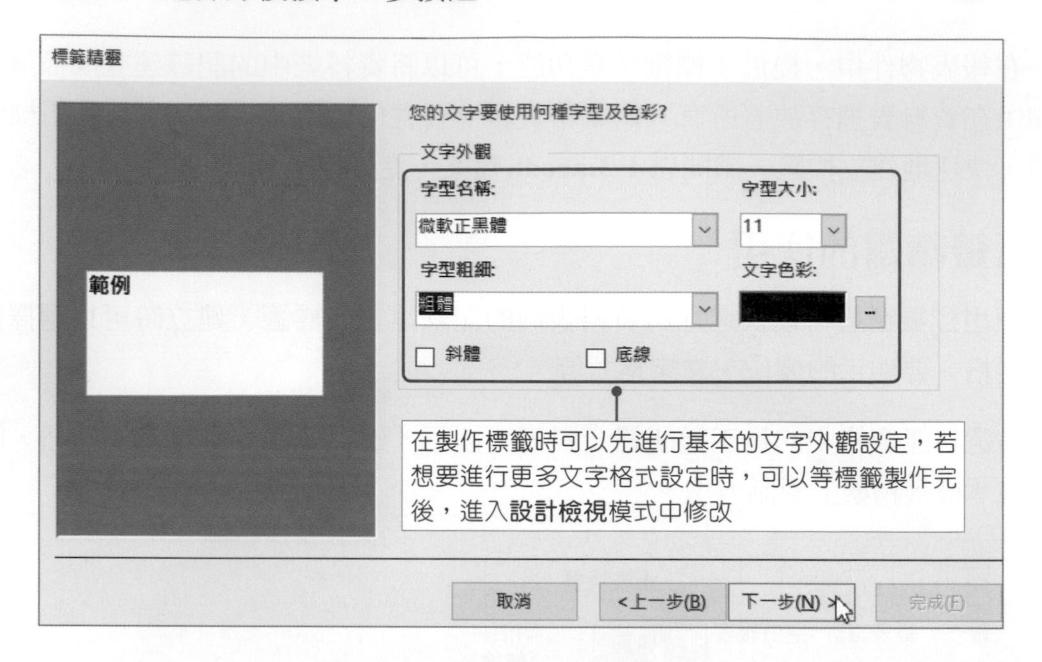

04 選擇標籤裡要包含哪些欄位，這裡請先加入「地址」欄位，加入後按下**Enter**鍵，跳至下一行，再加入「姓名」欄位。

05 欄位加入後，將滑鼠游標移至「姓名」欄位後，輸入「先生/小姐　啓」文字，都設定好後按**下一步**按鈕。

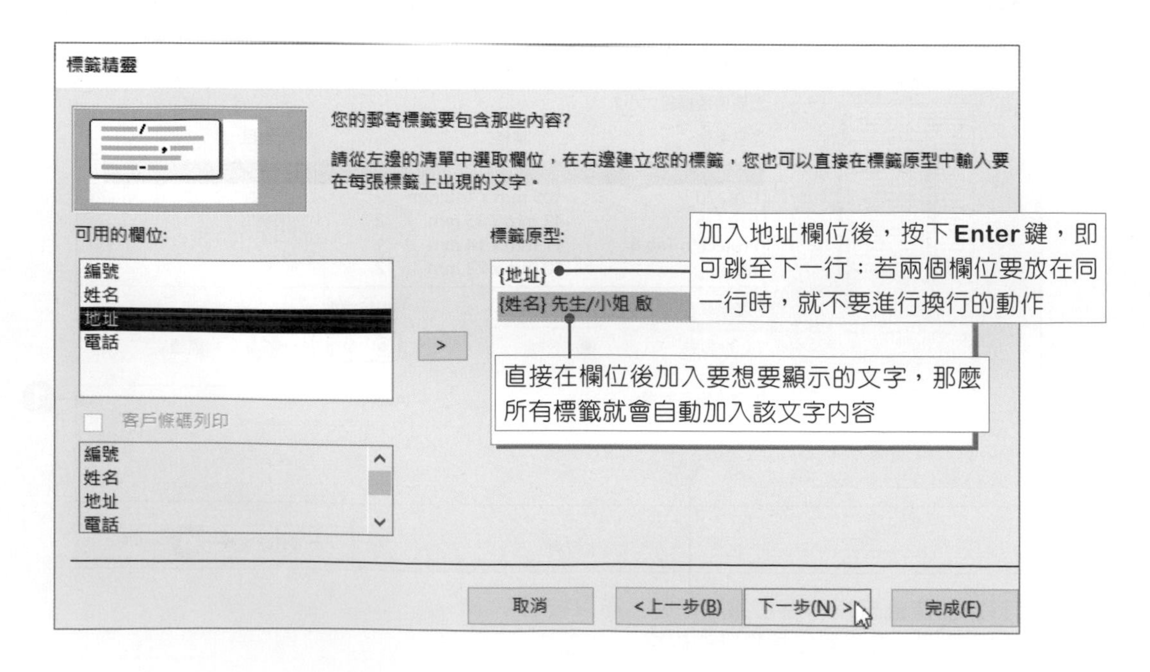

06 標籤可以根據指定的欄位進行排序的動作，在**可用的欄位**中選擇**姓名**欄位，將**姓名**欄位加入**排序依據**欄位中，設定好後按**下一步**按鈕。

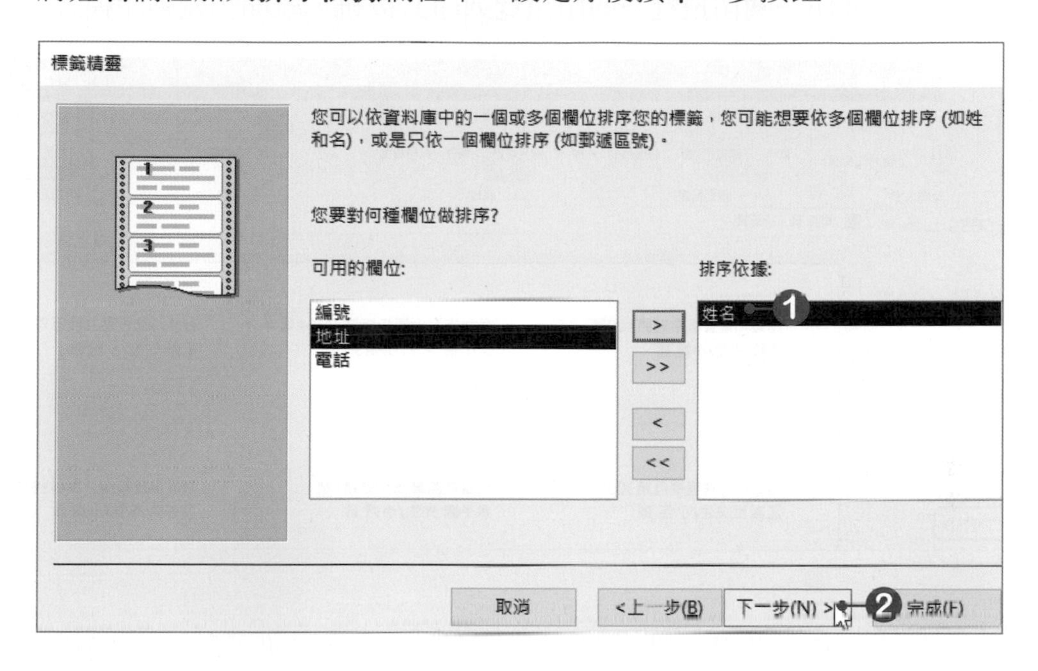

07 最後，輸入標籤報表的標題名稱，再點選**預覽列印您的標籤**，選擇好後按下**完成**按鈕，便可以檢視標籤的結果。

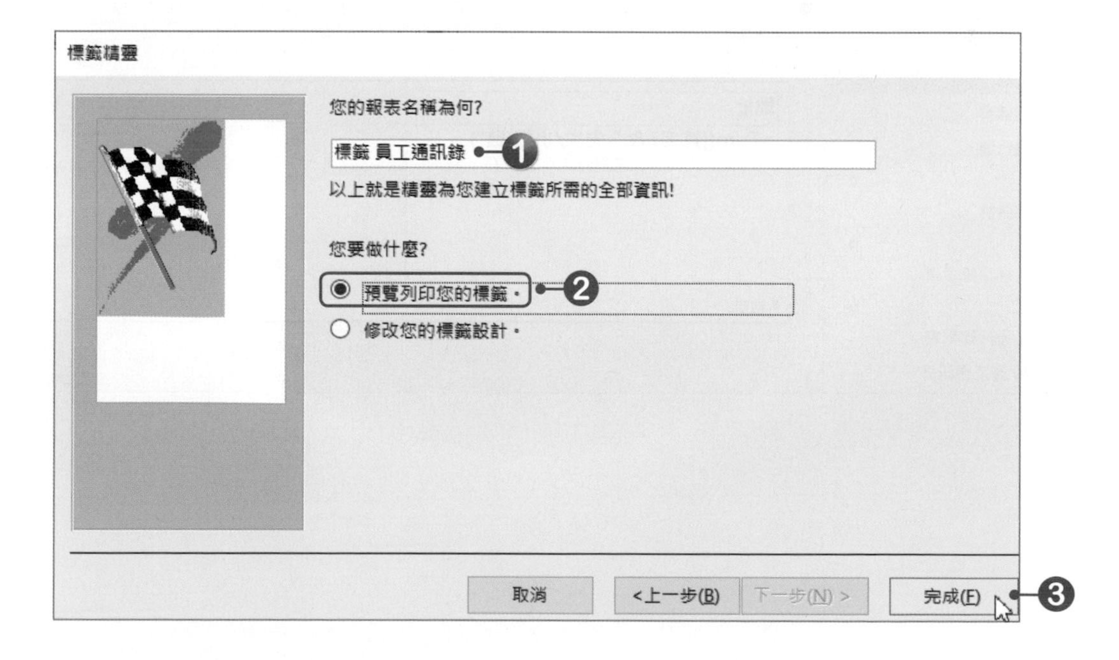

08 在預覽列印的模式下，報表物件中多了一個**標籤 員工通訊錄**的報表物件。

09 按下「**預覽列印→關閉預覽→關閉預覽列印**」按鈕，離開預覽列印模式。

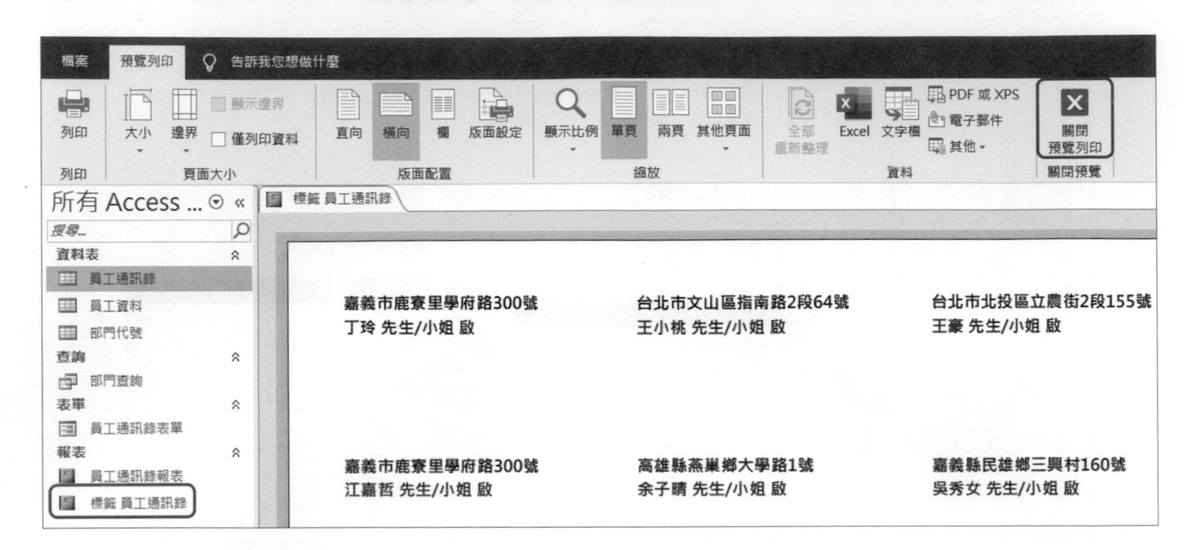

10 此時會開啟「**報表設計工具**」關聯式索引標籤，這裡便可以針對標籤進行修改的動作。

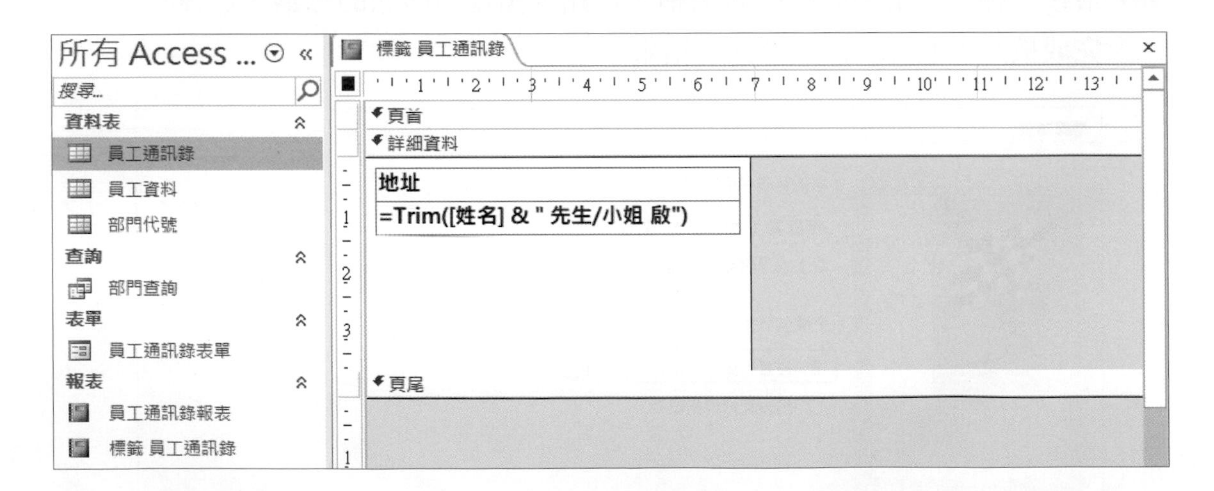

修改標籤設計

要修改標籤設計時，只要進入設計檢視模式中，就可以針對標籤中的欄位大小、欄位位置、欄位格式等修改。

延續上個範例，製作好標籤後，發現地址欄位與姓名欄位過於貼近，此時可以點選姓名欄位，將該欄位往下移一些，即可加大地址與姓名欄位之間的距離。

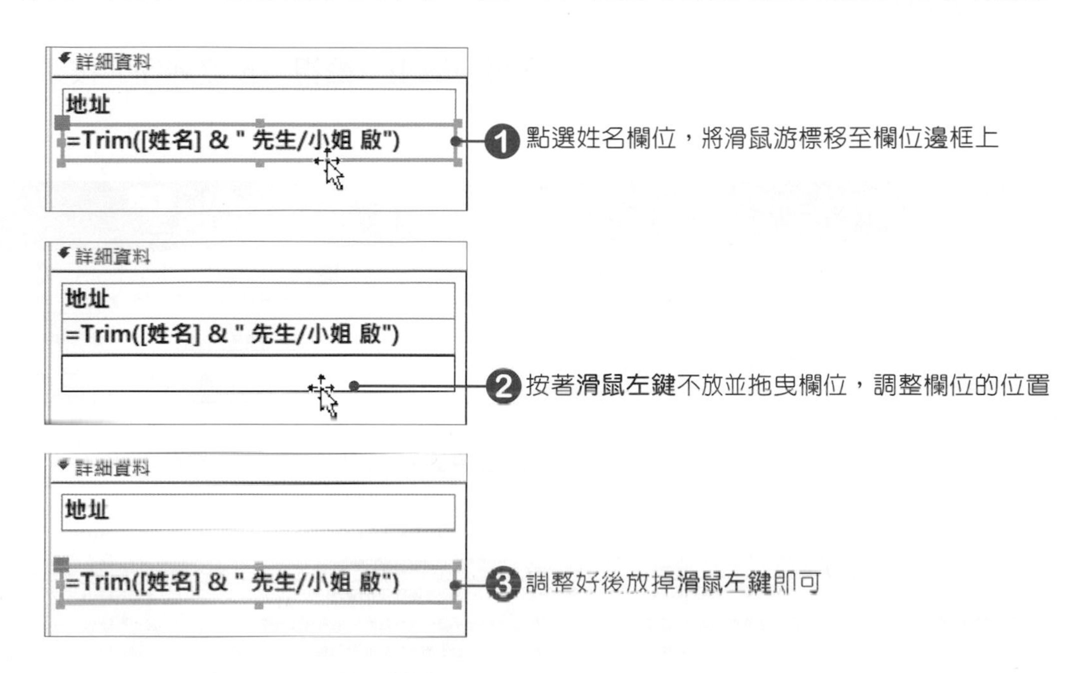

調整好後按下**「報表設計工具→設計→檢視→檢視→報表檢視」**按鈕或**「預覽列印」**按鈕，即可預覽調整後的結果。

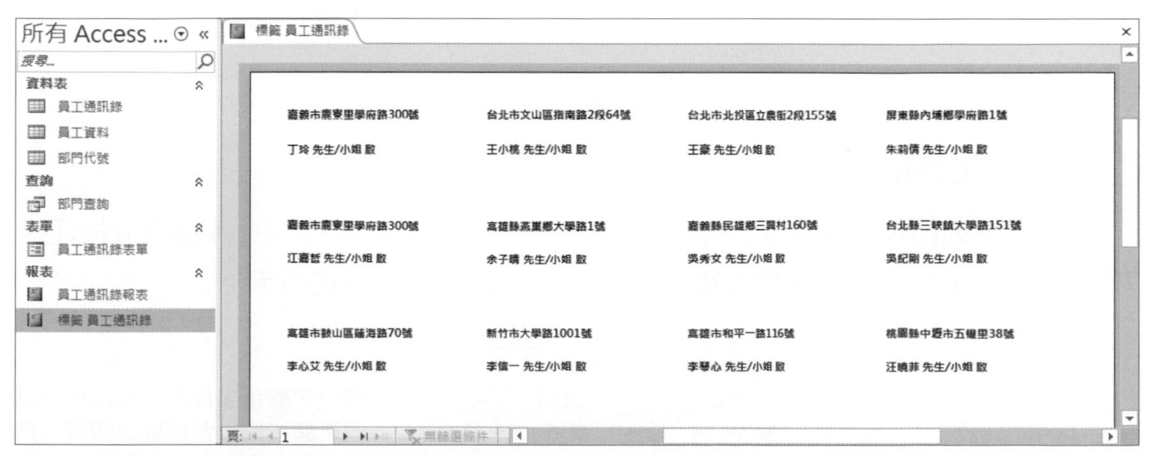

範例檔案：4-3-OK.accdb，標籤 員工通訊錄

4-4 報表的預覽列印及列印

完成報表後，接下來就可以將報表列印出來，所以這裡就來看看如何使用預覽列印及列印的功能。請開啓**4-4.accdb**檔案，進行列印的練習。

預覽列印

要預覽報表的結果時，可以按下**「常用→檢視→檢視→預覽列印」**按鈕，即可進入預覽列印模式中。

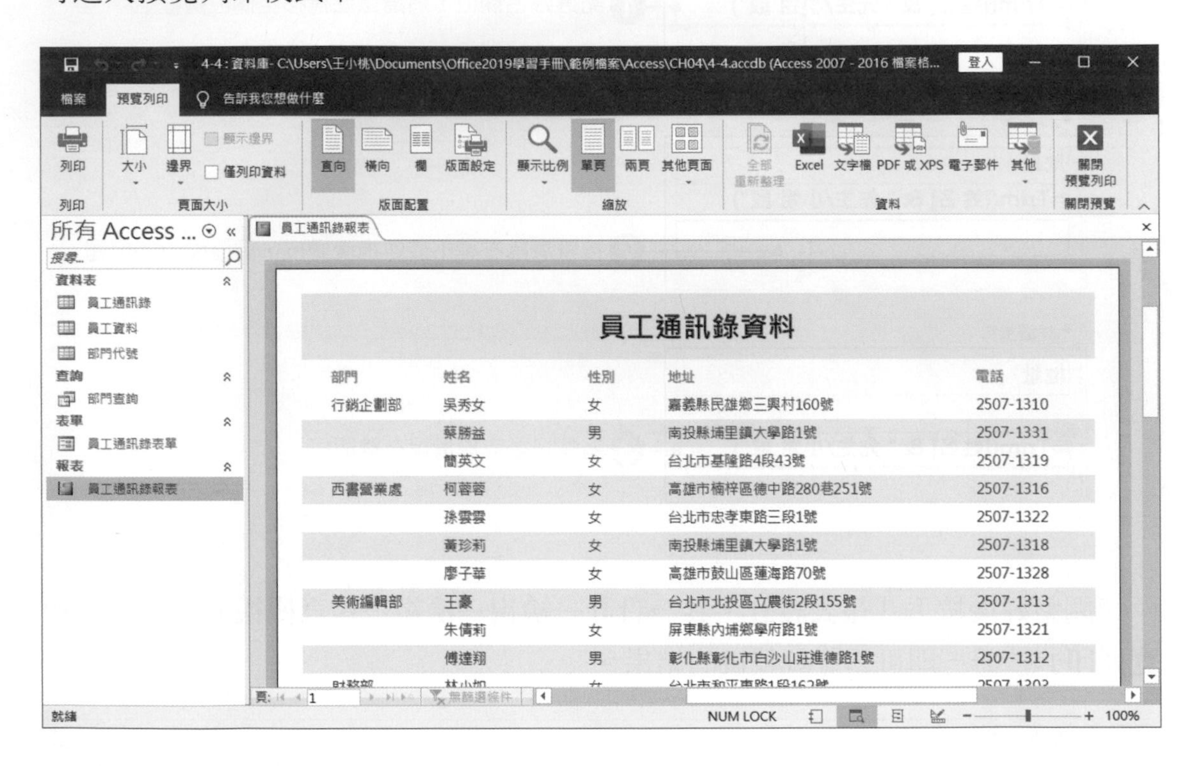

顯示比例的設定

在預覽列印模式中，可以使用**「預覽列印→縮放」**群組中的各項指令按鈕，設定顯示的比例，或是選擇以單頁、兩頁、其他頁面等方式顯示。

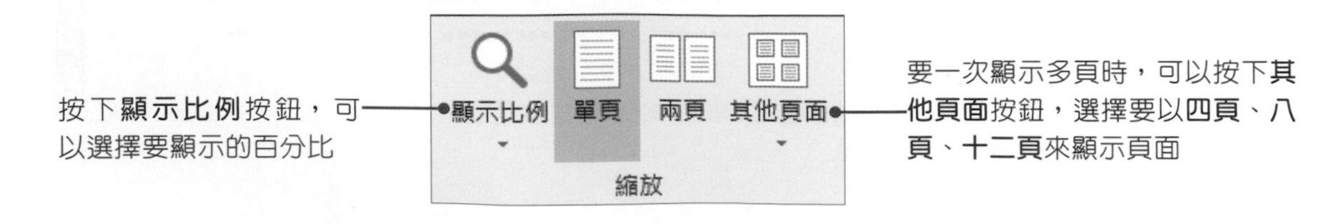

頁面大小設定

設定報表的紙張大小及邊界時，可以在**「預覽列印→頁面大小」**群組中，進行設定。

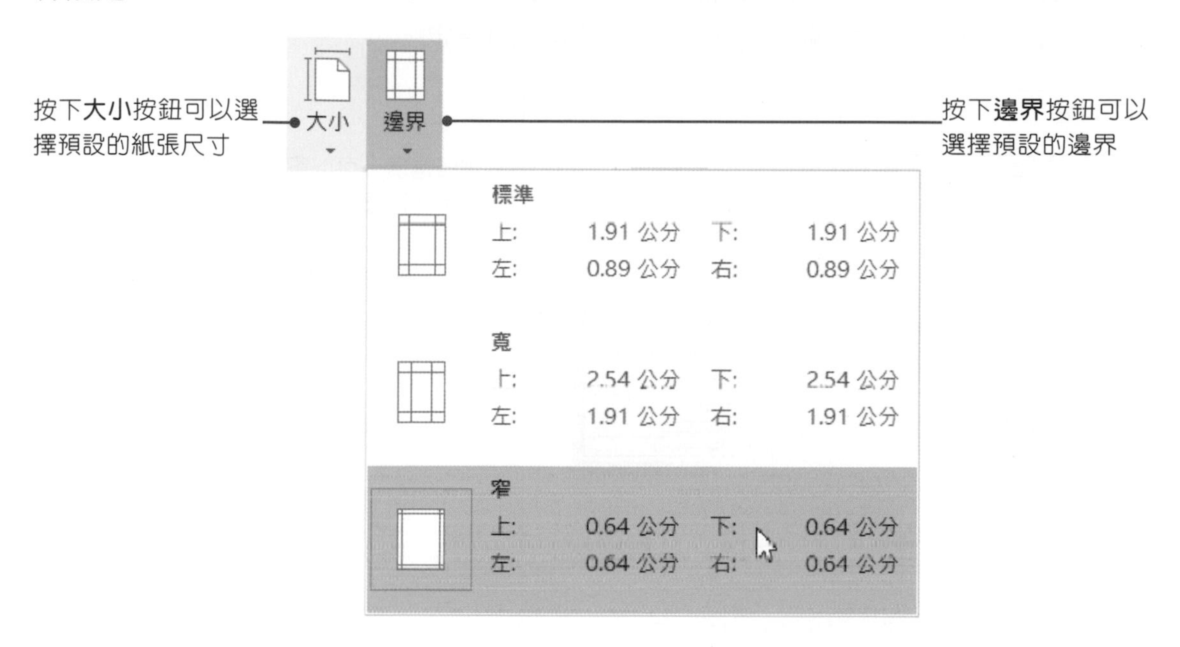

列印報表時，若不想要印出報表中的背景顏色、特殊效果及線條等格式時，可以將**「預覽列印→頁面大小」**群組中的**「僅列印資料」**選項勾選，這樣在列印報表時，就只會列印出記錄。

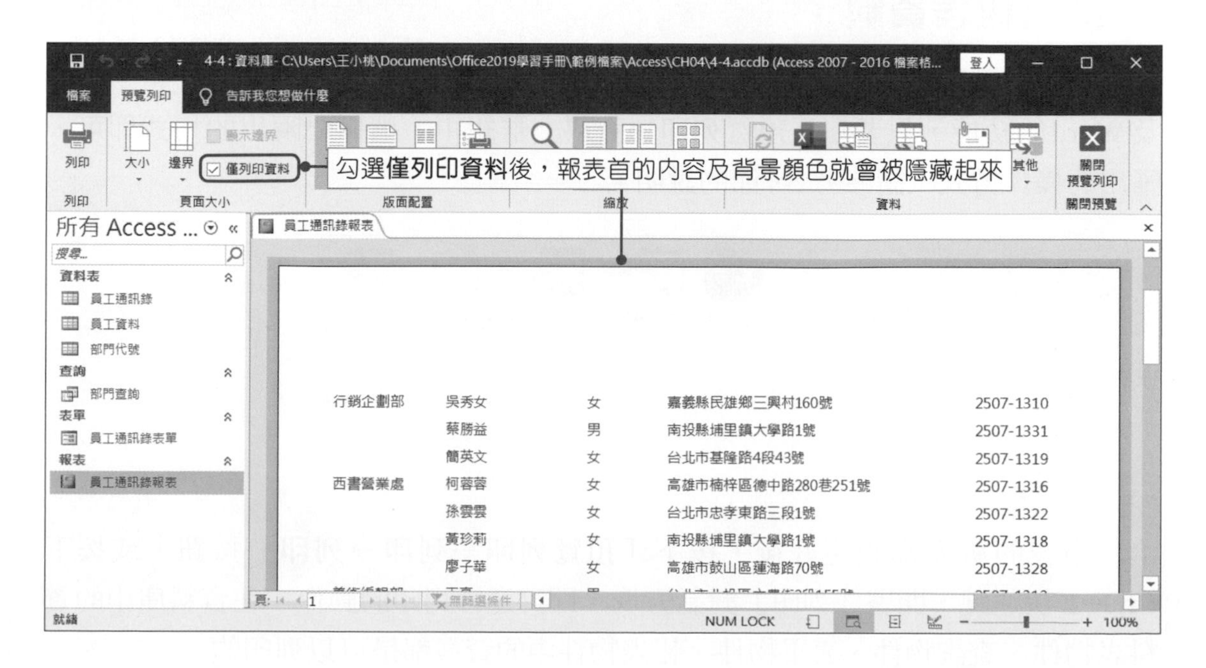

版面配置

於預覽列印模式中，還可以進行報表的版面配置設定，在**「預覽列印→版面配置」**群組中，可以設定版面方向及欄位數，若按下**版面設定**按鈕時，會開啟「版面設定」對話方塊，在此即可進行更多的設定。

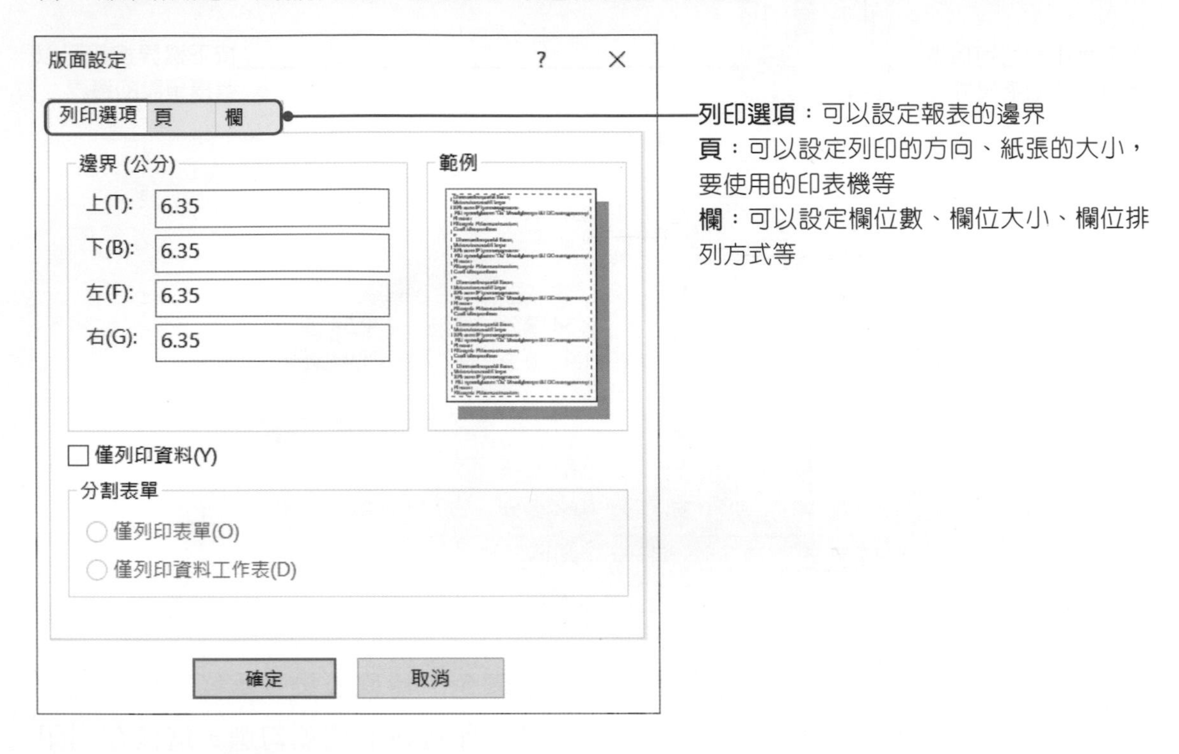

匯出報表資料

在預覽列印模式下，還提供了將報表匯出至Excel、文字檔、PDF、電子郵件及Word的功能，只要在**「預覽列印→資料」**群組中，選擇要匯出的格式即可，匯出的操作方式，請參考2-4節的說明。

列印

報表的版面都設定好後，按下**「預覽列印→列印→列印」**按鈕，或按下**Ctrl+P**快速鍵，開啟「列印」對話方塊，即可進行列印的動作。在資料庫中的資料表物件、查詢物件、表單物件、報表物件中的資料都是可以列印的。

自我評量

❖ 選擇題

(　　)1. 在Access中，於報表裡無法建立下列哪一個物件？(A)報表　(B)標籤　(C)明信片　(D)網頁。

(　　)2. 在Access中，下列敘述何者正確？(A)利用標籤精靈建立的標籤，無法再修改標籤紙的規格　(B)報表像表單一樣，也可以修改、新增來源資料的內容　(C)在「預覽列印→頁面大小」群組中，若將「僅列印資料」選項勾選的話，則會連同背景顏色、特殊效果、線條一起列印出來　(D)報表中只有詳細資料、頁首、頁尾等三個區段。

(　　)3. 在Access中，於預覽列印模式下，若要進行紙張方向的調整時，要去哪個群組中做設定？(A)顯示比例　(B)版面配置　(C)列印　(D)資料。

(　　)4. 在Access中，於預覽列印模式下，若要將報表以兩頁方式呈現時，要去哪個群組中做設定？(A)顯示比例　(B)版面配置　(C)列印　(D)資料。

(　　)5. 在Access中，如果想要改變紙張邊界時，則必須在「版面設定」對話方塊中的哪一個標籤頁進行設定？(A)欄　(B)頁　(C)列印選項　(D)行。

(　　)6. 在Access中，按下鍵盤上的哪一組快速鍵，可以開啟「列印」對話方塊？(A) Ctrl+S　(B) Ctrl+C　(C) Ctrl+D　(D) Ctrl+P。

❖ 實作題

1. 開啟「Access→CH04→4-5.accdb」檔案，進行以下設定。
   - 使用「商品明細」資料表，製作一個「報表—商品明細」報表物件。
   - 報表中須包含：貨號、品名、類別、售價、供應商等欄位。
   - 使用「供應商」為群組，再依「類別」、「貨號」、「售價」等遞增排序。
   - 版面配置等不限制，請自行決定。

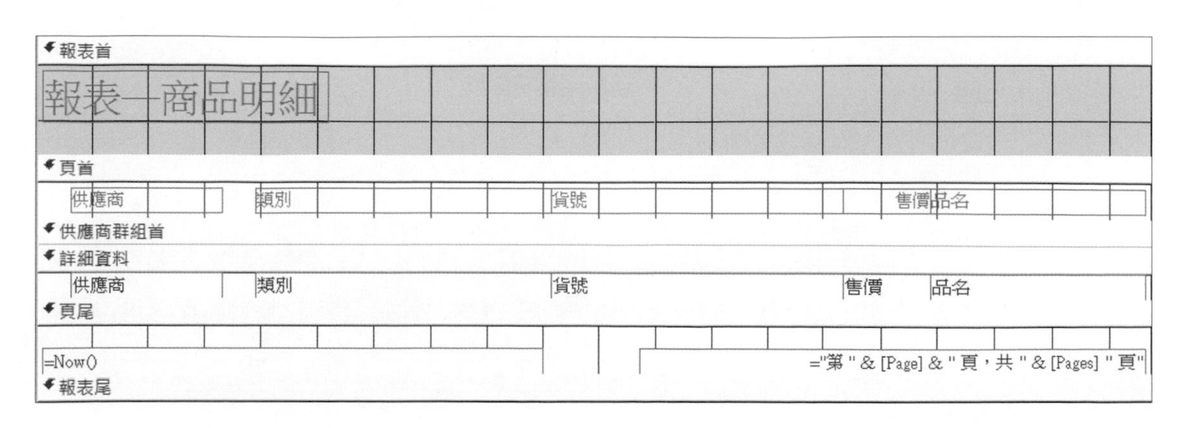

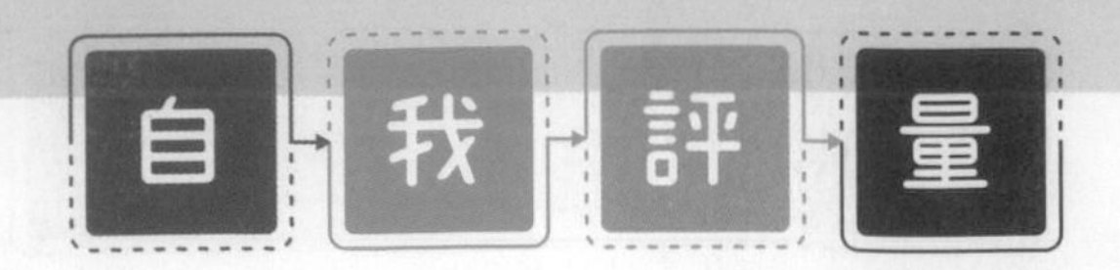

- 將「商品明細」標題文字修改為「擱再來超市　商品明細報表」。
- 請美化報表版面、文字等格式。

擱再來超市　商品明細報表

供應商	類別	貨號	售價	品名
永祥食品	餅乾	LG1001	10	喜年來蔬菜餅乾
	餅乾	LG1002	20	中立麥穗蘇打餅乾
	餅乾	LG1036	79	宏亞新貴派
	醃漬	LG1003	45	中建紅標豆干
汽水企業	冰品	LG1028	89	台灣牛100%純鮮乳冰淇淋
	飲料	LG1022	48	優沛蕾發酵乳
	飲料	LG1023	99	福樂鮮乳
	飲料	LG1041	89	維他露御茶園
	飲料	LG1042	32	百事可樂
	雞肉	LG1018	48	雞三節翅
	雞肉	LG1019	119	土雞
	麵包	LG1063	22	大菠蘿
義美食品	蛋糕	LG1010	59	黑森林蛋糕
	飲料	LG1040	119	義美古早傳統豆奶
	零食	LG1035	65	波卡洋芋片
	零食	LG1039	79	義美小泡芙
	零食	LG1050	89	喜年來蛋捲
	零食	LG1051	65	歐斯麥小脆餅
	餅乾	LG1030	75	可口美酥
	餅乾	LG1037	65	義美夾心酥
	餅乾	LG1038	65	義美蘇打餅乾

2020年9月2日　　　　第 1 頁，共 1 頁